센서공학 시리즈 VOL 1

센서공학입문

민 남 기 · 김 준 협 공저

동일
출판사

머리말

　센서공학입문을 저술한지도 벌써 6년이라는 시간이 흘렀다. 센서기술은 눈부시게 발전하고 있으며, 산업에서의 중요성과 위상도 크게 높아지고 있다. 최근 우리는 스마트 폰, 스마트 홈, 스마트 자동차 등 모든 분야가 점점 스마트 해지는 것을 경험하면서 살고 있다. 이러한 시스템의 스마트화를 실현하기 위해서는 스마트 센서 기술이 반드시 필요하다. 예를 들면, 사물 인터넷에서 센서와 액추에이터가 내장된 사물들이 유무선 네트워크를 통해 서로 연결된다. 또한 21세기를 맞이하여 전 세계가 논의하고 있는 4차산업 혁명을 주도하는 핵심기술도 세부 내용으로 들어가 보면 지능화 기술이다. 4차산업혁명의 테마(기술)라고 할 수 있는 자율주행자동차, 로봇, 사물인터넷, 모바일, 드론, 디지털 헬스케어, 스마트 도시 등을 실현하는데 있어서 지능화 센서기술에 크게 의존하고 있기 때문에 센서는 4차산업 혁명을 주도하는 핵심부품이 될 것이다. 따라서 다가오고 있는 4차산업 혁명에서, 우리는 세계적인 수준의 지능화 센서 기술을 확보해야만 선진국들과의 경쟁에서 살아남을 수 있을 것이다.

　현재 많은 대학과 기관에서 강의와 교육 교재로 본서를 사용하고 있다. 그동안 발견된 오류를 수정하고, 눈부시게 발전하고 있는 센서 기술을 반영하여 센서공학 입문 2판을 출판하고자 한다.

　사실상 본서는 학부강의를 목표로 저술한 것이기 때문에 센서의 기본원리를 충실히 설명하는데 중점을 두고 있어, 그 내용을 크게 변화시킬 수는 없다. 그래서 2판에서도 1판의 특징을 그대로 이어 가지만, 약간 다른 점이 있다면, 시장에 새로이 출시된 센서를 많이 추가하였고, 기존에 있던 센서라도 발전된 제품이 나온 것은 그 원리를 새로이 설명하였다.

　1판에서부터 유지해 온 본서의 특징을 살펴보면 다음과 같다.

　종전과 마찬가지로 본론에 들어가기 전에 주제와 관련된 용어·정의·기초사항 등을 먼저 설명함으로써 센서의 특성을 올바르게 이해하도록 노력하였다. 센서기술은 학제적 성격이 매우 강한 학문이기 때문에 센서를 이해하기 위해서는 다양한 분야에 대한 상당한 지식이 요구된다. 그래서 각 센서와 관련된 물리적·화학적 현상이나 효과를 먼저 제시한 다음, 구조와 동작원리를 설명함으로써 가능한 다른 책의 도움 없이도 공부할 수 있도록 저술하였다.

　센서와 계측기술은 80년대까지는 반도체 기술(VLSI)의 발달과 마이크로프로세서의 저가화에 힘입어 크게 진보하였고, 90년대 초에 본격적으로 MEMS(micro electro mechanical system)기술이 센서 개발에 도입됨으로써 다시 한번 비약적인 발전을 한 바 있으며 아직도 진행 중에 있다. 본서에서는 이와 같이 마이크로제조기술, MEMS 기술에 기반한 주요 센서를 전부 다룸으로써 독자가 미래의 센서기술을 습득하고 준비하는데 큰 도움이 되도록 하였다.

본서에서는 상용화된 센서기술을 중심으로 기술하였다. 연구개발 단계의 센서들을 설명하면, 독자들이 혼란에 빠질 우려가 있기 때문이다. 다만, 아직은 실용화가 지연되고 있지만, 미래에는 중요할 것으로 평가되고 있는 극히 일부의 센서도 포함시켜 설명하였다.

본서는 저자의 강의노트를 기초로 해서 저술한 것이지만, 관련분야에 종사하는 실무자나 전문가들이 새로운 센서개발 시 참고자료로 활용하면 큰 도움이 될 것이라고 확신한다. 이번에도 주제선정과 배열순서에 대해 많은 고민을 하고 여러 번 수정을 가했지만 아직도 부족한 점이 많다. 설명이 미진하거나 저자가 미처 생각하지 못한 실수가 있다면 독자들의 너그러운 이해를 바라며, 고견을 주시면 새로운 자료를 추가하여 조속히 보완할 것이다. 본서를 집필하는 과정에서 전 세계의 회사·연구소·대학 등에서 인터넷에 공개한 수많은 자료들을 참고하였다. 지면 관계상 인용한 자료의 출처를 일일이 밝히지는 않았지만, 각 저자들에게 깊은 사의를 표하는 바이다.

본서를 출판하는데 있어서 여러분에게 많은 도움을 받았다. 특히 자료수집과 정리, 원고교정을 도와준 고려대학교 대학원생들, 빠른 기간 내에 출판을 가능케 한 동일출판사 모든 분들에게 깊은 감사를 드린다.

저자 씀

Contents

목 차

13장 자이로스코프

14장 레벨 센서

15장 유량 · 유속 센서

Contents

memo

01 chapter 센서의 기초

센서의 원리와 특성 등을 기술하기 위해서는 다양한 용어와 정의가 사용된다. 이와 같은 용어들은 모든 센서에 공통적으로 적용되는 것이 있는 반면 어떤 용어는 특정 센서에만 사용되는 것도 있다. 이 장에서는 센서를 공부하고 이해하는데 필요한 기본 용어 및 정의를 설명한다.

1.1 ◦ 센서의 정의

센서(sensor)는 간단히 "외부자극을 받아 이것을 전기신호로 변환하는 소자"로 정의할 수 있다. 여기서 외부자극이란 우리가 검출 또는 측정하고자 하는 양(量), 특성(property) 또는 상태(condition)를 의미한다. 다시 말하면, 센서는 여러 외부자극으로부터 측정(검출)대상의 상태를 파악하고, 경우에 따라서는 제어하기 위해서 필요한 정보를 추출하여 처리가 용이한 전기신호로 변환하는 것이다. 이때 측정대상으로부터 정보를 추출하는데 관련되는 소프트웨어와 하드웨어 기술을 센서 기술(sensor technology)이라고 한다.

그림 1.1은 센서의 기능을 좀 더 구체적으로 나타낸 것이다. 다종다양한 외부 신호로부터 필요한 정보를 얻기 위해서는, 특정한 현상에 대해서 선택성을 갖는 센서가 필요하며, 이때 선택(변환) 방법을 원리적으로 분류하면 물리효과를 이용하는 물리센서, 화학효과를 이용하는 화학센서, 생체인식능력을 이용하는 바이오센서(biosensor) 등이 있다. 바이오센서도 원리적으로는 화학센서의 일종이지만 생체의 우수한 식별능력을 이용해서 화학센서의 낮은 선택성을 보완하려는 센서이다. 일반적으로 센서의 선택성을 실현하기 위해서 센서재료의 특성, 구조, 신호처리 방법 중 2개 이상의 특징을 조합시켜 센서를 제작한다.

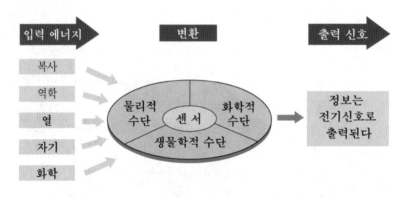

그림 1.1 센서의 정의

센서에서 필요한 정보를 전기신호로 변환하는 이유는 증폭, 귀환(feedback), 필터링(filtering), 미분, 저장 등 신호처리가 간단하고, 또 물리적으로 멀리 떨어진 장소까지 정보의 전송이 가능하기 때문이다.

센서에 입력되는 외계의 에너지 형태는 표 1.1과 같이 6가지로 분류할 수 있다. 5개의 비전기적 에너지 형태 중 4개는 인간의 오감(human senses)에 대응시킬 수 있는데, 예로써, 물리정보에 해당하는 역학적 에너지(mechanical energy)는 인간의 오감 중 청각과 촉각에 의해서 검출된다. 또 복사 에너지는 시각과 촉각에, 열에너지는 촉각에 대응된다. 화학정보의 예로는 냄새, 맛, 성분 등이 있고, 이것들은 인간의 후각과 미각에 대응한다. 후각과 미각은 개인차가 있으므로, 화학 센서는 그 절대량을 검출하기가 매우 곤란하다.

표 1.1 센서동작에 관련된 에너지 형태와 인간의 오감

에너지 형태	센서에 이용되는 특성 예	인간의 오감
역학적 에너지 (mechanical energy)	위치, 속도, 가속도, 힘, 토크, 압력, 변형, 유량, 질량, 밀도, 모우멘트, 변위, 형상, 방위, 점도	청각(hearing) 촉각(touch)
복사 에너지 (radiant energy)	복사강도, 에너지, 파장, 진폭, 위상, 투과율, 편광(polarization)	시각(sight) 촉각(touch)
열 에너지 (thermal energy)	열(heat), 온도, 열속(flux)	촉각(touch)
자기 에너지 (magnetic energy)	자계세기, 자기 모우멘트(magnetic moment) 투자율, 자속밀도	
화학 에너지 (chemical energy)	농도, 반응율(reaction rate) 산화환원전위(redox potential), 생물학적 특성	후각(smell) 미각(taste)
전기 에너지 (electrical energy)	전압, 전류, 저항, 정전용량, 주파수	

센서와 함께 자주 사용되는 용어에 트랜스듀서(transducer)가 있다. 트랜스듀서는 한 에너지 형태(신호)를 다른 에너지 형태(신호)로 변환하는 소자를 총칭하는 용어이다. 예를 들면, 그림 1.2의 정보처리 시스템(계측 시스템)에서 입력과 출력에 트랜스듀서가 사용되는데, 비전기적 양을 전기신호로 변환하는(즉 정보를 추출하는) 입력 트랜스듀서(input transducer)를 센서, 전기신호를 다른 에너지로 변환하는 출력 트랜스듀서(output transducer)를 액추에이터(actuator)라고 부른다. 이와 같이 센서와 트랜스듀서의 차이는 출력이 전기적 신호(에너지)인가 아닌가에 의해서 결정된다. 그러나 실제로는 두 용어가 자주 동일한 의미로 사용되고 있다.

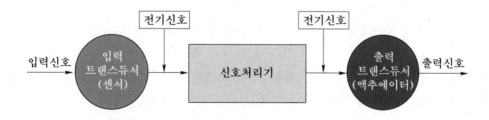

그림 1.2 정보처리(측정) 시스템에서 트랜스듀서와 센서

1.2 ◦ 센서 시스템

센서는 그 자체만으로 동작하지 않으며, 일반적으로 신호 조정기(signal conditioner)와, 여러 종류의 아날로그 및 디지털 신호처리회로로 구성되는 대형 시스템의 일부이다. 센서 시스템(sensor system)이란 센서 및 그것과 관련된 신호처리 하드웨어(signal processing hardware)를 말하며, 여기서 시스템은 계측 시스템, 데이터 획득 시스템(data acquisition system), 또는 공정 제어 시스템(process control system)이 될 수 있다.

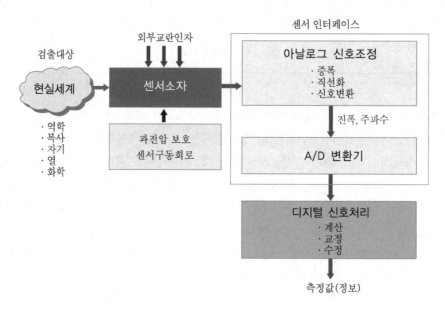

그림 1.3 센서 시스템의 기본 구조와 기능

그림 1.3은 센서 시스템의 일반적인 구조를 나타낸 것이다. 대부분의 센서 출력은 비교적 작은 전압, 전류, 또는 저항변화이다. 그러므로 센서 출력은 아날로그 또는 디지털 처리를 하기 전에 적절히 조정되어야 한다. 기본적인 신호조정기능에는 증폭, 신호변환, 임피던스 변환, 선형화(linearization), 필터링 등이 있으며, 이러한 기능을 수행하는 회로를 신호조정 회로(signal conditioning circuits)라고 부른다. 어떤 형태의 조정이 수행되든 간에 회로의 성능은 센서의 전기적 특성과 출력에 의해서 결정된다. 이렇게 조정된 아날로그 신호는 아 날로그-디지털 변환기(analog-to-digital converter ; ADC)에 의해서 디지털 신호로 변환 되어 마이크로콘트롤러 또는 마이크로프로세서에 입력되고, 여기서 교정(calibration), 비직 선성 수정(non-linearity correction), 오프셋 제거(offset elimination) 등과 같은 신호처

리가 수행된다. 이와 같이 센서로부터 제공된 데이터의 처리를 통해서 센서 사용자가 요구하는 정보를 추출한다.

디지털 기술은 센서 출력을 처리하는 데 보편화되어가고 있다. 컴퓨터 기술(AD 변환과 마이크로콘트롤러)의 결합에 의해서 센서가 지능을 갖도록 한 센서를 스마트 센서(smart sensor) 또는 인텔리전트 센서(intelligent sensor)라고 부른다. 두 센서를 달리 정의하는 경우도 있으나, 지능형 센서에 필요한 기능으로는 다음과 같다.

- 새로운 데이터의 취득, 처리, 저장 : 피측정량을 측정하고, 연산, 통계적 처리를 하여 그 결과를 메모리에 저장
- 자동보상 기능 : 외부 파라미터의 변화를 자동으로 보상
- 자기진단 기능(self-diagnostics) : 자기 스스로 고장 유무를 진단
- 의사결정 기능(decision-making) : 어떤 데이터를 전송할 것인지를 스스로 선택
- 통신기능(communications capability) : 다른 센서와 대화기능(정보교환기능)

산업체에서는 트랜스미터(transmitter)라는 용어를 자주 사용한다. 트랜스미터는 4-20 mA의 출력전류를 갖는 센서 시스템의 일종으로, 센서가 획득한 정보를 확도의 손실없이 먼 거리로 전송한다. 트랜스미터는 EMI/RFI와 같은 전기적 잡음에 우수한 내성을 가진다. 그러나 출력신호가 전류로 만들어지므로 배터리 수명을 단축시킬 수 있음에 유의하여야 한다.

1.3 ∘ 센서의 기본 특성

현재 센서의 사양이나 특성에 대한 국제적인 표준은 없으며, 센서의 종류에 따라 다양한 포맷이 사용되고 있다. 그래서 시스템 설계자들은 센서 성능 파라미터에 대한 다양한 형태의 해석에 직면하게 되고, 혼란스러움을 느끼게 된다. 이와 같은 용어상의 혼란은 센서 커뮤니티들마다 서로 다른 용어를 사용하면서 성장해 왔기 때문이다. 이러한 다양성에 대처하고 센서를 올바르게 사용하기 위해서는 데이터 시트의 기능을 정확히 이해하는 것이 중요하다. 여기서는 센서의 기본적인 특성에 대해서 간단히 설명한다.

센서의 특성은 입력이 시간적으로 변하지 않을 때의 정특성(static characteristics)과, 시간에 따라 변할 때의 동특성(dynamic characteristics)으로 생각할 수 있다. 정특성에는 감도(sensitivity), 직선성(linearity), 히스테리시스(hysteresis), 선택성(selectivity) 등이 있으며, 동특성에는 응답시간과 주파수 특성이 있다.

1.3.1 전달함수와 감도

전달함수(transfer function)란 센서의 물리적 입력신호와 출력신호 사이의 함수적 관계를 말하며, 보통 전달함수는 방정식, 테이블, 그래프 등으로 나타낸다.

그림 1.4는 이상적인 센서의 입력과 출력 사이의 관계를 나타낸 것이다.

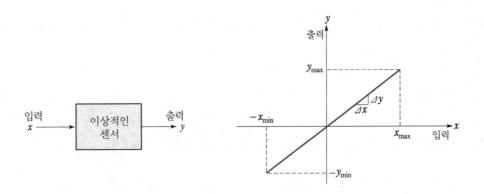

그림 1.4 이상적인 센서의 입출력 특성

그림과 같이, 센서의 입출력 관계가 직선으로 되면, 전달함수는

$$y = Sx \qquad (1.1)$$

로 나타낼 수 있다. 이 직선의 기울기 S를 센서의 감도(感度;sensitivity)라고 부른다. 즉, 감도 S는

$$S = \frac{출력량}{입력량} = \frac{\Delta y}{\Delta x} \qquad (1.2)$$

이와 같이, 센서의 "감도가 높다"는 것은 작은 입력값의 변화에 대해서 큰 출력 변화가 얻어진다는 것을 의미한다.

한편, 센서의 입출력 관계가 비선형으로 되면, 전달함수를 식(1.1)과 같이 간단하게 나타낼 수가 없다. 선형 센서와 달리, 비선형 전달함수의 기울기는 입력값에 따라서 변하므로 비선형 센서의 감도는 일정한 값으로 되지 않는다. 따라서 어느 특정한 입력값 x_o에 대해서만 감도가 정의될 수 있다. 즉,

$$S = \frac{dy(x_o)}{dx} \qquad (1.3)$$

전달함수가 식 (1.1)과 같이 선형으로 되면, 센서의 출력신호를 처리하기가 용이하다. 그러나 사실상 많은 센서의 전달함수는 비선형으로 된다. 비선형 센서의 경우, 제한된 동작범위 내에서 선형으로 생각하거나, 또는 비선형 전달함수를 몇 개의 직선으로 모델링하기도 한다. 본서에서는 다루지 않지만, 비선형 센서의 직선화 기술은 센서를 개발하는데 있어서 매우 중요하다.

1.3.2 동작범위와 풀 스케일

의미 있는 센서 출력을 발생시키는 최대입력과 최소입력사이의 범위를 센서의 동작범위(operating range) 또는 스팬(span)이라고 부른다. 그림 1.4에서 $-x_{min} \sim +x_{max}$가 동작범위이다. 이것을 입력 풀 스케일(input full scale ; FS) 또는 풀-스케일 레인지(full-scale range)이라고도 한다.

출력에 대해서는 풀 스케일 출력(full-scale output ; FSO)를 사용한다. FSO란 최대 입력시 출력 y_{max}과 최소 입력시 출력 $-y_{min}$ 사이의 대수적 차를 의미한다.

많은 경우 (+)측정 범위와 (−)측정 범위가 다르다. 만약 x_{min}이 0이면 스팬은 $0 \sim +x_{max}$으로 된다. 또 정격입력 또는 정격출력이란 용어도 함께 사용된다.

1.3.3 분해능

식 (1.2)에서 Δx가 작아지면 Δy도 작아지기 때문에, 결국은 입력 Δx이 변해도 그것에 대응하는 Δy를 식별할 수 없게 된다. 즉 $\Delta y = 0$으로 되는데, 이때의 입력크기 Δx를 분해능(分解能 ; resolution)이라고 부른다. 즉 분해능은 검출할 수 있는 최소입력증분(smallest increment)을 나타낸다.

이와 같은 현상이 일어나는 원인은 두 가지로 생각할 수 있다. 하나는 입력의 변화분이 센서 내부에서 흡수되어 출력으로 나타나지 않는 경우이고, 또 다른 하나는 센서 내부에서 발생하는 잡음(noise)이다. 잡음은 여러 경로를 거쳐 출력에 나타나는데, 센서의 입력변화(Δx)에 대한 응답(Δy)이 잡음레벨 이하로 되면 오차가 발생하게 된다.

분해능은 작을수록 좋으며, 아날로그 센서(analog sensor)에서는 0.1%/FS 정도이고, 디지털 센서(digital sensor)에서는 비트(bit)로 정해진다. 예를 들면, 12 bit의 경우 분해능은 $1/2^{12} = 1/4096 = 0.024 \%/FS$ 이다.

1.3.4 확도와 정도

확도(確度 ; accuracy)는 센서 출력이 참값(true value)에 얼마나 가까운가를 나타내는 척도이며, 실제로는 부정확도(inaccuracy) 즉, 오차(error)로 나타낸다. 부정확도(오차)는 다음과 같이 두 가지 방식으로 정의된다.

- 절대 오차 : 참값(즉, 실제의 입력값 x_m)과 센서가 측정한 값(x_t) 사이의 최대 편차 $|x_m - x_t|$로 정의
- 상대(백분율) 오차(percent error)

$$\epsilon = \frac{x_m - x_t}{x_m} \times 100 \ \% \tag{1.4a}$$

- 정격출력(FSO)의 백분율로 정의

$$\epsilon = \frac{x_m - x_t}{FSO} \times 100 \ \% \tag{1.4b}$$

센서의 확도(오차) 정격은 여러 형태로 표현하는데, 예를 들면, 입력 풀 스케일이 100 kPa, 풀 스케일 출력이 10 Ω인 압력 센서의 경우, ±0.5 %, ±500 Pa, ±0.05 Ω 등으로 나타낸다.

동일한 양을 동일조건(환경, 사람 등)하에서 동일방법으로 단기간(short time interval)에 연속 측정할 때 측정값들이 서로 얼마나 일치하는가를 나타내는 것이 반복성(repeatability)이다. 한편, 동일한 양을 같은 방법으로 장기간에 걸쳐 측정하거나 다른 사람에 의해서 측정되거나 또는 다른 실험실에서 측정될 때 측정값 사이에 일치하는 정도를 나타내는 것이 재현성(reproducibility)이다. 정도(精度 ; precision)란 측정의 반복성이나 재현성의 척도를 나타낸다. 재현성을 좋게 유지하기 위해서는 센서를 정기적으로 검사, 교정, 보수해야 한다.

그림 1.5는 동일한 양을 10회 반복해서 측정한 경우 확도와 정도의 차이를 비교해서 나타낸 것이다. 그림 (a)에서는, 측정값(×)들의 평균이 참값과 일치하므로 확도는 높고, 반면 측정값들이 넓게 분포하므로 정도가 나쁘다고 말할 수 있다. 한편 그림 (b)의 경우는 측정값(×)들 사이가 (a)보다 가까우므로 정도는 (a)보다 더 우수하지만, 측정의 평균값이 참값과 크게 다르므로 확도는 (a)보다 더 나쁘다.

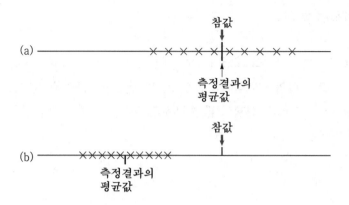

그림 1.5 확도와 정도의 차이를 보여주는 그림

1.3.5 교정

교정(calibration)이란 센서에 기지의 입력 값(known value)을 인가하여 출력을 측정하는 과정을 말하며, 교정에 사용되는 기지의 입력 값을 표준(standard)이라고 부른다. 교정에 의해서 센서의 입력과 출력 사이에 관계가 수립되며, 이때 얻어지는 곡선을 교정 곡선(calibration curve)이라고 한다. 그림 1.6은 교정곡선의 일례를 나타낸다.

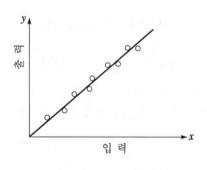

그림 1.6 교정곡선의 예

한편, 비선형 센서를 교정하는 경우는 전달함수의 수학적 모델에 따라서 2점 이상의 측정 치가 요구된다. 비선형 전달함수를 교정하는 또 다른 방법은 교정곡선을 다수의 작은 섹션 으로 나누고, 각 섹션을 직선으로 생각하여 각 섹션에 대한 상수 a, b를 구한 다음, 교정곡 선을 다수의 직선군으로 나타내는 것이다.

센서의 교정은 긴 시간을 요하는 과정이기 때문에, 센서의 제조비용을 감소시키기 위해서 는 가능한 한 교정점을 최소화하는 것이 매우 중요하다. 다음에 설명하는 센서 특성의 직선 성은 센서 교정을 쉽게 하는데 가장 중요한 요소이다.

1.3.6 비직선성

센서의 출력특성은 그림 1.7의 점선과 같이 직선으로 되는 것이 바람직하다. 그것은 출력으로부터 직관적으로 입력의 크기를 알 수 있고, 또 센서 출력을 제어신호로 사용할 경우에도 편리하기 때문이다. 그러나 실제의 많은 센서의 출력은 그림 1.7의 실측 곡선과 같이 되어 식(1.1)이 성립하지 않는다.

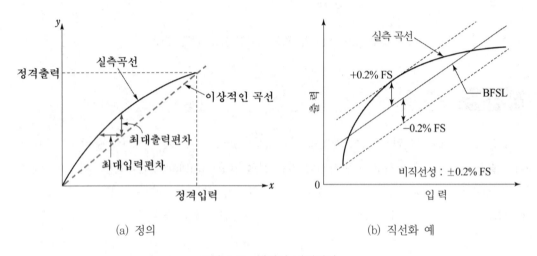

(a) 정의   (b) 직선화 예

그림 1.7 센서의 비직선성

센서의 특성곡선이 이상적인 직선관계로부터 벗어남의 정도를 비직선성(nonlinearity)이라고 정의한다. 센서에서 비직선성을 나타내는 방법에는 여러 가지가 있다. 가장 간단한 방법은 그림 1.7에 나타낸 것과 같이 두 종점을 연결하는 직선을 그린 후 비직선성을 백분율로 나타낸다.

$$비직선성 = \frac{최대출력편차}{정격출력} \times 100\% \mathrm{FS} \tag{1.7a}$$

$$= \frac{최대입력편차}{정격입력} \times 100\% \mathrm{FS} \tag{1.7b}$$

거의 모든 센서는 비직선성을 나타내기 때문에 센서 특성의 직선화는 매우 중요하다. 직선화를 실시한 후 센서의 비직선성을 평가하는 방법에는 여러 가지가 있는데, 그림 1.7(b)는 가장 널리 사용하는 방법 중 하나이다. 먼저 최소 자승법(least square methode)을 사용해 측정치와 가장 잘 일치하는 직선(best fit straight line, BFSL)을 구하고, 식 (1.7)를 사용해 실측곡선이 BFSL로부터 벗어나는 정도를 계산한다.

어떠한 센서도 입력의 크기에 무관하게 직선성이 성립하는 경우는 없다. 즉, 센서입력이 허용한계를 초과하면 출력이 포화되기 시작하여 응답의 직선성을 상실하기 때문에 동작범위의 상한(上限) 또는 정격을 정한다. 만약, 센서소자 자체의 특성이나 변환원리 자체가 직선으로 되지 않는 경우에는 변환회로를 사용해서 센서 전체의 입출력이 직선성을 갖도록 한다. 센서소자를 직선성이 우수한 범위 내에서 사용하여도, 변환회로나 증폭기의 직선성이 좋지 않으면 센서 전체의 직선성은 나빠진다.

1.3.7 히스테리시스

그림 1.8에서 입력 x를 증가시켜가면서 출력을 측정할 때와 감소시켜가면서 출력을 측정하였을 때 동일한 입력 x_1에서 출력이 같지 않은 현상을 히스테리시스(hysteresis)라고 부르며, $y_2 - y_1$을 히스테리시스 차라고 한다. 히스테리시스 차는 입력변화의 진폭과 입력크기에 의존한다. 센서의 히스테리시스 특성은 FSO에 대한 백분율로 나타낸다. 즉

$$히스테리시스 = \frac{y_2 - y_1}{FSO} \times 100\% FSO \tag{1.8}$$

히스테리시스는 센서에 사용되는 각종 재료가 갖는 물리적 성질에 기인해서 나타난다. 특히, 탄성재료, 강자성체, 강유전체를 이용하는 센서의 경우는 이러한 물질 자체에 기인하는 히스테리시스가 중요해진다.

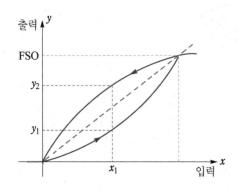

그림 1.8 히스테리시스

1.3.8 선택성

센서는 우리가 원하는 물리현상만을 검출하고, 다른 현상의 영향을 받지 않는 것이 바람직하다. 따라서 센서의 선택성은 다른 모든 특성에 우선하며, 선택성이 확보되지 않은 센서는 센서라고 말할 수 없다.

일반적으로 대부분의 센서는 온도나 습도의 영향을 받기 때문에, 센서 구조를 변경하거나 전자회로로 보상하여 이들의 영향을 제거함으로써 센서의 선택성을 향상시킨다. 또 습도센서, 가스센서 등에서처럼 특정한 화학물질을 첨가함으로써 선택성을 실현하기도 한다.

1.3.9 동특성

센서의 동특성은 입력의 크기를 갑자기 변화시킬 때의 시간응답특성(과도특성)과, 입력을 정현적으로 변화시킬 때의 주파수 응답특성이 있다.

센서에 입력되는 물리량이 시간에 따라 변동할 때, 센서 출력은 즉시 변할 수 없으며, 보통 입력과 출력신호 사이에는 시간적 지연이 발생한다. 즉, 출력이 새로운 상태로 변할 때 어느 정도의 시간이 요구된다. 이것을 응답시간(response time)이라고 부른다.

일반적으로 센서의 응답시간은 센서 입력으로 계단함수(step function)를 인가하여 측정하는데, 이때 계단응답을 그림 1.9(a)에 나타낸 것과 같이 상승시간(rise time) t_r, 감쇠시간(decay time) t_d, 시정수(time constant) τ 등으로 정의한다.

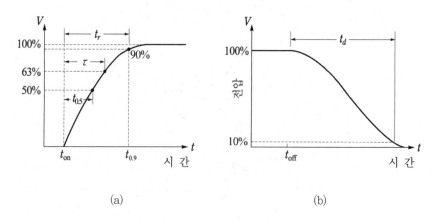

(a)   (b)

그림 1.9 센서의 시간응답특성

- 상승시간 t_r : 센서 출력이 포화 값의 90%에 도달하는 시간.
- 시정수 τ : 센서 출력이 포화 값의 63%에 도달하는 시간. 시정수는 시간응답이 순수한 지수함수일 때만 정의할 수 있다.
- 감쇠(하강)시간 t_d : 센서 출력이 포화 값의 10% 또는 37%로 떨어지는데 요구되는 시간

그러나 실제 센서의 계단응답이 지수함수적으로 되지 않는 경우가 많아 센서의 종류, 제조 회사마다 응답시간을 달리 정의하는 경우가 있다. 예를 들면, $t_{0.5}$를 응답시간으로 사용하는 회사도 있다. 따라서 응답시간이 중요한 경우에는 센서 제조회사가 제공하는 사양을 정확히 파악해야 한다.

그림 1.10은 센서의 주파수 응답특성 예를 나타낸 것으로, 센서 입력을 정현적(sin 또는 cos)으로 변화시킬 때 입력 주파수에 따른 출력의 변화를 나타낸다. 일반적으로 입력 주파수가 어느 이상으로 높아지면 센서 출력은 입력변화를 따라가지 못하고 감소하기 시작한다. 이때 입력 주파수에 대해서 출력이 -3dB 만큼 저하될 때의 주파수 범위를 응답 주파수(흔히 차단 주파수)라고 부른다. 특정 주파수에서 입력 저하에 기인하는 오차를 동적 오차(dynamic error)라고 부르는 데, 이것은 센서 또는 시스템이 그 주파수에서 입력의 진폭을 얼마나 적절하게 재현해 낼 수 있는지를 나타내는 능력의 척도가 된다.

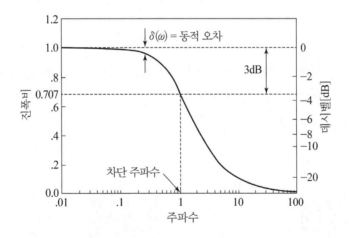

그림 1.10 주파수 응답특성

1.3.10   잡음

잡음(雜音 ; noise)이란 원하지 않는 불규칙한 신호를 말한다. 항상 센서 소자나 변환회로로부터 불규칙적으로 변동하는 잡음이 발생한다. 잡음은 원리적으로 제거할 수 없는 것이 있으며, 또한 전원의 리플(ripple)이나 진동 등 환경의 변동에 의한 것도 포함된다. 이러한 잡음은 여러 경로를 거쳐 출력에 나타나는 데, 센서의 입력변화 (Δx)에 대한 응답 (Δy)이 잡음레벨 이하가 되면 오차를 발생하게 된다. 센서의 감도가 높으면, 미소입력신호도 검지할 수 있다. 그러나 센서에 유입되는 잡음이 증대되면, 감도가 높더라도 미소입력신호의 검출이 불가능해져 측정 하한(lower limit)은 나빠진다. 그러므로 센서의 신호대 잡음비(signal to noise ratio ; S/N ratio)를 향상시킴으로써 검출 하한을 향상시킬 수 있다. 신호 대 잡음비를 개선하기 위해서는 필터(filter)등을 사용한다.

1.3.11   출력 임피던스

센서와 전자회로를 접속할 때 센서 출력이 입력회로에 더 잘 전달되기 위해서는 센서의 출력 임피던스(output impedance)를 아는 것이 중요하다. 그림 1.11은 센서가 인터페이스 회로에 접속되는 예를 나타낸다. 그림 (a)와 같이 센서 출력이 전압일 때, 센서 임피던스 Z_o 는 회로의 입력 임피던스 Z_i 와 직렬로 접속되고, 그림 (b)와 같이 전류 출력인 경우는 센서 임피던스가 회로에 병렬로 접속된다.

출력신호의 일그러짐을 최소화하기 위해서, 즉 회로 (a)와 같이 전압출력 센서에서 $V = V_s$ 로 되기 위해서는 센서의 출력 임피던스 Z_o 가 작아야하고 전자회로의 입력 임피던스 Z_i 는 가능한 한 커야한다. 한편 회로(b)와 같이 전류출력 센서의 경우는, $I = I_s$ 로 되기 위해서 센서의 Z_o 는 가능한 한 커야 되고, 회로의 Z_i 는 작아야한다.

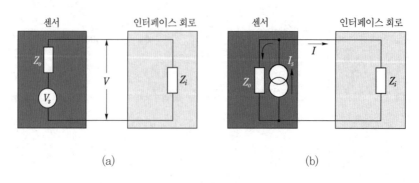

(a)   (b)

그림 1.11 센서와 전자회로의 결합

1.3.12 환경의 영향

센서는 다양한 환경 조건에서 사용된다. 온도, 습도 등은 센서의 정·동특성에 매우 큰 영향을 미친다. 센서의 성능에 영향을 미치는 이러한 외부 변수들을 환경 파라미터(environmental parameter)라고 부른다.

동일한 양을 측정하더라도 측정시기에 따라 환경조건이 다르기 때문에 센서 출력이 변하는 경우가 많다. 또, 센서 특성이 시간의 경과와 함께 변함으로써 출력이 일정방향으로 조금씩 이동하는 경우도 자주 발생한다. 이와 같이 시간, 온도, 또는 어떤 원인에 기인한 감도나 출력 레벨의 변화를 센서특성의 불안정성 또는 드리프트(drift)라고 부른다.

온도는 거의 모든 센서에 영향을 미치기 때문에 여기서 온도에 따른 센서 특성의 변화를 생각해보자. 다른 환경 파라미터도 유사한 방법으로 다룰 수 있을 것이다. 그림 1.12는 센서에 대한 온도의 영향을 나타낸 것이다. 그림 (a)에서 센서 특성곡선이 a에서 b로 변하면 곡선의 기울기가 증가하므로 감도가 증가하여 오차가 발생한다. 센서의 입력-출력 특성의 기울기가 이상적인(정상적인) 직선 a의 기울기로부터 벗어나는 것을 감도오차 또는 감도 드리프트라고 한다. 특히 정격입력(100%FS)으로 설정했을 때 온도변화에 기인한 센서의 출력레벨 변화를 온도 스팬 오차(span error)라고 한다.

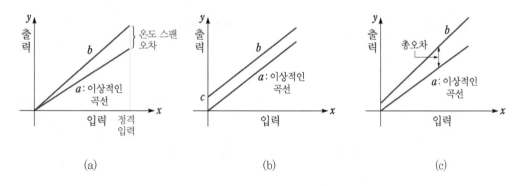

그림 1.12 감도 오차와 오프셋 오차

그림 (b)와 같이 입력이 0일 때 센서 출력이 0으로 되지 않는 것을 오프셋 또는 영점 드리프트(zero drift)라고 부른다. 만약, 영점과 감도의 드리프트가 동시에 발생하면 센서의 출력특성은 그림 (c)와 같이 변형되어 총 오차는 더욱 크게 된다.

반도체 센서의 특성은 온도 의존성이 매우 크므로 온도 보상에 충분한 주의를 기울이지 않으면 안된다. 온도 변동은 또한 광센서나 정전용량형 센서에 영향을 미친다. 전자의 경우는 온도에 의한 굴절율의 변화가, 후자의 경우는 유전율의 변화가 센서 특성을 변화시킨다.

온도영향 이외에도 동작원리상 상대적 변위를 이용하는 센서는 진동의 영향을 무시할 수 없다. 센서에 진동이 가해짐으로써 출력이 변동하는 것 이외에 지지부의 탈락이나 영구 변형, 리드선의 단선 등에 의한 고장이 일어날 수 있다. 또 전원전압이 변동하면 감도의 변화나 드리프트(drift)가 일어난다. 또한 소자자체에서 발생하는 주울 열의 변동에 의해 열적 드리프트도 일어날 수 있다.

1.4 · 센서의 분류

일반적인 공학 기술과 마찬가지로 센서도 여러 가지 관점에서 분류되고 있다. 그러나 센서의 종류는 언급할 수 없을 만큼 다양해서 표준화된 분류 방법이 없지만 학계나 산업체에서 자주 사용하는 용어를 소개한다.

1.4.1 동작 에너지 공급 유무에 따른 분류

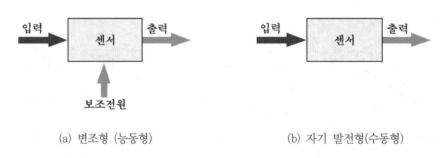

(a) 변조형 (능동형)　　　　(b) 자기 발전형(수동형)

그림 1.13 전원공급 유무에 따른 분류

1. 변조형 센서(그림 1.13a)

변조형 센서(modulating sensor)는 변환동작을 위해서 외부에서 전원을 공급한다. 출력신호 전력의 대부분은 외부에서 가한 전원으로부터 얻는다. 입력은 단지 출력만을 제어한다. 이 형식의 장점은 공급전원전압이 전체적인 감도를 변화시킬 수 있다는 점이다. 변조형 센서의 예로는 포토트랜지스터(제2장), 서미스터(제5장) 등이 있다. 변조형 센서를 능동형 센서(active sensor)라고 부르기도 한다.

2. 자기발전형 센서(그림 1.13b)

자기발전형 센서(self-generating sensor)는 외부에서 전원을 공급할 필요가 없으며, 출력전력은 입력으로부터 얻어진다. 즉, 변환에 필요한 전력을 측정대상(입력)으로부터 얻는다. 이 형식의 예로는 포토다이오드(제2장), 열전대(제5장) 등이 있다. 자기발전형 센서를 수동형 센서(passive sensor)라고도 한다. 저자에 따라서는, 변조형을 수동형 센서, 자기발전형을 능동형 센서라고 부르기도 하지만, 혼동을 피하기 위해서 본서에서는 사용하지 않는다. 변조형 센서는 보통 자기 발전형 센서보다 더 많은 전선을 필요로 한다. 더구나 보조전원이 폭발성 분위기에서 사용되는 경우 폭팔 위험을 증가시킨다.

1.4.2 출력신호 형식에 따른 분류

1. 아날로그 센서

출력이 연속적으로 변하는 아날로그 신호이며, 보통 정보는 출력신호의 진폭으로부터 얻어진다. 출력신호가 가변주파수인 센서도 아날로그 센서로 분류하지만, 주기신호는 디지털 신호로 변환이 용이하므로 준 디지털 센서(quasi-digital sensor)라고 부르기도 한다. 대부분의 센서가 아날로그 센서이다.

2. 디지털 센서

이 형식의 센서 출력은 디지털 신호이다. 디지털 신호는 아날로그 신호보다 전송이 더 용이하고, 재현성이 우수하고, 신뢰성이 높고, 더 정확한 경우가 많다. 디지털 센서로는 로터리 인코더(제7장)가 있다. 센서 소자의 출력자체가 디지털인 경우는 흔하지 않으며, 아날로그-디지털 변환기를 조합해서 디지털 신호출력을 얻고 있다.

지금까지 분류는 주로 학술적 분류라고 할 수 있으며, 센서 산업계에서는 다음에서 설명하는 센서의 특수성에 따른 분류를 더 선호한다.

1.4.3 검출대상에 따른 분류

센서의 주요 검출대상을 열거하면 표 1.2와 같이 "수(number)"에서 "혈당"에 이르기까지 다양한 물리적, 화학적, 생물학적 양들이 있으며, 또한 이들은 1차원적인 것부터 3차원적인 것까지 있어, 하나의 양을 검출하기 위해서는 다수의 센서가 사용되기도 한다.

표 1.2 센서의 주요 검지 대상

수	위치	변형	유속	성분조성	입자	열량	유해·유독가스
길이	레벨	압력	속도 가속도	수분	비중밀도	온도	맛
면	직선변위	토크	음파	이온농도	탐상	화재	냄새
입체	회전변위	유량	진동	탁도	습도	연기	혈당

1.4.4 센서재료에 따른 분류

센서를 변환기능재료에 따라 분류하면 표 1.3과 같다. 현재 개발되어 사용되고 있는 센서 재료는 크게 유기재료, 무기재료, 복합재료로 나눌 수 있다. 무기재료에는 금속, 반도체, 세라믹, 광섬유 등이 있고, 유기재료에는 고분자가 대표적이다. 이 중에서 반도체는 지금까지 가장 많이 사용되어 왔고, 또한 향후 다양한 센서개발이 기대되는 재료이다. 특히 실리콘을 기반으로 한 반도체 센서 기술은 광 센서를 중심으로 큰 발전을 해 왔으며, 최근에는 반도체 기술과 마이크로머시닝(micromachining) 기술을 조합해서 새로운 기능을 갖는 센서가 개발되고 있다. 이러한 센서를 MEMS(microelectromechanical system) 센서라고 부르며, 대표적인 MEMS 센서로는 자동차에 사용되고 있는 실리콘 압력 센서, 가속도 센서, 자이로스코프, 유량 센서 등을 수 있으며, 최근에는 마이크로 가스 센서 등도 실용화되고 있다. MEMS 기술에 대해서는 제24장에서 설명한다.

표 1.3 재료에 따른 센서 분류

센서재료	대표적인 센서 예
금 속	RTD, 스트레인 게이지, 로드셀, 열전대
반 도 체	홀 소자, 반도체 압력센서, 가속도센서, 포토다이오드, CCD
세 라 믹	습도센서, 서미스터, 가스센서, 압전센서, 산소센서
광 섬 유	온도센서, 레벨센서, 압력센서, 변형센서
유 전 체	초전형 센서, 온도센서
고 분 자	습도센서, 압전 센서, 초음파 센서
생체 물질	혈당센서, 면역센서, DNA센서, 기타 바이오센서
복합 재료	PZT 압전 센서, 고분자-나노 복합 센서

금속은 지금까지 기계적 혹은 전자적 센서에서 지속적으로 사용되어 온 재료이며, 최근에는 비정질 금속이나 형상기억합금 등이 개발되어 새로운 센서재료로서 주목받고 있다.

세라믹은 내식성, 내열성, 내마모성이 뛰어나고 유기 재료는 바이오 센서용 혹은 무기재료의 단점을 보완하기 위해서 사용된다. 광섬유 센서는 전기신호를 사용하는 센서의 문제점(전자유도에 의한 외란 등)을 해결하려는 발상을 토대로 연구가 시작된 것으로, 광섬유가 신호를 빛으로 전송하기 위한 매체로서 사용되는 방식과, 혹은 광섬유 자체가 센서 기능을 갖도록 한 것이 있다. 무기재료와 유기재료의 장점을 살린 고분자 복합재료가 개발되었고 앞으로 기존재료의 복합에 의해 새로운 기능성 재료의 개발이 개대되고 있다.

1.4.5 변환현상에 따른 분류

변환에 이용되는 원리·효과에 따라 센서를 분류하면 표 1.4와 같이 역학센서, 전자기센서, 광센서, 온도센서, 화학센서 등이 있다.

표 1.4 센서의 기능상 분류

분 류	대표적 센서
역학센서	근접센서, 회전각센서, 레벨센서, 속도센서, 가속도센서, 진동센서, 하중센서, 압력센서, 유량센서
전자기센서	홀 센서, 자기저항(MR)센서, GMR 센서, TMR 센서
광 센 서	포토다이오드, 포토트랜지스터, 적외선센서, 자외선센서, 광전관, 이미지센서(CCD 및 CMOS)
온도센서	열전대, RTD, NTC/PTC 서미스터, IC온도센서, 광 고온계
화학센서	가스센서, 습도센서, 이온센서, 바이오센서(효소센서, 면역센서)

역학센서는 공장 자동화의 핵심센서이며, 크게는 기계량 센서와 유체량 센서로 대별된다. 기계량 센서에는 거리, 위치, 회전각을 측정하는 직선/회전 변위센서, 근접센서, 속도/가속도 센서, 하중(힘)/토크 센서 등이 대표적이다. 유체량 센서에는 압력센서, 유량/유속 센서, 점도센서, 밀도센서 등이 있다.

온도센서는 가장 많이 사용되고 있는 센서 중의 하나로 금속, 산화물 반도체, 비산화물 반도체, 유기 반도체 등이 사용되고 있다. 최근에는 온도계측범위가 극저온으로부터 초고온으로 더욱 확대되고 있으며, 정밀도도 더욱 높아지고 있다.

자기센서는 주로 홀 효과와 자기저항효과를 이용한 센서가 주류를 이루고 있으며, 유속, 유량, 변위, 전류, 온도, 두께, 레벨 등 여러 물리량을 비접촉 방식으로 검출 가능케 한다. 최근에는 거대자기저항효과(GMR), 터널자기저항효과(TMR) 등을 이용한 고감도 자기센서가 개발되어 자동차를 비롯한 각종 산업에서 사용되고 있다.

광센서는 반도체를 이용해 광을 전기신호로 변환하여 검출하는 방식이 많이 사용되고 있으며, 원리, 기능, 용도에 따라 여러 가지로 구분된다. 대표적인 광센서로는 포토다이오드, 포토트랜지스터 등이 있고, 검출파장에 따라 가시광선, 적외선, 자외선, 방사선 센서로 분류된다. 현재 광센서는 공장 자동화 센서로 광범위하게 사용되고 있으며, 앞으로 그 응용이 더욱 확대될 것으로 기대된다.

화학센서는 크게 이온센서, 가스센서, 습도센서, 성분/조성센서 등이 있다. 특히 바이오 센서는 의료분야에서 질병의 조기진단, 생체계측에 필수적인 중요한 센서로, 현재 연구개발이 가장 활발하게 진행되고 있는 센서분야 중의 하나이며, 앞으로 큰 발전이 기대되는 센서기술이다. 우리가 가정에서 흔히 사용하는 혈당 센서는 대표적인 바이오센서이며, 가장 큰 세계 시장을 형성하고 있다.

1.4.6　용도에 따른 분류

용도분야, 즉 센서를 적용하는 산업분야에 따른 분류로서, 산업용, 민생용, 연구용, 의료용, 군사용 등으로 분류한다. 또 더 구체적으로 분류하는 경우는 자동차용, 로봇용, 방재용 등으로 분류할 수 있다.

일반적으로 산업용 센서의 경우 더 높은 확도를 요구하며, 반면 자동차에 탑재하는 센서는 혹독한 환경에서 사용되기 때문에 훨씬 더 넓은 동작온도 범위와 내구성이 요구된다.

1.5　센서화 시대

현대 사회에서 센서 기술은 우리의 일상생활뿐만 아니라 모든 산업 분야에 그 적용이 확대되어 가고 있어 센서의 역할은 더욱 더 막중하다. 센서 기술이 타 기술과 융합하여 새로운 제품과 산업을 창조해 내고 있다. 특히 센서와 통신 기술을 기반으로 하는 사물 인터넷(그림 1.15)은 스마트 홈, 스마트 자동차의 출현을 가능케 하여 우리의 일상생활을 더욱 더 편안하고, 쾌적하고, 안전하게 변화시키고 있다. 또한 스마트 공장은 생산성을 더욱 향상시킬 수 있도록 공장 내의 모든 기계는 생산라인을 더 효율적으로 운영할 수 있도록 정보를 제공한다. 그리고 이러한 부분적이고 지역적인 사물 인터넷을 하나로 연결하여 전 세계의 사물을 하나의 대형 사물 인터넷으로 구성하려는 시도가 진행되고 있다.

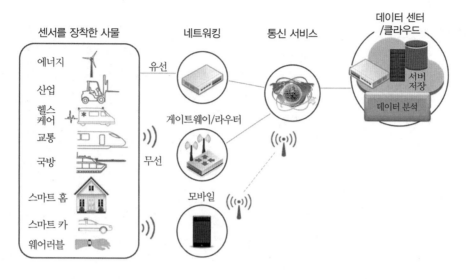

그림 1.15 사물 인터넷의 아키텍쳐

    사실상 센서 기술의 발전 없이는 사물 인터넷이나 스마트 시스템의 실현은 불가능하다. 사물 인터넷에서 센서와 액추에이터가 내장된 사물들이 유무선 네트워크를 통해 서로 연결된다. 시장 조사 전문가들은 이렇게 네트워크된 센서가 2020년까지 1조 달러가 될 것으로 예측하고 있다. 모바일 및 가전 센서, 스마트 카, 웨어러블(wearable) 센서 분야도 대폭적으로 성장할 것으로 예상하고 있다. 우리의 생활과 산업의 스마트화가 진행될수록 센서 기술의 중요성은 더욱 더 부각될 것이다. 최근 가장 큰 이슈가 되고 있는 4차 산업에서도 센서 기술은 핵심적인 역할을 할 것이다. 이와 같이 센서 기술이 산업발전을 이끌면서 인류의 복지와 번영에 기여하는 센서화(sensorlization) 시대는 이미 우리 앞에 도래하였다고 해도 과언이 아니다. 센서화 시대를 맞이하여 각 분야에서 요구하는 니즈(needs)에 최적인 센서를 개발하여 산업발전과 인류생활 향상에 기여하는 것이 센서 연구자나 기술자에 주어진 의무이다.

memo

02 chapter | 광센서

빛이 없으면 생명체가 존재할 수가 없을 뿐만 아니라, 우리는 빛을 통해서 모든 사물을 본다. 이와 같이 빛은 우리의 일상생활과 매우 밀접한 관계를 갖고 있고, 또 빛으로부터 많은 신호와 정보를 얻을 수 있기 때문에 빛을 검출하는 역사는 매우 오래되었다. 빛을 이용한 검출은 비접촉으로 할 수 있고, 빛 에너지를 전기 에너지로, 역으로 전기 에너지를 빛 에너지로 변환이 용이한 장점이 있다. 그러므로 광 검출은 매우 중요한 부분이고, 현재 다수의 광센서가 개발되어 수많은 분야에 이용되고 있다.

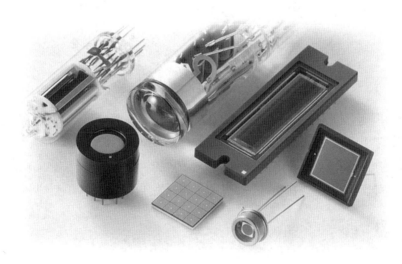

2.1 ◦ 광센서의 기초

먼저 광센서를 이해하는데 필요한 빛의 기본적인 성질과 관련 용어에 대해서 설명한다.

2.1.1 빛의 성질

그림 2.1에 나타낸 것과 같이, 빛은 파(wave)와 입자(particle)의 성질을 모두 갖는데, 이 것을 빛의 파−입자 이중성(wave-particle duality)이라고 한다.

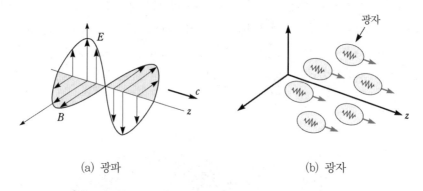

(a) 광파   (b) 광자

그림 2.1 빛의 이중성

빛의 파동성질을 강조하는 경우 빛을 광파(光波 ; light wave)라고 부른다. 그림 2.1(a)에 나타낸 바와 같이 광파는 전자파(electromagnetic wave ; EM wave)의 일종으로 서로 직교하면서 정현파로 진동하는 전계(電界, E)와 자계(磁界, B)로 구성되며, 전계와 자계에 수직한 축 방향을 따라 진행한다. 이때 전계와 자계는 다음 식으로 나타낼 수 있다.

$$E(z, t) = E_o \cos(\omega t - \beta z)$$
$$B(z, t) = B_o \cos(\omega t - \beta z) \qquad\qquad (2.1)$$

여기서, ω를 각속도(角速度), β를 위상정수(位相定數 ; phase constant) 또는 전파정수 (傳播定數 ; propagation constant)라고 부른다.

진공 속에서 전자파는 파장과 주파수에 무관한 속도로 전파하며, 진공에서 빛의 속도는

$$c = \lambda \nu = 2.998 \times 10^8 \text{ m/s} \qquad\qquad (2.2)$$

여기서, λ는 전자파의 파장(wave length), ν는 주파수(frequency)이다. 진공이 아닌 물질 내를 진행하는 전자파의 속도는 c보다 작아지며, 매질의 굴절률(屈折率 ; refractive index) n을 사용하여 나타낸다. 즉, 매질 내에서 전자파의 속도 v는

$$v = \frac{c}{n} \tag{2.3}$$

광파(전자파)는 보통 주파수나 파장으로 기술한다. 그림 2.2는 광센서의 검출대상이 되는 각종 파와 그 파장을 정리하여 나타낸 것이다. 가시광선(visible light)은 파장이 약 390 nm ~780 nm 사이인 전자파를 말하는데, 이 대역(帶域;band)은 사람의 눈이 식별할 수 있는 전자파의 파장이며, 파장의 크기에 따라 색이 변한다. 특히 태양이나 백열전구의 빛을 백색광(白色光 ; white light)이라 부르며, 모든 파장의 가시광선을 포함하고 있다.

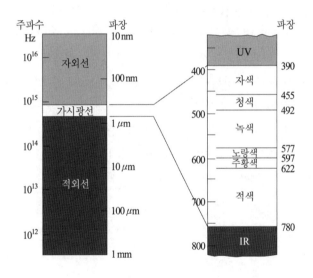

그림 2.2 각종 전자파의 파장과 주파수

가시광선보다 긴 0.78 μm~1000 μm 파장의 전자파를 적외선(赤外線 ; infrared ; IR)이라 하고, 가시광선보다 단파장의 전자파(1~400 nm)를 자외선(ultraviolet ; UV)이라고 부른다.

지금까지 빛을 파동으로만 설명하였다. 그러나 과학자들에 의해서 관측된 많은 실험적 사실들은 빛을 입자로 생각해야만 설명할 수 있다(그림 2.1b). 광파가 물질(원자, 분자)과 상호작용할 때 나타내는 입자의 성질을 광자(光子 ; photon) 또는 광양자(光量子 ; light quantum)라고 부르며, 주파수 ν인 빛의 광자가 갖는 에너지는 다음과 같다.

$$E_{ph} = h\nu \tag{2.4}$$

여기서, h는 플랭크 상수(Planck's constant)이며, 그 값은 $h = 6.626 \times 10^{-34} J \cdot S$ 이다. 식 (2.2)와 (2.4)를 결합하면,

$$E_{ph} = h\nu = h\frac{c}{\lambda} \tag{2.5}$$

위 식으로부터 광자의 에너지는 파장에 역비례 함을 알 수 있다.

2.1.2 빛의 방출과 흡수

물체에서 빛의 방출과 흡수는 물체를 구성하는 원자 및 분자와 광파의 상호작용에 기인하는 것인데, 양자역학에 의하면 다음과 같이 설명된다.

그림 2.3(a)에 나타낸 바와 같이 원자는 (+)전하를 갖는 원자핵과 그것을 중심으로 궤도를 회전하는 전자(− 전하)로 구성된다. 일반적으로 원자는 핵에 있는 (+)전하와 같은 수의 전자를 가지므로 전기적 중성을 유지한다. 전자궤도의 에너지는 불연속적인 값으로 되는데, 이것을 에너지 준위(準位 ; level)라 부르고, 전자의 운동 에너지와 위치 에너지의 합으로 주어진다. 에너지가 가장 낮은 상태(그림에서 E_1)를 기저상태(基底狀態 ; ground state), 그것보다 에너지가 높은 모든 상태(E_2, E_3, ⋯, E_n)를 여기상태(勵起 ; exited state)라고 부른다.

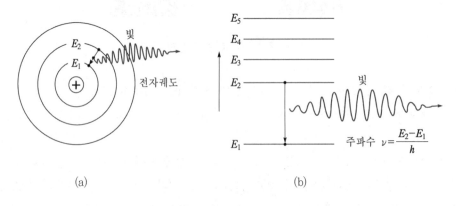

(a)   (b)

그림 2.3 광방출 현상

만약 높은 에너지 준위에 있는 전자가 더 낮은 에너지 상태로 천이(遷移 ; transition)하면 빛이 방출된다. 예를 들면, 그림 2.3에서와 같이 에너지 E_2의 여기상태에 있는 전자가 에너지 E_1의 기저상태로 천이할 때, 에너지 차 $E_2 - E_1$에 해당하는 빛이 방출되며, 그 주파수는

$$\nu = \frac{E_2 - E_1}{h} \tag{2.6}$$

로 주어진다. 따라서 어떤 광원이 빛을 방출할 때, 사실상 빛의 에너지는 식 (2.4)로 주어지는 수많은 개수의 광자로 방출된다.

한편 물체가 빛(전자파)을 흡수하면, 전자는 기저상태에서 여기상태로 올라간다. 예를 들면, E_1에 있던 전자가 식 (2.6)으로 주어지는 빛을 흡수하면, 전자는 에너지를 얻어 E_1에서 E_2로 천이한다. 이와 같이, 빛(전자파)을 방출하는 물체는 에너지를 상실하고, 흡수하는 물체는 에너지를 얻게 된다.

발광현상에는 열을 수반하지 않는 루미네선스(luminescence)와 열방사(熱放射 ; thermal radiation)가 있다. 루미네선스는 물체나 분자를 구성하는 원자가 빛, X-선, 전자선, 방사선, 전기 또는 화학반응 등의 에너지를 흡수하여 여기상태로 된 후 다시 천이하여 발광하는 현상을 말하며, 우리 주위에서 흔히 볼 수 있는 발광 다이오드(LED)나 레이저(laser) 등에 이용된다.

한편, 전구의 필라멘트, 태양 표면 등에서 방출되는 빛을 열방사라고 하며, 연속 스펙트럼의 빛이 방출된다. 이때, 저온에서는 적외선이 방사되며, 고온으로 감에 따라 방사량이 증가되는 동시에 단파장의 가시광 쪽으로 이동하여 휘도를 증가시킨다.

2.1.3 인간의 시감

광센서의 검출파장(주파수)은 자주 우리 눈의 시감도와 비교된다. 우리가 잘 아는 바와 같이, 인간의 눈은 파장이 약 390 nm~780 nm 사이인 전자파에 대해서 감도를 가지는 데, 이 파장대의 전자파를 가시광선(visible light)이라고 부른다. 눈의 감도는 555 nm 파장의 빛(녹색)에 가장 민감하다.

2.1.4 광센서의 분류

일반적으로 가시광, 적외선, 자외선을 검출하는 센서를 총칭해서 광센서라고 부르지만, 광센서의 검출대상이 되는 파장 범위가 매우 넓어 하나의 광센서로 이 모든 주파수의 광을

검출한다는 것은 불가능하기 때문에 여러 종류의 재료나 검출원리가 이용되고 있다. 본 장에서는 가시광 센서만을 다루고, 적외선 센서에 대해서는 제3장에서 설명한다.

광 검출에 사용되는 원리에 따라 주요한 광센서를 분류하면 표 2.1과 같다. 광센서는 양자형(量子型 ; photon detector)과 열형(熱型 ; thermal detector)으로 대별할 수 있다.

양자형 센서는 빛의 양자를 흡수해서 전자와 정공(positive hole)으로 직접 변환하는 센서로, 광도전 셀, 포토다이오드, 포토트랜지스터 등이 여기에 속한다. 양자형 광센서는 자외선에서 중적외선(mid-IR) 범위에서 동작한다.

한편, 열형 검출기는 적외선을 흡수한 소자의 온도가 변화하고, 그 결과 소자의 전기적 특성(저항, 열기전력, 전기분극 등)이 변하는 효과를 이용하는 광센서이다. 열형 센서에는 서미스터, 볼로미터, 서모파일, 초전센서 등이 있으며, 중적외선부터 원적외선 범위를 검출하는데 유용하다. 이들 센서에 대해서는 제3장의 적외선 센서에서 설명한다.

2.2절 이하에서는 표 2.1의 분류에 따라서 각종 광센서의 구조, 동작원리, 특성 등에 대해서 설명한다.

표 2.1 동작원리에 따른 광센서 분류

동작원리	광 센서		종류
내부광전효과 (內部光電效果)	광도전형	광도전 셀(포토 셀)	CdS, CdSe, PbS, PbSe, HgCdTe
	접 합 형	pn 포토다이오드	Si, Ge, GaAs, InGaAsP, InSb
		pin 포토다이오드	〃
		애벌랜치 포토다이오드	〃
		포토트랜지스터	〃
		PSD	Si
		이미지 센서	CCD형, CMOS형
	복 합 형	포토인터럽터 포토커플러	LED-포토트랜지스터 LED-포토다이오드
외부광전효과 (外部光電效果)	광 전 관		Ag-O-Cs, Sb-Cs, Na-K-Sb-Cs
	광전자 증배관		Ag-O-Cs, Sb-Cs
열 형 (熱型)	초 전 형		$LiTaO_3$, $PbTiO_3$, PVF_2
	서모파일		열전대(thermocouple), Bi와 Sb 박막 다결정 실리콘
	볼로미터		Pt, Ni, 서미스터

2.2 ◦ 광도전 셀

2.2.1 광도전 효과

그림 2.4와 같이 반도체에 빛을 조사하면 전자–정공 쌍(electron–hole pair)이 발생하여, 그 부분의 전기 전도도(電氣傳導度 ; electrical conductivity ; 보통 도전율이라고 부른다.) 가 증가하는데, 이것을 광도전효과(光導電效果 ; photoconductive effect)라고 부른다. 또, 자유전자와 정공(正孔, positive hole)과 같이 전기전도에 기여하는 입자들을 전하 케리어 (charge carrier)라고 부른다.

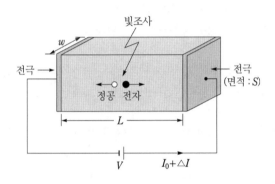

그림 2.4 광도전 효과

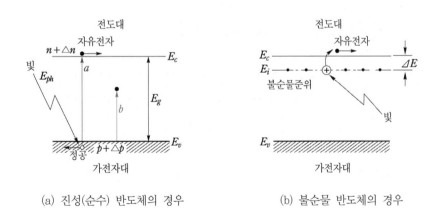

(a) 진성(순수) 반도체의 경우   (b) 불순물 반도체의 경우

그림 2.5 반도체에서 빛에 의한 자유 케리어 발생

빛에 의해 전기 전도도가 증가하는 이유를 설명해 보자. 그림 2.5은 진성 반도체의 에너 지 밴드(energy band) 구조를 나타낸 것이다. 전자로 완전히 채워진 가전자대(價電子帶 ;

valence band)와, 전자가 거의 없는 전도대(傳導帶 ; conduction band)가 있고, 그 사이에 전자가 존재하지 않는 금지대(禁止帶 ; forbidden band)가 있다. 전도대와 가전자대의 에너지 차, 즉 금지대 폭을 에너지 갭(energy gap)이라고 부르며, 흔히 E_g로 나타낸다.

빛을 조사하기 전 반도체의 전기 전도도는

$$\sigma = n e \mu_n + p e \mu_p \tag{2.7}$$

여기서, n은 전도대에 있는 전자농도, p는 가전자대의 정공농도, μ_n는 전자의 이동도(移動度 ; mobility), μ_p는 정공의 이동도, e는 전자의 전하량이다.

지금 반도체에 빛을 조사하면 그림 2.5(a)와 같이, 가전자대에 있는 전자 중 에너지 갭 E_g 보다 더 큰 에너지를 얻은 전자는 전도대로 올라가 자유전자로 되어 전자 – 정공쌍이 발생한다. 따라서 전자농도는 $n \rightarrow n + \Delta n$, 정공농도는 $p \rightarrow p + \Delta p$로 각각 증가하고, 식 (2.7)로 주어진 반도체의 전기 전도도는 다음 식으로 된다.

$$\begin{aligned} \sigma_{ph} &= e\,(n + \Delta n)\,\mu_n + e\,(p + \Delta p)\,\mu_p \\ &= e\,(n \mu_n + p \mu_p) + e\,(\Delta n \mu_n + \Delta p \mu_p) = \sigma + \Delta \sigma \end{aligned} \tag{2.8}$$

이것을 광전도도(光傳導度 ; photoconductivity)라고 부르며, 식 (2.7)과 비교해 보면 빛에 의해 전기 전도도가 $\Delta \sigma$만큼 증가함을 알 수 있다.

그러므로, 그림 2.4와 같이, 길이 L, 단면적 S인 반도체에 일정한 전류 I_o가 흐르고 있는 상태에서 빛을 조사하면, 전류는

$$\Delta I = \Delta \sigma \frac{SV}{L} = e\,(\Delta n \mu_n + \Delta p \mu_p)\, S \frac{V}{L} \tag{2.9}$$

만큼 증가하여 총 전류는 $I_o + \Delta I$로 된다. 이 전류의 변화 분을 센서 신호로 출력한다. 모든 빛이 광도전 효과를 나타내는 것은 아니다. 전자가 전도대로 올라가기 위해서는 식 (2.5)에 주어지는 광자의 에너지 E_{ph}가 E_g보다 커야되므로,

$$E_{ph} = h \frac{c}{\lambda} > E_g \tag{2.10}$$

여기서, $E_{ph} = E_g$로 되는 한계파장(threshold frequency)을 차단파장 λ_c라고 하며, 다음 식으로 주어진다.

$$\lambda_c = \frac{hc}{E_g} \tag{2.11}$$

정수 h와 c의 값을 대입하여 차단파장을 계산하면

$$\lambda_c = \frac{1.24}{E_g[\text{eV}]} \; \mu\text{m} \tag{2.12}$$

즉, 에너지 갭 E_g가 결정되면 센서의 장파장 측의 감도한계로 차단파장을 알 수 있다.

표 2.2는 광센서 재료로 흔히 사용되는 반도체의 차단파장을 나타낸 것이다.

표 2.2 광센서용 반도체의 차단파장

물질	에너지 갭 E_g [eV]	차단파장 λ_c [μm]	영역
Ge	0.67	1.85	적외선
Si	1.11	1.12	적외선
GaAs	1.43	0.86	적외선
GaP	2.30	0.54	가시광
PbS	0.62	2.00	적외선
InSb	0.18	6.89	적외선
CdSe	1.74	0.72	적외선
CdS	2.45	0.51	가시광
CdTe	1.45	0.86	적외선

지금까지 설명한 진성 반도체(intrinsic semiconductor)의 에너지 갭은 0.1 eV 정도가 한계이기 때문에 식 (2.12)로부터 계산하면 12 μm 이상의 원적외선을 검출할 수 없어 진성 반도체 대신 불순물 반도체(extrinsic semiconductor)를 사용한다. 현재 사용하고 있는 것은 Si, Ge에 국한되어 있는데, 도너(donor) 또는 억셉터(acceptor) 불순물을 도핑함으로써 n형 또는 p형의 반도체가 된다. 그림 2.6(b)는 불순물 반도체의 에너지 밴드를 나타낸 것으로, 전자는 불순물 준위 E_i로부터 전도대로 올라가므로, E_g 대신 $\Delta E = E_c - E_i$를 사용하면 차단파장 $\lambda_c(=1.24/\Delta E)$가 매우 길어져 원적외선에 응답하는 센서를 만들 수 있다. 예를 들면, Si에 As를 도우핑하면 $\Delta E = 0.05[\text{eV}]$, Ge에 Cd를 도핑하면 $\Delta E = 0.06[\text{eV}]$이다. 단, ΔE가 작아 열잡음이 문제로 되기 때문에 극저온으로 냉각할 필요가 있다. 적외선 센서에 대해서는 제3장에서 설명한다.

2.2.2 CdS 셀

1. 구조와 동작원리

현재 가시광을 검출하는 광도전 셀로 가장 널리 사용되고 있는 것은 유화 카드뮴 포토셀 (CdS photocell)이다. 그림 2.6은 CdS 셀의 기본구조를 나타낸다. 세라믹 기판 위에 CdS 분말을 소결(燒結)한 것으로, 소결체(燒結體)의 양단에 In, Sn 등의 오믹(ohmic) 전극을 만든다. 또 CdS를 꾸불꾸불한 형태로 만들어 전극과의 접촉면적을 크게 한다. CdS 셀은 습기에 의해 열화(劣化)되므로, 기밀봉지(氣密封止)되어 있다. 빛은 유리 또는 플라스틱 도포막을 투과하여 셀 표면에 입사한다. 전극사이에 전압을 인가하고 노출되어 있는 CdS에 빛을 조사하면 자유전자와 정공이 발생하고, 입사광의 세기에 따라 CdS의 저항이 감소하여 전극에 흐르는 전류가 증가한다.

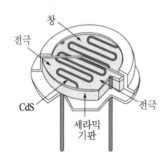
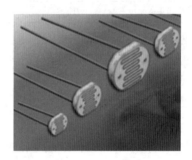

그림 2.6 CdS 포토셀

2. 주요 특성

(1) 분광감도 특성

CdS 셀은 515 nm 부근의 파장에서 최대의 감도를, CdSe는 730 nm 파장의 빛에 대해서 최대의 감도를 갖는다. CdS와 CdSe의 조성비를 제어함으로써 최대감도를 515~730 nm 사이의 파장에서 최적화시킬 수 있어, 인간의 눈과 매우 유사한 분광감도특성을 갖는 셀도 가능하다.

광센서의 감도는 센서 표면에 입사하는 광의 세기와 출력신호 사이의 관계로 나타내는데, 포토셀의 경우 조도-셀 저항 곡선으로 표시한다. 빛을 조사하기 전 CdS 소자의 저항치는 수 kΩ~수십 MΩ이며, 빛을 조사하면 그 세기에 따라 수 kΩ~수백 kΩ의 저항변화를 얻을 수 있다. CdS 셀의 저항 값은 조사광의 세기가 증가하면 감소하지만, 조도와 저항 값 사이가 항상 비직선 관계로 되기 때문에 센서로서 사용하는 경우에는 보정이 필요하다. 또 조도에 대한 저항치의 변화율 γ의 값은 조도범위에 따라 일정치 않으면, 보통 100 lux와 10 lux 사이의 기울기, 즉, $\gamma_{10}^{100} = \log(R_{100}/R_{10})$로 나타낸다. γ값은 소결막(燒結膜)의 조성(造成)과 소결 조건에 따라 0.5~1.0 범위에서 변하며, 일반적으로 $\gamma = 0.7 \sim 0.9$ 범위에서 사용되고 있다.

(2) 응답 특성

CdS 셀은 입사광에 응답하는데 일정한 시간지연이 발생한다. 응답시간은 보통 셀이 조사된 후 저항이 포화값의 63%에 도달하는 데 요구되는 시간(상승시간)과, 빛이 제거되었을 때 저항이 포화 값의 37%로 떨어지는데 요구되는 시간(하강시간)으로 정의된다. 응답속도는 입사광의 세기가 강할수록 빨라지고, 어두운 곳에 오래 두었던 셀은 밝은 곳에 두었던 셀 보다 더 느린 응답속도를 나타낸다. 또한 부하저항이 증가하면 상승시간은 빨라지지만 하강시간은 반대로 된다. 일반적으로 CdS 셀의 응답시간은 10~100 ms로 매우 느리다. 응답속도는 빠르게 변하는 빛의 레벨이나 on/off 스위치를 설계하는데 중요한 특성이다.

(3) 광이력 효과(광기억 효과)

CdS 셀의 빛 조사 시 저항, 암저항(dark resistance), 응답속도는 셀이 과거 빛에 노출된 이력(조건)에 의해서 달라진다. 이것을 광이력 효과(light history effect) 또는 광기억 효과 (light memory effect)라고 부른다. 특히 CdS 셀이 측정 전에 어두운 곳이나 밝은 곳에 있었을 경우 조사 시 저항(즉 감도)에서 차이가 난다. 이 차를 광이력 오차(light history error) 라고 부른다.

3. 특징과 응용분야

CdS는 고감도인 반면, 응답시간이 늦고, 히스테리시스(hysteresis)가 큰 결점을 가진다. 따라서 정밀 광측정 등에는 사용되지 않는다.

CdS 셀의 응용분야를 열거하면, TV의 밝기와 명암의 자동조절, 카메라 노출계, 가로등 스위치, 물체의 존재유무 및 검출센서, 연기 검출기, 침입 경보기, 카드 리더(card reader), 복사기의 토너 밀도 측정 등에 사용된다.

카드뮴은 인체에 유해한 물질이므로 최근에는 여러 나라에서 카드뮴의 사용을 제한하고 있기 때문에 CdS 셀 생산을 중단하는 업체도 있다.

2.3 ◦ 포토다이오드

포토다이오드(photodiode)는 p–n 접합의 광기전력 효과를 이용해서 빛을 검출하는 광센서이며, 현재 가장 널리 사용되고 있는 광센서이다. 포토다이오드는 기능과 구조에 따라 PN 포토다이오드, PIN 포토다이오드, APD(Avalanche photodiode) 등으로 분류한다.

2.3.1 광기전력효과

p–n 접합(junction)에 빛을 조사하였을 때 기전력(起電力)이 발생하는 현상을 광기전력효과(photovoltaic effect)라 한다. 실리콘 pn 접합을 예를 들어 설명해 보자.

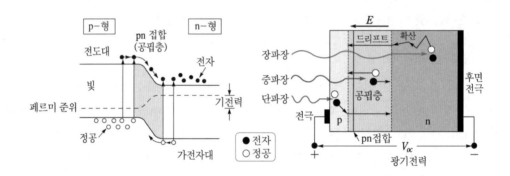

그림 2.7 광기전력효과

그림 2.7은 광기전력 현상을 설명하는 그림이다. p–n 접합에 빛이 조사되면 n영역, p영역, 공핍층(자유전자와 정공이 없는 영역)에서 케리어(전자–정공 쌍) 들이 발생하는데, 주로 공핍층에서 발생된 케리어들이 광기전력에 기여한다. 공핍층에서 발생된 전자는 n영역으로, 정공은 p영역으로 내부전계 E에 의해서 가속된다. n영역에서 발생된 전자는 전도대에 머무르고, 정공은 공핍층까지 확산한 다음 그곳에서 전계에 의해 가속되어 p영역으로 흘러들어 간다. 또 p영역에서 발생된 정공은 가전자대에 머무르고, 전자는 공핍층을 통과해 n영역으로 흘러들어 간다. 이와 같이 빛에 의해 각 영역에서 발생된 전자들은 n영역의 전도대에, 정공들은 p영역의 가전자대에 축적되고, 이로 인해 p영역이 정(+), n영역이 부(−)인 전위가 형성되어 광기전력으로 출력된다. 단자가 개방된 상태에서 이 전압을 개방전압(開放電壓 ; open circuit voltage) V_{oc} 이라고 부른다. 또, 단자를 단락시켰을 때 외부회로를 통해 흐르는 전류

를 단락전류(短絡電流 ; short circuit current) I_{sc}라고 한다.

실리콘 반도체에 입사하는 빛의 침투깊이는 파장에 따라 변한다. 예를 들면, 파장이 $1\mu\text{m}$인 적외선의 침투깊이는 $100\mu\text{m}$ 이상으로 깊숙이 침투하지만, 파장이 400nm인 보라색의 침투깊이는 $1/10\mu\text{m}$ 이하로 되어 단파장 빛은 반도체 표면에서 흡수된다. 포토다이오드가 효율적이기 위해서는 입사한 빛과 반도체의 상호작용 길이가 적어도 침투깊이의 2배이어야 한다.

2.3.2 포토다이오드

1. 구조와 동작원리

포토다이오드는 목적에 따라 Si(silicon), GaAs(gallium arsenide), InSb(indium antimonide), InAs(indium arsenide) 등 여러 종류의 반도체 재료로 만들어진다. 이 중 가장 널리 사용되고 있는 것이 실리콘 p-n접합 포토다이오드이다.

그림 2.8는 실리콘 포토다이오드의 구조를 나타낸 것이다. n형 실리콘 단결정의 표면에 p형 불순물(보통 보론(B))을 선택 확산하여 $1\mu\text{m}$ 정도 깊이의 p-n 접합을 형성한다. 빛을 p층 방향에서 조사하면 앞에서 설명한바와 같이 공핍층에서 전자-정공 쌍이 생성되어 광기전력이 발생하고, 외부회로(R_L)를 통해서 광전류가 흐른다. 높은 효율을 얻기 위해서 표면에 반사 방지막을 코팅하여 반사 계수를 가능한 작게 한다.

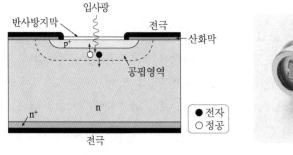

(a) 동작원리

(b) 외관

그림 2.8 실리콘 포토다이오드

2. 주요 특성

포토다이오드의 성능을 결정하는 주요 특성은 분광 응답도(감도)특성, 출력특성, 잡음특성, 온도특성 등이다. 여기서는 분광감도특성과 출력특성에 대해서만 설명한다.

(1) 분광 응답도(감도) 특성

포토다이오드에 입사하는 빛의 전력을 P 라고 하면, 입사 광자 수는 $P/h\nu$로 되고, 양자 효율(quantum efficiency, 광자 $h\nu$가 전자를 발생시킬 확률)을 η라고 하면, 이때 발생된 광전류는 다음과 같이 된다.

$$I_{ph} = (\eta \frac{P}{h\nu})e = \frac{\eta e P}{h\nu} \tag{2.13}$$

여기서, h는 프랑크 상수, ν는 빛의 주파수, e는 전자의 전하량이다. 포토다이오드의 분광 응답도(spectral responsibility) S_λ는 다음 식과 같이 정의한다.

$$S_\lambda = \frac{I_{ph}}{P} = \frac{\eta e}{h\nu} = \frac{\eta \lambda}{1.24} \ \ \text{A/W} \tag{2.14}$$

여기서, λ는 입사광의 파장이다. 이와 같이 분광 응답도(감도)는 입사 광전력이 전류로 변환되는 효율성의 척도이다. 양자효율 η와 마찬가지로 분광 응답도 S_λ는 포토다이오드의 효율을 나타내는 성능지수(figure of merit)이다.

식 (2.14)로부터 알 수 있는 바와 같이, 고정된 효율에서 분광 응답도와 파장 사이에는 직선 관계가 성립한다. 그러나 응답도는 입사광의 파장, 온도, 인가 역 바이어스에 따라 변한다.

그림 2.9은 입사광의 파장에 따른 분광 응답도의 변화를 나타낸다. 차단파장보다 더 작은 파장의 입사광은 포토다이오드에서 흡수되고, 더 큰 파장은 상호작용 없이 통과한다. 차단파장은 식 (2.12)에서 설명한 바와 같이 반도체의 에너지 밴드 갭 E_g에 대응된다. 광자의 에너지가 밴드 갭보다 크면 흡수된 광자에 의해서 전하 케리어가 발생한다. 광자의 에너지는 파장이 증가하면 감소하므로, 그림에서 분광 응답도-파장 곡선이 삼각형으로 됨을 이해할 수 있을 것이다.

실리콘 포토다이오드에 대해서 차단 파장은 1100 nm이다. 대부분의 응용분야에서, 1000 nm 이상의 파장을 검출하는 것은 불필요하다. 그러므로 포토다이오드 두께는 200 μm~ 300 μm를 사용한다. 그 결과 950 nm 이상의 파장에서 감도는 감소한다. 한편 더 짧은 파장에서(blue~near UV, 즉 500 nm~300 nm) 감도는 반도체 표면 가까이에서 전자-정공의 재결합 효과에 의해서 제한된다. 효율의 감소는 500 nm 근처에서 시작해서 파장의 감소와 함께 더욱 감소한다. 가시광과 근적외선 검출용 표준 포토다이오드는 단지 자외선/청색 감도만 나쁘며, UV 안정도도 나쁘다. 300~400 nm 파장에 대해 잘 설계된 포토다이오드는 상당히 높은 효율로 동작한다. 더 작은 파장에서(<300 nm), 효율은 크게 감소한다.

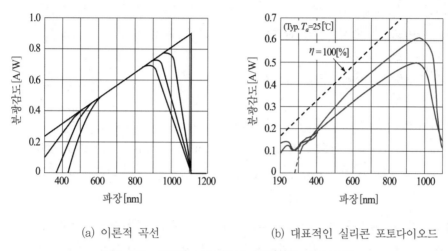

(a) 이론적 곡선   (b) 대표적인 실리콘 포토다이오드

그림 2.9 실리콘 포토다이오드의 분광 응답 특성

(2) 전류-전압 특성

그림 2.10은 포토다이오드의 전류-전압 특성의 일예를 나타낸 것이다. 빛이 입사되지 않은 상태에서 (즉 입사광 전력 $P=0$), 포토다이오드에 전압 V를 인가하면 곡선 ⓐ와 같이 일반적인 다이오드의 정류특성을 얻는다.

$$I = I_s \left[\exp\left(\frac{eV}{kT}\right) - 1 \right] \tag{2.15}$$

여기서, k 볼츠만 상수(Boltzmann constant), T는 절대온도, I_0는 역방향 포화전류이다. 위 식으로부터 3가지 상태가 정의될 수 있다.

① $V=0$ 상태 : 이 상태에서 극히 작은 역방향 포화전류 I_0가 흐른다.

② $V=+V$ 상태 : 전류는 지수함수적으로 증가하고, 이 상태를 순방향 바이어스 모드라고 부르기도 한다.

③ $V=-V$ 상태 : 역방향 바이어스가 다이오드에 인가될 때, 전류는 그림과 같이 거동한다. 역 바이어스을 계속 증가시키면, 어느 시점에서 다이오드 전류는 급격히 증가하기 시작하는데, 이 역방향 바이어스를 브레이크다운 전압(breakdown voltage)라고 부른다. 이 전압은 다이오드에 인가할 수 있는 최대 역전압(maximum reverse voltage)이다. 다

이오드는 이 전압 이하에서 동작해야 한다.

외부로부터 빛이 조사되면, 포토다이오드에는 입사전력에 정확히 비례하는 광전류 I_{ph}가 흐르기 시작한다. 그림과 같이 빛의 세기가 $P_o \rightarrow P_1 = P \rightarrow P_2 = 2P$로 증가하면 이에 비례해서 광전류도 $0 \rightarrow I_{ph} \rightarrow 2I_{Ph}$로 증가하여 곡선은 ⓐ $\rightarrow$ ⓑ $\rightarrow$ ⓒ로 평행 이동한다. 빛이 조사된 포토다이오드의 전류-전압 관계는 다음 식으로 주어진다.

$$I = I_0 \left[\exp\left(\frac{eV}{kT}\right) - 1 \right] - I_{ph} \tag{2.16}$$

여기서, I_{ph}는 식 (2.13)으로 주어지는 광전류이다. 그림 2.10에서 전극이 개방된 상태(부하저항 $R_L \rightarrow \infty$)에서 다이오드 전압을 개방전압(open circuit voltage) V_{oc}이라고 부르고, 전극을 단락시켰을 때($R_L \rightarrow 0$) 외부회로를 통해 흐르는 광전류를 단락전류(短絡電流 ; short circuit current) I_{sc}라 한다.

그림 2.10(b)는 실리콘 포토다이오드의 출력전류 – 조도의 관계를 나타낸 것이다. 포토다이오드에 발생되는 광전류는 넓은 범위에 걸쳐 조도에 비례하기 때문에 직선성이 매우 우수하다. 출력전압은 입사광량 변화에 대해 지수함수적으로 변하기 때문에 온도변화가 큰 광량측정에는 부적당하다.

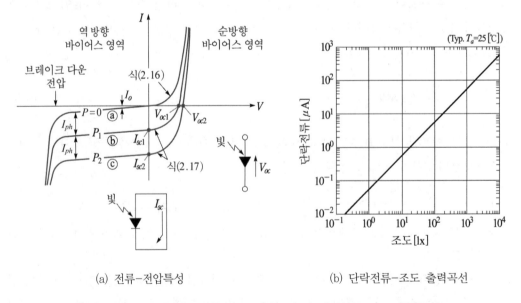

(a) 전류-전압특성 　　　　　　　　(b) 단락전류-조도 출력곡선

그림 2.10 포토다이오드의 전류-전압특성 및 단락전류-조도 출력곡선

(3) 포토다이오드 동작 모드 특성

포토다이오드를 광센서로 사용할 때 부하저항 R_L와 바이어스 전압에 따라 그림 2.11에 나타낸 것과 같이 광기전력 모드와 광도전 모드 등 2가지 동작 모드가 있다.

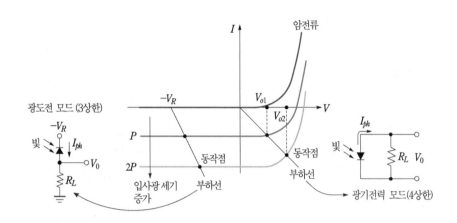

그림 2.11 포토다이오드의 동작 모드

① 광기전력 모드(photovoltaic mode) : 그림 2.11 우측

　두 단자를 개방하거나 고저항을 접속하고 양단자의 기전력을 측정한다. 이 동작모드에서는 어떠한 바이어스도 가하지 않는다. 그 결과 암전류(dark current)가 흐르지 않으며 따라서 열잡음만 존재한다. 광기전력 모드에서는 단자용량(접합용량+기타 정전용량)이 매우 크므로 센서의 응답속도를 제한할 수 있기 때문에 회로설계 시 이 점을 고려해야 한다. 광기전력 모드는 입사광의 세기가 매우 낮을 때와 같이 저잡음이 요구되는 경우와 저주파(350 kHz까지) 측정에서 선호된다.

② 광도전 모드(photoconductive mode) : 그림 2.11 좌측

　광도전 모드는 가장 흔히 사용하는 포토다이오드 동작모드이다. 그림 2.11 좌측에 나타낸 것과 같이 포토다이오드에 비교적 큰 역방향 바이어스 $-V_R$를 인가하고 외부회로에 흐르는 전류를 측정한다. 역 바이어스를 인가하면 부하선이 4상한에서 3상한으로 이동한다. 광도전 모드에서 외부회로에 흐르는 전류는 식 (2.16)에서 V 대신 $-V_R$를 대입하면 다음 식으로 얻어진다.

$$I = -I_{ph} - I_0 \tag{2.17}$$

　광전류 I_{ph}는 입사광 전력 P에 비례하기 때문에, 응답특성은 넓은 범위의 입사광 세기에 대해서 직선으로 된다(그림 2.10b). 또 역 바이어스에 의해서 공핍층 영역이 넓어

져 결과적으로 포토다이오드의 정전용량을 감소시키는 효과를 가져 오기 때문에 응답속도가 빨라진다. 이와 같이 역 바이어스를 가하면 응답속도와 직선성이 크게 향상된다. 반면 암전류와 잡음전류를 증가시킨다.

2.3.3 pin 포토다이오드

1. 구조와 동작원리

앞에서 설명한 바와 같이, 포토다이오드의 감도를 증가시키고 응답 속도를 향상시키기 위해서는 공핍층의 두께를 최대화하는 것은 매우 바람직하다. 공핍층의 두께는 반도체의 도핑 레벨(불순물 농도)를 변화시키면 조정할 수 있다. 그러나 더 용이한 방법은 포토다이오드를 광도전 모드로 동작시키는 것이다. 즉, 외부에서 역 바이어스 전압을 인가해서 광신호를 전류로 검출한다.

공핍층 영역을 확대시키기 위해서 그림 2.12와 같이 p-n 접합 사이에 비저항이 큰 진성 영역(眞性領域 ; intrinsic layer)을 형성하여 pin 구조로 한 것을 pin 포토다이오드라 한다. i-영역의 케리어 농도는 매우 작으므로 고저항으로 된다. n^+영역에 (+), p^+영역에 (-)의 역방향 전압을 인가하면, 인가전압의 대부분(수십 volt)이 고저항 층에 걸리게 되어 i-영역은 완전히 공핍층(W)으로 된다. 여기에 빛이 입사되면, 그 대부분이 i-층에서 흡수되어 전자-정공쌍이 발생하고, 이 전자와 정공은 공핍층을 이동하여 전류에 기여하게 된다. 높은 효율을 얻기 위해서는 반사 방지막을 설치하여 반사계수를 작게 하고, i-층의 두께를 가능한 한 크게 하여 입사된 빛이 i-영역에서 모두 흡수될 수 있도록 한다.

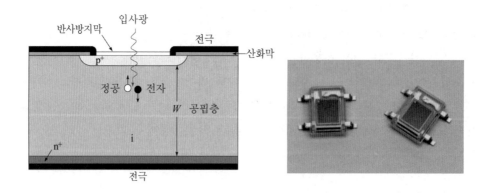

그림 2.12 실리콘 pin 포토다이오드

2. 주요 특성

pn 포토다이오드의 공핍층 정전용량 C_d 는 공핍층 두께 W에 반비례($C_d \propto 1/W$)한다. 그림 2.12에서 설명한 바와 같이, 역방향 전압을 증가시킴에 따라 pin 포토다이오드의 공핍층 두께 W 가 점점 증가하여 센서의 정전용량이 감소한다(그림 2.13(b)). 따라서 시정수가 감소하므로 센서는 고속으로 되고, 양자효율이 높고 광감도가 증가한다.

그림 2.13(a)는 Si pin 포토다이오드의 분광감도를 나타낸 것으로, 960 nm 파장에서 감도는 약 0.7 A/W로 고감도로 된다.

앞에서 설명한 바와 같이 인가한 역 바이어스($-V_R$)를 증가시키면, 차단 주파수가 증가하고, 직진성이 향상된다. 그러나 동시에 암전류와 잡음 레벨을 증가시키고, 과도한 역 전압에 의해서 소자가 손상을 입을 수 있는 위험을 수반하게 된다. 따라서 역 전압을 최대 정격전압 이내로 제한해야 하고, 또한 음극을 양극에 대해 +전위로 유지하여야 한다.

실리콘 pin 포토다이오드의 대표적인 응용분야는 고속 응답을 요구하는 광 스위치이다.

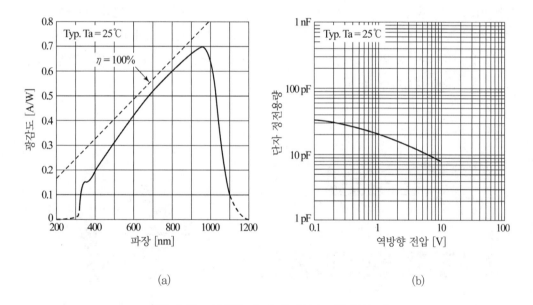

(a)   (b)

그림 2.13 실리콘 pin 포토다이오드의 특성 예

2.3.4 애벌랜치 포토다이오드(APD)

광센서를 사용해 미약한 빛을 측정할 때, 광센서의 특성뿐만 아니라 측정회로(Op amp 등)의 잡음을 포함해 전체적인 성능을 고려할 필요가 있다. 실리콘 포토다이오드 경우, 포토

다이오드 자체의 잡음 레벨은 매우 작기때문에 최저 검출하한은 보통 측정회로의 잡음에 의해서 결정된다. 이러한 경향은 검출신호의 주파수가 높을수록 더욱 명백해지는데, 그 이유는 고속 측정회로는 보통 더 큰 잡음을 가지기 때문이다. 그 결과 측정회로가 전체 측정 시스템에서 주된 잡음원(雜音源)이 된다. 그와 같은 경우 만약 센서 자체가 내부 이득(internal gain)을 가진다면, 센서의 출력신호는 적절히 증폭될 것이고, 따라서 측정회로에 기인하는 잡음은 내부이득만큼 최소화 될 것이다. 애벌랜치 포토다이오드(avalanche photodiode, APD)는 100 정도의 내부 이득을 가진다.

1. 구조와 동작원리

그림 2.14는 실리콘 애벌랜치 포토다이오드의 구조를 나타낸 것으로, 강한 전계의 애벌랜치 영역(p층)과 공핍층인 드리프트 영역(π층)으로 구성된다. 입사된 빛은 주로 π층(p^-)에서 흡수되고, 여기서 발생된 전자는 n^+ 영역으로, 정공은 p^+ 영역으로 이동한다. p영역에는 강한 전계가 형성되어 있기 때문에, 이 영역에 주입된 전자는 이 전계에 의해 가속되어 결정격자(실리콘 원자)에 충돌할 때마다 새로운 전자-정공 쌍을 발생시킨다. 이러한 과정은 마치 연쇄반응과 같이 반복되며, p영역에서 캐리어수는 급격히 증배(multiplication)된다. 이 현상을 광전류의 애벌랜치 증배(avalanche multiplication)라고 부르며, 전계 강도가 2×10^5 V/cm에 도달하면 발생한다.

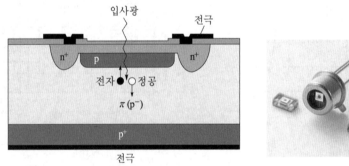
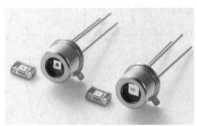

그림 2.14 애벌랜치 포토다이오드

그림 2.15은 APD 내부에서 발생된 캐리어가 어떻게 증배되는가를 보여주기 위한 애벌랜치 과정을 설명하는 그림이다. p-n 접합에 충분히 큰 역 바이어스 전압을 인가한 상태에서, 입사광에 의해 ⓐ지점에서 발생된 전자(●)는 높은 전계에 의해 가속되어 큰 에너지를 얻고, ⓑ 지점에서 결정의 원자와 충돌하여 에너지를 잃으면서 동시에 새로운 전자-정공 쌍을 발생시

킨다. ⓑ에서 발생된 전자는 다시 가속되어 ⓒ에서 원자와 충돌하여 또 다른 전자를 발생시킨다.이러한 과정을 반복하면서 ⓓ지점에 도달하면 전자와 정공의 수가 눈사태(avalanche)처럼 급격히 증배하는 현상을 애벌랜치 효과(avalanche effect)라고 부른다. 애벌랜치 포토다이오드는 이 효과에 의한 전류증폭작용을 이용한 내부 증폭형 광센서이다.

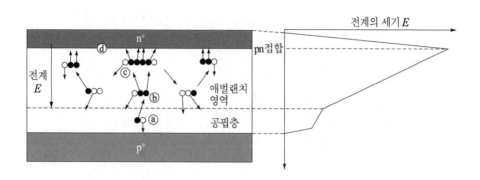

그림 2.15 애벌랜치 증배현상

그림 2.14의 구조는 빛을 흡수하는 영역이 깊숙이 위치하기 때문에 짧은 파장의 빛을 검출하는 데는 부적합하여 근적외선 측정에 사용된다. 단파장용 실리콘 APD의 구조에서는 그림 2.14와는 달리 p-층으로부터 수광하고 있으며, 광 흡수 영역이 소자의 표면에 더 가까이 형성되고 애벌랜치 영역은 더 깊은 곳에 위치한다.

2. 주요 특성

애벌랜치 포토다이오드는 내부증배기구(internal multiplication mechanism)를 갖기 때문에 pin 포토다이오드와 큰 특성상의 차이를 보인다. APD의 몇 가지 주요 특성에 대해서 설명한다.

(1) 분광 응답도(감도)

그림 2.16은 파장 650 nm에서 이득 50으로 측정된 전형적인 분광응답특성을 보여준다. 역 전압이 인가되지 않는다면, APD의 분광 응답 특성은 보통의 포토다이오드의 응답도와 거의 같다. 그러나 역 바이어스가 인가되면, 분광 응답 곡선은 약간 변하는데, 이것은 애벌랜치 영역 속으로 주입된 케리어의 증배효율이 파장에 의존하기 때문이다. 그림에서 포토다이오드 (a),(b),(c)는 빛의 흡수가 π-영역의 공핍층에서 발생하도록 설계하여(그림 2.12의 구조) 근적외선 영역에서 고감도를 유지하고 있다. 한편 포토다이오드 (d)는 p층이 표면에

오도록 구조를 변경하여 입사광의 대부분이 소자표면부근에서 흡수되도록 한 것으로, 가시광 및 그 이하의 단파장을 검출할 수 있다. 포토다이오드 (a),(b),(c)는 광통신에, (d)는 분석기기 등의 미약광 검출부, 가시광 영역에서 정밀측광용으로 사용된다.

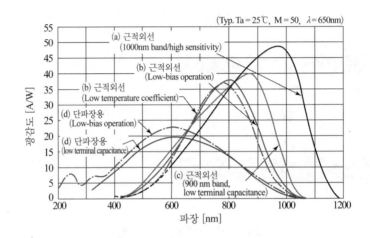

그림 2.16 Si APD의 분광 응답도 예

(2) 이득의 온도 의존성

APD의 이득은 온도에 따라 변한다. 예를 들면, APD가 일정 전압에서 동작할 때, 온도가 증가하면 이득은 감소한다. 그러므로 일정 출력을 얻기 위해서는 온도에 따라 바이어스 전압을 변화시키든가 또는 APD를 일정 온도로 유지시키는 것이 필요하다.

(3) 잡음

APD의 증배과정 동안, 각 케리어의 이온화는 일정하지 않기 때문에 증배잡음(multiplication noise)이 추가로 발생한다. 이 잡음을 과잉 잡음(excess noise)라고 부른다. 이득이 증가하면 과잉 잡음도 증가한다. 이득은 파장 의존성을 갖기 때문에 과잉 잡음도 입사광의 파장에 따라 다르다. 마찬가지로 신호광에 의해서 발생된 광전류는 이득만큼 증폭된다. 이러한 사실들은 어떤 이득 값에서 최적의 S/N이 존재함을 의미한다.

PIN 포토다이오드 동작에서, 큰 부하저항을 사용하면 열잡음을 감소시킬 수 있다. 그러나 부하저항이 커지면 응답속도가 느려지기 때문에 이 방법은 비실용적이다. 그러므로 대부분의 경우, 열잡음은 광 검출의 하한을 결정하는 주요한 인자가 되고 있다. 이와는 대조적으로, APD 동작에서는 산탄잡음(shot noise)이 열잡음과 동등한 수준에 도달할 때까지 이득을 증가시킴으로서 고속 응답을 유지하면서도 S/N을 향상시킬 수 있다.

3. 특징

APD는 고속에서 동작하는 고감도 포토다이오드이다. APD는 역 바이어스를 인가하면 내부증배기구에 의해 미약한 신호를 열잡음 레벨 이상으로 증폭하는 것이 가능하기 때문에 PIN 다이오드보다 더 큰 S/N비가 얻어지지만, 애벌랜치 증배과정 특유의 전류 불안정에 기인하는 과잉잡음이 발생한다. APD를 사용하는 이점은 포토다이오드에 비해 작은 부하저항으로 충분한 출력전압을 얻기 때문에 고속화가 달성될 수 있어 장거리 광통신에 사용된다. 또 미약한 광 검출에도 사용된다. 사용상 유의할 점은 높은 역방향 바이어스를 인가하므로 이상 브래이크다운(breakdown)에 주의해야 하며, 역 바이어스 전원이 충분히 안정되어야 한다.

2.3.5 포토다이오드 어레이

현재 다수의 실리콘 포토다이오드 또는 PIN 포토다이오드를 일차원 또는 평면으로 어레이(array)한 다양한 종류의 센서들이 사용되고 있다. 그림 2.17은 두 종류의 실리콘 포토다이오드 어레이 제품을 보여주고 있다. 이러한 포토다이오드 어레이 센서들은 신틸레이터(scintillator)와 결합하여 x-레이 검출, 비파괴 검사 등에 사용된다.

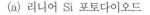

(a) 리니어 Si 포토다이오드   (b) 증폭기를 가진 Si 포토다이오드

그림 2.17 Si 포토다이오 어레이

2.3.6 실리콘 포토다이오드의 공통적인 특징과 응용

위에서 설명한 모든 실리콘 포토다이오드의 공통적인 특징은 다음과 같다.

- 입사광에 대해 우수한 직선성
- 저잡음
- 넓은 주파수 응답성
- 기계적으로 견고함
- 소형 경량
- 긴 수명

실리콘 포토다이오드는 근적외선부터 자외선에 이르기까지 넓은 파장 범위에서 사용된다. 표 2.3은 실리콘 포토다이오드 종류별 특징을 요약한 것이다. 실리콘 포토다이오드의 적용 분야는 의료, 분석기기, 과학 측정기, 광통신, 각종 전자장치 등 광범위하다.

표 2.3 실리콘 포토다이오드의 요약

포토다이오드 형태	특징	응용 분야
Si 포토다이오드 	• 낮은 암전류 • 저잡음	• 정밀 광도 측정 : 분석기기, 신틸레이터와 결합하여 x-레이 검출, 비파괴 검사 • 일반적인 광도 측정(카메라 등에서)
Si PIN 포토다이오드 	• 역 바이어스 인가 시 고감도, 고속응답	• 광 스위치 : 광통신, 광 디스크 픽업 등에 널리 사용됨.
Si APD 포토다이오드 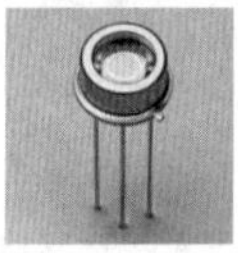	• 고감도(내부이득) • 고속응답 • 저잡음	• 각종 분석기기 및 광통신에서 매우 낮은 광 레벨 측정

2.4 ○ 포토트랜지스터

구조와 동작원리

포토트랜지스터(phototransistor)의 기본 구조는 그림 2.18에 나타낸 것과 같이, 보통의 트랜지스터와 마찬가지로 베이스(base ; B), 이미터(emitter ; E), 컬렉터(collector ; C)를 갖는다. 트랜지스터의 능동 면적은 0.5×0.5 mm² 정도이다.

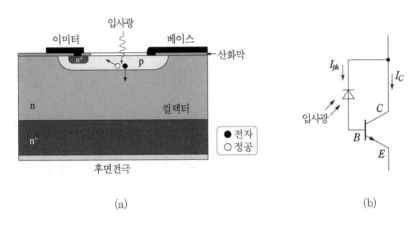

(a)   (b)

그림 2.18 포토트랜지스터의 구조와 등가회로

포토트랜지스터는 등가적으로 그림 (b)와 같이 포토다이오드와 트랜지스터를 조합시킨 것으로 생각할 수 있어, 트랜지스터의 증폭작용에 의해 고감도의 광센서가 얻어진다. 광전류가 발생하는 원리는 포토다이오드와 같다. 베이스(B)-컬렉터(C) 접합이 역 바이어스, 베이스 (B)-이미터(E) 접합이 순 바이어스가 되도록 이미터와 컬렉터사이에 전압을 인가한다. 여기에 빛을 조사하면 베이스 영역에서 전자-정공쌍이 발생하고, 발생된 전자는 컬렉터 측으로, 정공은 이미터 측으로 이동한다. 순방향 바이어스된 이미터 접합에 전류가 흐르고(I_{ph}), 이것이 베이스 전류의 역할을 함으로써 컬렉터-이미터 사이에 광량에 대응하는 전류가 흐르며, 이 전류 값으로부터 빛의 강도를 알 수 있다.

베이스-컬렉터 사이의 포토다이오드의 광전류를 I_{ph}, 트랜지스터의 이미터 접지 증폭율을 h_{FE}라고 하면 포토트랜지스터의 출력전류 I_c는

$$I_c \fallingdotseq h_{FE} I_L \tag{2.18}$$

이와 같이 포토다이오드의 전류는 h_{FE}배로 증폭되어 컬렉터에 나타난다. 포토트랜지스터의 광전류 크기는 베이스 접합면적, 베이스–컬렉터 접합의 광전변환효율, 트랜지스터의 h_{FE} 등의 요인에 의해서 결정된다. 포토트랜지스터의 감도는 pin 포토다이오드와 APD 사이에 있다.

그림 2.19은 포토트랜지스터의 종류를 나타낸 것으로, (a)는 일반적인 구조, (b)는 베이스 단자가 부착된 구조, (c)는 달링톤 구조를 갖는 포토달링턴(photodarlington) 등이 있다. 그림 (b)의 경우는 베이스 단자에 외부 회로를 접속하여 암전류의 감소, 응답속도의 개선, 온도보상 등이 가능한 장점이 있는 반면 외부잡음을 받기 쉬운 결점도 있다. 특히 그림 (c)의 포토달링턴은 h_{FE}가 크기 때문에 릴레이를 직접 구동하는 것이 가능하다.

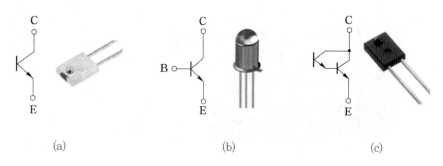

(a)　　　　　　　　　　　(b)　　　　　　　　　　　(c)

그림 2.19 포토트랜지스터의 종류

2.4.2 주요 특성

포토트랜지스터의 분광 응답도는 포토다이오드의 응답도와 등가이나 전류 증폭율 h_{FE}만큼 곱해야 한다. 한편 출력전류는 포토다이오드와는 달리 입사광의 세기에 비선형적으로 비례해서 증가한다. 포토트랜지스터의 스위칭 속도는 전류 증폭율, 부하저항에 의존하며, 약 30 μs~1 μs 사이에 있다. 그 결과 차단 주파수는 수 백 kHz이다.

2.4.3 응용

실리콘 포트트랜지스터는 직선성이 나쁘므로 광강도의 측정에는 별로 사용되지 않는다. 또 속도가 느려 주로 광의 유무를 검출하는 스위치로써 사용되고, 통신용으로는 사용되지 않는다. 단독으로 사용되는 경우보다, 발광원(LED)과 조합시켜 입출력을 전기적으로 절연한 광전달 소자, 포토커플러, 포토인터럽터, 로터리 인코더 등으로 더 많이 응용되고 있다. 이들에 대해서는 2.6절의 복합 광센서에서 다룬다.

2.5 · 포토 IC

포토 IC(photo integrated circuit)는 입사광에 의해서 동작하는 집적회로이다. 그림 2.20 은 포토 IC 칩과 외관을 나타낸다. 광센서 영역(photosensitive area)과 신호처리회로가 동 일한 IC 칩에 만들어진다. 따라서 광센서 영역과 신호처리회로 사이를 접속하는 리드선이 없어 포토 IC는 전자유도잡음에 매우 강하다.

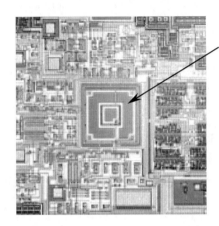

광센서 영역
(포토다이오드)

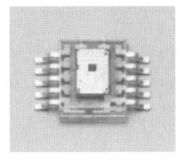

그림 2.20 포토 IC와 외관

1. 포토 IC의 특징

포토 IC의 출력은 광센서 영역(포토다이오드)에 입사하는 광의 세기에 따라 변한다. 출력 모드는 신호처리회로의 기능에 따라 디지털과 아날로그로 분류된다. 개별 포토다이오드와 op amp 회로로 구성되는 소자에 비해, 포토 IC는 다음과 같은 특징을 갖는다.

- 크기가 작고 가볍다
- 전자유도잡음(EMI noise)에 내성이 높다
- 높은 신뢰성

2. 응용 분야

포토다이오드를 사용하는 많은 분야에서 전자유도 잡음에 높은 내성을 가지며 고속응답을 갖는 모노리딕 포토 IC의 요구가 점점 증가하고 있다. 거리측정(rangefinder), RGB 컬러 센서, 조도센서(illuminance), 슈미트 트리거 회로(Schmitt trigger circuit), 광변조, 불꽃 감지, 레이저 빔 동기검출(laser beam synchronous detection) 등 가정, 산업체, 자동차 등 각종 분야에 사용되고 있다.

2.6 ● 복합 광센서

발광소자와 수광소자(광센서)를 조합시킨 것을 복합 광 센서(composite photosensor)라고 하며, 용도와 구조에 따라 분류하면 다음과 같다.

- 포토인터럽터(photointerupter) : 물체의 유무와 위치검출을 목적으로 한다.
- 포토커플러(photocoupler) 또는 압토아이솔레이터(optoisolator) : 회로간의 신호전송을 목적으로 한다.
- 포토 릴레이(photo relay) 또는 고체 스위치 (Solid State Relay, SSR) : 주로 전자 스위치(electronic switch)로 사용된다.

2.6.1 포토인터럽터

1. 구조와 동작원리

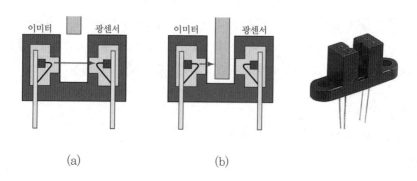

(a)   (b)

그림 2.21 투과형 포토인터럽터

포토인터럽터에는 투과형(transmissive)과 반사형(reflective)이 있다. 그림 2.21은 투과형 센서의 동작원리와 외관을 나타낸 것으로, 발광소자(IRED등의 발광 다이오드)와 수광소자(포토트랜지스터 등 광센서)를 일정거리에 대향시켜 배치시킨 구조이다. 그림(a)에서 두 소자 사이에 물체가 없으므로 이미터에서 방출된 빛이 광센서에 도달함으로써 광센서에는 큰 전류가 흐른다. 한편 그림 (b)와 같이 두 소자 사이를 물체가 통과하면 빛이 차단되어 광센서 전류는 매우 작아진다. 이와 같이 포토인터럽터는 물체가 통과할 때 생기는 광량의 변화를 광센서가 받아 물체의 유무와 위치 등을 검출하는 것이다.

한편 반사형은 그림 2.22과 같이 발광소자와 수광소자를 나란히 배치한 것으로, 발광소자에서 나온 빛이 물체에 닿아서 반사된 빛을 광센서가 받아 반사광 강도변화를 검출하는 것이다. 반사형 포토인터럽터는 외부광의 영향을 받기 쉽고, 수광소자가 받은 신호전류의 변화가 작으므로 오동작을 일으키기 쉽다. 이를 피하기 위해 LED를 펄스 발광시켜 신호전류의 변화분만을 교류 증폭한다. 수광소자 앞에 가시광 차단 필터 등을 설치하는 등 배경광의 영향을 제거하는 노력이 필요하다.

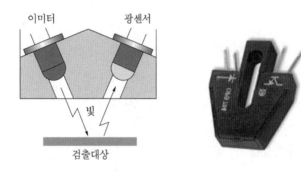

그림 2.22 반사형 포토인터럽터

발광 소자로는 적외선 또는 가시광 LED가 사용되고, 수광소자는 포토트랜지스터와 이것을 달링톤으로 접속한 것이 가장 널리 사용되고 있다. 최근에는 출력 측의 주변회로(증폭회로, 슈미트 트리거 회로 등)를 동일 칩에 집적화한 IC 수광소자도 시판되고 있다. 발광소자와 수광소자의 거리는 3 mm, 7.5 mm 등이 보통이다.

2. 특성

포토인터럽터의 주요한 특성에는 전류전달비(Current transfer ratio ; CTR)와 응답시간, 검출정도(精度)가 있다.

전류 전달비는 LED의 순방향 전류 I_F(발광출력은 I_F에 비례한다)와 출력 측의 광전류 I_c의 비, 즉 $CTR = I_C/I_F$로 정의한다. 전류 전달비는 다이오드 순방향 전류의 크기에 따라 달라지며, 최대 20 % 정도이다.

포토인터럽터의 스위칭 시간은 상승시간, 하강시간, 응답시간 등으로 구성되는데, 스위칭 시간은 주로 수광소자의 특성에 의해서 결정되지만, 입력전류와 부하저항에 의해서도 변화하므로, 출력측 임피던스를 고려해서 소자를 선택한다.

투과형 포토인터럽터의 검출위치 특성은 차광물체가 두 소자 사이에 없을 때의 출력을 1.0으로 하고, 완전히 차폐했을 때의 출력을 0으로 한 특성이다. 이 특성은 좁은 슬롯(slot)을 검출하는 광 인코더(optical encoder)에서 또는 정확한 위치, 위상의 검출에는 중요한 사항이다.

3. 특징

포토인터럽터의 일반적 특징을 요약하면 다음과 같다.

- 마모되는 기계적 부품이 없다.
- 물체를 무접촉으로 검출한다.
- 소비전력이 적다
- 가격이 저렴하다
- 어떠한 불투명 물체도 검출 가능하다
- 출력단에 TTL, CMOS 등의 IC를 직접 구동할 수 있다
- 소형으로 신뢰성이 높다
- 적용분야의 요구를 만족시킬 수 있는 기계적 구조물을 만들 수 있다.

4. 응용 분야

포토인터럽터는 물체의 통과 또는 존재 유무를 검출하는 목적으로 널리 사용되고 있다. 예를 들면, 흔히 사용되고 있는 사무기기인 팩스 머신에서 기록지 검출, 문서 폭 검출, 문서 전송 검출 등에, 또 잉크젯 프린터에서는 용지 검출, 급지 검출, 프린트 헤드 위치 검출 등에 사용된다.

2.6.2 포토커플러

1. 구조와 동작원리

포토커플러는 최근 각종 전자장치에서 잡음 방지를 위해 가장 널리 사용되고 있는 분리소자(isolation device) 중 하나이다.

그림 2.23는 포토커플러의 내부 구조와 외관을 나타낸 것이다. 포토인터럽터와 마찬가지

로 발광소자와 수광소자(광센서)를 조합하여 한 개의 소자로 한 것이지만, 포토인터럽터와는 달리 빛이 통과하지 못하는 흑색 수지로 패키징하여 외부광의 영향을 받지 않는 점이 다르다.

포토커플러의 출력 측(수광소자)에는 트랜지스터, 달링턴(Darlington transistor), 트라이악(triac), 다이리스터(thyristor), 포토 IC, 다이오드가 사용된다.

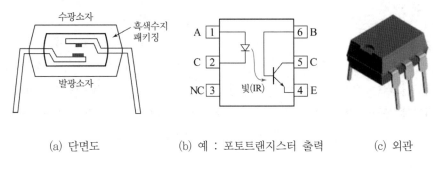

| (a) 단면도 | (b) 예 : 포토트랜지스터 출력 | (c) 외관 |

그림 2.23 포토커플러

2. 주요 특성

포토커플러를 사용하는데 중요한 특성으로는 전류 전달비, 응답속도, 입출력간 절연 내압(耐壓) 등이 있다.

전류 전달비(CTR)는 포토인터럽터에서 정의한 바와 같이 출력전류/입력전류비를 나타내며, 포토커플러는 절연내력이 허용되는 범위에서 발광소자와 수광소자(광센서)를 최대한 가까이하여 CTR가 가능한 크게 되도록 설계한다.

포토커플러의 응답특성은 주로 수광소자(광센서)의 특성에 의해서 결정되며, CdS에서는 ms, 포토트랜지스터는 μs 범위이다. 포토달링톤의 경우는 수 μs이다. 또 고주파 신호를 충실히 전송할 때에는 고속 LED와 pin 다이오드를 조합시킨 것을 사용할 필요가 있다. 응답특성은 입력전류와 부하저항에 의해서도 변화하므로, 출력 측 임피던스를 고려해서 소자를 선택한다.

포토커플러의 입출력 사이의 절연 내압(耐壓)은 약 3.5~4 kV이다.

3. 특징

포토커플러에서 발광소자를 구동하는 입력 측과 신호출력 측은 전기적으로 절연되어 있어 잡음이 제거된다. 따라서 발광소자를 직류에서 고주파까지 넓은 범위로 변조했을 때, 충실도가 높은 신호를 출력 측에서 얻을 수 있다. 포토커플러가 나오기 이전에는 회로 사이의 전기적 절연은 릴레이나 펄스 변압기(pulse transformer)가 수행했던 기능이다.

트랜지스터 커플러는 가장 흔히 사용되는 포토커플러이며, 아날로그 기능을 수행한다. IC 커플러는 고속으로 디지털 특성을 갖기 때문에 트랜지스터 커플러에 비해 설계가 더 용이하다.

트랜지스터 커플러와 고속 IC 커플러는 입력 측과 출력 측 사이의 직류신호전송을 수행하는 반면, 트라이악 커플러는 입력에 직류 신호를 인가하여 교류 부하를 제어할 수 있다.

4. 응용 분야

포토커플러는 각종 전자장치에서 잡음 방지를 위해 가장 널리 사용되고 있는 분리 소자이다. 오늘날 마이크로컴퓨터의 광범위한 사용으로 포토커플러의 응용 분야는 점점 넓어지고 있다. 포토커플러는 전자기계식 릴레이 대신에 소형·고신뢰성의 소자로 사용되거나, 외부로부터 전자계 유도를 받지 않고 임피던스가 다른 회로 사이에 신호를 전송하는 인터페이스 소자로 가전제품, 사무 자동화, 공장 자동화 등에서 널리 사용되고 있다.

2.6.3 고체 릴레이

고체 릴레이(solid state relay ; SSR) 또는 포토 릴레이(photo relay)는 앞에서 설명한 포토커플러와 마찬가지로 전기적으로 절연된 상태에서 회로간의 신호를 전송한다는 점에서는 유사하지만, 그 구조, 특성, 응용분야가 크게 다르다.

1. 구조와 동작원리

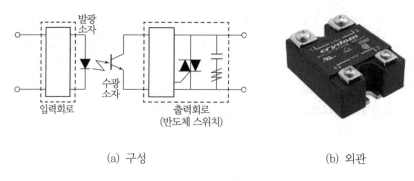

(a) 구성   (b) 외관

그림 2.24 고체 릴레이

그림 2.24는 고체 릴레이의 기본 구조를 나타낸 것이다. 고체 릴레이는 기계식 릴레이와는 달리 기계적 가동부를 가지지 않는다. 대신 발광소자(LED), 수광소자, 스위치 출력회로

로 구성된다.

입력회로(스위치)가 턴온되어 입력회로에 전류가 흐르면, 발광소자로부터 수광소자(광센서)로 광신호가 전달되고, 다시 수광소자로부터 발생된 전기신호가 출력회로의 트리거 회로에 전달된다. 따라서 출력회로에 있는 스위치가 턴온된다. 다시 입력회로가 턴오프되면, 발광소자가 오프되고 출력회로의 트리거 회로도 턴오프되어 결국 스위치도 오프된다.

2. 특징

고체 릴레이는 종래의 전자기계식(電磁機械) 릴레이에 비해서 다음과 같은 장점을 갖는다.

- 고속 스위칭(기계식에 비해 5배 빠름)
- 무접점이라 기계적 손상이 없고, 수명이 길다.
- 낮은 구동전력소비(기계식보다 100배 이상 작음)
- 무접점이라 잡음이 없다. 기계식의 금속 접점에 기인하는 바운싱 잡음(bouncing noise)이 없고, 코일에 의한 역기전력(back electromotive force) 등이 발생하지 않는다.
- 더 작고 가벼워 설치 공간이 절약된다.

3. 응용 분야

포토커플러는 회로간의 회로 전송만을 목적으로 하지만, 포토 릴레이는 속도가 포토커플러에 비해 느리기 때문에 신호전송에는 부적합하다. 그러나 위에서 설명한 여러 장점으로 인해 최근 많은 분야에서 기계식 릴레이를 대체하고 있다.

2.7 ◦ 광전자 방출효과를 이용한 광센서

2.7.1 광전자 방출효과

광전자 방출효과란 진공 속에 놓여있는 금속이나 반도체에 빛을 조사할 때 그 표면으로부터 진공 속으로 전자가 방출되는 현상을 말한다. 이때 방출되는 전자를 광전자(photo-electron)라고 부른다(그림 2.25).

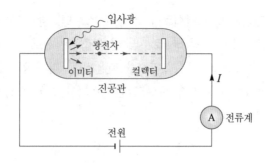

그림 2.25 광전자 방출 효과

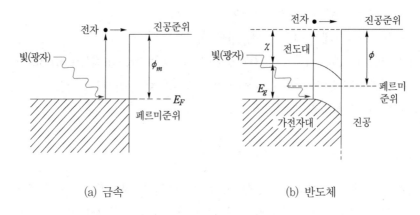

(a) 금속   (b) 반도체

그림 2.26 광전자 방출과 일함수 관계

광전자가 어떻게 방출되는가를 살펴보자. 그림 2.26(a)에 나타낸 바와 같이, 금속–진공 계면에는 정전하인 금속이온과 부전하인 전자사이에 형성된 전기 이중층이 전도전자에 대해서 전위장벽을 형성한다. 금속내부의 전자가 이 전위장벽을 극복하고 진공으로 방출되는데 필요한 에너지를 일함수(work function)라고 부르며, 그림에 ϕ_m 로 표시되어 있다. 금속에 일함수 ϕ_m 또는 그 이상의 에너지를 갖는 빛(광자)이 입사되면, 전자는 전위장벽을 극복하고 진공 속으로 방출된다. 한편, 그림 (b)는 반도체 광전면을 나타낸다. 빛에 의해 가전자대에 있는 전자가 전자친화력(χ)만큼 또는 그 이상의 높은 에너지 위치로 여기되면 진공 중으로 방출된다. 반도체에서 광전자 방출을 일으키는데 요구되는 광자 에너지는

$$E_{th} = E_g + \chi \tag{2.19}$$

로 주어진다. 여기서, E_g 는 반도체의 금지대폭이다.

금속 중 Cs는 일함수가 아주 작아 $\phi_m = 2.1$ eV이다. 그러므로 금속은 0.59 μm 이상의 파장을 갖는 빛에 대해서는 광전자 방출효과를 나타내지 않는다. 그러나 일부 화합물반도체는 보다 긴 임계파장(threshold wavelength)과 높은 양자효율을 가진다. 예를 들면, CsSb 광전면의 경우는 $E_{th} = 2.05$ eV로 되는데, 가시광 스펙트럼에 응답한다.

2.7.2 광전관

1. 구조와 동작원리

광전관(phototube)은 광전자 방출효과를 이용한 것으로, 그림 2.27과 같이 광전음극(photocathode)과 양극(plate)이 유리관에 봉입되어 있는 2극관이다. 광전음극에는 빛에 대해 높은 감도를 갖는 Cs 등으로 만들어진 광전면이 있고, 여기에 빛이 입사하면 광전자가 방출된다. 양극에는 정전압를 인가하여 방출된 광전자를 수집하고, 입사광의 세기에 비례하는 양극 전류가 흐른다. 유리창의 재질에 따라 적외선 영역의 감도가 크게 변한다.

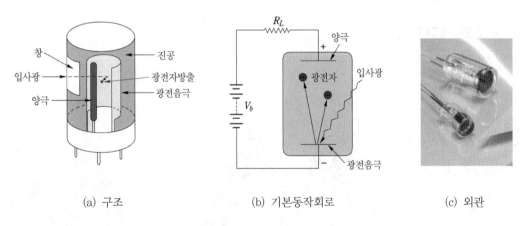

(a) 구조   (b) 기본동작회로   (c) 외관

그림 2.27 광전관의 구조와 기본동작회로

2. 특성과 응용

그림 2.28는 광전관의 출력특성을 나타낸 것이다. 광전관은 다른 센서에 비해 전류는 작지만 감도가 안정되고, 빛의 세기에 대해서 직선성이 좋으므로 정밀한 측광에 사용된다. 또, 감광면이 크게 되면 자외선 영역에서 높은 감도를 가지며, 응답성이 좋은 것 등의 특징을 갖는다.

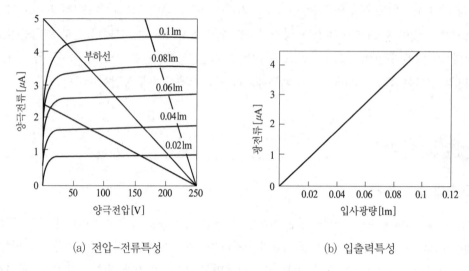

(a) 전압-전류특성   (b) 입출력특성

그림 2.28 광전관의 특성

2.6.3 광전자 증배관

1. 구조와 동작원리

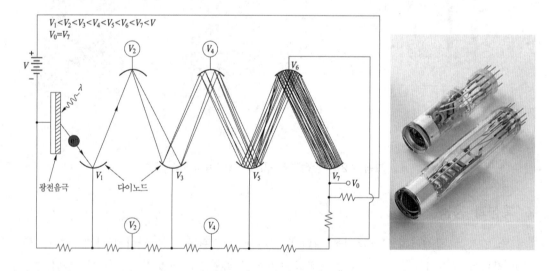

그림 2.29 광전자 증배관의 원리

그림 2.29은 광전자 증배관(photomultiplier, PMT)의 기본동작원리를 나타낸 것으로, 광 전 음극, 복수 개의 2차 전자 방출용 전극인 다이노드(dynode), 2차 전자를 수집하는 양극

으로 구성되며, 진공 유리관 내에 봉입되어 있다. 그림과 같이 다이노드에 전압을 인가한 상태에서 빛이 음극에 입사하면 광전음극으로부터 광전자가 방출되고, 이들 광전자가 가속되어 다이노드에 충돌하면, 그 결과 다이노드는 2차 전자를 방출한다. 입사 전자(I_1)에 대한 2차 전자(I_2)의 비($\delta = I_2 / I_1$)는 다이노드의 재료 및 가속전압(100~800 V)에 의존하고, 보통 $\delta = 3 \sim 40$값을 갖는다. 10단의 다이노드를 사용하면, 음극에서 방출된 1개의 광전자는 $10^6 \sim 10^7$ 개로 증배되어 양극에 모아진다. 통상, 6~20단의 다이노드가 사용되며, 양극에서 얻어지는 출력전류의 크기로부터 입사광의 세기를 알 수 있다.

현재 다양한 구조와 외관을 가진 광전자 증배관이 시판되고 있는데, 그림 2.30은 헤드-온 (head-on) 방식의 광전자 증배관을 나타낸다. 빛이 광전관의 헤드(머리)에 있는 창으로 입사하면, 광전음극으로부터 광전자가 방출되어 다이노드에 의해서 증폭된다. 광전면의 직경은 크기에 따라 10 mm~127 mm 범위에 있다.

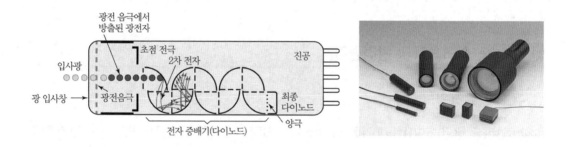

그림 2.30 헤드-온 광전자 증배관

2. 특성과 응용

광전자 증배관은 현존하는 광검출기 중에서 최고의 감도를 가지며, 광전면으로부터 발생된 전류출력을 외부증폭회로 없이 증폭하면 잡음을 감소시킬 수 있고, 고이득, 고속응답이 가능하다. 응답시간은 전자의 주행시간에 따라 결정되며 1~10 ns이다. 광전자 증배관의 신호대잡음비(S/N)는 매우 높으며, 광자 1개가 입사하는 경우라도 검출할 수 있다. 그림 2.31는 전류 증폭율을 나타낸다. 광전자 증배관은 높은 감도, 빠른 응답속도를 가지기 때문에 극미약광의 검출기로써 의학, 이과학, 정밀계측 분야에 널리 사용된다.

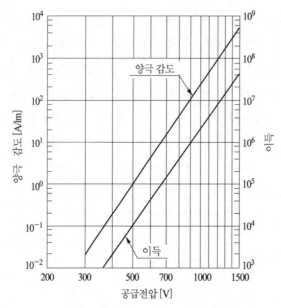

그림 2.31 광전자 증배관의 대표적인 전류 증폭율–공급전압 특성

2.7.4 하이브리드 광검출기

1. 구조와 동작원리

하이브리드 광검출기(Hybrid Photodetector, HDP)는 빛을 광전자로 변환하는 광전음극과, PMT에서 다이노드의 전자증배기 기능을 대신하는 애벌랜치 다이오드(avalanche diode)로 구성된다. 이와 같이 HDP는 진공관과 반도체 기술을 합친 것이기 때문에 하이브리드 광검출기란 명칭을 부여 받았다. 그림 2.32은 하이브리드 광검출기의 원리를 나타낸 것이다.

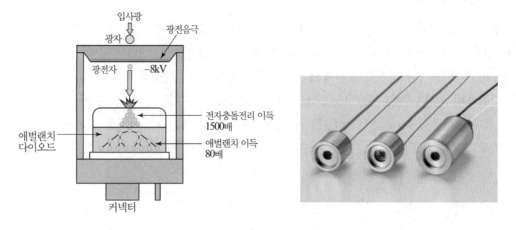

그림 2.32 하이브리드 광검출기의 원리

빛이 유리창을 통해 광전음극에 들어오면 빛의 세기에 비례하는 광전자가 방출된다. 이 광전자들은 고압(~10 kV)에 의해서 가속된다. 고속으로 가속된 광전자들은 반도체에 충돌하여 전자-정공 쌍을 발생시키므로 증배된다. 이것을 전자충돌이득(electron bombardment gain)이라고 부르며, 인가전압에 따라 매우 높은 이득이 얻어질 수 있다. 충돌에 의해 증배된 전자들은 다이오드의 애벌랜치 영역으로 이동하고 여기서 다시 애벌랜치 과정에 의해서 증배된다. 따라서 하이브리드 광검출기의 총 이득은

$$G = G_b(\text{전자충돌 이득}) \times G_t(\text{애벌랜치 이득}) \qquad (2.20)$$

현재 시판되고 있는 하이브리드 광검출기의 전자충돌이득은 최대 1,500, 애벌랜치 이득은 50~100 정도이다. 그 결과 총 이득은 75,000~150,000로 되어, PMT 이득(10^6)의 1/10에 해당한다.

2. 특징과 응용

하이브리드 광검출기는 다음과 같은 특징을 가진다.

- 고속 응답
- 높은 시간 해상도(time resolution)
- 고감도

위와 같은 특징을 살려 다음 분야에 응용하고 있다.

- 레이저 주사 현미경
- FCS(Fluorescence Correlation Ranging)
- LIDAR(Light Detection and Ranging)

memo

03 적외선 센서
chapter

제2장에서 공부한 광센서는 전통적으로 실리콘 반도체를 기반으로 하는 가시광 센서를 중심으로 발전해 왔다. 그러나 실리콘은 근적외선 이하의 파장에만 응답하기 때문에 적외선 센서로서 부적합하다. 현재 적외선 센서는 여러 분야에서 광범위하게 사용되고 있을 뿐만 아니라 새로운 응용분야가 끊임없이 개발되고 있으며, 최근에는 재료 및 제조기술의 발전과 함께 다양한 종류의 적외선 센서가 연구개발되어 생산되고 있다. 대부분의 적외선 센서는 실리콘이 아닌 물질을 사용하기 때문에 동작이론이나 원리가 매우 다르다. 이러한 특성을 고려해서 본서에서는 가시광 센서와 적외선 센서를 분리해서 다루고자 한다.

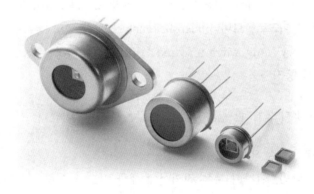

3.1 ∘ 적외선 센서의 기초

3.1.1 적외선의 정의와 특징

적외선(infrared ; IR)은 $0.75\mu m \sim 1000\mu m$ 범위의 파장을 갖는 전자파로 구성된다. 그러나 파장 범위가 넓기 때문에 센서가 반응하는 특정 파장대역으로 세분화하여 다른 이름으로 부른다. 적외선을 세분화하는 표준화된 방법은 없지만, 적외선을 이용하는 분야에 따라 조금씩 다른 명칭을 사용한다. 적외선 검출기의 응답에 따라 분류하면 다음과 같다.

- 근적외선(near infrared ; NIR) : 파장 $0.70\ \mu m \sim 1.0\ \mu m$; 인간의 시감도 끝부터 실리콘 광센서의 차단 파장까지
- 단파 적외선(short-wave infrared ; SWIR) : 파장 $1.0\ \mu m \sim 3\ \mu m$; 실리콘 광센서의 차단파장부터 MWIR 대기 창(atmospheric window)까지. 예로 InGaAs 적외선 센서의 차단파장은 약 $1.8\ \mu m$임
- 중파 적외선(mid-wave infrared ; MWIR) : 파장 $3.0\ \mu m \sim 5\ \mu m$; 대기 창에 의해서 정의됨. InSb와 HgCdTe 적외선 센서가 이 범위에서 동작함
- 장파 적외선(long-wave infrared ; LWIR) : 파장 $8\mu m \sim 12\mu m$ 또는 $7\mu m \sim 14\mu m$: 대기 창. HgCdTe와 마이크로볼로미터(microbolometer) 동작 영역
- 초장파 적외선(very-long wave infrared ; VLWIR) : 파장 $12\mu m \sim 30\mu m$; 도핑된 실리콘 적외선 센서 동작영역

적외선은 파장의 대소에 관계없이 다음과 같은 특징을 갖는다.

① 인간의 눈으로 볼 수 없다.

가시광선과는 달리, 인간의 눈은 적외선에 대한 감도가 없다. 이 성질을 보안 분야에 적용하면 유용하다. 그러나 적외선 측정과 광학 시스템 설계를 어렵게 만든다.

② 에너지가 작다.

적외선 방사(복사) 에너지는 분자의 진동이나 회전 에너지와 같다. 이 현상은 분자를 구별해 내는 것을 가능케 한다.

③ 파장이 길다.

이것은 적외선이 덜 산란 되어, 여러 매질을 통해서 더 잘 통과할 수 있다는 것을 의미한다.

④ 모든 종류의 물질로부터 방출된다.

인체는 물론 가열된 모든 물체로부터 적외선 방사가 일어난다.

3.1.2 적외선의 방출

절대 0도 이상의 온도를 갖는 모든 물체는 적외선을 방출한다. 적외선 방출 에너지는 물체의 온도와 표면 상태에 의해서 결정된다. 입사되는 모든 방사(복사)를 흡수하고, 또 모든 파장의 전자파를 방출하는 완전 방사체를 흑체(block body)라고 부르는데, 그림 3.1은 흑체로부터 방사에너지와 파장과의 관계를 나타낸다. 흑체 방사에 관한 공식과 법칙을 요약하면 다음과 같다.

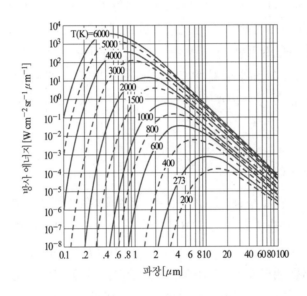

그림 3.1 흑체 방사

1. 스테판-볼츠만 법칙(Stefan-Boltzmann law)

모든 물체는 그 절대온도의 4제곱에 비례하는 에너지를 표면에서 방사한다. 방사 에너지를 식으로 나타내면,

$$P = \sigma T^4 \qquad (3.1)$$

여기서, T는 절대온도, $\sigma = 5.670400 \times 10^{-8} [\mathrm{Js^{-1}s^{-1}m^{-2}K^{-4}}]$는 스테판-볼츠만 상수(Stefan-Boltzmann constant)이다.

2. 빈의 변위법칙(Wien displacement law)

물체온도 T와 그 온도에서 방사 에너지가 최대로 되는 파장 $\lambda_{\max}$ 사이에는 다음의 관계가 성립한다.

$$\lambda_{max} T = 2897.8 \tag{3.2}$$

식 (3.1)에서 동일온도라고 하더라도 물체의 종류나 표면 상태에 따라 방사 에너지는 변한다. 즉, 흑체가 아닌 다른 물체의 방사에너지는 다음과 같이 된다.

$$P' = \epsilon P = \epsilon \sigma T^4 \tag{3.3}$$

여기서, ϵ을 방사율(emissivity)이라고 한다. 열형 센서는 식 (3.3)의 T^4에 비례하는 에너지를 검출하여 온도를 검출한다. 완전 방사체인 흑체의 방사율을 1로하고, 모든 물체의 방사율을 흑체에 대한 비율로 정한 것이 방사율 ϵ이다. 방사율 ϵ은 물체의 표면 상태에 따라 변한다. 또한 보통 방출 파장과 물체 온도에 따라서도 변한다. 방사율은 흡수율(absorbance)과 등가이기 때문에, 큰 반사율(reflectance) 또는 투과율(transmittance)을 갖는 물체의 방사율은 작아진다.

3. 적외선 원(infrared source)

적외선 원은 적외선을 방출하는 물체, 즉 검출대상을 말한다. 예를 들면, 인체는 310 K(37 ℃)에서 피크 파장이 10 μm인 적외선을 방출한다. 적외선을 방출하는 방식에는 열방사(thermal radiation), 냉방사(cold radiation), 자극방출(stimulated emission) 등이 있다. 열방사는 물체를 가열함으로써 적외선이 방출되는 것을 의미하며, 각종 히터나 램프 등이 여기에 속한다. 냉방사는 가스의 방전에 의해서 적외선이 방출되는 현상으로, 수은등이나 제논 등이 여기에 해당된다. 자극방출은 레이저 작용과 같은 방출을 말하며, 각종 레이저 다이오드가 있다. 열방사의 파장은 램프에 따라 1.0 μm~50 μm 범위에 있다. 반면 냉방사 파장은 0.8 μm~2.5 μm로 근적외선 영역이다. 레이저 파장은 종류에 따라 가시광선부터 700 μm까지 광범위하게 분포한다.

3.1.3 적외선 센서의 분류

다양한 종류의 적외선 센서가 사용되고 있지만, 적외선 방사를 검출하는 적외선 검출기의 원리는 양자형(quantum detector)과 열형(thermal detector)으로 대별된다.

양자형 센서는 적외선의 양자를 흡수해서 전하 케리어(charge carrier)로 직접 변환하는 센서로, 광도전 효과와 광기전력 효과에 대해서는 제2장의 광센서에서 이미 설명하였다. 양자형 적외선 센서의 광 감도는 파장에 의존하지만, 열형에 비해서 더 높은 감도와 더 빠른 응답 속도를 제공한다.

일반적으로 양자형 검출기는 근적외선 영역에서 사용되는 것을 제외하고는 정확한 측정을 위해서 냉각을 필요로 하기 때문에 사용되는 패키지도 다양하다. 무냉각 검출기는 금속 캔 패키지를 사용한다. 적외선 센서를 드라이아이스 등으로 냉각시키는 경우에는 유리(금속) 듀어(dewar)가 사용된다. 열전냉각(thermoelectrical cooling ; TE cooling) 방식에서는 열전냉각기 위에 적외선 센서와 온도센서가 마운트된다.

한편, 열형 검출기는 열을 적외선 에너지로 사용한다. 즉, 적외선을 흡수한 소자의 온도가 변화하고, 그 결과 소자의 전기적 특성(저항, 열기전력, 전기분극 등)이 변하는 효과를 이용하여 적외선을 검출한다. 열형 센서에는 서미스터(thermistor), 볼로미터(bolometer), 서모파일(thermopile), 초전센서(pyroelectric detector) 등이 있으며, 중적외선부터 원적외선 범위를 검출하는데 유용하다. 열형 검출기는 광 감도가 파장에 무관하며, 냉각이 불필요한 장점이 있지만, 응답시간이 느리고, 검출 감도가 작은 단점을 가진다.

3.2 • 양자형 적외선 센서

양자형 적외선 센서는 제2장에서 설명한 광도전 효과와 광기전력 효과를 이용하여 적외선을 검출하는 센서이다.

3.2.1 광도전 적외선 센서

반도체에 적외선을 조사하면 전자–정공 쌍이 발생하고 전기 전도도가 증가하여 그 저항이 감소하는 적외선 검출기를 말한다. 광도전형 적외선 센서에는 InSb(indium antimonide), MCT(mercury cadmium telluride ; HgCdTe) 등이 사용되고 있다.

1. InSb 적외선 센서

InSb 광도전 센서의 최대감도 주파수는 5.5 μm이고, 차단 주파수는 6.3~6.7 μm이다. 감도 특성은 소자 온도에 따라 변하는데, 온도가 증가함에 따라 감도는 감소하고, 분광응답 범위는 단파장 쪽을 향해 이동한다. −60 ℃로 열전냉각을 하면 차단주파수 6.3 μm에서 2500 V/W의 높은 광감도가 얻어진다. 응답속도(0→63 % 상승시간)는 0.4 μm이다.

2. MCT(HgCdTe)

　MCT는 광도전형과 광기전력형이 있으며, 여기서는 빛을 받으면 저항이 감소하는 광도전형을 먼저 설명한다. HgCdTe 반도체 결정은 수은과 카드뮴의 조성비 x를 조절함으로써 (Hg$_{1-x}$Cd$_x$Te) 에너지 밴드 갭(E_g)을 0~1.5 eV까지 변화시킬 수 있다. 예를 들면, 그림 3.2(a)에서 x=0.2이면 Hg$_{0.8}$Cd$_{0.2}$Te는 0.1 eV의 에너지 갭을 가지며, 8~14 μm 범위의 파장에서 높은 감도를 나타낸다.

　HgCdTe 반도체를 이용하면, 그림 3.2(b)에서 볼 수 있는 것과 같이 파장 2 μm 부근의 근적외선 영역에서부터 파장 22 μm에 달하는 원적외선 영역에 이르기까지 다양한 파장대역의 우수한 적외선 감지 소자를 제작할 수 있다.

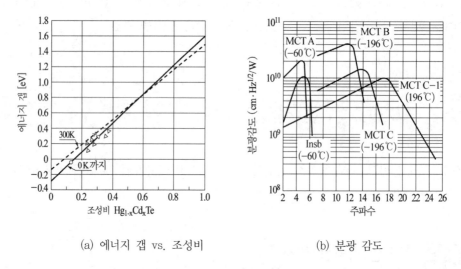

(a) 에너지 갭 vs. 조성비　　　　　　　　(b) 분광 감도

그림 3.2 MCT 결정의 에너지 갭과 분광감도의 조성비 의존성

3. 광도전형 적외선 센서의 특징

- InSb 광도전 적외선 센서는 열전냉각을 하면 주파수는 6.5 μm까지 고속, 고감도를 보장한다. 또한 사용하기가 매우 용이하다.
- MCT는 2 μm 부근의 근적외선 영역에서부터 파장 22 μm에 달하는 원적외선 영역에 이르는 다양한 파장대역에서 우수한 감도를 보이는 적외선 감지 소자이다. 따라서 분광응답을 다양하게 선택할 수 있고, 사용이 용이하다.
- InSb, MCT 냉각온도 및 주위 온도 따라 센서 특성이 달라지므로 광학 시스템을 주의깊게 설계해야 한다.

4. 광도전형 적외선 센서의 응용

표 3.1은 각종 광도전형 적외선 센서의 응용분야를 요약한 것이다. 광도전형 적외선 센서는 방사온도계, 분광 광도계, 각종 분석기기, 식품산업 등 여러 분야에 응용되고 있다.

표 3.1 광도전형 적외선 센서의 응용분야 예

적외선 센서	응용 분야
InSb	• 방사 온도계(5μm 대역) • 환경 측정(가스 분석기 등) • FTIR • IR 레이저 검출
MCT	• 방사 온도계 • 환경 측정(가스 분석기 등) • 적외선 분광 측정기 • FTIR • CO_2 레이저 모니터

3.2.2 광기전력 적외선 센서

제2장에서 설명한 각종 실리콘 포토다이오드는 가시광 및 근적외선 검출에 국한되어 사용되고 있다. 실리콘 포토다이오드가 검출할 수 없는 적외선을 검출하기 위해서는 반도체의 에너지 갭이 더 작아야 하며, 현재 적외선 영역에 응답하는 다수의 화합물 반도체 포토다이오드가 개발되어 사용되고 있다. 특히, 광섬유 통신 시스템의 발전으로, $1.3\mu m \sim 1.55\mu m$의 파장 범위에서 동작하는 고감도, 광대역 포토다이오드가 필요하게 되었다. 이를 위해 화합물 반도체를 사용한 이종접합(異種接合 ; heterojunction ; n층과 p층의 물질이 다른 pn-접합) 포토다이오드 등이 개발되었다. 여기서는 현재 대표적인 광기전력 적외선 센서로 사용되고 있는 InGaAs 포토다이오드에 대해서 설명한다.

1. InGaAs pin 포토다이오드

InGaAs 포토다이오드는 그림 3.3에 나타낸 것과 같이 pin과 APD 구조로 만들어진다. InGaAs 포토다이오드는 실리콘 포토다이오드와 마찬가지로 pn 접합을 가지는 광기전력형 센서이지만, 실리콘 반도체보다 에너지 갭이 더 작기 때문에 더 긴 파장 범위에 대해서 감도를 가진다.

그림(a)의 pin 다이오드에서 입사된 적외선은 I영역에서 흡수되어 전자-정공 쌍을 발생시키고, 이들은 각각 N+와 P+ 전극으로 이동해서 전류에 기여한다. InGaAs의 에너지 갭은 In과 Ga의 조성비에 따라 변하기 때문에 조성비를 변화시키면 여러 가지 파장 범위에 응답 하는 적외선 검출기를 만들 수 있다. (그림 3.4(a))

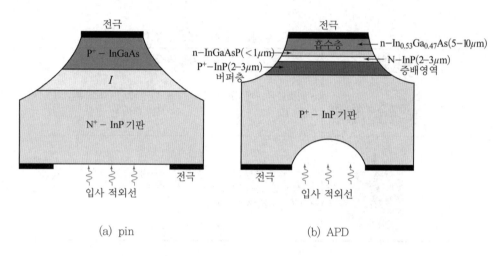

(a) pin   (b) APD

그림 3.3 InGaAs 포토다이오드의 기본 구조 :

2. InGaAs APD

그림 3.3(b)는 InGaAs APD의 기본의 기본 구조를 나타낸 것으로, 입사된 적외선은 $n-In_{0.53}Ga_{0.47}As$ 영역에서 흡수되어 전자-정공 쌍을 발생시킨다. 정공은 N-InP 층으로 들어가 이동하면서 충돌전리에 의해서 증배된다. pin 다이오드와 마찬가지로, In과 Ga의 조 성비를 달리하면 응답 파장이 다른 InGaAs APD를 얻을 수 있다. (그림 3.4(b))

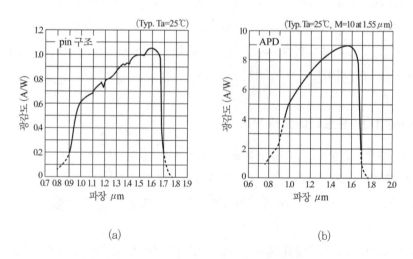

(a)   (b)

그림 3.4 InGaAs 포토다이오드의 분광감도특성

3. 특성

- 그림 3.4(a)는 InGaAs pin 포토다이오드의 분광 응답 특성의 일예를 나타낸 것으로, 일반적으로 비냉각시 검출파장 범위는 0.9~2.6 μm이고, 주로 사용되고 있는 0.9~1.7 μm의 분광응답범위를 가지는 pin 다이오드의 광감도는 1 A/W 전후이다.
- 그림 3.4(b)는 InGaAs APD의 분광 응답 특성을 나타낸 것이다. 검출파장 범위는 pin 구조와 동일하지만 광감도는 피크파장에서 9로 되어, pin구조에 비해 훨씬 크다.

4. 특징과 응용분야

InGaAs 포토다이오드는 패키지에 따라 특성과 용도가 매우 다르지만, 일반적으로 표 3.2과 같이 요약할 수 있다.

표 3.2 InGaAs 포토다이오드의 특징과 용도

적외선 센서		특징	응용 분야
pin		• 저잡음 • 낮은 암전류 • 고속 응답	• 광전력계 • 각종 측정/분석기기
APD		• 고속응답(2.5 Gbps도 가능) • 낮은 암전류 • 높은 감도 • 낮은 정전용량	• 거리 측정 • 광통신

3.3 · 초전형 적외선 센서

초전형 검출기(pyroelectric detector)는 실온에서 동작하는 열형 적외선 센서이다. 초전형 센서는 초전체, 고입력저항・저잡음 전계효과 트랜지스터(FET)로 구성되며, 외부 잡음으로부터 보호하기 위해서 금속 패키지에 기밀봉지 되어 있다. 초전 센서 그 자체는 주파수 의존성이 없지만, 각종 창 재료(window material)를 사용하면 인체 검출, 가스 분석과 같은 여러 분야에 유용하게 응용할 수 있다.

초전효과

　초전기(焦電氣 ; pyroelectricity) 현상은 영구 전기쌍극자를 갖는 분자로 구성된 강유전체 (ferroelectric material)에서 발생한다. 이러한 단결정에서 퀴리 온도(Curie temperature) 라고 부르는 임계온도 T_c 이하에서는 전기쌍극자들이 특정 결정축 방향으로 배열하여 결정 에 자발분극(spontaneous polarization)을 일으킨다. 물질이 가열되면, 분자의 열운동에 의 해 전기쌍극자의 배열이 흐트러져 분극은 감소하게 되고, 퀴리 온도 T_c 이상으로 되면 분극 은 0으로 된다.

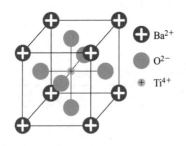

(a) 130 ℃ 이상에서 $BaTiO_3$ 입방결정구조

(b) 130 ℃ 이상에서 (+)전하의 중심과 (−)전하의 질량 중심이 일치

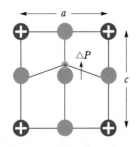

(c) 130℃ 이하 $BaTiO_3$ 결정구조 : (+)전하의 중심과 (−)전하의 중심이 불일치

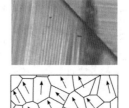

(d) 자발분극

그림 3.5 $BaTiO_3$ 입방결정구조와 자발분극

　대표적인 강유전체인 $BaTiO_3$(barium titanate) 결정을 예로 들어 설명해 보자. 그림 3.5(a) 는 퀴리 온도(130℃) 이상에서 $BaTiO_3$의 결정구조를 나타낸다. 이 상태에서는 그림 (b)와 같이, (+)전하의 질량 중심과 (−)전하의 질량 중심이 일치하여 순 분극(net polarization)은 0이다. 즉 $P = 0$이다.

　그러나 퀴리온도(130 ℃) 이하로 되면 그림 (c)와 같이 (+)전하의 중심과 (−)전하의 중심이 일치하지 않게 되어 결정은 분극 벡터 P를 가지게 되어 강유전체로 된다. 이와 같이 외부전계가 없는 상태에서 결정 내부에 전기 쌍극자 들이 특정 결정축 방향으로 배열하여 일어나는 분극을 자발분극(自發分極)이라고 부른다. 강유전체 결정은 그림 (d)와 같이 강유전 구역(ferroelectric domain)으로 나누어지는데, 각 구역의 자발분극의 방향과 크기는 서로 다르다.

만약 강유전체 물질의 온도가 변하면, 결정은 팽창 또는 수축하게 되어 분극의 세기도 변화한다. 즉, 강유전체의 분극 세기는 온도에 따라 변화한다.

즉, 강유전체의 온도가 ΔT만큼 변화할 때, 결정내부에서 원자배열의 변화에 따라 자발분극의 세기가 ΔP만큼 변화하는 현상을 초전기 또는 초전효과(pyroelectric effect)라고 부른다 (그림 3.6). 이 효과의 크기는 다음 식으로 주어지는 초전계수(pyroelectric coefficient) p로 나타낸다.

$$p = \frac{\Delta P}{\Delta T} = \frac{\Delta Q}{A\Delta T} \tag{3.4}$$

여기서, A는 센서 면적, ΔQ는 표면에 유기된 전하량이다.

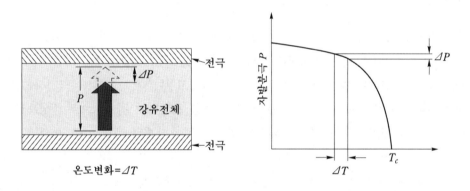

(a) 초전 효과 : $P \rightarrow P - \Delta P$로 감소   (b) 초전결정의 자발분극 −온도 특성

그림 3.6 초전 효과

표 3.3은 각종 초전 물질의 특성을 비교한 것이다. 현재 초전 센서로 사용되고 있는 물질은 PZT, $LiTaO_3$ 이다. PZT는 어두운 상태에서 자발적으로 분극된다. PZT의 조성비를 변화시키면, 유전상수 200~400과 퀴리온도 250~450[℃]인 여러 초전 물질이 만들어진다. PZT는 신뢰성이 매우 높은 초전 검출기 재료이다.

표 3.3 각종 초전물질의 특성

	물질	초전 계수 $[\mu C \cdot m^{-2} \cdot K^{-1}]$	큐리 온도 $T_c[K]$
단결정	TGS (*triglycine sulphate*)	280	49
	DTGS (*Deuterated triglycine sulfate*)	550	61
	LiTaO$_3$	170	603
	LiTaO$_3$	80	480
세라믹	PZT	400	230
	BST	7000	25
	PST	3500	25
고분자	PVDF (*Polyvinalidene Flouride*)	27	80

3.3.2 구조와 동작원리

그림 3.7은 초전 센서의 동작원리를 나타낸다. PZT 또는 LiTaO$_3$와 같이 초전 효과를 갖는 결정은 일정 온도(즉 열적 평형상태)에서 그림 (a)와 같이 자발분극에 의해서 그 표면에는 항상 (+)와 (−)전하가 발생한다. 이것을 분극전하라고 부른다. 그러나 분극전하들은 공기중을 떠돌아다니는 부유전하(이온)(floating charge)를 포획하여 전기적으로 중성으로 된다. 이 상태에서 그림 (b)와 같이 입사 적외선이 흡수되면 초전체의 온도가 상승하고, 그 결과

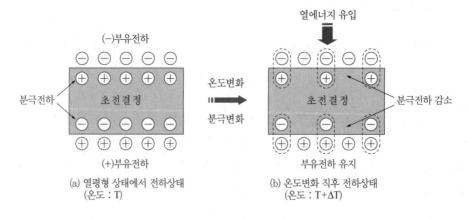

(a) 열평형 상태에서 전하상태 (온도 : T)　　　(b) 온도변화 직후 전하상태 (온도 : T+ΔT)

그림 3.7 초전 센서의 동작 원리

자발분극의 세기가 감소한다. 표면에 부착된 전하는 자발분극의 변화에 신속히 대응하여 변화할 수 없기 때문에, 온도변화 직후의 결정표면의 전하는 그림 (b)와 같이 불평형으로 되고, 이 불평형 분의 전하를 전압변화로 출력한다.

그림 3.8은 초전형 적외선 센서의 내부 구조와 외관을 나타낸다. 지지대 위에 고정된 초전체 박판을 금속 베이스의 중앙에 고정시키고, 금속 베이스는 적외선 필터(실리콘 판)를 접착한 금속 켄(can)으로 차폐되어 있다.

초전소자는 임피던스가 매우 커서($10^{12}\,\Omega$) 극히 작은 전류만을 공급하며, 그대로 사용하면 외부 잡음을 유도하기가 쉽기 때문에 임피던스 매칭 회로를 같은 케이스에 내장하고 있으며, 보통 FET를 사용한 소스 폴로워(source follower)가 사용된다.

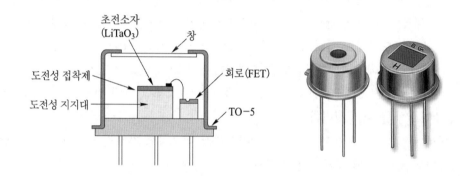

그림 3.8 초전형 적외선 센서의 내부 구조와 외관

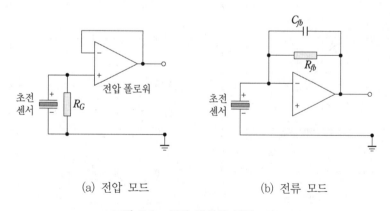

(a) 전압 모드　　　　　(b) 전류 모드

그림 3.9 초전 센서의 동작 모드

초전체 표면에 있는 전하를 전기신호로 변환하는 방법에는 전압 모드와 전류 모드가 있으며, 일반적으로 전압 출력형 초전 센서가 사용된다. 그림 3.9(a)의 전압 모드에서는 입력 임피던가 매우 높은 전압 폴로워(Voltage follower) 회로가 사용된다. 전압 모드는 회로가 간

단하고, 잡음이 작고, 피크 감도가 비교적 저주파에서 나타난다. 이러한 특징을 이용해서, 인체를 검출하는 센서 등에 사용될 수 있다.

그림 3.9(b)의 전류 모드에서는 초전체 표면에 있는 전하가 전류로 출력된다. 전류형 초전 센서는 높은 이득, 일정 감도 등의 특성이 있어 레이저 검출 등에 자주 사용된다. 주파수 하한은 증폭기의 상수에 의해서 결정된다. 그래서 주파수 응답은 증폭기 회로 형식을 조정하면 향상시킬 수 있다.

3.3.3 특성

초전 센서는 센서의 온도변화가 있을 때만 적외선을 검출하기 때문에 정지해 있는 물체를 검출하기 위해서는 광 초퍼(optical chopper)가 요구된다(제4장 적외선 온도계 참조). 그림 3.10(a)는 전압 모드의 전압감도–초핑 주파수(chopping frequency) 특성의 일례를 나타낸 것으로, 초핑 주파수에 따라 전압감도가 증가하다가 급격히 감소한다.

그림 3.10(b)는 전류 모드의 전류감도–초핑 주파수 특성을 나타낸 것으로, 전류감도는 넓은 초핑 주파수에 걸쳐 일정하다.

초전 센서는 열형 검출기이기 때문에, 어떠한 파장 의존성도 가지지 않는다. 분광 응답 범위는 사용되는 창 재료에 의해서만 결정된다.

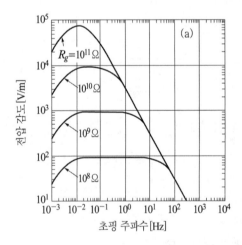
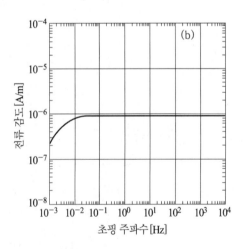

그림 3.10 전압감도와 전류감도의 초핑 주파수 의존성

3.3.4 특징 및 응용분야

초전 검출기(전압 출력 모드)는 다음과 같은 특징을 갖는다.

- 실온에서 동작하고, 급격한 외부온도변화에도 높은 안정도를 보인다.
- 외부 잡음(진동, RFI 등)에 강하다.
- 분광 응답이 평탄하다.
- 입사 에너지(적외선)의 변화가 있을 때만 출력신호가 얻어진다.
- 임피던스 변환 FET를 내장하고 있다.
- 가격이 저렴하고, 수명이 길다.
- 다른 열형 검출기에 비해서 고감도이다.

초전 센서의 응용 분야는 적외선 온도센서, 비접촉식 온도측정, 프로세스 온도 모니터링, 이동 검출기(motion detection), 화재 및 불꽃 검출기, 산업 및 의료분야에서 가스 분석기, 폭발 검출, 분광계(spectrometers), 복사계(輻射計 radiometer, 가시광선이나 적외선 등의 복사에너지를 측정하는 계기), 분석 계측기 등이다. 이들 일부는 다른 장에서 자세히 설명한다.

3.4 ○ 서모파일

서모파일(thermopile)은 다수의 열전대(thermocouple)를 전기적으로 직렬 접속하여 제베크 전압(Seebeck voltage)이 더해지도록 한 적외선 센서이다.

3.4.1 구조와 동작원리

서모파일 검출기는 열전대를 기본으로 하기 때문에 먼저 열전대에 대해서 간단히 설명한 후, 상용화된 열전대에 대해서 설명한다.

1. 열전대

그림 3.11(a)와 같이 서로 다른 금속선 A, B를 접합하고, 두 접점 사이에 온도차를 주면 두 접점 간의 온도차에 비례하는 기전력(emf) e_{AB}가 나타난다. 이 현상을 제베크 효과(Seebeck effect)라 하며, 이때 발생한 개방전압을 제베크 전압 또는 기전력(Seebeck voltage or emf)

이라고 부른다. 온도 변화가 작을 경우, 제베크 전압은 온도에 직선적으로 비례한다.

$$e_{AB} = \alpha_s \, \Delta T = \alpha_s \, (T_h - T_c) \tag{3.5}$$

여기서, 비례상수 α_s는 제베크 계수(Seebeck coefficient), T_h와 T_c는 각각 열접점(hot junction)과 냉접점(cold junction)의 온도이다. 열전대에 전압계를 접속하면 열기전력을 측정할 수 있으며, 이 값에서 역으로 온도차($T_h - T_c$)를 알 수 있다. 이것이 열전대의 원리이다. 금속선 A, B의 종류에 따라 열기전력의 크기가 다르고, 그러므로 측정할 수 있는 온도가 다르다.

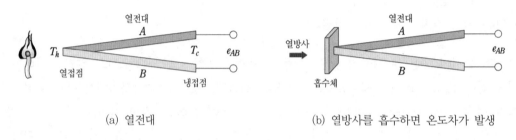

(a) 열전대 (b) 열방사를 흡수하면 온도차가 발생

그림 3.11 열전대의 원리

그림 3.11(b)는 열전대에 필요한 온도차를 주는 하나의 방법을 나타낸 것이다. 열전대의 한 접점을 적외선 흡수판에 접촉시키면 그 접점이 측정대상으로부터 방출된 적외선을 흡수하여 두 접점사이에는 온도차 ΔT가 발생하고, 이 온도차에 비례하는 열기전력이 얻어진다.

$$e_{AB} = \alpha_s \, \Delta T \propto \epsilon \, (T_b^4 - T_a^4) \tag{3.6}$$

여기서, 비례상수 ϵ는 측정대상물체의 방사율(emissivity), T_b와 T_a는 각각 물체 온도와 주위 온도이다.

2. 서모파일

그림 3.12는 서모파일의 기본 원리를 나타낸 것이다. 능동 접점(active junction)은 복사광을 집속하는 판에 열적으로 접속되어 있고, 열전대와 열전대를 접속하는 모든 기준접점(reference junction)은 방열판에 열적으로 접속되어 능동 접점보다 더 낮은 온도로 유지된다. 모든 열전대는 전기적으로 직렬 접속되어 있으므로 개개의 열전대에서 발생하는 제베크 전압은 더해진다. 만약 n개의 열전대가 직렬 접속되면, 출력은 $e_o = n e_{AB}$로 된다. 따라서 열전대의 개수가 증가하면 출력전압도 증가한다.

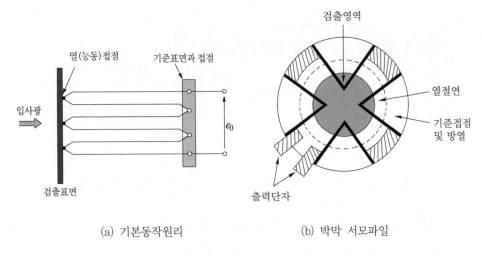

(a) 기본동작원리   (b) 박막 서모파일

그림 3.12 서모파일

초기의 서모파일은 금속선으로 만들어졌으나, 박막 기술의 발전과 함께 그림 3.12(b)에 나타낸 것과 같이 여러 종류의 박막 서모파일이 개발되었다. 능동 접점(열접점)은 기하학적 중심 부근에 형성되고, 그 위에 입사 적외선의 흡수층을 코팅한다. 기준 접점(냉접점)은 소자의 주변부에 형성되고 능동접점이 있는 검출영역과는 열적으로 절연된다. 열전대 물질로는 주로 안티몬(antimony, Sb)과 비스무스(bismuth, Bi)가 사용된다. 출력단자는 기준접점으로부터 꺼낸다.

3. 마이크로(MEMS) 서모파일

최근에는 실리콘 마이크로머시닝 기술(제23장 참조)을 이용한 초소형 서모파일이 상용화되었다. 열전 물질로 종래의 비스무스(Bi)와 안티몬(Sb) 대신 n형 다결정 실리콘과 p형 다결정 실리콘, 또는 n형 다결정 실리콘과 금(Au) 또는 알루미늄이 사용된다.

그림 3.13은 실리콘을 기반으로 하는 반도체 서모파일의 구조를 나타낸다. 먼저 이방성 에칭에 의해서 질화막(silicon nitride, Si_3N_4) 맴브레인을 형성한다. 이 맴브레인의 열전도율은 매우 낮다. 맴브레인의 중심에는 열접점을 형성하고, 그 위에 적외선 흡수층을 코팅한다. 냉접점은 실리콘 기판 가장자리에 위치한다. 입사된 적외선은 흡수층에서 흡수되어 열로 변환되고, 이 열에 의해서 열접점의 온도가 상승하여 출력이 얻어진다. 그림 3.13(b)에 보여주는 것과 같이, 하나의 서모파일에 다수의 센싱 에라멘트(1, 2, 4)를 가지며, 각 센싱 엘라멘트는 파장이 다른 적외선을 검출할 수 있다. 또한 동일한 기판에 다수의 서모파일을 직선 또는 면적으로 어레이한 서모파일도 시판되고 있으며, 면적 어레이 서모파일은 인간의 신체를 측정하는데 사용된다.

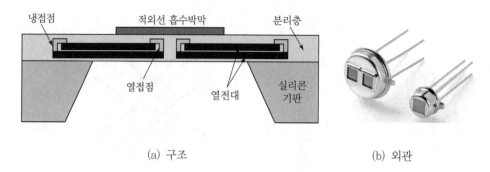

(a) 구조　　　　　　　　(b) 외관

그림 3.13　실리콘을 기반으로하는 마이크로(또는 MEMS)서모파일

　반도체 서모파일은 CMOS 표준 반도체 공정을 사용할 수 있어 저가이면서도 신뢰성과 온도 안정도가 높고, 센서특성이 균일하다는 장점이 있다.

　그림 3.14는 적외선 흡수에 의해서 발생된 열이 공기 중으로 방출되어 소실되는 것을 방지하기 위해서 서모파일을 진공으로 밀봉(vacuum sealing)한 구조를 보여준다. 흡수된 열의 손실을 제거함으로써 감도를 크게 증가시킬 수 있다.

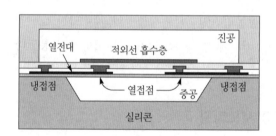

그림 3.14　진공으로 밀봉된 실리콘을 기반으로하는 서모파일

3.4.2　특성과 특징

　서모파일은 제조 회사별, 박막 또는 반도체형에 따라 매우 다양한 특성을 가진다. 열전대 접합수는 40~120개, 분광 응답 범위는 단일 소자인 경우 3~5 μm, 리니어 또는 면적 어레이 서모파일은 5~14 μm, 광감도(응답도)는 30~100 V/W 정도이다. 서모파일의 일반적 특징은 다음과 같다.

- 상온에서 동작하며, 파장에 의존하지 않는 분광응답 특성
- 광 초핑(optical chopping)이 필요 없다.

- 출력전압이 입력 적외선으로부터 얻어진다.
- 저 가격, 긴 수명

3.4.3 응용분야

서모파일은 적외선 온도 센서로 그 사용 범위가 점점 확대되고 있다. 서모파일 감도는 다른 적외선 센서에 비해서 낮은 경향이 있지만, 초퍼(chopper)나 안정화 전원 등이 불필요하고 견고하여 특히 방사 온도계에 많이 사용되고 있다. 주요 응용 분야를 요약하면 다음과 같다.

- 귀속형 체온계(ear thermometer)
- 적외선 온도계 및 에어콘 동작 제어를 위한 신체 센싱
- 헤어 드라이어, 마이크로웨이브, 에어콘, 냉장고 등 사전제품
- 보안 시스템
- 가스 분석기나 센서(예 CO_2 센서)에서 적외선 흡수 측정
- 열전 변환기(thermoelectric converter)와 열속 유량계(heat flux flowmeter)

3.5 ◦ 볼로미터

볼로미터(bolometer)는 온도 민감성 저항으로, 입사 적외선을 흡수해서 가열되면 온도가 증가하고 이로 인해 저항이 변화하는 성질을 이용해 적외선을 검출한다. 최근에는 박막기술과 반도체 기술을 사용해서 제작된 각종 볼로미터가 상품화되고 있다.

3.5.1 구조와 동작원리

그림 3.15은 볼로미터의 기본 구조와 동작 원리를 나타낸 것이다. 볼로미터 자체는 적외선 흡수체(absorber), 온도센서(볼로미터 저항), 히트 싱크(heat sink)로 구성된다. 흡수체와 온도 센서는 열적으로 분리된 구조체 위에 만들어진다. 따라서 흡수체와 온도센서는 히트 싱크와 약하게 열적으로 결합된다. 입사 적외선이 흡수체에 의해서 열로 변환되면, 이 열은 입사하는 적외선 에너지에 비례해서 온도센서(볼로미터 저항)의 온도를 주위온도 이상으

로 상승시킨다. 온도 T인 볼로미터는 열전도도 G를 통해서 온도 T_o인 히트 싱크와 연결된다. 따라서 온도센서와 방열판 사이에는 온도차가 발생한다.

$$\Delta T = T - T_o = \frac{E}{C} \tag{3.7}$$

여기서, T는 흡수체(온도센서)의 온도, T_o는 방열판의 온도, C는 열용량, E는 입사 적외선 에너지이다.

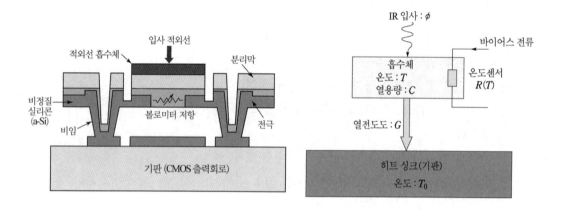

그림 3.15 볼로미터의 기본 구조와 동작원리

따라서 흡수체에 있는 온도센서의 저항 값은 증가하고, 온도상승에 기인하는 저항 변화는 다음과 같이 된다.

$$\Delta R = \alpha R \Delta T \tag{3.8}$$

여기서, R은 온도센서의 저항, α는 저항의 온도계수이며 다음 식으로 주어진다.

$$\alpha = \frac{1}{R}\frac{dR}{dT} \tag{3.9}$$

직류 바이어스 전류 I_b가 볼로미터를 통해 흐르면, 전압 V가 발생한다. 입사 적외선의 에너지가 변하면 저항 R이 변화고 그래서 출력전압 V가 변한다. 이때 출력전압의 변화는

$$\Delta V = I_b \Delta R = I_b \alpha R \Delta T \tag{3.10}$$

따라서 온도센서의 저항 변화 ΔR을 측정함으로써 우리는 흡수된 적외선 량을 계산할 수 있다.

바이어스 전류는 볼로미터에 주울 열을 발생시켜 그 온도를 상승시킨다. 따라서 볼로미터의 출력전압은 입사하는 적외선 에너지뿐만 아니라 바이어스 전류에 의해서 발생된 주울 열에도 의존한다. 이것을 바이어스 가열(bias heating) 또는 자체 발열(self-heating)이라고 부른다. 바이어스 가열은 볼로미터 적외선 검출기에 원하지 않는 많은 영향을 미치기 때문에 이 영향을 제거하기 위한 여러 가지 방법이 제안되고 있다.

볼로미터의 적외선 흡수체가 공기에 노출되면 흡수된 열이 대기 중의 가스 분자로 전달되어 열 손실이 발생하고 감도가 저하한다. 이것을 방지하기 위해서 볼로미터는 진공 패키지 속에 밀봉된다.

3.5.2 볼로미터의 종류

오늘날 이용 가능한 열 이미지(thermal image) 센서로 가장 흔히 사용되는 것은 반도체 기술을 이용해서 만든 마이크로볼로미터이다. 볼로미터의 성능은 온도계수와 잡음 레벨에 크게 의존한다. 표 3.4는 상온에서 적외선 검출기에 사용되는 재료의 온도계수를 나타낸 것이다.

표 3.4 각종 적외선 검출에 사용되는 물질의 비교(상온)

금속		반도체	
물질	TCR($\%K^{-1}$)	물질	TCR($\%K^{-1}$)
Ag	0.38	VO_x	−0.7
Au	0.34	YBCO	−3.5
Cu	0.39	GaAs	−9
Ni	0.60	a−Si	−3.0
Ni−Fe (thin layer)	0.23	s−Ge	−2.1
Pt (thin layer)	0.18	poly−Si : GE	−1.4

산화 바나듐(vanadium oxide ; VOx) 볼로미터는 가장 성공적인 볼로미터 중 하나이며, 높은 온도계수와 낮은 1/f잡음을 가진다. 비정질 실리콘(amorphous silicon ; a-Si)은 TCR이 우수하고, IC제조 공정을 사용해 제작할 수 있는 장점이 있지만, 그러나 1/f 잡음이 크다. 그림 3.16은 실리콘 마이크로머시닝에 기반한 현재 상용화된 볼로미터 어레이의 실제 구조를 나타낸 것이다. 온도센서 물질로는 비정질 실리콘(amorphous silicon ; a-Si)이 사용되었다.

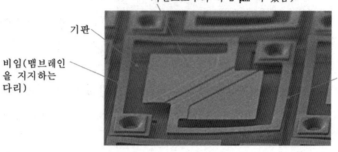

맴브레인(적외선 흡수체 있음): 기판으로부터 약 2 μm 떠 있음)

기판

비임(맴브레인을 지지하는 다리)

비임(맴브레인을 지지하는 다리)

그림 3.16 실리콘 볼로미터 어레이의 픽셀

3.5.3 볼로미터의 특성

표 3.5는 현재 상용화된 대표적인 볼로미터의 특성을 요약한 것이다. 제조 회사에 따라, 또 물질에 따라 특성 차이 매우 크다는 것을 알 수 있다.

표 3.5 상용화된 대표적인 비냉각 볼로미터 어레이의 특성 비교

회사	볼로미터 타입	어레이 포맷	픽셀 피치 (μm)	검출기 NEDT (mK) (f/1.20-60Hz)	시정수 constant (msec)
L*3 (USA)	VO$_x$ bolometer a-Si bolometer a-Si/a-SiGe bolometer	320×240 160×120-640×480 320×240-1024×768	37.5 30 17	50 50 30-50	
DRS (USA)	VO$_x$ bolometer(standard design) VO$_x$ bolometer(umbrella design) VO$_x$ bolometer(umbrella design)	320×240 320×240 640×480, 1024×768	25 17 17	≤ 40 ≤ 40 <40	≤ 18 ≤ 14 ≤ 14
ULIS (France)	a-Si bolometer a-Si bolometer	80×80 160×120 320×240 384×240 640×480, 1024×768	34 25 12 17 17	<100 <60 <60 <55 <50	 <10 <10 <10 <10
SCD (Israel)	VO$_x$ bolometer VO$_x$ bolometer VO$_x$ bolometer VO$_x$ bolometer	384×288 384×288 640×480 1024×768	25 25 17 17	<20 <35 <35 <35	22 16 16 14
NEC (Japan)	VO$_x$ bolometer VO$_x$ bolometer VO$_x$ bolometer VO$_x$ bolometer	320×240 640×480 640×480 320×240	23.5 23.5 12 23.5	<75 <75 60 NEP<100pW	

* NETD : noise equivalent temperature difference

3.5.4 볼로미터의 응용

볼로미터는 다양한 곳에서 활용되고 있으나, 몇몇 응용 분야를 열거하면 다음과 같다.

- 열상 카메라
- 입자 검출기
- 감춰진 무기의 검출
- 지문 스캐너
- 삼림 화재 검출
- 우주 관측 장비 분야
- 의료 영상 분야

3.6 · 적외선 센서 요약

다음 표 3.6은 지금까지 배운 중요한 적외선 센서의 일부 특성과 장단점을 비교 요약한 것이다. 회사마다 다양한 모델을 가지고 있고, 또 새로운 적외선 센서가 계속 연구 개발 되어 실용화되고 있기 때문에 절대적인 수치는 아니지만 검출원리나 방식의 차이를 비교하는 데 유용하게 사용될 수 있을 것이다.

표 3.6 주요 적외선 센서의 특성 비교

타입		응답파장 (μm)	동작온도 (℃)	분광감도 ($cm \cdot Hz^{1/2}/W$)	제조회사
양자형 검출기	InSb	2~6	213	2×10^9	Hamamatsu
	PbSe	1.5~5.8	300	1×10^8	Hamamatsu
	HgCdTe	2~16	77	2×10^{10}	Hamamatsu
열 형 검출기	서모파일	2~15	300	1.8×10^8	Perkin-Elmer(Perkin)
	초전형	2~20	300	2×10^8	IGM&I Co. Ltd(IGM&I)
	볼로미터	8~14	300	1×10^9	Raytheon

memo

04 chapter | 자기 센서

지구가 하나의 커다란 자석이기 때문에 자기 센서의 사용은 2000년이나 될 만큼 오랜 역사를 가지고 있다. 예를 들면, 예로부터 항해를 할 때 나침반으로 방향을 측정한 것은 최고의 자기센서라고 할 것이다. 이와 같이 초기의 자기센서는 주로 방향을 알아낸다거나 또는 네비게이션에 사용되었으나, 오늘날 자기센서는 산업체에서 매우 다양한 용도로 활용되고 있다. 본 장에서 자계를 검출하는 다양한 자기센서의 원리와 그 응용에 대해서 설명한다.

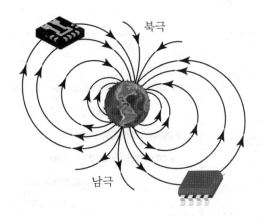

4.1 ◦ 자기 센서의 기초

오늘날 자기 센서(magnetic sensor)는 지구로부터 발생되는 자계뿐만 아니라, 영구자석, 자화된 연철자석, 뇌파활동, 전류로부터 발생되는 자계의 존재유무, 강도, 방향 등을 검출하는데 광범위하게 사용되고 있다. 이와 같은 산업체의 요구에 따라 다양한 자기 센서가 개발되어 사용되고 있으며 자계검출 범위도 점점 확대되고 있다. 자기 센서를 분류하는 방식에는 여러 가지가 있으며, 본서에서는 그림 4.1과 같은 순서로 설명한다.

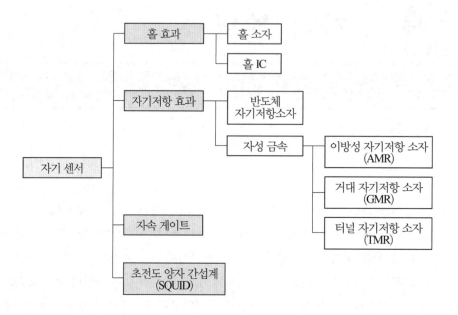

그림 4.1 동작원리에 따른 자기 센서의 분류

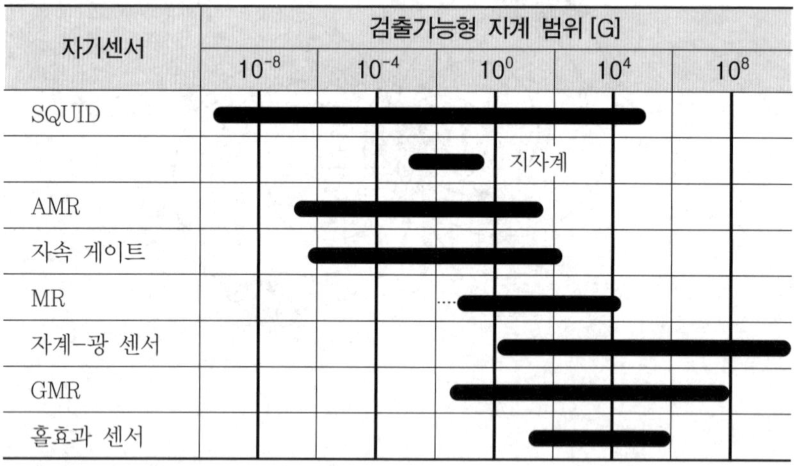

자기센서	검출가능형 자계 범위 [G]				
	10^{-8}	10^{-4}	10^{0}	10^{4}	10^{8}
SQUID	████████████████████				
		지자계			
AMR	██████████			
자속 게이트	██████████			
MR		████████		
자계-광 센서		██████████		
GMR		████████		
홀효과 센서			████████	

1 [gass] = 10^{-4} [Tesla] = 10^{5} [gamma]

그림 4.2 주요 자기 센서의 자계 검출 범위

그림 4.2는 상용화된 자기 센서의 검출 범위를 간략하게 나타낸 것이다. 약자계 센서는 1 μG 이하를 검출하는 센서로, 주로 의용·생체자기계측이나 군용으로 사용된다. SQUID는 대표적인 약자계 센서이다. 중자계 센서는 1μG~10G 범위의 자계를 검출하며, 지자기 센서(Earth's field sensor)라고도 부른다. 여기에는 자속 게이트(fluxgate), AMR 센서 등이 있다. 강자계 센서는 10G 이상의 자계를 검출한다. 대부분의 산업체에서는 검출 자계원으로

영구자석을 사용한다. 영구자석은 센서에 근접해 있는 강자성체를 자화시키던가 또는 바이어스(bias)시킨다. 그래서 이 동작 범위의 자기센서를 바이어스 자계 센서(bias field sensor)라고도 부르며, 리드 스위치, InSb MR 센서, 홀 소자, GMR 센서 등이 있다.

현재 자기 센서의 주류는 반도체 홀 효과 소자, 이방성자기저항(AMR) 센서지만, 거대자기저항(GMR) 소자, 초전도 양자간섭계(SQUID) 등의 적용 분야도 점점 확대되고 있다.

본론에 들어가기 전에 자계를 이용한 각종 물리량 검출 방식에 대해서 간단히 언급하고자 한다. 일반적으로 센서는 피측정 파라미터를 직접 지시한다. 예를 들면, 온도 센서는 온도를 직접 검출한다. 그러나 자기센서를 사용해 측정하는 경우는 그림 4.3에 나타낸 것과 같이, 먼저 측정대상 파라미터에 의해서 자계가 변하고, 이 자계 변화를 자기센서가 검출한 후, 최종적으로 자기 센서의 출력을 적절히 신호처리 하여 파라미터 값으로 변환한다. 이와 같은 간접검출 방식은 대부분의 응용에서 자기 센싱을 좀 더 어렵게 만들지만, 다른 방법으로는 실현하기 곤란한 높은 신뢰성과 정확도를 가지고 파라미터를 검출할 수 있다.

그림 4.3 자기 센서를 이용한 물리량 검출

4.2 • 자성 재료의 기초

자기 센서에는 여러 종류의 자성재료가 사용된다. 여기서는 앞으로 자기센서를 이해하는 데 필요한 자성체의 기본 특성과 자기발생의 원리에 대해서 설명한다.

4.2.1 자성의 근원

우리는 전류가 흐르는 도선 주위에 자석이나 나침반을 놓으면, 이것에 힘이 작용한다는 사실을 실험을 통해서 알고 있다. 이 힘을 자기력이라고 하며, 자기력이 작용하는 공간을 자계(磁界, magnetic field)라고 부른다.

전류가 자성의 근원이라면, 우리 주위에서 흔히 볼 수 있는 영구자석에는 전류가 흐르지 않는데도 강한 자성을 가지는 이유는 무엇일까? 자성체가 갖는 자기적 성질을 원자의 레벨에서 생각하면, 그림 4.4에 나타낸 것과 같이

- 전자의 궤도운동에 수반되는 궤도 자기모멘트(orbital magnetic moment) m_o :
  전자의 궤도운동에 기인해서 등가전류 i가 흐른다.
- 전자의 스핀(spin)에 수반되는 스핀 자기모멘트(spin magnetic moment) m_S :
  전자는 고유한 스핀 S를 가진다.

에 의해서 결정된다.

(a) 원자 내에서 전자의 운동

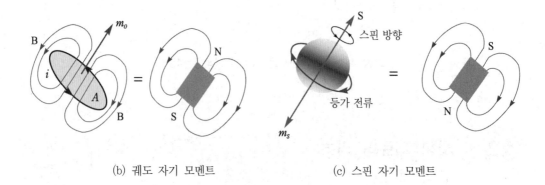

(b) 궤도 자기 모멘트   (c) 스핀 자기 모멘트

그림 4.4 원자의 자기 모멘트의 근원

하나의 원자에 수반되는 궤도 자기모멘트(m_o)와 스핀 자기모멘트(m_S) 효과를 하나로 통합해서 등가적으로 나타나면, 그림 4.5와 같이 원형 전류 I가 만드는 자기 모멘트로 생각할 수 있는데, 이때 원자의 등가 자기 모멘트는 다음과 같이 쓸 수 있다.

$$m = I \, dS \ \mathrm{A \cdot m^2} \tag{4.1}$$

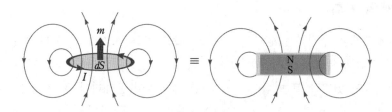

그림 4.5 전자운동과 등가인 원형전류와 자기 모멘트

4.2.2 강자성체의 성질

1. 자성체의 종류

물질은 수많은 원자로 구성되므로 식 (4.1)로 주어지는 원자의 자기 모멘트의 배열 상태에 따라 여러 종류의 자성체가 만들어진다. 그림 4.6은 자성체 내부에서 자기 모멘트의 배열 상태를 나타내고 있다.

(1) 강자성체(強磁性體 ; ferromagnetic material)

그림 (a)와 같이 물질내의 원자의 자기 모멘트가 한 방향으로 배열한다. 강자성체에는 니켈(Ni), 철(Fe), 코발트(Co) 등과 같은 물질이 있다.

(2) 페리자성체(ferrimagnetic material)

페라이트(ferrite ; Fe_3O_4)와 같은 물질 내에는 크기와 방향이 서로 다른 자기 모멘트가 그림 (b)와 같이 존재하지만, 자기 모멘트 크기의 차이로 자성이 발생한다.

(3) 상자성체(常磁性體 ; paramagnetic material)

상자성체에서는 자기 모멘트간의 상호작용이 없고 그 방향이 무질서하여 평균 자기 모멘트가 0으로 된다. 공기는 대표적인 상자성체이다.

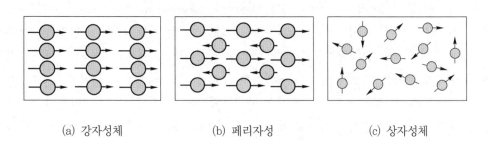

(a) 강자성체	(b) 페리자성	(c) 상자성체

그림 4.6 자성체의 종류

2. 강자성체의 자화

　그러면 강자성체를 구성하는 원자의 자기 모멘트가 그림 4.6과 같이 한 방향으로 어떻게 배열하는가? 자성체 결정의 크기에서 보면, 그림 4.7(a)와 같이 원자들의 자기 모멘트가 한 방향으로 정렬되어 있지만 그 방향이 서로 다른 영역들이 존재한다. 이와 같은 영역을 자구(磁區;magnetic domain)라고 부르며, 자구와 자구의 경계를 자벽(磁壁 ; domain wall)이라 한다. 하나의 자구는 약 $10^{15} \sim 10^{16}$개의 원자를 포함하고 있다. 자연 상태의 자성체에서는 그림(a)와 같이 이러한 자구들이 무질서하게 모여 있어 전체적으로는 자화가 상쇄되어 자성을 나타내지 않는다.

　만약 그림 (b)와 같이 외부에서 자계 H가 인가되면, 각 자벽이 이동하면서 자구는 자계 방향으로 회전하여 그림 (c)에 나타낸 것과 같이 모두 한 방향으로 정렬한다.　이것을 우리는 자화(磁化, magnitization)라고 부르고, 그 세기를 M으로 나타낸다.

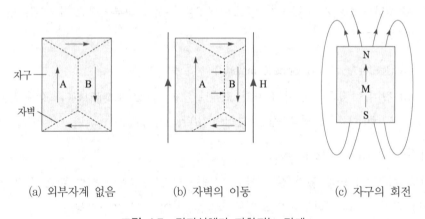

(a) 외부자계 없음　　　(b) 자벽의 이동　　　(c) 자구의 회전

그림 4.7　강자성체가 자화되는 단계

3. 자화곡선

　자화되어 있지 않은 강자성체를 그림 4.8(a)과 같이 코일 속에 놓고 전류를 증가시켜 가면서 자화의 세기를 측정하면 그림(b)와 같은 자화곡선(magnetization curve)이 얻어진다. 자계의 세기 H가 증가하기 시작하면, 자화는 처음에는 천천히 이루어지는데 이것을 초기자화(初期磁化)라 한다. 이어서 자계의 세기를 더욱 증가시키면, 모든 자구가 외부 자계의 방향으로 정렬하여 자화는 더 이상 증가하지 않는다. 이것을 포화(saturation)라고 부른다. 여기서 자계 H를 원위치에 돌려 0으로 하여도 자화 M은 0이 되지 않으며, 역방향의 잔류자화 M_r 를 남기고, 마침내 원점을 지나지 않는 하나의 폐곡선을 그리게 된다. 이것을 자기 히스테리시스 곡선이라고 부른다.

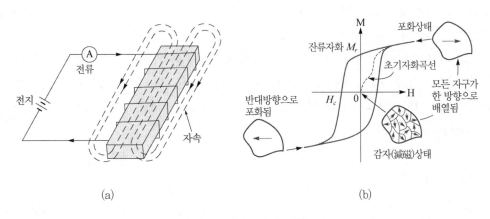

(a)　　　　　　　　　　　　(b)

그림 4.8 강자성체의 자화곡선

4. 큐리 온도

강자성체의 경우, 그림 4.9와 같이 온도가 상승함에 따라 자기 모멘트 배열이 점점 흐트러져 어떤 온도 T_C에서 무질서하게 되어 자성을 상실한다. 이 온도를 큐리 온도(Curie temperature)라고 부른다. 보통 큐리 온도는 실온보다 아주 높은 영역에 있으며, 예를 들면 강자성체의 큐리 온도는 Fe(770℃), Co(1127℃), Ni(358℃) 이다.

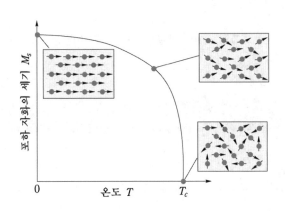

그림 4.9 큐리 온도

4.2.3　**자기 이방성**

강자성체 결정은 결정방향에 따라 자기적 특성이 다른 자기 이방성(磁氣異方性 ; magnetic anistropy)를 갖는다. 예를 들어, 그림 4.10에 나타낸 철(Fe)의 경우를 생각해보자. 철의 결정구조는 그림에 삽입되어 있는 것과 같이 Fe원자가 정육면체의 각 모서리와 그 중심에 놓여있는 체심입방체(body-centered cubic ; BCC)이다. 자구에 있는 스핀들은 6개의 [100] 방향으로 가장 쉽게 정렬한다. 따라서 [100]방향으로 자계를 가하면 그림 (b)와 같이 자구가 이동하여 쉽게 자화된다. 한편, [111]방향으로 자화를 시키려면, [100] 방향보다 더 강한 자계를 인가해야한다. 그래서 [100]방향을 자화 용이축(easy axis), [111]방향을 자화 곤란축(hard axis)라고 부른다.

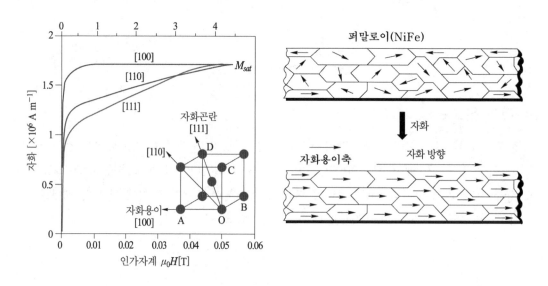

그림 4.10 단결정 Fe의 자기 이방성

4.3 ○ 홀 센서

4.3.1 홀 효과

그림 4.11(a)와 같이 길이가 충분히 긴 장방형 반도체 시료에 전류 I 가 흐르고 있다고 생각하자. 자계 B가 없으면, 전자(−전하)는 전류(인가전계) I 와 반대방향(− x 방향)으로 속도 v_e 로 이동하고, 반면 정공(+전하)은 전류와 같은 방향(+ x 방향)으로 속도 v_h 로 이동한다. 여기서 설명을 간단히 하기 위해서 전자의 이동만을 고려한다. 반도체 소자에 흐르는 전류밀도 J는

$$J = -nev_e = ne\mu_e E \tag{4.2}$$

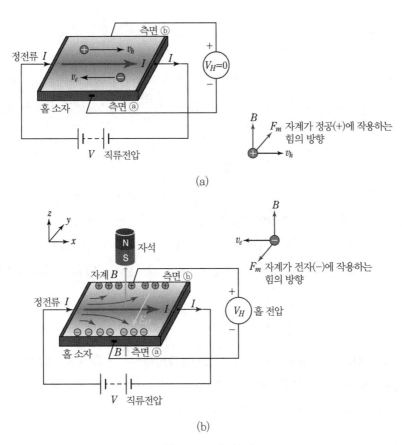

그림 4.11 홀 효과

로 된다. 여기서, n은 전자농도, e는 전자 전하량, μ_e은 전자 이동도이다. 이제 그림(b)와 같이 시료에 수직한 방향(z 방향)으로 자계 B를 인가하면, 전자에 자기력 $F_m\,(=-e\,v_e\,B)$이 작용하여 전자는 그림과 같이 $-y$방향으로 향하는 속도성분을 갖게 된다. 그러나 전자는 측면 ⓐ에서 더 이상 이동할 수 없기 때문에 ⓐ측에는 전자가 축적되고, 반대 면 ⓑ측에는 전자의 부족이 발생한다. 그 결과 ⓐ면에 (−)전하 ⓑ면에 (+)전하가 분포한다. 이와 같은 전하분포에 의해 다시 ⓑ측에서 ⓐ측을 향해 전계 E_H가 발생한다. 평형상태에서 자계 B에 의한 자기력 F_m과, 전계 E_H에 의한 전기력 F_e가 균형을 이룬다. 즉

$$eE_H = ev_e B \tag{4.3}$$

로 되어, 전자는 자계를 인가하기 전과 마찬가지로 인가전계(전류) E에 평행하게 이동한다. 식 (4.2)와 (4.3)으로부터 전계 E_H는 다음과 같이 구해진다.

$$E_H = -\frac{JB}{ne} = R_H JB \tag{4.4}$$

$$R_H = -\frac{1}{ne} \tag{4.5}$$

여기서, E_H를 홀 전계(Hall field), 비례계수 R_H를 홀 계수(Hall constant)라고 부른다. 또, 두 면 ⓐ, ⓑ 사이에 발생하는 기전력을 홀 전압(Hall voltage)이라고 하며

$$V_H = wE_H = wR_H JB = R_H \frac{IB}{t} \tag{4.6}$$

여기서, w는 홀 소자 폭(두 면 ⓐ,ⓑ사이의 거리), t는 홀소자 두께이다.

식 (4.5), (4.6)으로부터 홀 전압이 크기 위해서는 전자농도 n이 낮고, 전자 이동도 μ_e가 커야함을 알 수 있다. 지금까지 전자에 대해서 설명하였으나, 정공(hole)에 대해서도 전하의 극성만 다를 뿐 유도 과정은 동일하다. 정공에 대한 홀 계수는 다음 식으로 된다.

$$R_H = \frac{1}{pe} \tag{4.7}$$

그림 4.11에서 반도체 내부의 총 전계 E_t는 인가전계 E와 홀 전계 E_H의 벡터 합으로 주어진다. 전계 E_t와 E 사이의 편향각(deflection angle) θ을 홀 각(Hall angle)이라고 하며, 식 (4.2a)와 (4.4)으로 부터 다음과 같이 된다.

$$\tan\theta = \frac{E_H}{E} = \mu_e B \tag{4.8}$$

4.3.2 홀 센서

1. 홀 소자의 기본 구조

식 (4.6)은 그림 4.12(a)와 같이 무한히 긴($l \gg w$)홀 소자에 대한 이상적인 홀 전압이다. 실제의 홀 센서는 그림 4.9(b),(c)와 같이 유한의 크기를 가지므로 홀 전압은 식 (4.6)으로 주어지는 값보다 작아진다. 이것은 전극접촉부(electrode contact)가 전류의 유선(current line)을 왜곡시키기 때문에 발생한다(자기저항효과에서 설명한다). 그래서 홀 전압의 감소 비율을 형상계수(形狀係數 ; geometry factor) f_H를 사용해서 나타내며, 식 (4.6)을 다시 쓰면 다음과 같다.

$$V_H = R_H \frac{IB}{t} f_H \tag{4.9}$$

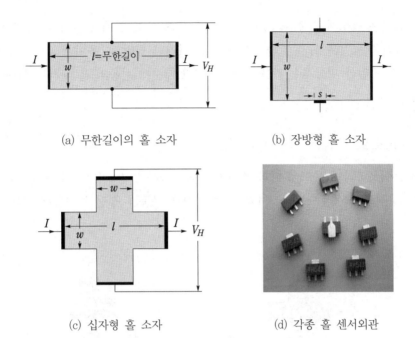

(a) 무한길이의 홀 소자   (b) 장방형 홀 소자

(c) 십자형 홀 소자   (d) 각종 홀 센서외관

그림 4.12 홀 소자의 구조

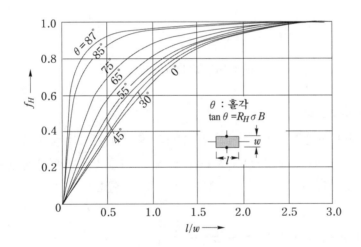

그림 4.13 홀 소자의 형상 계수

형상보정계수 f_H는 l/w와 θ의 함수이며, 그림 4.13과 같다. f_H는 $l/w \gg 3$ 범위에서 거의 1로 된다. 그러므로 홀 소자의 길이 l은 폭 w 보다 3배 이상 커야한다. 완전히 다른 기하학적 구조의 홀 소자라도 형상계수 f_H의 값을 동일하게 설계할 수 있으며, 기술적인 관점에서 이것은 매우 중요하다.

큰 홀 전압을 얻으려면 식 (4.6)~식 (4.9)에서 알 수 있는 바와 같이, 홀 계수와 이동도가 크고 두께가 얇은 반도체 박편(薄片)이어야 한다. 그림 4.12(b)에서, $s/l < 0.1$이 되는 장방형 박편을 제작하는 것은 쉽지 않다. 그래서 제작하기가 훨씬 더 용이한 그림 4.9(c)의 십자형 구조로부터 동일한 형상계수 값을 얻을 수 있기 때문에 실용의 홀 센서는 십자형 구조로 되어 있다.

2. 기본 구동회로

홀 센서를 이용하려면 용도에 따라 소자전류를 공급하는 방식을 결정해야 한다. 홀 센서의 대표적인 구동방식에는 그림 4.14와 같이 정전류 구동과 정전압 구동이 있다.

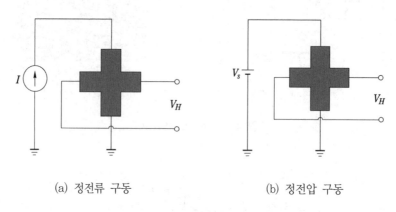

(a) 정전류 구동   (b) 정전압 구동

그림 4.14 홀 센서의 구동 방식

(1) 정전류 구동(그림 a)

지금까지 설명한 정전류 구동방식에서 홀 센서의 출력전압은 식 (4.9)로 주어진다. 홀 센서의 감도로는 보통 적감도(積感度)가 사용된다. 식 (4.9)에서 홀 전압은 전류와 자속밀도의 곱 IB에 비례하므로, 적감도 S_I는 다음과 같이 쓸 수 있다.

$$V_H = S_I I B \quad \text{또는} \quad S_I = \frac{V_H}{IB} = \frac{R_H}{t} \tag{4.10}$$

보통 소자전류 1 mA, 자속밀도 1 kG에 대한 홀 전압을 mV로 표현하며, 적감도의 단위로는 mV/mA·kG가 자주 사용된다. 식 (4.12)에서 알 수 있는 바와 같이, 적감도가 아무리 크더라도 소자전류가 작으면 홀 전압을 크게 할 수 없다. 정전류 구동방식의 특징은 다음과 같다.

• 자계 직선성이 우수하다 : 자속밀도가 커지면 소자저항(R)이 증가하지만(자기저항효과),

소자전류(I)가 소자저항에 관계없이 일정하므로 직선성은 나빠지지 않는다.

- 인가전압($I \times R$)이 소자저항의 온도변화에 따라 변화하므로 불평형 전압의 온도변화가 크다.
- 회로가 복잡해진다.

(2) 정전압 구동(그림 b)

홀 센서의 출력전압은 다음 식으로 표시된다.

$$V_H = \frac{w}{l} \mu B V_S \qquad (4.11)$$

따라서, 정전압 구동의 감도는

$$S_v = \frac{V_H}{V_S B} = \frac{S_I I}{V_S} = \frac{S_I}{R} \qquad (4.12)$$

여기서, R은 홀 소자의 저항이다.

정전압 구동방식의 특징은 다음과 같다.

- 직선성이 나쁘다 : 자속밀도가 증가하면 자기저항효과에 의해 저항치가 증가하여 소자전류가 작아지기 때문에 홀 전압이 변화한다.
- 소자전류($I = V_S/R$)가 소자 저항에 의해서 결정되므로 홀 전압의 온도변화가 크다.
- 인가전압이 일정하므로 불평형 전압의 온도변화가 작다.
- 회로가 간단하다.

3. 각종 홀 센서와 특성

홀 소자의 특성은 재료와 형상에 의해서 결정되며, 물질 상수인 전자이동도(μ_e)와 에너지 밴드 갭에 따라 변한다. 전자이동도가 크면 클수록 감도는 커진다. 또 에너지 갭이 클수록 홀 소자의 온도 특성이 좋아진다. 표 4.2는 홀 소자로 가장 흔히 사용되는 물질의 전자 이동도와 에너지 갭을 열거한 것이다. 비록 실리콘은 우수한 온도 특성을 가지고 있지만 감도가 낮아, 현재 홀 소자와 증폭회로, 온도보상회로를 하나의 칩에다 집적시켜 실리콘 홀 IC(4.3.5절에서 설명)라고 하는 이름으로 시판되고 있다.

표 4.2 홀 소자 재료의 특성

물질	전자 이동도 (cm²/Vs)	에너지 갭 (eV, 상온)	홀소자의 출력전압 V_H
Si	1,450	1.11	6(mV/3V50mT)
GaAs	8,000	1.38	40(mV/3V50mT)
InAs	33,000	0.35	110(mV/3V50mT)
InSb	75,000	0.17	250(mV/1V50mT)

그림 4.15는 InSb와 InAs 박막 홀 소자의 사진이다. 여기서는 현재 시판되고 있는 3종류의 홀 소자에 대해서 간단히 설명한다.

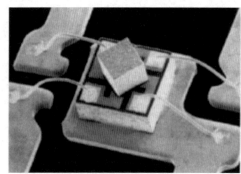

(a) InSb 박막 홀 센서   (b) InAs 박막 홀 센서

그림 4.15

(1) InSb 박막 홀 센서(그림 4.15a)

전자 이동도가 크므로 출력 전압이 크다. 보통 GaAs 홀 센서의 수배~10배 정도이다. 에너지 밴드 갭이 작아서 동작온도범위가 작고(-20~+100 ℃) 온도변화가 크다. 출력전압의 온도계수는 약 -1 %/℃~-2 %/℃로 높다.

(2) InAs 박막 홀 센서(그림 4.15b)

InSb보다 이동도가 작아서 감도는 낮으나, 에너지 밴드 갭이 크기 때문에 온도특성이 우수하다. InSb의 출력전압의 온도계수는 -0.1 %/℃ 정도이다.

(3) GaAs 홀 센서

밴드 갭이 커서 동작온도범위가 넓고, 온도변동이 작다. 출력전압의 온도계수는 약 -0.06

%/℃이다. 200 ℃ 이상의 고온에서도 동작이 가능하나 패키지가 견딜 수 없어 통상의 동작
온도 범위는 약 −40~+125 ℃이다. 그러나 전자 이동도가 작아 감도가 나쁘다. 출력전압이
작은 결점을 제외하면, GaAs 홀 센서는 매우 특성이 뛰어나다.

그림 4.16과 4.17에 대표적인 홀 소자의 특성을 나타내었다.

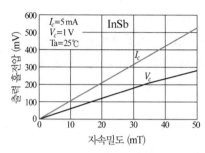 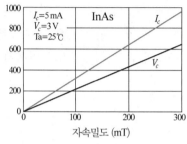 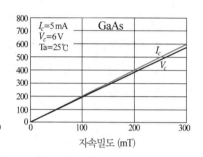

그림 4.16 각종 홀 센서의 출력전압특성

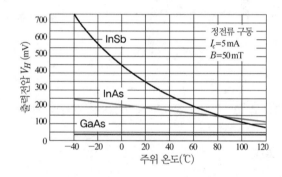

그림 4.17 각종 홀 센서의 출력전압−온도 특성

4.3.5 홀 IC

홀 IC는 홀 전압을 발생시키는 홀 소자와 신호처리회로를 조합한 것으로, 실리콘 홀 IC
(silicon Hall IC)와 혼성 홀 IC(hybrid Hall IC)가 있다.

실리콘 홀 소자는 전자 이동도가 작기 때문에 감도가 나빠서 단독으로 사용하지 않고, 실
리콘 홀 소자와 증폭회로, 온도보상회로를 하나의 칩에 집적화한다. 이것을 실리콘 홀 IC라
고 부른다.

한편 혼성 홀 IC는 화합물 반도체(InSb, GaAs 등)로 만든 홀 소자와 실리콘 신호처리 칩
을 조합한 홀 IC를 말한다.

1. 실리콘 홀 소자의 구조

앞에서 설명한 개별 홀 센서와는 달리 실리콘 홀 IC 구조는 십자형 구조로 하지 않고 그림 4.18과 같은 구조의 홀 플레이트(plate)가 실리콘 반도체에 만들어진다. 그림 (a)는 가장 표준적인 구조이며, 전류는 전극 1,2 사이를 흐르고 홀 전압은 전극 3,4에서 측정된다. 그림 (b)의 정사각형 플레이트는 대칭적 구조라 전류단자와 전압단자의 교환이 가능하다. 이 구조는 오프셋 보상 방법에 장점을 가진다. 다수의 홀 소자에서는 그림 (c)와 같이 복수개의 홀 플레이트를 결합한 전극 구조로 하고 있는데, 그림의 경우 4개의 전류단자와 4개의 홀 단자로 구성되어 있다. 이와 같은 구조에서는 같은 실리콘 면적에서 더 낮은 입력저항과 출력저항을 얻을 수 있다.

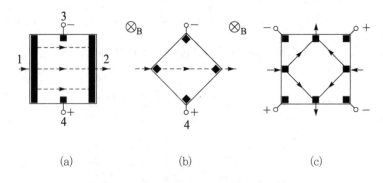

(a) (b) (c)

그림 4.18 집적화 홀 IC에서 사용되는 홀 소자의 구조

2. 홀 IC의 종류와 특성

홀 IC에는 디지털 출력형과 리니어(linear) 출력형이 있다. 그림 4.19는 디지털 홀 IC의 회로구성 예를 나타낸 것으로, 디지털 출력형에는 슈미트 트리거(Schmitt trigger) 회로가 부가된다. 슈미트 트리거는 차동 증폭기의 출력을 사전 설정된 기준전압(Ref)과 비교한다. 증폭기 출력이 기준을 초과하면, 슈미트 트리거 출력은 턴 온 되고, 반대로 증폭기 출력이 기준점 이하로 떨어지면, 슈미트 트리거는 턴 오프 된다. 우측 그림은 디지털 출력 센서의 전달함수를 나타낸다.

주요한 입출력 특성은 B_{OP}(동작점), B_{RP}(해제점, release point), B_{HYS}(히스테리시스)이다. 홀 스위치가 S극에 노출되고, 자속밀도가 B_{OP} 이상으로 증가하면 트랜지스터가 턴온되어, 센서 출력은 'High'에서 'Low'로 변하고 스위치는 ON 상태로 된다. 이제 자속이 감소하기 시작하여 자속밀도가 B_{RP} 이하로 감소하면, 출력전압은 'Low'에서 'High' 상태로 변하여 스위치는 OFF 상태로 돌아간다. 슈미트 트리거 회로에 B_{HYS}(히스테리시스)를 포함시키는 이유는 입력의 미소한 변화에 기인하는 오동작을 제거하기 위함이다(jitter-free switching).

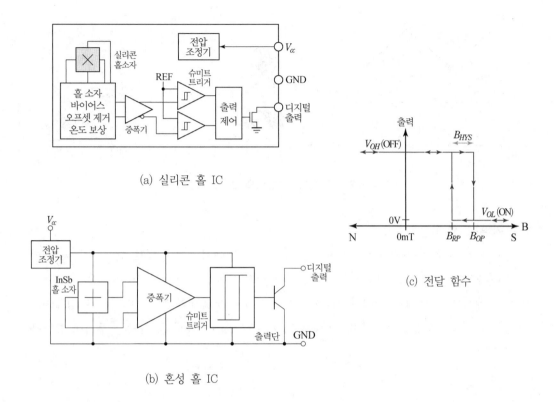

(a) 실리콘 홀 IC

(b) 혼성 홀 IC

(c) 전달 함수

그림 4.19 디지털 홀 IC의 블록 다이어그램

디지털 출력형은 유니폴라(unipolar), 바이폴라(bipolar), 옴니폴라(omnipolar) 스위치로 동작한다. 그림 4.19(a)는 바이폴라, (b)는 유니폴라 홀 IC이다.

(1) 유니폴라 홀 IC

그림 4.20은 유니폴라 스위치의 동작을 나타낸 것이다. 지금, 멀리 있던(그림에서 a점) 자석의 남극(S극)이 홀 스위치에 접근하면 자속밀도 B가 증가하기 시작하고, B가 동작점 B_{OP} 이상으로 되면 그림(a)에서 스위치 출력전압은 'V_{OH}(High)'에서 'V_{OL}(Low)'로 변한다. 자속밀도가 더욱 증가하여도 스위치는 V_{OL} 상태로 유지된다. 다시 남극(S)을 멀리 가져가면, 자속밀도는 b에서부터 c점을 향해 감소하기 시작하고 B_{RP} 이하로 되는 순간 출력전압이 'V_{OL}'에서 'V_{OH}'로 변하여 스위치는 OFF 상태로 된다.

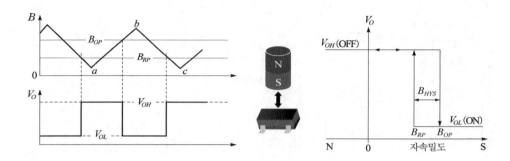

그림 4.20 유니폴라 홀 IC의 스위치 동작

(2) 바이폴라 홀 IC

바이폴라 홀 IC가 S극에 노출되었을 때 자속밀도 a점에서 ON 상태로 되고, S극이 제거 되더라도(자속이 b 이하로 되더라도) ON 상태를 계속 유지한다. 바이폴라 홀 스위치를 OFF 시키기 위해서는, N극에 노출시켜 자속이 B_{RP}(c점)에 도달해야 한다. 따라서 대칭적이고 주기적으로 S극과 N극을 반복하면 50 % 듀티 사이클(duty cycle)을 가지는 주기적 출력을 얻을 수 있다.

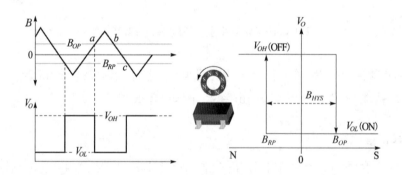

그림 4.21 바이폴라 홀 IC의 스위칭 동작

(3) 옴니폴라(omnipolar) 홀 IC

S극 또는 N극이 홀 IC 표면으로 접근할 때, 표면에 수직한 자속 밀도가 동작점 B_{OPS} 또는 B_{OPN}을 초과하면, 출력 V_o은 'V_{OH}(high)'로부터 'V_{OL}(low)'로 변한다. 만약 S극 또는 N극이 홀 IC 표면으로 멀어질 때, 자속 밀도가 B_{RPS} 또는 B_{RPN} 이하로 낮아지면, 출력 V_o은 "V_{OL}(low)'에서 'V_{OH}(high)'로 변한다. 이와 같이, 옴니폴라 동작은 자극의 방향에 의존하지 않는다.

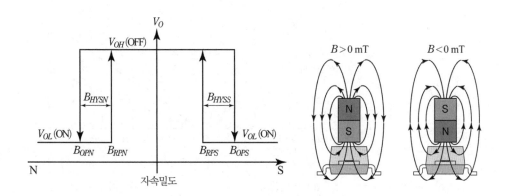

그림 4.22 옴니폴라 홀 IC의 스위칭 동작

(4) 리니어 홀 IC

그림 4.23은 리니어 홀 IC의 회로구성을 나타낸 것으로, 출력전압이 인가자계의 세기에 직선적으로 비례한다. 자계의 극성은 S극이 패키지 표면에 가까이 있을 때가 (+)자계, N극이 표면 가까이 있으면 (−)자계이다. 출력은 패키지에 수직한 자계의 세기에 의해서 결정된다. 자속이 0일 때 출력을 영점전압(null voltage)이라고 하며, 보통 공급전압의 1/2으로 설정하는 경우가 많다.

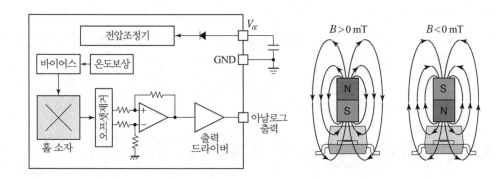

그림 4.23 바이폴라 리니어 홀 IC

그림 4.24는 리니어 홀 IC의 출력 형태를 나타낸 것이다. 그림(a)의 유니폴라 리니어 센서의 출력전압은 S극의 세기에 비례한다. 그림(b)의 바이폴라에서는 S극의 자속밀도가 증가하면 영점전압(null voltage)에서부터 출력전압이 증가하고, N극의 자속밀도가 증가하면 영점전압부터 출력이 감소한다. 그림(c)의 비율형은 공급전압에 비례하는(ratiometric) 감도와 오프셋을 가지기 때문에, 출력전압은 거의 0(보통 0.2V)에서 공급전압사이에서 변한다.

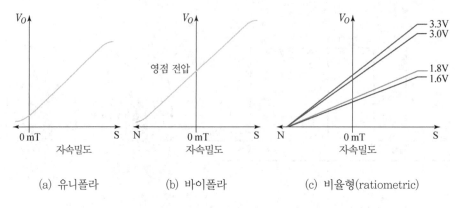

그림 4.24   리니어 홀 IC의 출력 형태

4.3.6   홀 효과 센서의 응용분야

홀 효과 센서는 자계 측정뿐만 아니라, 사무기기 및 가전제품의 모터 제어, 세탁기, 냉장고 등의 도어 스위치, 전류측정, 레벨센서, 전력측정, 근접센서, 속도센서, 위치센서 등 광범위하게 응용되고 있다.

특히 자동차 전자공학에서 홀 효과 센서는 광범위하게 적용되고 있는데, 위치를 검출하는 간단한 홀 스위치로부터 거리나 회전운동을 측정하는 복잡한 리니어 홀 센서까지 다양한 홀 센서를 요구하고 있다.

홀 센서를 이용한 위치, 회전속도, 레벨, 회전각 검출에 대해서는 이 책의 해당 센서에 대한 설명을 참고하기 바란다.

4.4 · 자기저항 소자

자기저항소자(磁氣抵抗素子 ; magnetoresistor ; 약해서 MR 소자로 부른다)는 2단자 소자로서, 자계에 의해 물질의 저항이 변화하는 현상인 자기저항효과(磁氣抵抗效果 ; magnetoresistance effect)를 이용하는 자기센서이다. 자기저항소자는 사용재료에 따라 반도체 자기저항소자(semiconductor magnetoresistor)와 자성체 자기저항소자(ferromagnetic magnetoresistor)로 분류한다.

4.4.1 반도체 자기저항 소자

1. 반도체 자기저항 효과

그림 4.25는 반도체 자기저항 효과를 나타낸 것이다. 그림 (a)와 같이 길이 l, 폭 w인 장방형 반도체 시료의 양단에 금속전극을 설치하고 전류 I가 흐르는 경우를 생각해 보자. 전극간의 전기저항은 비저항과 전류분포형태에 의해서 결정된다.

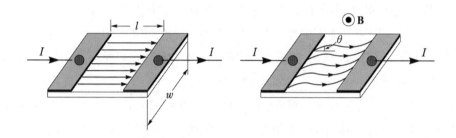

(a) 자계가 없을 때(시료저항 : R_o)   (b) 자계가 있을 때(시료저항 : R)

그림 4.25 반도체의 자기저항효과

일반적으로 전류분포는 소자의 형상과 경계조건에 의해서 정해지는데, 자계가 없을 때는 그림 (a)와 같이 전류는 전계와 동일 방향인 직선 경로를 따라 흐른다. 이 상태에서 자계를 가하면 자계의 세기에 비례하는 로렌쯔 힘이 작용하여 전류가 흐르는 경로는 그림과 같이 전계 방향과 θ만큼 달라진다. 이와 같이 자계를 가하면 전하 전극사이의 전류경로(current path)는 더 길어지고 더 좁아지므로 저항은 증가한다. 인가자계에 기인하는 반도체의 저항 변화는 다음 식으로 주어진다.

$$R = R_o\left(1 + m\mu^2 B^2\right) \tag{4.13}$$

여기서, R은 자계 인가 후 소자저항, R_o는 자계 인가 전 소자저항, m은 시료의 l/w에 의존하는 형상인자(geometrical factor)로서 이론적인 값을 보정한다.

자계에 의해서 변화된 전류분포는 전극 부근에서만 일어나므로, 소자길이 l과 폭 w의 비 l/w를 작게 하면 저항 변화율 R/R_o이 커진다. 즉 소자의 형상에 의해서 저항변화의 비율이 영향을 받게 된다. 이것을 형상 자기저항 효과(geometrical magnetoresistance effect) 또는 간단히 형상효과라고 한다. 형상 자기저항 효과에서도 이동도가 매우 중요한 역할을 한다. 그러므로 실리콘의 경우 이동도가 작아(전자의 이동도 : $\mu_n \sim 1600 \ \mathrm{cm^2/Vs}$) 자기저항

효과도 매우 작기 때문에 실용적인 소자에 사용될 수 없고, InSb($\mu_n \sim 78,000$ cm²/Vs)와 같이 전자 이동도가 매우 큰 재료가 자기저항 소자로 사용된다.

2. 반도체 자기저항 센서

전술한 바와 같이, 반도체 자기저항 센서의 감도를 크게 하기 위해서는 물질의 이동도가 커야 할 뿐만 아니라 l/w을 작게 하여야 한다. 그러나 소자의 실제 출력은 저항증가 $\Delta R (= R - R_o)$를 전압변화 $\Delta R \times I$로 출력하는 경우가 많아 소자 저항이 커야한다.

그림 4.26은 반도체 자기자항 소자의 구조를 나타낸 것이다. 그림 (a)와 같이 길이 l, 폭 w, 두께 t인 장방형 구조에서는 폭 w를 길이 l보다 크게 하여야 한다. 그러나 l/w를 작게 하여 자기저항 효과 R/R_o를 크게 하더라도 R_o 자체가 작기 때문에 저항 변화분 ΔR도 크게 되지 않아 출력이 작아지는 문제가 발생한다.

자기저항효과도 크고 동시에 저항 값도 크게 하기 위해서는, l/w이 작은 소자 여러 개를 직렬로 접속한 구조로 하면 좋은 데 제작상 곤란하므로 비실용적이다. 그래서 그림 (b)와 같이 중간에 다수의 단락전극을 삽입하면, 고저항으로 됨과 동시에 감도도 증가시켜 높은 센서 출력을 얻을 수 있다. 또한 전극이 평면상에 배치된 구조로 되므로 자기 저항효과는 다소 떨어지지만 다량 제작이 가능하다.

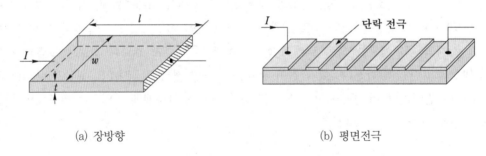

(a) 장방향   (b) 평면전극

그림 4.26 평면전극 구조의 자기저항 소자

3. 반도체 자기저항 센서의 특성

그림 4.27은 InSb로 만든 MR소자(브리지 구조)의 저항-자계 특성을 나타낸 것으로, 약한 자계에서 저항은 비선형적으로 증가하여 감도가 낮으나, 높은 자계에서 저항은 직선적으로 변하며, 더 높은 자계에서도 포화되지 않는다. 또 MR 소자는 InSb 박편에 수직한 자계 성분에만 감도를 가지며, 자계가 (+)인지 (−)인지를 극성을 구분하지 못한다.

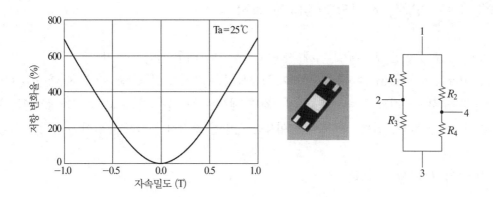

그림 4.27 InSb MR소자의 저항-자계 특성 예

반도체 MR 소자의 저항은 큰 온도계수를 가지는데, 이것은 캐리어 이동도의 온도 의존성에 기인한다. 저항의 온도계수는 약 -2 %/℃ 이고, 출력전압의 온도계수는 약 -0.4 %/℃ 이다.

4. 반도체 자기저항 센서의 특징

반도체 자기저항 소자의 장단점을 열거하면 다음과 같다.

(1) 장점

- 동적 범위가 넓다(정적상태에서 MHz 영역까지 검출가능).
- 출력이 높고, 높은 자계에서 조차 포화되지 않는다.
- 환경에 대한 저항력이 우수하다.

(2) 단점

- 약자계에서 감도가 낮다.
- 온도 의존성이 크다.
- 자계의 부호를 구분하지 못한다.

4.4.2 이방성 자기저항(AMR) 소자

일반적으로 금속은 반도체에 비해 전자의 이동도가 매우 작다. 또 자성금속으로 되면 스핀 산란(spin scattering)이 추가되어 이동도가 더욱 작아져 반도체와 같은 홀 각을 실현할 수 없기 때문에 로렌쯔 힘을 이용한 자기저항 센서는 불가능하다. 그러나 강자성체에는 특유의 자기저항효과가 있어, 이 효과를 이용한 이방성 자기저항 소자가 널리 사용되고 있다.

1. 이방성 자기저항 효과

보통 강자성 금속에서 전류와 자화(磁化)의 방향이 서로 평행일 때 저항이 최대로 되고, 서로 수직한 경우 최소로 되는 현상이 일어나는데, 이것을 이방성 자기저항 효과(異方性磁氣抵抗效果 ; anisotropic magnetoresistance effect, AMR effect)라고 부른다.

그림 4.28은 이방성 자기저항 효과를 나타낸다. 그림 (a)와 같이 퍼말로이(permalloy, NiFe) 강자성 박막를 기판에 증착한다. 증착과정 동안, 강자성 박막의 길이방향에 평행하게, 즉 강자성 박막의 자화 용이축(easy axis)으로 강한 자계를 인가하면, 증착이 완료된 후 퍼말로이 박막은 길이방향으로 자화되어 자화벡터(자화의 세기) M을 갖는다. 지금 그림 (b)와 같이 자화벡터 M의 방향과 평행하게 전류를 흐르게 한 후, 외부로부터 피측정 자계 H를 박막 길이방향에 수직하게(y축 방향) 인가하면, 그림 (c)와 같이 박막의 자화벡터 M은 x축으로부터 각 θ만큼 회전한다.

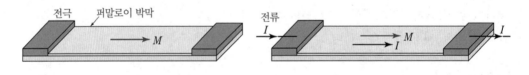

(a) 강자성 박막의 자화상태　　　　　(b) 외부자계가 없을 때 : 저항 최대

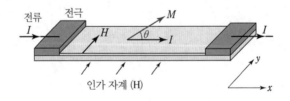

(c) 외부자계를 인가했을 때 : 저항은 θ에 따라 변한다.

그림 4.28 퍼말로이에서 이방성 자기저항 효과

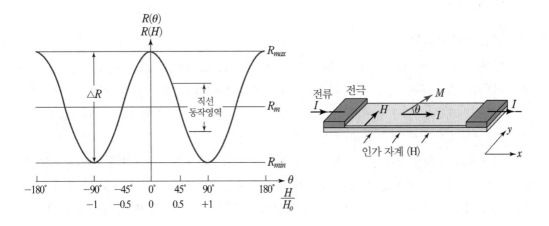

그림 4.29 각 θ에 따른 자기저항의 변화

자화 벡터 M이 회전하면, 강자성 박막의 저항은 각 θ, 즉 인가 자계의 세기에 의존한다. 이것을 이방성 자기저항효과(AMR 효과)라고 부른다. 강자성 박막의 저항은 전류와 자화 벡터사이의 각 θ에 따라 그림 4.29와 같이 변한다. 이 저항 변화를 식으로 나타내면 다음과 같이 다양하게 주어진다.

$$R(\theta) = R_{min}\left(1 + \frac{\Delta R}{R_{min}}\cos^2\theta\right) = R_{min} + \Delta R\cos^2\theta$$

$$= R_{max} - \Delta R\sin^2\theta = R_m + \frac{\Delta R}{2}\cos(2\theta) \tag{4.14}$$

여기서, R_{min}는 자화벡터 M이 전류 I와 수직일 때, 즉 $H = H_o$일 때 자기저항이다. H_o는 자화벡터 M을 전류로부터 $90°$ 회전시키는데 필요한 외부자계의 세기(즉 포화자계)이다. 그림에서 자화 벡터 M의 방향이 전류 흐름과 평행일 때 박막의 저항 변화는 최대로 되고, 서로 수직일 때 최소로 된다.

$$\theta = 0 \;\rightarrow\; R \rightarrow R_{max} = R_{min} + \Delta R$$

$$\theta = 90° \rightarrow\; R \rightarrow R_{min}$$

그림 4.29에서 자기저항변화는 각 θ축에 관해 대칭적이며, $\theta = 45°$를 전후로 하여 직선영역(linear region)이 존재함을 알 수 있다. 그래서 모든 센서는 이 직선영역을 이용한다.

2. AMR 센서

(1) 단일 AMR 소자

대부분의 AMR 센서는 실리콘 기판상에 퍼말로이(NiFe) 박막을 증착한 후, 이것을 저항 스트립으로 패터닝하여 만들어진다. 이 박막은 자계 내에서 약 2~3%의 저항 변화를 일으 킨다. 미소자계를 측정하기 위해서는 AMR 센서의 직선성이 요구되는데, 앞에서 설명한 바 와 같이 $\theta = 45°$일 때 저항과 자계가 직선관계로 된다.

그림 4.30은 AMR 박막에서 전류가 45° 각도로 흐르도록 하는 한 방법을 나타낸 것으로, 바버 폴 바이어스(barber pole biasing)이라고 부른다. 그림과 같이 AMR 저항 축과 45°로 알루미늄(Al)을 증착하면, Al의 저항은 퍼말로이보다 작으므로 단락 바(shorting bar)로 작 용한다. 전류는 박막을 통해서 가장 짧은 경로를 선택해 흐르기 때문에 하나의 단락 바에서 다른 단락 바를 향해 45° 각도로 흐르게 되므로 전류 I와 자화 M이 45°로 된다. 바버 폴을 사용해 전류를 45° 만큼 편향시키면, 그림 (b)에 나타낸 것과 같이, 바버 폴이 없을 때에 비 해서 AMR 센서는 직선화된다.

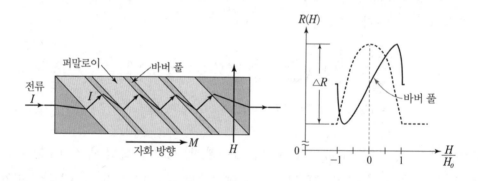

그림 4.30 바버 폴을 가진 AMR 소자

(2) AMR 브리지

AMR 소자의 저항을 측정하기 위해 가장 널리 사용하는 방법은, 처음부터 2개의 AMR 소 자를 전위차계(potentiometer)로 결선하던가, 또는 4개 동일한 AMR 소자로 휘트스토운 브 리지(Wheatstone bridge) 구조로 만드는 것이다.

그림 4.31은 4개의 AMR 소자로 구성된 휘트스토운 브리지 AMR 센서를 나타낸 것이다. 두 소자의 바버 폴 방향은 +45°이고, 다른 두 소자의 방향은 −45° 이다. 이것을 등가회로로 나타내면 그림 (b)와 같이 된다. 이와 같은 구성은 센서의 온도 드리프트를 감소시키고, 센 서의 감도를 증가시킨다. 센서에 외부자계가 인가되면, 브리지 두 변의 저항은 증가하고, 다

른 두 변의 저항은 감소하여 그림 (c)와 같은 출력이 발생한다. 이것으로부터 단일 축으로 향하는 자계의 크기와 방향을 측정할 수 있다.

한편 회전 위치나 회전각을 측정하는 AMR 센서는 리니어 모드에서 동작하는 센서와 달리 포화 모드에서 동작한다. 또 하나의 센서 칩에 두 개의 브리지가 만들어 진다.

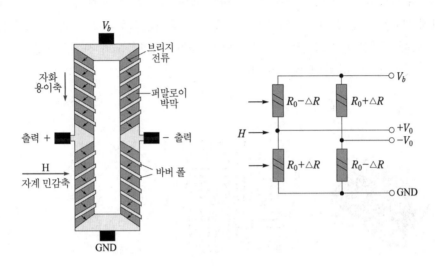

(a) AMR 소자로 구성된 브리지　　　　　　(b) 등가회로

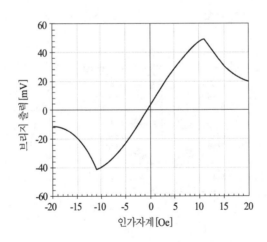

(c) 출력특성 예

그림 4.31　휘트스토운 브리지 AMR 센서

그림 4.32는 위치 측정용 AMR 센서 예를 보여준다. 그림(a)에서, 4개의 AMR 소자는 서로 수직으로 배치되어 있다. 브리지 출력은 $\cos 2\alpha$에 비례하는 출력이 얻어진다. 그림 (b)는 두 개의 브리지를 사용해서 자계의 각을 검출하는 센서이다. 브리지 1에서, 센서 중심축과 외부 자계 사이의 각을 α라고 하자. 지금, 외부에서 $\alpha = 0°$ 방향으로 자계가 인가되면, 저항 R_3, R_4는 축방향으로 자화되어 저항이 최대로 되고, 저항 R_1, R_2는 수직으로 자화되어 저항이 최소로 된다. 외부자계가 회전함에 따라 브리지 1의 출력전압은 $\cos 2\alpha$에 비례하고, 한편 브리지 2는 브리지 1에 대해서 45°만큼 회전된 위치에 있으므로, 그 출력은 그림과 같이 위상이 45°만큼 이동하여 $\sin 2\alpha$에 비례한다. 이와 같이, 두 브리지는 sin파 신호와 cos파 신호를 공급하므로, 자계의 각은 두 신호의 tangent로부터 구해진다.

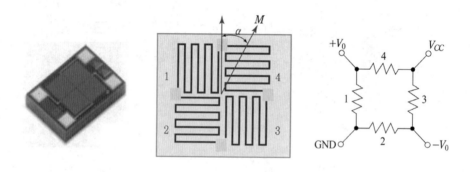

(a) 4개의 AMR 소자가 서로 수직으로 배치된 브리지

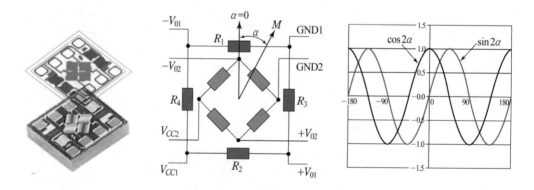

(b) 하나의 칩에 두 개의 브리지가 서로 45°로 배치된 AMR 센서

그림 4.32 위치 측정용 AMR 센서 예

3. AMR 센서의 특징

앞에서 설명한 홀 센서에 비해 AMR센서는 다음과 같은 장점을 가진다.

- 고감도이다.
- 위치센서로 사용될 때 : 더 저렴하고 작은 자석을 사용할 수 있음
- 자계센서로 사용될 때 : 더 높은 정확도
- 압저항 효과가 없다.
- 더 높은 동작온도

4.4.3 거대자기저항(GMR) 센서

1988년 강자성 박막과 비자성(非磁性) 금속박막으로 구성된 다층박막구조에서 약 70%의 자기저항 변화가 일어나는 것이 관측되었으며, 이것은 AMR 센서의 자기저항 변화가 수 %에 불과한 점에 비추어 정말로 거대한 자기저항(giant magnetoresistance ; GMR)이다. GMR 효과는 스핀 의존성 산란(spin-dependent scattering)에 기인한다.

GMR 효과를 이용하는 센서에는 몇 가지 구조가 있지만, 여기서는 다층막 구조(multilayer structure)와 스핀 밸브 구조(spin valve structure)에 대해서 설명한다.

1. GMR 효과

(a) GMR 구조

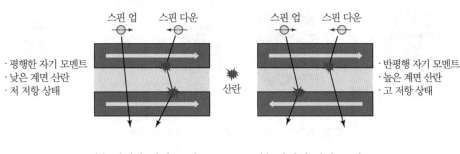

(b) 평행한 자기 모멘트   (c) 반평행 자기 모멘트

그림 4.33 자성체/비자성 도체/자성체 구조에서 자기 모멘트의 다른 배열에 기인하는 산란

그림 4.33은 거대자기저항 현상을 설명하기 위한 GMR 구조를 간단히 나타낸 것이다. 그림 (a)는 비자성 금속박막이 두 개의 강자성 박막 사이에 샌드위치 되어 있는 구조이다. 이 구조에서 두 강자성 박막의 저항은 자성 박막내의 자기 모멘트가 평행인가 또는 반평행(反平行)인가에 따라 변화한다.

그림 (b)와 같이 두 자성박막이 평행한 자기 모멘트를 가질 때는 스핀 업(spin up) 상태인 전자들은 경계(interface)에서 산란 없이 통과할 수 있어 전자산란(電子散亂 ; electron scattering)이 덜 일어나 전자의 평균자유행정(平均自由行程 ; mean free path)이 더 길어지므로 저항도 작아진다. 반면, 그림 (c)와 같이 반평행 자기 모멘트를 갖는 다층막 구조에서는 경계면에서 모든 전자들이 산란되기 때문에 전자의 평균자유행정이 짧아지고 따라서 저항도 증가한다. 즉, 두 자성체 박막의 자기 모멘트가 평행이면 전자의 산란이 최소로 되어 저항도 최소로 되고, 반평행이면 전자 산란이 최대가 되어 저항도 최대로 된다. 이와 같이 자성 도체에서 전자의 평균자유행정(즉 자성도체의 저항)이 전도전자스핀(conduction electron spin)과 자성물질의 자기 모멘트의 상대적 방향에 의해서 변화하는 양자역학적 현상을 스핀 의존성 산란(spin-dependent scattering)이라고 부른다.

총 저항에서 스핀 의존성 산란이 차지하는 비중이 중요하게 되기 위해서는 박막의 두께가 벌크(bulk)에서의 전자의 평균자유행정보다 더 얇아야 한다. 강자성체(ferromagnet)에서 평균자유행정은 수 십 nm이므로, 각 박막의 두께는 10 nm(100 Å) 이하이어야 한다.

2. 다층막 GMR 소자

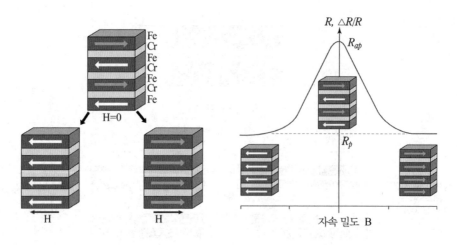

그림 4.34 다층막 GMR 센서 구조와 특성

그림 4.34는 다층막 GMR 소자와 그 특성의 일예를 나타낸 것으로, 강자성 층(Fe)과 반강자성 중간층(Cr)을 교대로 적층한 구조이다. 이와 같은 다층막 구조에서, 강자성 층의 자기

모멘트는 반강자성 층간 상호결합(antiferromagnetic coupling)현상에 의해서 각층이 자기적으로 반대방향으로 정렬되어 반평행(antiparallel orientation)으로 된다.

외부에서 자계(H)를 인가하면, 외부자계는 강자성층의 자화방향을 회전시켜 평행(parallel orientation)으로 되게 만든다. 그 결과 센서의 저항은 크게 감소하여 그림과 같은 특성곡선이 얻어진다. 이때 자기저항 비는 다음과 같이 정의한다.

$$\frac{\Delta R}{R} = \frac{R_{ap} - R_p}{R_p} \tag{4.15}$$

여기서 R_p, R_{ap}는 각각 평행과 반평행 상태에서 소자 저항이다.

저항의 변화는 단지 인가자계의 크기에만 의존하고, 자화 용이축에 대한 자계의 부호에는 무관하다. 또 약한 자계에서는 감도가 매우 낮다.

3. 스핀 밸브 GMR 소자

그림 4.35는 스핀 밸브 소자의 기본 구조를 나타낸 것이다. 두 개의 강자성체가 반평행으로 결합된 3층 구조(강자성체–비자성체–강자성체)와 반강자성체을 결합한 것으로, 반강자성체에 이웃한 강자성체의 자화는 교환 상호작용(exchange interaction)에 의해서 반강자성체에 속박되어 한 방향으로 고정된다. 즉, 고정층 강자성체의 자화방향은 외부에서 인가하는 자계에 의해서 변하지 않는데, 이 고정층의 자화방향을 스핀 밸브의 바이어스 방향이라고 한다. 전술한 다층구조가 대칭적인 자기저항 특성을 가지는데 반하여, 스핀 밸브는 그림 (b)와 같이 비대칭적인 자기저항 특성을 보인다.

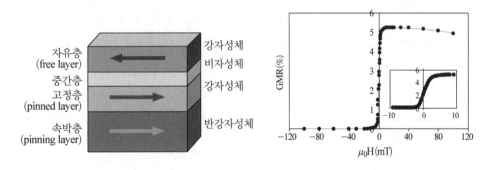

그림 4.35 스핀 밸브 소자

그림 4.36은 또 다른 스핀 밸브 구조인데, 자유층의 자화가 형상 이방성(shape anisotropy)에 기인해서 고정층에 대해 90° 방향을 향하고 있다. 외부자계를 속박 방향(pinning direction)으로 인가하면, 자기저항 특성은 그림(b)와 같이 된다.

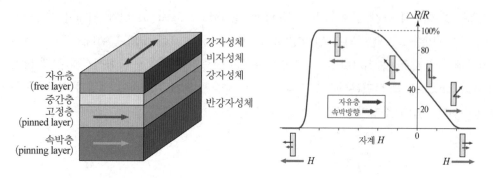

그림 4.36 형상 이방성을 가지는 스핀 밸브 소자와 저항 곡선

4. GMR 센서의 구조와 특성

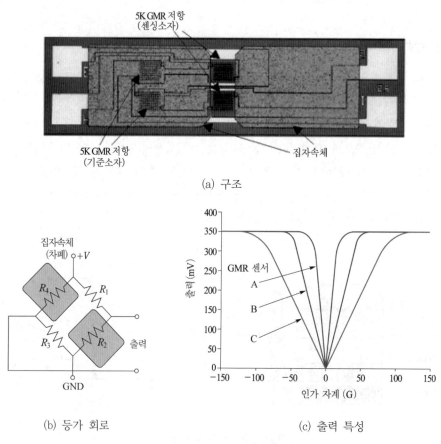

(a) 구조

(b) 등가 회로

(c) 출력 특성

그림 4.37 다층막 GMR 센서의 구조와 출력특성

일반적으로 GMR 센서는 지금까지 설명한 GMR 소자를 휘트스토운 브리지로 결합한다. 그림 4.37은 4개의 다층막 GMR 저항을 사용해 브리지를 구성한 것이다. 전술한 AMR 센

서에서는 브리지의 각 변을 바버 폴 구조로 하여 마주보는 변의 외부자계에 대한 감도를 달리하였다. 그러나 GMR 센서에서는 그와 같은 수단을 사용할 수가 없기 때문에 이를 위해서 집자속체(集磁束體 ; flux concentrator)를 이용한다. 집자속체는 퍼말로이로 만들어진다. 센서로 사용되는 두 개의 GMR 저항 R_1과 R_3는 외부 자계에 노출되고, 나머지 두 개의 GMR 저항(기준저항) R_2와 R_4는 외부 자계로부터 차폐된다. 센서 GMR 저항은 두 집자속체 사이에 위치하며, 이 들 저항은 외부에서 인가된 자계보다 더 강한 자계를 받는다. 이 자계의 세기는 집자속체의 길이와 간극에 의해서 결정된다. GMR 브리지 센서의 감도는 길이와 간극을 조정하면 변화시킬 수 있다.

그림 4.38은 스핀 벨브 GMR 센서 칩, 등가회로, 동작원리를 나타낸 것이다. 다층막 구조와 마찬가지로, 4개의 GMR 소자가 브리지 회로 결선되어 있고, 그 중 두 개의 GMR 소자 (R_2, R_4)는 차폐되어 외부자계의 영향을 받지 않는다.

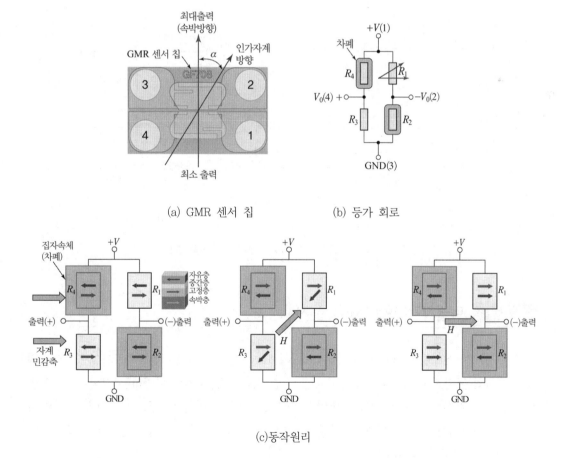

(a) GMR 센서 칩   (b) 등가 회로

(c)동작원리

그림 4.38 스핀 밸브 GMR 센서의 구조와 동작

자계가 인가되지 않은 상태에서는 고정층과 자유층의 자화가 반평형으로 되어 각 GMR 소자의 저항은 최대로 되고, 서로 같으므로 브리지는 평형상태로 되어 출력은 0이다. 자계가 인가되면, 차폐된 저항 R_2, R_4는 변화가 없지만, 소자 1,3의 자유층은 자계방향으로 정렬하려고 회전하므로 그 저항값 R_1와 R_3는 감소하기 시작한다. 따라서 브리지는 불평형 상태로 되고 출력이 발생한다. 저항 R_1과 R_3가 최소가 되는 경우는 고정층과 자유층의 자화방향이 동일할 때(평형일 때)이므로, 인가자계의 방향이 고정층과 일치할 때($\alpha = 0$)이다. 이때 브리지 출력은 최대로 된다.

그림 4.39는 그림 4.38 센서의 출력 특성을 나타낸 것이다. 그림 (a)는 ±25 mT 범위의 자계 세기에서 대표적인 출력전압 특성으로, 스위치로 사용된다. 넓은 동작 범위 ±18 mT 에서 전달 곡선은 스텝으로 변함을 볼 수 있다. 동작 윈도우는 $V_{range} = 40\,\mathrm{mV/V}$이다. 그림(b)는 ±1 mT 범위에서 전달함수를 나타낸 것으로, 130mV/V/mT의 초고감도를 보여주고 있다. 이 특성은 고감도 자계 측정에 사용된다.

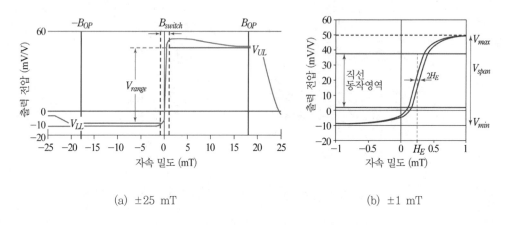

(a) ±25 mT   (b) ±1 mT

그림 4.39 스핀 밸브 GMR 센서의 출력특성 예

4.4.4 터널자기저항(TMR) 센서

터널 자기저항(tunnel magnetoresistance effect) 센서는 GMR 센서와 구조는 유사하지만 동작원리는 완전히 다르다. 그림 4.40은 터널 자기저항 효과를 설명하는 그림이다. TMR 소자는 두 강자성체 사이에 절연체 박막(두께 2nm)이 샌드위치 된 구조이다. 이 구조에 바이어스가 인가되면, 강자성체의 자화상태에 따라 전자는 절연 박막을 터널링하여 전극 1에서 전극 2로 이동할 것이다.

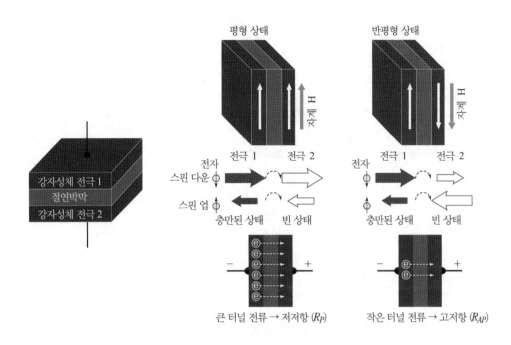

그림 4.40 터널 자기저항 효과

강자성체 전극 1에서 스핀 다운 전자가 다수이고, 스핀 업 전자가 소수라고 가정하자. 강자성체 전극 2의 자화방향이 전극 1의 자화방향에 평행이므로 스핀 다운 전자가 들어갈 수 있는 빈 상태(empty state)의 밀도가 높고, 스핀 업 전자가 들어갈 빈 상태밀도는 낮다. 따라서 전압이 인가되면 전극 1의 전자들은 터널링하여 전극 2의 빈자리로 이동하여 큰 전류가 흐르게 되고, 소자는 저저항 상태로 된다.

한편, 강자성체 전극 2의 자화방향이 전극 1의 자화방향에 반평행으로 되면, 스핀 다운 전자가 들어갈 수 있는 빈 상태 밀도가 낮아지고, 스핀 업 전자가 들어갈 빈 상태 밀도는 증가한다. 그러므로 전극 1의 전자들은 전극 2로 이동하기가 곤란해져 전류는 작아지고 그 결과 소자는 고저항은 상태로 된다.   이와 같이, 전자가 절연 박막을 통해 터널링하여 전극 1에서 전극 2로 이동하는 것이 두 강자성체의 상대적인 자화 방향에 의존하는 현상을 터널 자기저항 효과라고 부른다.

그림 4.41은 TMR 소자의 저항-자계 특성을 나타낸 것이다. 터널 자기저항 비(MR ratio)는

$$자기저항비 = \frac{R_{AP} - R_P}{R_P} \tag{4.16}$$

로 정의되며, TMR 효과는 GMR 효과보다 약 10배 만큼 크다.

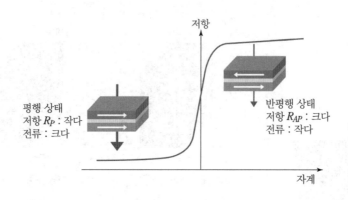

그림 4.41 터널 자기저항 효과

4.4.5 자기저항 센서의 특성 비교

표 4.3은 A사의 자기저항 센서의 특성을 비교한 것이다. 자계에 의한 자기저항 변화를 보면 GMR이 AMR의 4배, TMR이 GMR의 약 10배로 TMR 센서가 가장 높은 감도를 보인다. 또한 주위온도 변화에 기인하는 출력변화가 작아야 되는 것은 센서의 기본적인 요구사항인데, 출력변동도 TMR 센서가 가장 작다. 자기저항 센서는 산업체, 자동차 등에서 위치센서, 회전센서, 속도센서, 인코더 등에 널리 사용되고 있다.

표 4.3 자기저항소자로 만든 자기 센서의 특성 비교

자기저항 소자	자기저항비(%) MR ratio	출력 (mV)	신호.잡음비(dB) SNR(dB @ 10kHz)	출력변동(%/℃) (25℃ → 125℃)
AMR	3	150	72	−0.29
GMR	12	560	77	−0.23
TMR	100	3300	96	−0.13

표 4.4는 현재 가장 널리 사용되고 있는 홀센서와 자기저항 센서의 특징을 비교한 것이다. 전반적으로, 자기저항 센서가 전통적 자계센서인 홀 효과 센서보다 특성 면에 더 우수함을 알 수 있다. MR 센서는 홀 센서와 유사한 응용분야를 갖는다. 예를 들면, 근접센서, 변위센서, 위치센서, 전류검출, 지자기 검출 등에 사용되고 있다. GMR 센서는 MR센서가 사용되는 회전센서 등과 같은 분야뿐만 아니라 고감도를 필요로 하는 저자계 측정에 사용된다.

표 4.4 홀센서, AMR, GMR의 특징비교

	Hall	AMR	GMR
감도	낮다	중간	크다
온도 안정성	낮다	중간	크다
소비전력	작다	크다	작다
내 잡음성	낮다	높다	높다
스위칭 속도	높다	높다	높다
요구되는 자석 세기	높다	낮다	낮다

4.5 ∘ 자속게이트

자속게이트(fluxgate)는 상온에서 동작하는 자기센서 중 가장 감도가 높은 센서이다. 자속게이트는 강자성 철심(ferromagnetic core)의 비선형 특성을 이용한다. 자속게이트는 100 pT의 분해능으로 1 mT 까지 자계의 측정이 가능하다.

4.5.1 자속게이트의 기본 구조와 원리

그림 4.42는 자속게이트의 기본 구조와 원리를 나타낸 것으로, 일반적으로 강자성체 코어, 여자 코일(excitation coil) 또는 구동 코일(drive coil), 픽업 코일(pick-up coil)로 구성된다.

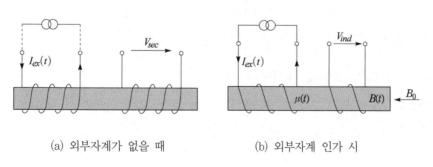

(a) 외부자계가 없을 때　　　(b) 외부자계 인가 시

그림 4.42 기본적인 자속게이트 센서

지금, 구동 코일에 여자 전류를 인가하면, 센서 코어는 (+),(−)포화를 반복하면서 주기적으로 자기포화 되고, 픽업 코일을 통과하는 자속이 변하면, 전압 V_{ind} 가 유기된다.

픽업 코일로부터 얻어지는 신호의 예를 나타내면 그림 4.43과 같으며, 그 동작을 간단히 설명하면 다음과 같다.

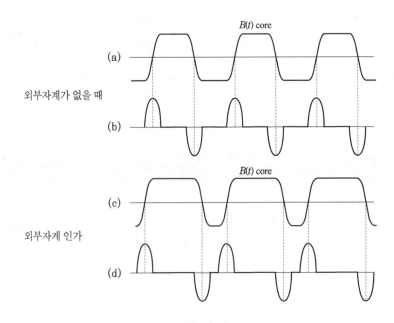

그림 4.43 픽업 코일로부터 얻어지는 신호

1. 외부자계가 없을 경우

(1) 그림 (a) : 코어 내부 자속

코어 내부의 자속은 단지 구동코일에 의해서 만들어진 자계에만 의존한다. 그리고 코어는 대부분의 시간을 (+)와 (−) 포화상태에 머무른다. 자화는 대칭적이고, 단지 여자 주파수의 짝수 고조파만이 코어 자속 파형에 존재한다.

(2) 그림 (b) : 픽업 코일에 유기되는 전압

(+)포화상태와 (−) 포화상태 사이에서만 자속이 변하므로 이 구간에서 픽업 코일에 전압이 유기될 것이다.

2. 외부자계 B_o가 인가된 경우

(1) 그림 (c) : 코어 내부 자속

만일 외부자계 B_o의 성분이 코어 축을 따라 존재한다면, (+) 또는 (−) 포화상태 중 하나의 상태에서 보내는 시간이 증가한다. 그림의 경우는 (+)포화상태에 있는 시간이 증가하고, (−)포화상태에 있는 시간이 감소하였다. 이와 같이 외부 자속이 존재하면 자화의 비대칭이 발생하고, 이것은 일반적으로 검출 코일에 유기된 전압(V_{ind})에서 제2고조파로 검출된다.

(2) 그림 (d) : 외부자계 인가시 픽업 코일에 유기되는 전압

(+),(−) 포화자속 사이의 자속이 변하는 구간이 이동하였으므로, 픽업코일에 유기되는 전압도 이동하게(shift) 된다. 이와 같은 이동을 검출한 후, 이동의 크기로부터 외부자속 밀도 B_o가 결정된다.

4.5.2 자속게이트의 코어 종류

앞에서 설명한 기본적인 단일–코어 구조의 주요 단점은, 센서가 변압기로 작용하기 때문에 여자 주파수에서 센서 출력에 큰 신호가 나타나는 점이다. 그래서 단일 코어 구조는 간단한 센서에서만 사용하고, 현재 정밀한 자속게이트에는 트윈 로드 코어(twin rod core)와 링 코어(ring core)가 사용된다.

1. 트윈 코어 센서

그림 4.44는 트윈–로드 구조를 나타낸 것으로, 센서 코어는 두 개의 강자성 로드로 만들어진다. 픽업코일 내부에 추가된 코어에는 첫 번째 여자 코일과 반대방향으로 여자 코일을 감는다. 두 코일을 동일한 전류원에 의해서 구동하기 위해서 직렬로 접속된다.

두 코일이 반대방향으로 감겨있으므로 코어에 발생하는 자계도 반대로 된다. 따라서 외부 자계가 없는 경우, 두 코어의 자속은 서로 정확히 상쇄되어 어떠한 전압도 픽업 코일에 유기되지 않는다. 만약 외부자계가 존재하면, 각 코어에서 자속 변화의 위치가 상대적으로 이동하므로 픽업 코일에 신호가 발생한다. 이 신호는 여자 주파수의 제2고조파(second harmonic)에 의해서 지배될 것이며, 그리고 고차 우수 고조파(higher even harmonics)를 포함하게 될 것이다.

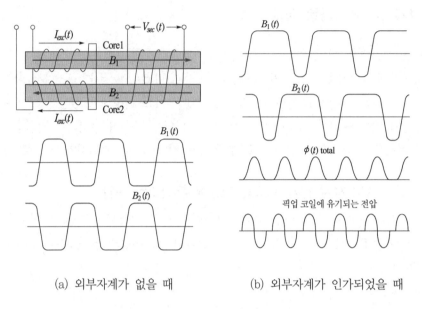

(a) 외부자계가 없을 때　　　　(b) 외부자계가 인가되었을 때

그림 4.44 트윈 로드 자속게이트의 픽업코일로부터 얻어지는 출력신호

2. 링 코어 센서

링 코어(ring core)는 트윈 로드 코어를 확장시킨 것이다. 즉, 트윈 코어의 양단이 접속되어 링 모양의 연속적인 자기회로가 형성된 것과 동일하다. 그림 4.45의 구조에서, 여자 코일은 링 코어에 환상으로 감겨있다. 코어의 직경은 측정하고자 하는 자계 B_o의 방향을 향하도록 위치시킨다. 링 코어는 보통 연자성체 테이프를 여러 번 감아서 만든다. 센싱 코일은 그 축이 측정자계에 평행한 단순한 솔레노이드(solenoid)이다. 링 코어는 이 센싱 솔레노이드 코일의 중심에 위치한다. 링 코어의 반쪽에서 여자코일 전류에 기인하는 자계는 외부자계 B_o에 평행하고, 다른 반쪽에서 여자자계는 외부자계에 반평행하다.

링 코어 구조는 큰 감자효과(demagnetization)에 기인해서 감도는 작지만, 저잡음 센서에서 장점을 갖는다. 링 코어는 가장 흔히 사용되는 자속게이트의 코어 구조이다. 링 코어 센서의 장점은 다음과 같다.

- 여자 자계를 발생시키는 자기 코어가 닫혀있어(closed), 필요한 여자 전력이 작다.
- 코어의 반쪽이 서로 반대방향으로 여자되기 때문에, 외부자계가 없는 경우 순 자속은 0에 가깝다.
- 대칭적 구조로 인해, 센싱 코일에 대해 여자코어를 회전시켜 코어 결함의 영향을 최소화할 수 있는 위치를 발견할 수 있다.

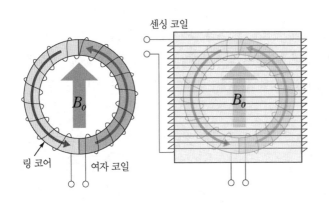

그림 4.45 링 코어 자속게이트

3. 응용

자속 게이트를 이용한 자력계(磁力計, magnetometer)에서 가장 자주 사용되는 원리는 출력전압의 제2 고조파(second harmonic detection)를 검출하는 방식이다. 상용화 자속계의 측정 범위는 약 $\pm 100\,\mu$T, 잡음(1 Hz)은 5-20 pTrms/$\sqrt{Hz}$, 오프셋 드리프트는 1 nT/K 정도이다.

4.6 ◦ 초전도 양자간섭계(SQUID)

초전도 양자간섭계(超傳導量子干涉計 ; Superconducting QUatum Interference Device ; SQUID)는 초전도체를 절연박막으로 약하게 결합(weak link)시킬 때 관측되는 조셉슨 효과(Josephson effect)와, 초전도체에서의 자속양자화(磁束量子化 ; magnetic flux quantization)를 이용한 자기센서로, 양자역학적 측정감도를 갖는 고감도 자기센서이다. SQUID는 현존하는 자기센서 중 가장 높은 감도를 가지며, 심자파(心磁波), 뇌자파(腦磁波) 등의 생체계측, 미소전압이나 전류의 측정, 자기탐사의 측정 등에 응용되고 있다.

4.6.1 조셉슨 효과와 자속양자화

1. 초전도체

초전도체는 전기저항이 0이라는 것과 완전 반자성이라는 두 가지 기본적인 특성을 가지는 물질이다.

먼저, 초전도체는 임계온도(T_c)라고 부르는 특정온도에서 전기저항이 완전히 0으로 되는 완전도체의 특성을 가진다. 예를 들면, 최초의 초전도체인 수은의 경우, 그림 4.46과 같이 $T_c = 4.2$ K에서 전기저항이 $10^{-5}[\Omega]$ 이하로 되어, 거의 0의 상태로 된다.

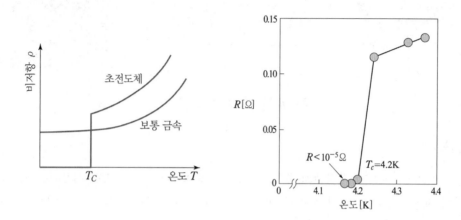

그림 4.46 수은의 초전도 현상

초전도 현상에는 전기저항이 0으로 되는 것 이외에, 또 다른 중요한 특징으로는 마이스너 효과(Meissner effect)가 있다. 그림 4.47에 나타낸 것과 같이, 초전도체가 되면 자장이 초전도체 내부로 침투할 수 없는 완전 반자성체의 특징을 가진다. 이와 같은 마이스너 효과에 의

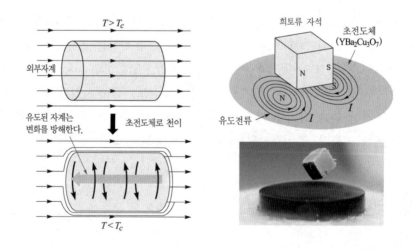

그림 4.47 마이스너 효과

해서, 작은 자석을 초전도체 위로 가져오면 초전도체의 전기 저항이 0이므로 자석으로부터 발생하는 자석을 배척하기 위해서 물질에는 초전도 전류(supercurrent)가 흐르고, 외부 자계를 상쇄하는 전류는 외부 자석의 극과 동일한 극을 발생시켜 자석은 반발력에 의해서 그림과 같이 뜨게 된다.

2. 자속 양자화

그림 4.48과 같이 초전도체로 만들어진 링에 자속을 가까이 가져가는 경우를 생각해보자. 임계온도 T_c 이상에서 자속은 링 속으로 침투할 것이다. 이제 링의 온도를 T_c 이하로 냉각시키면, 링은 초전도 상태로 되어 자속은 링 자체 속으로 침투하지 못하고 그림 (b)와 같이 링 중심을 통과한다. 만약 그림 (c)와 같이 자석을 제거하면 중심을 통과하는 자속을 일정하게 유지하려고 초전도 링에는 전류가 흐른다. 초전도체의 저항은 0으로 되므로 이 전류는 무한히 흐를 수 있고, 결과적으로 자속은 링 속에 갇히게 된다. 이때 초전도체 링에 갇힌 자속 ϕ는 가장 작은 자속의 크기인 자속양자(magnetic flux quantum) ϕ_o의 정수배만 허용된다. 즉,

$$\Phi = n\,\frac{h}{2e} = n\,\Phi_o \tag{4.17}$$

여기서 자속양자의 값은 다음과 같이 주어진다.

$$\Phi_o = \frac{h}{2e} = 2.0679 \times 10^{-15} \ \text{Wb} \tag{4.18}$$

이 현상을 자속의 양자화라 부른다.

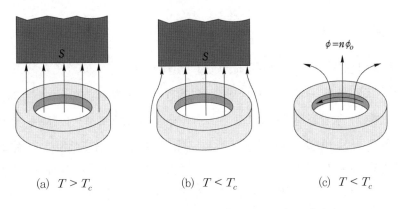

(a) $T > T_c$ (b) $T < T_c$ (c) $T < T_c$

그림 4.48 자계 속에 놓인 초전도 링 ; 자속 양자화

3. 조셉슨 소자

그림 4.49(a)에 나타낸 것과 같이, 2개의 초전도체를 얇은 절연막으로 분리시킨 구조를 조셉슨 접합(Josephson junction)이라고 부른다. 초전도체 이론에 의하면, 초전도에서 전자 쌍(electron pairs)들이 수백 nm 범위에 걸쳐 결합되어 있으며 이들을 쿠퍼 쌍(Cooper pairs)라고 부른다. 조셉슨 접합 양측에 있는 쿠퍼 쌍은 자유전자의 파동함수와 유사하게 위상 θ_1, θ_2에 의존하는 파동함수로 나타낼 수 있다. 절연박막은 충분히 얇기 때문에 이 결합된 전자들은 그림 (b)와 같이 좌측에서 우측으로 접합을 가로질러 터널링 할 수 있다. 이때 전자의 파동함수(wavefunction)는 위상이 $\theta (= \theta_2 - \theta_1)$만큼 변한다.

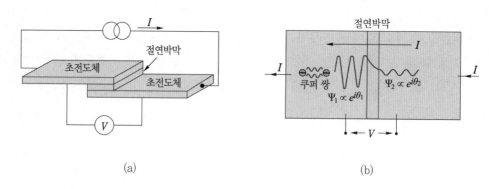

(a)   (b)

그림 4.49 조셉슨 접합

이와 같은 조셉슨 접합에 전류 I를 흘리면 어떤 임계전류(critical current) I_c까지는 접합 사이에 전압이 생기지 않고 전류가 흐르는 것이 가능하다. 이 전류는 접합의 양측에 있는 초전도체 내의 쿠퍼 쌍의 파동함수의 위상차 θ에 의존한다. 이것을 DC 조셉슨 효과(DC Josephson effect)라고 부르며, 식으로 나타내면 다음과 같다.

$$I = I_c \sin\theta \tag{4.19}$$

여기서, θ는 위상차, I_c는 임계전류(critical current)이다.

그림 4.50은 DC 조셉슨 효과를 나타낸다. 임계전류 I_c까지는 접합사이에 전압이 생기지 않고 초전도 전류가 접합을 통해 흐르고, 이 전류가 I_c 이상으로 되면 전류는 C점에서 B점으로 스위칭하고 곡선 BD를 따라 보통의 터널 전류가 흐른다. 점 B에서부터 접합에는 전압 강하가 발생하고, 전류가 증가함에 따라 전압도 증가한다. O-A 사이의 보통 터널전류는 무시할 수 있을 정도로 작으며, 전압이 V_a를 초과하자마자 급증한다.

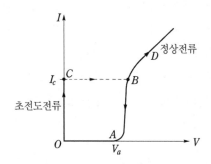

그림 4.50 조셉슨 접합의 DC 특성

한편, 접합 사이에 전압 V가 인가되면, 위상변화 θ가 인가전압에 의해서 변조된다. 전압에 의한 위상 변화율은 다음 식으로 주어진다.

$$\frac{d\theta}{dt} = \frac{2eV}{\hbar} = \frac{2\pi V}{\Phi_0}$$ (4.20)

이때 흐르는 교류전류는

$$I = I_c \sin\left[\frac{2eV}{\hbar}t\right]$$ (4.21)

여기서, $\hbar = h/2\pi$ 이고, $h \,(= 6.6 \times 10^{-34}$ J/Hz)는 프랑크 상수(Plank's constant)이다. 위 식으로부터 교류전류의 주파수는

$$f = \frac{2eV}{h}$$ (4.22)

이며, 주파수가 전압에 의해서 제어된다. 이와 같이, 조셉슨 접합에 DC 전압이 존재할 때 조셉슨 접합은 주파수 f의 진동전류를 발생시킨다(그림에는 나타나 있지 않음). 이것을 AC 조셉슨 효과라고 부른다. AC 조셉슨 효과에 따라, 단위전압당 $2e/h$ Hz 또는 483.6 GHz의 주파수에서 교류전류를 발생시킨다.

4.6.2 SQUID

SQUID는 위에서 설명한 초전도체의 조셉슨 효과와 자속 양자화 현상을 결합하여 외부 자속의 변화를 전압으로 변환하는 자기센서이다. SQUID는 초전도 링에 사용되는 조셉슨 접합

의 수와 바이어스 조건에 따라 RF-SQUID와 DC-SQUID로 대별된다. RF-SQUID는 초전도 링에 1개의 조셉슨 접합을 가지며, 20~30 MHz의 RF 신호로 구동한다. 반면 DC-SQUID는 초전도 링에 2개의 조셉슨 접합을 포함하며, 직류전류로 구동한다. DC-SQUID는 RF-SQUID에 비해 원리적으로 자속 분해능이 높고 고감도이기 때문에, 초전도소자 박막제작기술이 발전함에 따라 DC-SQUID가 멀리 사용되고 있다.

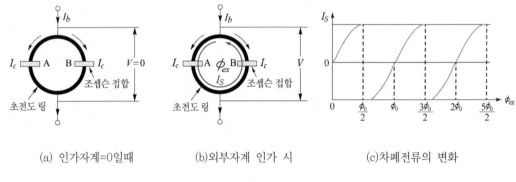

(a) 인가자계=0일때   (b)외부자계 인가 시   (c)차폐전류의 변화

그림 4.51 DC-SQUID의 원리

그림 4.51은 DC-SQUID의 원리를 나타내고 있다. 그림 (a)와 같이 초전도 링에 두개의 조셉슨 접합을 삽입하고 바이어스 직류전류(bias current) I_b를 인가하면 두 접합에 균일하게 나누어 흐른다. 바이어스 전류 $I_b/2$가 각 소자의 임계전류 I_c이하이면, 2개의 조셉슨 접합에는 초전도 전류가 흐르고, 이때에는 SQUID 양단에 전압이 생기지 않는다.

그림 (b)와 같이 초전도 루프에 외부에서 측정하고자하는 미약한 자계 Φ_{ex}를 도입하면, 루프에는 이 외부자계를 상쇄시키려는 차폐 전류(screening current) I_S가 그림과 같이 흐르게 되어, 외부 자속은 자속양자 Φ_o(앞에서 설명)를 단위로 해서 상쇄된다. 이때 차폐 전류 I_S는 조셉슨 접합 A에서는 입력전류와 같은 방향이고, 접합 B에서는 반대방향으로 흐른다. 따라서 조셉슨 소자에 흐르는 총 전류는 각각 $I_b/2 + I_S$와 $I_b/2 - I_S$로 된다.

이제 차폐전류의 변화를 생각해 보자(그림 c). 외부자계가 없으면 차폐전류도 0이다. 외부자계의 세기를 서서히 증가시켜 가면 이에 따라서 차폐 전류도 증가한다. 접합 A에 흐르는 총 전류 $I_b/2 + I_S$가 임계전류 I_c에 도달하면 접합부에서 초전도 상태가 붕괴되어 보통의 전도상태로 되기 때문에 접합 양단에 전압이 발생한다. 외부 자계를 $\Phi_o/2$를 초과할 때 까지 증가시키면, 초전도 루프를 통과하는 자속은 자속양자(Φ_o)의 정수배이어야 하므로, SQUID는 자속을 차폐하는 대신 Φ_o로 증가시키려 한다. 이를 위해 차폐전류 I_S는 반대방향으로 흐른다. 따라서 차폐 전류는 자속이 $\Phi_o/2$ 만큼 증가할 적마다 방향을 바꾸며, 이로 인해 임계전류도 인가 자속 Φ_{ex}의 함수로 진동한다. 이와 같이, 인가자속이 $\Phi_{ex} = n\Phi_o$일 때 차폐전류가 0이 되기 때문에 임계전류는 최대로 되고, 인가자속이 $\Phi_{ex} = (n+1/2)\Phi_o$일 때 차폐전류가 최대로 되기때문에 임계전류는 최소로 되며, Φ_o의 정수배만큼 뺀 나머지 자속의 크기에 따라 $n\Phi_o \sim (n+1/2)\Phi_o$ 사이에서 변한다(그림 4.48(c)).

자계측정을 위해서, SQUID는 임계전류보다 약간 큰 일정한 바이어스 전류(I_b)에서 동작시킨다. 이 상태에서 외부 자속 Φ_{ex}를 0에서부터 서서히 증가시키면, 위에서 설명한 바와 같이 SQUID의 임계전류가 주기적으로 진동하기 때문에 그림 4.52에서 보는 바와 같이 SQUID의 출력전압은 자속양자 Φ_o를 주기로 하여 최대값과 최소값 사이에서 주기적으로 진동한다. 이것을 SQUID의 전압변조 신호라고 부르며, 이와 같이 미소한 자계의 신호가 전압의 변화로 나타나므로 SQUID를 비선형 자속－전압 변환소자라고 한다.

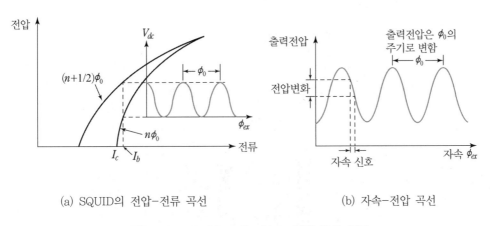

(a) SQUID의 전압－전류 곡선　　　　　(b) 자속－전압 곡선

그림 4.52 DC-SQUID의 자속 － 전압 변환 원리

4.6.3　응용

그림 4.53은 DC-SQUID를 이용한 자속계(fluxmeter)의 원리를 나타낸 것이다. 픽업 코일(pickup coil)은 측정하고자 하는 외부 자계를 검출하여 입력코일(input coil)을 통해 SQUID에 전달하고, SQUID로부터 그림과 같은 자계－전압 특성이 얻어진다. 이것으로부터 그림에 삽입된 것과 같이 자계의 세기에 비례하는 출력전압이 얻어진다.

픽업코일의 특성은 그 모양에 의존한다. 그림 4.50(b)는 실린더 모양 등 다양한 형태의 의 픽업코일을 보여주고 있다.

DC-SQUID는 미약한 자속을 측정하는데 충분한 감도를 가지기 때문에, 생체자기계측에
도 사용되고 있다. 생체자기 신호는 심장, 폐, 뇌, 신경 등에서 발생한다. 특히 신경자기의
연구가 활발히 진행되고 있다.

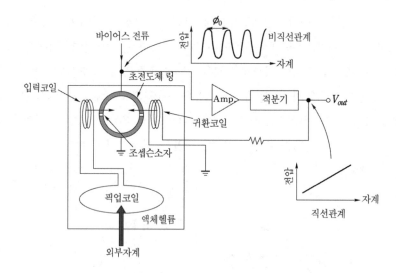

(a) 구성도

(b) SQUID와 픽업코일

그림 4.53 SQUID 자속계의 원리

05 온도 센서
chapter

우리가 물체와 접촉할 때 어떤 물체는 차다고 느끼고, 어떤 물체는 뜨겁다고 느낀다. 이와 같은 물체의 차고 뜨거운 정도를 수량으로 나타낸 것이 온도이다.

온도를 분자의 입장에서 생각하면, 물질을 구성하고 있는 분자는 정지해 있지 않고 불규칙한 운동을 하고 있는데, 이 불규칙한 운동을 열운동이라 부르며, 온도가 높을수록 분자들의 평균 운동 에너지가 커지기 때문에 온도는 분자의 열운동의 활발함의 척도라고 말할 수 있다. 우리의 감각은 불완전하여 동일한 물체에 대해 사람마다 느끼는 온도에는 차이가 있다. 그래서 온도를 객관적으로 측정하기 위해 온도계 또는 온도 센서를 사용한다. 온도는 지구상에 존재하는 모든 물체에 영향을 미친다. 따라서 온도를 정확히 측정하는 것은 매우 중요한 일이다.

5.1 ● 온도센서의 기초

우리 주위에서 볼 수 있는 대부분의 사물들이 온도에 의해서 영향을 받기 때문에 온도는 가장 자주 측정되는 환경과 관련된 양이다. 온도 측정 시 사용되는 온도눈금에는 섭씨, 화씨, 절대온도 등이 있다.

- 섭씨온도 : 1 기압 하에서 순수한 물의 어는점을 0℃, 끓는점을 100℃로 정하고, 그 사이를 100 등분하여 1구간을 1℃로 정한 온도이다. 화씨온도에서는 어는점이 32°F이다.
- 절대온도 : 분자의 열운동을 고려할 때는 섭씨온도보다 절대온도를 사용하는 것이 좋다. 절대온도는 −273.15℃를 절대영도(absolute zero)로 하고, 눈금간격은 섭씨눈금과 동일한 간격으로 한 것이다. 단위는 K(Kelvin)을 사용한다.
- 섭씨, 화씨, 절대온도 눈금 사이의 관계는 다음과 같다
  $K = ℃ + 273.16, ℃ = K − 273.16, °F = 1.8℃ + 32$

현재 온도측정에는 다양한 종류의 센서가 사용되고 있는데, 그 사용방법에 따라 접촉식과 비접촉식으로 분류할 수 있다. 접촉식에서는 센서를 측온 대상의 물체(고체, 액체, 기체)에 직접 접촉시키면 측정 점의 온도가 열전도에 의해서 센서에 전달되고, 비접촉식에서는 멀리 떨어져 있는 센서가 측온 대상으로부터 방사(복사)되는 열(적외선)을 검출하여 온도를 측정한다.

표 5.1은 온도센서를 이용되고 있는 물리량과 재료로 분류한 것이다. 접촉식에는 RTD, 서미스터, 열전대, IC 온도센서 등이 있으며, 비접촉식에는 서모파일, 초전센서를 이용한 온도센서가 있다.

표 5.1 각종 온도센서의 종류와 사용 온도 범위

이용하는 물리현상	온도센서의 종류		사용 온도범위
전기저항변화	RTD(Pt)		−200℃ ~ 850℃
	NTC		−50℃ ~ 300℃
	PTC	BaTiO$_3$ 계	< 300℃
		Si PTC	−50℃ ~ 150℃
열기전력	열전대		−200℃ ~1700℃
실리콘 다이오드 또는 트랜지스터의 온도특성	IC 온도센서		−50℃ ~ 150℃
서모파일 등 열형 적외선 센서	방사 온도계		1000℃ 이상

5.2 ○ RTD

5.2.1 구조와 동작원리

온도를 변화시키면서 금속선의 전기저항 값을 측정하면 온도에 따라 저항 값이 증가한다. 따라서 금속선의 저항을 측정함으로써 역으로 온도를 알 수 있다. 이와 같은 온도센서를 RTD(resistance temperature detector ; 측온 저항체라고도 부름)라고 한다.

1. 금속의 전기저항-온도 관계

먼저 물질의 전기저항(electric resistance)에 대해서 생각해 보자. 그림 5.1과 같이 길이 L, 단면적 A인 금속선의 저항 R은

$$R = \rho \frac{L}{A} \tag{5.1}$$

여기서, ρ는 물질의 비저항(比抵抗 ; resistivity)이다.

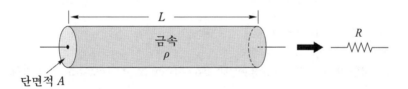

그림 5.1 금속선의 저항

RTD는 저항 값이 온도에 따라 증가하는 금속으로 만들어진다. 그림 5.2는 RTD로 사용되고 있는 금속의 저항-온도 특성이다. 일반적으로 금속의 저항-온도 곡선이 직선으로 되지 않기 때문에, 온도변화에 따른 저항 R의 변화는 다음과 같이 다항식으로 나타낸다.

$$R = R_o [1 + \alpha_1 (T - T_o) + \alpha_2 (T - T_o)^2 + \cdots + \alpha_n (T - T_o)^n] \tag{5.2}$$

여기서, R_o는 기준온도 T_o(보통 0 ℃)에서 금속의 저항 값, R은 임의온도 T에서 저항 값이다. 또 α_1, α_2, α_3, $\cdots$, α_n 은 각 온도에서 저항측정으로부터 결정되는 계수이다. 가장 널리 사용되고 있는 백금선에 대해서 앞의 두 계수는 다음과 같이 주어진다.

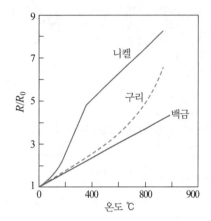

RTD 소자	저항값 (0℃)	온도계수 (Ω/Ω/K)	동작온도 범위	0℃에서 확도
백금	100 Ohm	0.00385	-200℃ to 600℃	±0.5% ±0.1% ±0.6% ±0.01%
구리	10 Ohm	0.00427	-200℃ to 204℃	±0.2% ±0.5%
니켈	120 Ohm	0.00672	-200℃ to 204℃	±0.3% ±0.5%

* 위 특성은 대표적인 값이며, 회사나 어셈블리 구조 등에 따라 그 값은 달라질 수 있다.

그림 5.2 RTD용 금속의 특성

$$\alpha_1 = 3.9083 \times 10^{-3}/℃$$

$$\alpha_2 = -5.775 \times 10^{-7}/℃^2$$

RTD를 제한된 온도범위(예를 들면 0℃~100℃)에서 사용하는 경우, 식 (5.2)는 다음과 같이 직선 근사식으로 쓸 수 있다.

$$R = R_o[1 + \alpha(T - T_o)] \tag{5.3}$$

여기서, α는 저항의 온도계수(temperature coefficient of resistance ; 약해서 TCR)이다.

온도계수 α는 두 기준온도에서 측정되는 저항 값으로부터 결정된다. 예를 들면, 두 기준 온도를 각각 T_1와 T_2라고 하면 TCR은 다음 식으로 된다.

$$\alpha = \frac{1}{R_1} \frac{R_2 - R_1}{T_2 - T_1} \tag{5.4}$$

여기서, R_1, R_2는 각각 온도 T_1, T_2에서 저항값이다.

α를 때로는 상대감도(relative sensitivity)라고도 부르며, 그 값은 기준온도에 따라 다르다. 순 금속에 대한 전기저항의 온도계수는 0.3~0.7 %/℃이며, 이 저항변화를 검출하여 온도를 측정한다. 순 금속의 비저항은 작으므로 길고 가는 선으로 만들어 사용한다. 또 기계적, 화학적으로 강하지 않으면 안된다.

백금은 넓은 온도범위(-200~850 ℃)에 걸쳐 안정성, 직선성, 내화학성, 내부식성이 우수하여 가장 널리 사용되고 있다. 기본 저항값은 100, 200, 500, 1000 Ω이다. 저항값이 크면 클수록 감도와 분해능은 더 우수하다. TCR은 약 $\alpha=0.00385(\Omega/\Omega)/℃$이다. 니켈은 감도가 가장 좋고, 백금보다 약간 저렴하지만, 300 ℃ 이상에서 비직선성이 너무 크다. 구리는 가장 저렴하지만, 산화되기 쉽다. 니켈 및 구리 RTD는 저가이며 중요하지 않은 응용분야에 사용된다.

2. RTD의 구조

RTD의 감온부는 권선형(wire wound element)과 박막형(thin film element) 등 두 가지 형태로 만들어진다. 그림 5.3(a)은 권선형 RTD의 구조 예를 나타낸 것이고, 그림 (b)는 유리를 피복한 백금 RTD, 그림 (c)는 세라믹 봉입 RTD이다. 직경 0.05mm 정도의 고순도 백금선을 백금과 동일한 열팽창 계수를 갖는 유리봉이나 운모봉에 감고 피복한다. 전체 직경은 2~3mm이다.

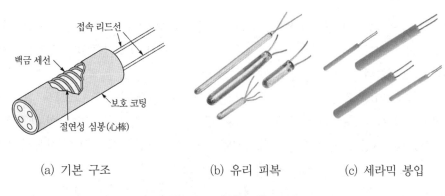

(a) 기본 구조	(b) 유리 피복	(c) 세라믹 봉입

그림 5.3 권선형 백금 RTD

그림 5.4는 백금 박막 온도센서의 감온부를 나타내고 있다. 이것은 세라믹 기판 (또는 실리콘 기판) 위에 백금 박막을 특정의 패턴으로 증착한 소형 RTD로, 0℃의 전기저항은 1000 Ω이다. 반도체 제조 기술을 이용해 제작하기 때문에 가격이 저렴하여 광범위한 온도측정 및 제어용으로 사용된다. 특징은 고저항이기 때문에 저항 값 변화율이 크고 감도가 높으며, 선로 도선의 저항(lead wire resistance)에 기인하는 오차가 작으므로 3선식 배선이 불필요하다. 또한 크기가 작고 박막이므로 열 응답성이 우수하고, 넓은 온도범위(−200℃~540℃)에 걸쳐 직선성이 좋은 것 등의 장점이 있다.

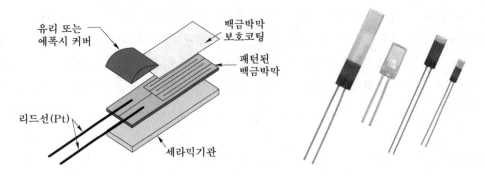

유리 또는
에폭시 커버

백금박막
보호코팅

패턴된
백금박막

리드선(Pt)

세라믹기관

그림 5.4 백금 박막 온도 센서

5.2.2 RTD 특성

RTD의 특성은 다음 사항에 의해서 규정된다.

1. 감도와 확도

RTD의 감도는 저항 온도계수 α의 값으로부터 결정할 수 있다. 예를 들면, 백금의 온도계수는 약 0.004 ℃이다. 이것은 온도가 약 1 ℃만큼 변하면, 100 Ω RTD의 저항은 단지 0.4 Ω이 변함을 의미한다.

백금 RTD의 산업체 표준은 0 ℃에서 100 Ω이다. 비록 백금 RTD는 고도로 표준화되어 있지만 여러 기관에서 만든 다른 국제 표준들이 존재한다. 그러므로 한 기관의 표준에 따라 만든 RTD를 다른 표준에 따라 설계된 계측기와 함께 사용하면 문제가 발생한다. 이러한 호환성의 문제를 해결하기 위해서는 허용오차(tolerance)를 계산할 수 있어야 한다.

표 5.2는 현재 백금 100 Ω RTD에 대한 국제표준(유럽표준)으로 널리 사용되고 있는 DIN/IEC 60751(간단히 IEC 751)을 정리한 것이다. IEC-751 표준에서, RTD는 0 ℃에서 100.00 Ω의 전기저항, 0~100℃ 사이에서 저항온도계수 $\alpha = 0.00385$ Ω/Ω/℃를 가져야 하며, 표와 같이 허용오차에 대해서 4종류의 클래스를 규정하고 있다.

표 5.2 백금 RTD에 대한 여러 표준

허용오차 클래스	유효 온도 범위		허용오차 (℃)	저항값 (Ω) (@0℃)	오차 (Ω) (@100℃)
	권선형	박막형			
AA(1/3DIN)	−50−+250	0−+150	±(0.1+0.0017×T)	100±0.04	0.27
A	−100−+450	−30−+300	±(0.15+0.002×T)	100±0.06	0.35
B	−196−+600	−50−+500	±(0.3+0.005×T)	100±0.12	0.8
C	−196−+600	−50−+600	±(0.6+0.01×T)	100±0.24	1.6

2. 응답시간(response time)

RTD의 응답시간은 1 m/s(3 ft/s)의 속도로 흐르는 물속에서 측정되거나 3 m/s(10 ft/s)로 흐르는 공기 중에서 측정된다. 예를 들면, RTD를 온도 70~90 ℃의 물속에 직접 투입한 후 63.2 %에 도달하는 시간을 측정한다. 일반적으로 RTD의 응답시간은 5 sec 전후로 느린데, 그 이유는 센서가 주위온도와 평형상태로 되는데 시간이 걸리기 때문이다.

3. 자기가열(self-heating)

동작 시 RTD에는 전류가 흐르기 때문에 자기가열(self-heating)에 의해 영향을 피할 수 없다. 그래서 센서의 지시온도는 실제의 온도보다 약간 더 높다. 필요한 정밀도를 얻기 위해서는 이 자기가열에 의한 영향을 고려하여 가능한 한 RTD에 흐르는 전류를 충분히 작고 일정하게 유지해야 한다. RTD의 소비전력상수(dissipation constant)는 RTD 온도를 1 ℃ 증가시키는데 필요한 전력(W/℃)으로 주어진다. 산업용 RTD에서 자기가열의 대표적인 범위는 30~60 mW/℃이며, 이는 소비전력(I^2R)이 30~60 mW일 때 RTD가 1 ℃만큼 가열됨을 의미한다. 일반적인 사용에서 RTD에 흐르는 전류는 1 mA 이하로 규정하고 있다.

5.2.3 특징

RTD의 장단점을 요약하면 다음과 같다.

(1) 장점

- 매우 정확하고 반복성이 우수하다.
- 장기간에 걸쳐 매우 안정하다. 드리프트는 0.1 ℃/년 이하이다.
- 온도범위가 넓다.(-200 ℃~650 ℃, 특수 RTD는 850 ℃까지 가능)
- 선형성이 비교적 우수하다. (열전대나 서미스터에 비해)
- 면적 또는 점 측정이 가능하다.
- 호환성이 있다.
- 산업계 표준화가 확립되어 있다.

(2) 단점

- 가격이 비싸고, 크기가 크다.(열전대나 서미스터에 비해)
- 동작 전류가 요구된다.

- 자기가열이 있다.
- 저항 값이 작다.
- 큰 진동이나 충격이 있는 환경에서 열전대보다 내구성이 떨어진다.
- 정밀성을 위해서는 센서의 비직선성 때문에 직선화(linearization)가 요구된다.

5.2.4 응용분야

백금 RTD는 열전대(차후에 설명)와는 달리 기준온도를 필요로 하지 않는 어느 곳이든 사용할 수 있고, 각종 공업 계측에 널리 사용되고 있다. 또한 항공기, 배, 탱크 등 군용에도 상당수 사용된다.

그림 5.5는 RTD 어셈블리를 나타낸 것이다. 백금 RTD는 보통 보호관에 봉입하여 사용한다. 이것은 RTD를 기계적으로 보호하는 동시에 백금선 또는 인출선이 유해가스에 의해 열화되는 것을 방지하기 위함이다.

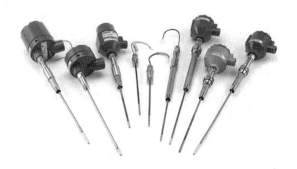

그림 5.5 공업계측에 사용되고 있는 RTD 어셈블리

백금 RTD로 온도를 측정하는 경우 통상 그림 5.6과 같이 휘스토운 브리지를 사용한다. 그림 (a)의 2 선식(2-wire type)인 경우 백금선의 저항이 작기 때문에 리드선의 저항(L_1, L_2)을 무시할 수 없다. 그래서 그림 (b)와 같이 3선식의 브리지 접속법을 사용하여 리드선의 저항을 상쇄시킨다. 만약 L_1과 L_2의 길이가 완전히 매칭되면 (즉 저항이 같으면), 서로 브리지의 반대 변(arm)에 있기 때문에 리드선의 임피던스 영향은 상쇄된다. 3번째 선 L_3는 검출용 리드선(sense lead)으로만 작용하고 전류는 흐르지 않는다. 3선식 브리지는 저항변화–출력전압변화 사이를 비직선 관계로 만든다.

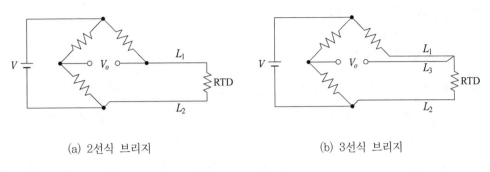

(a) 2선식 브리지   (b) 3선식 브리지

그림 5.6 RTD 배선회로방식 예

5.3 ○ 서미스터

서미스터(thermistor ; thermal resistor 또는 thermally sensitive resistor의 줄임)는 주로 반도체의 저항이 온도에 따라 변하는 특성을 이용한 온도센서이다. 서미스터는 그림 5.7과 같이 저항-온도 특성에 따라 NTC(negative temperature coefficient), PTC(positive temperature coefficient), CTR(Critical temperature resistor)의 3종류로 분류하며, 보통 서미스터라고 부르는 것은 NTC를 의미한다. PTC와 CTR은 특정한 온도영역에서 저항이 급변하기 때문에 넓은 온도영역의 계측에는 부적합하다. 이 장에서는 NTC 서미스터를 중심으로 설명할 것이다.

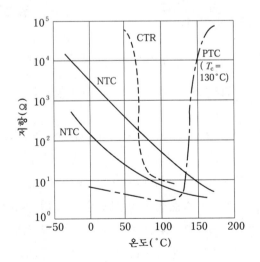

그림 5.7 각종 서미스터의 저항-온도 특성

5.3.1   NTC 서미스터

1. 기본 구조와 동작원리

NTC 서미스터는 망간(Mn), 니켈(Ni), 코발트(Co) 등과 같은 천이금속산화물(Mn_2O_3, NiO, Co_2O_3, Fe_2O_3)의 분말과 바인더를 잘 혼합한 다음 이것을 소결(燒結 ; sinter)하여 만든다. 소결된 혼합물은 반도체이기 때문에 온도가 증가하면 저항이 감소한다. 그림 5.8에 나타낸 바와 같이, NTC 서미스터는 용도에 따라 여러 형태로 만들어 진다. 비드형(bead type)은 혼합물과 두 개의 측정용 백금합금 도선을 함께 소결한 것으로, 표면에 유리가 코팅되어 있어 안정성이 우수하고, 가장 소형이고 열용량이 작아 열 응답 속도가 빠르다(공기 중에서 $1.5 \sim 10s$ 정도). 또, 고온에 견디고, 재현성이 좋은 특징을 갖는다.

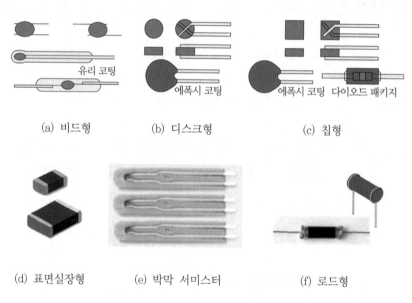

(a) 비드형   (b) 디스크형   (c) 칩형

(d) 표면실장형   (e) 박막 서미스터   (f) 로드형

그림 5.8   NTC 서미스터의 여러 형상 예

칩형(chip type)과 디스크형(disc type)은 혼합물을 얇은 시트로 만든 다음 고온에서 소결한다(이것을 웨이퍼라고 함). 웨이퍼 양측에 리드선을 부착하기 위한 은 전극을 프린팅 한다음 웨이퍼를 디스크나 칩 모양으로 자른다. 디스크형은 감도, 안정성, 정도가 우수하고, 호환성이 있다. 칩형(chip type)은 소형으로, 안정도가 높고 양산에 적합하기 때문에 저가이며, 디스크형에 비해서 응답속도가 빠르다. 하이브리드 실장형(hybrid mount type)은 리드선를 부착하지 않은 칩형 서미스터이며, 하이브리드 IC 또는 PCB에서 금속 패드(pad)에 솔더링이나 도전성 에폭시로 직접 부착한다. 표면 실장형(surface mount type)은 소자 양단

에 전극이 형성되며, 크기는 PCB 규격에 따라 정해져 있다.

박막형에서는 두 전극도체 사이에 서미스터 칩이 있고, 이것을 폴리이미드(PI) 필름으로 샌드위치시킨 것으로, 두께는 약 0.5mm 내외다. 박막 서미스터는 협소한 장소나 평판사이의 온도측정에 적합하다. 로드형은 간단히 압출성형에 의해서 만든다.

2. 특성

NTC 서미스터는 온도가 증가하면 그 저항값이 감소하는 온도 센서이다(그림 5.9). 즉, 저항-온도 곡선의 기울기가 (−)이다. NTC 온도 센서의 주요한 전기적 특성은 기준온도 25℃에서 센서의 저항 R_{25}, 서미스터 정수 B, 저항의 온도계수 α 등 3개의 파라미터로 나타낸다.

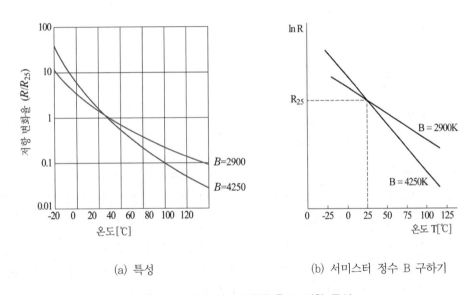

(a) 특성   (b) 서미스터 정수 B 구하기

그림 5.9 NTC 서미스터의 온도-저항 특성

(1) R_{25} : 25℃(289.15 K)에서 센서 저항

25 ℃(실온)에서 저항 값은 NTC 서미스터에 대한 편리한 기준점이 된다. 25 ℃에서 허용오차는 주로 서미스터 재료 제조과정에서의 변화와 칩 크기에서의 오차에 기인한다. 조성의 균질도가 높은 재료를 사용하고 칩 크기를 정확히 제어할 수 있는 커팅 기술을 사용하면 R_{25}의 허용오차는 1 % 이하로 된다.

(2) 서미스터 정수 B

NTC 서미스터의 저항변화 특성은 보통의 반도체와 마찬가지로 온도가 증가함에 따라 저항 값이 감소한다. 그림 5.9의 곡선을 식으로 나타내면 근사적으로

$$R = R_o \exp\left[B\left(\frac{1}{T} - \frac{1}{T_o}\right)\right] \tag{5.5}$$

로 되고, 여기서, R_o은 절대온도 $T_o(=298.15\ \text{K})$일 때 서미스터 저항, B는 특성온도 (characteristic temperature)라고 부르는 서미스터 정수(thermistor constant)이다.

위 식을 $\ln R - 1/T$의 관계로 나타내면 직선으로 되고, 그 기울기 B는 식 (5.5)로부터 다음 식으로 된다.

$$B = \frac{1}{\left(\dfrac{1}{T} - \dfrac{1}{T_o}\right)} \ln \frac{R}{R_o} \tag{5.6}$$

예를 들면, 25~85 사이에서 B값은

$$B_{25/85} = \frac{1}{\left(\dfrac{1}{358.15} - \dfrac{1}{298.15}\right)} \ln \frac{R_{85}}{R_{25}} \tag{5.7}$$

이 값은 보통 서미스터 재료의 특성을 말하거나 서로 비교할 때 사용된다. B는 보통 2000~6000K(고온용에서는 6000~12000K)값을 갖는다. 초기 저항 R_o가 같더라도 B가 다르면 특성은 달라진다. 이 B에 의해서 서미스터의 특성이 결정되기 때문에 B를 서미스터 정수라 한다. 정수 B는 서미스터를 제작할 때의 성분이나 열처리 방법에 따라 정해지는데, 각각의 서미스터에 고유한 것이다. 또 B정수는 온도에 따라 증가하는 온도 의존성을 갖는다. B에 대한 허용오차는 주로 재료조성의 허용오차와 소결 조건 등에 기인한다. 최근에 제조되는 서미스터의 B값에 대한 허용오차는 $\pm 0.3\%$ 만큼 낮아졌다.

(3) 저항온도 계수 α : 감도

서미스터 저항의 온도계수 α는 온도변화에 대한 센서의 상대감도(relative sensitivity)를 나타낸다. α는 식 (5.5)의 저항 R을 T로 미분하면 얻어진다. 즉

$$\frac{dR}{dT} = -\frac{B}{T^2} R \tag{5.8}$$

$$\alpha = \frac{1}{R}\frac{dR}{dT} = -\frac{B}{T^2} \tag{5.9}$$

(-)는 온도계수가 부(負), 즉 NTC임을 의미한다. α는 온도에 의한 변화가 상당히 크기 때문에 서미스터의 계수로 사용하지 않는다.

식 (5.8)에서 α가 온도 T에 반비례하므로 NTC는 낮은 온도에서 더 감도가 높다. 예로써 25℃에서 $B = 4000$ K이라면, α는 식 (5.9)에 따라

$$\alpha = -\frac{B}{T^2} = -\frac{4000}{(298)^2} \approx -0.045$$

로 된다. α의 대표적인 값은 -5 %/K이며, 백금 저항선의 약 10배이다. 서미스터의 동작저항은 100 Ω~100 kΩ 정도의 것이 좋고, 온도계수는 RTD의 약 10배인 -3~-5 %/℃로 되며, RTD와 달리 도선 저항의 영향은 무시한다.

(4) 자기 가열

서미스터에 전류가 흐르면 소비전력($P = I^2R$)에 의해 열이 발생된다. 서미스터에 인가하는 전압이 작을 때는 자기가열이 작으나, 전압이 크면 전류도 증가하여 자기가열에 의해서 서미스터 자신의 온도를 상승시킨다. 자기가열에 의한 오차는 측정할 온도의 정도(精度)에 따라 경감하여야 한다. 극단적으로 작게 하면 자기가열에 의한 오차는 없어지나 출력신호가 너무 작아진다. 일반적으로 높은 정도(精度)로 온도를 측정하는 경우 자기가열 값은 0.05~0.01 mW 정도이다.

(5) 응답속도

서미스터의 응답속도는 주로 크기와 주위 환경에 의존한다. 비드형 서미스터는 소형이므로 열용량이 작아 열 응답속도는 공기 중에서 1.5~10 sec 정도이며, 기름 속에서는 1 sec 이하의 응답속도를 갖는다. 따라서 온도변화가 심한 측정에서도 지연오차를 적게 할 수 있다.

(6) 측정 범위

서미스터의 온도측정 범위는 사용되는 재료에 의존한다. 일반적으로 측정범위를 제약하는 3가지 효과는 반도체의 용융이나 열화, 피복재료의 열화, 고온에서 감도부족 등이다. 반도체 재료는 온도가 상승하면 녹거나 열화 된다. 이로 인해 일반적으로 서미스터의 측정온도 상한을 300 ℃ 이하로 제한한다. 또 온도가 너무 낮으면, 서미스터 저항이 너무 높아(수 MΩ으로 됨), 실제로 사용하기가 곤란하다. 일반적으로 서미스터의 측정 가능한 온도하한은 -50℃~-100 ℃이다. 대부분의 경우 서미스터를 주위 환경으로부터 보호하기 위해서 플라스틱, 에폭시, 테프론 등으로 피복한다. 이러한 물질들에 의해서도 서미스터의 사용온도에 제약을 받는다.

3. 특징

서미스터는 다른 센서 만큼 정확하지는 않지만, 가격이 저렴하고, 크기가 작다. 서미스터의 등급과 가격에 따라, 성능(확도)이 낮은 것부터 고가의 RTD에 버금가는 확도를 갖는 것까지 다양하다. 기본 저항 값이 수 천 Ω으로 높기 때문에 동일 측정전류에 대해서 RTD보다 더 큰 전압변화를 얻을 수 있다. 작은 서미스터는 RTD보다 자기가열에 더 민감하기 때문에 측정전류를 제한하는데 유의해야 한다.

서미스터의 단점은 견고하지 못하고, 온도스팬이 제한적이고, 초기 소자의 드리프트가 큰 점이다. 또한 RTD나 열전대 같은 산업계 표준이 확립되어 있지 않다. 서미스터는 비직선적이기 때문에 온도보상용 룩업 테이블이 필요하다.

4. 응용분야

NTC 서미스터의 응용분야는 물리적 특성에 따라 크게 두 부분으로 분류할 수 있다.

(1) 온도 센서

NTC 서미스터를 온도 센서로 사용할 때는 주위온도 측정과 자기 자신의 전력소비를 측정하는 분야로 나눌 수 있다.

NTC 서미스터는 감도가 높기 때문에 온도 측정에 이상적이다. NTC의 자기가열이 무시할 정도로 작은 경우, 즉 서미스터의 소비전력이 매우 작으면, 그것의 온도는 주위온도에 의존한다. 그래서 주위온도의 변화에 따라 서미스터의 전기저항이 변하는 것을 이용하여 온도를 측정한다. 이 모드에서 정확한 온도측정, 제어, 보상 등을 수행한다.

저가의 NTC 센서는 보통 −40℃∼300℃의 온도범위에서 사용된다.

그림 5.10(a)는 산업체나 의료용 온도계에서 사용하는 휘스토운 브리지를 이용한 온도측정회로이며, 브리지의 한 변에 서미스터를 사용하고 있다. 서미스터의 소비전력이 매우 작을 때, 주위온도가 변하면 서미스터의 전기저항이 변하게 되어 전류계 A를 통해서 더 많은 전류가 흐르게 된다. 온도 측정 시 3선식을 사용하는 RTD 와는 달리, 서미스터의 저항은 리드선보다 훨씬 크기 때문에 2선식을 사용해도 된다.

그림 (b)는 NTC 서미스터의 전압−전류 모드를 이용한 액체 레벨 제어 원리도이다. 액체속에 서미스터가 잠겨 있을 때에는 자기 가열된 정상상태에서 동작한다. 만약 액체 레벨이 낮아지면, 서미스터는 공기 중에 노출되어 전력소비율이 달라지는 것을 이용한다. 이러한 응용 예를 들면 액체 레벨 측정, 유량 측정 등이 있으며 관련 장을 참조하기 바란다.

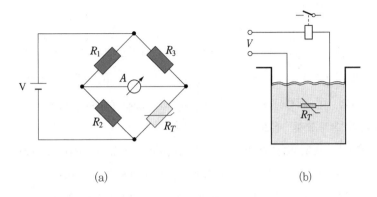

(a)   (b)

그림 5.10 NTC 서미스터를 온도 센서로 응용한 예

(2) 시간지연 서미스터

이 분야는 NTC 서미스터의 열적 관성을 이용한다. 즉, 온도 변화에 따른 저항 변화는 시간을 요하기 때문에 저항 값은 $R = f(t)$로 된다. 서미스터에 흐르는 전류를 시간의 함수로 측정하고, 전류의 증가를 관측한다. 이 특성에 기반을 둔 응용 예로는 릴레이에서 시간 지연, 돌입전류제한기(inrush current limiting) 또는 서지 억제(surge suppression) 등이 있다.

표 5.3은 서미스터를 온도측정에 응용한 몇몇 예를 열거한 것이다.

표 5.3 서미스터 응용

응용 분야	사용 예
가 전 제 품	냉장고, 세탁기, 전기 쿠커, 헤어드라이어기, 세척기,
자 동 차	냉각수온측정 ; 배기가스, 실린더 헤드, 브레이크 시스템의 온도 모니터링 ; 차실 온도 제어, 에어백 전자 시스템, ABS, CD 플레이어
냉 난 방	온돌식 난방 및 가스 보일러에서 실내온도 모니터링, 배기가스 또는 버너 온도를 결정하기 위한 외기온도센서
산 업 전 자	공정 제어, 화제 감지, 잉크–젯 프린터 헤드 온도 검출, 레이저 다이오드의 온도 안정화, 구리 코일의 온도보상, LED 제어회로
통 신	핸드폰에서 온도측정(배터리 충전 시스템, LCD 제어, 수정 진동자)

5.3.2 PTC 서미스터

PTC 서미스터에는 두 종류가 있다. 세라믹 PTC 서미스터는 티탄산 바륨($BiTiO_3$)을 기본으로 한 소결체로서, 그림 5.11에 나타낸 바와 같이 큐리 온도(Curie temperature) T_c에서 저항이 급증한다. 이 PTC를 포지스터(posistor)라고도 부르며, $-100 \sim 150$ ℃와 같이 비교적 좁은 범위의 온도센서, 온도 스위치로 이용된다.

한편 불순물을 다량으로 도우핑한 실리콘 단결정 PTC(silicon PTC thermister)는 세라믹 PTC와는 달리 온도에 따른 전기저항의 변화가 거의 직선적으로 변한다. 이 PTC를 실리스터(silistor)라고도 부르며, 이 센서의 정온도계수는 0.77 %/℃로 매우 커서 반도체 소자나 회로의 온도보상 및 온도측정에 사용된다. 동작온도 범위는 $-65 \sim 150$ ℃이다.

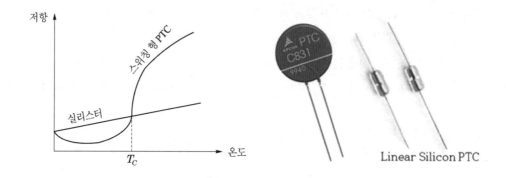

그림 5.11 PTC 서미스터와 실리스터의 저항–온도 특성

5.3.3 CTR 서미스터

CTR는 저항 값이 좁은 온도범위에서 온도와 함께 급격히 감소한다. CTR은 산화바륨(V_2O_4) 결정이 67℃ 이하의 저온에서는 절연성 전도를 나타내고, 고온에서는 금속전도를 나타내는 현상을 이용하여 일정온도를 검출하는 온도 스위치로 사용한다.

5.3.4 서미스터 요약

지금까지 설명한 서미스터의 종류와 재료 및 용도를 요약해서 나타내면 표 5.4와 같다.

표 5.4 서미스터의 종류와 재료

서미스터	사용온도	기본 소재	용 도
NTC	저온용 : $-100 \sim 0$ ℃	중온용 재료에 Cu_2O_3 등을 첨가하여 저항값을 낮춘다.	• 각종 온도측정 • 전류제한, 지연 • 온도보상
	중온용 : $-50 \sim 300$ ℃	천이 금속 산화물 (Mn_2O_3, NiO, Co_2O_3, Fe_2O_3)	
	고온용 : $200 \sim 700$ ℃	중온용 재료에 Al_2O_3 등을 첨가하여 저항값을 증가시킨다	
PTC	$-50 \sim 150$ ℃	• $BaTiO_3$계 • Si계	• 항온발열, 온도 스위치 • 각종 온도측정
CTR	$0 \sim 150$ ℃	• V계 산화물	• 온도경보

5.4 ○ 열전대

5.4.1 기본구조와 동작원리

열전대(熱電對 ; thermocouple)는 재질이 다른 2 종류의 금속선으로 구성된다. 그림 5.12(a)와 같이 서로 다른 금속선 A, B를 접합하여 2개의 접점 J_h(열접점)와 J_c(냉접점) 사이에 온도차($T_h > T_c$)를 주면 일정한 방향으로 전류가 흐른다. 또 폐회로의 한 쪽 또는 금속선 B를 도중에 절단하여 개방하면 2 접점간의 온도차에 비례하는 기전력 e_{AB}가 나타난다. 이 현상을 제베크 효과(Seebeck effect)라 하며, 이때 발생한 개방전압을 제베크 전압 또는 기전력(Seebeck voltage or emf)이라고 부른다.

온도 변화가 작을 경우, 제베크 전압은 온도에 직선적으로 변화한다. 즉,

$$e_{AB} = \alpha(T_h - T_c) \tag{5.10}$$

여기서, 비례상수 α는 제베크 계수(Seebeck coefficient)이다. 열전대에 전압계를 접속하면 열기전력을 측정할 수 있으며, 이 값에서 역으로 온도차($T_h - T_c$)를 알 수 있다. 이것이 열전대 온도 센서의 원리이다. 금속선 A, B의 종류에 따라 열기전력의 크기가 다르기 때문에 측정할 수 있는 온도도 다르다.

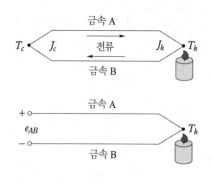

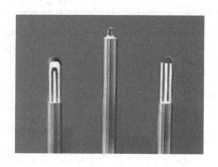

(a) 제베크 효과   (b) 외관

그림 5.12 열전대의 구조와 원리

표 5.5에 각종 열전대의 구성재료, 사용온도범위, 특징 등을 비교해서 나타내었다. 열전대의 선택은 사용온도범위, 요구정도 등을 고려하여 결정한다. B,S,R은 귀금속 열전대로 비환원성 분위기의 고온 측정에 적합하다. 일반적인 온도 측정에는 K 열전대가 널리 사용되고 있다.

표 5.5 각종 열전대의 구성재료와 특성

열전대 종 류	구성 재료		사용 온도 범위	비 고
	(+)	(−)		
B	Pt(70[%]) Rh(30[%])	Pt(94[%]) Rh(6[%])	0[℃]~1700[℃]	·고가, 환원성 분위기에 약함 ·고온 측정에 적합
S	Pt(90[%]) Rh(10[%])	Pt	0[℃]~1450[℃]	·고가, 환원성 분위기에 약함 ·고온 측정용
R	Pt(87[%]) Rh(13[%])	Pt	0[℃]~1450[℃]	·고가, 환원성 분위기에 약함 ·고온 측정용
N	니크로실(Nicrosil) Ni(84%) Cr(14.2%), Si(1.4%)	니실(Nisil) Ni(95.5%) Si(4.4%)	−270[℃]~1260[℃]	·600℃ 이상에서 안정되고 내산화성 우수 ·고온의 산화분위기에서 사용
K	크로멜(Chromel) Ni(90[%]) Cr(10[%])	알루멜(Alumel) Ni(90[%]) Al, Mn, Si 등 소량	−270[℃]~1260[℃]	·가장 널리 사용됨 ·측정온도범위가 넓다. ·완전한 불활성 분위기에서 사용
E	크로멜	콘스탄탄(Constantan) Cu(55[%]), Ni(45[%])	−200[℃]~900[℃]	·감도가 가장 우수함 ·환원성 분위기에 약함 ·K보다 저렴
J	Ir	콘스탄탄	0[℃]~750[℃]	·철이 녹슬기 쉽다 ·저온 측정에 부적합
T	Cu	콘스탄탄	−200[℃]~350[℃]	·저온 측정용 ·산화하기 쉽다

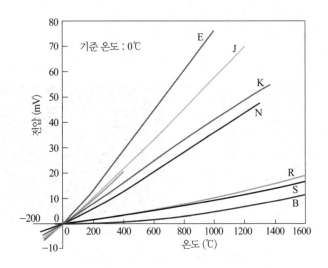

그림 5.13 열전대의 전압-온도 특성(기준온도=0 ℃)

그림 5.13은 대표적인 열전대의 출력을 온도의 함수로 나타낸 것이다. 열전대의 출력전압은 일반적으로 100 mV 이하이다. 전압-온도 관계가 직선으로부터 벗어나기 때문에 식 (5.10)에서 α의 값은 일정치 않으며, 따라서 출력전압을 온도로 변환하기 위해서는 다음과 같은 다항식이 사용된다.

$$T = a_o + a_1 x + a_2 x^2 + a_3 x^3 + a_4 x^4 + \cdots + a_n x^n \tag{5.11}$$

여기서, T는 온도, x는 열전대의 기전력 V, a는 각 열전대에 의존하는 다항식 계수, n은 다항식의 최대차수이다. 차수 n이 증가하면, 다항식의 정확도도 증가한다. 대표적인 값은 $n = 9$이지만, 좁은 온도범위에 대해서 사용하는 경우는 시스템의 응답속도를 빠르게 하기 위해서 더 낮은 차수가 사용될 수 있다.

그림 5.14는 열전대의 접합 형태를 나타낸 것이다. 열전대를 보호하기 위해서 다양한 종류의 시스(sheath) 재료가 사용된다.

(a) **노출된 접합**(exposed junction) : 열전대 접합이 측정 분위기에 직접 노출된 형태이다. 노출된 접합은 최고의 감도와 빠른 응답(0.1~2 s)이 요구되는 비부식성 가스의 온도측정에 적합하다.

(b) **절연된 접합**(insulated junction) : 접합이 측정분위기로부터 물리적 및 전기적으로 절연되어 있다. 열 응답이 느리지만(~75 s) 부식성 매질의 온도 측정에 적합하다.

(c) **접지된 접합**(grounded junction) : 이 접합은 (a)의 노출된 접합과는 달리 접합을 보호하

고, 동시에 (b)의 절연된 접합보다는 빠른 응답(~40 s)을 제공한다. 접지된 접합은 부식성 매질과 고압 분야 응용에 적합하다.

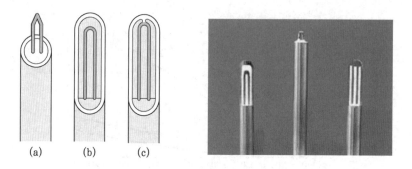

그림 5.14 열전대 접합의 형태

5.4.2 **열전대 어셈블리**

그림 5.15는 열전대 어셈블리를 나타낸 것이다. 열전대는 열전대선, 절연물, 시스(sheath)로 구성된다. 열전대는 절연물에 의해서 절연되고, 시스는 열전대 접합과 선을 기계적으로 보호하는 동시에 유해가스에 의해 열화되는 것을 방지한다. 열접점에서 코어와 시스는 용접되고, 다른 한 쪽 끝에서는 열전대는 커넥터(connector)에 접속된다.

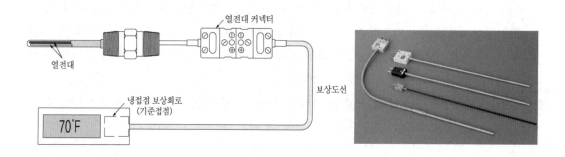

그림 5.15 열전대 어셈블리

열전대 어셈블리를 만들기 위해서 여러 형태의 열전대 형식이 존재한다. 그림 5.16은 열전대 어셈블리에 사용되는 열전대 구조를 나타낸다. 산업적으로 가장 많이 사용되는 열전대는 꼬인 열전대(fabricated thermocouple)와 광물로 절연된 열전대(mineral insulated thermocouple)이다.

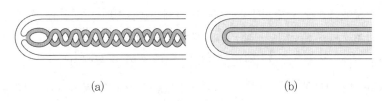

(a)   (b)

그림 5.16 열전대 형태

(a) **꼬인 열전대** : 한 쌍의 절연된 열전대 선을 꼬아, 시스(보통 스테인리스 강) 속에 봉입된다. 그리고 다른 한쪽 끝에는 단자 등을 부착한다. 그림의 예에서는 접지된 접합을 사용하고 있다.

(b) **광물로 절연된 열전대** : 이음새가 없는 시스(보통 스테인리스 강)에 내화성 절연체를 압축하여 채우고, 그 속에 열전대를 조립해 넣는다. 절연체로 사용되는 내화성 산화물 파우더는 흡습성이 매우 높기때문에 개방된 쪽은 습기가 들어가지 않도록 에폭시 수지를 사용해 효과적으로 밀봉되어야 한다. 잘 만들어진 광물절연 열전대는 보통 수백 $M\Omega$의 절연저항을 나타낸다.

5.4.3 열전대 전압의 측정과 기준접점의 보상

1. 열전대 전압측정과 기준접합

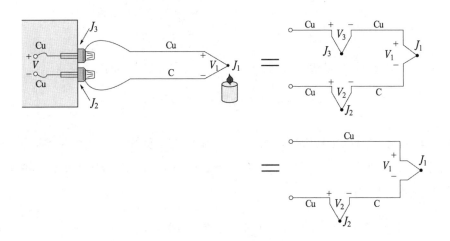

그림 5.17 전압계로 열전대의 접합 전압의 측정

전압계를 사용해 제베크 전압을 직접 측정한다고 가정하자. 이 경우 전압계를 열전대 접속해야 되기 때문에 또 다른 열전대 회로를 만들게 되어 제베크 전압을 측정할 수가 없다. 그림 5.17과 같이 구리–콘스탄탄(T형) 열전대에 구리선을 사용해 전압계를 접속하여 접합 J_1의 전압출력 V_1을 측정하려면, 새로운 접합 J_2와 J_3가 만들어진다.

J_3는 Cu–Cu 접합이므로 열기전력은 발생하지 않는다. 즉 $V_3 = 0$이다. 그러나 J_2는 구리 –콘스탄탄 접합이므로 V_1과 반대방향의 기전력 V_2가 발생한다. 그 결과 전압계의 지시는 J_1과 J_2의 온도차에 비례하게 된다. 그러므로 J_1의 온도를 결정하기 위해서는 먼저 J_2의 온도를 알아야 한다.

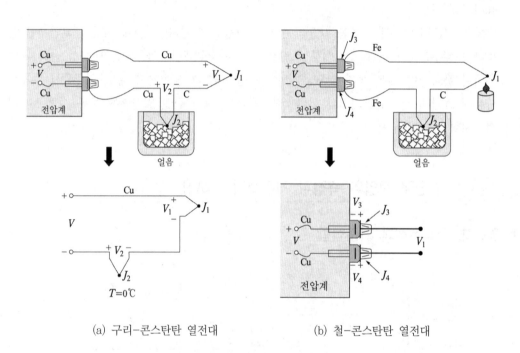

(a) 구리–콘스탄탄 열전대   (b) 철–콘스탄탄 열전대

그림 5.18 외부 기준접합

J_2의 온도를 결정하는 한 방법은 그림 5.18(a)에 나타낸 것처럼 이 접합을 얼음이 들어 있는 용기에 담가 강제로 0℃로 만들어 기준접합(reference junction)으로 삼는 것이다. 이렇게 하면 전압계 지시치는

$$V = V_1 - V_2 \cong \alpha(T_{J_1} - T_{J_2}) = \alpha(T_{J_1} - 0) = \alpha T_{J_1} \tag{5.12}$$

로 되어 전압계는 접점 J_1의 온도 T_{J_1}를 지시하게 된다. 그러나 사실상 얼음 용기에 있는 접합의 출력전압 V_2는 0이 아니고, 절대온도의 함수이다. 그래서 빙점 기준(ice point reference)

접합의 전압을 더함으로써 우리는 이제 0℃를 기준으로해서 전압계 지시치 V를 측정할 수 있다. 빙점온도는 정확하게 제어될 수 있으므로 이 방법은 매우 정확하다.

그림 5.18(a)구리-콘스탄탄 열전대에서는 열전대와 전압계의 단자가 동일한 물질(구리)이 되도록 선택한 특별한 예이다. 만약 구리-콘스탄탄 열전대 대신에 그림 5.18(b)와 같이 철-콘스탄탄 열전대를 사용하는 경우, Cu와 Fe는 서로 다른 금속이므로 전압계 단자는 Cu-Fe 열전대 접합 J_3, J_4으로 되어 기전력 V_3와 V_4가 발생한다. 만약 $T_{J_3} = T_{J_4}$이면, $V_3 = V_4$가 되어 전압계 지시치는 $V = V_1$로 될 것이다. 그런데, 전압계의 전면 단자는 동일 온도가 아니므로 오차가 발생할 것이다. 따라서 더 정확한 측정을 위해서는 전압계의 구리 리드선을 확장하여 Cu-Fe 접합들이 등온블록(isothermal block)에 만들어지도록 해야 한다.

그림 5.19는 접합 J_3, J_4를 전압계 단자로부터 제거하여 등온블록에 설치한 예이다. 등온블록은 전기적 절연체인 동시에 열전도율이 좋아야 하며, 접합 J_3, J_4를 동일 온도로 유지해 주는 역할을 한다. 이제 $V_3 = V_4$이고 두 Cu-Fe 접합은 반대방향으로 작용하므로 전압계 지시치는 $V = \alpha(T_1 - T_{ref})$이다.

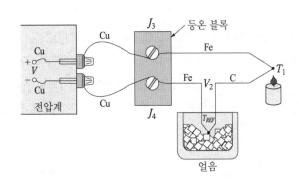

그림 5.19 전압계 단자로부터 접합을 제거하여 등온블록에 설치

2. 열전대의 보상

지금까지 설명한 바와 같이 열전대의 열기전력은 측온접점과 기준접점의 온도차에 의해서 결정되므로, 기준접점의 온도를 일정하게 유지하는 것이 매우 중요하다. 또, 열전대의 열기전력 규격은 기준접점의 온도가 0℃일 때의 값으로 규정하고 있다. 따라서 기준접점의 온도가 0℃가 아닐 경우는 등가적으로 0℃가 되도록 기준접점 온도에 해당하는 열기전력을 보상해야 한다.

초기에는 얼음이나 전자냉각으로 0℃ 환경을 만들었으나 최근에는 회로적으로 처리하고 있으며, 여기에는 소프트웨어 보상(software compensation)과 하드웨어 보상(hardware compensation) 방식이 있다. 컴퓨터를 이용한 측정 시스템에서는 기준접점 온도를 정밀한 다른 온도 센서로 측정하여 컴퓨터로 보내 열전대의 온도측정신호를 소프트웨어적으로 보상한다.

그림 5.19에서 얼음 용기를 그림 5.20과 같이 또 다른 등온블록으로 대체해 보자. 새로운 블록은 기준온도 T_{ref}에 있고, 접합 J_3, J_4는 동일온도로 유지되어 있으므로 전압계 출력은 아직도 $V = \alpha(T_{J_1} - T_{ref})$이다. 그러나 이 방법에서는 두 열전대를 연결해야 하므로 매우 불편하다.

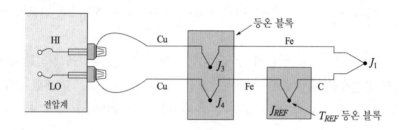

그림 5.20 기준온도접합을 얼음 용기로부터 제거하여 등온블록에 설치

불필요한 접점을 제거하기 위해서 열전대의 중간물질의 법칙(law of intermediate metals)을 이용한다. 이 법칙에 따르면 "두 이종금속 A, C 사이에 삽입된 3번째 금속 B에 의해서 형성된 두 접점이 동일온도에 있으면 금속 B는 출력전압에 어떠한 영향도 미치지 않는다." 즉, 그림 5.21(a)와 같이 두 A–B 접점과 B–C 접점의 온도를 동일온도로 하면 금속 B를 제거한 것과 등가이다.

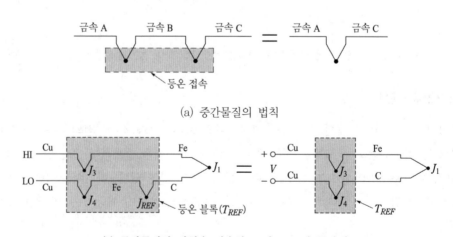

(a) 중간물질의 법칙

(b) 중간물질의 법칙을 적용한 그림 5.20의 등가회로

그림 5.21

이제 중간물질의 법칙을 적용해 전압계의 LO 리드선에 있는 Fe를 제거하고 Cu−Fe 접합 (J_4)과 Fe−C 접합(J_{ref})을 직접 접속하는 방법을 생각해 보자. 그림 5.21(b)와 같이 두 등온 불록 $J_4(J_3)$와 J_{ref}를 결합하면, 중간물질의 법칙에 따라 그림 (c)와 같이 Fe는 제거되고 등 온불록은 기준접점으로 된다. 따라서 출력전압은 다시 $V = \alpha(T_{J_1} - T_{ref})$으로 된다. 여기서 α는 Fe−C의 제베크 계수이다. 이와 같이 J_3와 J_4는 얼음 용기를 대체하고 이제 두 접점이 기준접점(reference junction)으로 된다.

이제 등온불록(즉 기준접점)의 온도 T_{ref}를 직접 측정하고 이 정보를 이용하여 어떻게 미지온도 T_{J_1}을 결정하는 보상방법을 설명해 보자.

그림 5.22는 소프트웨어 기준접점 보상 방식을 나타낸다. 그림에서 기준접점 J_3와 J_4는 같은 온도로 유지되도록 등온 블록에 만들어진다. 먼저 기준접점 J_3와 J_4의 온도를 다른 온도센서(RTD, 서미스터, IC 온도센서 등)로 측정하여 기준온도 T_{ref}를 결정하고 이것을 등가 기준접점 전압 V_{ref}로 변환한 다음, 전압계로 측정된 전압 V에서 V_{ref}를 뺀다. 이것으로 부터 V_1이 구해지면 이 V_1을 온도 T_{J_1}으로 변환한다. 이 과정을 컴퓨터가 수행한다. 소프 트웨어 보상방식은 어느 열전대에도 적용 가능한 다양성이 있는 반면 기준접점온도를 계산 하는데 추가의 시간이 요구된다. 그러므로 측정 속도를 최대로 하기 위해서는 하드웨어 보 상 방식을 사용한다.

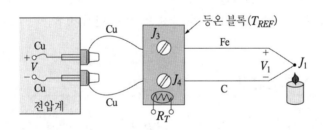

그림 5.22 기준접점온도의 소프트웨어 보상방식

그림 5.23은 기준접점온도를 하드웨어적으로 보상하는 경우로, 그림 (a)와 같이 기준접점 의 오프−셋 전압을 상쇄하기 위해서는 배터리를 삽입하고, 이 보상전압과 기준접점전압을 합하면 기준접점이 0℃인 전압과 등가(그림 5.19 참조)로 된다. 그림 (b)는 이와 같은 원리 를 이용한 보상회로이며, 전자빙점기준(electronic ice point reference)이라고 부른다. 여기 서, 보상전압 $V(\text{comp})$은 온도센서 R_T의 함수이며, 이제 기준접점의 온도가 0℃와 등가이 므로 측정 전압 V를 직접 온도로 변환하면 측정점의 온도 T를 알 수 있다.

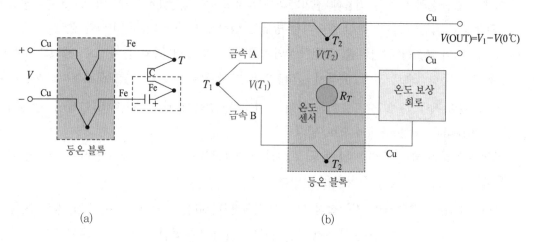

(a)　　　　　　　　　　　　　(b)

그림 5.23 기준접점온도의 하드웨어 보상

$$V(COMP) = f(T_2), \quad V(OUT) = V(T_1) - V(T_2) + V(COMP)$$

만약 $V(COMP) = V(T_2) - V(0\,℃)$이면,

$$V(OUT) = V(T_1) - V(0\,℃)$$

하드웨어 보상방식에서는 기준온도를 계산할 필요가 없기 때문에 속도가 빠른 장점이 있으나, 개개의 열전대 종류마다 보상 회로가 필요한 것이 단점이다.

5.4.4 열전대 배선방법

열전대를 사용해서 온도를 측정하는 경우, 열전대를 계기에 직접 접속하는 것이 이상적이다. 그러나 일반적으로 열전대 단자(보상접점)로부터 기준접점까지는 거리가 떨어져 있다. 측정점과 계기사이의 거리가 먼 경우 열전대를 계기까지 연장하면 매우 고가로 되고, 구리 도선으로 접속하여 양 접점간에 온도차가 존재하면 새로운 열전대 회로가 형성되어 오차가 발생한다.

그래서 열전대을 사용할 때는 일반적 열전대와 같거나 거의 유사한 열기전력 특성을 갖는 보상도선을 사용하여 그림 5.24와 같이 열전대와 계기사이를 접속한다. 보상도선을 사용하면 기준접점까지 열전대를 연장한 것과 등가이다. 보상도선에는 열전대와 동일한 재질을 사용한 확장형(extension)과, 보상도선의 사용온도범위에서 열전대의 열기전력 특성과 거의 같다고 생각할 수 있는 대용합금을 사용한 보상형(compensation)이 있다. 확장형은 열전대와 동일 재질이므로 넓은 온도범위에 걸쳐 높은 정도를 유지할 수 있고, 보상접점에서의 문제가 발생하는 일이 없으나, 가격이 고가로 되는 단점이 있다. 한편, 보상형은 저렴하지만 사용온도범위에 제약을 받으며, 오차가 크고 보상접점에서 문제가 발생할 가능성이 크다.

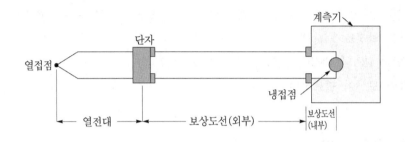

그림 5.24 열전대 설치 : 보상도선의 사용

온도 측정에 열전대를 사용하는 경우 가장 큰 문제는 잡음(noise)에 민감한 점이다. 열전대에서 계측기까지 보상도선으로 배선한 경우 열전대의 열기전력이 작기 때문에 외부로부터 잡음의 영향을 받기 쉽다. 잡음의 영향을 경감시키기 위해서 보상도선을 차폐한다. 보상도선의 차폐에는 연동선 편조, 연동 시스(sheath), 내열 비닐 시스(sheath) 등이 사용된다. 전자유도잡음을 피하기 위해서는 보상도선을 잡음원으로 부터 멀리 하고, (+)와 (−)가 꼬인 보상도선을 사용한다.

5.4.5 열전대 특징

열전대는 가장 넓은 동작범위를 갖는 온도센서이며, 고온 측정이 가능하다. 열전대는 또한 크기가 작은 센서를 요구하는 경우에 최적이다. 소자구조가 단순해서 극한적인 충격과 진동에도 견딘다.

(1) 장점

- 넓은 동작온도범위 : 열전대는 가장 넓은 동작범위를 갖는 온도센서이며, 여러 측정 분위기에 대해서 최적화될 수 있다. 그래서 고온 측정에 적합하다. 귀금속 합금으로 만든 열전대는 1750℃ 만큼 높은 온도를 모니터링하고 제어하는데 사용될 수 있다.
- 구조가 단순하고 견고함 : 열전대는 서미스터보다 훨씬 견고하다. 열전대는 자주 금속 파트에 용접되기도 하고, 소자구조가 단순해서 극한적인 충격과 진동에 견딘다. 열전대는 또한 크기가 작은 센서를 요구하는 경우에 최적이다.

- 빠른 응답
- 외부전원이 불필요

(2) 단점

- 큰 비직선성 : 비직선성이 너무 크고, 상당한 직선화 알고리즘을 요구한다.
- 상대적으로 안정도가 낮음
- 출력이 낮아 RFI나 EMI에 의해서 영향 받을 수 있다.
- 기준접합의 보상이 필요하다.

5.4.6 응용 분야

열전대는 큰 온도범위를 측정하는데 적합하다. 가장 높은 온도는 2300℃이다. 주요 응용 분야를 열거하면 다음과 같다.

- 철강 산업 : 열전대는 철강 산업에서 광범위하게 사용되고 있다. 보통 열전대는 전기 아크 로 공정에 사용된다.
- 가스 터빈 배기 온도, 디젤 엔진 등에서 온도측정에 사용되고 있다.
- 플라스틱 사출 몰딩 기계, 반도체 제조 공정, 식품 처리 장치 등과 같은 제조업 분야
- HVAC 시스템

5.5 ● 반도체 온도센서

전통적으로 온도센서하면 서미스터, 열전대, RTD 등이 주로 사용되었다. 그러나 이들 대부분은 출력특성이 비직선성을 갖기 때문에 외부에서 직선화를 통하여 직선 출력을 얻는다. 반도체 온도센서는 다이오드나 트랜지스터 온도센서와 직선화 회로를 일체화한 IC 온도센서이다.

5.5.1 다이오드와 트랜지스터 온도 센서

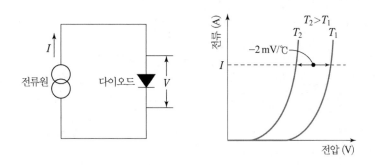

그림 5.25 다이오드 온도센서의 기본원리

반도체 다이오드를 이용한 온도센서는 p-n 접합에 걸리는 순방향 전압의 온도 의존성을 이용한다. 그림 5.25에서 다이오드에 흐르는 순방향 전류는 다음 식으로 주어진다.

$$I = I_S \left[\exp\left(\frac{e V}{k_B T} \right) - 1 \right] \tag{5.13}$$

여기서, I는 다이오드 전류, I_S는 다이오드의 역방향 포화전류(reverse saturation current), V는 다이오드 양단 전압, e는 전자전하, k_B는 볼쯔만 상수(Boltz-mann's constant), T는 절대온도이다.

식 (5.13)으로부터 p-n 접합에 걸리는 전압 V는

$$V = \frac{k_B T}{e} \ln\left(\frac{I}{I_S} + 1 \right) \tag{5.14}$$

따라서 다이오드 전류 I를 일정하게 유지하면 순방향 다이오드 전압 V는 온도 T에 비례할 것이다. 만약 다이오드의 구동전류를 $I \gg I_S$로 하면, 센서 출력전압은

$$V \approx \frac{k_B T}{e} \ln\left(\frac{I}{I_S} \right) \tag{5.15}$$

이때 전압감도(voltage sensitivity)는

$$S_V \approx \frac{k_B}{e} \ln\left(\frac{I}{I_S} \right) \tag{5.16}$$

로 되며, 구동전류와 포화전류에 의존한다. 식 (5.15)에서 전압(V)-온도(T) 관계가 직선으로 될 것 같지만, 실제의 다이오드에서는 역방향 포화전류 I_S가 여러 전류 성분으로 구성되어 있고 또한 온도 의존성을 가지기 때문에 오차가 발생한다.

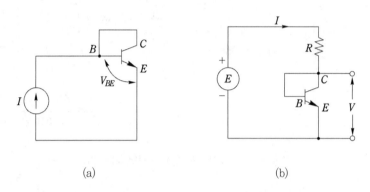

(a)   (b)

그림 5.26 트랜지스터의 B-C를 단락시켜 다이오드로 결선

지금까지 설명한 다이오드를 이용한 온도센서와 유사한 방법으로 바이폴라 트랜지스터를 온도센서로 사용할 수가 있다. 그림 5.26은 바이폴라 트랜지스터의 베이스(B)와 컬렉터(C)를 단락시켜 다이오드로 결선한 예를 보여준다. 이러한 다이오드를 그림 (a)와 같이 정전류로 구동하면, 베이스-이미터 전압 V_{BE} 는

$$V_{BE} = \frac{k_B T}{e} \ln \left(\frac{I_C}{I_S} \right) \tag{5.17}$$

로 되어, 절대온도에 비례하게 된다. 여기서, I_C는 컬렉터 전류, I_S는 컬렉터-베이스 접합의 역포화 전류이다. 또, 그림 (b)와 같이 정전압으로 구동하면, 트랜지스터에 흐르는 전류는

$$I = \frac{E - V}{R} \tag{5.18}$$

로 되고, 온도가 증가하면, 트랜지스터 양단전압 V가 감소해서 전류 I의 미소한 증가를 일으킨다.

다이오드나 트랜지스터를 사용한 온도검출회로는 0.2 mV/℃의 출력특성을 나타낸다. 다이오드와 트랜지스터 회로는 정전류 회로를 필요로 하며, 출력특성의 직선성이 부족하다. 즉, 좁은 영역에서는 직선성이 유지되지만 전 온도범위(-55~150℃)에서는 3~4℃만큼 크다. 이러한 결점을 해결하기 위해서 IC 온도 센서(integrated circuit temperature sensor)가 개발되었다.

5.5.2 IC 온도 센서

모든 IC 온도센서도 바이폴라 트랜지스터의 베이스-이미터 전압(V_{BE})과 컬렉터 전류(I_C) 사이의 관계식 (5.19)을 이용한다. 그러나 I_S가 강한 비선형 온도의존성을 갖기 때문에 식 (5.17)을 그대로 사용하지 않고, I_C와 I_S를 동시에 제거하는 회로(proportional-to-absolute-temperature(PTAT) circuits)를 사용한다.

1. IC 온도센서의 기본원리

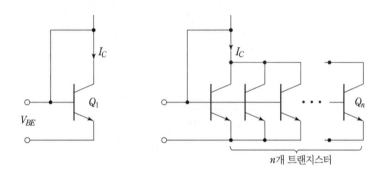

(a) 1개 트랜지스터   (b) N개 트랜지스터

그림 5.27 I_C와 I_S를 제거하는 원리

그림 5.27을 생각해 보자. 그림 (a)와 같이 트랜지스터가 하나일 때는

$$V_{BE} = \frac{k_B T}{e} \ln\left(\frac{I_C}{I_S}\right) \tag{5.19}$$

만약 그림 (a)와 동일한 트랜지스터 n개를 그림 (b)와 같이 병렬로 접속하고, 총 전류 I_C를 각 트랜지스터에 균등하게 배분하면, 각 트랜지스터에 흐르는 전류는 I_C/n으로 되므로 다음 식으로 주어지는 새로운 베이스-이미터 전압 식을 얻게 된다.

$$V_n = \frac{k_B T}{e} \ln\left(\frac{I_C/n}{I_S}\right) \tag{5.20}$$

식 (5.19)와 (5.20)로부터

$$\Delta V_{BE} = V_{BE} - V_n = T \frac{k_B}{e} \ln (n) \tag{5.21}$$

이와 같이 두 회로의 베이스–이미터 전압차는 온도 T에 비례하게 되어, 온도 센서의 출력으로 사용될 수 있으며, 이 원리를 적용한 회로가 그림 5.28이다.

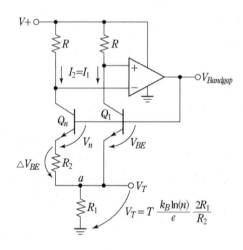

그림 5.28 IC 온도센서의 기본 회로

회로에서 a점과 두 트랜지스터 Q_1, Q_n의 베이스 사이에 걸리는 전압은 동일하므로 $\Delta V_{BE} = V_{BE} - V_n$는 저항 R_2 양단에 걸린다. 따라서 R_2에 흐르는 이미터 전류는

$$I_{R_2} = \frac{\Delta V_{BE}}{R_2} = \frac{1}{R_2} T \frac{k_B}{e} \ln (n) \tag{5.22}$$

연산증폭기와 저항 R은 식(5.22)와 동일한 전류가 Q_1을 통해 흐르게 한다. 이와 같이, 트랜지스터 Q_1, Q_n에 흐르는 전류는 동일하고, a점에서 합해져 저항 R_1을 통해 흐른다. 따라서 저항 R_1 양단에서 전압 강하는

$$V_{R_1} = V_T = (2I_{R_2}) \times R_1 = T \frac{k_B}{e} \ln (n) \cdot \frac{2R_1}{R_2} \tag{5.23}$$

식 (5.23)에서 V_T는 절대온도 T와 직선관계로 됨을 알 수 있다. 저항 R_1, R_2의 값을 적절히 조정하면 출력전압으로부터 직접 온도를 얻을 수 있다.

회로에서 밴드갭 기준전압(bandgap reference voltage) $V_{Bandgap}$은 Q_1의 베이스에 나타나고, 그 값은 $V_{Bandgap} = V_{BE(Q_1)} + V_T$ 이다. 여기서 $V_{BE(Q_1)}$과 V_T는 반대 극성의 온도계수를 가진다. 즉, $V_{BE(Q_1)}$은 절대온도에 상보적이고(CTAT), V_T는 절대온도에 비례한다(PTAT). 따라서 출력전압 $V_{Bandgap}$은 온도에 대해서 일정한 값으로(1.205 V, silicon bandgap voltage)된다.

그림 5.28의 회로는 기본적인 밴드-갭 온도 센서이며, 반도체 온도 센서에서 광범위하게 사용되고 있다. 다음에서는 현재 상용화된 IC 온도센서를 소개한다.

2. AD 시리즈

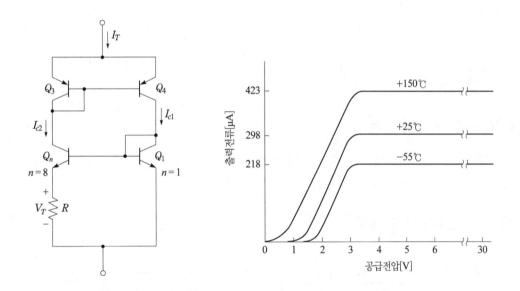

그림 5.29 IC 온도 센서의 일례(AD-590)

그림 5.29는 AD사가 초기에 발표한 IC 온도 센서의 일례를 나타낸 것으로, 기본적으로 그림 5.28과 동일한 온도-전류 변환기이다. 지금 Q_2는 8개의 트랜지스터($n = 8$)로 구성된다. 트랜지스터 Q_3, Q_4의 전류 미러(current mirror) 회로에 의해 $I_{C1} = I_{C2}$로 된다. 저항 R의 양단전압은 두 트랜지스터의 베이스-이미터 전압의 차와 같으므로,

$$V_T = V_{EB1} - V_{EB2} = \frac{k_B T}{e} \ln\left(\frac{I_{C1}}{I_{C2}/n}\right) = \frac{k_B T}{e} \ln(n) \tag{5.24}$$

트랜지스터 Q_2를 동일한 8개의 트랜지스터로 구성되도록 설계하면, 식 (5.24)는

$$V_T = \frac{k_B T}{e}(\ln 8) = 179\frac{\mu V}{K} \times T \tag{5.25}$$

로 되고, 센서를 통해 흐르는 총 전류는

$$I_T = 2I_{C2} = 2\frac{V_T}{R} = \frac{2 \times 179}{R}\frac{\mu A}{K} \times T \tag{5.26}$$

만약 저항 R을 358 Ω으로 조정하면,

$$\frac{I_T}{T} = 1 \ \mu A/K \tag{5.27}$$

로 되어, 측정온도 T는 전류로 직접 변환된다.

그림 5.29(b)는 IC 온도 센서의 인가전압–전류 특성을 나타낸 것이다. 약 4 V 이상의 전원에서 완전히 정전류 영역으로 들어가고, 직선적인 출력전류가 얻어진다. 이 센서의 감도는 앞에서 설명한 바와 같이 1 $\mu A/℃$이다.

3. IC 온도 센서의 종류

IC 온도 센서는 출력형태에 따라 전압 출력형(voltage-output), 전류 출력형(current-output), 디지털 출력형(digital output)으로 분류한다.

(1) 전압 출력형 온도 센서

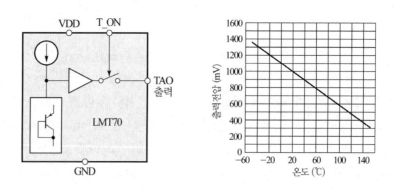

그림 5.30 전압 출력형 온도 센서 예(TI-LMT70)

전압 출력형은 온도에 비례하는 출력전압을 주며, 출력 임피던스는 매우 낮다. 그림 5.30은 전압출력형 IC 온도 센서의 일례를 나타낸 것이다. 센싱 엘레멘트는 BJT로 구성되며, 전

류원로 구동된다. 출력(TAO)은 온도에 비례하는 아날로그 전압이고, 이것은 TON(digital control unit)에 의해서 온, 오프 된다. 전달함수는 언 듯 보기에는 직선인 것 같지만, 정확한 온도 계산을 위해서는 사실상 2차 또는 3차 전달함수 방정식이 요구된다. 센서 패키지 크기는 0.88 mm x 0.88 mm으로 매우 작고, 동작온도 범위는 -55℃~150℃, 감도는 -5.19 mV/℃, 확도는 ±0.15℃ (25℃에서)로 대단히 우수하다.

(2) 전류 출력형 온도 센서

전류 출력형은 절대온도에 비례하는 전류를 출력하며, 높은 출력 임피던스를 가진다. 그림 5.31은 전류 출력형 IC 온도 센서의 일례로, 동작원리는 그림 5.29와 정확히 같다. 동작 전압은 4V~30V, 동작 온도 범위는 -25 ℃~105 ℃, 감도는 1 μA/K, 확도는 ±0.5℃ (25℃에서)이다.

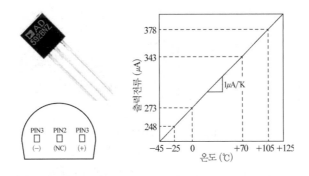

그림 5.31 전류 출력형 온도 센서 예(AD592)

그림 5.32와 같이 전류 출력형 온도 센서와 저항을 직렬로 접속하면 출력전류를 전압으로 변환할 수 있다. 또 3개의 온도센서를 병렬로 접속하면 3지점의 평균온도를 지시하고, 직렬로 접속하면 최저온도를 측정할 수 있다.

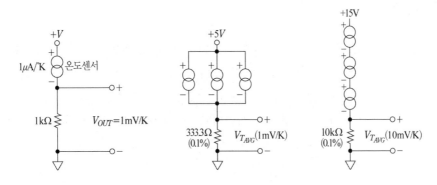

그림 5.32 전류 출력을 전압으로 변환법

(3) 디지털 온도 센서

디지털 온도 센서는 센서와 아날로그-디지털 변환기(ADC)를 하나의 실리콘 칩에 집적화 시킨 IC 온도 센서이다. 일반적으로 디지털 온도 센서는 표준의 디지털 인터페이스를 제공하지 않으며, 따라서 표준의 측정 장치와 함께 사용이 불가능하다. 많은 디지털 온도 센서는 일반 온도 측정 보다는 마이크로프로세서 칩의 열 관리용으로 특화되어 있다. 그림 5.33은 저전력 온도 조절기(thermostat)로 기능하는 간단한 디지털 온도 센서의 예를 나타낸 것이다. V_{T1}과 V_{T2}는 1.250V 밴드 갭 전압기준에 의해서 생성되는 온도 트립 점(trip point)이다.

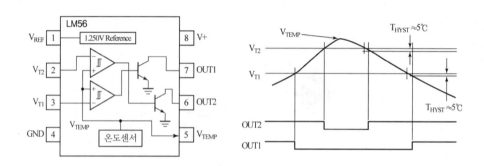

그림 5.33 디지털 온도 센서 예(LM56)

이 센서는 두 디지털 출력을 가진다. OUT1은 온도가 T1을 초과하면 LOW로 가고, (T1-THYST)이하로 되면 HIGH로 간다. 유사히, OUT2는 온도가 T2를 초과하면 LOW로 가고, (T2-THYST)이하로 되면 HIGH로 간다. THYST는 내부적으로 5℃로 설정되어 있다. 이러한 출력은 마이크로프로세서의 냉각 팬 제어에 사용된다.

5.5.3 특성

IC 온도센서의 특징으로는 온도에 대한 출력의 직선성이 우수하고, 출력신호 레벨이 크고, 정도가 충분히 실용적인 범위에 있는 것 등이다. 그러나 트랜지스터의 온도특성 변화를 이용하고 있기 때문에 사용온도범위가 한정되어 있다는 것이 결점이다.

현재 매우 많은 종류의 IC 온도센서가 시판되고 있다. 표 5.6은 몇몇 회사의 전압 출력형, 전류 출력형, 디지털 출력형 온도센서의 특성을 요약한 것이다.

표 5.6 시판중인 반도체 온도 센서의 특성 예

IC 온도센서	출력	허용오차 (측정범위)	패키지	비고
LM35	10 mV/℃	±1℃ & ±1.5℃ (−20℃ to 120℃)	TO−46 TO−92 SO−8	10 ℃ 이하에서는 (−)공급 전압이 필요
AD592	1 μA/°K	±1℃ & ±3.5℃ (−25℃ to +105℃)	TO−92	초기제품인 AD590보다 더 정밀함
TMP17	1 μA/°K	±4℃ (−40℃ to +105℃)	SO−8	초기제품인 AD590보다 열적 응답이 더 빠름
LM56	2 비교기(임계값 설정 가능)	±3℃ & ±4℃ (−40℃ to 125℃)	SOP−8 MSOP−8	서모스탯(thermostat)으로 동작

5.6 · 접촉식 온도센서의 비교

표 5.7 주요 온도센서의 특성 비교

	RTD	열전대	서미스터	IC 온도센서
온도측정범위	−250∼+900℃	−270∼+1800℃	−100∼+450℃	−55∼+150℃
감 도	0.00385 Ω/Ω/℃	1∼70 μV/℃	0.04 Ω/Ω/℃	−2 mV/℃
확 도	±0.01 ℃	±0.5 ℃	±0.1 ℃	±1 ℃
직 선 성	적어도 2차 다항식 또는 등가의 룩업 테이블이 요구됨	적어도 4차 다항식 또는 등가의 룩업 테이블이 요구됨	적어도 3차 다항식 또는 등가의 룩업 테이블이 요구됨	어떠한 직선화 작업도 불필요
강 인 성	진동, 충격에 약함	열전대의 직경이 굵을수록 센서 강도 증가. 사용되는 절연체는 열전대의 강도를 향상시킴	일반적으로 서미스터는 다루기가 곤란하지만 충격이나 진동에 영향 받지 않음	패키징된 IC만큼 견고함
유동성 기름 속에서 응답성	1∼10 sec	1 sec 이하	1∼5 sec	4∼60 sec
구동방식	전류원	불필요	전압원	일반적으로 전압 공급
출력형태	저항	전압	저항	전압, 전류 또는 디지털
크 기	0.25 in × 0.25 in	비드 직경=5×선 직경	0.1 in × 0.1 in	TO−18 ∼ 플라스틱 DIP

지금까지 산업체에서 가장 널리 사용되고 있는 온도 센서인 RTD, 서미스터, 열전대, 반도체 온도센서에 대해서 설명하였다. 표 5.7은 이들의 특성을 비교해서 요약한 것이다. 어느

하나의 온도센서가 모든 응용분야에 적합할 수는 없다. 열전대는 온도측정범위가 가장 광범위하여 다른 센서는 경쟁이 되지 않는다. RTD는 우수한 직선성과 확도를 갖는다. 서미스터는 작고 저가이다. 반도체 온도센서는 직선성이 가장 우수하고 설치가 간단하다.

5.7 ○ 비접촉식 온도센서

지금까지 설명한 대부분의 온도센서는 측정 대상인 고체, 액체, 기체와 물리적으로 접촉한 상태에서 열에너지가 센서에 전달됨으로써 온도를 직접 측정한다. 그러나 접촉식의 경우, 센서와 측정 물체에 손상을 입힐 수 있고, 측정물체를 오염시킬 수 도 있다. 따라서 고온 물체의 온도를 직접 측정하는 것은 불가능하다.

비접촉식 온도측정(non-contact temperature measurement)은 센서를 측정 대상에 접촉시키지 않고 온도를 측정하는 방법으로, 물체가 방출하는 방사(복사) 에너지의 측정으로부터 물체의 온도를 검출한다.

비접촉식 온도계로 대표적인 것이 파이로미터(pyrometer)이며, 이것은 물체의 온도에 따라 표면으로부터 방출되는 방사 에너지의 세기에 의해 물체의 표면온도를 측정하는 비접촉식 계기를 총칭한다. 이전에는 1000℃ 이상의 고온측정에 사용하는 광고온계(optical pyrometer)가 주류를 이루었으나, 최근 방사 검출기의 발달로 고온뿐 아니라 상온 부근에서도 측정할 수 있는 기기가 개발되어 단순히 방사 온도계(radiation thermometer)라고도 부른다. 그래서 파이로미터는 많은 경우 방사 온도계와 동일한 의미로 사용된다.

5.7.1 기본 구성과 동작 원리

제3장의 적외선 센서에서 절대 영도(0 K) 이상의 모든 물체는 그 온도에 해당하는 전자파 에너지를 방출한다는 것을 배웠다. 물체의 온도가 변하면, 방출되는 전자파의 주파수와 파장도 함께 변한다. 예를 들면 온도가 상승하면, 주파수는 높아지고 파장은 짧아진다. 방사 온도계는 이 물리 법칙에 기초를 두고 있다. 즉, 물체로부터 방출되는 전자파 에너지를 전자적으로 측정하고 그 주파수를 물체의 온도로 변환한다. 이러한 방사 온도 측정법을 사용하는 온도계를 방사 고온계라고 부른다.

그림 5.34는 비접촉 온도센서의 기본 구성을 나타낸 것으로, 보통 5개 또는 그 이상의 블록으로 구성된다. 온도측정 과정을 간단히 요약하면 다음과 같다.

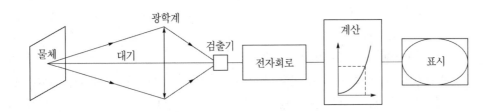

그림 5.34 비접촉 온도측정 시스템

- 광학계(optical system) : 측정물체로부터 방출되는 방사에너지를 수집한다.
- 검출기(detector) : 수집된 방사 에너지를 전기적 신호로 변환한다.
- 방사율 조정(emissivity adjustment) : 대상물체의 방사특성과 온도계 교정(눈금)을 일치시키기 위해서 방사율을 조정한다.
- 주위온도 보상(ambient temperature compensation) : 주위온도에 기인하는 온도계 내부온도의 변화가 확도에 영향을 미치지 않도록 주위온도 보상을 실시한다.

현대의 방사 온도계도 이와 같은 개념에 기반을 두고 있지만, 기술이 더욱 정교해져서 응용 범위가 더욱 확대되고 있다. 예를 들면, 과거에 비해 이용 가능한 검출기의 종류가 대폭적으로 증가하였고, 향상된 필터기술의 덕택으로 특정 응용분야에 적합하도록 검출기를 좀 더 효율적으로 일치시켜 측정 성능을 향상시키고 있다. 또한 마이크로프로세스를 기반으로 하는 전자기술은 더욱 복잡한 알고리즘을 사용할 수 있어, 검출기 출력을 실시간으로 직선화 및 보상하여 대상물체의 측정온도의 정밀성을 향상시키고 있다. 마이크로프로세스는 여러 변수(예를 들면 현재 온도, 최소 온도, 최대 온도, 평균 온도 또는 온도차)를 LCD 스크린에 동시에 나타낼 수 있다.

1. 측정대상 물체의 에너지 방사(복사)

물체는 외부로부터 받은 복사(전자파)를 반사·흡수·투과하는 것 외에, 외부로 전자파 형태로 에너지를 방출하는데, 이 현상을 열방사(thermal radiation) 또는 열복사라고 부른다.

열방사(복사)의 표준은 흑체(black body)가 방출하는 방사이다. 흑체란 입사되는 방사(복사) 에너지를 모두 흡수하는 이상적인 물체를 말한다. 흑체 방사에 대해서는 제3장에서 이미 상세히 설명하였다. 흑체 방사는 그림 3.1과 같이 넓은 주파수 영역에 걸쳐 연속스펙트럼을 갖는다. 즉 절대영도 이상의 완전 흑체에서는 그림과 같이 파장이 $0.2~\mu\text{m}\sim$수 십μm의 방사 에너지를 방출한다. 방사 에너지를 식으로 나타내면,

$$P = \sigma T^4 \tag{5.28}$$

여기서, T는 절대온도, $\sigma = 5.670400 \times 10^{-8}$ $(\mathrm{Js^{-1}s^{-1}m^{-2}K^{-4}})$는 스테판–볼츠만 상수 (Stefan-Boltzmann constant)이다. 그러나 통상의 물체에서 실제로 방사되는 에너지는 완전 흑체의 경우보다 작게 되기 때문에 방사율를 고려해야 한다. 즉, 흑체가 아닌 다른 물체의 방사에너지는 다음과 같이 된다.

$$P' = \epsilon P = \epsilon \sigma T^4 \tag{5.29}$$

여기서, ϵ는 물체의 방사율(emission factor or emissivity)로서, 임의 온도에서 물체의 열방사와, 동일 온도의 흑체의 열방사의 비를 의미한다. 예를 들면, 방사율 0.6이란 흑체 방사 에너지의 60 %에 불과함을 의미한다.

그림 5.35는 다른 방사율을 갖는 물질의 방사곡선이다. 완전 흑체의 방사율을 1로 한다. 인체의 피부는 완전 흑체에 가까워 거의 1이지만, 통상의 모든 물체의 표면은 1보다 작은 방사율을 갖는다. 비흑체 물체는 회색체(gray body)이거나 비회색체(non-gray body)이다. 회색체의 방사율은 파장에 따라 변하지 않지만, 비 회색체의 방사율은 파장에 따라 변한다. 대부분의 유기물질은 회색체이고, 그것의 방사율은 0.90~0.95 사이이다.

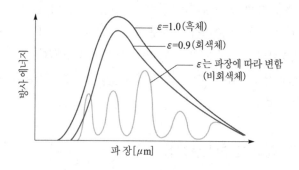

그림 5.35 다른 방사율을 갖는 방사곡선

앞에서 설명한 바와 같이, 온도가 T인 물체로부터 총 방사 에너지는 식 (5.28)의 슈테판–볼츠만 법칙으로 주어지므로, 물체로부터 방사되는 에너지를 비접촉식으로 측정한 후 식 (5.28)을 이용하면 물체의 온도를 산출할 수 있다.

식 (5.28)을 사용하기 위해서는 다음 두 가지를 고려해야 한다. 먼저 센서의 기학적인 구조, 특히 개구각(view angle, field of view)을 고려해야 한다. 두 번째는 검출기 자체도 식 (5.28)에 따라 열을 방출하기 때문에 검출기(계측기) 자체의 온도, 즉 주위온도를 고려해야 한다.

그림 5.36과 같이, 검출대상물체의 온도를 T_{obj}, 검출기(계측기) 자체의 온도를 T_{sens}라고 하자. 대부분의 경우, 계측기 온도는 주위온도 T_a에 가깝거나 동일하기 때문에 $T_{sens} = T_a$라고 할 수 있다. 그러므로 검출기가 물체로부터 받는 순 전력 P_{rad}은

$$P_{rad} = K'(\epsilon_{obj} T_{obj}^4 - \epsilon_{sens} T_a^4) \tag{5.30}$$

여기서, ϵ_{obj}와 ϵ_{sens}는 각각 물체와 계측기의 방사율이다. 위 식(5.30)에서 스테판-볼츠만 상수 σ를 실험(경험)적으로 결정되는 계측기 인자 K'로 대체하였다. 물론 K'에는 σ가 포함되어 있지만, 주로 검출기의 개구각 ϕ가 포함되어 있다.

그림 5.36에 나타낸 것과 같이 센서가 받아들이는 방사 에너지는 개구각 ϕ에 의해서 만들어지는 원뿔의 밑면으로부터 방출되는 방사 에너지이다.

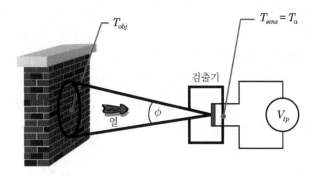

그림 5.36 개구각(field of view ; FOV) ϕ의 정의

이제 계측기 인자 K'은 $K' = K \sin^2\left(\dfrac{\phi}{2}\right)$로 쓸 수 있고, 검출기가 받는 총 방사전력량은

$$P_{rad} = K(\epsilon_{obj} T_{obj}^4 - \epsilon_{sens} T_a^4) \sin^2\left(\frac{\phi}{2}\right) \tag{5.31}$$

검출기의 출력은 사용하는 센서의 종류에 따라서 다르다. 예를 들면, 서모파일을 사용하는 경우, 출력 전압은 다음과 같이 쓸 수 있다.

$$V_{tp} = S P_{rad} = S K(\epsilon_{obj} T_{obj}^4 - \epsilon_{sens} T_a^4) \sin^2\left(\frac{\phi}{2}\right) \tag{5.32}$$

여기서, S는 서모파일의 감도이다. 식 (5.32)는 출력전압을 물체온도의 함수로 정확히 나타내는 기본적인 관계식이다.

공기와 같은 중간 매질의 영향 없이 정확한 측정을 얻기 위해서 방사 고온계는 보통 2~14 μm 파장대역을 취한다. 이 대역에서 공기층은 측정 대상 물체로부터 오는 열에너지를 거의 흡수하지 않기 때문에, 공기와 같은 중간 매질의 영향을 제거할 수 가 있다. 이 적외선 영역을 "대기 대역(atmospheric bands)라고 부르며, 이 구간은 측정하고자 하는 온도 범위에 따라 다시 다음과 같이 나누어진다.

- 창 1(2~2.5 μm)과 창 2(3.5~4.2 μm) : 1000 ℃ 이상의 고온을 측정할 때 사용됨
- 창 3(8~14 μm) : −50 ℃~600 ℃ 사이의 온도를 측정할 때 사용됨

2. 방사율 조정

비접촉식 온도 센서를 사용해서 물체로부터 방출되는 에너지를 측정할 때는 반드시 방사율을 고려하고 수정되어야 한다. 이것은 식 (5.30)에서 언급한 바와 같이 방사 에너지가 표면성질에 의존하기 때문이다.

그림 5.37은 방사 고온계에 전달되는 에너지를 나타낸 것이다. 대부분의 물체는 그 자신의 온도에 해당하는 전자파만 방사하지 않는다. 그들은 다른 물체가 방출한 전자파를 반사시키거나, 또 투과시키기도 한다. 그러므로 물체로부터 나오는 총 방사 에너지는 방사 에너지(E), 반사 에너지(R), 투과 에너지(T)의 합으로 주어진다.

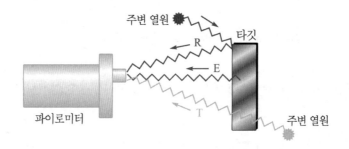

그림 5.37 측정 대상물체가 방사 온도계에 방출하는 방사 에너지

흑체는 모든 입사 방사 에너지를 흡수하며 반사하지 않는다. 즉 흑체에 대해서 $R = T = 0$이며, 주어진 온도에서 최대 방사 에너지를 방출한다. 그러나 이러한 이상적인 흑체는 존재하지 않는다. 실제 물체에서는 R과 T가 0으로 되지 않는다. 따라서 검출기는 검출대상으로부터 방출되는 방사 에너지 E만을 측정해야 되는데, E 뿐만 아니라 반사 에너지도 받아들인

다. 대부분의 불투명 비금속 물질(목재, 플라스틱, 고무, 유기물질, 바위, 콘크리트 등)의 표면은 거의 반사하지 않기 때문에 0.8~0.95 사이의 높고 안정된 방사율을 갖는다. 이와는 대조적으로 산화되지 않은 금속물질의 방사율은 0.2~0.5 사이로 낮거나 중간 정도이다. 금, 은, 알루미늄의 방사율은 0.02~0.04 범위로 극히 작다. 이런 금속들의 온도는 방사 온도계로 측정하기가 매우 곤란하다. 따라서 방사율이 수정되지 않으면 측정온도는 실제의 온도보다 낮기 때문에 모든 측정 온도계는 수정 인자(correction factor)를 가진다. 최근의 방사온도계는 교정된 방사율을 갖는데, 이미 알려진 방사율의 값으로 설정되거나, 실험적으로 결정된 값으로 조정된다. 가장 높은 확도를 위해서는, 측정하는 방사 파장에서, 그리고 기대되는 측정대상온도에서 방사율을 독립적으로 측정할 필요가 있다.

3. 검출기

방사 에너지를 측정하는 센서는 양자형 온도센서와 열형 온도센서가 있다. 이들에 대해서는 제 2, 3장에서 상세히 설명하였다. 여기서 요약하면 다음과 같다.

(1) 양자형 온도센서

전자파의 양자를 흡수해서 전자, 정공으로 직접 변환하는 센서로, 반도체의 광전도 효과를 이용한 광도전 셀, 광기전력 효과를 이용한 포토다이오드 및 포토트랜지스터 등이 있다. 양자형은 자외선에서 중적외선 범위에서 동작하며, 열형에 비해 감도가 높다. 양자형 검출기가 좁은 주파수 대역의 방사 에너지를 측정함에도 불구하고, 다수의 방사 온도계에서는 열형 대신 양자형 검출기를 사용하는데, 이것은 양자형 센서가 유용한 파장범위 내에서 열형이 비해 1,000~100,000배의 감도를 가지기 때문이다. 응답속도는 μs 범위에 있다. 양자형 검출기는 장파장이나 고온에서 불안정하다. 이들은 협대역(narrow band) 방사 온도계 또는 중간온도(93 ℃~427 ℃)측정용 광대역 온도계에 자주 사용된다. 양자형 검출기는 자주 냉각을 요구한다.

(2) 열형 온도센서

열형 검출기는 적외선을 흡수한 소자의 온도가 변화하고, 그 결과 소자의 전기적 특성(저항, 열기전력, 전기분극 등)이 변하는 효과를 이용하는 광센서이다. 열형 센서에는 볼로미터, 서모파일, 초전센서 등이 있으며, 중적외선부터 원적외선 범위를 검출하는데 유용하다.

열형 검출기는 방사온도계에서 가장 흔히 사용하는 검출기이다. 열형 검출기는 그들이 흡수하는 에너지에 의해서 가열될 때 출력을 발생시키기 때문에 양자형에 비해서 감도가 작지만, 출력은 방사파장의 영향을 덜 받는다. 즉 넓은 스펙트럼의 방사 에너지에 응답하는 광대역 검출기이다. 열형 검출기의 응답속도는 비교적 느리며, 그들의 질량에 의해서 제한된다.

검출물체의 온도가 변하면 검출기는 새로운 열평형상태에 도달해야 되기 때문에 1초 이상의 시정수를 갖는다. 그러나 최근의 박막형 또는 반도체형 열형센서의 응답속도는 수 십 ms으로 매우 빠르다.

4. 광학 시스템

방사 온도계의 광학 시스템은 원형 측정점(measurement spot)으로부터 방출되는 방사 에너지를 픽업하여 그것을 검출기에 초점을 맞춘다. 따라서 타깃(측정대상물체)은 이 점을 완전히 채워야 한다. 그렇지 않으면 그림 5.38에 나타낸 것과 같이, 배경으로부터 방출되는 다른 온도방사가 센서에 들어가게 됨으로써 측정치를 부정확하게 만든다.

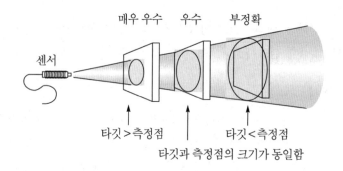

그림 5.38 타깃은 측정점을 완전히 채워야 한다. 그렇지 않으면 측정치는 부정확하다.

광학적 분해능(optical resolution)은 타깃으로부터 측정 장치까지의 거리(D)와 측정점의 직경(S) 사이의 관계(D : S)로 정의된다(그림 5.39). 이 값이 크면 클수록 측정장치의 광학적 분해능은 더욱 좋아지고, 주어진 거리에 대해서 타깃은 더욱 작아질 수 있다.

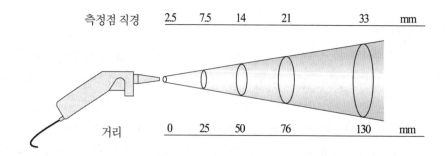

그림 5.39 거리 130 mm에서 측정점이 33 mm이다. 따라서 D : S = 4 : 1이다.

종류

비접촉식 온도계는 관측하는 방사 파장과 방사 측정 방법에 따라 몇 가지로 분류되며, 가장 중요한 측정 원리를 열거하면 광대역 고온계, 광 고온계, 비율 고온계 등이 있다.

1. 광대역 고온계(broadband pyrometer)

광대역 고온계는 가능한 한 넓은 대역의 방사에너지를 측정한다. 이 방식은 합리적인 감도를 가지면서도 가장 저가의 방식이다.

그림 5.40은 광대역 고온계의 구성도를 나타낸다. 가열된 물체로부터 방출되는 적외선 에너지는 렌즈를 통해 온도계에 들어온다. 필터는 우리가 원하는 주파수 범위의 전자파만을 통과시킨다. 필터를 통과한 적외선 에너지는 적외선 센서에 입사된다. 이 적외선 센서는 입사된 적외선 에너지에 비례하는 직류전압을 발생시킨다. 적외선 센서로는 제3장에서 설명한 서모파일이 사용된다.

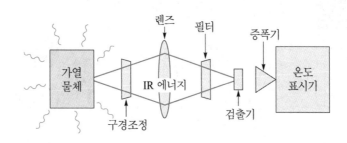

그림 5.40 광대역 고온계의 구성도

한편 넓은 파장영역에 걸쳐서 대상물로부터의 방사를 수집하고, 그것의 전체에너지로부터 온도를 구하는 방식의 방사 온도계가 있는데, 파장영역에 따라서 전방사 온도계 또는 적외선 온도계라고 한다. 이 방식은 비교적 저온도로 측정할 수 있으며, 응답이 빠른 비접촉 온도계(非接觸溫度計)로서 새로운 응용분야를 넓히고 있다. 특히 운동하는 물체나 거대한 물체, 또는 반대로 미소한 물체의 온도계측에도 효과적으로 사용된다.

2. 광 고온계(optical pyrometer)

그림 5.41은 광 고온계의 기본 구조와 원리를 나타낸 것으로, 두 개의 렌즈, 필터, 금속 필라멘트를 포함하고 있는 파인더(viewfinder)로 구성된다. 가변저항을 변화시키면, 램프의 필라멘트 휘도를 조정할 수 있게 되어 있다. 이 고온계는 측정물의 휘도를 표준램프의 휘도

와 비교하여 온도를 측정하는 것으로 700 ℃를 넘는 고온 물체, 특히 직접 온도계를 삽입할 수 없는 고온 물체의 온도를 측정하는데 사용된다.

　측정자는 파인더를 통해 망원경의 시야 내에서 측정 물체와 전구의 필라멘트를 동시에 보면서 측정 물체와 필라멘트의 휘도를 비교한다. 이때 두 휘도가 다르면 그림 (a), (c)와 같이 배경에 필라멘트가 보이게 되며, 이것은 필라멘트와 물체의 온도가 다름을 의미한다. 즉 필라멘트의 온도가 물체의 온도보다 낮으면 그림 (a)와 같이, 물체의 온도보다 높으며 그림 (c)와 같이 보인다. 이 경우 가변저항을 변화시켜 필라멘트에 흐르는 전류를 조절해가면 어느 순간 그림 (b)와 같이 필라멘트가 사라지게 되는데, 이때 측정물체의 휘도와 필라멘트의 휘도가 동일한 것으로 되고, 따라서 그들의 온도도 동일한 것이다. 그 때 전류계를 읽음으로써 측정물의 온도를 알게 된다. 광 고온계의 정밀도는 1,000~2,000 ℃의 측정에서 오차가 10 ℃ 내외이다. 또한 가시광선 중 적색단색광선(파장 0.65μ)에서 측정을 할 수 있도록 접안렌즈에 적색 필터를 부착하여 사용하는 경우가 많다.

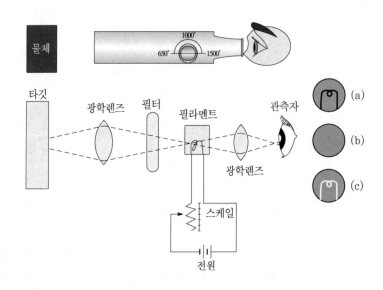

그림 5.41 광 고온계의 기본 구조와 동작원리

　광고온계는 대상물이 내는 방사 가운데 특정 파장의 방사(보통 파장 0.65 μm의 빨강)의 세기(광도)를 측정하는 것으로, 계기 속의 전구로부터의 방사와 대상물로부터의 방사를 눈으로 비교하여 이 둘이 같아지도록 전구의 밝기를 조절한다. 이때의 전류로부터 온도를 알아내는 방식으로, 제철업 등에서 옛날부터 사용되었다. 최근에는 육안 대신 광전 변환기를 사용한 자동식도 널리 쓰이며, 이것을 광전 고온계라고도 부른다.

3. 비율 고온계(ratio pyrometer)

대부분의 고온계는 측정 대상 물체에서 방출되는 각각 다른 주파수의 에너지 중에서 가장 큰 에너지를 가진 파를 측정한다. 그러나 비율 고온계(ratio pyrometer)는 다른 파이로미터와는 달리 물체로부터 방출되는 전자파 중 적색(파장 $1~\mu m$)과 청색(파장 $0.8~\mu m$) 두 파장만을 이용해 물체의 온도를 측정하는 온도센서이다.

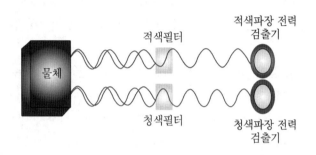

그림 5.42 비율 고온계에 의한 두 다른 파장의 전력 검출

그림 5.42는 비율 고온계의 원리를 나타낸 것이다. 센서 하나는 측정 물체로부터 방출되는 전자파 중 적색 필터를 통과한 적색 파장의 전력을 측정하고, 또 다른 센서는 청색 필터를 통과한 청색 파장의 전력을 측정한다. 이 측정된 전력과 파장을 사용해서 다음 식으로 주어지는 비율을 계산한다.

$$비율(Ratio) = \frac{측정된\ 적색\ 파장\ 전력 - 측정된\ 청색파장\ 전력}{적색\ 파장(1.0) - 청색\ 파장(0.8)} \tag{5.33}$$

이 비율 값은 전자적으로 변환되어 물체의 온도를 계산한다. 비율 고온계는 다음과 같은 경우에 온도 측정에 사용된다.

- 측정 물체가 광점(spot)보다 더 작거나, 그 크기가 끊임없이 변할 때.
- 측정 물체가 응답시간 이내에 광점을 통해서 이동할 때
- 시야와 물체 사이의 선이 제한적일 때(먼지 또는 다른 입자들, 증기 또는 연기 등)
- 측정동안 방사율이 변할 때

5.7.3 비접촉식 온도측정의 특징 요약

지금까지 설명한 비접촉식 온도측정의 장점을 열거하면 다음과 같다.

* 측정이 신속하여(ms 범위) 시간이 절약 된다. 따라서 더 많은 측정과 데이터 축적이 가능하므로 온도장(temperature field)을 결정할 수 있다.
* 이동 물체(컨베어 공정 등과 같이)의 온도 측정을 용이하게 한다.
* 위험하거나 물리적으로 접근할 수 없는 물체의 온도 측정이 가능하다. (고압 부분, 먼 측정 거리 등)
* 현재 1300 ℃보다 더 높은 고온 측정도 가능하다. 유사한 경우, 접촉식 온도계는 사용할 수 없거나 사용하더라도 수명이 제한적이다.
* 어떠한 간섭도 없다. 즉, 측정물체로부터 어떠한 에너지도 취하지 않는다. 따라서 플라스틱, 목재와 같이 열전도성이 나쁜 물체의 경우 접촉식 온도계에 비해 측정치의 일그러짐(왜곡) 없이 극히 정확하다.
* 측정 물체 표면에 어떠한 오염이나 기계적 손상을 입힐 위험이 없으며, 따라서 마모나 라커 칠 한 표면을 긁힐 염려도 없다. 또 부드러운 표면의 온도도 측정이 가능하다.

요약하면, 비접촉식 IR 온도계의 주된 장점은 측정 속도, 간섭 없는 측정, 3000 ℃까지 고온 범위에서 측정 능력이다. 표면 온도만을 측정한다는 것을 항상 명심하라. 비접촉식 온도측정을 사용할 때에는 다음 사항에 유의하여야 한다.

* IR 온도계가 광학적으로 또는 적외선적으로 물체를 볼 수 있어야 한다. 먼지, 연기의 농도가 높으면 측정은 덜 정확하며, 또 폐쇄된 금속 반응로와 같은 경우는 용기 내부의 온도를 측정할 수 없다.
* 센서의 광학계가 먼지나 농축 액체로부터 보호되어야 한다. 이를 위해 제조자들은 필요한 장비를 제공한다.
* 일반적으로 비접촉식은 단지 표면온도만이 측정되는 것이며, 물질 표면이 다르면 방사율이 다르므로 이점을 고려해야 한다.

5.7.4 비접촉식 온도측정의 용도

비접촉식 온도계는 유리 산업, 시멘트 산업, 금속 제조 등에서 온도 측정에 널리 사용되고 있다.

06 chapter | 음향파 초음파 센서

매질(고체, 액체, 기체)을 구성하는 입자들의 물리적 진동으로 매질을 통하여 어떤 주파수로 전파되는 파동을 음향파(音響波)라고 부르며, 공기를 매질로 하는 음파나 탄성체의 표면을 따라 전파되는 표면 탄성파가 대표적이다. 음향파 중 인간의 귀로 들을 수 있는 진동 주파수를 음파 또는 가청음, 그 이상의 진동을 초음파라고 부른다. 일반적으로, 초음파란 인간의 귀로는 들리지 않는 음이라고 정의되지만, 초음파 기술에서는 가청음이라도 듣는 것을 목적으로 하지 않을 경우 이를 초음파라고 부른다. 초음파 센싱 기술은 공학과 기초과학 분야에서 광범위하게 사용되고 있을 뿐만 아니라, 각종 초음파 계측기와 소자들이 상용화 되어 현재 산업체나 의료용 진단기기에 사용되고 있다.

6.1 ◦ 음향파 · 초음파 센서의 기초

6.1.1 음향파 · 초음파의 물리

음향파(acoustic wave)의 대표적인 예는 공기를 매질로 하는 음파나 탄성체를 통해 전파되는 탄성파(彈性波 ; elastic wave)이다. 음향파는 인간의 귀가 들을 수 있는 진동 주파수(20~20,000 Hz)를 중심으로 다음과 같이 분류한다 : 음파(가청음, 20~20,000 Hz), 초저주파음(infrasound, 20Hz 이하), 초음파(ultrasound, 20,000Hz 이상). 우리가 초저주파 음을 들을 수는 없지만, 그 진폭이 비교적 강하여 인간에게 공포, 두려움과 같은 아주 자극적인 심리적 효과를 주기 때문에 느낄 수는 있다. 일반적으로, 초음파 기술에서는 가청음이라도 듣는 것을 목적으로 하지 않을 경우 이를 초음파라고 부른다.

1. 음향파의 전파와 파 모드

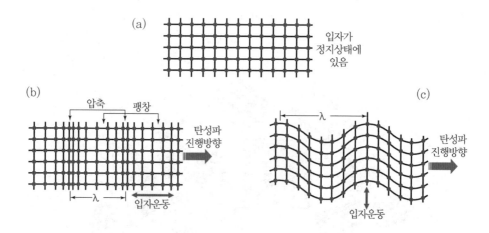

그림 6.1 매질에서 전파되는 파의 종류와 입자(원자)의 운동

그림 6.1은 매질을 통해 전파해 갈 수 있는 탄성파(초음파)의 종류와 이때 구성입자(원자)들의 운동 모양을 나타낸 것이다. 그림 (b)는 물리적 압축과 팽창을 교대로 반복하는 파이며, 구성입자는 파의 진행방향으로 진동하기 때문에 이러한 파를 종파(縱波 ; longitudinal wave)라고 부른다. 공기 중을 진행하는 음파가 이에 해당된다. 그림 (c)와 같이 입자가 파의 진행방향과 수직하게 상하로 진동하는 파를 전단파(剪斷波, shear wave) 또는 횡파(橫波 ; transverse wave)라고 하며, 그 예로 줄을 따라 진행하는 파가 있다. 또 고체 표면을 따라

진행하는 탄성파를 표면탄성파(surface acoustic wave ; SAW)라고 부르며, 6.5절 SAW 소자에서 설명한다.

2. 탄성 매질에서 초음파 속도

그림 6.1에서와 같이 매질이 압축되면, 체적은 V에서 $V-\Delta V$로 변한다. 체적변화율에 대한 압력변화의 비를 매질의 체적탄성률(bulk modulus of elasticity)이라고 부르며, 다음 식으로 주어진다.

$$B = \frac{\Delta p}{\frac{\Delta V}{V}} = \rho v^2 \ (\text{N/m}^2)$$ (6.1)

여기서, $\rho\,(\text{kg/m}^3)$는 압축영역 밖에서 매질 밀도, $v(\text{m/s})$는 매질의 음속이다. 이방성 물질에서 B는 파의 형태와 이동방향에 따라 다르다. 등방성 물질에서는 B는 물질 내의 모든 방향에 대해서 동일하다. 위 식으로부터 매질의 음속 v는 다음과 같이 정의할 수 있다.

$$v = \sqrt{\frac{B}{\rho}}$$ (6.2)

따라서 음속은 매질의 탄성(B)과 관성(ρ) 특성에 의존한다. 이 두 특성은 온도의 함수이므로 음속은 또한 온도에 의존하게 된다. 고체에서, 종속도는 영률(E)과 포아송 비(ν)를 사용해 다음과 같이 나타낼 수 있다.

$$v = \sqrt{\frac{E(1-\nu)}{\rho(1+\nu)(1-2\nu)}}$$ (6.3)

3. 초음파의 감쇠

초음파가 매질을 통해서 진행할 때, 그 강도는 거리에 따라서 감쇠한다. 이상적인 매질에서, 음압(신호 진폭)은 파의 퍼짐(spreading)에 기인해서 감소한다. 그러나 자연의 물질에서 음파의 진폭은 산란과 흡수에 의해서 더욱 더 약화된다. 산란은 파가 본래의 진행방향과 다른 방향으로 반사되어 발생하고, 흡수는 초음파 에너지가 다른 형태의 에너지로 변환되는 것을 의미한다. 산란과 흡수의 결합된 효과를 감쇠(減衰, attenuation)라고 부른다. 일반적으로 감쇠는 초음파 주파수의 자승에 비례한다. 감쇠를 식으로 나타내면,

$$A = A_o e^{-\alpha z}$$ (6.4)

여기서, A_o는 초기 진폭, α는 감쇠 계수, z는 이동거리이다. 매질을 통한 감쇠량은 초음파 트랜스듀서를 선택할 때 매우 중요한 역할을 한다.

4. 음향 임피던스

음압이 가해져야 음파는 매질을 통해 이동한다. 고체 매질을 구성하고 있는 원자나 분자는 서로 탄성적으로 구속되어 있기 때문에 과도한 압력이 인가되어야 고체를 통해 전파하는 음파가 만들어진다.

물질의 음향 임피던스(acoustic impedance)는 음파에 의한 입자의 변위를 방해하는 성질을 의미하며, 물질의 밀도(ρ)와 물질 속에서 음속(v)의 곱으로 정의된다. 즉,

$$Z = \rho v \tag{6.5}$$

여기서, $Z(\text{kg/m}^2\text{s or Ns/m}^3)$는 음향 임피던스로, 몇몇 재료에 대한 음향 임피던스를 표 6.1에 나타내었다. 음향 임피던스가 초음파 센서에서 매우 중요한 이유는

- Z가 서로 다른 두 매질의 경계면에서 초음파의 투과와 반사를 결정한다.
- 초음파 트랜스두서의 설계
- 매질 내에서 초음파 흡수의 평가

표 6.1 음향 임피던스

	알루미늄	강철	티타늄	물(20 ℃)	공기(20 ℃)	압전 세라믹
음향 임피던스 (kg/m²s)	1.71×10^7	4.16×10^7	2.8×10^7	1.48×10^6	413	2.6×10^7

5. 초음파의 반사, 굴절, 투과

음향 임피던스가 다른 두 물질의 경계면을 음향 경계면이라고 부르는데, 초음파가 이 경계면에 수직으로 입사하면 초음파 에너지의 일부는 반사되고 일부는 투과한다. 이와 같은 음향 임피던스 차이를 흔히 임피던스 부정합(impedance mismatch)이라고 한다. 임피던스 부정합이 크면 클수록 경계면에서 반사되는 에너지 비율은 더 커진다. 반사 계수는

$$R = \left(\frac{Z_2 - Z_1}{Z_2 + Z_1} \right)^2 \tag{6.6}$$

여기서 Z_1, Z_2는 각각 경계면 양측에서 재료의 음향 임피던스이다. 반사 에너지와 투과 에너지를 합하면 입사 에너지와 같아야 하므로, 반사계수 R과 투과 계수 T 사이는 $T = 1 - R$의

관계가 있다. 초음파 신호를 매질 1에서 매질 2로 전송할 때 발생하는 에너지 손실은

$$손실 = 10 \, \mathrm{Log}_{10} \frac{4Z_1 Z_2}{(Z_1 + Z_2)^2} \ \text{(dB)} \tag{6.7}$$

예를 들어, 그림 6.2 (a)와 같이 강철 블록($Z = 41.6$)을 물속($Z = 1.48$)에 함침시켜 검사하는 경우를 생각해 보자. 표 6.1에 주어진 음향 임피던스를 사용해 반사계수와 투과계수를 계산하면 각각 $R = 0.88$, $T = 0.12$ 이다. 즉 음향 경계면에서 약 9 dB의 에너지 손실이 발생한다. 따라서 방출된 초음파는 단지 12 %만이 강철 속으로 투과되고, 나머지 88 %는 경계면에서 반사된다. 강철 속으로 들어간 초음파는 뒷면에서 10.6 %(=12 %×0.88)만이 반사되고, 이 반사파가 다시 전면 경계면를 투과하여 트랜스두서에 돌아오는 양은 1.3 %(10.6 %×0.12)이다. 즉, 최초 방출된 초음파 에너지의 1.3 % 만이 트랜스두서로 다시 돌아온다. 이것은 매질 내에서 신호의 감쇄를 생각하지 않은 결과이고, 만약 감쇄를 고려한다면 돌아온 신호의 강도는 훨씬 더 작을 것이다.

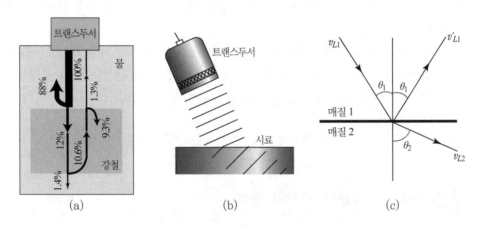

그림 6.2 음향 임피던스가 다른 두 매질의 경계면에서 초음파의 반사, 굴절, 투과

이제 경계면에서 초음파의 굴절을 생각해 보자. 두 매질의 굴절률이 다르면 경계면에서 초음파(빛도 마찬가지)의 반사와 굴절이 발생한다. 굴절률이 다르면 초음파(빛)의 속도가 달라지므로, 결국 두 매질 내에서 초음파 속도가 다르면 경계면에서 굴절이 발생하는 것과 마찬가지다. 예를 들어, 그림 (b)의 트랜스두서에서 방출된 초음파가 더 큰 음향 속도를 가지는 물질 속으로 들어간다고 가정해 보자. 파가 경계면에 도달했을 때, 매질 2에 있는 파의 일부는 아직도 매질 1에 있는 파의 일부보다 더 빠른 속도로 이동한다. 그 결과 경계면에서 파가 구부러져 진행 방향이 변한다. 이와 같이 경계면에서 초음파(빛)가 반사와 굴절을 일으킬 때 다음의 스넬의 법칙이 성립한다.

$$\frac{\sin\theta_1}{v_{L1}} = \frac{\sin\theta_2}{v_{L2}}$$

(6.8)

여기서 v_{L1}, v_{L2}는 각각 매질 1과 2에서 종파 속도, θ_1, θ_2는 각각 입사각과 굴절각이다.

6. 요약 : 초음파 특징

- 초음파의 속도는 전파보다 느리다 : 전자파의 속도는 3×10^8 m/s인데 대해, 음파는 공기 중에서 340 m/s, 수중에서 1500 m/s, 금속에서 6000 m/s로 전파보다 $10^5 \sim 10^6$배 늦다. 따라서 전파를 사용할 경우, 나노 초(ns) 정도의 계측을 하기 때문에 보다 정밀한 기기가 요구된다. 이에 대해, 음파에서는, 측정시간이 미리 초(ms) 범위여서 일반적으로 널리 실용되고 있다.
- 초음파의 파장이 짧다 : 음속이 전자파의 속도 보다 10^5 정도 늦으므로 파장도 필연적으로 짧아진다. 그 때문에 분해능이 높아진다.
- 매질의 다양성 : 기체뿐만 아니라 액체, 고체도 대상이 된다. 특히 액체, 고체 내에서는 전파보다 잘 통한다.
- 사용이 용이하다 : 오래전부터 의학에서 신체 진단에 X-선이 사용되어 왔지만, 초음파도 여러 진단분야에서 사용되고 있다. 그것은 초음파에는 X-선과 같은 방사선 장해가 없기 때문이다. 또 전파에는 법규제가 있는데 비해, 초음파에는 그와 같은 규제가 없다.

이상의 특징을 살려서 초음파 센서를 이용한 계측은 여러 분야에 사용되고 있다.

6.1.2 음향파·초음파 센서의 종류

음파나 초음파를 검출하는 센서를 음향파 센서(acoustic sensor)라고 부른다. 그러나 음향파 센서가 검출하는 주파수 범위가 주로 초음파 영역이기 때문에 일반적으로 초음파 센서로 다룬다.

그림 6.3은 음향파 트랜스듀서의 기본원리를 나타낸 것이다. 음파나 초음파를 전기신호로 변환하는 장치를 수신기(receiver) 또는 마이크로폰(microphones)이라 하고, 역으로 전기신호를 음파·초음파로 변환하는 장치를 송신기(transmitter) 또는 스피커(speaker)라 한다. 두 변환기는 동일구조로 음파·초음파의 발생과 검출이 가능하며, 합하여 초음파 트랜스듀서(transducer) 또는 초음파 진동자(oscillator)라고 부른다.

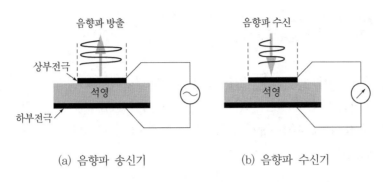

그림 6.3 음향파 변환기의 원리

사실상 마이크로폰은 넓은 주파수의 음파를 변환하기 위한 압력 변환기이다. 그러나 압력 센서와는 달리, 마이크로폰은 정압(定壓) 또는 매우 느리게 변하는 압력을 측정하지 않는다. 즉, 마이크로폰의 동작 주파수는 보통 수 Hz에서부터, 초음파 응용에서는 수 MHz, 표면 탄성파(SAW) 소자의 경우에는 GHz 범위에 이른다.

음향파 센서는 감도, 방향특성, 주파수 폭, 동적 측정범위, 크기 등에 의해서 구별된다. 또 그들의 설계(구조)는 음파를 검출하는 매질의 종류에 따라 다르다. 고체에서 공기파나 진동을 감지하는 경우는 센서를 마이크로폰이라고 부르고, 액체 속에서 동작하는 경우를 하이드로폰(hydrophone)이라고 부른다. 음향파는 압력파이기 때문에, 마이크로폰이든 하이드로폰이든 압력센서와 동일한 기본구조를 갖는다.

오늘날 음향파 센서는 단순히 음파(초음파) 검출에만 국한되지 않고 그 응용범위가 점점 확대되어, 고체에서의 기계적 진동 검출, 화학량 측정, 바이오센서 등에 널리 응용되고 있으며, 대표적 센서가 마이크로밸런스(microbalance)와 표면 탄성파(SAW) 소자이다.

표 6.2는 본 장에서 다루는 음향파·초음파 센서를 분류한 것이다. 초음파센서, SAW 센서, 마이크로폰으로 나누어 그 기본 원리를 설명하고, 몇몇 응용 예를 제시한다.

표 6.2 본 장에서 다루는 음향파, 초음파 센서

	종류	동작원리
초음파 센서	비접촉식 트랜스두서	압전소자의 진동
	접촉식 트랜스두서	압전소자의 진동
마이크로폰	콘덴서 마이크로폰	정전용량의 변화
	MEMS 마이크로폰	정전용량의 변화
	일렉트릿 콘덴서 마이크로폰	정전용량의 변화
	자기 마이크로폰	가동코일에 유기되는 전압
SAW 소자		압전소자의 표면탄성파

6.2 ○ 압전 효과

압전효과(piezoelectric effect)는 음향파, 초음파를 발생시키고 검출하는데 가장 널리 사용되고 있는 원리다. 압전 현상은 초음파 센서 뿐만 아니라 압력센서(제10장), 가속도 센서(제12장), 자이로(13장) 등 주요 센서의 동작을 이해하는데 필수적이기 때문에 여기서 압전효과를 먼저 설명한다.

6.2.1 전기 쌍극자와 분극

제4장에서 자기 센서를 이해하기 위해서 자기 쌍극자와 자화에 대해서 설명하였다. 이와 유사하게, 유전체를 이용한 센서를 설명하기 위해서 전기 쌍극자(電氣雙極子, electric dipole)와 분극(分極, polarization)의 개념을 간단히 도입한다.

그림 6.4는 분극의 기원을 설명하는 그림이다. 그림(a)와 같이, 같은 크기의 +전하($+Q$)와 −전하($-Q$)가 미소한 거리 d만큼 떨어져 존재할 때 이것을 전기 쌍극자라고 부르며, 그 세기를 전기 쌍극자 모멘트(moment) p$= Qd$ 로 나타낸다. 여기서 d 는 두 전하사이의 거리벡터이다. 이제 그림(b)의 간단한 원자 구조를 생각해 보자. 원자의 중심에는 (+)전하인 원자핵이 있고, 그 주위에 (−)전하인 전자가 구름같이 분포해 있다고 가정한다. 이 경우 평균적으로 (−)전하의 중심은 (+)전하의 중심과 일치해서 d=0이므로 원자의 쌍극자 모멘트는 0이다. 그러나 외부에서 전계를 인가하면, 원자핵보다 훨씬 가벼운 전자는 좌측으로 끌려가서 (−)전하의 중심은 변위된다, 따라서 (−)전하와 (+)전하의 중심이 분리되고, 그 결과 전기 쌍극자 모멘트가 유발되는데, 이것을 우리는 분극(polarization)이라고 부른다. 원자가 쌍극자 모멘트를 가지게 되면 그 원자는 분극 되었다고 말한다. 유발된 쌍극자 모멘트 p_{ind}의 크기는 인가전계의 세기에 비례한다.

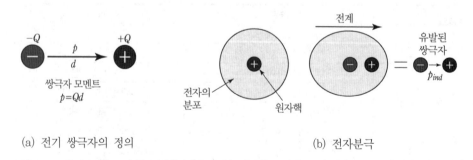

(a) 전기 쌍극자의 정의   (b) 전자분극

그림 6.4 전기쌍극자와 전자분극의 기원

6.2.2 압전 효과

그림 6.5는 압전 효과를 설명하는 그림이다. 그림(a)와 같이, 수정, 산화바륨($BaTiO_3$) 등과 같은 결정을 압축하거나 인장하면, 내부에서 전기분극(polarization) p가 발생하여 결정 표면에는 그림과 같이 (+),(−)전하가 나타난다. 이것을 직접 압전효과(direct piezoelectric effect)라고 부른다. 또 역으로, 그림 (b)같이 전계를 인가하면 결정이 기계적 변형(수축과 팽창)을 일으키는데, 이것을 역 압전효과라고 부른다. 이때 기계적 변형의 방향은 인가전계의 방향(인가전압의 극성)에 의존한다. 이와 같은 두 효과를 압전기(piezoelectricity)라고 부른다.

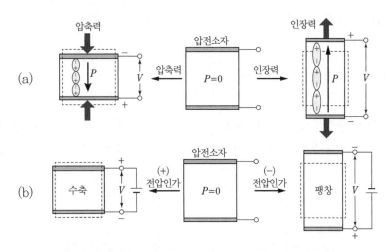

그림 6.5 압전 효과

압전 효과는 어떻게 발생하는가? 모든 물질에서 압전효과가 나타나는 것은 아니고, 특별한 결정구조를 갖는 물질에서만 나타난다. 예를 들면, 그림 6.6(a)와 같은 결정 구조를 가지는 물질을 생각해 보자.

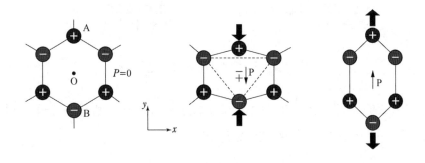

그림 6.6 비대칭중심을 가지는 결정

중심 O에서 (+)전하를 향해 벡터를 그은 후, 그 벡터를 반대방향으로 향하도록 하면 반대전하인 (−)전하를 만나게 된다. 역으로, (−)전하에 대해서 동일한 과정을 반복하면 (+)전하를 만나게 된다. 이러한 결정을 대칭중심을 가지지 않는 결정(비대칭 중심의 결정)이라고 부른다.

그림(a)에서, 3개의 (+)전하의 중심은 3개의 (−)전하의 중심과 일치한다. 따라서 전기 쌍극자 모멘트는 p=0으로 되어 분극도 0이다. 만약 그림(b)와 같이 결정을 압축하면 (+)전하와 (−)전하의 중심은 서로 변위되어 −y축 방향으로 쌍극자 모멘트가 유발되고, 결정 표면에는 (+)전하와 (−)전하가 나타난다. 이번에는 그림(c)와 같이 결정에 인장력을 가하면, +y 방향으로 향하는 전기 쌍극자 모멘트가 유발되어 결정 표면에는 (b)와 반대 방향의 전하가 나타난다. 이와 같이, 유발되는 분극의 방향은 인가하는 힘의 방향에 따라 달라진다.

6.2.3 압전 재료의 특성

일반적으로, 압전 물질에서 어느 한 방향으로 응력(stress)을 인가하면 다른 결정방향으로 분극을 일으킨다. 그림 6.7은 응력 인가방향과 분극방향에 대한 몇몇 예를 보여주고 있다.

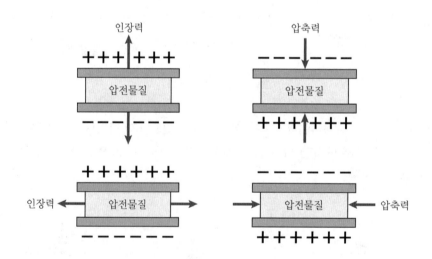

그림 6.7 인가 응력과 분극 방향의 예

만약 j−방향으로 인가된 기계적 응력을 T_j, 이때 i−방향으로 발생된 분극의 세기를 P_i라고 하면, 둘 사이에는 다음의 관계가 성립한다.

$$P_i = d_{ij} T_j \tag{6.9}$$

여기서, d_{ij} 는 물질의 압전계수(piezoelectric coefficient)라고 부르며, 첨자 ij 는 분극방향(전하발생방향)과 변형(strain)이 일어나는 방향을 나타낸다.

또, i-방향으로 인가된 전계 E_i 에 의해서 j-방향으로 발생된 변형 S_j 사이에는 다음의 관계가 있다.

$$S_j = d_{ij} E_i \tag{6.10}$$

식 (6.9), (6.10)에서 d_{ij} 는 같다.

압전효과를 이용할 때 중요한 인자는 전기 에너지와 기계 에너지 사이의 변환효율이다. 전기기계적 변환인자(electromechanical conversion factor)는 다음 식으로 정의한다.

$$K^2 = \frac{\text{기계적 에너지 출력}}{\text{전기에너지 입력}}$$

$$\text{또는 } K^2 = \frac{\text{전기에너지 출력}}{\text{기계적 에너지 입력}} \tag{6.11}$$

압전 재료로부터 출력은 그것의 기계적 특성인 d_{ij} 에 의존한다. 현재 가장 많이 사용되고 있는 압전 재료는 수정(quartz crystal), PZT(lead-zirconate titanate)이며, 최근에는 플라스틱계의 PVDF(polyvinylidene chloride) 필름 등이 사용되고 있다.

표 6.3은 압전 센서에 사용되고 있는 여러 압전재료의 특성을 열거한 것이다.

표 6.3 몇몇 압전 재료의 특성과 응용분야

결 정	d (pm/V or pC/N)	K	응용 분야
수정(결정질 SiO_2)	$d_{11} = 2.3$	$K_{11} = 0.1$	수정 진동자, 초음파 변환기, 지연선
티탄산 바륨($BaTiO_3$)	$d_{33} = 133$	$K_{33} = 0.49$	가속도 센서, 어군 타지기, 소나
티탄산 납($PbTiO_3$)	$d_{33} = 58$	$K_{33} = 0.48$	가속도 센서
지르콘 티탄산 납 PZT($PbTi_{1-x}Zr_xO_3$)	$d_{33} = 135 \sim 410$	$K_{33} = 0.62 \sim 0.71$	이어폰, 마이크로폰, 변위 트랜스듀서, 불꽃 발생기(차 점화), 가속도 센서
PVDF	18.2×10^{-12}	–	대면적화, 저가

6.3 ◦ 초음파 센서

초음파를 발생하고 검출하는 초음파 센서를 일반적으로 초음파 트랜스듀서(초음파 진동자)라고 부르며, 원리에 따라 전자 유도형 진동자(電磁誘導形 振動子), 자왜 진동자(磁歪 振動子), 압전 진동자(壓電 振動子) 등이 있다. 이중 현재 초음파 센서로서 가장 많이 이용되고 있는 것이 압전 진동자이다. 압전 결정은 기계적 응력을 전하로 직접 변환하기 때문에 압전 효과를 이용하면 진동자의 구조가 간단해진다.

6.3.1 초음파의 발생과 전파 특성

여기서는 초음파 센서(트랜스듀서)의를 이해하는데 필요한 초음파 발생, 전파, 빔 특성, 파두 동특성 등에 대해서 간단히 설명한다.

1. 초음파 진동자의 원리

초음파 진동자는 모든 초음파 트랜스듀서의 기본 동작원리가 되고 있다. 그림 6.8은 압전 진동자의 진동 원리를 나타낸다. 압전체는 자른 형태에 따라 종파(longitudinal wave) 또는 전단파 (shear wave)를 발생시킨다. 압전체를 분극처리 한 다음 교류전압을 인가하면, (+) 반파와 (−)반파에서 팽창과 수축을 반복한다. 압전 세라믹은 동작 주파수가 매우 높아 초음파 센서에 가장 널리 사용되는 압전 재료이다.

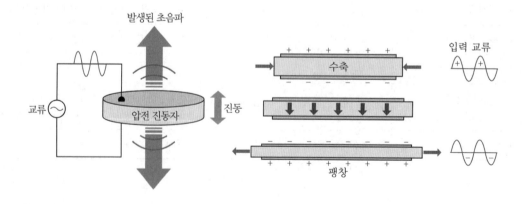

그림 6.8 압전 진동자의 원리

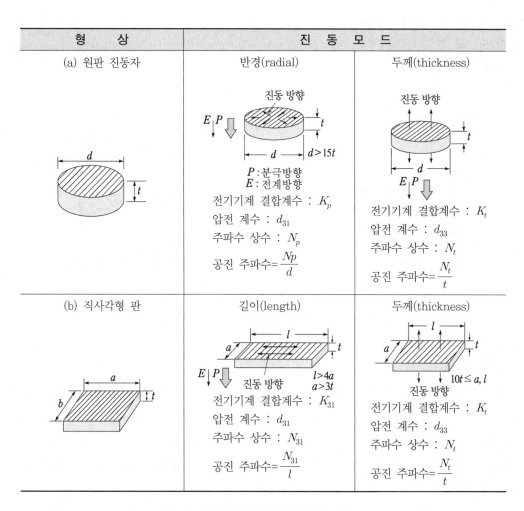

형 상	진 동 모 드	
(a) 원판 진동자	반경(radial)	두께(thickness)

(a) 원판 진동자 부분:

반경(radial):
P : 분극방향
E : 전계방향
전기기계 결합계수 : K_p
압전 계수 : d_{31}
주파수 상수 : N_p
공진 주파수 $= \dfrac{Np}{d}$
$d > 15t$

두께(thickness):
전기기계 결합계수 : K_t
압전 계수 : d_{33}
주파수 상수 : N_t
공진 주파수 $= \dfrac{N_t}{t}$

(b) 직사각형 판 부분:

길이(length):
전기기계 결합계수 : K_{31}
압전 계수 : d_{31}
주파수 상수 : N_{31}
공진 주파수 $= \dfrac{N_{31}}{l}$
$l > 4a$
$a > 3t$

두께(thickness):
전기기계 결합계수 : K_t
압전 계수 : d_{33}
주파수 상수 : N_t
공진 주파수 $= \dfrac{N_t}{t}$
$10t \leq a, l$

그림 6.9 초음파 진동자의 형상과 진동 모드

그림 6.9는 초음파 진동자의 형상과 진동(공진) 모드의 몇 가지 예를 나타낸 것이다. 만약 압전 진동자에 교류가 인가되면, 진동자가 매우 강하게 진동하는 특정 주파수가 존재하는데, 이 주파수를 공진 주파수(resonant frequency, f_r)라고 부르며, 압전체의 탄성진동 주파수 (elastic vibration frequency)에 의존한다. 탄성 주파수는 진동자의 형상의 함수이다. 압전 세라믹은 형상, 분극방향, 전계방향에 따라 여러 진동 모드를 가진다. 그림 (a)의 원판형 진동자는 두께가 두꺼우면 반경방향 모드로 진동하고, 표면적에 비해서 얇으면 두께방향으로 진동한다. 그림 (b)의 직사각형 판은 길이가 길면 분극방향과 수직하게, 두께가 얇으면 두께 방향으로 진동한다. 각각의 진동 모드는 고유한 공진 주파수를 가진다.

그림 6.10의 유니모르프(unimorph) 진동자는 널리 사용되는 압전 진동자의 하나로, 압전 세라믹 원판을 전계에 따라 수축과 팽창을 하지 않는 금속 다이어프램의 한쪽 면에 부착한

것이다. 그림 6.8에서 설명한 바와 같이 압전 세라믹이 팽창과 수축하면, 금속 다이어프램은 그림 6.10과 같이 구부러진다. 유니모르프 진동자는 출력전압이 크고, 기계적 강도, 온도, 습도특성이 우수하다.

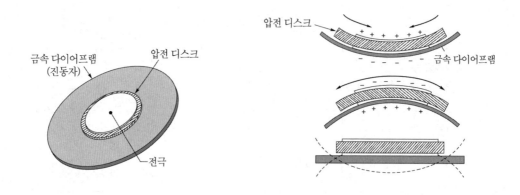

그림 6.10 유니모르프 압전 진동자의 진동

2. 초음파 빔의 특성

그림 6.1에서 기본적인 음향파(탄성파)에 설명하였다. 초음파 검사에서 가장 흔히 사용되는 모드는 종파와 전단파이다. 종파는 초음파 검사에서 사용되는 파 모드 중 가장 빠르다. 전단파는 입자의 운동이 파의 진행방향에 수직하게 일어나는 파의 이동으로, 오로지 고체에만 존재하며, 액체나 기체에서는 발생하지 않는다. 종파는 경계면에서 굴절이나 반사 등을 통해서 전단파로 변환될 수 있으며, 또 그 역도 가능하다.

그림 6.11은 초음파 트랜스두서로부터 방출되는 초음파 빔의 형태를 나타낸 것이다. 실제의 빔 프로파일은 복잡하지만, 집속되지 않은 빔은 그림(a)와 같이 트랜스두서 면적으로부터 방출된 에너지의 기둥으로 단순화 시킨다. 이 빔은 직경이 점점 확대되어 결국은 소멸된다. 집속된 빔(focused beam)은 직경이 작은 초음파 빔을 만들 수 있어 대부분의 이미지 응용 분야에 더 바람직하다. 초음파 트랜스두서의 음장(音場, sound field)은 근거리 음장(近距離 音場, near field)과 원거리 음장(遠距離音場, far field)으로 나눈다. 근거리 음장에서 초음파 빔의 직경은 비교적 일정하게 유지되고, 그 길이는

$$\text{근거리 음장 길이 } N = \frac{D^2}{4\lambda} = \frac{D^2 f}{4v} \tag{6.12}$$

로 주어진다. 파장 $\lambda (= v/f)$은 주파수 f에 역비례하므로, 주어진 트랜스두서 크기에서 근거리 음장의 길이는 결국 주파수에 비례한다.

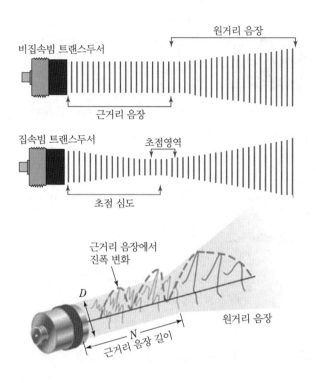

그림 6.11 비집속형과 집속형 트랜스두서의 빔 특성

근거리 음장의 또 다른 특성은 빔 축을 따라서 빔 강도가 일정치 않다는 점이다. 그림에서 보듯이 음장 길이 내에서 몇 번의 최대치와 0를 반복하면서 진동한다. 이러한 변화 때문에 진폭을 기반으로 하는 시험기술은 시료의 결함을 정확히 평가하는 것이 곤란해 질 수 있다. 원거리 음장의 주요 특징은 빔의 발산이다. 이것은 초음파 빔의 직경이 더 커지고 중심축을 따른 강도가 더 약해짐을 의미한다.

어떤 트랜스두서가 주어진 검사시험에 적합한가를 판정하기 위해서는 근거리 음장이외에 추가로 몇가지 파라미터를 더 알아야한다. 그림 6.12는 이러한 파라미터를 그래프로 나타낸 것이다. 평판 타겟과 점 타겟으로부터 최대 에코가 발생하는 거리가 모두 –6dB 초점 영역내부에서 발생하지만 두 값이 다름에 유의해야한다.

트랜스두서의 감도는 관심 있는 지점에서 빔의 직경에 영향을 받는다. 빔의 직경이 작을수록 결함에 의해서 반사되는 초음파 에너지의 양은 더 크다. 이 –6dB 펄스–에코 빔 직경은 다음 식으로 계산한다.

$$\mathrm{BD}(-6\mathrm{dB}) = \frac{1.02\,Fv}{fD} \tag{6.13}$$

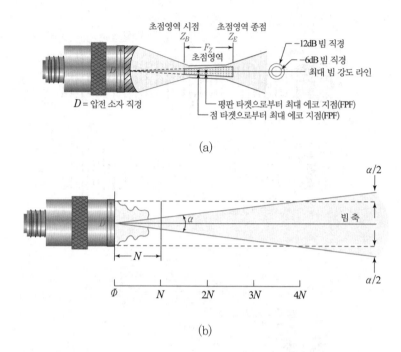

그림 6.12 트랜스두서 빔과 관련된 파라미터를 정의하는 그림

여기서, BD는 빔 직경, F는 초점거리, D는 압전 소자의 직경이다.

초점 영역의 시점과 종점은 축 상에서 에코 펄스 신호의 진폭이 초점에서 진폭의 -6dB로 떨어지는 곳에 위치한다. 초점영역의 길이는 다음 식으로 계산한다.

$$F_Z = NS_F^2 \frac{2}{1 + S_F/2} \tag{6.14}$$

여기서, F_Z는 초점영역, N은 근거리 음장, $S_F = F/N$ 이다.

모든 초음파 빔은 발산한다. 즉, 그림 6.12(b)는 평판 트랜스두서에 대한 초음파 빔을 단순화시킨 것이다. 근거리 음장에서, 빔은 매우 복잡하고, 원거리에서 빔은 발산한다. 이 경우, -6dB 펄스-에코 빔 산각(spread angle)은 다음과 같이 주어진다.

$$\sin(\alpha/2) = \frac{0.514v}{fD} \tag{6.15}$$

이 식으로부터 트랜스두서의 빔 퍼짐을 감소시키기 위해서는 주파수 f가 높은 고주파 트랜스두서 또는 압전 소자의 직경 D가 큰 트랜스두서, 또는 두 특성을 모두 가진 트랜스두서를 선택해야 함을 알 수 있다.

6.3.2 비접촉식 초음파 센서

초음파 센서의 일반적 분류법이 명확치 않아, 이 책에서는 공기 중으로 초음파를 방출하는 방식의 센서를 비접촉식 초음파 센서, 초음파 센서가 측정 대상 또는 시료와 접촉해서 측정하는 방식의 센서를 접촉식 초음파 센서(6.3.3절)로 분류해서 설명한다.

1. 개방형 초음파 센서

그림 6.13은 공기 중에서 동작하는 개방형 초음파 센서의 일례를 나타낸 것이다. 그림 (a)의 구조에서 유니모르프 압전 세라믹 진동자가 사용되고 있다. 이 진동자에 전압을 인가하면, 중심부와 주변부가 반대방향으로 진동하여 그림 (b)와 같이 상하진동을 한다. 진동자 중심부에는 혼(horn)이라고 하는 공진기(resonator)가 부착되어 있는데, 음향기기에서 사용하는 직접 방사형 스피커와 동일한 작용을 하여 진동자에 의해서 발생된 초음파를 공기 중으로 유효하게 방사할 수 있게 해준다.

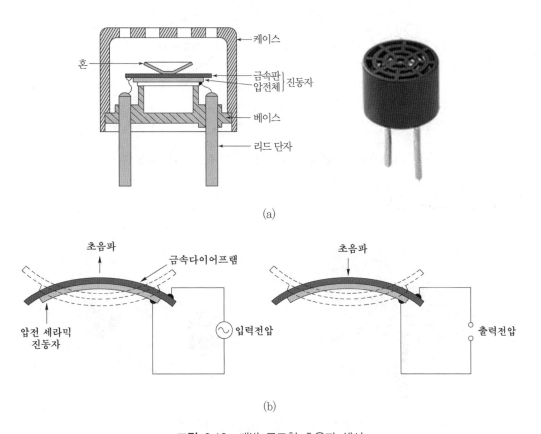

(a)

(b)

그림 6.13 개방 구조형 초음파 센서

209

또 압전기 현상은 가역적이기 때문에 초음파가 진동자에 입사되어 그것을 진동시키면 전압이 발생한다. 이 경우에도 혼은 입사 초음파를 진동자 중심부에 효율적으로 집중시킨다. 송신 초음파 진동자의 대표적인 동작 주파수는 32 Hz 부근이다.

초음파 센서에서, 측정회로가 펄스 모드로 동작하면 하나의 압전 소자로 초음파 송수신을 할 수 있다. 초음파를 연속적으로 송신하는 시스템에서는 송신과 수신에 별도의 압전 소자가 사용된다.

그림 6.14는 초음파 센서의 임피던스와 감도의 주파수 의존성을 나타낸 것이다. 송파 감도는 임피던스가 최소가 되는 공진 주파수 f_r에서, 수파 감도는 임피던스가 최대로 되는 반공진(anti-resonance) 주파수 f_{ar}에서 최대가 된다.

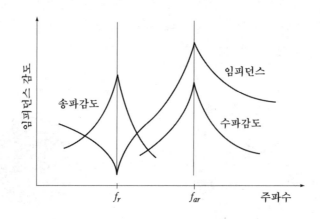

그림 6.14 초음파 센서의 임피던스 특성과 감도곡선

2. 방적형 초음파 센서

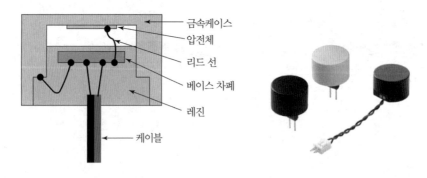

그림 6.15 방적형 초음파 센서의 예

그림 6.15는 방적형(防滴形, drip proof) 초음파 센서의 예를 보여 준다. 야외에서 사용하는 초음파 센서는 습기, 비, 먼지 등으로 부터 센서를 보호하기 위해서 밀봉된다. 이 경우 압전 세라믹은 금속 케이스의 안쪽에 부착된다. 케이스의 입구는 레진(resin)으로 충진된다.

3. 고주파 초음파 센서

산업용 로봇 등에서 초음파 센서를 사용하는 경우, 1 mm의 확도가 요구된다. 그림 6.13에서 설명한 종래의 만곡형 진동(flexure vibration)에서는 70 kHz 보더 더 높은 주파수에서는 실용적인 특성이 얻어지지 않는다. 고주파에서 검출을 위해서는 압전 진동자의 수직두께 진동 모드(그림 6.9 참조)가 사용된다. 이 경우, 압전 세라믹과 공기의 음향 임피던스 정합(matching)이 매우 중요해 진다. 압전 세라믹의 음향 임피던스는 2.6×10^7 kg/m²s이고, 반면 공기의 음향 임피던스는 4.3×10^2 kg/m²s이다. 이와 같은 큰 차이는 압전 세라믹의 초음파 방사 표면에서 큰 손실을 일으킨다. 공기와의 음향 임피던스 정합은 음향 임피던스 정합층으로 압전 세라믹에 특수 재료를 접착해서 수행한다. 이러한 구조는 초음파 센서가 수 백 kHz의 주파수에서 동작을 가능케 한다.

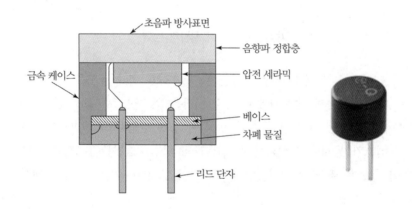

그림 6.16 고주파 초음파 센서의 예

4. 비접촉식 초음파 센서의 응용

비접촉식 초음파 센서는 산업체에 뿐만 아니라 민생용 제품에서 흔히 사용된다. 가장 대표적인 응용분야는 물체 검출과 거리 측정이라고 할 수 있다. 그림 6.17에서 물체와 거리는 시간 $t \times$음속(340 m/s)로부터 계산할 수 있다.

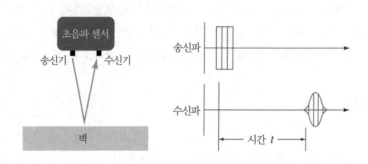

그림 6.17 초음파 센서를 이용한 거리측정

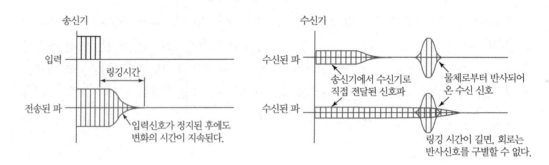

그림 6.18 링깅 시간의 영향

초음파 센서를 가지고 거리나 물체를 검출할 때 초음파 신호의 링깅 시간(ring time)이 중요하다(그림 6.18). 초음파 송신기에서 링깅 시간은 입력신호가 정지된 후에도 전송되는 초음파의 변화가 지속되는 시간이다. 수신기에서는 송신기에서 직접 전달된 신호파와 물체로부터 반사된 신호가 동시에 수신되는데, 신호파의 링깅 시간이 길어지면 반사 신호를 구별할 수가 없어 측정이 불가능해진다. 링깅 시간의 영향에 대해서는 다음 절에서 더 설명할 것이다.

다음은 초음파 센서의 해상도에 대한 영향을 살펴보자. 해상도는 초음파의 주파수와 검출 회로의 클록 주파수의 영향을 크게 받는다. 그림 6.19(a)에서, 간단히 계산하면 40kHz의 초음파 파장은 $\lambda = 8.7$mm이고, 80 kHz는 $\lambda = 4.3$mm이다. 따라서 각각의 초음파의 해상도는 8.7 mm와 4.3 mm이다. 이와 같이 고주파 초음파가 더 짧은 거리를 검출할 수 있다. 한편, 그림 (b)에서 검출회로는 송신 시점에서 수신 시점까지 클록 펄스를 계수해서 거리를 계산한다. 예를 들어, 클록 펄스가 150개의 펄스를 계수한 후 반사 신호를 수신하였다고 하자. 클록 펄스의 사이클이 0.01 ms이라면 거리는 $0.01/1000(s) \times 150(counts) \times 340(m/s) = 51$ cm로 계산된다. 그러나 클록 펄스의 주파수가 낮으면, 수신된 신호의 타이밍이 변하더라도 펄스의 수는 변하지 않으므로 회로는 동일한 거리로 간주할 것이다.

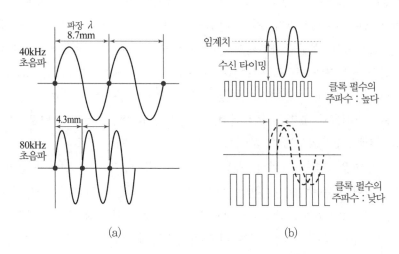

(a)　　　　　　　　　　　　(b)

그림 6.19 초음파 센서의 해상도에 미치는 영향

접촉식 초음파 센서

접촉식과 함침식 초음파 트랜스두서는 산업체에서 고체 시료의 비파괴 시험(nondestructive testing, NDT) 분야에서 결함 검출이나 두께 측정에 사용되는 대표적인 초음파 센서이다. 접촉식에는 이중 압전소자, 사각빔, 지연선 초음파 트랜스두서가 있다. 함침식에 대해서는 다음 절에서 설명한다.

1. 접촉식 초음파 트랜스두서

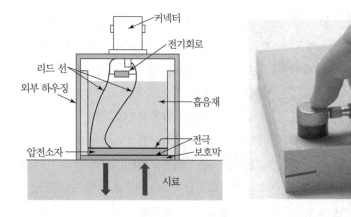

그림 6.20 접촉식 압전 트랜스두서의 구조와 고체 물체 측정에 적용 예

그림 6.20은 산업계에서 고체 시료의 측정에 사용되는 대표적인 압전 트랜스두서 구조를 보여준다. 트랜스두서는 압전소자, 전극, 흡음재(backing material), 보호막, 케이스로 구성된다. 전극은 압전체의 공진 주파수에서 동작하는 교류 또는 직류전원에 접속된다.

흡음재는 압전 진동자의 공진 주파수를 변화시키는 제동 블록(damping block)으로 기능한다. 또 뒷벽(back wall)으로부터 반사되는 원하지 않는 초음파를 흡수하여 제거한다. 흡음재는 보통 높은 감쇠율과 고밀도 물질이며, 압전 소자의 뒷면으로부터 방출되는 초음파를 흡수함으로써 트랜스두서의 진동을 제어한다. 그림 6.21은 제동 블록이 초음파 주파수 스펙트럼에 미치는 영향을 나타낸 것이다. 제동이 약하면, 공간상의 펄스 길이가 길어지고, 대역폭(펄스에 포함되어 있는 주파수 범위)은 좁아진다. 반면 댐핑이 과하게 되면, 트랜스두서는 짧은 링 다운 타임(ring down time)을 가지게 되어 펄스길이는 짧아지고 대역폭은 넓어진다. 이와 같이 초음파의 지속시간이 짧아지면 해상도는 좋아진다. 그러나 신호 진폭이 작아져 미약한 에코 신호를 검출할 수 없게 되므로 감도는 나빠진다.

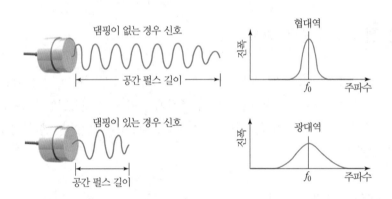

그림 6.21 흡음재의 역할

보호막(wear plate)은 압전 진동자 밑면에 부착하는 얇은 층으로, 기본적인 목적은 진동자가 시료에 직접 접촉하지 않도록 하고, 또 시험 환경으로부터 트랜스두서의 요소들을 보호하는 것이다. 접촉식 트랜스두서의 경우, 강철과 같은 재료 위에서 사용할 때 발생하는 마모에 견디기 위해서는 보호막은 견고하고 내부식성을 가지는 재료이어야 한다.

차후에 설명하는 사각빔, 지연선, 함침식 트랜스두서에서 보호막은 추가의 목적을 가진다. 즉, 높은 음향 임피던스를 가지는 압전소자와 낮은 임피던스를 가지는 물이나 지연선 사이의 정합층(matching layer)으로 기능한다. 예를 들면, 그림 6.22에서 압전 소자의 두께는 보통 $\lambda/2$이고, 이때 정합층 두께는 $\lambda/4$가 되도록 선택한다. 이렇게 함으로써 압전 소자에서 발생된 초음파와 정합층에서 반향되는 파가 동상으로 되도록 한다. 두신호가 동상으로 되면, 그들의 진폭은 더해지고, 시료에 들어가는 초음파의 진폭은 더 커진다.

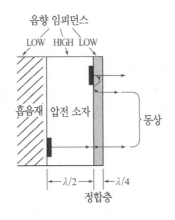

그림 6.22 압전 소자와 보호막의 임피던스 정합

접촉매질(接觸媒質, couplant, coupling medium)은 트랜스두서로부터 발생된 초음파 에너지를 시료로 용이하게 전송하기 위해서 트랜스두서와 시료 표면 사이에 적용하는 음향 결합용 물질이다. 접촉 매질로는 오일, 글리세린, 젤, 물 등이 사용되고 있다. 공기와 고체시료 사이의 음향 임피던스 부정합이 매우 크기 때문에 접촉매질이 없으면 대부분의 초음파 에너지는 반사되어 시료 속으로 전달되지 않는다. 접촉 매질이 공기를 대체함으로써 더 많은 초음파 에너지가 시료 속으로 전달되어 유용한 초음파 신호가 얻어진다. 접촉 매질이 만족해야 할 조건은, 쉽게 적용할 수 있을 것, 시료나 트랜스두서에 손상을 입히지 않을 것, 시료표면과 트랜스두서 표면을 완전히 젖도록 하여 둘 사이가 공기로부터 차단되도록 할 것 등이다.

2. 이중 압전소자 트랜스두서

그림 6.23은 이중 압전소자 트랜스두서(dual element transducer)의 기본 구조를 나타낸 것으로, 독립적으로 동작하는 송신 소자와 수신 소자를 가지고 있다. 두 압전 소자는 서로를 향하도록 각을 가지고 있는데, 이것은 그림과 같이 시료 내에서 교차 빔 초음파 경로를 만들기 위해서다.

이중 압전소자 트랜스두서는 단일 소자 트랜스두서가 경험하는 링 다운 효과(ring down effect)가 없으므로 매우 얇은 물질의 두께 측정이나 시료 표면 부근에 있는 결함을 검사할 때 매우 유용하다.

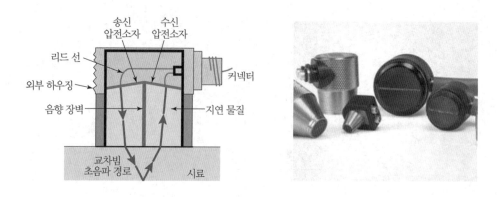

그림 6.23 사각빔 압전 트랜스두서의 구조와 예

3. 사각빔 초음파 트랜스두서

그림 6.24는 사각빔(angle beam, 斜角) 트랜스두서의 구조 예이며, 굴절과 모드 변환 원리를 이용하여 시료 속으로 굴절된 전단파 또는 종파를 도입한다. 굴절된 전단파를 발생시키는데 필요한 입사각 θ_i는 스넬의 법칙(식 6.8)을 사용해서 구할 수 있다. 그러나 빔 퍼짐 효과 때문에, 이 법칙은 저주파에서 그리고 압전 소자의 크기가 작은 경우 성립하지 않는다. 사각빔 초음파 트랜스두서는 입사각이 고정된 것과 가변적인 것이 있다. 고정형에서 가장 많이 사용하는 굴절각은 45°, 60°, 70°이다. 사각빔 트랜스두서는 시료 표면에 평행하지 않게 놓여있는 결함의 위치나 크기를 검사하는데 사용된다.

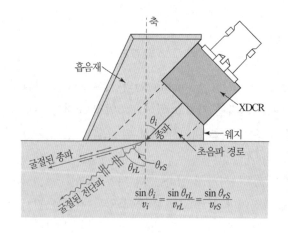

그림 6.24 사각빔 압전 트랜스두서의 구조와 예

4. 지연선 초음파 트랜스두서

지연선 트랜스두서는 그림 6.25와 같이 단일 소자 종파 트랜스두서와 교체 가능한 지연선을 결합한 것이다. 명칭이 의미하듯이, 지연선 트랜스두서의 주 기능은 초음파의 발생과 반사파의 도착사이에 시간적 지연을 도입하는 것이다. 이렇게 함으로써 트랜스두서는 수신기능을 시작하기 전에 송신기능을 완전히 끝마칠 수 있어, 표면 근처에서 해상도(near surface resolution)가 향상된다.

지연선 트랜스두서는 얇은 시료의 두께를 높은 정밀도로 측정하거나 또는 복합 재료에서 박리(剝離) 검사 등에 사용할 수 있도록 설계된다. 또 지연선에 의해서 압전 소자로 열이 전달되는 것을 차단할 수 있기 때문에 고온 측정분야에도 적용할 수 있다.

그림 6.25 지연선 트랜스두서의 구성 예

6.3.4 **함침식 초음파 센서**

함침식 트랜스두서는 말 그대로 물속에 함침시켜 물기둥을 이용해서 초음파 에너지를 시료에 결합시키는 것이다. 함침식 트랜스두서는 초음파 빔을 집속하는 방식에 따라 집속을 하지 않는 경우, 구형으로 집속하는 경우, 원통형으로 집속하는 경우 등 3가지 방식이 있다. 그림 6.26에서 구형 집속은 초음파 빔을 점(spot)으로 만들고, 원통 집속은 선(line)으로 만든다.

초음파 빔의 집속은 렌즈를 추가하던가 또는 압전 소자 자체를 곡면으로 한다. 무집속 트랜스두서는 일반 용도나 두꺼운 시료를 침투할 때 사용된다. 점으로 집속하는 경우는 작은 결함에 대해서 감도가 향상되고, 선으로 집속하는 경우는 대표적으로 튜브나 바 형태 시료에 대해서 사용된다. 함침식 트랜스두서는 흔히 이동 중인 파트에 대한 온-라인 또는 인-프로세스 시험에 사용된다. 접촉식 트랜스두서에 비해 다음과 같은 3가지 장점을 가진다.

- 결합이 균일하여 감도의 변화를 감소시킨다.
- 스캐닝을 자동화 할 수 있어 스캔 시간을 감소시킬 수 있다
- 초음파 빔을 작은 점으로 초점을 맞추기 때문에 작은 반사체(결함)에 대해서도 감도를 증가시킬 수 있다.

트랜스두서의 측정된 초점길이는 시료의 특성에 따라 달라진다. 왜냐하면 시료가 달라지면 초음파 속도도 달라지기 때문이다. 일반적으로 트랜스두서의 초점길이는 물에 대해서 규정된다. 따라서 대부분의 시료는 물보다 더 큰 속도를 가지므로 초점거리는 짧아진다. 앞에서 이미 설명했듯이 이러한 효과는 굴절(스넬의 법칙에 따라)에 기인한다.

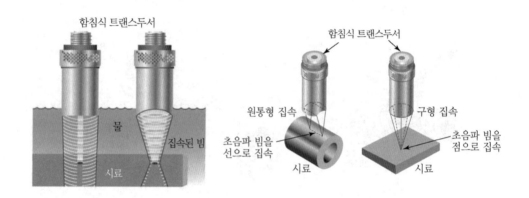

그림 6.26 함침식 압전 트랜스두서

6.3.5 초음파 센서의 장점

초음파 센서의 가장 큰 장점은 측정대상물체를 비파괴적으로 탐색할 수 있는 뛰어난 능력이다. 이것은 초음파가 진공을 제외한 모든 매질을 통해서 전파해 갈 수 있기 때문이다. 초음파 센서의 중요한 장점을 열거하면 다음과 같다.

- 비접촉식
  측정물체와 물리적으로 접촉하지 않으므로 어떠한 마모도 발생하지 않으며, 또한 부서지기 쉽거나 갓 페인트를 칠한 물체의 검출도 가능하다.
- 측정 대상 물체의 범위가 넓음
  색깔에 관계없이 어떠한 물질도 동일 범위에서 조정이나 보정계수 없이 검출이 가능하다.

- 정적 센서

  센서 내부에 가동부가 없어 그 수명은 동작 횟수에 영향 받지 않는다.

- 산업 환경에 내성이 우수함

  진동이나 충격에 강하고, 더러운 주위 환경에 큰 내성을 가진 센서이다

6.3.6 초음파 센서의 적용예

표 6.4는 초음파 센서를 이용한 계측에서 송·수신파 방식에 의한 분류, 측정량 및 주요 적용 예를 나타낸다. 초음파 센서를 이용한 거리측정(제8장), 유량유속 측정(제15장)에 대해서는 차후에 설명할 것이며, 여기서는 다른 장에서 설명하지 않는 대표적인 초음파 공업계측 예를 들어본다.

표 6.4 초음파 센서를 이용한 계측과 주요 응용예

계측 형태	측정되는 물리량	주요 응용 예
반 사 형	강도 또는 전파시간	거리측정, 소나, 어군탐지기, 탐상기, 수심 측정기
공 진 형	공진 주파수	음속측정, 두께측정
전파속도형	전파시간	유속측정, 재질측정, 온도계
도플러형	반사파의 주파수 변화	속도측정, 혈류계
투 과 형	강도, 위상	결함의 정면상(正面像), 초음파 현미경

1. 초음파 막두께 측정법

그림 6.27은 초음파 공진에 의한 막 두께 측정원리를 나타낸 것이다. 초음파 진동자에 가하는 주파수를 변화시키면, 초음파의 반파장의 정수배가 두께와 같아질 때 공진이 일어나고, 진동자의 인가전압이 높아진다. 이 공진 주파수로부터 막 두께가 결정된다.

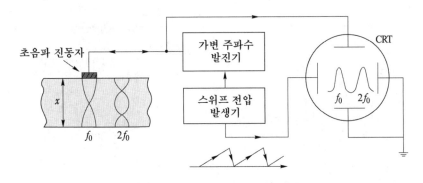

그림 6.27 공진형 초음파 두께 측정기의 원리

예를 들면, 그림 6.27에서 피측정 물체 내의 음파 속도를 v 라고 하면 다음의 관계식이 얻어진다.

$$x_{f_o} = \frac{v}{f_o} \frac{1}{2} = \frac{\lambda_o}{2} \tag{6.16}$$

$$x_{2f_o} = \frac{v}{2f_o} 1 = \frac{\lambda_o}{2} \tag{6.17}$$

따라서, 두께는 기본 주파수의 반파장으로 구해진다.

2. 초음파 탐상기

초음파 탐상기(探傷機)는 금속 등의 내부 상태를 파괴하지 않고 외부에서 검사(비파괴 검사)할 때 사용되는 중요한 장치이다. 초음파 탐상기에 사용되는 초음파 트랜스두서(센서)를 프로브(probe)라고 부르는데, 그림 6.28과 같이 두 종류의 초음파 트랜스두서가 사용된다.

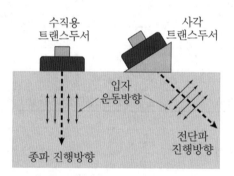

그림 6.28 초음파 탐상기에 사용되는 트랜스두서 종류

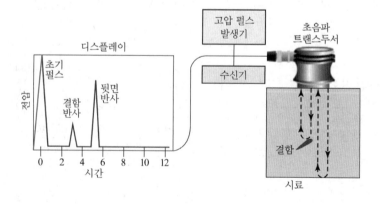

그림 6.29 수직용 초음파 탐상기

그림 6.29는 수직용 트랜스두서를 사용한 초음파 탐상기이다. 펄스 발생기에서 만들어진 고압 펄스는 압전 소자를 진동시켜 초음파를 발생시킨다. 수직용 트랜스두서는 측정 시료에 수직으로 초음파를 송수신하며 종파가 사용된다. 결함에서 반사된 초음파 펄스(에코 펄스)는 수신기에서 처리되어 화면에 디스플레이 된다.

사각용(斜角用)은 대상 표면에 대하여 비스듬한 방향으로 전단파를 송수신한다. 따라서 용접 영역 주변에 또는 그 주변에 있는 결함을 검출 능력을 향상시킨다.

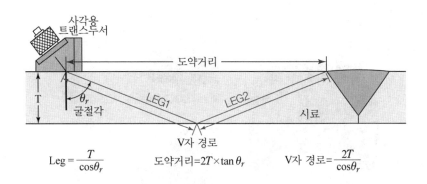

$$\text{Leg} = \frac{T}{\cos\theta_r} \qquad \text{도약거리} = 2T \times \tan\theta_r \qquad \text{V자 경로} = \frac{2T}{\cos\theta_r}$$

그림 6.30 사각용 초음파 탐상기

3. 소나

소나(Sonar ; Sound navigation and ranging)는 초음파를 발사해서 그 반사파를 수신하는 항해용 수중 음향기기의 총칭이다. 소나는 어군 탐지기에 널리 사용되고 있다. 그림 6.31은 수심 측정기의 원리도를 나타낸다. 초음파 펄스가 수심 h 를 왕복하는데 걸리는 시간 t 는 CRT 화면에 나타나는 신호로부터 구해지고, 수중에서 음속을 v 라고 하면 h 는 $h = vt/2$ 로 구해진다.

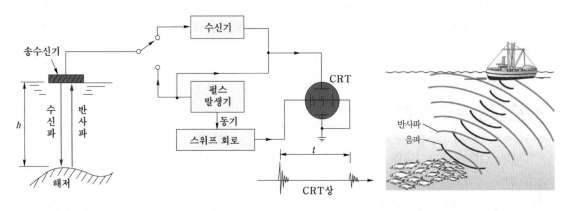

그림 6.31 초음파 수심 측정기의 원리

4. 주차 보조 시스템

초음파 센서를 주차보조센서(parking assistance systems)로 사용한 예를 설명한다. 그림 6.32는 좁은 공간에서 주차 시, 자동차 전후 및 코너에 있는 장애물을 모니터링 하여 사고를 방지하는 시스템이다. 2~4개의 초음파 센서가 앞뒤 범퍼에 장착되며, 장애물이 센서로부터 50 cm 내에 있으면 운전자에 단속적인 경고음을, 20 cm 이내로 들어오면 연속적인 경고음을 발하여 충돌을 방지한다.

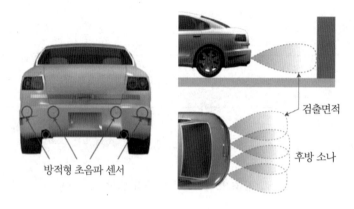

검출면적

후방 소나

방적형 초음파 센서

그림 6.32 초음파 센서를 사용한 주차 보조 시스템

6.4 · SAW 센서

전술한 바와 같이, 탄성체 전체를 통해 전파되는 음향파를 체적 탄성파(bulk acoustic wave ; BAW), 탄성체 표면을 따라 전파되는 횡파를 표면 탄성파(surface acoustic wave ; SAW)라고 한다. 표면 탄성파를 이용한 SAW 소자에는 센서, 액추에이터 등 여러 분야에 응용되고 있다.

6.4.1 표면 탄성파의 발생

그림 6.33 (a)는 SAW 소자의 전극구조를 나타낸 것으로, 보통 IDT(interdigital transducer)라고 부른다. IDT는 압전체 기판(piezoelectric substrate) 상에 형성된 두 개의 빗살형 전극(comb-shaped electrode)으로 구성된다. 전극에 전압이 인가되면, 그림 (b)와

같이 압전체 기판에 동적 변형(dynamic strain)을 일으키고, 이 탄성파는 전극에 수직한 방향으로 속도 v로 진행한다.

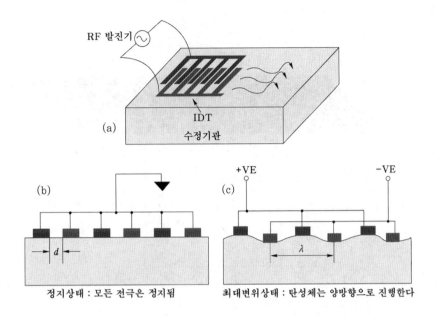

그림 6.33 압전체 기판에서 IDT에 의한 SAW 발생

지금, 전극에 교류전압 $e(t) = V_o \cos\omega t$을 인가하면, 전극에 의해 발생된 탄성파는 결정 표면을 따라 양쪽 방향으로 진행한다. 간섭이 강화되고 동상(in-phase)이 되기 위해서는 이웃하는 빗살(finger)사이의 거리는 탄성파의 반파장 $\lambda/2$과 같아야한다. 즉,

$$d = \frac{\lambda}{2} \tag{6.18}$$

이것과 관련된 주파수를 동기 주파수(synchronous frequency)라고 하며, 다음 식으로 주어진다.

$$f_o = \frac{v}{\lambda} \tag{9.19}$$

이 주파수에서, 전기 에너지를 탄성파 에너지로(또는 역으로) 변환하는 트랜스두서의 효율이 최대로 된다.

6.4.2 SAW 센서

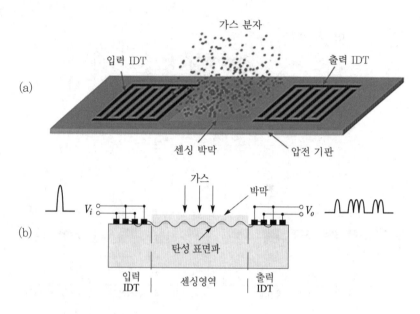

가스 분자

입력 IDT

출력 IDT

(a)

센싱 박막

압전 기판

가스

박막

V_i

V_o

(b)

탄성 표면파

입력
IDT

센싱영역

출력
IDT

그림 6.34 SAW 센서의 기본 구조와 원리

그림 6.34(a)는 가장 간단한 SAW 소자의 구조를 나타낸다. 입력 IDT는 입력신호에 연결되고, 출력 IDT는 검출기에 연결된다. 입력(송신) IDT는 기판에 전계를 만들어 압전효과에 의해서 SAW를 발생시킨다. 출력(수신) IDT는 표면 탄성파를 전기신호로 변환하여 출력한다. 표면 탄성파의 속도는 기판밀도, 탄성계수 등에 의해서 결정된다. 사용되는 주파수는 수 10 MHz에서 수 GHz 정도의 고주파가 사용된다.

송신 IDT와 수신 IDT 사이의 공간은 검출하고자 하는 양(즉, 압력, 점성 유체, 온도, 가스 분자, 생체분자 등)과 탄성 표면파가 작용(반응)하는 영역이다. 예를 들면, SAW 가스센서의 경우 그림 (b)와 같이 표면 탄성파가 전파하는 영역에 특정 가스를 선택적으로 흡착할 수 있는 박막을 코팅한다. 가스를 흡착하면 기계적 또는 전기적 특성이 변하므로, 탄성 표면파의 속도가 변하여 결국 출력 신호의 주파수가 변조된다.

그림 6.34에서 만약 가스의 흡착에 의해서 센싱 박막의 질량이 Δm 만큼 증가했다면, 이것에 기인하는 출력 주파수의 변동(shift)은 다음 식으로 주어진다.

$$\Delta f = -\frac{k\,\Delta m\,f_o^2}{A}$$

(9.20)

여기서, f_o는 기본 공진 주파수, A는 면적, k는 재료 상수이다. 따라서 출력 IDT에 수신되는 SAW 센서의 발진 주파수는 가스 농도에 비례해서 변한다. 또, 위 식은 질량 변화에 기인하는 주파수 응답과 변동이 기본 공진 주파수가 증가함에 따라 증가한다는 것을 보여주고 있다.

6.4.3 SAW 센서의 특징

SAW 소자를 기반으로 하는 각종 센서 들은 다음과 같은 특징과 한계를 가지고 있다.

- 감도가 주파수의 자승에 비례한다. 즉, 더 높은 주파수에서 더 작고 우수한 감도를 가지는 계측기로 된다. 현재 SAW소자의 검출한계는 피코 그램 범위에 있다.
- 주파수는 또한 소자가 탐색할 수 있는 깊이를 결정한다. 주파수가 높으면 침투깊이는 짧아진다.
- SAW소자 자체는 특이성을 가지지 못하지만, 표면에 각종 박막을 코팅해서 소자에 선택성을 부여한다.
- SAW 소자의 한 가지 단점은 표면의 질량뿐만 아니라 다양한 주위환경 인자(온습도, 산화, 전기전자 잡음 등)에 민감하다는 점이다.

6.5 ○ 마이크로폰

마이크로폰은 음향 에너지를 전기 에너지로 변환하는 트랜스듀서이다. 마이크로폰에는 동작원리에 따라 콘덴서, 일렉트릿 콘덴서, 자기 마이크로폰 등이 있다.

6.5.1 콘덴서 마이크로폰

그림 6.35는 콘덴서 마이크로폰(condenser microphones)의 기본 구조와 동작원리를 나타낸 것이다. 콘덴서 마이크로폰의 동작은 커패시터에 기본을 두고 있다. 그래서 콘덴서 마이크로폰을 정전용량형 마이크로폰(capacitive microphones)이라고 부른다.

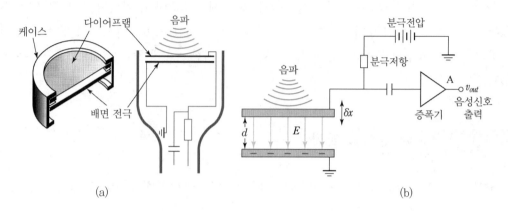

그림 6.35 콘덴서 마이크로폰의 기본 구조와 동작원리

그림 (b)는 콘덴서 마이크로폰의 동작 원리를 나타낸다. 다이어프램과 배면전극(back plate)은 콘덴서 마이크로폰의 커패시터를 형성한다. 이들 전극들은 저항을 통해서 전하를 공급하는 외부 전압원에 의해서 분극된다. 이 저항은 매우 고저항이어야 하는데(보통 1 GΩ~10 GΩ), 그 이유는 다이어프램에 입사하는 음압에 의해서 정전용량이 변하더라도 마이크로폰의 전하는 일정하게 유지되어야 하기 때문이다.

다이어프램이 정지 상태에서 커패시터에 일정 전하 q_o를 인가하면, 두 전극사이에는 전압 v_o가 발생한다. 이들 사이의 관계는

$$q_o = v_o C_o = v_o \frac{\epsilon_o A}{d} \tag{6.21}$$

여기서, d 와 A 는 평행판 간격과 면적, ϵ_o 는 진공의 유전율이다.

지금 그림과 같이 음파가 들어오면 다이어프램은 Δx 로 진동하고, 배면전극은 고정되어 있어 움직이지 않는다. 따라서 두 전극사이의 거리가 $d \pm \delta x$ 로 변하므로, 정전용량과 전극 사이의 전압도 변한다. 이것을 식으로 나타내면,

$$q = vC = (v_o + \delta v) \frac{\epsilon_o A}{d + \delta x} \tag{6.22}$$

여기서, δv는 다이어프램의 변위(진동)에 의해서 발생되는 전압 변화이다. 커패시터의 전하는 일정하므로 식 (6.21)와 (6.22)는 같아야 한다. 즉,

$$(v_o + \delta v) \frac{\epsilon_o A}{d + \delta x} = v_o \frac{\epsilon_o A}{d} \quad \rightarrow \quad \delta v = \frac{\delta x}{d} v_o \tag{6.23}$$

위 식에 따라 음파에 의한 다이어프램의 진동 δx 는 선형적으로 전기적 신호(전압 변화) δv로 변환된다. 음압이 (+)이면, 전극간격 변화는 $-\delta x$이다. 그러므로, 흔히 사용되는 (+) 분극전압에 대해서 출력전압의 위상은 음압과 반대로 된다. 즉, (+)음압은 (−)출력전압을 만든다.

고감도를 얻기 위해서는 가능한 한 인가전압이 커야 한다. 그러나 인가전압이 커지면 다이어프램의 정적 변형이 커지기 때문에 내충격성과 동적 측정범위(dynamic range)는 감소한다. 그 외에, 다이어프램과 다른 전극 사이의 공극(air gap)이 매우 좁게 되면, 고주파수에서 마이크로폰의 기계적 감도는 감소한다.

6.5.2 일렉트릿 콘덴서 마이크로폰

일렉트릿(electret)은 영구적인 전기분극을 가진 유전체(dielectric material)를 말한다. 이 단어는 electrostatic and magnet의 약어로써, 영구자석에서 강자성체의 자구 속에 자기 쌍극자가 배열되어 있는 것과 유사한 방식으로(제4장에서 설명) 강유전체 내에 정전하(static charge)가 배열되어 있음을 의미한다.

그림 6.36은 일렉트릿 콘덴서 마이크로폰(electret condensor microphone ; ECM) 의 기본 구조를 나타낸 것으로, 진동하는 맴브레인, 고정된 배면 전극판, 일렉트릿으로 구성된다. ECM은 일렉트릿 박막이 사용되는 위치에 따라 다음과 같이 3종류로 분류한다.

- 박형 일렉트릿 (foil-type ECM) : 다이어프램 자체를 일렉트릿 고분자 필름으로 만듦
- 배면 일렉트릿 (back-type ECM) : 박형과는 달리 고분자 필름을 배면 전극판에 부착
- 전면 일렉트릿 (front-type ECM) : 후면 전극판을 제거하고 다이어프램과 마이크로폰 자체의 내부 일부가 콘덴서를 형성하고 일렉트릿은 케이스 내에 위치한다.

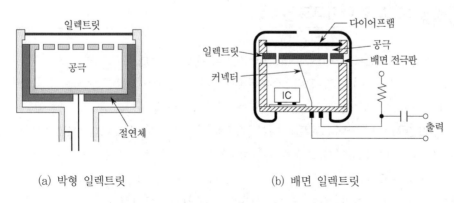

(a) 박형 일렉트릿   (b) 배면 일렉트릿

그림 6.36 일렉트릿 콘덴서 마이크로폰의 기본구조

그림 6.37은 일렉트릿 마이크로폰의 동작원리를 나타낸 것이다. 그림 6.35의 콘덴서 마이크로폰과는 달리 진동판 자체가 영구 분극을 가지고 있으므로 외부에서 평행판 커패시터에 전압을 가하지 않는다. 상부 금속전극과 금속 배면 전극판은 고저항 R을 통해서 접속된다. 입사하는 음파에 의해서 맴브레인이 δx로 진동하면, 공극 두께 d_1을 δd만큼 변화시킬 것이며, 이로 인해 저항 R의 양단에는 전압이 나타나고 이것이 증폭되어 출력 신호로 사용된다. 일렉트릿은 영구적으로 전기 분극된 유전체이기 때문에 그 표면의 전하밀도 σ_1는 항상 일정하며, 이것에 의해서 마이크로폰에는 두 개의 전계가 존재한다. 하나는 공극을 가로지르는 전계 E_1이고, 다른 하나는 일렉트릿 다이어프램에 발생하는 전계이다. 이들 전계는 마이크로폰이 동작하는 동안은 일정하게 유지되어야 한다. 이를 위해 마이크로폰에는 고저항을 접속하여 마이크로폰에 의해서 발생되는 전압이 표면 전하의 변화를 가져오지 않도록 한다.

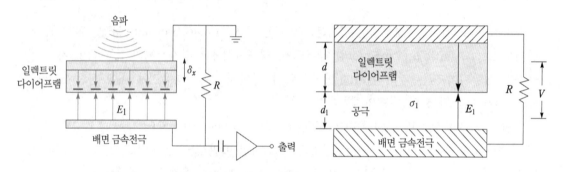

그림 6.37 일렉트릿 마이크로폰의 동작원리

일렉트릿 마이크로폰은 콘덴서 마이크로폰만큼 응답 특성이 좋지 않다. 그러나 가격이 저렴하고 제조가 용이하기 때문에 소형 모바일 기기에 사용되는 저가의 소형 마이크로폰은 대부분 ECM이다.

6.5.3 MEMS 마이크로폰

최근에는 실리콘 반도체 기술과 MEMS 기술의 결합을 통해서 저가격의 초소형 마이크로폰이 개발되어 상용화되었고, 모바일 기기에서 일렉트릿 마이크로폰을 빠르게 대체해 가고 있다. 여기서는 MEMS 마이크로폰의 개념을 간단히 소개한다.

그림 6.38은 MEMS 마이크로폰의 기본 구조와 외관을 나타낸 것이다. MEMS 마이크로폰도 기본적으로 그림 6.35에서 설명한 콘덴서 마이크로폰과 동일한 원리로 동작한다. 미소한 공극을 사이에 두고 위에는 고정된 배면 전극이 있고, 아래는 음파에 의해서 진동하는 다이어프램이 설치된 구조이다. 두 전극은 하나의 커패시터로 동작한다.

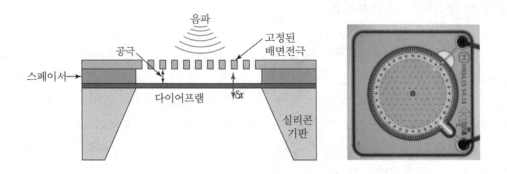

그림 6.38 MEMS 마이크로폰의 동작원리

음파가 들어오면, 배면전극에 뚫어있는 작은 구멍들(acoustic hole)을 통하여 다이어프램을 진동시킨다. 진동에 의한 변위 δx 는 전술한 설명과 동일하게 정전용량의 변화를 일으키고 이것이 전압으로 변환되어 출력된다.

그림 6.39는 소형 마이크로폰의 기술 변화를 나타낸 것이다. 비록 일렉트릿 콘덴서 마이크로폰(ECM)이 소형 마이크로폰으로 사용은 되고 있지만, 최근에는 MEMS 마이크로폰이 빠르게 대체하고 있다. 그 이유는 우선 MEMS는 ECM보다 훨씬 우수한 내열성을 가지고 있어 패키징 시 매우 유리하고 높은 신뢰성과 저가격으로 실장이 가능한 점이다.

MEMS 마이크로폰은 디지털 마이크로폰으로 진화하고 있다. CMOS 기반의 MEMS 디지털 마이크로폰은 우수한 SNR 특성, 더 평탄한 주파수 응답도, 더 작은 사이즈 등의 장점을 가진다.

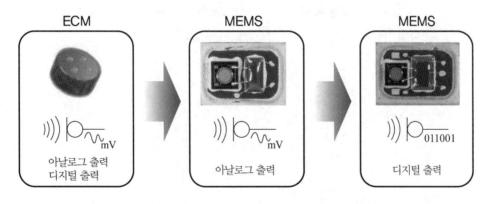

그림 6.39 소형 마이크로폰 기술의 변화

6.5.4 자기 마이크로폰

그림 6.40은 자기 마이크로폰(magnetic microphone)의 기본 구조를 나타낸다. 그림 (a)는 다이나믹형 자기 마이크로폰이다. 가벼운 다이어프램에 가동 코일이 고정되어 있고, 기동 코일은 자계 속에 놓여 있다. 음파가 들어와서 다이어프램을 진동시키면 자계 속에 있는 가동 코일도 똑같이 진동하므로, 코일에는 다이어프램에 입력된 음압에 비례하는 전압이 유기된다. 다이나믹형 자기 마이크로폰은 구조가 간단하고 견고하지만, 가동부의 질량이 무거워 고주파에서 응답 특성이 나쁘다.

그림 (b)의 리본형 자기 마이크로폰은 자계 내에 놓여있는 얇은 리본형 도체를 진동시켜 전류를 만든다. 이 형태의 마이크로폰은 가동부의 질량이 극히 작아 고주파에 응답이 가능하다. 그러나 출력 전류가 매우 작다. 리본형은 고가의 제품에 주로 사용된다.

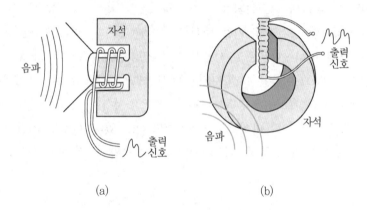

(a) (b)

그림 6.40 자기 마이크로폰의 기본 구조

07 chapter | 위치 변위 센서

센서에서 위치(position)는 여러 의미로 사용된다. 절대위치(absolute position)는 선택된 기준점에 대해서 물체의 좌표(직선 또는 각)를 결정하는 것을 의미한다. 변위(變位 ; displacement)는 한 위치에서 다른 위치로 특정 거리 또는 각도만큼 이동하는 것을 말하며, 근접(proximity)은 on/off 출력에 의해서 검출되는 일정거리를 의미한다. 물체의 위치, 변위, 근접, 물체의 존재 유무 등을 검출하는 센서들은 산업적으로 매우 중요하다. 본 장에서는 변위를 검출하는 센서를 주로 설명하고, 근접센서에 대해서는 제8장에서 자세히 다룬다.

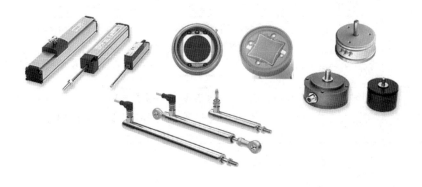

7.1 ○ 개 요

변위센서(displacement sensor)는 기준 위치에 대해서 물체가 이동한 범위(거리나 각도)를 측정하는 센서이며, 직선변위(linear displacement)와 회전변위(angular displacement)를 검출한다. 수 mm~수십 mm의 직선변위에 대해서는 퍼텐쇼미터(potentiometer), LVDT가 널리 사용되고 있다. 또 퍼텐쇼미터, LVDT 등은 계측용뿐만 아니라 기계, 장치를 조립하는데도 많이 활용된다. 회전변위는 광학식 및 자기식 인코더(optical encoder) 등이 널리 이용되고 있다.

또 변위센서는 접촉식과 비접촉식으로 구분할 수 있다. 접촉식은 확도는 우수하지만 측정거리가 짧고 응답속도가 느리다. 그에 비해서 광학식이나 자기식과 같은 비접촉 방식은 속도가 빠르고 마모를 걱정할 필요가 없다.

여기서는 직선변위와 회전변위 측정에 사용되고 있는 중요한 변위센서에 대해서 기술한다. 표 7.1은 본 장에서 다루는 위치 변위센서의 종류를 나타낸 것이다.

표 7.1 변위센서의 분류

변위 종류	검출센서	검출 원리
직선 변위	저항식 퍼텐쇼미터	직선변위를 저항변화로 검출
	LVDT	코일의 상호유도작용을 이용해 직선변위를 전압으로 검출
	정전용량형	직선 및 회전변위를 정전용량 변화로 검출
회전 변위	저항식 퍼텐쇼미터	회전변위를 저항변화로 검출
	자기식 퍼텐쇼미터	회전변위를 MR소자의 저항변화로 검출 또는 회전변위를 홀 IC를 이용해 전압으로 출력
	RVDT	코일의 상호유도작용을 이용해서 회전변위를 전압으로 검출
	광학식 인코더	회전변위를 디지털 신호로 출력
	자기식 인코더	홀 IC를 사용해 회전변위를 디지털로 출력
반도체를 사용한 위치 검출	PSD	반도체의 표면저항을 이용해 1개의 pn접합으로 입사광의 단장거리 위치 검출
	사분면 포토다이오드	4개의 분리된 포토다이오드를 이용해 광 빔의 작은 위치변화를 측정
경사각	전해질 경사각 센서	도전성 전해질을 사용해 1축 및 2축 경사각을 측정
	광학식 경사각 센서	발광다이오드, 광센서, 차광물체를 사용해 1방향 및 4방향 경사각 측정

7.2 ◦ 퍼텐쇼미터

퍼텐쇼미터는 변위를 직접 전기저항으로 변환하고, 부가회로에 의해서 저항변화를 전압또는 전류변화로 다시 변환하는 센서이다. 퍼텐쇼미터는 직선변위와 회전변위 모두를 측정할 수 있으며, 측정방식에 따라 저항식, 자기식, 광학식이 있으나, 광학식은 현재 잘 사용되지 않으므로 여기서는 저항식과 자기식에 대해서만 설명한다.

7.2.1 저항식 변위센서

1. 구조와 동작원리

저항식 변위센서(resistive displacement sensor)를 흔히 퍼텐쇼미터(potentiometer)라고 부른다. 퍼텐쇼미터는 가장 간단한 변위센서로, 양 단자에 전압을 가한 상태에서 피측정 물체에 연결된 와이퍼(wiper)가 저항체 위를 이동하여 변위에 대응하는 전압을 얻는다. 퍼텐쇼미터에는 직선변위와 회전변위 측정용의 2 종류가 있으며, 그 측정 원리는 동일하다. 그림 7.1은 직선변위 검출용 퍼텐쇼미터의 기본 원리와 외관을 나타낸 것으로, 저항체와 그 위를 직선적으로 이동하는 와이퍼로 구성된다. 검출 대상이 움직이면 내부의 와이퍼가 저항체 위를 이동하여 와이퍼와 저항단자 사이의 저항값 R_{cb}가 변한다. 이때, 출력 전압 V_o는

$$V_o = \frac{R_{cb}}{R_{ab}} V_S = \frac{x}{L} V_S = Kx \tag{7.1}$$

로 되어 출력전압은 변위 x의 크기에 비례한다.

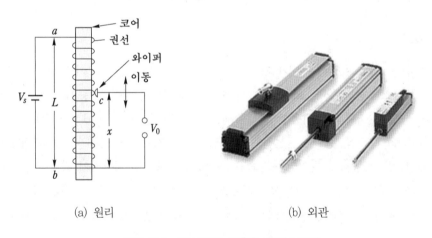

(a) 원리   (b) 외관

그림 7.1 직선변위 검출용 퍼텐쇼미터

회전변위 검출 퍼텐쇼미터는 그림 7.2와 같이 회전축이 회전하면 내부의 와이퍼가 저항체 위를 이동하고 저항값 R가 회전각 θ에 비례하여 변화한다. 즉, 와이퍼가 θ만큼 회전하면 저항 R은 $R(\theta) = k\theta$로 되고, 출력전압 V_o는 다음 식으로 된다.

$$V_o = \frac{R(\theta)}{R_{ab}} V_S = \frac{k\theta}{R_{ab}} V_S = K\theta \tag{7.2}$$

여기서, $K = k/R_{ab}$ 는 상수이다. 따라서 출력전압은 각 변위 θ에 비례하므로 회전 변위를 측정할 수 있다. 회전형 퍼텐쇼미터에는 1회전형과 다회전형이 있으며, 회전각의 변화범위는 통상 0∼3600도(10 회전)가 많다.

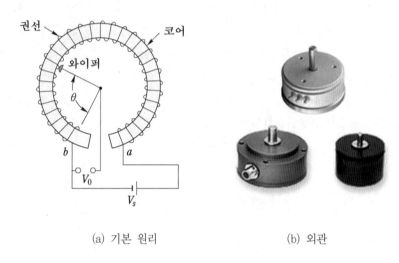

(a) 기본 원리   (b) 외관

그림 7.2 회전변위 검출용 퍼텐쇼미터

2. 주요 특성

저항식 변위센서에 사용되는 저항체 재료에는 가는 저항선을 감은 것, 카본(carbon)을 도포한 것, 도전성 플라스틱 등이 있다. 표 7.2는 이들의 특성을 요약한 것이다. 종래 니켈합금(Ni-Cr, Cu-Ni 등)과 같은 저항선을 사용한 권선형 퍼텐쇼미터(wire- wound potentiometer)에서는 슬라이더(slider)가 권선에서 권선으로 이동함으로써 저항값이 단계적으로 변화하기 때문에 최소 분해능은 저항체의 길이방향으로 0.1 mm 정도로 낮고, 수명이 짧다. 이와 같은 단점을 해결하고자 권선 대신에 도전성 플라스틱 저항을 사용한 퍼텐쇼미터는 수명도 10^7회 정도의 반복사용이 가능하고, 분해능은 2×10^{-4} mm 정도, 직선성은 0.1% 정도이다.

표 7.2 퍼텐쇼미터에 사용되는 각종 저항체의 특성

	도전성 플라스틱	권 선	하이브리드
분해능	무한소	양자화	무한소
전력정격	낮 음	높 음	낮 음
온도 안정성	부 족	우 수	양 호
잡 음	매우 낮음	낮음, 그러나 시간이 지남에 따라 나빠짐	낮 음
수 명	$10^5 \sim 10^8$ 사이클	$10^5 \sim 10^6$ 사이클	$10^6 \sim 10^7$ 사이클

3. 특징

저항을 사용한 접촉식 퍼텐쇼미터는 다음과 같은 단점을 갖는다.

- 마찰력이 크다.
- 피측정 물체와 물리적으로 연결하는 수단이 필요하다.
- 속도가 느리다.
- 마찰 및 구동전압이 저항선을 가열한다.
- 환경적 안정성이 낮다.

접촉식 퍼텐쇼미터는 와이퍼의 마모로 인해 수명의 신뢰성이 낮아, 상시 미동(微動)을 받거나 진동을 받는 장소에서 사용하는 것이 부적합한 경우가 있다. 이러한 단점을 개선하기 위해서 반도체 소자를 이용한 비접촉식으로 발전하고 있다.

비접촉 퍼텐쇼미터는 마모부를 갖지 않으므로 수명의 신뢰성이 가변저항에 비해 높다. 비접촉식 퍼텐쇼미터에는 자기저항효과 또는 광도전 효과를 이용한 것 등이 있으나 여기서는 자기식에 대해서만 설명한다.

7.2.2 자기식 퍼텐쇼미터

1. 자기저항 소자를 사용한 회전변위센서

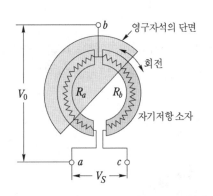
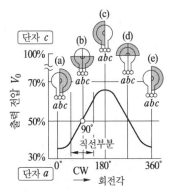

그림 7.3 자기저항 퍼텐쇼미터

그림 7.3은 자기저항 소자(MR 소자)를 저항체로 사용한 비접촉 퍼텐쇼미터의 원리를 나타낸 것이다. 제4장에서 설명한 바와 같이, 자기저항 효과란 자계의 세기가 증가하면 반도

체나 금속 자성체의 전기저항이 증가하는 현상이다. 자기저항 재료로는 InSb 등이 이용되고 있다. 자계에 의해서 전기저항이 변하는 MR 소자(R_a와 R_b)를 고정시키고 영구자석을 회전축에 설치한다. 와이퍼에 의해 영구자석이 회전하면 자석 밑에 오는 MR 소자의 저항이 증가한다. 회전각에 따른 출력전압은

$$V_o = \frac{R_a}{R_a + R_b} V_s \tag{7.3}$$

자석이 위치 (a), (e)에 오면, MR 소자의 저항은 $R_a \ll R_b$로 되어 출력전압은 작아진다.

자석의 위치가 (b), (d)로 되면, 자속이 두 MR 소자에 균등하게 통과하므로 $R_a = R_b$로 되어 출력은 $V_o = V_s/2$로 된다. 위치 (c)에서는 $R_a \gg R_b$이므로 최대 출력전압이 얻어진다.

이 방식은 무접촉이므로 다음과 같은 장점을 가진다.

- 접촉에 의한 잡음이 거의 없다.
- 마모 부분이 없기 때문에 수명이 영구적이다.
- 회전축이 베어링에 의해서 유지되므로 회전토크가 작다
- 고속 응답성이 우수하다.
- 분해능이 매우 우수하다.

MR 소자를 사용하는 자기 퍼텐쇼미터는 서보모터의 회전각 측정, ATM이나 OCR에서 종이 두께 측정, 밸브의 각도 측정, 액체의 수위 측정 등에 사용되고 있다.

2. 홀 IC를 이용한 회전변위센서

그림 7.4는 홀 IC를 사용한 회전변위 센서이다. 반원의 영구자석 가까이에 홀 IC가 위치한다. 자석이 이동하면 홀 IC를 통과하는 자속밀도가 변하여 출력전압의 변화를 가져온다.

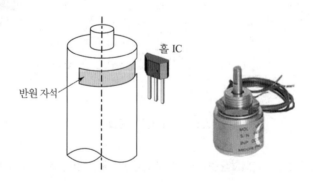

그림 7.4 홀 효과를 이용한 퍼텐쇼미터

그림 7.5는 홀 IC를 사용한 자기식 퍼텐쇼미터의 출력 곡선이다. 홀 IC에 대해 반원의 영구자석이 좌우 대칭으로 놓이면, 즉 회전각이 0이면 출력은 50%이고, 이를 중심으로 우측으로 회전하면 출력이 증가하고, 좌측으로 회전하면 출력은 감소한다. 이 센서의 최대 검출 범위는 ±45°이다. 구조를 변경하면 최대 ±170° 측정도 가능하다.

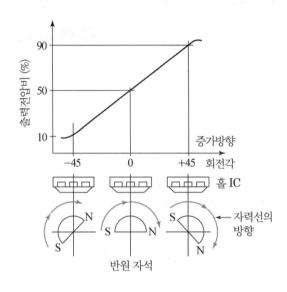

그림 7.5 홀 효과 퍼텐쇼미터의 출력 특성

7.3 ∘ LVDT 변위센서

7.3.1 구조와 동작원리

LVDT(linear variable differential transformer)는 흔히 차동 트랜스라고 부르며, 코일의 상호유도작용을 이용하여 직선변위를 그것에 비례하는 전기신호로 변환하는 센서이다.

그림 7.6은 LVDT의 기본 구조와 외관을 나타낸 것으로, 원통형의 비자성체에 감겨진 1차 코일과 두 개의 2차 코일, 피측정 물체와 연동하여 움직이는 철심(iron core)으로 구성된다. 일정 주파수를 가지는 일정 전압을 1차 코일에 인가하면, 반대 극성으로 접속된 2차 코일에는 가동철심의 위치 x에 비례하는 출력 전압이 유기된다.

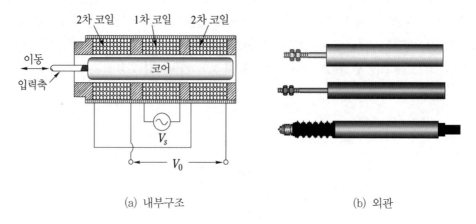

(a) 내부구조   (b) 외관

그림 7.6 LVDT의 기본구조

그림 7.7과 그림 7.8은 LVDT의 동작원리를 나타낸다. 먼저 그림 7.7과 같이 2차측 코일이 서로 접속되지 않은 경우를 생각해 보자. 1차측에 정현파 전압 $v_p = E_m \sin\omega t$ 을 인가하면, 상호유도작용에 의해 2개의 2차 코일에는 v_p과 위상이 약간 다르지만 서로 정확히 같은 정현파 전압 v_1과 v_2가 유기된다. 이것을 상호유도계수 M를 사용해 나타내면

$$v_1 = M_1 \frac{di_p}{dt} \ , \quad v_2 = M_2 \frac{di_p}{dt} \tag{7.4}$$

여기서, i_p는 1차측 전류, M_1, M_2는 각각 1차 코일과 2차 코일 사이의 상호유도 계수이다.

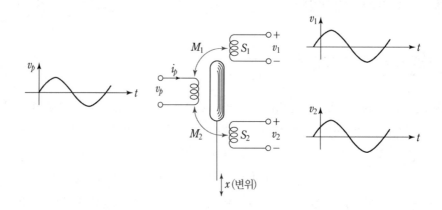

그림 7.7 LVDT의 동작설명 : 2개의 2차 코일에 유기되는 전압

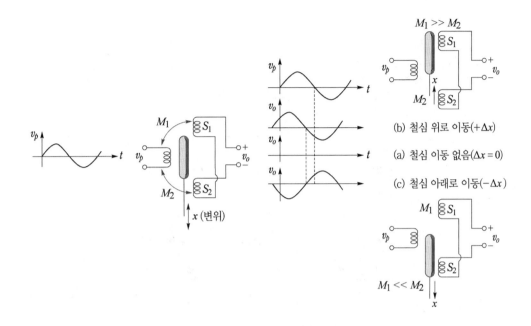

그림 7.8 LVDT의 동작설명 : 두 2차코일을 반대극성으로 접속한 경우 출력전압

이제, 그림 7.8과 같이 두 개의 2차코일 S_1, S_2을 반대 극성으로 직렬 접속한 경우를 생각해 보자. 이때 2차측 출력전압을 간단히 나타내면

$$v_o = v_1 - v_2 = M_1 \frac{di_p}{dt} - M_2 \frac{di_p}{dt} = (M_1 - M_2) \frac{di_p}{dt} \tag{7.5}$$

이와 같이 출력전압은 상호인덕턴스의 차 $(M_1 - M_2)$에 비례한다.

만약 철심이 중심($\Delta x = 0$)에 있으면, $M_1 = M_2$로 되므로 2차측 코일에 유기되는 전압 v_1과 v_2는 크기가 같고 위상이 $180°$ 다르기 때문에 출력 v_o는 그림 7.8(a)와 같이 0으로 된다. 한편 그림 (b)와 같이 철심이 중심에서 위쪽으로 이동하면 1차코일과 2차코일 S_1 사이의 결합이 좋아져 $M_1 > M_2$으로 되기 때문에 $v_1 > v_2$로 된다. 한편 그림 (c)와 같이 아래로 이동하면 1차코일과 2차코일 S_2 사이의 결합이 좋아져 $M_1 < M_2$가 되어 $v_1 < v_2$로 되기 때문에 출력전압 v_o는 0으로 되지 않고 위상이 $180°$ 다른 정현파 전압이 얻어진다.

이상 설명한 철심 위치에 따른 LVDT의 출력 특성을 나타내면 그림 7.9와 같으며, 출력전압의 진폭이 변위 x에 직선적으로 비례하여 변화함을 알 수 있다.

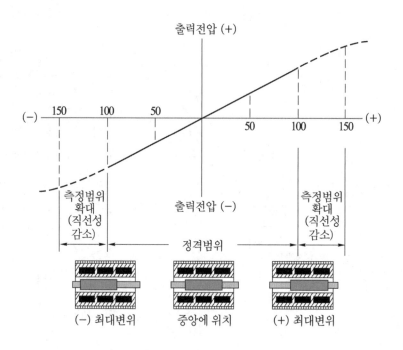

그림 7.9 LVDT의 출력 특성

7.3.2 LVDT 특성

LVDT의 최대 눈금은 수 μm~수백 mm의 범위로 계측이 가능하다. 1차 코일의 여자 전원 주파수에 상용 주파수를 사용하는 경우와 1~5 kHz의 고주파를 사용하는 경우가 있다. 보통 100 mm 이상의 큰 변위를 계측하는 경우에는 상용 주파수를 사용하는 것 이외에 고주파 발진 회로 내장형도 사용된다. 출력 파형의 위상은 철심의 중심위치(zero)을 기준으로 위상이 180° 변화하기 때문에 위치의 정부를 판정할 수 있다. 또한 동작온도 범위가 −265℃~+600 ℃인 LVDT도 있다.

7.3.3 LVDT 특징

(1) 장점

- 선형성이 우수하다(0.05 %도 가능)
- 분해능이 무한대이다.
- 소비전력은 작고, 출력전압은 크다.

- 40 V/mm정도의 고감도
- 비접촉식 센서이므로 마찰저항이 거의 없다.
- 히스테리시스가 무시할 정도로 작다.
- 출력 임피던스가 매우 작다.
- 잡음이나 간섭에 강하다.
- 구조가 견고하다.

(2) 단점

- 센서의 성능이 때때로 진동의 영향을 받는다.
- 교류를 사용해야 하고, 직류 출력이 필요한 경우 변조기가 필요하다.
- 검출 가능한 차동 출력을 얻기 위해서는 비교적 큰 변위가 요구된다.
- 동적 응답이 코어의 질량에 의해서 제한된다.

7.3.4 LVDT 응용

그림 7.10은 밸브의 동작 범위 내에서 그 위치를 정확하게 측정하는 원리를 보여주고 있다. 여기서 밸브 축은 LVDT의 철심으로 기능하는데 적합한 철심으로 만든다. 밸브 축이 상하로 움직이면 철심도 동시에 상하로 움직여 LVDT는 밸브의 위치에 비례하는 출력전압을 발생시킨다.

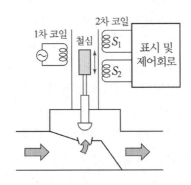

그림 7.10 LVDT를 이용한 밸브 제어

7.3.5 RVDT

RVDT(rotary variable differential transformer)는 회전각 변위를 측정하는 센서이다. LVDT와 마찬가지로 RVDT도 코일의 상호유도작용을 이용하지만, 그림 7.11에 나타낸 것과 같이 철심의 구조가 캠 모양으로 되어있다.

지금 축이 반시계 방향으로 회전하면, 철심이 코일 S_1에 접근하므로 상호유도계수가 $M_1 > M_2$로 되어 코일 S_1에 유기되는 전압이 코일 S_2에 유기되는 전압보다 더 크게 된다. 즉, $v_1 > v_2$ 이고, 출력전압은 $v_o = v_1 - v_2 > 0$ 으로 된다. 만약 축이 시계방향으로 회전하면 철심은 코일 S_2에 가까워지고 출력은 $v_1 < v_2$, $v_o = v_1 - v_2 < 0$ 로 된다.

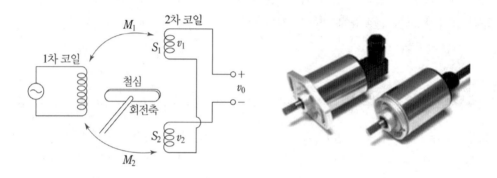

그림 7.11 RVDT의 동작 원리

대부분의 RVDT의 유효측정범위는 $\pm 60°$로 제한되어 있다. 범위가 작을수록 확도와 선형성은 좋아진다. RVDT의 장단점을 요약하면 다음과 같다.

(1) 장점

- 견고하고 내환경성이 우수해서 다양한 환경조건에서 사용이 가능하다.
- 코일과 코어가 비접촉이라 마찰저항도 없고 매우 수명이 길다.
- S/N비가 높고, 출력저항이 낮고, 히스테리시스가 무시할 정도로 작다.
- 이론적으로 분해능이 무한대이다. 사실상 각 분해능은 증폭기의 분해능이 결정한다.
- 측정이 센서의 측정범위를 벗어나도 RVDT는 영구적인 손상은 입지 않는다.

(2) 단점

- 철심이 측정 표면에 직간접적으로 측정 표면과 접촉해야 하는데, 이것이 항상 가능한 것은 아니다.

7.4 ● 로터리 인코더

인코더(encoder)란 '부호화(符號化)하는 것'을 의미하며, 운동에 응답해서 디지털 출력을 발생시키는 전기-기계적 센서이다. 인코더는 다음과 같이 분류한다.

(1) 검출 변위에 따른 분류

- 로터리 인코더(rotary encoder) : 회전 변위(각)를 검출하는 센서
- 리니어 인코더(linear encoder) : 직선 변위를 검출하는 센서

또 로터리 인코더는 다음과 같이 분류한다.

① 출력방식에 따른 분류
- 증가형(incremental-type) : 회전 변위(위치)를 펄스 수로 나타냄
- 절대치형(absolute-type) : 회전 변위(위치)를 절대 값으로 나타냄

(2) 변환 방식에 따른 분류

- 광학식 인코더(optical encoder) : 신호검출에 광센서 사용
- 자기식 인코더(magnetic encoder) : 신호검출에 자기센서 사용

그림 7.12는 현재 주로 사용되고 있는 각종 광학식 인코더의 외관을 나타낸 것이며, 여기서는 광학식 인코더를 중심으로 설명하고, 자기식 인코더에 대해서는 다음 절에서 설명한다.

그림 7.12 현재 사용되고 있는 각종 광학식 인코더

7.4.1   광학식 인코더

앞에서 언급한 바와 같이 광학식 인코더의 주된 제품에는 증가형과 절대치형이 있고, 이들을 변형시킨 절대치 멀티턴 인코더(absolute multiturn encoder), 타코 인코더(tacho-encoder), 타코미터(tachometer) 등이 있다. 이 모든 장치들은 유사한 기술을 사용하고 있으며, 단지 광 신호가 인코드되거나 처리되는 방법에 있어서 차이가 있다.

1. 증가형 인코더의 구조와 동작원리

그림 7.13은 증가형 인코더의 기본 구성을 나타내고 있다. 발광소자(LED)와 수광소자(포토다이오드, 포토트랜지스터)사이에는 회전하는 코드 원판(code disk)이 있다. 회전 원판은 금속, 플라스틱 또는 유리로 만들어지며, 원판에는 빛이 통과할 수 있는 슬롯(slot) 또는 섹터(sector)가 형성된다. 플라스틱 원판의 직경은 분해능(펄스 수/1회전 ; 디스크에 있는 슬롯 수에 대응)에 따라 40mm(2080), 50mm(5000), 90mm (10,000) 등이 있으며, 유리 원판은 더 높은 분해능이나 높은 주파수(300kHz)에 사용된다.

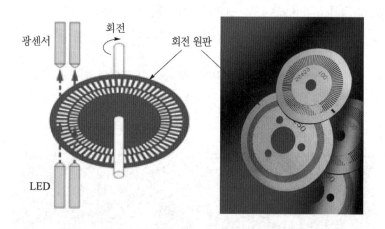

그림 7.13 증가형 인코더의 기본 구조

그림 7.14는 증가형 인코더의 동작원리를 나타낸다. 회전원판에는 위상이 90°만큼 서로 다른 2상의 슬롯 A, B와 회전의 원점을 결정하기 위한 제로 마커(zero marker) 슬롯 Z가 있다. 발광소자로부터 나온 빛은 회전 슬롯과 고정 슬롯을 통과하여 수광소자 A, B에 들어가면 전기펄스를 발생시키고, 이것을 계수하여 회전위치를 결정한다. 그러므로 기준위치를 임의로 선택할 수 있고, 회전량을 무한히 계측가능하다.

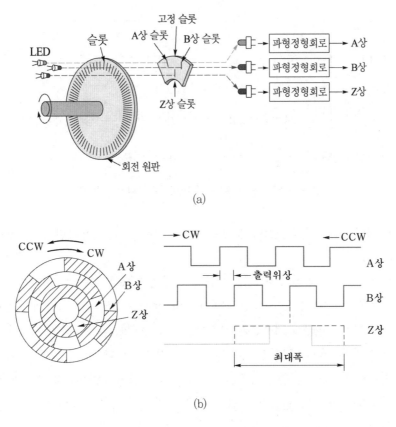

(a)

(b)

그림 7.14 증가형 인코더의 동작원리와 출력파형

회전변위에 대한 각 상의 출력전압은 그림 (b)와 같이 펄스로 나타나며, A상과 B상의 위상차로부터 축의 정회전(시계 방향)과 역회전(반시계 방향)을 판별할 수 있다. 즉, 원판이 시계방향으로 회전하면 B상 상승시점에서 A상은 "1"(즉 A상은 진상, B상은 지상)로 되고, 반대로 반시계 방향으로 회전하면 B상 상승시점에서 A는 "0" (즉 A상은 지상, B상은 진상)으로 되어 회전방향을 결정할 수 있다. Z상은 1회전에 1개의 원점신호를 발생시키고, 주로 카운터의 리셋 또는 기계적 원점 위치 검출에 이용된다. 증가형 인코더는 동작 중 정전이 되면 현재 위치를 알 수 없다.

증가형 인코더는 채널 A, B를 사용하는 방식에 따라 3가지 수준의 동작 정도(operating precision)를 제공한다.

그림 7.15(a)는 신호 B를 사용하지 않고 단지 채널 A만 사용하는 경우이다. 단순 동작으로 신호 A의 상승단(rising edge) 만을 사용하면 인코더의 분해능에 대응된다. 또 채널 A의 상승단과 하강단 (falling edge)을 사용하는 경우는 동작 확도는 2배로 된다.

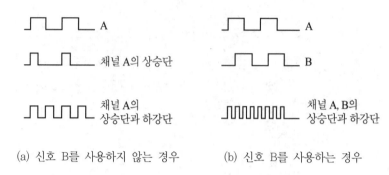

(a) 신호 B를 사용하지 않는 경우   (b) 신호 B를 사용하는 경우

그림 7.15 동작 확도를 4배로 증가시키는 원리

한편 그림 (b)와 같이 채널 A,B의 상승단과 하강단을 모두 사용하면 동작 확도는 4배로 된다.

모든 계수 시스템은 라인에 들어오는 간섭에 의해서 방해를 받는다. 이러한 간섭들은 그림 7.16 (a)와 같이 인코더에 의해서 발생된 신호와 함께 계수되어 오차를 일으킨다. 이러한 위험요소를 제거하기 위해서, 대부분의 증가형 인코더에서는 그림 (b)에 나타낸 것과 같이 신호 A, B, Z 이외에 추가의 보상신호 $\overline{A}$, $\overline{B}$, $\overline{Z}$ 를 발생시킨다. 두 신호의 합($A + \overline{A}$)은 항상 1이어야 하므로(즉 $A + \overline{A} = 1$), $A + \overline{A} \neq 1$인 경우는 간섭신호임을 의미한다. 이와 같이, 보상신호를 사용하면 인코더 펄스와 간섭 펄스를 구별할 수 있어, 간섭 신호가 계수되는 것을 방지할 수 있다.

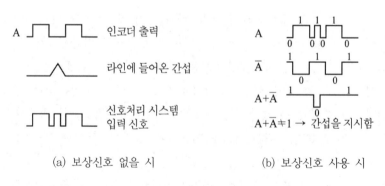

(a) 보상신호 없을 시   (b) 보상신호 사용 시

그림 7.16 보상신호에 의한 인코더 펄스와 간섭 펄스의 구별

2. 절대치형 인코더의 구조와 동작원리

절대치형 인코더(absolute type encoder)는 증가형과 유사하게 동작하지만, 회전 원판에 슬롯을 2진 부호로 만들어 회전각도에 따라 2진 코드가 출력되도록 하여, 절대위치를 상시 검출 가능하도록 한 것이다. 절대치형 로터리 인코더에 의해서 만들어지는 코드는 순2진코드(natural binary or pure binary code)이거나 또는 그레이 코드(Gray code)이다.

그림 7.17은 절대치형 인코더의 일례를 나타낸 것으로, 3개의 트랙으로 구성된다. 트랙 b_1은 반은 불투명하고 반은 투명하며, 최상위비트(Most Significant Bit, MSB)가 된다. 두 번째 트랙 b_2는 4등분 되어 불투명과 투명이 교대로 반복된다. 세 번째 트랙 b_3는 8등분되어 불투명과 투명이 교대로 반복된다. 이 트랙은 최하위비트(Least Significant Bit : LSB)이다. 이와 같이 슬롯을 형성하면 1회전마다 8개의 2진 부호 패턴을 만든다. 그러므로 3개의 슬롯에는 $360/8 = 85°$의 분해능이라 할 수 있다. 통상 분할 단위는 $1°$ 정도가 많다. 그러나 그림 7.17과 같은 순2진부호형은 어떤 수에서 다음 수로 이동할 때 2개의 비트가 동시에 변화하여 애매한 부호가 되는 문제가 있다. 예를 들면, 3에서 4로 이동시 011에서 100로 변하지만 순간적으로는 111, 즉 7이 생길 수 있다. 따라서 위치의 모호성이 발생할 수 있다.

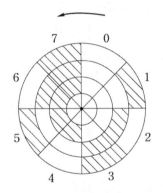

n	b_1	b_2	b_3
0	0	0	0
1	0	0	1
2	0	1	0
3	0	1	1
4	1	0	0
5	1	0	1
6	1	1	0
7	1	1	1

그림 7.17 절대치형 인코더(순2진부호)

위와 같은 모호성을 피하기 위해서, 수가 변할 때 항상 1 비트(one bit)의 부호만 변하는 그레이 코드(gray code)가 사용된다. 그림 7.18은 그레이 코드 인코더의 일례를 나타낸 것으로, 이 인코더는 절대위치를 검출할 수 있어 편리하지만 복잡한 슬롯모양을 제작해야 되기 때문에 고가로 된다.

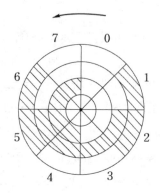

n	G_1	G_2	G_3
0	0	0	0
1	0	0	1
2	0	1	1
3	0	1	0
4	1	1	0
5	1	1	1
6	1	0	1
7	1	0	0

그림 7.18 그레이 코드

3. 인코더의 특징

지금까지 설명한 광학식 증가형과 절대치형 인코더의 특징 및 장단점을 요약하면 다음과 같다.

• 절대치형은 동작하자마자 또는 정전으로부터 회복된 후 회전체의 실제 각 위치에 대응되는 데이터를 제공한다. 반면, 증가형은 다시 초기화를 해야 한다.
• 절대치형은 라인 간섭에 둔감하다. 간섭은 절대치형 인코더에 의해서 만들어지는 코드를 변화시킬 수 있지만, 간섭이 사라지면 이 코드는 스스로를 자동적으로 수정한다. 반면, 증가형 인코더는 보상신호가 없으면 간섭 데이터가 계수된다.

7.4.2 자기식 인코더

자기식 인코더는 주로 증가형(incremental type)에 사용된다. 자기 센서로는 제4장에서 설명한 여러 가지 자기 센서가 사용될 수 있으나, 여기서는 홀 센서를 사용한 자기식 로터리 인코더와 리니어 인코더를 설명한다.

1. 자기식 로터리 인코더

그림 7.19는 자기식 인코더의 예를 나타낸다. 일정간격으로 자화된 자기 드럼이 회전하면, 회전각도에 따라 홀 IC로부터 출력되는 펄스 수를 계수해서 각도를 검출한다.

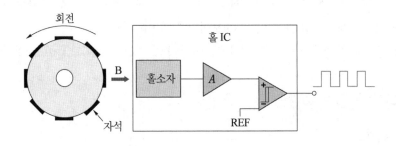

그림 7.19 자기식 인코더의 예

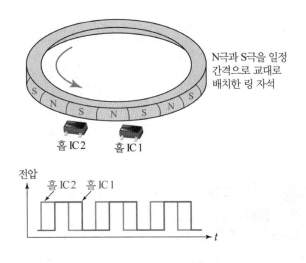

그림 7.20 자기식 인코더에 사용되는 자석 예

자기식 인코더의 두 핵심 부품은 링 자석과 홀 효과 센서이다. 그림 7.20은 인코더에 사용되는 링 자석을 나타낸 것이다. 하나의 홀 소자로는 회전 방향을 구별할 수 없기 때문에 두 개의 홀 소자가 사용된다. 이들은 작은 공극을 유지하면서 링 자석 가까이에 위치한다. 홀 소자로는 바이폴라 홀 IC(제4장)가 사용된다. 두 바이폴라 홀 IC가 S극에 노출되었을 때 ON상태로 되어 낮은 전압(Low)이 출력되고, N극에 노출되면 높은 전압(High)이 출력된다. 자석이 회전하면, 센서는 대칭적이고 주기적으로 배치된 S극과 N극에 반복적으로 노출되므로 각 센서의 출력도 High와 Low를 반복한다.

각 2−비트 상태에는 시계방향으로 증가하는 것에 대응하는 2−비트 상태와 반시계 방향으로 증가하는 2−비트 상태가 있다. 적절한 2−비트 출력을 얻기 위해서는 센서 출력은 서로 이상(異相)이어야 한다. 이상적인 간격은 $W/2 + nW$(여기서 W는 N 또는 S극의 폭, n은 임의 정수)로 알려져 있다. 이렇게 하면, 그림과 같이 출력에는 90° 위상차가 존재하게 된다. 1회전(360°회전)당 2−비트 상태의 수는 자극수의 2배와 같다. 센서가 회전하는 각 자극을 검출하기 위해서는 센서의 샘플링 율(sampling rate)이 초당 자극수(자극수/초)의 2배보다 더 커야하며, 이상적으로는 적어도 3배 이상은 되어야 한다.

자기식 인코더의 주파수 대역폭은 20kHz 이상이고, 응답시간이 15 μs으로 짧아 성능이 우수하다.

자기식 인코더의 특징을 요약하면 다음과 같다.

- 디자인이 매우 간단하다.
- 가격경쟁력이 매우 우수하다.
- 다음과 같은 이유로 신뢰도가 극히 높다.

어떠한 접촉부도 없고, 모두 반도체이며, 입력 센싱과 출력 신호가 디지털이라 내잡음성이 우수하다.

2. 자기식 리니어 인코더

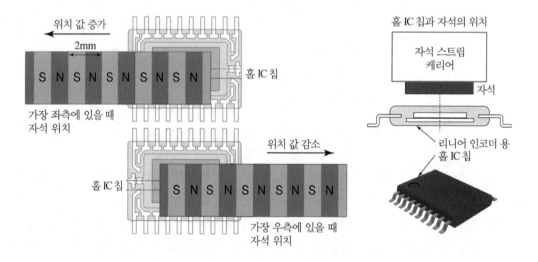

그림 7.21 홀 소자를 이용한 자기식 리니어 인코더

그림 7.21은 홀 소자를 이용한 자기식 리니어 인코더의 구성과 기본 동작을 나타낸 것이다. 센서 IC는 하나의 칩에 리니어 홀 소자 어레이, 프런트엔드 증폭기, 디지털 신호처리를 결합한 시스템-온-칩이다.

이 IC칩 위에는(공극 0.3 mm) 다수의 N극과 S극을 가지는 스트립 자석(strip magnet)이 위치한다. N 또는 S자극의 길이는 1 mm이고, 자극쌍(SN pole pair)의 길이는 2 mm이다. 홀 소자 어레이의 길이는 2 mm로, 자극쌍의 길이와 같다.

그림 7.22는 자석이 이동할 경우 자석 위치에 대한 출력의 여러 형태를 나타낸 것이다. 절대 측정은 SN 자극쌍(2 mm) 내에서 자석의 순간적인 직선 위치를 지시한다. 이때 분해능은 488 nm/step(2.0 mm/12-bit)이다. 이 디지털 데이터는 두 종류의 출력으로 제공된다. 먼저 절대 직렬 출력(absolute serial output)은 SN 자극쌍 당 0~4095개의 펄스가 발생한다. 펄스폭 변조 출력(PWM output)은 1 μ의 펄스폭으로 시작해서 0.488 μm마다 펄스를 증가시킨다. 따라서 SN자극 쌍이 끝나면 PWM(Pulse Width Modulation) 출력은 최대 4097 μs(=2 mm/0.488 μm)의 펄스폭에 도달한다.

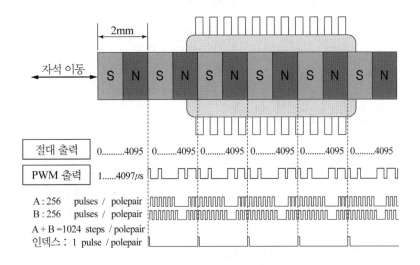

그림 7.22 자석 위치에 대한 출력

그림 7.23은 펄스폭 변조 출력을 나타낸 것이다. PWM 듀티 사이클은 자석 위치에 비례해서 증가함을 알 수 있다.

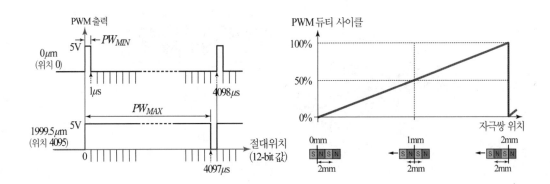

그림 7.23 PWM 출력 신호

또한 자극쌍 당 256개의 증분 펄스가 출력 A와 B에서 발생된다. 해상도는 1.95 μm/step(=2 mm/2014steps)이다.

그림 7.24는 출력 A와 B의 펄스를 나타낸 것으로, 두 출력 사이에는 90° 만큼 전기적 위상차가 존재한다. 자석이 우측에서 좌측으로 이동할 때는 출력 A가 출력 B를 앞서가고, 자석이 좌측에서 우측으로 이동할 때는 출력 B가 출력 A를 앞선다. 인덱스 펄스는 매 자극쌍마다 1개씩 발생한다.

홀 효과를 이용한 비접촉식 리니어 인코더는 높은 분해능을 가지고 직선 운동을 정확히 검출할 수 있다. 리니어 인코더는 마이크로 액추에이터 피드백, 서보 드라이브 피드백, 로봇 등에 적용되어 광학식 인코더를 대체할 수 있다.

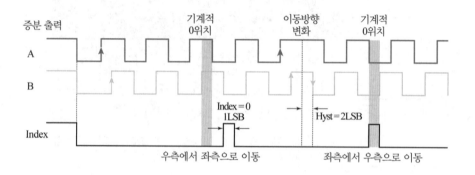

그림 7.24 증가하는 출력

7.4.3 로터리 인코더의 응용

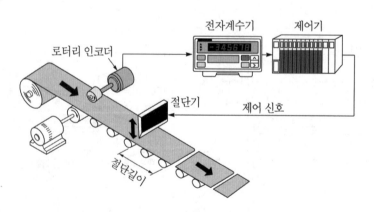

그림 7.25 로터리 인코더의 응용 예 2 : 필름의 일정길이 측정

로터리 인코더는 회전속도 또는 위치를 검출하는데, 산업체 및 의료 장비 등에서 널리 사용되고 있다. 여기서는 로터리 인코더의 대표적인 사용분야인 회전수 측정에 대한 응용 예를 설명한다.

그림 7.25는 로터리 인코더의 또 다른 사용예로, 필름 형태의 재료를 원하는 길이로 절단하는데 인코더를 응용한 경우다. 롤러는 절단될 필름을 연속적으로 공급하고, 로터리 인코더의 출력 펄스수를 전자 계수기가 계수하여 이 정보를 제어기에 전달한다. 사전에 설정된 펄스 수가 발생하면 제어기는 제어신호를 보내 절단기를 작동시켜 일정 길이로 절단한다.

이상 설명한 예는 직물, 제지, 금판, 고무, 플라스틱 산업에서 효율적인 생산과 패키징을 위해 널리 사용되고 있다.

7.5 ○ 자기저항식 위치 · 변위센서

제4장에서 설명한 바와 같이, 자기저항소자(MR)는 자계의 세기에 따라 그 저항이 변하는 센서이다. 이 MR 소자를 이용해 직선 변위와 회전 변위를 검출할 수 있다.

1. 자기저항식 회전변위 센서

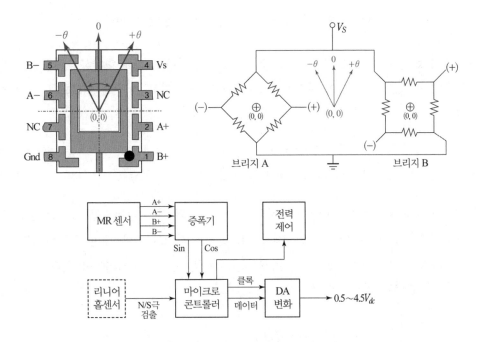

그림 7.26 회전변위(위치) 센서에 사용되는 MR 센서 IC

그림 7.26은 회전 위치 측정에 사용되는 MR 센서의 일예를 나타낸 것으로, 두 개의 MR 센서 브리지로 구성되어 있다. 브리지 A는 브리지 B에 대해서 45° 만큼 회전된 위치에 놓여 있다.

이 MR 센서는 회전 변위를 하는 자석의 상대적 운동을 검출하는데 사용할 수 있다. 그림 7.27은 간단한 회전변위 센서의 구성을 나타낸 것이다. 자석은 회전축의 끝에 고정되어 있다. MR 센서는 회전축 아래 놓여있다. 자석의 N극으로부터 나오는 자속은 그림과 같이(적색) 센서 칩을 통과해 S극으로 돌아온다.

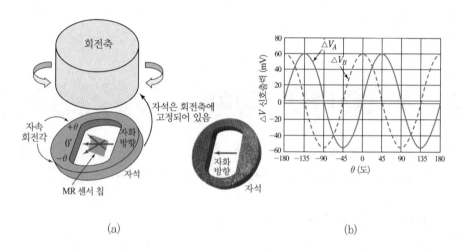

(a)   (b)

그림 7.27 회전각 위치 센서와 브리지 출력전압 파형

지금 축이 회전하면 자석도 동시에 회전하고 자화의 방향도 함께 회전한다. 이때 두 브리지의 출력에는 그림 (b)와 같이 사인파와 코사인파가 발생하고, 이것을 식으로 나타내면 다음과 같다.

$$\Delta V_{oA} = V_S S \sin(2\theta) + V_{offset, A} \tag{7.6a}$$

$$\Delta V_{oA} = V_S S \cos(2\theta) + V_{offset, B} \tag{7.6b}$$

여기서 ΔV_o 는 각 브리지에서 (+)단자와 (−)단 사이의 차동 출력전압, V_S 는 공급전압, S 는 재료상수(=11.5 mV/V), θ 는 자계각, V_{offset} 은 각 브리지에 대한 오프셋 전압이다. 두 식으로부터 사인과 코사인을 얻기 위해서는 오프셋 전압이 제거되어야 한다.

그 다음 두 출력의 비를 구하면

$$\frac{\Delta V_{oA}}{\Delta V_{oB}} = \frac{\sin(2\theta)}{\cos(2\theta)} = \tan(2\theta) \tag{7.7}$$

위 식으로부터 회전각 θ는

$$\theta = \frac{1}{2}\tan^{-1}\left(\frac{\Delta V_{oA}}{\Delta V_{oB}}\right) \quad \text{또는} \quad \arctan\left(\frac{\Delta V_{oA}}{\Delta V_{oB}}\right) = 2\theta \tag{7.8}$$

아크탄젠트(arctan)를 검토해 보면,

$$\Delta V_{oA} = 0 \text{이면 } \theta = 0$$

$$\Delta V_{oB} = 0, \ \Delta V_{oA} < 0 \text{이면, } 2\theta = -90° \text{ 또는 } \theta = -45°$$

$$\Delta V_{oB} = 0, \ \Delta V_{oA} > 0 \text{이면, } 2\theta = +90° \text{ 또는 } \theta = +45°$$

그림 7.27에서 출력전압 파형을 보면, θ의 범위가 $-45° \sim +45°$ 사이에서 직선으로 되므로 실제의 변위 측정에서는 이 직선영역을 이용한다.

한편 완전한 $360°(\pm180°)$ 회전 변위 센서를 만들기 위해서는 그림 7.26의 회로도에 나타낸 것처럼 그림 7.27에 홀 효과 센서를 추가하면 된다. 여기서 홀 센서는 자석이 MR 센서 IC의 어느 반쪽 영역에 위치하는가를 결정하는 극성 검출기(polarity detector)로 사용된다.

그림 7.28은 360° 위치검출을 위한 대표적인 센서 구성과 출력 파형을 나타낸 것이다. 자석이 MR센서 IC와 홀효과 센서를 중심으로 회전하면, 자속벡터의 방향이 뒤→앞(back-to-front) 방향에서 앞→뒤(front-to-back) 방향으로 변할 적마다 리니어 홀 센서의 출력전압 극성은 역으로 된다. 따라서 MR 센서 칩에 대해서 홀 센서를 기계적으로 거의 완벽하게 위치시키는 것이 매우 중요하다.

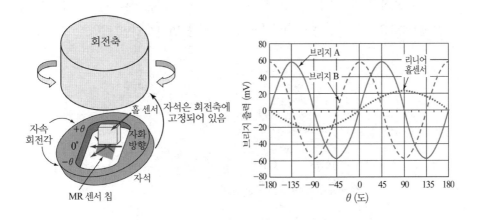

그림 7.28 360° 회전 위치센서와 출력전압 파형

지금까지 설명한 자기저항식 회전변위 센서는 ±90° 측정이 가능하며, 홀 센서와 함께 사용하면 ±180°의 측정도 할 수 있다. 분해능은 0.05° 이하로 우수하여 시스템의 확도를 증가시킨다. 또한 절대 측정이므로 어떠한 기준도 불필요하며, 정확한 타겟 위치를 알 수 있어 시스템 설계를 간단하게 한다. 소형의 표면실장형이라 PC 보드에서 공간을 절약할 수 있다. 이 센서는 원리적으로 단지 자계의 방향을 측정하는 것이기 때문에 사실상 기계적 충격이나 진동, 자석의 공극변화 등에는 영향을 받지 않기 때문에 안정되고 신뢰성이 있는 출력을 제공한다.

자기식 회전 변위 센서는 차량, 의료, 산업체 등에서 고학도 각 위치 센서, 회전속도 검출, 비접촉식 변위 센서, 속도 및 방향 검출, 밸브 위치 검출, 로봇 제어 등에 사용될 수 있다.

7.6 · 정전용량식 변위센서

정전용량식 변위센서(capacitive displacement sensor)는 변위에 따른 정전용량의 변화에 기초를 두고 있다. 그림 7.29의 평행판 캐패시터의 정전용량은

$$C(x) = \frac{\epsilon_r \epsilon_o A}{x} \tag{7.9}$$

여기서, ϵ_r은 물질의 비유전율, ϵ_o는 진공의 비유전율, A는 전극면적, x는 전극간 거리이다. 위 식에서 비유전율 ϵ_r, 면적 A, 전극 거리 x를 변화시키면 변위를 측정할 수 있다.

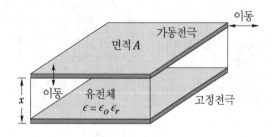

그림 7.29 정전용량식 변위센서의 기본구조

예를 들면, 그림 7.29에서 가동전극이 상하로 변위하면, 두 전극간 거리 x가 변하므로, 정전용량의 변화는

$$\frac{dC(x)}{dx} = - \frac{\epsilon_r \epsilon_o A}{x^2} \qquad (7.10)$$

x가 감소함에 따라 감도가 증가함을 알 수 있다. 그러나 식 (7.9)와 (7.10)로부터 정전용량의 변화율은

$$\frac{dC(x)}{C} = - \frac{dx}{x} \qquad (7.11)$$

로 되어, x의 변화율에 비례한다. 이 형태의 센서는 물체와 접촉 없이 미소변위 측정에 자주 사용된다.

가동전극을 좌우로 이동시키면, 커패시터를 형성하는 대향전극의 면적이 감소해서 정전용량이 변하는데, 이 방식의 정전용량 센서는 주로 회전변위 측정에 사용된다. 또 유전율 변화 방식은 동심원 전극구조로 해서 액체의 레벨 측정에 널리 사용된다.

7.7 ◦ 반도체 위치검출소자(PSD)

7.7.1 구조와 동작원리

위치검출소자(position sensitive device ; PSD)는 반도체의 표면저항을 이용해서 1개의 pn접합으로 화상을 주사(走査)하지 않고 입사광의 단·장거리 위치를 검출하는 반도체 소자이다. PSD에는 일축방향(一軸方向)의 광 위치를 검출하는 1차원 PSD와, 평면상의 광 위치를 검출할 수 있는 2차원 PSD가 있으며, 모두 pin 포토다이오드 구조를 갖는다.

1. PDS의 기본 원리

그림 7.30은 PSD의 기본 구조와 동작원리를 나타낸 것이다. 고저항 실리콘 기판 표면에 p층을, 후면에 n층을 형성하고, 상하에 출력신호를 얻기 위한 전극을 설치한다. 표면에 형성된 p층은 균일하게 분포하는 전류를 나누는 전류분할저항(R_l)으로 기능한다.

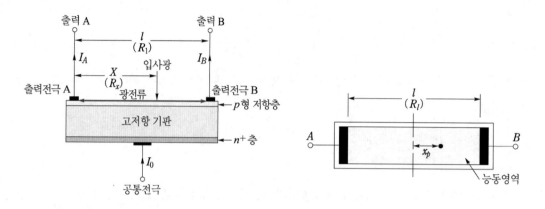

(a) 기본구조   (b) PSD 중심을 원점으로 선택한 경우

그림 7.30 반도체 위치검출소자의 동작원리

그림 7.30에서 PSD의 전극 A와 B 사이의 거리를 l, 그 저항을 R_l, 전극 A로부터 입사광 위치까지의 거리를 x, 이 부분의 저항을 R_x라고 하자. 입사광 위치에서 발생된 총전류 I_o는 각 전극까지 저항 값에 역비례하여 나누어져서 각 전극에 출력된다. 이 전류를 각각 I_A, I_B라고 하면

$$I_o = I_A + I_B \ , \ \ I_A = I_o \times \left(\frac{R_l - R_x}{R_l} \right), \ \ I_B = I_o \times \left(\frac{R_x}{R_l} \right) \tag{7.12}$$

저항층은 균일하므로, 저항 값이 길이에 비례한다고 가정하면, 위 식은

$$I_A = I_o \times \left(\frac{l - x}{l} \right), \ \ I_B = I_o \times \left(\frac{x}{l} \right) \tag{7.13}$$

로 된다. 위 두 전류의 차$(I_A - I_B)$를 합$(I_A + I_B)$으로 나눈 식을 위치신호라 하며,

$$P_1 = \frac{I_A - I_B}{I_A + I_B} = \frac{l - 2x}{l} = 1 - \frac{2x}{l} \tag{7.14}$$

또 그림 (b)와 같이 중심으로부터 위치를 정의하면 위치변환공식은

$$\frac{I_B - I_A}{I_A + I_B} = \frac{2x_p}{l} \tag{7.15}$$

이와 같이, I_A와 I_B의 차 또는 비를 알면 입사광의 세기와 그 변화에 관계없이 광의 입사 위치 신호를 얻을 수 있다

2. 1차원 PDS

그림 7.31은 1차원 PSD의 기본구조, 등가회로, 외관 등을 나타낸 것이다. 동작원리는 앞에서 설명한 것과 동일하며, 위치변환공식은 식 (7.15)과 같다.

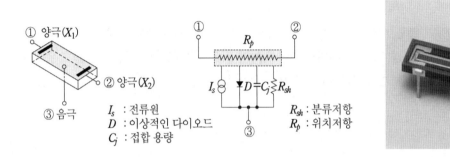

그림 7.31 일차원 PSD

3. 2차원 PDS

2차원 PSD에는 표면 분할형(front-side segmented)과 양면 분할형(double-sided segmented) 등 두 종류가 있다.

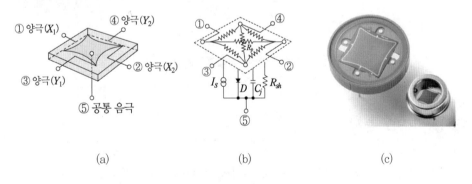

      (a)   (b)   (c)

그림 7.32 표면 분할형 2차원 PSD

그림 7.32는 표면 분할형 PSD의 원리와 구조를 나타낸다. 그림 (a)에서 광전류는 각각의 전극을 향하여 4분할되어 출력되는데, 모든 전극이 동일 저항층 상에 인접하므로 전극간의

상호간섭이 있고, 위치검출에 왜곡이 생기기 쉽다. 그래서 검출영역과 전극모양을 그림과 같이 곡선으로 하면, 전극 간 상호작용을 상당히 억제할 수가 있다. 또, 암전류(dark current)가 작고, 고속 응답, 역전압 인가가 용이한 점, 주변에서 왜곡(distortion)이 상당히 감소되는 장점을 가진다. 표면분할형 PSD의 위치 변환공식은 다음과 같다.

$$\frac{(I_{X2} + I_{Y1}) - (I_{X1} + I_{Y2})}{I_{X1} + I_{X2} + I_{Y1} + I_{Y2}} = \frac{2x}{L_X} \tag{7.16a}$$

$$\frac{(I_{X2} + I_{Y2}) - (I_{X1} + I_{Y1})}{I_{X1} + I_{X2} + I_{Y1} + I_{Y2}} = \frac{2y}{L_Y} \tag{7.16b}$$

그림 7.33의 양면 분할형은 상하 다른 면에서 독립적으로 전류분할이 이루어지기 때문에, 즉 전극이 근접해 있지 않기 때문에 위치검출 오차가 작고, 분해능과 위치 직선성이 우수하다. 양면 분할형의 위치변환공식은 다음 식으로 주어진다.

$$\frac{I_{X2} - I_{X1}}{I_{X1} + I_{X2}} = \frac{2x}{L_X}, \quad \frac{I_{Y2} - I_{Y1}}{I_{Y1} + I_{Y2}} = \frac{2y}{L_Y} \tag{7.17}$$

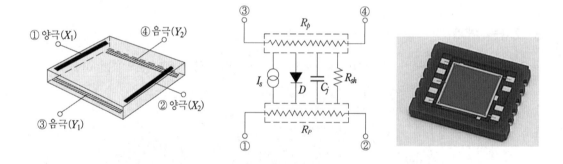

그림 7.33 양면 분할형 2차원 PSD

7.7.2 PSD 특성

여기서는 위치 직선성과 위치 분해능에 대해서 검토한다. 1차원 PSD의 경우는 어떤 형상에서도 본질적으로 위치 검출 오차는 크다.

그림 7.34는 2차원 PSD의 대표적인 위치검출 직선성을 나타낸다. 표면 분할형 경우는 중심에서 주변으로 갈수록 거의 대수적인 변화를 보이는 것에 비해서, 양면 분할형은 광원의 이동에 충실히 대응하는 양호한 직선성을 갖는다.

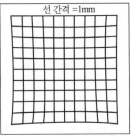
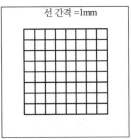

선 간격 =1mm

선 간격 =1mm

25℃, λ=900nm,
광점 크기= $\phi200\mu m$

25℃, λ=830nm,
광점 크기= $\phi200\mu m$

(a) 표면분할형　　　　(b) 양면분할형

그림 7.34 2차원 PSD의 위치검출능력(detectability) 예

위치 분해능(position resolution)이란 PSD의 수광면 상에서 검출 가능한 입사광의 최소 변위분(變位分)을 말하며, 수광면 상에서 거리로 나타낸다. 길이 l인 PSD 상에서 입사광 위치가 Δl 만큼 변위하였을 때 신호전류의 변화 ΔI 은 다음 식으로 주어진다.

$$\Delta I = I_o \frac{\Delta l}{l} \quad 또는 \quad \Delta l = l\frac{\Delta I}{I_o} \tag{7.18}$$

이 전류변화 ΔI 가 PSD의 잡음전류 I_n 과 같다고 놓으면 위치 분해능이 얻어진다. 즉,

$$\Delta l = l\frac{I_n}{I_o} \tag{7.19}$$

잡음전류 I_n 은 여러 가지 원인에 기한다. PSD의 위치 분해능을 향상시키는 효과적인 방법은 전극간 저항(R_{sh})을 증가시킬 것, 신호전류(I_o)를 증가시킬 것, 저항 길이를 짧게 할 것, 적절한 잡음 특성을 가지는 연산 증폭기를 사용할 것 등이다.

7.7.3 PSD 특징

반도체 위치 검출소자(PSD)의 일반적 특성을 열거하면 다음과 같다.

- 우수한 위치 분해능
- 넓은 분광응답 범위
- 고속 응답

- 광점의 위치와 광 레벨을 동시 검출
- 높은 신뢰성

7.7.4 응용

PSD를 이용한 위치 센서는 회로가 간단하기 때문에 광학장치에 있어서 위치나 각도 검출 등에 응용되고 있다. 자동초점(autofocus) 메카니즘, 사용자가 ATM(automatic teller machines)이나 밴딩 머신(vending machine)에 접급할 때 작동 개시, 산업체 장비에서 정밀위치검출 등에 응용되고 있다.

PSD 센서는 그림 7.35와 같은 삼각측량법(Triangulation)에 따라 위치(거리)를 측정한다. 레이저는 렌즈를 통해 가시광을 측정대상에 발사한다. 이 빔은 물체로부터 반사되고 일부는 PSD로 돌아온다. PSD로부터 물체까지의 거리는 빛이 PSD까지 이동하는 각(angle)을 결정한다. 이 각도는 수신된 빔이 PSD에 입사하는 위치를 결정한다. PSD에서 빛의 위치는 신호조정회로와 마이크로프로세서에 의해서 처리되어 적절한 출력 값을 계산한다.

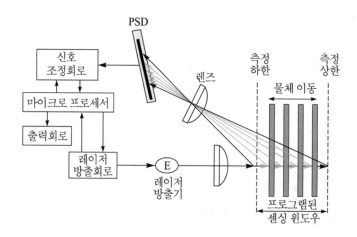

그림 7.35 삼각측량기술

삼각측량 센서는 타깃으로부터 빛의 확산반사에 의존한다. 확산반사란 그림 7.36(a)에 나타낸 것과 같이 빛이 타깃으로부터 모든 방향으로 동등하게 산란되는 것을 의미한다. 만약 타깃 표면이 거울 면과 같으면(그림 b), 빛은 단지 한 방향으로만 반사되는 경향이 있으므로, 이 타깃이 센서에 수직하지 않으면 빛은 센서에 도달하지 못할 것이다. 일반적으로 검출 대상은 확산반사와 거울 면 등 두 가지 성질을 동시에 갖고 있다. 또한 삼각측량 센서는 정확한 동작을 위해서 물체의 표면이 비다공성(非多孔性)이거나 불투명해야 한다. 투명한 플라스틱이나 반투명 물체는 측정 오차를 일으킬 것이다.

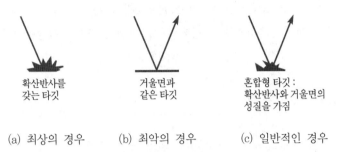

(a) 최상의 경우   (b) 최악의 경우   (c) 일반적인 경우

그림 7.36 삼각측량 센서의 오차는 타깃 표면에 의존한다.

그림 7.37은 삼량측량법에 의한 거리측정의 예이다. IRED로부터 나온 근적외선은 렌즈를 통과하면서 좁은 각도(<2°)의 빔으로 만들어진다. 이 빔이 물체에 입사된 후 PSD를 향해 다시 반사된다. 미약한 반사 빔은 렌즈에 의해 PSD 표면에 집광된다. 따라서 PSD는 그 표면에 있는 광점의 위치 x에 비례하는 출력전류를 발생시킨다. 그림에서 물체까지의 거리는

$$\frac{L_B}{L_o} = \frac{x}{f} \rightarrow L_o = \frac{1}{x} f L_B \tag{7.20}$$

로 구해진다. 여기서 f는 초점거리이다.

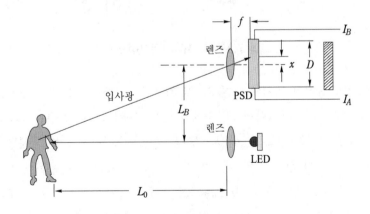

그림 7.37 PSD를 이용한 거리(위치) 측정원리

7.8 · 사분면 포토다이오드

사분면 포토다이오드(quadrant photodiode)는 4개의 분리된 능동영역(포토다이오드)을 가지는 광 검출기로, 레이저 빔과 같은 광빔의 작은 위치변화를 측정하는데 사용된다.

7.8.1 · 구조와 동작원리

그림 7.38은 사분면 포토다이오드를 이용한 위치 검출 동작을 설명하는 그림이다. 사분면 포토다이오드는 A, B, C, D 4개의 능동영역으로 구성되어 있다. 그림과 같이 균일한 원형 광점이 검출기에 입사했다고 가정하면, 4개의 포토다이오드로부터 나오는 출력을 비교함으로써 중심에 대한 광점의 위치를 결정할 수 있다.

그림 7.38 사분면 포토다이오드

그림 7.39와 같이 광점의 위치가 다른 3가지 경우를 생각해 보자. 그림 (a)에서는 광점이 B분면에만 놓여 있으므로, 포토다이오드 B에만 전류 I_B 가 흐를 것이다. 그림(b)의 경우는 광점이 모든 분면에 걸쳐있으므로 전류 I_A, I_B, I_C, I_D 가 흐른다. 그러나 B분면에 입사한 광점의 면적이 제일 넓기 때문에 I_B 의 세기가 가장 크다. 그림(c)의 경우는 광점이 정확히 중앙에 위치하므로 각 포토다이오드에 흐르는 모두 전류는 동일하다. 즉 $I_A = I_B = I_C = I_D$ 이다. 광점의 위치 좌표 x, y 는 앞 절의 PSD와 유사한 방법으로 유도하면 다음과 같은 근사식으로 주어진다.

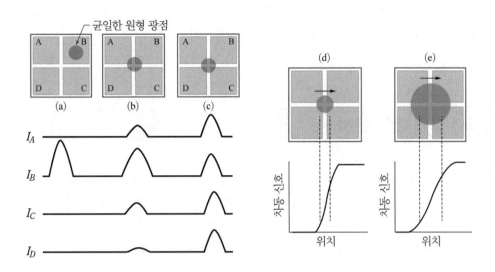

그림 7.39 사분면 포토다이오드의 위치검출 원리

$$x = \frac{(I_A + I_D) - (I_B + I_C)}{I_A + I_B + I_C + I_D} \qquad\qquad (7.21a)$$

$$y = \frac{(I_A + I_B) - (I_C + I_D)}{I_A + I_B + I_C + I_D} \qquad\qquad (7.22b)$$

사분면 포토다이오드를 사용할 때 다음과 같은 고려해야 될 제약 사항들이 있다.

- 첫째는 입사광점의 크기는 총 능동면적의 크기보다는 작아야 하고, 포토다이오드 사이의 갭보다는 커야 한다.
- 총 위치검출 범위는 입사광점 크기 또는 센서의 능동영역 크기에 의해서 제약을 받는다.
- 광점 크기가 증가하면 검출 범위는 증가하지만, 위치 분해능은 감소한다(그림 7.39 d, e). 이것은 주어진 이동에 대해서 작은 광점이 큰 광점보다 훨씬 더 큰 차동신호를 만들기 때문이다.

7.8.2 특징과 응용

사분면 포토다이오드의 구조는 APD, PIN 다이오드 등으로 되어 있으며, 다이오드 물질로는 Si, InGaAs 등이 사용된다. 따라서 특징도 매우 다양하며, 일반적으로 넓은 분광응답 범위, 고감도이고, 낮은 암전류를 가진다.

주 응용 분야로는 레이저 빔의 위치 센싱, 오토콜리메이터(autocollimator), x-y 좌표 측정, 엘립소미터(ellipsometer), 위치 검출 등에 사용된다.

7.9 ◦ 경사각 센서

경사각 센서(inclination detector or tilt sensor)는 지구의 중력중심에 대해 기울어진 임의 방향의 각도를 측정하는 센서로, 도로건설, 기계공구, 관성항법 시스템 등에 널리 사용된다. 경사각 센서를 크게 분류하면, 시스템이 기울어졌는지 아닌지 만을 판단하는 가장 기본적인 경사각 센서(경사각 스위치)와 출력이 기울어진 정도에 비례하는 경사각 센서가 있다.

7.9.1 경사각 스위치

그림 7.40은 오래된 방법이지만 아직도 경사각 검출에 널리 사용되고 있는 수은 스위치(mercury switch)이다. 유리관 속에는 두 개의 접점과 수은이 들어있다. 그림 (a)에서 센서가 중력에 대해서 기울어지면, 수은이 접점으로부터 멀어져 스위치가 개방되거나 또는 접점으로 이동해서 스위치는 닫히게 된다. 수은 스위치는 회전각이 사전에 설정된 값을 초과하는 경우에만 동작한다. 수은은 사용자에게 잠재적인 독성 물질이므로 접점 사용이 줄어들고 있다. 그림 (b)는 수은을 금속 볼로 대체한 경사각 스위치이다. 볼이 이동하여 스위치를 개폐한다.

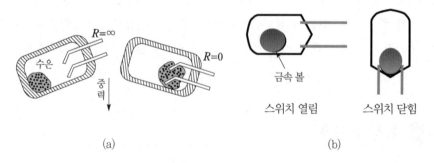

(a)　　　　　　　　　　　(b)

그림 7.40 수은 스위치

7.9.2 **전해질 경사각 센서**

전해질 경사각 센서(electrolytic tilt sensor)는 수은 수위치보다 더 높은 분해능으로 경사각을 측정할 수 있다. 그림 7.41은 1축 경사각 센서의 기본 구조를 나타낸다. 약간 휘어진 유리관 속은 부분적으로 도전성 전해질로 채워진다. 유리관 속에는 관을 따라 하나의 긴 공통전극과, 양단에 2개의 외부 전극 등 총 3개의 전극이 설치되어 있다. 관속에 남아있는 공기방울은 관이 기울어지면 관을 따라 이동한다. 따라서 중심전극과 두 양단전극 사이의 전기저항 R_1과 R_2는 공기방울 위치에 의해서 결정된다. 즉, 유리관이 그 평형위치로부터 기울어지면, 그것에 비례해서 저항 하나는 증가하고 다른 하나는 감소한다. 저항 R_1과 R_2를 교류 브리지 회로에 삽입해서 저항변화를 전기신호로 변환한다. 1축 경사각 센서는 측정 각 범위가 작아 보통 0점 찾기(null seeking) 또는 "0 반복"(0 repeat) 모드로 사용된다. 일반적으로 측정 각 범위가 좁은 전해질 경사각 센서는 큰 출력감도, 장기 및 열 안정성, 그리고 우수한 반복성을 갖는다.

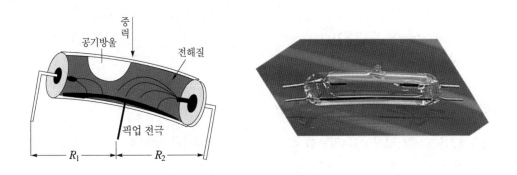

그림 7.41 1축 전해질 경사각 센서의 기본 동작원리

그림 7.42의 2축(dual axis) 센서는 1개의 공통전극, 2개의 x축, 2개의 y축 전극 등 5개의 전극을 가진다. 센서가 기울어지면, 경사진 방향에 따라 전해질이 x축 또는 y축 전극을 더 많이 덮게 되므로 x축과 y축의 저항이 변하여 각 축으로의 경사각을 알 수 있다. 2축 센서는 측정 범위가 30°~80°로 매우 넓다.

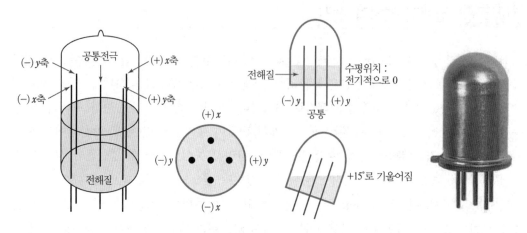

그림 7.42 2축 전해질 경사각 센서의 기본 동작원리

7.9.3 광학식 경사각 센서

광학식 경사각 센서(optical tilit sensor)는 발광다이오드(LED), 포토트랜지스터(PT), 차광물체(light shield) 등으로 구성된다. 이 센서를 광-기계식(opto-mechanical) 경사각 센서라고도 부른다.

1. 1방향 경사각 센서

그림 7.43은 1방향 경사만을 검출할 수 있는 광학식 경사각 센서로, LED, 포토트랜지스터, 빛을 차단하는 강철 볼로 구성된다.

센서가 그림과 같이 '시작위치'에 있으면, 강철 볼이 LED와 포토트랜지스터 사이에 놓여 있어 LED로부터 방출된 빛은 차단되므로, 포토트랜지스터에 흐르는 전류는 거의 0(⟨1 μA)이다. 만약 센서가 우측으로 기울어지면 강철 볼은 LED와 포토트랜지스터 사이에서 빠져나와 처음과는 반대편에 놓이게 된다. 따라서 LED에서 발사된 빛은 포토트랜지스터에 들어가서 센서를 턴온 시킨다. ASIC은 LED를 펄스로 동작시키고, LED가 온 상태일 때 광전류를 측정하여 경사각 센서 출력을 0(볼이 빛을 차단 시) 또는 높은 전압(볼이 빛을 차단하지 않을 때)으로 설정한다.

한편 센서가 좌측으로 기울어지면, 강철 볼의 위치에 변화가 없으므로 포토트랜지스터의 출력 변화도 없다. 따라서 이 방식은 한 방향 경사만을 검출할 수가 있다.

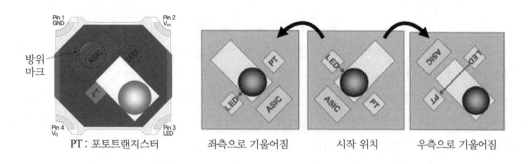

그림 7.43 광−기계식 경사각 센서의 구조와 동작

광−기계식 경사각 센서는 구조가 간단하고, 소비전력이 매우 작은 장점을 가진다. 그러나 3축 경사각을 검출하려면 3개의 센서가 요구된다. 이 센서의 응용분야는 다음과 같다.

- 디지털 카메라를 비롯한 디스플레이를 가지는 휴대용 기기에서 이미지 방위를 자동 검출
- 전자 나침판과 같이 수평 상태에서 동작하는 것이 필요한 소자
- 수평방향과 수직 방향 구별이 필요한 어떠한 장치나 시스템에 적용 가능

2. 4방향 경사각 센서

그림 7.44는 4방향을 검출할 수 있는 광학식 경사각 센서로, 적외선 LED와 2개의 포토트랜지스터로 구성되어 있다. 그림 7.43과 동작원리는 유사하나 차광물체의 역할이 크게 다르다.

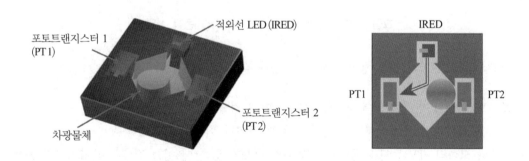

그림 7.44 4방향 경사각 센서의 구조와 동작

우측의 그림을 가지고 차광물체의 역할을 설명해 보자. 현재 차광물체는 포토트랜지스터 2에 입사하는 적외선을 차단하고 있고, IRED에서 방출된 빛은 차광 물체에 반사되어 포토트랜지스터 1에 입사되므로 PT1에 광전류가 흐른다. 이와 같이 차광물체는 빛의 차단과 반

사의 기능을 수행한다.

그림 7.45는 4방향 검출 원리를 설명하고 있다. 현재 센서가 위치 A에 놓여있다고 가정하자. 차광물체가 IRED로부터 나오는 적외선을 차단하고 있으므로, 두 포토트랜지스터에는 전류가 흐르지 않는다. 따라서 PT①과 PT②의 출력은 모두 '0'이다. 센서가 좌측으로 기울어져 B의 위치가 되면, PT①은 온, PT②는 적외선이 차단되어 오프 된다. 다시 C의 위치로 이동하면, 포토트랜지스터는 모두 온 되어 '1'의 상태로 된다. 센서가 A에서 우측으로 기울어 D의 위치로 오면, PT①은 적외선이 차단되어 오프로 되고, PT②는 온 된다.

이 센서는 두께가 매우 얇고(0.8mm) 크기가 작고(3.1mm x3.1mm), 표면실장이 가능하다. 또 진동이나 자계의 영향을 받지 않으며, 검출 과정 동안 소음이 발생하지 않는다.

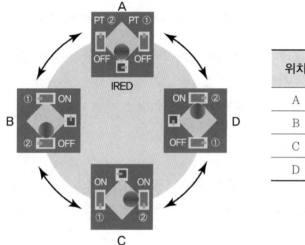

위치	포토트랜지스트 1 (PT①)	포토트랜지스트 2 (PT②)
A	0	0
B	1	0
C	1	1
D	0	1

그림 7.45 4방향 경사각 센서의 검출 동작 설명

4방향 검출 센서의 주요 응용 분야는 다음과 같다.

• 스마트 폰이나 디지털 카메라에서 이미지 방위 검출
• 프로젝터나 사진 틀에서 디스플레이를 위해 이미지 회전 검출
• 컴퓨터 모니터, TV 등이 기울어져서 넘어질 우려가 있을 때 이를 검출하여 넘어지기 전에 전원을 차단함으로써 손상을 방지.

7.9.4 가속도센서를 이용한 경사각 센서

MEMS 가속도 센서를 이용한 경사각 센서(tilt sensor)에 대해서는 제12장의 12.8.1절에서 설명한다.

7.9.5 경사각 센서의 응용분야

경사각 센서는 다양한 산업, 가전제품, 우주 군사 등 다양한 분야에서 사용하고 있다. 그들의 용도를 정리하면 다음과 같다.

- 위성 안테나 시스템에서 앙각(仰角)의 정확한 측정을 가능케 한다.
- 네비게이션 시스템에서 나침반 보상을 위해 경사각 센서가 사용된다.
- 크레인에서 안전 부하 지시기(safe load indicator) 또는 부하 모멘트 지시기(load moment indicator)와 같은 안전 시스템에 사용된다.

memo

08 | 점유 근접 센서
chapter

점유센서는 미리 설정된 특정의 위치에 사람이나 물체의 존재 유무를 검출하는 센서이며, 물체가 정지해 있건 또는 이동하건 관계없이 신호를 발생시킨다. 현재 광전 센서, 근접 센서 등이 주로 사용되고 있다. 근접(proximity)이란 의미는 우리가 검출하려고 하는 대상(물체)과 센서 사이에 물리적 접촉없이 물체의 존재를 검출하는 것을 의미한다.

점유·근접센서들은 물체의 존재유무 또는 기준점으로부터 물체의 위치를 모니터링하고, 물체의 통과, 이동, 차단 등을 확인하고, 물체의 개수를 계수(counting)하고, 검사위치를 통과하는 제품의 크기를 결정하고, 기계부품이 정해진 위치에 도달했는지를 확인하고, 조립라인에서 부품의 적절한 위치를 확인하는데 널리 적용되고 있으며, 특히 프로세스 자동화에서 중요한 센서로 사용된다.

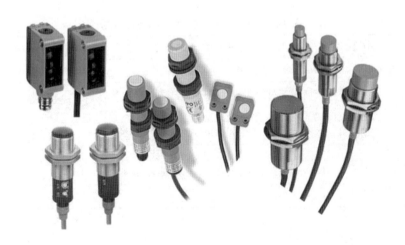

8.1 ◦ 점유·근접 센서의 기초

광전 센서는 빛을 이용해 물체의 존재유무를 검출하는 점유센서로 공장 자동화에서 광범위하게 사용되고 있다.

일반적으로 근접 센서(proximity sensor)라 함은 물체의 이동이나 존재에 대한 정보를 비접촉 방식에 의해 전기적 신호로 변환하는 모든 센서를 포함한다. 이러한 변환을 비접촉식으로 검출하는 원리에는 전통적으로 전자유도식(inductive), 정전용량식(capacitive), 자기식(magnetic) 등이 있다.

한편 우리는 근접 스위치(proximity switch)라는 용어도 함께 사용하는데, 이것은 센서 근처에 있는 물체를 비접촉식으로 검출하는 모든 센서를 말한다. 일반적으로 근접 센서는 물체와 센서 사이의 거리에 비례하는 신호를 출력하지 않고, 대신 출력은 턴온 턴오프 한다. 이러한 의미에서 근접센서를 흔히 근접 스위치라고 부른다.

근접센서의 검출범위는 광전센서에 비해 짧지만, 먼지나 기름입자 등과 같은 환경 인자에 영향을 훨씬 덜 받는다.

본 장에서는 대표적인 무접촉 동작형 센서인 광전센서, 유도형, 정전용량형, 초음파 근접센서, 리드 스위치(reed switch), 홀 소자, 자기저항소자를 이용한 자기형 근접센서 등을 중심으로 설명한다.

표 8.1 점유·근접 센서(스위치)의 분류

점유·근접 센서/스위치	동작 원리	검출 대상
광전센서	빛을 이용해 물체의 존재유무를 검출	대부분의 물체
유도식 근접센서	전자유도현상에 의해 검출금속물체에 발생하는 와전류	각종 금속 물체
정전용량식 근접센서	검출대상과 센서 사이의 정전용량의 변화	금속 물체, 레진, 액체, 분말 등
자기식 근접센서	자계가 의한 센서의 특성 변화센서로는 리드 스위치, 홀소자, 자기저항소자 등이 사용됨	자석(검출대상 물체에 자석이 붙어 있음)
초음파 근접센서	초음파의 투과와 반사를 이용	대부분의 물체

8.2 ◦ 광전센서

광전센서는 빛을 이용해 물체의 존재유무를 검출하는 센서에 대한 일반적인 명칭으로, 공장 자동화에서 광범위하게 사용되고 있다. 광전센서는 용도에 따라 많은 종류가 만들어지고 있으며, 주로 사용되고 있는 광전센서는 투과빔식, 역반사식, 확산 반사식이다.

8.2.1 투과빔식 광전센서

1. 기본 구조와 동작원리

투과빔식(through-beam) 또는 대향식(opposed mode) 광전 센서는 별도의 투광기(emitter)와 수광기(receiver)를 마주 보게 설치하고, 그 사이를 불투명한 물체가 통과할 때 일어나는 투과 광량의 변화를 전기신호로 변환하여 물체의 유무나 위치를 검출한다.

그림 8.1은 투과빔식 광전센서의 원리를 나타낸다. 투광기의 광원으로는 적외선 발광다이오드(IRED), 레이저다이오드가 널리 사용되고 있고, 수광기의 광센서로는 포토다이오드와 포토트랜지스터가 사용된다. 투광기에서, 집광렌즈의 초점에 위치한 발광다이오드는 평행광빔을 만든다. 수광기에서는 집광렌즈의 초점에 위치한 포토다이오드가 수광 에너지에 비례하는 전류를 발생시킨다. 투광기와 수광기 사이에 물체의 존재유무에 따라 불연속적인 신호가 발생한다.

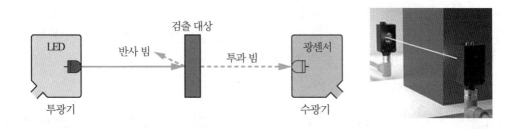

그림 8.1 투과빔식 광전센서

투과빔식의 유효검출영역(effective beam area)은 투광기와 수광기의 광학계의 유효직경에 의해서 형성되는 원통모양의 영역으로 된다. 좁은 장소 또는 투·수광기를 설치하기에는 장소 조건이 나쁜 경우 또는 검출 대상 물체가 작은 경우 광섬유(optical fiber)를 사용해서 검출할 수도 있다. 광섬유를 사용한 것은 검출거리가 30mm~1m로 정도로 짧다.

광전센서에는 목적에 따라 다양한 광원이 사용된다. 광원으로는 주로 LED가 사용되지만, 경우에 따라 반도체 레이저도 사용된다. 적외선은 긴 검출범위를 얻기 위해 강한 빔이 요구될 때 주로 사용된다. 대부분의 광전센서는 펄스 변조된 빔을 방출한다. 펄스 변조된 광을 사용하면, 외부광의 간섭을 쉽게 제거할 수 있어 검출 거리도 증가한다.

2. 주요 특징

(1) 투과빔식 광전센서의 장점

- 검출 거리가 수 mm~백 m 정도로 광전센서 중에서 가장 길다. 이것은 렌즈의 크기에 의존한다.
- 작은 부품을 검출할 수 있다.
- 먼지, 습도 등 오염된 환경에서도 신뢰성 있는 동작이 가능하다.
- 불투명 물체에 대해서 가장 이상적이다.
- 검출 확도가 높다.

(2) 투과빔식 광전센서의 단점

- 투명한 물체의 검출이 불가능하다.
- 2개의 하우징이 필요하고, 따라서 2개의 별도의 전원이 요구된다.
- 검출거리가 10 m 이상으로 되면 광축의 정렬이 곤란할 수 있다.

3. 응용

그림 8.2는 공장 자동화에 사용된 투과빔식 광전센서의 예를 나타낸 것이다. 그림 (a)는 내용물의 채워진 레벨을 검출하고, 그림(b)는 매우 작은 물체를 계수한다. 그림 (c)에서는 용기 속에 내용물이 들어있는지 여부를 검사하고 있다.

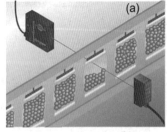 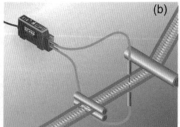 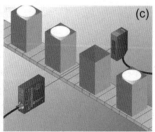

그림 8.2 투과빔식 광전센서의 응용

역반사식 광전센서

1. 기본 구조와 동작원리

역반사식(retroreflective or reflex) 광전센서에는 표준 역반사식(standard reflex)과 편광 역반사식(polarized reflex) 등 두 종류가 있다.

그림 8.3은 표준형의 동작원리를 나타낸 것으로, 투광기와 수광기를 하나의 케이스에 일체화한 본체의 반대쪽에 역반사판(retroreflector)을 설치하고 그 사이를 통과하는 물체에 의해 발생하는 투과 광량의 변화를 측정하여 물체를 검출한다. 광원으로는 주로 근적외선(850~940 nm)이 사용된다.

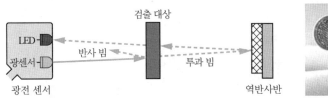

그림 8.3 반사식 광전센서

그림 8.4(a)의 역반사판은 그림 (b)와 같은 미소한 코너-큐브 프리즘(corner-cube prism)의 어레이로 구성된다. 코너-큐브 프리즘은 상호 수직인 3개 면과 하나의 직각삼각형 빗면을 가진다. 이 빗면을 통해서 프리즘에 입사한 빔은 3개의 면으로부터 반사되어 입사 빔에 평행하게 다시 빗면을 통해서 나온다. 이와 동일한 방식으로 역반사판은 입사 빔을 센서로 다시 반사한다. 거울 면이 반사경으로 사용될 수도 있으나 이 경우 입사 빔은 거울 면에 정확히 수직이어야 한다.

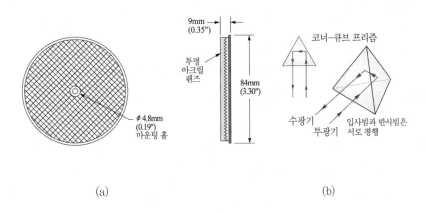

(a)   (b)

그림 8.4 역반사판

검출 대상 물체의 표면에 광택이 있는 경우에는 물체의 표면으로부터 반사하는 빛에 의해 검출이 불가능해진다. 이런 경우에는 그림 8.5와 같이 빛의 편광특성을 이용하여, 본체의 투광 측과 수광 측에 편광필터의 방향이 직교하도록 배치한다. 즉 투광기 측에는 수직편광 필터를, 수광기 측에서는 수평편광 필터를 설치한다. 검출 대상이 없는 경우에는 그림(a)과 같이 투광기 측에서 수직방향으로 편파된 빛이 역반사판에 의해서 역반사되면 편광이 변하여 수평방향성분이 존재하고 이것이 편광필터를 통과한다.

한편 그림 8.5(b)와 같이 광택이 있는 물체가 본체와 반사경 사이에 있으면, 이 물체로부터 반사된 빛은 수직편광 방향을 그대로 유지하면서 수광기 측으로 되돌아간다. 수광기 측에는 수평방향의 편광 필터가 설치되어 있으므로 반사광은 수광필터에 의해서 차단되어 수광기에 들어가지 못한다. 따라서 물체가 검출된다.

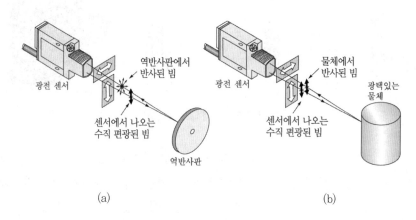

그림 8.5 편광 역반사식 : 광택이 있는 물체의 검출

2. 주요 특징

- 투·수광기가 동일 하우징에 위치하므로 단일 전원이 사용될 수 있고, 비록 투과식에 비해 검출거리가 짧지만 아직도 20 m까지 비교적 긴 검출거리를 유지하는 점이다.
- 단점은 광택이 있는 물체의 검출이 불가능하다.
- 편광 반사식은 광택물체를 검출할 수 있지만, 가격이 더 고가로 되고 검출거리가 짧아진다. 예를 들면, 표준형이 15 m이면, 편광식은 8 m이다.

3. 응용

그림 8.6은 역반사식 광전센서의 적용 예를 나타낸 것이다. 그림 (a)는 고속으로 움직이는 물체를 검출하는 것이고, 그림(b)에서는 유리나 플라스틱과 같은 투명용기를 검출하고 있다. 그림 (c)는 센서를 설치하기에 매우 제한된 곳에서도 물체를 검출할 수 있음을 보여주고 있다.

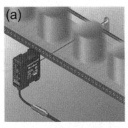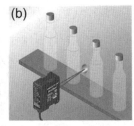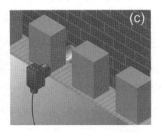

그림 8.6 편광 역반사식 광전센서의 응용

8.2.3 확산 반사식 광전센서

1. 기본 구조와 동작원리

그림 8.7은 확산 반사식(diffuse-reflective) 광전센서의 원리를 나타낸다. 투·수광부는 하나의 하우징에 같은 방향으로 설치된다. 검출대상이 그 앞을 통과 또는 접근하면 투광기로부터 나온 빛은 물체에 반사되어 사방으로 확산되고, 이 반사광의 일부를 수광기가 검출하는 방식이다. 반사판은 필요없으며, 유리 등의 투명한 물체의 검출도 가능하다. 광원으로는 적외선 다이오드가 사용되고 있다. 이 방식을 광전식 근접센서(photoelectric proximity sensor)라고도 부르며, 차후에 설명하는 초음파 근접센서와 동작방식이 유사하다.

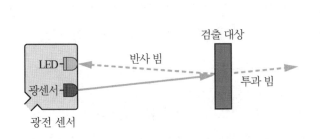

그림 8.7 확산 반사식 광전센서

그림 8.8은 확산 반사식의 여러 동작 모드를 나타낸다. 그림 (a)는 확산 모드(diffuse mode)로 가장 흔히 사용되는 동작모드이다. 대부분의 확산 모드 센서에서 평행광을 만들고 더 많은 광을 수집하기 위해서 렌즈를 사용한다. 렌즈는 검출범위의 확대에는 도움이 되지만, 반면 광택표면에 대한 센싱 각(sensing angle)의 정확한 설정이 더욱 중요하게 된다. 즉 확산 모드에서 신뢰성 있는 측정을 위해서 센서 렌즈는 광택 표면에 평행을 유지해야 한다.

그렇지 않으면 광택면이 거울과 같이 작용하여 빛을 센서로부터 멀리 반사시켜 거의 수광부로 돌아오지 못한다. 그림 (b)의 발산-확산 모드(divergent-diffuse sensing mode)에서는 광택이 있는 물체에 의한 신호 손실을 감소시키기 위해서 검출거리를 짧게 하고 렌즈를 사용하지 않는다. 그림 (c)의 수렴 모드(convergent mode)에서는 집광 렌즈를 사용해 센서 전방의 정확한 지점에 초점을 맞춘다. 수광 렌즈도 동일 지점에 초점을 맞춘다. 이것은 센서 렌즈로부터 일정 거리에 작고 강한 센싱 면적을 형성한다.

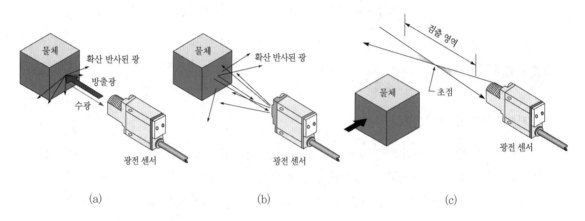

그림 8.8 확산 반사식 광전센서의 동작 모드

반사식이나 확산식은 투과형에 비해 검출하는 광의 레벨이 외부의 빛이나 검출소자의 온도 드리프트에 의해 영향을 받기 쉽다. 그래서 투사하는 빛을 일정 주기의 펄스 상으로 발사하고, 수광측에서 이것에 동기하는 신호만을 검출하는 방식이 채용된다. 이 방식은 내잡음성 향상, 발광전력 효율의 향상 등에도 효과가 있으며, 투과식에도 채용하고 있다.

2. 주요 특징

- 확산 반사식 광전센서의 장점은 어떠한 반사판도 불필요하다는 점이다.
- 약점은 검출범위가 최대 2 m로 매우 짧고, 검출물체의 색깔이나 표면 상태에 따라서도 검출거리가 다르다는 점이다.
- 배경이 검출물체보다 더 밝으면 검출이 불가능하다.
- 일반적으로 확산 모드의 검출거리는 50 mm~1 m이고, 수렴 모드는 10 mm~50 mm 정도이다.

3. 응용

그림 8.9는 확산 반사식 광전센서의 몇몇 응용 예를 나타낸 것이다. 그림 (a)는 동일 컨베이어 시스템에 놓여있는 다수의 물체를 검출하는 과정이고, 그림(b)는 용기의 내용물의 채워진 정도를 검사하는 예이다. 그림 (c)에서는 생산 라인에서 불량품을 선별하여 다른 곳으로 보내는 과정을 보여주고 있다.

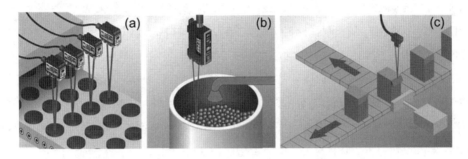

그림 8.9 확산 반사식 광전센서의 적용예

8.2.4 광전센서의 특징 요약

지금까지 설명한 광전센서의 일반적 특징을 요약하면 다음과 같다.

- 비접촉식 검출방식이라 센서의 수명이 길고, 측정대상에 어떠한 손상도 입히지 않는다.
- 검출범위가 매우 길다. 투과빔 광전센서의 최대검출거리는 100 m이며, 확산 반사식은 5 m도 가능하다. 이러한 특성은 다양한 응용분야에 적합하다.
- 다양한 물질을 검출할 수 있다. 검출물체의 표면반사, 투과광 등에 따라서 검출하므로 금속, 유리, 플라스틱, 나무, 액체, 기체 등 일반적인 것을 검출할 수 있다.
- 응답속도가 빠르다. 검출에 빛과 전자회로를 사용함으로 센서의 응답이 신속하여 고속생산 라인에서 쉽게 사용할 수가 있다.
- 검출 확도가 높다. 첨단 광학 시스템과 전자회로기술은 20 μm의 검출확도를 가능케한다.
- 물체의 색깔을 구별가능하다. 입사하는 빛의 파장에 대해 대상물체의 색깔에 따라 반사와 흡수특성이 달라지므로 광강도의 차이로 여러 색깔을 검출할 수 있다.
- 검출영역을 한정하기가 용이하고, 자계의 영향을 받지 않는다.
- 광전 센서의 단점으로는 렌즈 표면이 물, 기름, 먼지 등의 오염 등에 약하고, 또 강한 주변광에 약하다.

8.3 · 유도형 근접센서

8.3.1 기본 구조와 동작원리

유도형 또는 고주파 발진형 근접센서는 금속물체의 검출에 사용되며, 특히 검출대상이 자성체(ferrous target)인 경우 검출 감도가 양호하고, 검출거리도 길다.

그림 8.10은 유도형 근접센서의 구성과 동작원리를 나타낸 것이다. 센서의 전면에 위치한 검출코일이 그림과 같이 고주파 자계를 발생시킨다. 이 자계 내부로 금속물체가 들어오면, 전자유도작용에 의해 금속도체 내부에 와전류(渦電流 ; eddy current)가 흐르고, 열손실이 발생한다. 그 결과 검출코일의 손실저항과 인덕턴스가 변한다. 이 변화를 발진상태 검출회로가 감지하여 출력회로를 구동시켜 발진 주파수 변화 또는 발진진폭의 변화로 출력한다.

와전류가 발생하는 물체의 깊이, 즉 침투깊이는 다음 식으로 주어진다.

$$\delta = \frac{1}{\sqrt{\pi f \mu \sigma}} \tag{8.1}$$

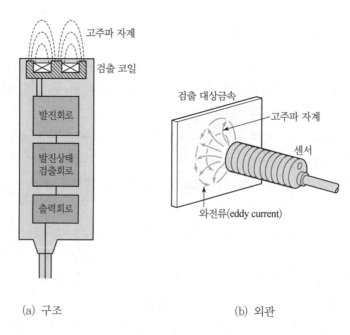

(a) 구조   (b) 외관

그림 8.10 유도형 근접센서

여기서, f는 주파수, σ와 μ는 각각 물체의 전기전도도와 투자율이다. 효과적인 동작을 위해서는 검출물체의 두께가 이 침투깊이보다는 두꺼워야 한다. 그래서 와전류 센서는 금속 박막물체 등에는 사용이 곤란하다.

발진상태의 변화를 검출하는 방법에는 발진회로의 발진 주파수나 발진전압 진폭을 검출하는 방법이 있다. 일반 금속물체를 검출대상으로 하는 경우 인덕턴스보다 저항성분의 변화가 더 크다. 따라서 발진전압의 진폭을 검출하는 방법이 발진 주파수 검출보다 훨씬 효과적인 방법이다.

그림 8.11은 검출대상 금속이 접근하면 발진전압의 진폭이 어떻게 변하는가를 나타낸 것이다. 금속 물체와 의 거리가 가까워지면, 와전류의 발생이 증가하기 때문에 발진 진폭은 서서히 감소하다가 결국 발진이 정지한다.

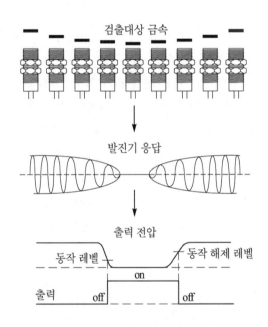

그림 8.11 금속물체 존재 시 발진 신호의 진폭변화

그림 8.12에 나타낸 것과 같이, 유도형 근접센서에는 일체형과 분리형이 있다. 일체형은 검출코일, 발진회로, 제어회로, 출력회로 등을 하나의 금속 케이스에 일체화시킨 것으로, 온도특성이 좋고, 외부 잡음의 영향을 받지 않으며, 검출 신호용 전선을 길게 할 수 있다. 유도형의 대부분은 일체형이다. 한편 분리형의 대다수는 검출코일과 발진회로를 일체화하고 제어회로를 분리하여 구성한다. 그러므로 검출부가 소형으로 되기 때문에 센서의 설치장소나 주위환경 조건에 좌우되지 않는다. 그러나 검출코일과 제어부를 접속하는 케이블이 외부 잡음의 영향을 받기 쉬우므로 케이블의 길이는 보통 수 m 이내로 한다.

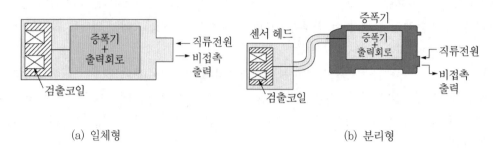

(a) 일체형   (b) 분리형

그림 8.12 구조에 따른 유도형 근접센서의 분류

8.3.2 주요 특성

유도형 근접센서의 특성 중 가장 중요한 것은 검출거리이다. 그림 8.13은 유도형 근접센서에 대한 검출거리의 예를 나타낸 것이다. 최대동작거리는 표준검출물체(철판 : $12 \times 12 \times 1$ mm)가 센서의 검출면에 서서히 접근했을 때 센서가 최초로 턴온되는 지점까지의 거리로 정의한다. 한편, 안정된 동작범위는 주위온도나 공급전압의 변동이 있더라도 센서가 표준물체를 안정되게 검출할 수 있는 거리이다. 예를 들면, 센서가 처음으로 턴온지점이 3 mm이고, 오차가 ±10 %이면, 최대동작거리는 2.7~3.3 mm이고, 안정된 검출범위는 대략 0~2.4 mm이다. 센서직경이 결정되면, 동작 범위는 센서가 차폐되었는가 또는 되지 않았는가 따라 달라진다. 차폐된 근접센서는 코일을 자계가 옆으로 퍼지는 것을 제한해서 주위의 금속으로부터 영향을 덜 받지만, 일반적으로 검출거리는 짧아진다.

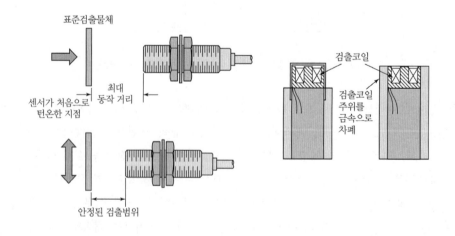

그림 8.13 유도형 근접센서의 검출거리 예

8.3.3 응용분야

유도형 근접 센서는 금속 물체 검출에 광범위하게 사용되고 있다. 산업체에서 사용 예를 들어보면, 밀링 머신에서 드릴 위치 검출, 음료수 생산 라인에서 캔 위치 및 뚜껑의 존재 유무 검출, 플라스틱 뚜껑 내부에 포일 실(foil seal)의 존재 유무 검출, 우유나 요구르트 생산 라인에서 밸브 위치 제어, 회전속도 센서에서 기어 톱니 검출에 사용된다.

그림 8.14는 낙농 제품이나 맥주 공장에서 유도식 근접센서를 사용해 밸브 위치를 제어하는 예를 나타낸 것이다.

그림 8.14 생산라인에서 밸브 제어에 사용된 예

8.4 ○ 정전용량형 근접센서

8.4.1 기본 구조와 동작원리

정전용량형 근접센서(capacitive proximity sensor)는 검출물체가 센서에 접근하면 검출전극과 대지간 정전용량이 증가하는 것을 이용하여 물체를 검출하는 것으로, 도체 및 유전체 등 모든 물체의 검출이 가능하다. 정전용량은 전극도체의 면적, 전극간격, 유전체의 종류에 의해서 결정된다.

그림 8.15는 정전용량형 근접센서의 구성도이다. 일반적으로 검출할 용량이 1 pF 이하이기 때문에 검출전극에는 수백 kHz~수 MHz의 고주파 전압이 인가된다. 물체가 접근하면 발진회로의 발진주파수가 변하고 이것을 전기신호로 변환하여 물체의 유무를 검출한다.

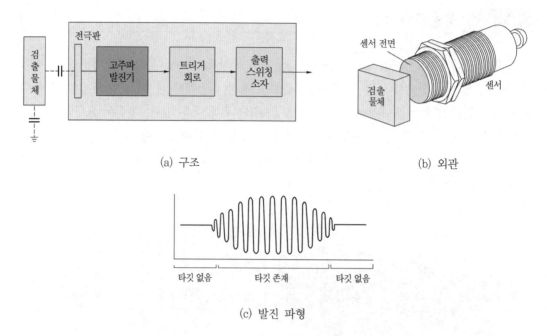

(a) 구조　　　　　　　　　　　　　　　　　(b) 외관

(c) 발진 파형

그림 8.15 정전용량형 근접센서

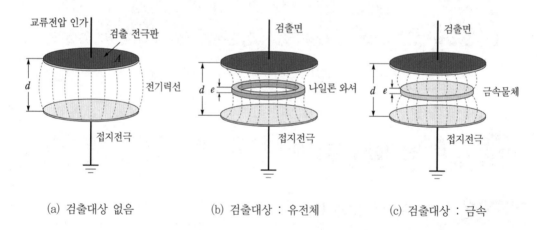

(a) 검출대상 없음　　　　(b) 검출대상 : 유전체　　　　(c) 검출대상 : 금속

그림 8.16 정전용량식 근접센서의 동작원리

그림 8.16은 검출대상이 센서에 접근할 때 센서의 정전용량이 어떻게 변하는가를 나타낸 것이다. 그림 (a)와 같이 센서에 교류전압을 인가하면, 센서 전방에 교류전계가 발생하고, 센싱 전극과 대지 사이에는 커패시터가 형성된다. 이때 두 전극간 정전용량은

$$C = \frac{\epsilon_o \epsilon_r A}{d} \qquad\qquad (8.2)$$

여기서, ϵ_o는 진공의 유전율, ϵ_r은 두 전극 사이에 놓여있는 물질의 비유전율이다. 두 전극 사이에 물체가 없는 경우(그림 a) 공기의 비유전율은 $\epsilon_r = 1$ 이고, 만약 그림 (b)와 센서 전방에 유전체(절연체)가 존재하면 평균적으로 유전체의 비유전율은 1보다 크기($\epsilon_r > 1$) 때문에 그림 (a)에 비해 정전용량은 증가한다. 그림 (c)와 같이 두 전극사이에 금속물체가 놓여있는 경우는 금속 자체가 전극의 역할을 하므로 정전용량은 다음과 같이 쓸 수 있다.

$$C = \frac{\epsilon_o A}{d - e} \tag{8.3}$$

따라서 금속(또는 도전성 물체)이 센서에 접근하는 경우도 정전용량이 증가한다. 그러므로 정전용량의 증가량을 측정하게 되면, 물체의 존재유무를 알 수 있다.

8.4.2 특성

정전용량형 근접센서의 감도는 검출대상과 센서 사이의 거리, 검출대상물체의 종류에 의존한다. 각 정전용량 센서의 정격검출거리(S_r)는 표준 타깃에 대해서 규정된다. 보통 표준 타깃으로는 물 또는 금속 또는 둘 다 사용된다. 따라서 검출거리는 대상 물체의 비유전율과 관련된다.

그림 8.17은 타깃의 비유전율과 검출가능거리 사이의 관계를 나타낸다. 만약 센서의 정격 검출거리가 10 mm이고 검출대상이 알코올이라고 가정하면, 유효검출거리는 근사적으로 정격의 85 %, 즉 8.5 mm이다. 다양한 종류의 물체 검출을 가능케 하기 위해서 정전용량형 센서는 전위차계(potentiometer)가 장착되며, 이것은 감도 조정이 가능하다.

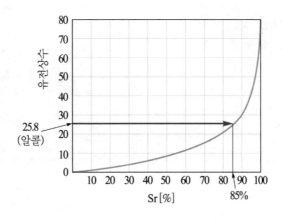

그림 8.17 검출물체의 비유전율과 검출가능거리 사이의 관계

8.4.3 특징

정전용량형 근접센서(스위치)의 특징을 요약하면 다음과 같다.

(1) 장점

- 유도형 근접센서와 달리 전계가 검출매체로 사용되므로 금속뿐만 아니라 유전체도 검출할 수 있다.
- 또 유전체의 차이로 검출하므로 비금속 용기(종이, 유리, 플라스틱 등) 속에 들어있는 물체검지가 가능하다.
- 검출물의 표면상태(광택, 색 등)에 영향을 받지 않으며, 투명체의 검출도 가능하다.

(2) 단점

- 유도형에 비해 응답속도가 다소 늦다.
- 물방울 등의 부착에 약하다. 현재는 젖은 검출물체를 오동작 없이 검출할 수 있는 정전용량형 근접센서도 개발되어 있다.

8.4.4 응용분야

그림 8.18은 정전용량식 근접센서의 응용 예를 보여주고 있다. 그림 8.18(a)에서는 용기에 액체가 정해진 레벨만큼 채워지고 있는가를 제어하는데 사용되고 있다. 그림(b)에서는 종이나 천의 릴에서 이들이 끊어지거나 파손되었는지 여부를 검출하고 있다.

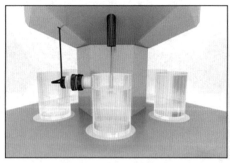
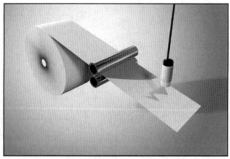

(a)   (b)

그림 8.18 정전용량형 근접센서의 응용 예

8.5 • 자기식 근접 센서

자기식 근전 센서는 자석이 만들어내는 자계를 센싱하여 물체의 접근을 검출하는 센서로, 전통적으로 오랫동안 사용되고 있는 리드 스위치(reed switch)와 제4장에서 설명한 자기 센서에 기반을 둔 근접센서가 있다.

8.5.1 리드 스위치

1. 구조와 동작 원리

리드 스위치는 간단한 자기식 근접 스위치이다. 그림 8.19는 리드 스위치의 기본 구조를 나타낸 것으로, 자성체로 되어있는 한 쌍의 리드 편(reed blade)을 불활성 가스(또는 진공)와 함께 유리관 내에 봉입한 것이다. 두 리드 편의 접촉면적은 로듐(Rh)이나 루테늄(Ru)과 같은 매우 강한 물질로 도금되어 있다. 불활성 가스로는 질소 등이 사용된다. 외부 자기장이 가까이 접근하면 두 리드 편의 접점이 접촉하여 on/off 동작을 반복한다.

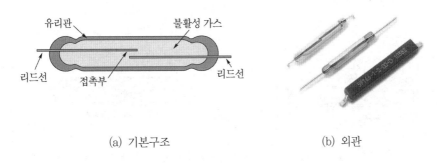

(a) 기본구조   (b) 외관

그림 8.19 리드 스위치

그림 8.20은 리드 스위치의 동작을 나타낸다. 리드 스위치 주위에 자계가 없으면, 두 접점은 개방 상태를 유지한다. 자석을 갖고 있는 검출대상이 가까이 접근하면, 자석으로부터 나온 자속이 리드 편을 통과하고, 두 리드 편은 자화되어 서로 끌어당김으로써 접점이 접촉하여 on상태로 된다.

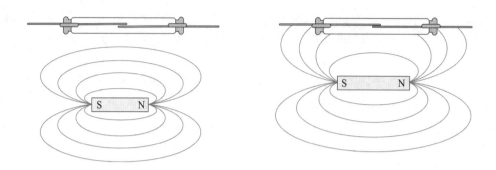

그림 8.20 리드 스위치의 동작원리

리드 스위치에는 normally open(N.O.), normally closed(N.C.), 그리고 N.C.와 N.O. 두 기능을 다 갖는 것도 있다. 앞에서 설명한 그림 8.19는 N.O. 형이다. 그림 8.21은 N.O. 과 N.C. 기능을 모두 갖는 리드 스위치이다. 자계가 없을 때 공통 리드 편은 기계적인 바이어스(mechanical bias)로 인해 N.C. 리드에 접속되어 있다. 3개의 리드 편은 모두 강자성체로 되어있지만, N.C. 리드의 접촉면적은 비자성 금속으로 되어있어 외부자계의 영향을 받지 않는다. 따라서 강한 자계가 존재하면, N.O. 리드는 자속을 통과시키고 공통 리드 편을 N.O. 측으로 끌어당겨 스위치 한다. 자계가 제거되면 공통 리드는 기계적인 바이어스로 인해 다시 N.C. 리드로 되돌아간다.

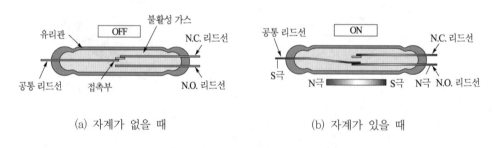

(a) 자계가 없을 때   (b) 자계가 있을 때

그림 8.21 리드 스위치의 동작원리

2. 특징

리드 스위치로부터 수 mm에서 수십 mm 거리에서 무접촉으로 스위치의 개폐 조작이 가능하다. 또 동작속도가 일반 스위치보다 매우 고속으로 되어 500 Hz 정도의 on/off에도 대응할 수 있다. 또 전자회로기술을 특별히 요구하지 않으므로 누구나 이용이 가능하다. 그러나 리드 편의 접촉 면적이 작으므로 사용 전류는 보통 1 A 이하이다. 따라서 대전류의 개폐에는 릴레이 등과 함께 사용해야 한다.

3. 응용 분야

리드 스위치는 간단하고 어떠한 외부 전력도 필요로 하지 않기 때문에 자동차, 통신, 가전 제품, 산업용 장비, 보안 관련 센서 등 광범위한 분야에 응용되고 있다. 우리 주위에서 리드 스위치를 많이 사용하고 있는 분야는 가전제품이나 보안 관련 분야에서 각종 도어의 열고 닫음 상태를 검출하는 센서이다. 도어에 영구자석을 부착해 놓으면, 침입자가 문을 여는 순간 영구자석이 리드 스위치로부터 멀어지게 되어 침입자가 있음을 알리게 된다.

8.5.2 자기식 근접 센서

그림 8.22는 GMR 센서를 사용한 자기식 근접 센서이다. 자계 프로브 내부에는 GMR 소자가 휘트스톤 브리지로 접속되어 있고, 영구자석에 의한 자계에 노출되면 브리지 출력 전압은 증가한다. 프로브의 출력 상태 변화를 신호 평가기가 감지하여 이것으로부터 출력 신호를 발생시킨다.

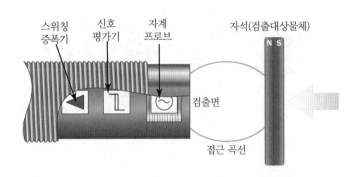

그림 8.22 GMR 소자를 이용한 자기식 근접 센서

자기식 근접 센서를 사용할 때, 센서 축에 대해서 자석이 어떻게 정렬되었는가에 따라 검출 범위가 변하는 것에 유의해야 한다. 그림 8.23 (a),(b)는 센서와 자석의 축이 서로 동일 평면상에 있는 경우이다. 그림(a)에서 자석이 스위치 곡선에 도달하면 센서는 응답하는데, 자석은 정면의 검출 범위(S_n) 내에서 축상으로 접근하든 아니면 통과하든 상관없이 동작한다. 그림 (b)에서 자석은 센서 측면에서 스위치 곡선에 도달할 때 동작한다.

한편 그림 8.23 (c),(d)는 센서 축에 자석이 수직(90°)으로 놓여있는 경우다. 그림 (c)에서 자석이 센서의 반경 방향으로 움직이면, 검출 범위는 감소한다. 예를 들어, 자석이 위에서 아래로 이동하면 자석은 자계의 방향이 반대인 지점을 통과하게 되고 이곳에서 센서는 잠시

동안 작동이 중단된다. 신호 평가기는 이와 같은 중단을 이동자석의 속도와 축상 거리에 의존하는지를 검출할 수 있다. 그림 (d)에서는 자석이 두 개의 스위치 곡선을 통과한다. 이 경우도 경계지점에서 자계의 방향은 반대로 되어 두 개의 스위칭 지점이 존재한다. 이러한 중단은 이동 속도와 센서 축과의 거리에 의존한다.

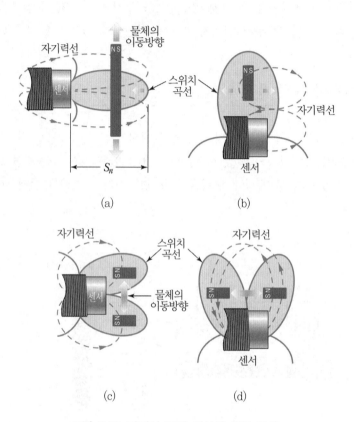

그림 8.23 자기식 근접 센서의 접근 곡선

이 근접 센서는 기본적으로 자계를 검출하는 방식이기 때문에 주변의 자성체에 매우 민감해서 설치시 주의해야 한다. 예를 들면, 그림 8.24(a)와 같이 센서를 자성체를 제외한 모든 물질과 동일 평면으로 설치하면 검출 범위에 영향을 받는다. 자성 물질에 설치하는 경우, 검출 범위의 감소를 최소화시키기 위해서 근접 센서를 그림 (b)와 같이 돌출시켜 설치한다. 돌출 높이는 센서에 따라 다르며, 그림과 같이 10 mm만큼 돌출되는 경우 측정범위는 약 5% 감소한다. 또 그림 (c)와 같이 자성체와 자석을 동일 평면으로 설치하면 측정 범위는 약 60%까지 감소한다. 한편 자계는 모든 비자성 물체를 투과하기 때문에 검출 범위에 대한 영향없이 비자성 물질의 벽 뒤에 있는 물체나 매질의 검출이 가능하다.

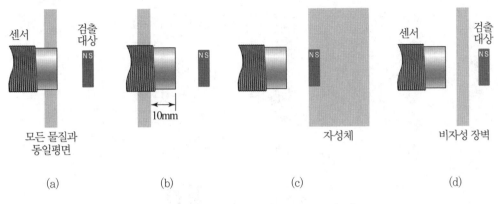

그림 8.24 자기식 근접 센서의 설치 예

8.6 ○ 초음파식 근접센서

초음파식 근접센서(ultrasonic proximity sensor)는 초음파의 투과와 반사를 이용하여 검출물체의 위치나 접근을 검출하는 센서이다. 사용하는 초음파의 주파수는 지향성이 좋은 200 kHz 정도의 초음파를 사용하여 물체를 검출한다.

검출 방식에는 투과식과 확산식(근접식)이 있다. 투과식은 초음파 송·수진기를 서로 마주보게 설치하고 그 사이를 통과하는 물체에 의해 생기는 초음파 빔의 차단 또는 감쇄를 검출한다. 이 방식은 검출거리를 크게 하면 초음파의 비임의 지향성이 크기 때문에 분해능이 저하하므로 단거리에만 채용되며, 검출거리는 1 m 정도이다. 확산식은 표준 동작모드이며, 초음파 콘의 동작범위 속으로 이동하는 검출대상으로부터 반사되는 초음파에 의해서 센서 출력이 발생된다. 여기서는 초음파 근접센서에 널리 사용되는 확산식에 대해서 설명한다.

8.6.1 기본 구조와 동작원리

그림 8.25는 초음파 근접센서의 구성을 나타낸 것으로, 송신기와 수신기가 일체로 되어 있고, 송신기로부터 발사된 펄스상의 초음파가 검출물체에서 반사되어 되돌아오는 것을 수신기에서 검출하고, 그 시간을 계측해서 검출하는 방식이다.

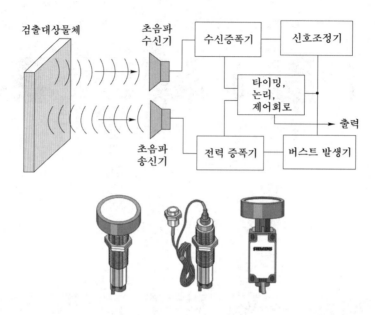

그림 8.25 초음파 근접센서

그림 8.26은 반사식 초음파 센서의 송신파와 반사파(에코 펄스) 사이의 관계를 나타낸다. 송신파는 약 30개의 펄스로 구성된다. 센서로부터 검출대상까지의 거리는 다음 식으로 된다.

$$L = \frac{t \times c}{2} \tag{8.4}$$

여기서, t는 초음파의 주행시간(물체까지의 왕복시간), c는 음파의 속도이다. 음파의 속도는 매질(성분과 압력)이나 온도에 의존한다. 공기 중에서 음파의 속도는 약 1/6 %/℃ 율로 변한다. 공기 중에서 음파의 속도에 대한 표현식은

$$c = 20\sqrt{273 + T} \ \text{m/s} \tag{8.5}$$

여기서, T는 공기의 온도 ℃이다. 보통 공기 중의 음파 속도는 340 m/s이다.

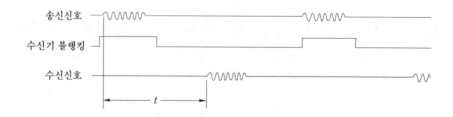

그림 8.26 초음파 근접센서의 송신파와 반사파(에코 펄스)

8.6.2 특성

초음파 근접센서와 관련된 주요 특성을 설명하면 다음과 같다.

(1) 검출 범위(sensing range)

센서의 동작 범위를 말하며, 그림 8.27에 나타낸 것과 같이 검출범위는 조정이 가능하다. 초음파 근접센서의 신뢰성 있는 검출범위는 5 cm~10 m이다.

(2) 블라인드 존(blind zone)

센서와 최소 검출범위(minimum range) 사이의 영역을 말하며, 6~80 cm 범위이다. 이 영역에 위치한 물체는 불안정한 출력을 발생시키기 때문에 정확한 검출이 불가능하다.

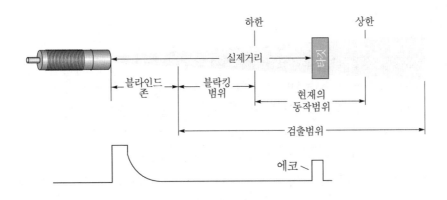

그림 8.27 초음파 근접센서의 검출범위 정의

(3) 성능에 영향을 주는 인자

초음파 센서의 성능은 여러 인자에 의해서 방해를 받는다. 특히 바람, 습도, 온도 등과 같은 환경적 요인들에 큰 영향을 받는다. 예를 들면, 그림 8.28(a)와 같이 급격한 또는 강한 공기의 흐름이 발생하면, 초음파가 가속(지연)되거나 진행경로가 흐트러져 센서는 검출대상의 정확한 위치를 인식할 수 없다.

초음파 빔의 축(기준 축)에 수직한 평면 타깃은 대부분의 초음파 에너지를 반사시킨다. 그러나 그림 8.28(b)과 같이 타깃 면이 빔 축과 어떤 각을 이루면, 즉 타깃 각(target angle)이 증가하면 센서에 수신되는 에너지는 감소하고, 어떤 각도에 도달하면 센서는 더 이상 타깃을 인식할 수 없다. 대부분의 초음파 센서에서 타깃 각은 10° 이하이어야 한다.

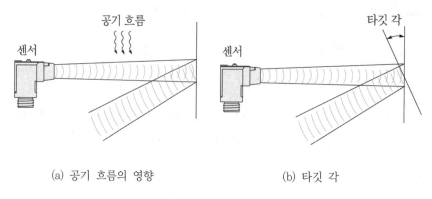

(a) 공기 흐름의 영향　　　　　　　　　(b) 타깃 각

그림 8.28 초음파 근접센서의 성능에 영향을 주요 인자

8.6.3　특징과 응용

　반사식 초음파 근접센서는 비교적 큰 검출거리가 얻어지고, 반사면의 광학적 성질(색, 반사율, 투과율)에 영향을 받지 않으며, 분진의 영향도 작기 때문에 반사식 광전센서의 결점을 보완할 수 있다. 이론상 초음파 센서는 어떠한 형태의 물체도 검출이 가능하지만, 주 검출대상은 벽돌(bricks), 병, 강철 괴(steel ingot), 판유리, 액체 레벨 등이다.

　그러나 광전 스위치보다 커서 설치에 불리하고, 온도, 바람, 음향 등의 잡음에 의해서 오동작하며, 스폰지, 면, 고무와 같은 흡음물체(sound-absorbing material)는 검출이 불가능하다. 이와 같은 단점을 보완한 초음파 스위치도 개발되어 나오고 있으나 광전식 근접 스위치의 보완적 성격이 강하다.

8.7 ◦ 근접센서의 비교

　표 8.2는 8장에서 설명한 근접센서의 장단점과 주요 응용분야를 비교한 것이다. 이러한 장단점을 고려해서 적용분야에 적당한 센서를 선택해야 한다.

표 8.2 근접센서의 비교

센 서	장 점	단 점	주요 응용분야
광전센서	• 모든 종류의 물체 검출 • 긴 수명 • 가장 긴 검출거리 • 매우 빠른 응답	• 렌즈 오염 가능성 • 검출범위가 검출대상물체의 색갈이나 반사율에 영향 받음	• 패키징 • 물건 취급 • 부품 검출
유도식	• 내환경성 우수 • 예측 가능성 높음 • 긴 수명 • 설치 용이	• 검출거리에 제약	• 산업용 기계 • 머신 툴 • 금속 물체만 검출
정전용량식	• 용기내용물 검출 • 비금속 물체 검출 가능	• 급격한 환경변화에 매우 민감함	• 레벨 검출
초음파식	• 모든 물체 검출	• 분해능 • 반복성 • 온도변화에 민감	• 충돌방지 • 도어 • 레벨 제어
리드 스위치	• 동작속도가 빠르다 • 구조, 회로, 설치 간단 • 외부전력 불필요	• 취약해서 납땜시 주의요 • 사용전류가 작음 • 강한 자석 필요	• 보안관련 분야(도어) • 가전제품

memo

09 chapter | 힘 토크 촉각 센서

힘은 우리 일상을 지배하는 대표적인 물리적 양이다. 힘은 정지하고 있는 물체를 움직이고, 움직이고 있는 물체의 속도나 운동방향을 바꾸거나 물체의 형태를 변형시키는 작용을 한다. 우리 주위에는 여러 종류의 힘이 존재하지만, 어느 경우라도 물체에 힘이 작용한다는 것은 물체의 운동 상태, 즉 속도가 변하는 것에 의해 판단되며, 그 크기는 운동법칙과의 관련성에 입각하여 정의된다. 일반적으로 힘을 검출하는 센서는 힘이 탄성체에 작용할 때 발생되는 물체의 변형을 이용한다. 작용한 힘의 크기를 미소한 변위(변형)으로 변환하고, 그 변위(변형)를 다시 전기적 양으로 변환하는 방식이 사용되고 있다.

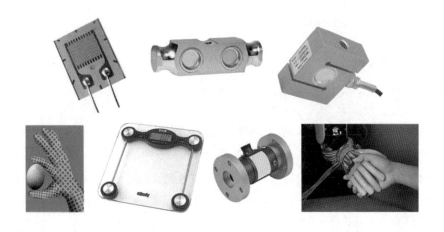

9.1 ◦ 개 요

우리는 물체를 밀거나 당길 때 힘을 사용한다. 모터가 엘리베이터를 끌어올리고, 바람은 나뭇잎을 휘날리게 한다. 이와 같이, 직관적으로 '힘은 밀고(push) 당김(pull)'이라고 정의할 수 있다. 물체에 힘이 작용하면 물체의 크기, 모양, 또는 운동을 변화시킬 수 있다. 힘은 방향과 크기를 모두 갖는 벡터량이며, 국제 단위계에서 N(newton)으로 측정된다. 중량 (weight)은 중력에 기인하는 힘이다. 질량(mass)은 물체에서 물질의 양(quantity)에 대한 척도이다.

힘(밀거나 당김)이 질량(물질의 양)에 작용할 때, 질량을 가속시킨다, 즉 속도를 변화시킨다. 힘, 질량, 가속도 사이의 관계는 운동에 대한 뉴턴의 제2법칙으로 주어진다. 즉,

$$F = ma \tag{9.1}$$

여기서, m은 물체의 질량, a는 가속도이다. 위 식에 따라 질량 1 kg의 물체에 1 m/s^{2}의 가속도를 주는데 요구되는 힘을 1 N =1 kg · m/s^{2}이라고 정의한다. 힘과 다른 물리량과의 관계를 보면

$$\text{가속도(acceleration)} : \quad a = \frac{F}{m} \tag{9.2}$$

$$\text{압력(pressure)} : P = \frac{F}{A} (A : \text{힘이 작용하는 면적}) \tag{9.3}$$

$$\text{토크(torque)} : \tau = FL \ (L : \text{팔의 길이} : \text{lever arm}) \tag{9.4}$$

이와 같이, 가속도, 압력, 토크 등의 측정은 힘의 측정과 관련된다. 이 장에서는 힘, 중량, 토크 측정만 다루고, 압력과 가속도 측정은 각각 다른 장에서 설명할 것이다.

일반적으로 힘을 검출하는 센서는 먼저 탄성체(彈性體 ; spring element)를 이용하여 작용한 힘의 크기를 미소한 변위(또는 변형)으로 변환하고, 그 변위(또는 변형)를 전기적 양으로 변환하는 방식이 사용되고 있다. 이때, 사용하는 탄성체를 1차 변환기, 그 변형을 검출하는 센서를 2차 변환기라고 부른다.

본 장에서는 먼저 1차 변환기인 탄성체의 변형에 대해서 설명하고, 힘과 관련된 센서에서 2차 변환기로 가장 널리 사용되고 있는 스트레인 게이지(strain gage)와, 이를 이용해서 물체의 하중을 검출하는 로드 셀(load cell) 및 토크 센서를 중심으로 힘 센서를 설명한다. 마지막으로, 국부적인 힘의 분포를 검출하는 촉각 센서에 대해서 설명한다.

9.2 · 탄성체의 변형

9.2.1 응력과 변형률

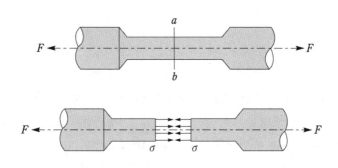

그림 9.1 수직 응력

그림 9.1에 나타낸 것과 같이, 단면이 일정한 평행부를 갖는 원통 모양의 시료 양단에 크기 F의 인장하중(引張荷重)을 가하면, 축방향에 수직인 단면 ab에는 인장력에 저항하는 내력(耐力 ; internal resisting force)이 발생한다. 내력이 ab 단면에 균일하게 분포한다고 가정하면, 그 총합은 인장하중 F와 같다. 이 경우 단위면적당 내력을 응력(應力 ; stress)이라고 부른다. 일반적으로 응력은 σ의 기호로 표시하며, ab 단면의 면적을 A라 하면

$$\sigma = \pm \frac{F}{A} \qquad (9.5)$$

로 정의한다. 여기서, F가 인장하중이면 응력 σ는 인장응력(tensile stress)이라 부르고 (+)부호로 나타내며, F가 압축하중이면 압축응력(compres- sive stress)이라 하고 (−)부호로 구별하여 나타낸다. 또, 이 응력은 ab 단면에 수직으로 생기므로 총칭하여 수직응력(normal stress)이라고 부른다.

응력의 단위로는, SI 단위계에서 Pa(pascal ; 파스칼)를, EGS(English Gravitational System) 단위계에서 psi(pounds per square inch)가 흔히 사용된다. 이들 관계를 정리하면 다음과 같다.

$$1~\text{Pa} = 1~\text{N/m}^2, \quad 1~\text{psi} = 6.89 \times 10^3~\text{Pa}$$

구조물이나 기계를 구성하는 재료는 강체가 아니므로 하중에 대응해서 생기는 응력에 의해서 변형된다. 이 변형의 크기는 응력의 크기가 동일하더라도 물체의 크기에 따라 다르며, 응력이 클수록 큰 변형이 생긴다. 그림 9.2와 같이, 길이 L인 시료에 하중 F를 가할 때 시료 길이가 축방향으로 ΔL만큼 늘어나거나 줄어든다고 가정하면, 이때 축방향 변형률(變形率 ; strain)은 다음과 같이 정의된다.

$$\epsilon = \pm \frac{\Delta L}{L} \tag{9.6}$$

변형율의 단위는 mm/mm와 같이 되므로, ϵ는 차원이 없는 양이다. 변형이 그림 9.2(a)와 같이 인장응력에 의해서 발생하면 인장변형(tensile strain)이라 부르고, 그림 (b)와 같이 압축응력에 의해 ΔL만큼 압축된 경우는 압축변형(compressive strain)이라 한다. 통상 인장변형을 정(+)으로, 압축변형을 부(−)로 표시한다. 인장변형과 압축변형을 총합하여 수직변형률(normal strain) 또는 종변형률(longitudinal strain)이라고 부른다.

일반적으로 변형률의 값은 0.005 이하로 매우 작기 때문에, 자주 마이크로 스트레인(micro-strain)이라는 단위를 사용해서 나타낸다. 마이크로 스트레인은 변형률에 백만 배를 한 것이다. 즉 micro-strain = strain $\times 10^6$로 정의한다.

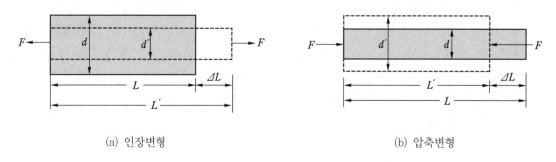

(a) 인장변형   (b) 압축변형

그림 9.2 인장변형과 압축변형

인장하중 F를 인가하면 축방향 길이가 늘어날 뿐만 아니라, 직경이 압축되어 횡방향으로도 변형이 발생한다. 지금 최초의 직경 d가 Δd만큼 압축되어 $d - \Delta d$로 되면, 이때의 변형률 ϵ_t는

$$\epsilon_t = -\frac{\Delta d}{d} \tag{9.7}$$

로 정의되고, ϵ_t을 횡변형률(lateral strain)이라고 한다. 또 식 (9.8)과 같이 횡변형률과 종변형률의 비를 포아손 비(Poisson's ratio)라고 부르며, 이 값은 재료에 따라 다르다.

$$\nu = -\frac{\epsilon_t}{\epsilon_a} \tag{9.8}$$

하중이 작은 범위에서는 응력 σ와 변형률 ϵ은 비례한다는 사실이 1678년 후크(Robert Hooke)에 의해서 실험적으로 증명되었으며, 이를 후크의 법칙(Hooke's law)이라고 한다. 그림 9.2의 경우와 같이 일축응력(uniaxial stress) 상태에서, 수직응력을 σ, 그 방향의 변형률을 ϵ이라 하면, 후크의 법칙은 다음과 같이 쓸 수 있다.

$$\sigma = E\epsilon \tag{9.9}$$

비례정수 E를 종탄성계수(modulus of longitudinal elasticity), 또는 이 관계를 최초로 도입한 영(Thomas Young)의 이름을 따서 영률(Young's modulus)이라고 부른다.

9.2.2 전단응력과 변형률

그림 9.3(a)과 같이, 물체의 단면에 평행으로 서로 반대방향인 한 쌍의 힘을 작용시키면 물체가 그 면을 따라 미끄러져서 절단되는 것을 전단(剪斷;shear)이라고 하며, 이때 받는 작용을 전단작용이라 하고, 이와 같은 작용이 미치는 힘을 전단력(剪斷力)이라고 부른다. 전단력에 의해서 물체 내부의 단면 A에 생기는 내력을 전단응력(shearing stress;剪斷應力)이라고 하며, 단위면적당의 힘으로 표시된다.

지금 물체의 양 단면 AB, CD에 평행한 힘, 즉 전단력 F를 작용시키면 이 물체는 미소각 δ만큼 변형하여 그림 (b)의 점선으로 된다. 이 전단력의 이동면 AB 및 CD의 면적을 A라 하면, 전단응력 τ는 다음 식으로 표시된다.

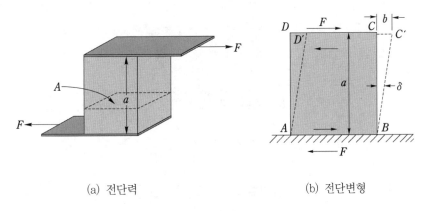

(a) 전단력   (b) 전단변형

그림 9.3 전단력과 전단변형

$$\tau = \frac{F}{A} \tag{9.10}$$

전단응력에 의한 변형은 단위거리당 스립(slip) 양으로 나타낸다. 즉

$$\gamma = \frac{b}{a} \tag{9.11}$$

이를 전단변형률(剪斷變形率 ; shearing strain), 또는 앞에서 설명한 수직변형에 대해서 접선변형(tangential strain)이라고도 부른다. 변형이 작은 경우에는 전단변형률 γ는 다음과 같이 쓸 수 있다.

$$\gamma = \tan\delta \fallingdotseq \delta \tag{9.12}$$

9.2.3 평면응력

실제로 많은 경우에는 그림 9.4와 같이 평면응력(2차원) 상태로 된다. 평면응력(plane stress)에서 각 방향으로의 변형률 ϵ과 응력 σ은 다음 식과 같이 주어진다.

$$\epsilon_x = \frac{1}{E}\left[\sigma_x - \nu\sigma_y\right], \quad \epsilon_y = \frac{1}{E}\left[\sigma_y - \nu\sigma_x\right], \quad \epsilon_z = -\frac{\nu}{E}\left[\sigma_x + \sigma_y\right] \tag{9.13}$$

$$\sigma_x = \frac{E}{1-\nu^2}\left[\epsilon_x + \nu\epsilon_y\right], \quad \sigma_y = \frac{E}{1-\nu^2}\left[\epsilon_y + \nu\epsilon_x\right], \quad \sigma_z = 0 \tag{9.14}$$

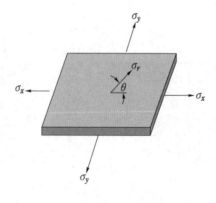

그림 9.4 평면 응력

9.3 · 스트레인 게이지

지금까지 설명한 물체의 변형은 기계적, 광학적, 음향적, 전기적 수단으로 측정할 수 있으며, 현재 가장 널리 사용되고 있는 것은 스트레인 게이지(strain gage)이다. 스트레인 게이지는 금속 또는 반도체로 만들어지는 일종의 전기저항이며, 그 저항 값의 변화가 변형에 비례하는 센서이다.

9.3.1 스트레인 게이지 이론

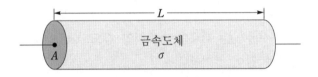

그림 9.5 금속 저항선

그림 9.5와 같이, 단면적 A, 길이 L인 금속 저항선의 전기저항 R은

$$R = \rho \frac{L}{A} \tag{9.15}$$

여기서, ρ는 재료의 비저항(resistivity)이다.

지금 금속 저항선 양단에 인장력을 가하면, 길이가 $L + \Delta L$로, 직경이 $d - \Delta d$로 변하고, 식 (9.15)에 따라 전기저항도 변할 것이다. 식 (9.15)을 미분하고 R로 나누어주면

$$\frac{dR}{R} = \frac{dL}{L} - \frac{dA}{A} + \frac{d\rho}{\rho} \tag{9.16}$$

원형 단면을 갖는 금속 도선에 위 식을 적용해 보자. 앞에서 설명한 바와 같이 금속도선에 인장력이나 압축력을 가하면 변형이 발생한다. 원형 단면적을 가지는 금속 도선의 직경변화는 식 (9.7)과 (9.8)에 의해

$$d' = d\left(1 - \nu \frac{dL}{L}\right) \tag{9.17}$$

여기서, 각각 d, d'는 각각 축방향 응력을 가하기 전후의 도체 직경이다. 따라서 원형 단면적의 변화는

$$dA = \left[-\frac{d^2}{2}\nu\frac{dL}{L} + \frac{d^2\nu^2}{4}\left(\frac{dL}{L}\right)^2 \right]\pi \tag{9.18}$$

위 식으로부터 단면적의 변화율은 다음 식으로 된다.

$$\frac{dA}{A} \approx -2\nu\frac{dL}{L} + \nu^2\left(\frac{dL}{L}\right)^2 \approx -2\nu\frac{dL}{L} \approx -2\nu\frac{dL}{L} \tag{9.19}$$

변형에 기인하는 금속 저항선의 저항 변화율은 식 (9.19)를 식 (9.16)에 대입하면

$$\frac{dR}{R} = \frac{dL}{L} - \frac{dA}{A} + \frac{d\rho}{\rho} = (1 + 2\nu)\frac{dL}{L} + \frac{d\rho}{\rho} \tag{9.20}$$

한편, 스트레인 게이지에 사용되는 재료의 스트레인 감도(strain sensitivity) 또는 게이지율(gauge factor)은 다음과 같이 정의한다.

$$S_g = GF = \frac{dR/R}{dL/L} = \frac{dR/R}{\epsilon} = (1 + 2\nu) + \frac{d\rho/\rho}{\epsilon} \tag{9.21}$$

위 식에서 우변 제1항은 저항체의 기하학적 변형에 의한 영향을, 제2항은 재료의 물성의 변화에 의한 영향을 나타낸다.

표 9.1은 금속 스트레인 게이지에 사용되는 각종 금속 도선의 특성을 나타낸 것이다. 대부분 금속의 게이지 율은 약 2의 전후로 매우 작다.

표 9.1 스트레인 게이지용 금속재료의 특성

금속 저항선	주성분	저항율 ($\mu\Omega$cm)	저항온도계수 (1℃당)	게이지 율
니크롬 V	Ni(80), Cr(20)	100	110×10^{-6}	2.0
망가닌	Cu(85), Mn(15), Ni(2)	0.9	15×10^{-6}	0.5
칼마	Ni(73), Cr(20), Al+Fe(7)	2.75	20×10^{-6}	2.0
어드반스	Cu(60), Ni(40), Mn(1)	1	$\pm 20 \times 10^{-6}$	2.0~2.3
콘스탄탄	Cu(60), Ni(40)	1	$\pm 20 \times 10^{-6}$	1.7~2.1
퍼말로이	Cr(19.5), Mn(1), Fe(2.2) Al(2.7), Ni(나머지)	1.73	20×10^{-6}	1.9~2.1

9.3.2 금속 스트레인 게이지

금속 스트레인 게이지는 형태, 사용목적, 크기 및 재질 등에 따라 다종 다양하지만, 일반적으로 게이지 형태에 따라 다음과 같이 분류한다.

1. 선 게이지

선 게이지(wire-type strain gage)는 최초의 스트레인 게이지로서, 가는 금속 저항선을 가공하여 변형에 민감하게 반응하도록 베이스에 부착한 것이다. 베이스 재료로는 종이, 에폭시, 베이크라이트, 폴리이미드 등을 사용한다. 저항선 게이지는 여러 가지 결점이 있어 현재는 용도가 제한되어 있다.

2. 금속박(薄) 게이지

그림 9.6은 대표적인 금속박 게이지(metal foil-type strain gage)의 구조를 나타낸 것이다. 박 게에지는 선 게이지보다 늦게 개발된 것인데, 약 $30 \sim 70 \ \mu$m 두께의 베이스에 $3 \sim 10 \ \mu$m 두께의 금속 박을 코팅한 후 포토리소그래피 기술을 이용해 원하는 패턴으로 에칭하여 만든다. 금속 박에는 Ni-Cu 합금 및 Ni-Cr 합금 등이 사용된다. 베이스에는 선 게이지와 마찬가지로 종이, 에폭시, 베이크라이트, 폴리이미드 등을 사용하고 있다.

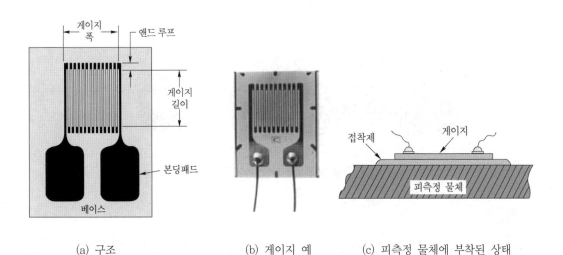

(a) 구조   (b) 게이지 예   (c) 피측정 물체에 부착된 상태

그림 9.6 금속박 게이지

박 게이지는 선 게이지와 비교해서 게이지 치수가 정확하고 균일성이 좋다. 또, 아주 소형으로도 가능하고 여러 가지 용도에 대해서 최적의 형상으로, 그리고 복잡한 것까지도 동일 공정으로 제작된다. 선 게이지에 비해 박 게이지의 길이는 훨씬 짧아 집중 응력측정 등에 유용하다. 또한 박 게이지 저항소자는 장방형 단면 내에 표면적이 크고 방열 효율이 우수하여 선 게이지보다 허용전류가 높다. 박 게이지는 베이스 두께가 얇고 저항소자 자체도 얇은 금속 박이므로 유연성이 있으며, 격자가 구부러지는 부분(end loop)의 단면적이 크므로 이 부분의 저항값이 작고, 선 게이지에 비해서 횡감도 계수가 작아진다. 박 게이지는 통상, 접착제로 피측정물에 부착하지만 고온 게이지등 베이스에 금속을 사용한 경우에는 점용접으로 부착하여 사용한다.

3. 금속박막 게이지

그림 9.7은 금속 박막 게이지(thin film strain gage)를 나타낸다. 박박 게이지의 패턴은 그림 9.6의 박 게이지와 차이가 없으며, 단지 제조 방법이 다르다. 금속 기판 또는 다이어프램 위에 절연박막층(주로 SiO_2)을 만들고, 그 위에 금속저항재료를 증착한 후 포토리소그래피 기술에 의해 임의 형태로 패터닝하여 게이지를 형성한다. 그림에서 볼 수 있는 바와 같이, 박막 게이지는 박 게이지와는 달리 접착제를 필요로 하지 않기 때문에, 박 게이지의 장점이외에도 크리프 현상이 적고 안정성이 우수하며, 동작온도 범위가 넓은 등의 추가적인 장점을 갖는다.

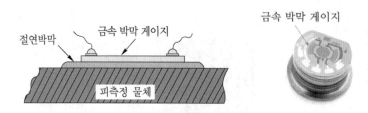

그림 9.7 금속 박막 게이지

4. 횡감도

앞에서 스트레인 감도를 정의하였으나, 실제의 스트레인 게이지에서는 게이지 길이를 짧게 유지하기 위해서 그림 9.6과 같이 그리드(grid) 형태로 패터닝한다. 또한 도체는 게이지 전 길이에 걸쳐 균일하지도 않다. 따라서 스트레인 게이지는 저항소자의 형상에서 축방향 뿐만 아니라 축과 직각방향으로도 어느 정도의 감도를 갖게 되는데, 이것을 횡감도

(transverse sensitivity)라고 부른다. 또 게이지 율을 측정하기 위해서 사용하는 시험편에도 축과 직각방향으로 포아손비 만큼의 변형이 발생하므로 엄밀하게 말하면 식 (9.21)로 정의된 게이지 율 S_g는 그러한 영향을 내포한 값이다. 따라서 게이지 율은 스트레인 게이지 저항의 총 변화를 나타낸다.

$$\frac{\Delta R}{R} = S_a\,\epsilon_a + S_t\,\epsilon_t + S_s\,\gamma_{at} \tag{9.22}$$

여기서, ϵ_a = 축방향 변형률, ϵ_t = 횡방향 변형률

γ_{at} = 축 및 횡방향과 관련된 전단변형률

S_a = 축방향 감도, S_t = 횡감도, S_s = 전단변형에 대한 감도

통상 스트레인 게이지의 횡감도는 다음 식으로 정의되는 횡감도 계수(transverse sensitivity factor) K_t 로써 나타낸다.

$$K_t = \frac{S_t}{S_a} \tag{9.23}$$

전단변형감도를 무시하면, 즉 $S_s = 0$으로 놓고, 식 (9.23)을 식 (9.22)에 대입하면,

$$\frac{\Delta R}{R} = S_a\,(\epsilon_a + K_t\,\epsilon_t) \tag{9.24}$$

시료의 포아손 비 ν를 사용하면

$$\frac{\Delta R}{R} = S_a\,\epsilon_a\,(1 - \nu\,K_t) \tag{9.25}$$

일반적으로, 스트레인 게이지의 감도를 게이지 율 S_g 로 나타내므로

$$\frac{\Delta R}{R} = S_g\,\epsilon_a \tag{9.26}$$

식 (9.25)과 (9.26)을 비교하면, S_g 는

$$S_g = S_a\,(1 - \nu\,K_t) \tag{9.27}$$

여기서, S_a 는 게이지의 축방향 게이지 율이다. 식 (9.27)로부터 S_a 는 다음 식으로 주어진다.

$$S_a = \frac{S_g}{(1 - \nu K_t)} \tag{9.28}$$

스트레인 게이지의 횡감도 계수는 게이지 길이, 그리드의 구부러지는 부분의 형상에 밀접한 관계가 있으나, 게이지 길이가 1 mm 이하에서는 2~3 %로 작으며, 특별한 경우를 제외하면 큰 문제가 되지 않는다. 박 게이지의 경우 베이스의 재질이나 사용하는 접착제의 종류에 따라서 횡감도 계수의 실측치가 (−)부호로 되는 경우도 있다.

9.3.3 　반도체 스트레인 게이지

반도체 스트레인 게이지는 금속 게이지에 비해 수십 배 더 큰 게이지 율과 감도를 갖는다. 그 이유는 반도체가 압저항 효과(壓抵抗效果 ; piezoresistive effect ; 제10장에서 설명)를 나타내기 때문이다.

압저항 효과에 의하면, 반도체에서 저항율의 변화는 다음과 같은 식으로 된다.

$$\frac{\Delta \rho}{\rho} = \pi \sigma \tag{9.29}$$

여기서, π는 압저항 계수이다.

식 (9.21)에 식 (9.29)을 대입하면, 저항 변화율은 다음 식으로 표시된다.

$$\frac{dR}{R} = (1 + 2\nu)\epsilon + \frac{d\rho}{\rho} = (1 + 2\nu)\epsilon + \pi\sigma$$
$$= (1 + 2\nu + E\pi)\epsilon \tag{9.30}$$

따라서 반도체 스트레인 게이지의 게이지 율은

$$S_g = (1 + 2\nu + E\pi) \simeq E\pi \tag{9.31}$$

로 되고, 압저항 계수 π에 비례하여 큰 값으로 된다. 이것에 대해서는 압저항을 이용한 마이크로 압력센서에서 좀 더 자세히 설명할 것이다. 그림 9.8은 실리콘 스트레인 게이지의 주사전자현미경(SEM) 이미지를 나타낸 것이다. 하나의 센서 칩에 좌우 대칭으로 실리콘 게이지가 배치되어 있어 하프 브리지(half- bridge) 칩이라고 부른다. 일반적으로 실리콘 게이지는 글래스 프릿(glass frit)이나 에폭시 접착제를 사용해 피측정물에 부착해서 사용한다. 실리콘 스트레인 게이지의 정격 게이지 율은 100 이상(p형 Si = +100 이상, n형 Si = −100 이상)으로, 금속 게이지에 비해서 대단히 큰 장점을 갖지만, 저항의 온도계수가 크고 직선성이 나쁜 단점이 있다. 반도체 게이지는 미소한 응력분석, 압력, 힘, 토크, 변위센서, 의료용 계측기 등에 사용된다.

그림 9.8 실리콘 반도체 스트레인 게이지

9.3.4 스트레인 게이지 측정 회로

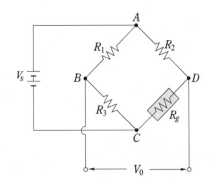

그림 9.9 휘트스톤 브리지 회로

실제로 스트레인 게이지를 이용하여 힘을 측정하는 경우 휘트스톤 브리지(Wheatstone bridge)로 결선한다. 그림 9.9는 하나의 게이지로 구성된 측정회로를 나타낸 것으로, $R_1 = R_2 = R_3 = R_g = R$로 가정하면 이 회로의 감도는

$$\frac{V_o}{V_S} = \frac{1}{4} \frac{\Delta R}{R} = \frac{1}{4} S_g \epsilon \tag{9.32}$$

만약 사용 게이지의 수를 2, 4개로 증가시키면 회로의 감도는 다음과 같이 된다.

$$2\text{개의 게이지를 사용하는 경우} : \frac{V_o}{V_S} = \frac{1}{2} \frac{\Delta R}{R} \tag{9.33}$$

$$4\text{개의 게이지를 사용하는 경우} : \quad \frac{V_o}{V_S} = \frac{\Delta R}{R} \qquad (9.34)$$

스트레인 게이지의 수를 증가시키면 회로의 감도도 증가하지만, 가격은 고가로 된다.

9.4 ◦ 로드 셀

로드 셀(load cell)은 물체의 하중을 측정하는 센서이며, 하중 센서라고도 부른다. 스트레인 게이지가 개발되기 이전에 사용되었던 기계식 로드 셀은 안전 및 청정(오염)을 최우선으로 생각하는 곳이나, 또는 전력이 요구되지 않는 곳에서 일부 사용되고 있을 뿐, 현재는 앞에서 설명한 스트레인 게이지를 센서로 사용한 스트레인 게이지 로드 셀(strain gage load cell)로 대체되었다. 표 9.2는 스트레인 게이지 로드 셀의 종류를 나타낸 것이다.

로드 셀은 인가중량에 응답해서 일어나는 탄성체(보통 빔(beam)이라고 부른다)의 변형을 압축, 인장, 굽힘, 전단 등의 형태로 검출한다. 탄성체는 응답하는 응력에 따라 밴딩 빔(bending beam), 전단 빔(shear beam), 기둥(column) 또는 캔니스터(canister) 등으로 부르며, 이중 가장 널리 사용되는 디자인은 밴딩 빔과 전단 빔이다.

표 9.2 스트레인 게이지 로드 셀의 종류

로드 셀 형식	종 류
스트레인 게이지식 로드셀	밴딩 빔(bending beam)
	전단 빔(shear beam)
	캔니스터(canister)
	링과 팬케이크 (ring and pancake)
	버튼과 와셔 (button and washer)

9.4.1 밴딩 빔 로드 셀

밴딩 빔 로드셀(bending beam load cell)은 간단하고 저가이기 때문에 가장 널리 사용되는 로드 셀 구조 중의 하나이다. 이 로드 셀은 빔의 한쪽이나 양쪽을 지지하여 휘어지는 양을 측정하는 방식으로, 부착하기가 용이하고, 정밀도가 높은 장점이 있는 반면 대용량의 제작이 어렵고 구조상 밀봉하기 어려워 사용 환경의 제약을 받는 단점이 있다.

1. 기본 구조와 동작원리

그림 9.10은 캔틸레버 빔(cantilever beam)을 사용한 가장 간단한 밴딩 빔 로드 셀의 구조를 나타낸다. 하중 F를 x점에 인가하면, 캔틸레버 빔에서 최대 휨(deflection)은 자유단에서, 최대 변형은 고정단에서 일어난다. 따라서 게이지는 고정단 가까이에 부착하는 데, 빔의 윗면에 부착된 2개의 스트레인 게이지는 인장력을, 밑면에 부착된 2개의 게이지는 압축력을 측정한다. 4개의 게이지는 그림 (b)와 같이 휘트스톤 브리지로 결선된다.

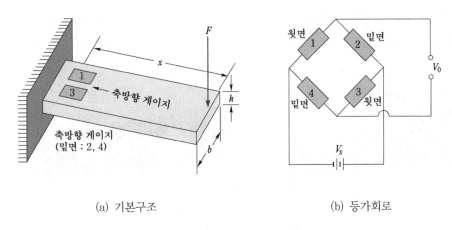

(a) 기본구조   (b) 등가회로

그림 9.10 밴딩 빔 로드 셀의 기본구조와 등가회로

하중 F가 x점에 인가되면, 게이지 1, 3에는 인장력이, 게이지 2, 4에는 압축력이 작용한다. 그 결과 각 게이지가 받은 변형은 다음 식으로 주어진다.

$$\epsilon_1 = - \epsilon_2 = \epsilon_3 = - \epsilon_4 = \frac{6Fx}{Ebh^2} \tag{9.35}$$

따라서, 스트레인 게이지의 응답은 식 (9.21) 또는 식 (9.26)으로부터 다음과 같이 얻어진다.

$$\frac{\Delta R_1}{R_1} = - \frac{\Delta R_2}{R_2} = \frac{\Delta R_3}{R_3} = - \frac{\Delta R_4}{R_4} = \frac{6S_g Fx}{Ebh^2} \tag{9.36}$$

이때 출력 전압은 식 (9.34)와 (9.36)으로부터

$$V_o = \frac{6S_g Fx}{Ebh^2} V_S \tag{9.37}$$

이와 같이, 출력전압 V_o 은 하중 F에 비례한다. 밴딩 빔형 로드 셀의 측정범위와 감도는 빔의 단면적(bh), 하중 인가점의 위치(x), 탄성체 재질의 피로강도(fatigue strength)에 의해서 결정된다.

2. 밴딩 빔 로드 셀의 예

그림 9.11은 바이노큘러(binocular)라고 부르는 탄성체를 사용하는 밴딩 로드 셀의 구조이며, 소용량 상용 로드 셀에서 가장 널리 사용되고 있는 디자인이다. 스트레인 게이지는 인장변형과 압축변형이 최대로 일어나는 위치에 부착된다. 이 구조는 게이지가 부착되는 위치만 얇게 하고 빔 전체의 두께를 두껍게 함으로써 감도 희생 없이 고유주파수(natural frequency)를 최대화할 수 있는 장점을 가진다. 이 빔의 구조는 적절히 설계되면, 감도, 안정도, 직선성이 매우 우수한 특성이 얻어진다. 밴딩 빔 로드 셀은 중하중 용량으로 정밀도 높은 로드 셀이다.

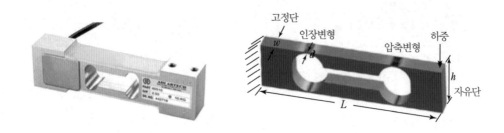

그림 9.11 밴딩 빔 로드 셀의 예

9.4.2 전단 빔 로드 셀

전단 빔 로드 셀(shear beam load cell)은 외관상 밴딩 빔 로드 셀과 같아 보이지만, 그러나 동작이론은 완전히 다르다.

1. 기본 구조와 동작원리

그림 9.12는 전단 빔 구조의 일예이다. 밴딩 빔에서는 구멍이 셀을 완전히 관통하였으나, 전단 빔에서는 양측으로부터 뚫고 들어가 셀의 중심에 얇고 수직인 금속판(web)이 만들어진다. 이와 같은 I-빔 구조는 스트레인 게이지에 정확히 측정될 수 있는 균일한 전단응력을 만든다. 스트레인 게이지는 수직으로부터 $45°$ 방향으로 금속판 표면 양측에 부착된다. 게이지가 $45°$각을 이루는 것은 빔의 끝에 하중(F)을 가하면, 금속판에 발생하는 전단응력의 크기가 $45°$ 방향에서 최대로 되기 때문이다.

전단 비임 구조는 내력이 강한 반면, 가공이 어렵다는 단점이 있지만, 동일 용량의 밴딩 빔에 비해 더 작게 만들 수 있어 더 큰 용량의 로드 셀에 사용된다.

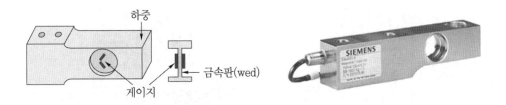

그림 9.12 전단 빔의 기본 구조

2. 전단 빔 로드 셀의 예

그림 9.12에 나타낸 기본적인 전단 빔 이외에 다양한 형태의 전단 빔 로드 셀이 시판되고 있다. 그림 9.13는 양단을 고정시키고 중앙에 하중을 가하는 구조의 전단 빔(double-ended shear beam) 로드 셀이다. 대용량에 사용되며, 안정도가 우수하다.

그림 9.13 전단 빔 로드 셀의 예

9.4.3 기둥형 로드셀

1. 기본 구조와 동작원리

기둥형 탄성체의 종류에는 사각형, 원통형, 또는 속이 빈 원통형 등이 있다. 그림 9.14은 기둥형 로드 셀(column-type load cell)의 기본 구조를 나타낸 것이다. 기둥형 탄성체에 있어서, 최대 휨은 수직방향 중심에서, 최대 변형은 횡방향 중심에서 일어나며, 그 특성은 주로 높이-폭 비(height-to-width ratio ; L/w)에 의해서 결정된다. 기둥형 로드 셀은 원통형 용기 속에 들어있는 기둥(column)에 2장의 스트레인 게이지를 종방향으로, 다른 2장은 횡방향으로 부착하여 하중을 측정하는 방식이다. 기둥형 로드 셀를 흔히 캐니스터 로드 셀(canister load cell)이라 부른다.

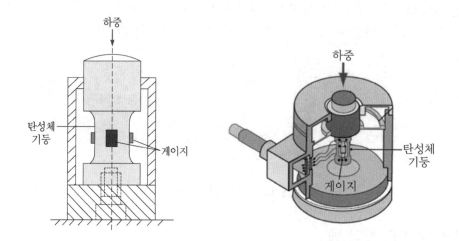

그림 9.14 기둥형 로드 셀의 기본 구조

사각기둥 탄성체를 이용한 기둥형 로드 셀의 출력전압은 4개의 스트레인 게이지가 동일하다고 가정하면 다음 식으로 된다.

$$V_o = \frac{S_g F(1+\nu)}{2AE} V_S \tag{9.38}$$

기둥형 로드 셀은 대용량 제작에 용이한 장점이 있으나, 정밀도가 낮으며, 비스듬하게 가해지는 하중에 대해 오차가 크므로 사용에 주의를 해야 한다.

2. 기둥형 로드 셀의 예

그림 9.15는 캐니스터 로드 셀의 내부구조와 외관을 낸다. 이 로드 셀은 트럭, 탱크, 호퍼(hoppers) 등의 매우 큰 중량을 측정하는데 사용된다.

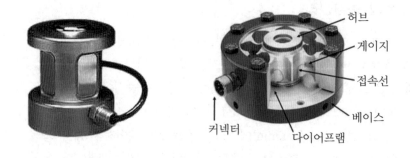

그림 9.15 캐니스터 로드 셀의 예

9.4.4 링형 로드 셀

그림 9.16은 링형 로드 셀(ring-type load cell)의 기본 구조와 등가회로이다. 링의 내외면에(또는 내면에만) 4장의 스트레인 게이지를 부착한다. 그림에서 탄성체의 변위 δ는 다음식으로 주어진다.

$$\delta = 1.79 \frac{PR^3}{Ewt^3} \tag{9.39}$$

링형 수감부는 신호출력이 크고 정밀도가 높은 장점이 있어 실험실용 소형, 소하중 로드셀에 적합하다. 방향도 인장형, 압축형 모두에 사용이 가능하지만, 대용량 제작이 어려운 단점이 있다.

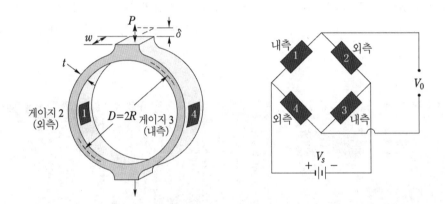

그림 9.16 링형 로드 셀의 기본 구조와 등가회로

9.4.5 로드셀 응용

로드 셀은 글자 그대로 물체의 하중을 측정하는 센서이다. 따라서 가장 큰 응용 분야는 물체의 무게를 재는 각종 저울이다.

그림 9.17 (a)는 식품점에서 사용하는 전자저울(electronic scale)이고, 그림 (b)는 가정에서 사용하는 전자 체중계이다. 그림 (c)는 공사 현장이나 창고 등에서 사용되는 크레인에 장착된 크레인 스케일(crane scale)을 나타낸다.

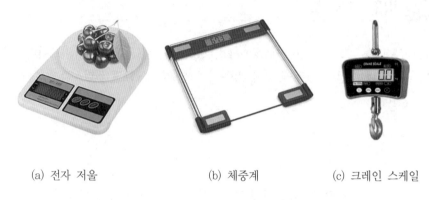

(a) 전자 저울   (b) 체중계   (c) 크레인 스케일

그림 9.17   로드 셀을 사용하는 예(1)

그림 9.18은 또 다른 로드 셀 사용 예이다. 그림 (a)는 다리나 고속도로의 파손을 방지하기 위해서 진입하기 전에 과적 유무를 판정하기 위해 차량의 무게를 측정하는 트럭 스케일 (truck scale)이다. 그림 (b)는 탱크, 사일로, 호퍼 등과 같이 큰 중량을 측정하는데 사용된 로드 셀 예이다.

(a)   (b)

그림 9.18   로드 셀을 사용하는 예(2)

그림 9.19는 스마트 브리지에서 구조적 문제점을 조기에 검출하는데 스트레인 게이지와 로드 셀을 사용한 예이다. 이 경우 스트레인 게이지와 로드 셀은 여러 차량 통행 조건하에서 케이블에 가해지는 장력과 응력을 측정하거나, 다리가 경험하는 압축력을 측정한다.

그림 9.19 로드 셀을 사용하는 예(3)

9.5 · 토크 센서

토크(torque)의 검출도 힘의 경우와 마찬가지로 탄성체에 가해진 토크에 의해 발생되는
변형을 변위나 각 변위의 변화로써 검출하는 방법이 많이 이용되고 있다.

9.5.1 토크 센서 개요

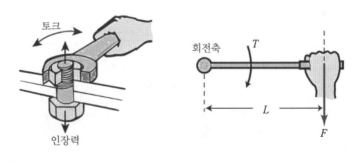

그림 9.20 토크 렌치에 의해 발생되는 토크

그림 9.20은 토크 렌치(torque wrench)를 사용해 특정한 토크로 볼트와 너트를 조이는
그림이다. 레버 길이 L 인 렌치의 손잡이를 잡고 힘 F 로 회전시키면, 힘의 유효성은 F 와
L 에 따라 증가하는데, 두 량의 곱 FL 를 모멘트라고 부르며, 회전축에 관한 모멘트는 토크

T를 발생시킨다. 즉, 너트 또는 볼트 머리에 발생하는 토크의 크기는

$$T = FL \tag{9.40}$$

토크 센서(torque sensor)는 이와 같은 토크를 검출하는 센서이며, 힘 센서와 마찬가지로 탄성체에 가해진 토크에 의해 발생되는 변형을 변위나 각 변위의 변화로써 검출하는 방법이 많이 이용되고 있다.

토크 센서는 측정 토크의 위치에 따라서 다음과 같이 반작용 토크 센서(reaction torque sensor)와 회전 토크 센서(rotational torque sensor)로 대별할 수 있다.

(1) 반작용 토크 센서

반작용 토크 센서는 운동에 관한 뉴턴의 제3법칙(모든 작용에 대해서 반대방향으로 동일 크기의 반작용이 존재)을 이용한다. 반작용 토크는 회전부에 의해서 장치의 정지부에 작용하는 회전력 또는 모멘트를 말한다. 반작용 토크 센서는 정지 상태에서 회전운동에 저항하는 토크, 즉 반작용 토크를 측정한다. 이 토크 센서의 장점은 회전하는 센싱 요소에 전기적으로 접속해야 되는 문제를 피할 수 있어 회전 토크 센서에 비해 장치가 간단해지고 저가로 된다는 점이다. 각종 기기에서 힘(파워)은 여러 수단, 예를 들면, 모터나 발전기의 자장, 드럼이나 로터에서 브레이크 슈즈 또는 패드, 베어링과 회전축 사이의 윤활유 등에 의해서 회전부에서 정지부로 전달된다. 따라서 반작용 토크 센서는 모터 파워, 브레이킹의 유효성, 윤활이나 점성 등의 특성을 측정하는데 유용한 도구이다.

그림 9.21은 대표적인 반작용 토크 센서의 설치 위치에 대한 예를 보여주고 있다. 그림 (a)는 클러치/모터의 회전력을 측정하는데 사용된 예이고, 그림 (b)는 토크 렌치의 정밀도를 측정하는 예를 보여주고 있다.

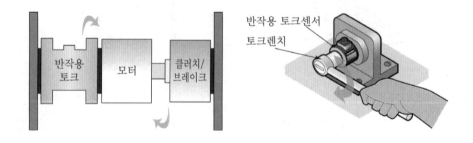

그림 9.21 반작용 토크 센서의 위치

(2) 회전 토크 센서

회전 토크 센서는 회전 시스템에 작용하는 토크를 측정하는 센서이며, 센서가 토크를 전달하는 요소, 예를 들면 회전축 사이에 위치한다. 이 토크 센서의 장점은 센서가 측정하고자 하는 토크에 가능한 한 가깝게 위치한다는 점이다. 이렇게 함으로써 측정을 간섭하는 여러 요인들을 제거할 수 있다. 회전 토크 센서는 동적 토크를 정확히 측정할 수 있는 유일한 방법이다.

회전 토크 센서는 회전하는 구성요소에 부착되기 때문에 회전부와 정지부에 있는 전자회로와의 접속 문제를 해결해야 한다. 접속 방법으로는 슬립 링(slip ring), 회전 트랜스포머(rotary transformer), 적외선(infrared), FM 송신기(transmitter) 등이 있으며, 본서에서는 슬립 링과 회전 변압기에 대해서 설명할 것이다.

일반적으로 토크 센서는 회전부(rotor)와 고정부(stator)로 구성된다. 회전부는 탄성체를 사용해 토크를 변형으로 변환하여 측정하는 부분이고, 고정부는 하우징(housing)이다.

9.5.2 토크 변환요소

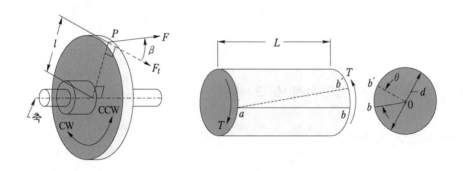

그림 9.22 토크 T에 의해서 축은 각 θ만큼 비틀린다.

앞에서 회전 모멘트와 토크를 정의하였다. 그림 9.22와 같이 회전체의 축으로부터 거리 l에 작용하는 접선방향의 힘 F_t는 회전체를 시계방향으로 회전시킨다. 회전 토크는

$$T = F_t \, l = (F\cos\beta) \, l \tag{9.41}$$

평형상태에 있는 강체(剛體 ; rigid body)의 한 부분에 외부로부터 임의 토크가 인가되었다면, 이 토크는 크기가 같고 방향이 반대인 내부 토크에 의해서 균형을 이루어야한다. 이 내부 토크에 의해 전단응력이 발생하고, 실제의 탄성체는 완전한 강체가 아니므로 전단변형

을 일으킨다. 이때 축 표면에서 전단변형은 최대로 되고 다음 식으로 주어진다.

$$\gamma_m = \frac{16\,T}{\pi d^3 G} \tag{9.42}$$

전단변형은 그림 (b)와 같이 양 단면 사이에서 확대된다. 이에 따라 토크 T에 의해서 축에는 각 θ 만큼 비틀림이 발생하고, 토크 T와 비틀림 각(twist angle) θ 사이에는 다음의 관계가 성립한다.

$$\theta = \frac{32\,L}{\pi d^4 G}\,T \tag{9.43}$$

여기서, G는 재료의 횡탄성계수, d는 원주의 직경, L은 길이이다. 그림 (b)와 같이, 토크를 변형으로 변환하는 탄성체를 토션 바(torsion bar) 또는 측정체 축(measuring body shaft) 등으로 다양하게 불린다.

식 (9.42)와 (9.43)에서 알 수 있는 바와 같이, 토크를 측정하기 위해서는 각도 θ를 검출하거나, 또는 토크에 의해서 생기는 토션 바의 변형을 검출하면 된다. 전자는 축 양단의 비틀림에 의한 변위(각)를 검출하는 방법으로 비틀림각 식 토크 센서(twist angle type), 후자는 스트레인 게이지를 이용하는 방법이 주로 채용되고 있기 때문에 스트레인 게이지식 토크 센서(strain gage torque sensor)라고 부른다.

9.5.3 스트레인 게이지식 토크 센서

1. 기본 구조와 동작원리

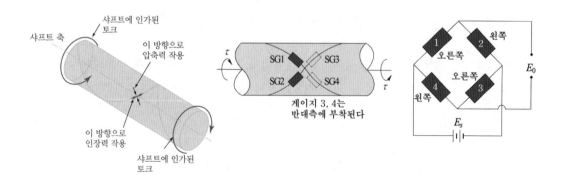

그림 9.23 스트레인 게이지식 토크 센서의 원리

이 방식에서는 토션 바의 표면 변형(식 9.42)를 스트레인 게이지로 검출한다. 그림 9.23은 토션 바에 스트레인 게이지를 부착한 모양을 나타낸 것이다. 축에 비틀림이 생기면 축에 대해 두 $45°$ 방향(SG1과 SG2의 방향)으로 압축력(SG1)과 인장력(SG2)이 발생하므로, 4개의 스트레인 게이지를 이용하여 브리지를 형성하면 토크를 검출할 수 있다.

그림 9.24는 각종 토션 바에 부착한 스트레인 게이지를 나타낸다. 스트레인 게이지를 사용한 토크 센서는 사용목적 또는 측정하려는 토크가 정적(static) 또는 동적인가(dynamic)에 따라 다양한 종류의 토크센서가 사용되고 있다.

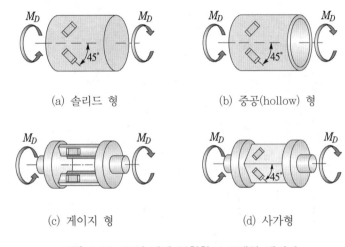

(a) 솔리드 형   (b) 중공(hollow) 형

(c) 게이지 형   (d) 사가형

그림 9.24 토션 바에 부착한 스트레인 게이지

2. 회전 토크 센서(Rotary Torque Sensor)

회전식은 신호출력을 위해 슬립링과 브러시를 사용한 접촉식(슬립링 타잎)과, 회전부(rotator)와 정지부(신호처리부)가 회전 트랜스포머(rotary transformer)를 통해 결합된 비접촉식으로 나누어진다.

그림 9.25는 접촉식 회전 토크센서의 기본 구조를 나타낸 것이다. 접촉식 회전 토크센서는 센서가 있는 회전부와 정지부(stator)가 슬립 링(slip ring)에 의해서 접속된다. 따라서 전압공급과 센서 출력신호 전송은 이 슬립 링을 통해서 이루어진다. 이 방식은 축의 휨을 회로적으로 소거할 수 있는 장점은 있으나, 외부에서 전압을 공급하고 출력을 외부로 끌어내는데 슬립-링(slip ring)이 필요하다.

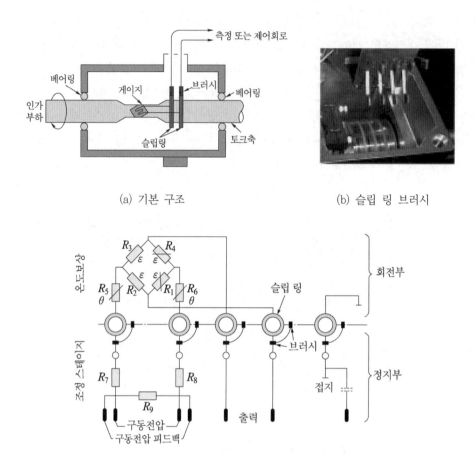

(a) 기본 구조

(b) 슬립 링 브러시

(c) 슬립 링을 통한 신호전송 개략도

그림 9.25 접촉식 회전 토크 센서

이와 같은 슬립 링의 결점을 극복하기 위해서 회전 트랜스포머(rotary transformer)를 사용한 무접촉 토크센서(contactless torque sensor) 또는 회전 트랜스포머 토크 센서(rotary transformer torque sensor)가 개발되었다. 그림 9.26은 무접촉 토크 센서의 구조와 원리를 나타낸 것으로, 회전 트랜스포머의 1차 권선은 정지해 있고, 회전부에 위치한 2차 권선은 회전한다. 전원 트랜스포머를 통해서 외부로부터 센서(스트레인 게이지 브리지)에 교류전압이 공급된다. 브리지로부터 측정된 토크 신호는 신호 트랜스포머를 통해서 고정부로 전송된다.

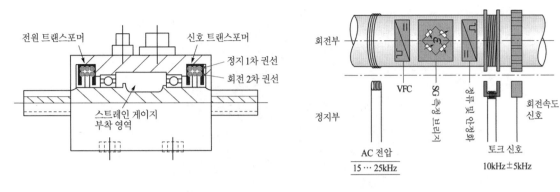

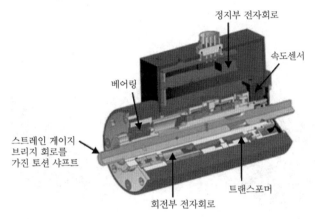

그림 9.26 무접촉 토크 센서의 구조와 원리

광학식 토크 센서

광학식 토크 센서(optical toque sensor)는 식 (9.43)으로 주어진 비틀림 각을 검출하는 방식이다. 그림 9.27은 광전 센서를 이용한 토크 검출의 구체적인 방법을 나타낸다.

그림 (a)은 토션 바의 양단에 새긴 패턴(pattern), 광원, 반사광을 검출하는 광센서로 구성되어 있다. 토크 바는 부하에 의해 생긴 토크로 비틀림을 받아 어떤 정속도로 회전한다. 그러므로 패턴에 따라 광센서에서 주기적인 신호가 출력된다. 이때, 비틀림 때문에 두 개의 출력신호 사이에는 위상차가 있고, 그 위상차를 게이트 회로를 거쳐 클록 펄스의 수로 변환한다. 그림 (b)는 그래이팅(grating)이 동일한 2매의 디스크가 설치되어 있어, 비틀림이 발생하면 두 디스크를 통과하는 광량이 변화하므로, 이것을 광센서로 검출하여 아날로그 신호로 출력한다. 이 방식에서는 축의 크기에 제약이 없으므로 낮은 토크의 측정도 가능하다. 또 광검출 시스템은 매우 높은 대역폭을 갖는다.

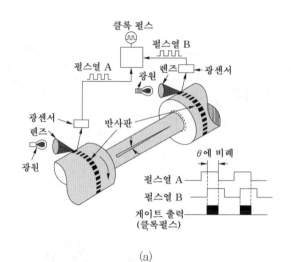

(a)

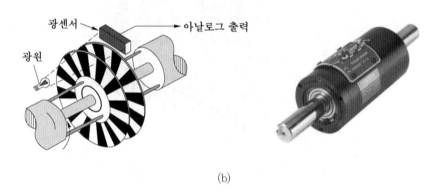

(b)

그림 9.27 토션 바의 비틀림 각 검출

9.6 ○ 촉각 센서

9.6.1 촉각 센서의 정의

촉각(觸覺) 센서(tactile sensor)는 힘 센서 또는 압력센서의 특별한 경우로 생각할 수 있으며, 센서와 물체사이의 접촉에 의해 영향 받는 국부적인 힘이나 압력을 측정하는 센서이다. 앞에서 설명한 힘 또는 토크센서가 물체에 가해진 총력(總力)을 측정하는 것에 비해서, 촉각 센서는 작은 영역에 국한된다.

촉각 센싱에는 다음과 같은 정의가 사용된다.

(1) 접촉 센싱(touch sensing)

정의된 점에서 접촉력(contact force)를 측정한다. 접촉 센서는 접촉여부 즉 접촉(touch) 또는 비접촉(no touch)을 검출한다.

(2) 촉각 센싱(tactile sensing)

미리 결정된 센서 영역에 수직한 힘의 공간적 분포를 측정하고, 이것을 해석하는 것을 의미한다.

(3) 슬립(slip)

슬립은 센서에 대한 물체의 이동을 검출하는 것을 의미하며, 특별히 설계된 슬립 센서(slip sensor)를 사용하거나, 또는 접촉센서나 촉각센서에 의해서 얻어진 데이터를 해석해서 측정된다.

이상 3가지 감각을 개념적으로 나타내면 그림 9.28과 같다. 접촉센싱은 2차원, 촉각센싱(압각 분포)은 3차원, 슬립은 이동으로 된다.

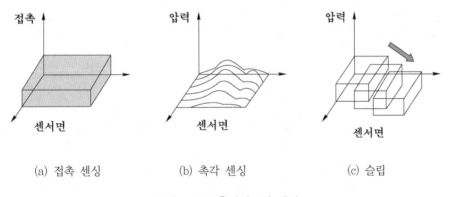

(a) 접촉 센싱　　　(b) 촉각 센싱　　　(c) 슬립

그림 9.28 촉각정보의 개념

그림 9.29는 촉각센서의 일반적 구성을 나타낸 것이다. 유연성을 갖는 전극 표면으로부터 d의 위치에 힘을 검출하는 센싱 엘리먼트(sensing element)의 어레이(array)가 배열되어 있다. 힘이나 압력이 국부적으로 가해졌을 때 각 엘리먼트에 전달되는 힘이 달라져 접촉 패턴이 얻어진다.

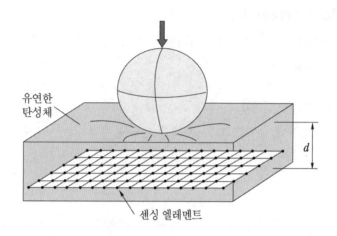

유연한
탄성체

d

센싱 엘레멘트

그림 9.29 촉각센서의 일반적인 구조

촉각센서의 기술은 국부적인 힘(압력)을 검출하는 센싱 엘러먼트의 종류, 즉 변환 원리에 따라 표 9.3과 같이 분류할 수 있다.

표 9.3 촉각 센서의 분류

촉각 센싱 방식	센싱 원리
저항식 (resistive)	접촉 시 감지물질의 저항변화를 이용하여 접촉을 검출하며, 저항변화가 접촉위치에 의존하는 경우와 저항변화가 접촉력(압력)에 의존하는 경우가 있다.
정전용량식 (capacitive)	접촉시 정전용량의 변화를 검출하며, 자기 정전용량 방식과 상호 정전용량 방식 등이 있다.
압전식 (piezoelectric)	힘(압력)을 가하면 전기가 발생하는 압전현상을 이용해 접촉을 센싱하며, 센서에 전압 공급유무에 따라 능동 모드와 수동 모드로 동작한다.
광학식 (optical)	전반사를 통해 도파관 내부를 진행하는 빛이 접촉점에서 산란되는 현상을 이용하여 검출하는 방식으로, 접촉 위치에서 산란광을 측정하여 접촉위치를 결정 하던가 또는 도파관 끝에서 산란광과 나머지 전반사광을 동시에 검출하여 결정한다.

9.6.2 저항식 촉각센서

저항식 촉각센서(tactile sensor)는 접촉력의 검출이나 측정을 위해 감지물질의 저항 변화를 이용하며, 감지물질의 저항변화 방식에 따라 두 가지로 분류한다.

- 저항변화가 접촉위치(contact location)에 의존하는 경우(퍼텐쇼미터 타입)
- 저항변화가 접촉력 또는 접촉압력(contact force or pressure)에 의존하는 경우

1. 아날로그 저항식 터치 센서

그림 9.30은 접촉위치에 따라 저항이 변하는 저항식 터치 센서의 기본구조와 동작원리를 나타낸 것이다. 저항물질(도체)이 코팅된 두 개의 유연한 시트(sheet)가 절연성 스페이서 (spacer) 또는 천에 의해서 분리된 구조로 되어있으며, 이러한 구조를 아날로그 저항식 터치 센서라고 부른다.

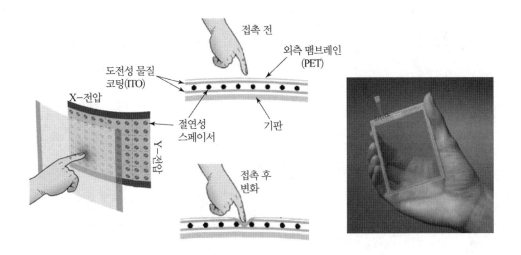

그림 9.30 아날로그 저항식 터치 센서 : 접촉위치에 따라 저항이 변한다.

외부 힘이 맴브레인을 통해 상부 도체에 인가되면, 상부 도체가 휘여 하부도체에 접촉하 자마자 전기적으로 접속된다. 이러한 간단한 접촉 스위치를 행과 열로 형성하면 멀티-센싱 스폿(spot)이 형성된다. 이러한 터치 센서의 특별한 위치를 접촉하면 그곳에 대응되는 행과 열이 결합하여 특정 위치의 힘을 지시하게 된다.

그림 9.31은 저항식 터치 센서의 X,Y 좌표 측정 원리를 나타낸다. 그림 (a)는 접촉하지 않은 상태의 회로를 나타낸다. X 좌표를 측정하기 위해서는 그림 (b)와 같이 상부 도체 시 트에 한쪽 방향으로 균일한 전압 구배를 갖도록 전압 V_x 를 인가한다. 두 도체 시트가 함께 압축되면, 하부 도체 시트는 마치 직선 퍼텐쇼미터에서의 슬라이더(slider)와 같이 작용하여 상부 시트에 따른 거리를 전압으로 측정해서 X 좌표를 결정한다. 이 접촉점의 좌표가 얻어 지면, 이번에는 Y 좌표를 얻기 위해서 그림 (c)와 같이 하부 전극에 균일한 전압 구배가 되 도록 전압 V_y 를 인가한다. 이와 같이 전압 V_x 또는 V_y 가 X-평면 또는 Y-평면에 인가되 었을 때, 고 임피던스(Hi-Z) 단자에서 측정되는 $V_{x,out}$ 와 $V_{y,out}$ 는 접촉점의 X 또는 Y 좌 표에 비례하며, 근사적으로 다음과 같이 주어진다.

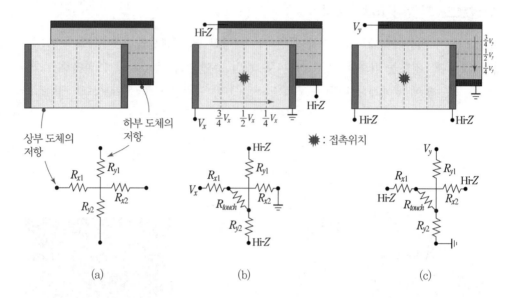

그림 9.31 아날로그 저항식 터치 센서의 X,Y 좌표 측정 원리

$$V_{x,out} = \frac{R_{x2}}{R_{x1} + R_{x2}} V_x \tag{9.44a}$$

$$V_{y,out} = \frac{R_{y2}}{R_{y1} + R_{y2}} V_y \tag{9.44b}$$

위 두 식으로부터 정확한 접촉 위치가 측정된다.

아날로그 저항식 터치 센서는 일반적으로 높은 해상도와 빠른 시간 응답을 주기 때문에 빠르고 정확한 터치 제어가 가능한 반면, 단지 한 접촉점의 위치만을 검출할 수 있다. 따라서 동시에 많은 접촉을 측정해야 되는 경우는 적용이 곤란하다.

저항식 접촉 센싱 기술은 TV의 리모콘, 장난감과 같은 저가의 제품이나 PDA의 터치 스크린 등에 적합하다.

2. 탄성 저항을 이용한 촉각센서

이 방식의 저항식 촉각 센서의 대부분은 고무, 고분자 등에 카본계통 또는 금속입자와 같은 도전성 필러(filler)를 분산시켜 첨가한 복합재료를 사용한다. 이러한 도전성 고무나 도전성 고분자는 산업용 터치 또는 촉각 센서로 널리 사용되고 있다.

그림 9.32은 도전성 탄성고무(conductive elastomer)를 이용한 촉각(터치)센서의 구조를 나타낸 것이다. 도전성 고무는 실리콘 고무에 탄소분말이나 금속 미립자(은, 구리 알루미늄

등) 등을 균일하게 혼합하여 판(sheet)상으로 만든 것이다. 도전성 고무의 저항은 10^8 $\Omega \cdot$ cm이고, 압력을 가하면 10^2 $\Omega \cdot$ cm 까지 감소한다고 보고되어 있다. 그림 (a)에서 고무의 상하면에 전극을 설치하고 상부전극에 힘(압력)을 가하면 고무판이 변형되고, 그 부분의 입자밀도가 증가하여 전기저항이 현저하게 감소한다. 그림 (b)는 (a)의 센싱 엘러먼트를 어레이로 배치한 구조이다. 상부전극은 유연성 있는 재료로 만들고, 하부전극은 포인트−가드링 (dot−and−guard ring ; ◉) 형태로 되어있다. 가드 링을 하는 것은 전류가 흐르는 영역을 수직방향으로만 제한하여 전극간 흐르는 전류를 차단하기 위해서다. 힘 F로 p점을 누르면, 점 p−b 사이의 저항값이 R_o에서 R로 감소하고, 이 변화는 전류 i_b의 변화로 검출된다. 도전성 고무를 이용한 촉각(터치)센서는 구조가 간단하고 저가이기 때문에 저항변화를 이용한 촉각(터치)센서에 널리 이용되고 있다.

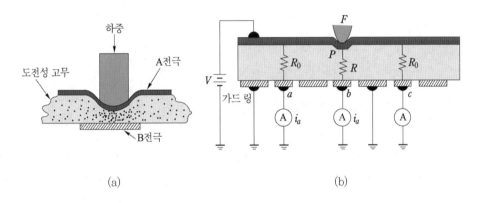

그림 9.32 탄성저항(elastoresistance)을 이용한 촉각센서

그림 9.33은 저항형 촉각센서 원리를 등가회로로 나타낸 것이다. 격자상으로 배치된 각 저항은 하나의 센싱 엘레멘트를 나타내며, 그 저항 값은 인가되는 힘에 따라 변한다. 각 저항의 변화는 멀티플랙서(multiplaxer)를 통해 연산 증폭기에 접속되고, 출력전압을 처리하여 힘(압력)의 분포패턴을 영상 패턴으로 변환한다.

도전성 탄성고무에 기반한 센서는 힘−저항 특성이 비선형이고, 시간이 지나면 탄성고무 내의 저항 물질들이 이동하고, 또 탄성고무 자체도 영구 변형이 오는 등의 단점이 있다. 그럼에도 불구하고 저항식 촉각센서는 설계와 인터페이스가 간단하고, 경제적이고, 사용하기가 용이해서 산업용 아날로그 터치 또는 촉각센서의 다수가 저항식 검출 원리을 이용하고 있다.

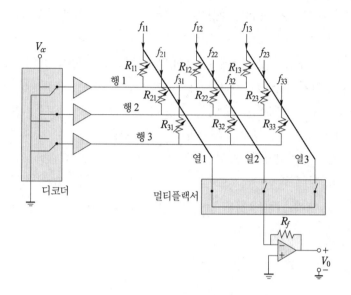

그림 9.33 저항형 촉각센서의 일반적 구성

9.6.3 정전용량식 터치센서

현재 정전용량식 터치 센서는 모바일 폰, 또는 다른 포터블 드바이스에 광범위하게 사용되고 있으며, 그 응용 범위는 가전 제품, 자동차, 산업용 분야로 점점 확대되고 있는 추세이다.

정전용량 변화를 이용한 측정방법은 많은 센서에서 오랫동안 사용되어 온 센싱 원리이다. 본서에서도 이미 여러 곳에서 정전용량식 측정법에 대해서 설명한바 있다. 정전용량식 터치센서에는 자기 또는 절대 정전용량 방식(self or absolute capacitance type)과 상호 정전용량 방식(mutual capacitance type) 등 두 가지가 있다.

1. 자기 정전용량식

자기 정전용량이란 회로 접지에 대한 정전용량으로 정의한다. 그림 9.34 (b),(c)는 자기 정전용량 방식의 터치 센서의 기본 구성과 원리를 나타낸 것으로, 그림 (a)에 있는 커패시터의 전극 중 하나만 사용하고, 나머지 다른 하나의 전극은 센서 전극의 주변 환경(그림 b)과 인간의 손가락 같은 또 다른 도체(그림 c) 등이 대신한다. 그래서 그림 (c)와 같이 인간의 손과 같은 도전성 물체가 다가오거나 접촉하면, 측정되는 정전용량은 C만큼 증가하고 이 변화는 측정 회로에 의해서 검출된다.

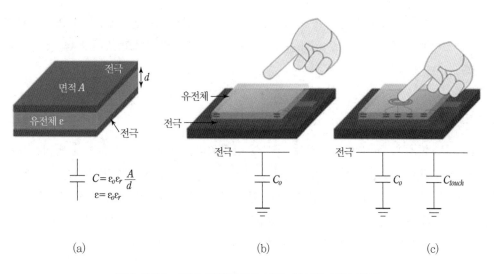

그림 9.34 자기 정전용량식 터치 센서의 기본 원리

자기 정전용량식 터치센서에서 전계는 모든 방향으로 향한다. 즉, 비방향성이다. 그래서 주변과의 기생용량 결합에 기인하는 오동작에 취약하다.

그림 9.35는 자기 정전용량식 시스템이 터치를 검출하는 두 가지 방식을 나타낸 것이다. 멀티-패드 구조(multi-pad structure)에서, 다수의 전극(또는 패드)이 하나의 층에 형성되고, 각 패드는 개별적으로 스캔된다. 한편 자기 정전용량식 로우-앤-칼럼 (row-and-column) 구조에서는, 각 행과 열이 전극이고, 이들은 2층으로 만들어진다. 행 전극과 열 전극은 제어기에 의해서 순차적으로 스캔된다.

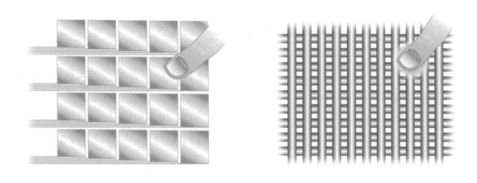

(a) 자기 정전용량식 멀티-패드   (b) 자기 정전용량식 로우-앤-칼럼 구조

그림 9.35 자기 정전용량식 터치 센서의 검출 방식

자기 정전용량 방식은 간단하고 저가이면서 빠른 측정이 가능한 장점은 있으나, LCD 잡음에 약하고, 터치 확도가 낮고, SNR를 최대화하기가 어려워 저가의 스마트 폰 등에 사용되고 있다.

2. 상호 정전용량식

그림 9.36은 상호 정전용량식 터치 센서의 동작원리를 나타낸 것으로, 이 방식은 X전극 (구동용)과 Y전극(수신용) 등 두 개의 전극을 가진다. 상호 정전용량이란 두 전극 사이의 용량적 결합을 의미한다. 만약 어떠한 물체가 와서 센서를 터치하면, 추가의 정전용량 C가 발생한다. 이러한 배열 방식은 촉각 센서의 어레이 구조에 대표적으로 사용된다. 예를 들어 16 ×16 어레이 구조인 경우 256개의 독립적인 커패시터가 형성된다.

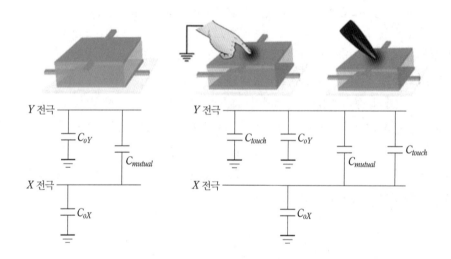

그림 9.36 상호 정전용량식 터치 센서

상호 정전용량식 터치 센서의 전극 패턴은 매우 다양하게 개발되어있으며, 그림 9.37은 그 일예를 나타낸 것으로, 같은 층에 다이아몬드 패턴이 서로 맞물린 구조와 하나의 브리지 (bridge)로 되어있다. 이와 같이 행 전극과 열 전극이 서로 교차하는 지점에서 상호 정전용량이 만들어진다. 이렇게 함으로써, 스크린을 한번 스캔하는 동안 각 노드(교차점)를 개별적으로 측정할 수 있어 스크린 상의 멀티 터치를 검출할 수 있게 된다.

상호 정전용량식 터치 센서는 2개 이상의 멀티 터치의 검출이 가능하고, 내 LCD잡음성과 터치 확도가 우수하고, 패턴 설계에서 더 유연하고, SNR을 최대화시키기가 용이한 등의 장점을 가진다. 단점은 구조가 더 복잡하고 고가로 된단 점이다.

상호 정전용량 방식은 중저가 스마트 폰, 태블릿 등에 사용된다.

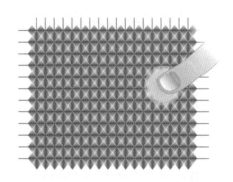 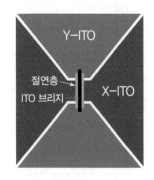

그림 9.37 상호 정전용량식 로우–앤–칼럼

9.6.4 압전식 촉각센서

그림 9.38은 능동 모드로 동작하는 압전식 촉각센서(piezoeletric tactile sensor)의 기본 원리를 나타낸 것이다. 센싱 필름은 3층으로 구성된다. 상부와 하부는 PVDF(polyvinylidene fluoride) 압전 필름이고, 중앙부의 압축 필름(compression film)은 상하부 압전 필름을 음향적으로 결합(acoustic coupling)시키며, 물질로는 실리콘 고무가 자주 사용된다. 압축 필름의 유연성의 정도가 센서의 감도와 동작범위를 결정한다.

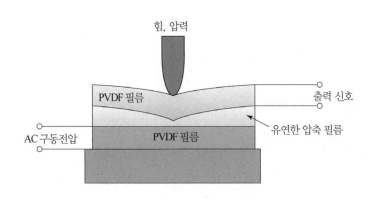

그림 9.38 압전식 촉각센서의 원리

발진기로부터 출력된 ac 구동신호는 하부 PVDF 필름을 진동시키고, 이러한 진동은 압축 필름을 통해 수신기로 작용하는 상부 PVDF 필름에 전달된다. 압전 현상은 가역적이므로, 상부 필름은 압축 필름으로부터 전달되는 기계적 진동에 따라 ac 전압을 발생시킨다.

이제 힘 또는 압력이 상부 필름에 인가되면, 세 필름 사이의 기계적 결합이 변하여 출력 전압이 변한다. 압전식 촉각센서의 장점은 간단하고, dc 응답, 즉 정력(static force)를 인식할 수 있는 능력 등이다.

그림 9.39는 미끄럼 힘(각)(sliding force)를 검출하는 압전식 촉각센서이다. PVDF 필름은 고무 스킨(rubber skin) 속에 들어있다. 이 센서는 수동 모드(passive mode)로 동작하기 때문에 출력신호는 외부 신호의 도움 없이 압전 필름 자체로부터 발생한다. 그 결과 센서는 응력 크기에 응답하지 않고 응력의 변화율(stress rate)에 비례하는 응답을 발생시킨다.

센서는 단단한 구조(예를 들면 로봇 손가락)에 만들어진다. 먼저 손가락 주위에는 1 mm 두께의 유연한 하부층이 형성되고, 그 위를 실리콘 고무로 된 스킨(skin)으로 둘러싼다. 하부층은 표면 트래킹(tracking)을 더 부드럽게 하기 위해서 유체를 사용하기도 한다. 압전센서 소자들은 스킨 표면으로부터 일정 깊이에 위치하기 때문에, 그리고 압전 필름이 놓인 방향에 따라 다르게 응답하기 때문에, 임의 방향으로 움직일 때 신호크기는 같지 않다. 센서는 50 μm만큼 낮은 표면 불연속 또는 융기(隆起)에도 응답한다.

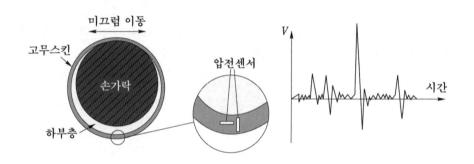

그림 9.39 미끄럼 힘(각)을 검출하는 압전형 촉각센서

9.6.5 광학식 촉각센서

그림 9.40은 내부 전반사의 원리를 이용한 광학식 촉각센서(optical tactile sensor)의 일례를 나타낸 것이다. 여기서, 유리판은 도파관(waveguide)으로 작용한다. 탄성고무로 된 맴브레인은 유리판을 접촉없이 덮고 있다.

외부에서 힘이 작용하지 않으면, 유리판의 한쪽 끝에 도입된 빛은 내부 전반사를 통해 유리판을 따라 진행한다. 만약 외부 물체가 접촉해서 힘이 가해지면, 그 부분의 탄성 맴브레인이 변형을 일으켜 그림과 같이 유리판에 접촉된다. 따라서 유리판 내부를 진행하던 빛은 맴브레인-유리 접촉 지점에서 산란되고, 유리판을 통과해 빠져나온 산란광은 포토다이오드 어레이에 의해서 검출된다. 검출된 이미지는 컴퓨터로 처리되어 접촉 패턴을 영상 패턴으로 변환한다.

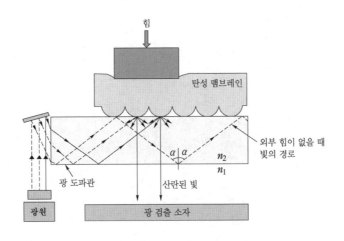

그림 9.40 내부 전반사 원리에 기반을 둔 광학식 촉각센서

그림 9.41은 평면 산란광 검출(planar scatter detection)에 기반을 둔 터치 센서의 기본 원리를 나타낸 것으로, 그림 9.35의 경우와 마찬가지로 내부 전반사를 이용한다. 적외선이 투명 기판 한쪽 끝에서 들어와 내부 전반사를 통해 기판을 따라 진행한다. 이 상황에서 기판을 터치하게 되면 그 부분에서 적외선은 산란되고 투명기판을 빠져나온다. 기판 끝에 놓여 있는 다수의 적외선 센서는 산란광과 나머지 전반사광을 동시에 검출한다. 복잡한 알고리즘은 모든 빛의 세기를 분석하여 터치의 위치를 결정한다.

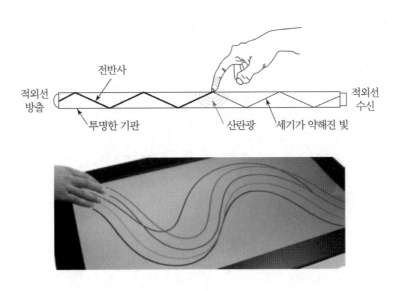

그림 9.41 평면 산란광 검출식 터치 센서

memo

10 chapter 압력 센서

지상의 모든 물질은 대기압 속에 놓여있기 때문에 압력은 온도와 함께 인간이 사는 환경에서 가장 중요한 물리적 양 중의 하나이다. 따라서 정확하고 신속한 압력 측정은 산업적으로 매우 중요하다. 압력센서는 기체나 액체의 압력을 전기신호로 변환하는 센서이며, 전기를 생산하는 수력·화력·원자력 발전소, 화학공업의 플랜트 제어에서부터 가정에서 사용하는 생활가전에 이르기까지 응용분야가 광범위하기 때문에 다양한 센서가 개발되어 사용되고 있다.

10.1 ◦ 압력센서의 기초

10.1.1 압력의 정의와 종류

유체(流體)(기체, 액체)의 압력이란 유체에 의해서 단위 면적당 작용하는 힘을 의미한다. 계측분야에서는 유체 압력을 단순히 압력으로 부르는 경우가 많다.

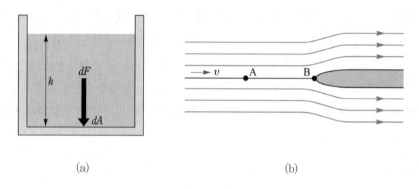

(a)   (b)

그림 10.1 압력의 정의

그림 10.1(a)와 같이 용기 내에 물이 담겨있는 경우를 생각해 보자. 이때 용기 밑바닥에는 물의 무게에 해당하는 힘이 작용할 것이다. 만약 미소 면적 dA에 수직으로 힘 dF가 작용한다면, 용기 바닥에 작용하는 압력은

$$P = \frac{dF}{dA} \tag{10.1}$$

로 정의된다. 이와 같이 유체가 정지 상태일 때 나타나는 (유체가 원래 갖고 있는) 압력을 정압력(靜壓力;static pressure)이라고 부른다. 식 (10.1)의 정압력을 다시 쓰면

$$P = P_o + \rho g h \tag{10.2}$$

여기서, P_o는 대기압, ρ는 밀도, g는 측정점에 작용하는 중력 가속도, h는 수위이다.

일반적으로 유체 속에 놓여있는 물체에는 정압력(靜壓力;static pressure)과 동압력(動壓力 dynamic pressure)이 동시에 작용한다. 유체가 정지 상태일 때 나타나는 정압력에 대해서 동압력은 유체의 운동에너지에 의해 나타나는 압력이다. 예를 들면, 그림 10.1(b)와 같이 수축하지 않는 유체가 속도 v로 흐르고 있을 때, 그 흐름을 물체로 막았다고 가정하자. 이

때 물체의 B점에는 그 유체의 정지압력(A점의 압력)과 속도에 의한 동압력이 작용하며, 정지압력과 동압력의 합을 전압력(全壓力 ; total pressure)이라고 부른다. 지금 유체의 밀도를 ρ, 정지압력을 P_s라고 하면, 이 흐름의 동압력은 $\rho v^2/2$ 로 주어지며, 따라서 B점에 작용하는 전압력은 다음 식으로 된다.

$$P = P_s + \frac{1}{2}\rho v^2 \tag{10.3}$$

압력을 나타내는 단위에는 오래 전부터 측정대상, 압력범위, 국가 등에 따라 여러 가지 단위가 관용적으로 적절히 구분되어 사용되고 있다. 대표적인 압력 단위에 대해서 요약 설명하면 표 10.1과 같다. 이와 같이 다양한 압력 단위가 함께 사용되고 있기 때문에 이들 사이의 적절한 변환이 요구된다.

표 10.1 압력 단위의 정의

단 위	정 의
Pa(파스칼)	국제 단위계의 압력단위 : 1 Pa는 1 m^2당 1 N의 힘이 작용하는 압력
mmHg	표준중력가속도(9.80665 $m \cdot s^{-2}$)하에서 표준상태(0℃, 1기압)의 수은(밀도 13595.1kg $\cdot m^{-3}$) 기둥차 1 mm에 대응하는 압력. 보통, 진공도의 표시에 사용됨. Torr도 같은 크기이다.
mmH$_2$O	표준 중력가속도하에서 표준상태(4℃, 1기압)의 물(밀도 1 g $\cdot m^{-3}$)의 기둥차이 1 mm에 작용하는 압력. 보통 게이지압이나 차압의 낮은 압력 영역 표시에 사용된다.
Psi (Pounds per square inch)	미, 영국 등 파운드 질량 단위권에서 쓰이는 압력단위 : 1 in^2 당 1중량 파운드(pound)의 힘이 작용하는 압력.
kgf/cm^2	1 cm^2당 1 중량 kg (즉 표준중력가속도하에서 1 kg의 질량)의 힘이 작용하는 압력

유체의 압력 상태를 정량적으로 나타내기 위해서 그림 10.2와 같이 절대압(absolute pressure), 게이지압(gage pressure), 차압(differential pressure) 등 3가지로 구분하여 표시한다. 물질이 존재하지 않는 공간을 절대 진공 또는 완전 진공이라고 하는데, 절대압은 완전 진공(0 mmHg abs)을 기준으로 해서 측정된 압력을 말하며, 기압계도 여기에 속한다. 절대압력 센서는 밀폐된 진공실을 내장하고 피측정 유체와의 차압을 측정한다.

지상의 모든 물체는 대기압 속에 있고, 이 대기압(760 mmHg)를 기준으로 해서 측정된 압력이 게이지압이다. 우리가 가장 많이 측정하는 압력으로, 단순히 압력이라고 하면 게이지압을 가리키는 경우가 많다. 또 보통 진공이라고 부르는 것은 대기압 이하, 즉 (−)게이지압을 의미한다.

차압은 2개의 유체간의 압력차를 말한다. 공업계측에 있어서 차압은 중요한 정보원이며, 그만큼 높은 정밀도가 요구되고 있다.

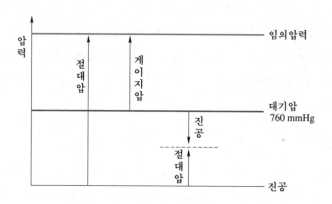

그림 10.2 절대압, 게이지압, 대기압 사이의 관계

10.1.2 압력 센서의 구성

그림 10.3은 압력센서의 기본 구성을 나타낸다. 압력도 힘의 일종이므로, 압력 센서의 기본 구성은 제9장에서 설명한 힘 센서와 마찬가지로 기능이 다른 3개의 블록으로 구성된다.

감압 요소(pressure sensing element)는 압력을 받았을 때 변위가 일어나도록 설계되고 만들어진 기계적 요소로써, 압력을 기계적 운동(변위)으로 변환하는 소자이며, 일반적으로 탄성체가 사용된다. 변환요소(transduction element)는 기계적 운동(변위)을 전기적 신호로 변환하는 센서이다. 마지막으로 신호조정(signal conditioning)은 전기적 출력신호를 증폭하거나 필터링(filter)하여 조정하는 것으로 센서의 형태나 응용분야에 따라 요구된다.

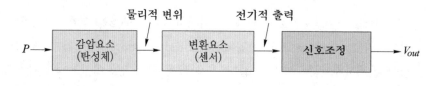

그림 10.3 압력센서의 기본 구성

1. 감압 요소(탄성체)

그림 10.4는 압력 센서에 많이 사용되는 감압 요소를 나타낸다. 부르동 관(Bourdonn tube)는 단면이 타원형 또는 편평형의 관으로, 감긴 형태에 따라 C자형, 나선형 등이 있다. 관 한쪽의 선단은 밀폐되어있고, 개방된 다른 쪽의 끝은 고정되어 있다. 개방된 끝에서 내부에 압력을 가하면 구부러진 관은 직선에 가깝게 변형하며, 이때 관 선단의 변위량은 관내의

압력 크기에 거의 비례한다. 나선형 부르동관은 감도를 증가시킨다.

다이어프램(diaphragm)은 평판(flat)과 주름(corrugated)진 것이 있으며, 압력이 가해지면 변형된다. 다이어프램은 적은 면적을 차지하고, 그 변위(운동)가 변환소자를 동작시킬 만큼 충분히 크고, 부식 방지를 위한 다양한 재질이 이용가능하기 때문에 감압요소로 가장 널리 이용되고 있다.

밸로우즈(bellows)는 얇은 금속으로 만들어진 주름 잡힌 원통으로, 원통에 압력을 가하면 내부와 외부의 압력차에 의해 축방향으로 신축한다. 이 신축에 의해서 압력차는 변위로 변환된다.

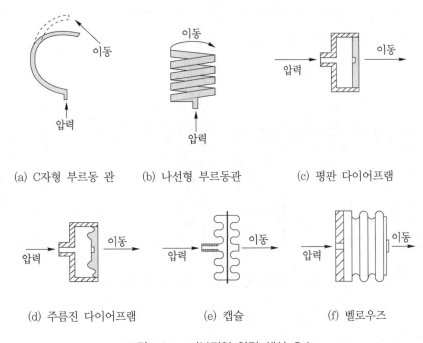

(a) C자형 부르동 관   (b) 나선형 부르동관   (c) 평판 다이어프램

(d) 주름진 다이어프램   (e) 캡슐   (f) 밸로우즈

그림 10.4 기본적인 압력 센싱 요소

2. 센싱 요소

지금까지 설명한 감압요소의 변위(운동)는 스트레인 게이지, 전위차계, 커패시터, LVDT, 압저항과 같은 각종 센서에 의해서 전기신호로 변환된다.

10.2 ● 스트레인 게이지식 압력센서

스테인레스강 다이어프램을 감압요소로, 금속 및 반도체 스트레인 게이지를 변환요소로 사용한 압력센서는 가장 널리 사용되는 압력센서이다.

그림 10.5는 스트레인 게이지 압력센서(strain gauge pressure sensor)의 기본 구조를 나타낸다. 감압 탄성체로는 주변이 고정된 원형의 금속 다이어프램이나 세라믹 다이어프램이 주로 사용된다. 그래서 다이어프램식 압력센서(diaphragm pressure sensor)라고도 부른다. 스트레인 게이지로는 금속 게이지와 반도체 게이지가 다이어프램에 형성한다.

압력이 인가되면 다이어프램이 변형을 일으키고, 이 변형을 스트레인 게이지를 사용해 저항 변화로 변환하여 압력을 전기적 신호로 검출한다.

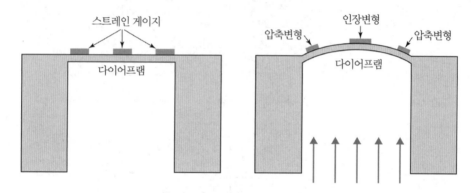

그림 10.5 스트레인 게이지 압력센서의 기본 구조

10.2.1 원형 다이어프램

주변이 고정된 원형 다이어프램에 균일한 압력 P가 작용하면 그 표면에 굽힘 변형이 발생한다. 다이어프램의 변형분포를 계산하면 다음 그림 10.6과 같다.

다이어프램 표면 상의 한 점에서 변형은 반경방향 성분(ϵ_R)과 접선방향 성분(ϵ_T)으로 구성되며, 두 성분 모두 위치에 따라 그 크기가 변화한다. 그림으로부터, 접선방향 변형 ϵ_T는 항상 정(+)이고, $x = 0$에서 최대로 됨을 알 수 있다. 한편 반경방향 변형 ϵ_R은 위치에 따라 정(+) 또 는 부(−)가 되고, $x = R_o$에서 최대의 (−)값을 갖는다.

다이어프램 중심에서 반경방향과 접선방향의 변형은 다음과 같다.

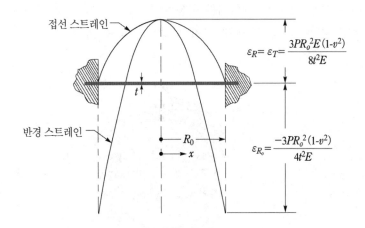

$$\epsilon_R = \epsilon_T = \frac{3\,PR_o^2\,E\,(1-v^2)}{8t^2E}$$

$$\epsilon_{R_o} = \frac{-3PR_o^2\,(1-v^2)}{4t^2E}$$

그림 10.6 원형 다이어프램에서 변형 분포

$$\epsilon_R = \epsilon_T = \frac{3\,PR_o^2}{8\,t^2E}\,(1-\nu^2) \tag{10.4}$$

다이어프램의 가장자리에서 접성성분은 0으로 되고, 반경성분은 최대로 된다.

$$\epsilon_{R,\max} = -\frac{3\,PR_o^2}{4\,t^2E}\,(1-\nu^2) \tag{10.5}$$

위 식들로부터 다이어프램 변형(변위)이 압력 P에 비례함을 알 수 있다. 이 선형관계는 충분히 작은 변형에 대해서만 성립하며, 다이어프램의 두께가 너무 얇아 큰 변형이 발생하는 경우에는 압력−변형 특성이 직선성을 상실한다.

10.2.2 금속 스트레인 게이지 압력센서

그림 10.7은 금속 스트레인 게이지 압력센서의 기본 구조를 나타낸다. 스트레인 게이지로는 금속 박 게이지를 접착제로 다이어프램에 부착시키던가 또는 박막 기술을 사용해 스트레인 게이지를 다이어프램에 직접 형성한다.

스트레인 게이지는 전류가 흐르는 방향으로 받는 변형에 감응하므로 게이지의 배치 장소나 방향은 위 변형분포(그림 10.6)의 결과를 이용해서 설계된다. 그래서 그림 10.7(b)와 같이 다이어프램 중앙부에는 접선방향의 (+)변형에 감응하는 한 쌍의 게이지 패턴(R_2, R_4)이 배치되고, 주변부에는 반경방향의 (−)변형에 감응하는 또 다른 한 쌍의 패턴(R_1, R_3)이 배치된다. 이와 같이, 다이어프램 표면에 반대의 극성을 갖는 인장응력과 압축응력이 동시에 존재하기 때문에 4개의 스트레인 게이지를 이용해 휘스토운 브리지를 구성하면, 압력센서의 출력을 증가시키고, 온도 등 다른 여러 가지 보상을 가능케 한다.

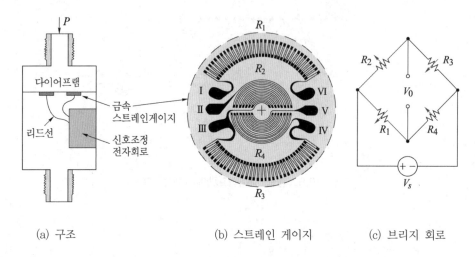

(a) 구조 　　　　　　　(b) 스트레인 게이지 　　　　　(c) 브리지 회로

그림 10.7 금속 스트레인 게이지 압력센서의 구조

압력이 인가되면 다이어프램이 변형을 일으키고, 이 변형을 4개의 스트레인 게이지로 구성되는 휘스토운 브리지를 이용해 저항변화로 변환하여 압력을 전기적 신호로 검출한다. 출력 전압은

$$V_o = 0.82 \frac{P R_o^2 (1 - \nu^2)}{E t^2} V_S \tag{10.6}$$

압력을 출력 전압으로 나타내면

$$P = 1.22 \frac{E t^2}{R_o^2 (1 - \nu^2) V_S} V_o = C V_o \tag{10.7}$$

로 되어, 압력 P가 출력 전압에 직선적으로 비례함을 알 수 있다. 이 직선성은 다이어프램의 변위가 매우 작을 경우에만 성립한다. 휨이 작은 경우 중심에서 다이어프램의 휨은 다음 식으로 주어진다.

$$y_c = \frac{3 P R_o^4}{16 t^3 E} (1 - \nu^2) \tag{10.8}$$

직선성을 유지하기 위해서는 중심에서 다이어프램의 변위가 다이어프램의 두께보다 작아야하며, 0.3 % 정도의 직선성을 위해서는 다이어프램 휨이 두께의 1/4이어야 한다.

그림 10.8은 압력센서용 박막 스트레인 게이지를 나타낸 것으로, 종래의 금속 박 게이지에 비해 재현성을 향상시키고 히스테리시스를 감소시킨다. 또 사용온도가 더 높다.

금속 박막
스트레인 게이지

금속 박막
스트레인 게이지

그림 10.8 금속 박막 스트레인 게이지 압력 센서의 예

1. 특징

금속박 스트레인 게이지 압력센서의 장단점을 요약하면 다음과 같다.

(1) 장점

- 진동에 강하다.
- 적응성이 우수하고, 설치하기가 간단하다.
- 가격이 저렴하다.

(2) 단점

- 다이어프램에 박 게이지를 부착하는 문제점 : 불안전성의 원인이 될 수 있다.
- 게이지 인자(GF)가 작다(금속 게이지의 단점).

박막 스트레인 게이지 압력센서의 장단점을 요약하면 다음과 같다.

(1) 장점

- 진동에 강하다.
- 안정성이 우수하다.

(2) 단점

- 박 게이지에 비해 고가로 된다.

10.2.3 반도체 스트레인 게이지 압력센서

그림 10.9는 2개의 실리콘 스트레인 게이지를 가지는 하프 브리지 칩(half-bridge chip)을 사용해 제작한 압력 센서이다. 다이어프램에 대한 이론은 그림 10.6에서 설명한 것과 동일하다.

유리 접착제를 사용해 반경방향 변형(radial strain)이 0이 되는 지점에 두 개의 하프 브리지 칩을 좌우 대칭으로 부착한다. 따라서 외부에서 압력이 인가되면, 게이지 R_1, R_3에는 압축응력이 작용하여 저항이 감소하고, 게이지 R_2, R_4는 인장변형을 받아 저항이 증가한다. 이들 저항 4개를 브리지로 결선하여 인가 압력에 비례하는 출력을 얻는다.

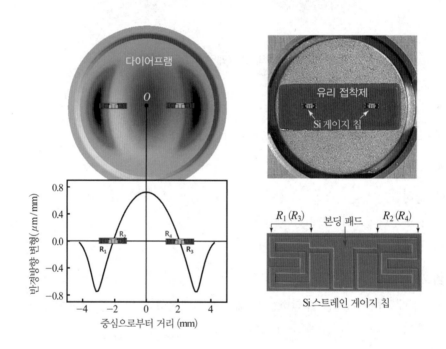

그림 10.9 실리콘 스트레인 게이지를 사용한 압력 센서

실리콘 스트레인 게이지를 이용한 압력센서는 금속 게이지에 비해 감도가 50배 이상으로 높아, 수 bar의 낮은 압력으로부터 2000 bar 이상의 고압에 이르기까지 다양한 범위의 압력센서를 구성할 수가 있어 자동차에서 요구하는 여러 종류의 압력센서에 적용되고 있다.

실리콘 게이지 압력 센서의 단점은 오프셋 전압의 온도 드리프트가 커 이것에 대한 적절한 대책이 요구되는 점이다.

10.3 · 정전용량식 압력센서

앞에서 언급했듯이 정전용량 변화에 기반을 둔 측정법은 다양한 센서의 동작원리가 되고 있고, 이 책에서도 여러 번 논의한 바 있다.

10.3.1 기본구조와 동작원리

그림 10.10은 가장 기본적인 정전용량식 압력센서(capacitive pressure sensor)의 구조와 동작원리를 나타낸 것으로, 다이어프램과 고정전극판이 커패시터를 형성한다.

지금 인가 압력에 의해서 다이어프램이 δ 만큼 변위되면 두 전극사이의 거리가 $d-\delta$로 변하므로 정전용량은

$$C_o = \varepsilon \frac{A}{d} \;\rightarrow\; C = \varepsilon \frac{A}{d-\delta} \qquad (10.9)$$

로 증가한다. 여기서, A는 전극면적, ε는 두 전극사이를 채우고 있는 매질의 유전율이다. 이와 같이, 인가압력에 따라 정전용량이 변하므로 그 변화를 여러 수단에 의해서 검출하여 압력을 측정한다.

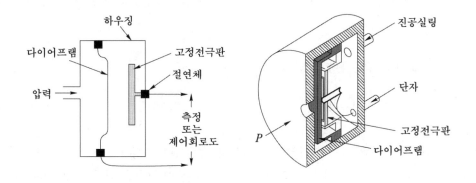

그림 10.10 정전용량식 압력센서의 동작 원리

10.3.2 정전용량식 차압 센서

산업체에서 정전용량식 압력센서의 원리는 그림 10.10보다는 그림 10.11에 나타낸 정전용량식 차압센서(differential capacitive pressure sensor) 형태로 더 많이 사용된다. 두 고정(정지)전극 사이에 센싱 다이어프램이 위치한다. 내부에는 기름이 채워져 있어 차압을 센싱 다이어프램에 전달한다. 동일한 압력이 인가되면 다이어프램은 변형되지 않는다.

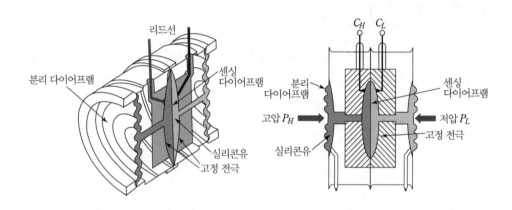

그림 10.11 정전용량형 차압센서

만약 인가압력 중 하나가 다른 것에 비해 더 높으면, 다이어프램은 차압에 비례해서 변위하므로, 두 커패시터 중 고압 측의 정전용량은 감소하고, 저압 측의 정전용량은 증가할 것이다.

$$\text{고압측 정전용량} \quad C_H = \varepsilon \frac{A}{d+\delta} \tag{10.10a}$$

$$\text{저압측 정전용량} \quad C_L = \varepsilon \frac{A}{d-\delta} \tag{10.10b}$$

여기서, A는 전극면적, δ는 인가압력에 의해서 발생하는 센싱 다이어프램의 변위이다.

그림 10.12는 차압 센서(그림 1011)의 동작을 보여주는 회로이다. 각각의 정전용량에 흐르는 전류는

$$I_H = \omega \, C_H \, V_S \tag{10.11a}$$

$$I_L = \omega \, C_L \, V_S \tag{10.11b}$$

여기서 V_S는 구동전압, ω는 구동전압의 각주파수이다. 위 두 식으로부터

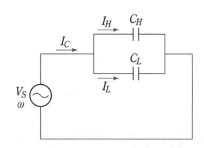

그림 10.12 정전용량형 차압센서의 동작 회로 예

$$I_H + I_L = \omega\, V_S\,(C_H + C_L) = I_C = 일정 \tag{10.12}$$

가 되도록 구동 전류를 제어하면,

$$I_L - I_H = \omega\, V_S\,(C_L - C_H) = \frac{C_L - C_H}{C_L + C_H} I_C = \frac{\delta}{d} I_C \tag{10.13}$$

로 되어, 차전류는 센싱 다이어프램의 변위 δ에 비례한다.

그런데 변위 δ는 차압 $\Delta P = P_H - P_L$에 비례하므로 결국 차전류를 알면, 차압 ΔP를 측정할 수 있다.

10.3.3 정전용량식 압력센서의 특징

정전용량식 압력센서는 측정범위가 매우 넓은 특성을 갖으며, $\mu \sim 10,000$ psi(70 MPa)가 측정 가능하다. 차압은 0.01 in H_2O를 쉽게 측정할 수 있다. 또한 스트레인 게이지 방식에 비해 드리프트도 작고, 0.01 %FS의 확도를 갖는 압력센서의 디자인도 가능하다. 전형적인 온도영향은 0.25 %FS이다. 정전용량식 압력센서는 낮은 차압과 낮은 절대압 측정에서 2차 표준(secondary standards)으로 자주 사용된다. 정전용량식 압력센서의 장단점은 다음과 같다.

(1) 장점
• 구조가 간단하다
• 낮은 드리프트
• 높은 대역 폭(bandwidth)

(2) 단점

- 기생용량(stray capacitance)에 민감
- 진동에 민감

10.4 ◦ 압전기 압력센서

수정 등과 같은 압전 결정에 힘을 가하여 변형을 주면 변형에 비례하여 그 양단에 정(正)·부(負)의 전하가 발생하는데(10.4절에서 설명), 압전기 압력센서(piezoelectric pressure)는 이와 같은 결정의 압전효과를 이용한다.

10.4.1 기본구조와 동작원리

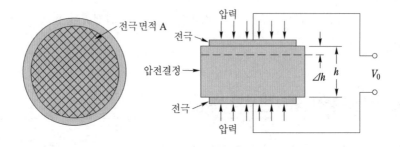

그림 10.13 압전기식 센서의 원리

그림 10.13은 압전기 압력센서의 기본 원리를 나타낸 것이다. 압전 결정의 상하부에 면적 A인 전극을 설치하고 압력을 가하면, 결정의 두께(h)는 변형(Δh)을 일으키고 결정표면에는 전하 q가 나타난다. 이때 나타나는 전하와 출력전압은 다음 식으로 된다.

$$q = C V_o = \frac{\epsilon A}{h} V_o \tag{10.14}$$

여기서, C는 압전 결정의 정전용량, ϵ는 유전율이다. 표면전하 q는 인가압력 P와 다음의 관계를 갖는다.

$$q = S_q \, A \, P \qquad\qquad (10.15)$$

여기서, S_q는 압전결정의 전하감도(charge sensitivity), A는 전극면적이다.
출력전압 V_o는 식 (10.14)과 (10.15)으로부터

$$V_o = \left(\frac{S_q}{\epsilon}\right) h \, P = S_E \, h \, P \qquad\qquad (10.16)$$

여기서, S_E는 센서의 전압 감도(voltage sensitivity)이다. 표 10.2는 몇몇 압전 결정의 전하감도와 전압감도를 나타낸 것이다.

표 10.2 압전결정의 대표적인 전하감도와 전압감도

재　　료	S_q[pC/N]	S_E [V-m/N]
수정(SiO_2 단결정)	2.2	0.055
PZT	110	0.01
$BaTiO_3$	130	0.011

10.4.2 압전기식 압력 센서

그림 10.14 압전기식 압력센서의 구조

그림 10.14는 상용화된 압전기식 압력센서의 구조이다. 여기서는 탄성체와 센서로써 압전기 결정이 사용되고 있다. 센서의 직선성을 좋게 하기 위해서 수정 결정은 보통 하우징 속에서 프리로드된다(preloaded). 압력이 얇은 다이어프램을 통해 다이어프램에 접촉하고 있는 결정면에 인가되면 전하가 발생한다. 이 높은 임피던스의 전하 출력은 내장된 전자회로에 의해서 낮은 임피던스의 전압 신호로 변환된다.

10.4.3 압전기식 압력 센서의 특징과 응용

압전기는 동적 효과(dynamic effect)이기 때문에 출력은 단지 입력이 변할 때만 나타난다. 따라서 이 센서는 정압을 측정할 수 없으며, 단지 압력이 변하는 경우에만 사용될 수 있어, 폭발 등과 관련된 동압현상이나, 자동차, 로켓엔진, 압축기, 또는 빠른 압력변화를 경험하는 압력장치에서의 동압상태를 평가하는데 사용된다. 검출범위는 0.1~10,000 psig(0.7 kPa~70 MPa). 전형적인 확도는 1 %FS이다.

압전기식 압력센서의 장단점을 요약하면 다음과 같다.

(1) 장점

- 대역폭이 넓다.
- 초소형화가 가능하다.
- 가속도에 덜 민감하다.

(2) 단점

- 온도에 매우 민감하다.
- 낮은 레벨의 신호 처리가 필요
- 동적 측정을 위한 특수 접속 케이블이 필요하다.
- 정압력을 측정할 수 없다.

10.5 ◦ 실리콘 MEMS 압력센서

실리콘 압력센서(silicon pressure sensor)에는 실리콘의 압저항 효과(piezoresistive effect)를 이용한 압저항식 압력센서(piezoresistive pressure sensor)와, 정전용량식 압력센서가 있다.

10.5.1 압저항식 압력 센서

1. 실리콘 압저항

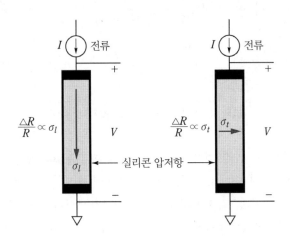

그림 10.15 실리콘 압저항

압저항 효과란 반도체에 압력이 인가되면 저항 값이 변하는 현상이다. 그림 10.15와 같은 실리콘 저항(압저항)을 생각해 보자. 지금 간단한 경우로 축방향 응력(σ_l)만이 작용한다고 가정하면, 이 응력에 의한 저항 변화율은 변형률 ϵ_l 에 비례한다.

$$\frac{\Delta R}{R} = GF\epsilon_l \tag{10.17}$$

게이지 율(gauge factor) GF는 p-형 실리콘에 대해서는 (+), n-형에 대해서는 (−)이다. 그림 10.15에서, 변형이 종방향(축방향)과 횡방향으로 동시에 일어난다고 가정하면 저항 변화율은 다음과 같이 주어진다.

$$\frac{\Delta R}{R} = \pi_l\,\sigma_l + \pi_t\,\sigma_t \tag{10.18}$$

여기서, π_l은 종방향 압저항 계수(longitudinal piezoresistance coefficient)이고, π_t 는 횡방향 압저항 계수(transverse piezoresistanace coefficient)이다. 그림 10.16은 실리콘 반도체의 압저항 계수를 나타낸 것으로, 압저항 계수의 크기와 부호는 전도도 타입과 결정 방향에 의존한다. 예를 들면, p형 반도체에서는 [110] 방향으로 압저항이 만들어져야 가장 큰 값의 압저항 계수를 얻을 수 있고, n형 반도체에서는 [100] 방향에서 압저항 계수는 최대 값을 보인다.

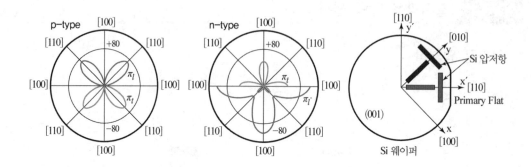

그림 10.16 Si 반도체의 압저항 계수

표 10.3은 압저항 계산시 널리 사용되는 압저항 계수 값을 요약한 것이다. 압저항 효과가 p형 반도체와 n형 반도체에 대해서 다른 점에 유의해야 한다. 종방향 인장력은 n형 압저항의 저항 값은 증가시키고, p형 압저항의 저항 값은 감소시킨다. 반면 횡방향 응력은 반대의 효과를 나타낸다. 실제의 압력 센서에서 p형 압저항이 주로 이용되는데, 그 이유 중의 하나는 표에서 볼 수 있는 바와 같이 종방향과 횡방향 압저항의 값이 비슷하고 부호가 반대로 되는 점이다.

표 10.3 실리콘 반도체의 압저항 계수(측정 온도 : 상온)

도핑 타입	방위	$\pi_l \ (10^{-11} \ Pa^{-1})$	$\pi_t \ (10^{-11} \ Pa^{-1})$
p형	$\langle 100 \rangle$	6.6	−1.1
	$\langle 110 \rangle$	71.3	−66.3
n형	$\langle 100 \rangle$	−102	53.4
	$\langle 110 \rangle$	−31.6	−17.6

2. 실리콘 다이어프램

실리콘 압력 센서에는 사각형, 원형 등의 다이어프램(diaphragm)이 사용되지만, 가장 널리 사용되는 것은 그림 10.17에 나타낸 정사각형 다이어프램이다. 다이어프램은 (100)면에 만들어지며, 정사각형 4변은 $\langle 110 \rangle$방향에 평행하도록 위치시킨다.

압력 P가 균일하게 인가되면, 다이어프램은 w만큼 변위되고, 최대 변위는 정사각형 중심에서 발생한다. 결과적으로 각 가장자리의 중간 위치에서 발생한 최대응력 σ_{max} 는 다이어프램의 중심을 향하게 된다. 최대 응력에 대한 식은

$$\sigma_{max} = K\frac{a^2}{t^2}P \tag{10.19}$$

여기서, a는 다이어프램의 한 변의 길이, t는 두께이다. σ_{max}의 값은 Si 다이어프램의 파괴강도(360 MPa) 보다 훨씬 낮다(안전계수 약 8). 위 식에서 알 수 있는 바와 같이, 실리콘 압력 센서의 감도는 면적(a^2)에 비례하고, 두께 자승 (t^2)에 반비례한다. 따라서 감도를 증가시키기 위해서는 면적을 크게 하고, 두께를 얇게 해야 한다. 그러나 그와 같이하면 선형적인 변형으로부터 벗어나서 압력에 대해 비직선성이 발생하기 때문에 측정압력 범위에 따라 a와 t의 값을 최적화 해야 한다.

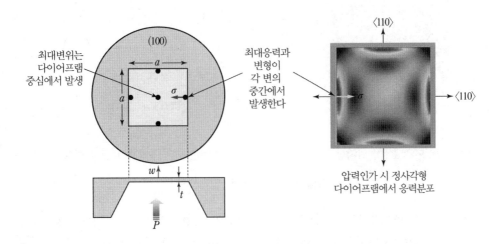

그림 10.17 Si 압력센서에 사용되는 정사각형 다이어프램과 응력 분포

3. 압저항 압력 센서

그림 10.18(a)은 실리콘 압력센서의 기본구조이다. 실리콘 단결정을 얇게 에칭하여 수압용 다이어프램을 만들고, 여기에 IC와 동일한 제조방법으로 4개의 p형 압저항 R_1, R_2, R_3, R_4을 형성한다. 패키징 후 다이어프램을 응력으로부터 보호하고 또 절대압 센서로 구성하거나 패키징을 용이하게 하기 위해서 Si 센서 칩을 유리와 양극접합(anodic bonding)한다.

그림 10.18(b)는 다이어프램에서 4개의 압저항 배치를 나타낸 것이다. 압저항의 위치는 그림 10.16의 결과에 따라 각 가장자리의 중간에 위치하며, 저항 R_1, R_3는 변에 나란하게, R_2, R_4는 변에 수직하게 중앙을 향하여 위치한다. 이 4개의 저항은 그림 10.18(c)에 표시한 것과 같이 휘트스토운 브리지 회로로 접속한다.

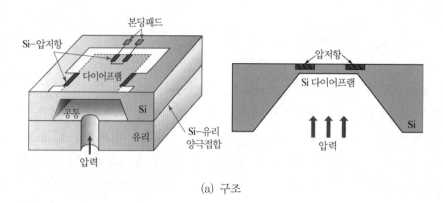

(a) 구조

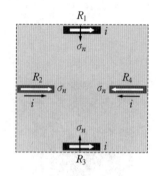

(b) 다이어프램에서 압저항 배치

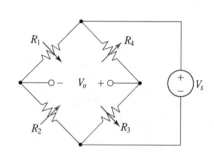

(c) 압저항으로 구성된 브리지 회로

그림 10.18 실리콘 압력센서

실리콘 압력 센서에 압력이 가해지면 다이어프램이 변형을 일으키고, 이로 인해 압저항의 저항 값이 변화하면 브리지 회로에 의해 압력에 비례하는 출력 신호가 얻어진다. 예로써, 그림 (b)와 같이 정사각형 실리콘 다이어프램에 형성된 4개의 p-형 압저항의 출력을 구해보자. 다이어프램에 압력이 가해지면, 저항 R_2, R_4와 저항 R_1, R_3에 작용하는 응력은 그림 10.19과 같은 성분으로 구성된다. 저항 R_2, R_4의 경우 전류 방향과 수직응력 방향이 동일하고, 저항 R_1, R_3의 경우는 전류 방향과 수직 응력 방향이 수직하다. 따라서 그림 10.16(표 10.3)과 식 (10.18)로부터, 또 p-형 실리콘 압저항의 경우 $\pi_l \approx -\pi_t$ 이므로, 각 저항 변화율은 다음과 같이 쓸 수 있다.

$$\frac{\Delta R_2}{R_2} = \frac{\Delta R_4}{R_4} \approx \pi_l \sigma_l = \pi_l \sigma_n \tag{10.20a}$$

$$\frac{\Delta R_1}{R_1} = \frac{\Delta R_3}{R_3} \approx \pi_t \sigma_t = -\pi_l \sigma_n \tag{10.20b}$$

즉, 저항 R_2, R_4의 값은 증가하고, 저항 R_1, R_3의 값은 감소한다.

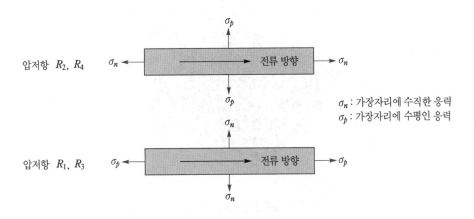

그림 10.19 그림 10.18의 압저항에 작용하는 응력

간단히 하기 위해, 4개의 압저항이 동일하다고, 즉 $R_1 = R_2 = R_3 = R_4 = R$ 라고 가정하자. 만약 압력 P를 인가하면, 식 (10.20)에 따라 저항 R_1, R_3는 ΔR만큼 감소하고 저항 R_2, R_4는 ΔR만큼 증가한다. 즉 $R_1 = R_3 = R - \Delta R$, $R_2 = R_4 = R + \Delta R$ 이다. 위 결과를 사용해 그림 10.18(c)의 브리지 출력전압 V_o를 계산하면

$$\frac{V_o}{V_s} = \frac{R_2}{R_2 + R_3} - \frac{R_1}{R_1 + R_4} = \frac{R_2 R_4 - R_1 R_3}{(R_2 + R_3)(R_1 + R_4)} = \frac{\Delta R}{R} \tag{10.21}$$

압력 감도(pressure sensitivity)는

$$S_V = \frac{\left(\dfrac{V_o}{V_s}\right)}{P} = \frac{\Delta R}{P} \frac{1}{R} \frac{\text{mV}}{\text{V} \cdot \text{bar}} \tag{10.22}$$

휘스토운 브리지의 중요한 장점은 출력전압이 압저항의 절대치에는 무관하고, 저항변화율($\Delta R/R$)과 브리지 전압(V_s)에 의해서만 결정된다는 점이다. 만약 브리지가 정전류(I_s)에 의해서 구동되면, 압력감도는 다음과 같이 정의된다.

$$S_I = \frac{V_o}{I_s} \frac{1}{P} = \frac{\Delta R}{P} \frac{\text{mV}}{\text{mA} \cdot \text{bar}} \tag{10.23}$$

반도체 압력 센서는 IC제작 기술과 동일한 공정으로 만들어지기 때문에, 신호처리에 필요한 증폭회로, 온도보상회로, 직선성 보정회로 등을 하나의 센서 칩에 집적화할 수 있어, 초소형 압력센서의 제작이 가능하다.

그림 10.20 실리콘 MEMS 압력 센서의 예

그림 10.20은 상용화된 실리콘 압저항식 압력센서의 일례이다. 센서의 구조를 명확히 보여주기 위해서 압력센싱 칩과 신호조정·처리 칩으로 구성된 2칩 압력센서를 예로 들었다.

실리콘 MEMS 압력센서는 매우 얇은 다이어프램을 사용하기 때문에 기본적으로 높은 압력측정에는 그대로 사용할 수가 없다. 따라서 다양한 패키징 기술을 사용해 측정 압력 범위와 사용 온도를 확대한다. 그림 10.21은 대표적인 저압 측정용(+100psi 정도, 85℃) 압력 센서이다. 그림 (a)는 차압 측정, 그림 (b)는 절대압 측정용이다. 두 경우 모두 압저항이 형성된 실리콘 칩은 유리 기판에 양극접합된다. 그러나 그림 (a)의 차압 측정 센서에서는 유리기판에 압력을 도입하는 큰 홀(hole)이 만들어지는 반면, 절대압 측정에서는 진공 기준이 필요하므로 그림 (b)와 같이 센서 칩과 유리 기판 사이를 진공으로 하여 밀봉한다.

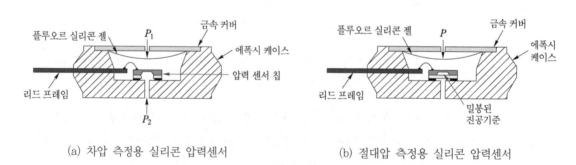

(a) 차압 측정용 실리콘 압력센서   (b) 절대압 측정용 실리콘 압력센서

그림 10.21 저압용 실리콘 압력 센서의 예

그림 10.22는 실리콘 압력 센서 칩을 사용한 고압 측정용 압력 센서의 기본 구조이다. 압저항 실리콘 칩은 동심원으로 주름진 다이어프램과 스테인리스 강 하우징에 의해서 보호된다. 다이어프램으로부터 센서 칩까지 압력을 전달하기 위해서 하우징은 실리콘 오일로 채워진다. 이와 같은 구조는 내구성과 내환경성이 우수하며 1000 bar 까지도 측정이 가능하다. 단점은 가격이 매우 고가로 되는 점이다.

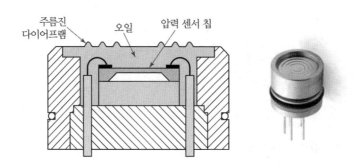

그림 10.22 고압용 실리콘 압력 센서의 예

4. 특징

압저항 효과를 이용한 실리콘 압력센서는 온도 변화에 매우 민감하기 때문에 온도 보상이 요구된다. 이 센서의 압력검출범위는 저압(약 3 psi)에서 고압에 이르기까지 다양하다. 또 센서와 신호처리회로를 하나의 IC칩에 제작할 수 있고 가격이 저렴하여 그 용도가 점점 확대되고 있는 추세이며, 산업용뿐만 아니라 자동차, 가전 제품, 모일 등 대부분의 응용분야에서 다른 압력센서를 대체해 가고 있다.

10.5.2 정전용량식 MEMS 압력 센서

정전용량식 압력센서는 압저항식 보다는 덜 사용되지만, 소비전력이 작고 온도 의존성이 낮은 장점을 가져 특별한 경우에 사용되고 있다. 정전용량식 MEMS 압력센서를 제작기술 측면에서 생각하면 표면 마이크로머시닝과 벌크 마이크로머시닝으로 분류할 수 있다.

그림 10.23은 실리콘 정전용량식 압력센서의 기본 구조로, 실리콘 기판 상에 표면 마이크로머시닝 기술(박막기술과 에칭기술을 이용해 실리콘 기판 상에 초소형 구조물을 만드는 기술)을 이용해 그림과 같이 센싱 다이어프램(상부전극)과 하부전극을 형성한다. 압력이 인가되면 다이어프램이 아래로 휘어져 전극간격이 감소해서 센서의 정전용량이 변한다.

그림 (b) 정전용량식 압력센서의 예를 나타낸다. 그림에서 센서 정전용량 C_S 와 압력에 노출되지 않는 기준 커패시터(reference capacitor) C_R 를 나란히 배치하였다. 그림(a)와 정확히 동일한 구조는 아니지만 유사하게 동작한다. 압력 측정은 센서 정전용량 C_S 를 직접 검출하지 않고 기준 커패시터 C_R 과의 차이를 측정한다. 이러한 차동 측정 방식은 더 우수한 온도 안정도와 낮은 압력 잡음을 제공한다.

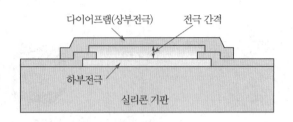

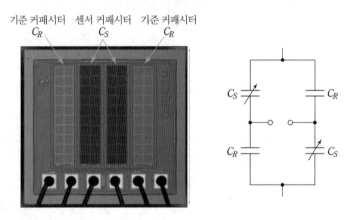

그림 10.23 표면 마이크로머시닝에 의해 제작된 정전용량식 압력 센서의 예

그림 10.24는 실리콘을 벌크 마이크로머시닝하여 센싱 다이어프램을 제작하고, 고정전극을 유리 기판에 형성한 다음 두 기판을 양극 접합하여 만든 정전용량식 MEMS 압력센서의 예이다.

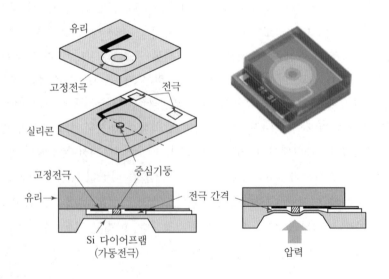

그림 10.24 벌크 마이크로머시닝에 의해 제작된 정전용량식 압력 센서의 예

먼저 실리콘 웨이퍼를 상하로 에칭하여 다이어프램을 제작한다. 다이어프램 중심에 있는 기둥(center pillar)은 다이어프램의 파손, 변형, 반대전극에 달라붙음 등을 방지한다. 전극 사이의 간격은 실리콘 다이어프램과 유리 기판이에 형성된 공극에 의해서 결정된다. 압력이 인가되면 다이어프램이 위로 변위하여 전극간격이 감소해서 센서의 정전용량이 변한다.

이 센서는 높은 검출 감도를 가지기 때문에 저압 측정에 매우 효과적이며, 낮은 소비전력, 우수한 온도 특성 등이 장점이다. 반면 비직선성이 커서 정밀 측정에 적용하는 경우에는 직선성 조정이 요구된다.

현재 기술 수준에서 압저항식과 정전용량식 MEMS 압력센서를 비교한다면, 정전용량식이 온도 안정성에서 좀 더 우수한 것 이외에는 특성상의 차이는 없다. 그러나 정전용량식은 산업체에서 많이 요구하는 차압 측정에는 훨씬 불리하다. 또 장기간 사용하면 전극의 열화가 발생할 수 있는 단점이 있으며, 집적화 압력센서가 아니면 일반적으로 정전용량식 센서의 신호처리가 훨씬 복잡하고 어렵다.

10.6 · 세라믹 압력 센서

세라믹 기판을 사용하는 압력 센서는 중압 범위(1~50 bar) 검출에 사용되고 있다. 특히 스테인레스강 다이어프램 압력 센서를 사용하기 곤란한 환경에서 세라믹 압력센서가 사용되고 있다. 세라믹 다이어프램 압력 센서는 정전용량식과 후막 게이지식이 있다.

10.6.2 정전용량식 세라믹 압력센서

1. 전극의 구조

그림 10.25는 세라믹을 소재로 한 정전용량식 압력센서에 사용되는 전극의 종류를 나타낸 것이다. 커패시터의 한 전극은 세라믹 다이어프램에 만들어지고, 다른 하나는 세라믹 기판에 고정된다.

정전용량형 센서에서 전극 구조는 센서의 직선성에 강한 영향을 미친다. 그림 (a), (b)와 같은 단순한 구조의 경우, 가장자리에서 전계가 밖으로 휘어지는 현상(fringe field effect) 때문에 불평등으로 되어 센서의 직선성은 나빠진다. 이러한 구조에서는 전극 직경이 전극 간격 보다 훨씬 커야만 비직선성을 개선할 수 있다.

그림 (c)에서는 원형의 센서 전극(주전극)과 동심원으로 가장자리에 가드 링(guard ring)

을 설치한다. 가드 링은 센서 전극의 가장자리에서 발생하는 프린지 효과를 제거하여 센서 전극 사이에 평등전계를 보장하며, 그 결과 측정 직선성을 향상시킨다.

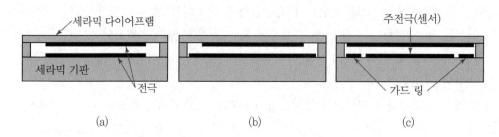

그림 10.25 세라믹 정전용량식 압력센서의 전극 구조

2. 정전용량식 압력 센서

그림 10.26은 정전용량식 세라믹 압력센서의 구조를 나타낸 것이다. 세라믹 다이어프램의 두께는 측정압력 범위에 의해서 결정된다.

압력 P가 인가되면 다이어프램은 휘어져 전극 간격이 변하게 되고 그 결과 정전용량 값의 변화를 가져온다. 다이어프램에 있는 전극은 회로에서 저전압 측이 되며, 센싱 소자의 외부로부터 차폐하는 역할을 한다.

세라믹 기판은 두 개의 도체 전극을 가지며, 두전극 사이의 간격은 매우 작다. 중심에 있는 주전극은 다이어프램에 있는 공통전극과 함께 압력을 센싱하는 커패시터 C_P 을 형성한다. 가드 링은 프린지 효과를 감소시켜 비직선성 오차를 감소시킨다.

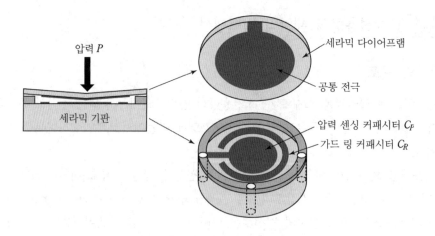

그림 10.26 세라믹 정전용량식 압력센서

이제 정전용량의 작은 변화를 전압 출력으로 변환하는 동작 원리르 생각해 보자. 각 전극의 정전용량을 다시 정의하면,

$$C_P = \varepsilon_P \frac{A}{d} = \varepsilon_P C_P{}' \tag{10.24}$$

$$C_R = \varepsilon_R \frac{A}{d} = \varepsilon_R C_R{}' \tag{10.25}$$

두 정전용량의 비를 구하면,

$$\frac{C_R}{C_P} = \frac{\varepsilon_R C_R{}'}{\varepsilon_P C_P{}'} = \frac{C_R{}'}{C_P{}'} \tag{10.26}$$

위 식에서 두 커패시터는 동일한 환경에 놓여있는 센서 내부에 만들어진 것이므로 유전율은 $\varepsilon_R = \varepsilon_P$이다. 압력이 인가 안된 상태에서 $C_R{}' \approx C_P{}'$가 되도록 설계하고, 가능한 한 $C_R{}'$이 외부에서 인가한 압력 P의 영향을 받지 않도록 위치시킨다. 이렇게 함으로써 $C_R{}'$은 기준 정전용량(reference capacitance)로 작용한다.

이제 압력이 인가되면 C_P는 변하고, 기준 정전용량 C_R은 변하지 않는다고 가정하면

$$\Delta C = C_P - C_R \tag{10.27}$$

인가 압력 P는

$$P \propto \frac{C_P - C_R}{C_P} = 1 - \frac{C_R{}'}{C_P{}'} \tag{10.28}$$

로 된다. 이것은 넓은 범위의 습도 변화에 대해서 안정된 출력을 준다.

기준 커패시터와 센서 커패시터를 동시에 만들면, 센서는 자동으로 온도보상이 됨과 동시에 매질의 유전율 변화에 무관하게 된다.

그림 10.27은 정전용량식 세라믹 압력센서의 예를 나타낸 것이다. 동작은 그림 10.9에서 설명한 것과 동일하다. 스페이서 링은 커패시터의 전극 사이의 간격을 결정하며, 목적에 따라 달리 설계한다. 감도는 세라믹 다이어프램의 두께에 의해서 결정되는데, 높은 압력을 측정하기 위해서는 두께를 두껍게 한다. 다이어프램 두께를 변화시킴으로써 7.5 psi~10000 psi 사이의 정격을 갖는 압력센서가 용이하게 얻어진다. 세라믹 압력센서는 안정성과 신뢰성이 우수하다.

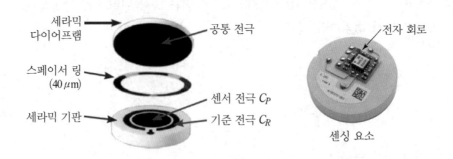

세라믹 다이어프램
공통 전극
전자 회로

스페이서 링 (40 μm)

세라믹 기판
센서 전극 C_P
기준 전극 C_R

센싱 요소

그림 10.27 세라믹 정전용량식 압력센서의 예

10.6.2 후막 스트레인 게이지 압력센서

그림 10.28은 후막기술을 이용한 압저항식 세라믹 압력 센서의 기본 원리를 나타낸 것이다. 세라믹 다이어프램에 스크린 프린팅 기술로 압저항 물질과 배선을 인쇄한다. 후막 저항의 감도(게이지 율)는 10~20 사이로, 금속 게이지(약 2)보다는 크고 실리콘 반도체 게이지(100 전후)보다는 훨씬 작다.

그림에서 압력이 인가되면, 다이어프램 가장자리에 놓여있는 후막 저항 R_1, R_3 는 압축변형을 받아 저항 값이 감소하고, 다이어프램 중심 부근에 위치한 저항 R_2, R_4 는 인장변형에 의해서 저항이 증가한다. 이들 저항 4개를 브리지로 결선하면 인가 압력에 비례하는 출력을 얻을 수 있다.

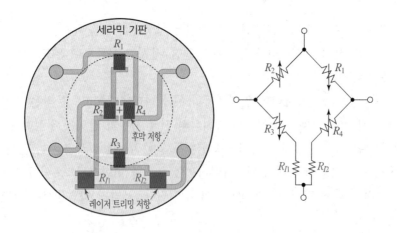

그림 10.28 후막 압저항식 세라믹 압력센서의 기본 원리

그림 10.29는 현재 시판 중인 압저항식 세라믹 압력 센서를 보여 준다. 세라믹 압력 센서는 거의 동일한 구조로 되어있으며 단지 외부 패키지가 적용분야에 따라 다를 뿐이다.

현재 세라믹 센서는 부식성이 문제가 되는 특수한 환경 등에서 사용되고 있으며, 그 시장의 크기는 점점 줄어들고 있다.

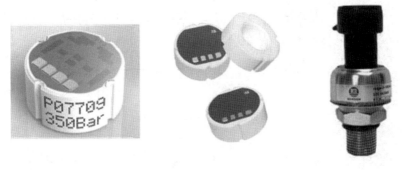

그림 10.29 후막 세라믹 압력센서의 예

10.7 ○ 진공 센서

진공 센서는 압력계 중 특히 희박한 기체의 압력을 측정하는 장치이며, 다양한 종류가 있으나 여기서는 이온 게이지(ion gauge), 피라니 게이지(Pirani gauge), 열전대 게이지(thermocouple gauge)에 대해서 설명한다.

1. 이온 게이지

이온화 검출은 1916년 이래 사용되어온 진공 측정 센서이며, 그림 10.30은 그 구조를 나타낸다. 열음극(hot cathode)에서 방출된 전자들은 (+)전압으로 유지된 그리드에 의해서 끌려간다. 이 전자들은 그리드 내부를 배회하면서 가스 분자와 충돌하고, 이로 인해 가스 분자를 이온화시킨다. 그리드 내부에 있는 양극은 (−)로 유지되고 있기 때문에 (+)이온들을 수집한다. 양극에 의해서 수집된 이온의 수는 진공 시스템에 있는 분자의 수에 정비례하므로, 수집된 이온 전류를 측정하면 진공도를 알 수 있다.

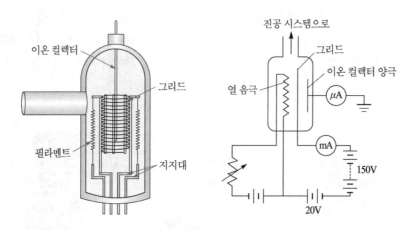

그림 10.30 이온 게이지

대부분의 이온화 검출기는 5.10^{-9} Pa 범위의 진공을 측정할 때 사용된다. 이 센서의 단점은 견고하지 못하고, 많은 기생효과(parasitic effects)가 존재한다는 점이다.

2. 피라니 게이지

피라니 게이지(Pirani gauge)는 도선의 전기저항이 도선의 온도에 비례한다는 사실에 기초를 두고 있다. 그림 10.31과 같이 진공 시스템 속에 놓여있는 가열된 필라멘트(filament)를 생각해 보자. 대기압에서, 가스 분자는 필라멘트와 충돌하여 도선으로부터 열에너지를 제거함으로써 필라멘트를 냉각시킨다. 진공으로 되면, 가스 분자의 수가 감소하므로 분자와 필라멘트의 충돌도 덜 일어나므로 필라멘트로부터 제거되는 열이 감소하여 필라멘트의 온도는 상승한다. 따라서 온도가 상승함에 따라 전기저항도 증가한다.

이 효과는 대기압 – 약 10^{-3}[mbar]의 압력 범위에서만 작용한다.

그림 (b)는 피라니 게이지의 구성도이다. 두 필라멘트(백금 합금)는 휘스토운 브리지의 두 변에 접속되어 저항으로 작용한다. 기준 필라멘트(reference filament)는 고정된 가스 압력 하에 놓인다. 반면 측정 필라멘트(measurement filament)는 측정하고자 하는 진공 시스템 가스 속에 노출된다. 브리지를 흐르는 전류는 두 필라멘트를 가열하고 가스 분자는 가열된 필라멘트와 충돌하면서 열을 빼앗는다. 만약 측정 필라멘트 주위의 가스 압력이 기준 필라멘트 주위의 압력과 다르면, 브리지는 불평형으로 되어 출력이 발생하고, 이것은 측정하고자 하는 진공 시스템의 압력의 척도이다.

실제의 피라미 압력계에서는 브리지 불평형을 전기적으로 조정하여 평형상태로 만드는 데 필요한 전류로부터 압력을 측정한다. 이것은 직선성을 향상시킨다. 일반적으로 피라니 게이지와 관련 회로는 열전대 게이지보다 10배 더 빠르다.

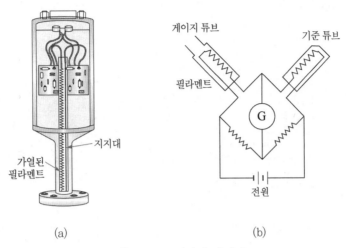

(a)　　　　　　　　　(b)

그림 10.31 피라니 게이지

3. 열전대 게이지

그림 10.32는 열전대 게이지의 구조를 나타낸 것이다. 열전대는 압력을 측정하고자 하는 진공 시스템에 노출된 필라멘트에 점용접(spot welding) 되어 있다. 10 Torr ~10^{-3}Torr 범위의 진공 챔버 압력은 열전대의 전압을 측정해서 결정한다. 열전대에 일정 전류를 흘리면, 필라멘트는 일정 온도로 가열된다. 압력이 높으면, 더 많은 분자들이 필라멘트와 충돌하여 열을 빼앗아가므로 온도는 내려가고 따라서 열전대 전압은 감소한다. 압력이 낮으면 필라멘트 온도가 상승하므로 열전대의 전압도 증가한다. 이와 같이 진공 시스템의 압력에 따라 열전대의 전압이 변하므로 압력을 측정할 수 있다.

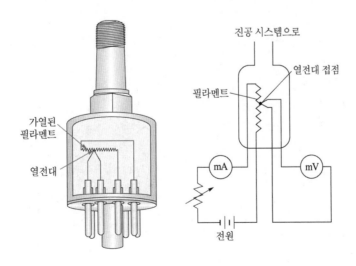

그림 10.32 열전대 게이지

memo

11 chapter | 속도 센서

물체에 힘을 가하면 물체는 운동을 시작하고, 그 빠르기의 정도를 속도(velocity)와 속력(speed)으로 나타낸다. 속도는 속력과 같은 단위를 쓰지만, 속력이 단위시간당 이동거리를 측정하여 계산하는 반면, 속도는 단위시간당 이동한 변위를 측정함으로써 그 크기가 결정된다. 즉 속력이 스칼라량임에 반해 속도는 크기와 방향을 갖는 벡터량이며, 그 방향은 위치변화의 방향과 동일하다. 물체의 운동에는 직선운동과 각운동이 있으며, 흔히 직선속도를 그냥 속도라고 부른다. 직선속도는 항상 어떤 기준 물체에 대해서 측정된다. 본 장에서는 직선속도와 각속도를 측정하는 여러 센서에 대해서 설명한다.

11.1 ● 속도센서의 기초

물체의 운동에는 직선운동과 각운동이 있다. 직선속도는 물체 위치의 시간적 변화율로 정의되는 벡터량이며, 그 방향은 위치변화의 방향과 동일하다. 직선속도는 항상 어떤 기준 물체에 대해서 측정된다. 물체가 직선을 따라 움직일 때, Δt 시간동안 거리 ΔS만큼 이동하였다면 물체의 순간속도 v는

$$v = \lim_{\Delta t \to 0} \frac{\Delta S}{\Delta t} = \frac{dS}{dt} = \dot{S} \tag{11.1}$$

한편, 물체의 회전속도(rotational velocity) 또는 각속도(angular velocity)는 각 위치 (angular position)의 시간적 변화율로 정의된다. 이것은 물체가 얼마나 빨리 회전하는가를 나타내는 척도이다. 회전속도도 또한 벡터량이며, 그 방향은 물체가 회전하는 중심축과 같은 방향이다. 원운동하는 물체의 각속도는 다음과 같이 정의된다.

$$\omega = \frac{d\theta}{dt} = \dot{\theta} \tag{11.2}$$

식 (11.1)과 (11.2)에 따라 변위 센서로부터 얻어진 신호를 한번 미분하면 속도에 비례하는 신호가 얻어진다.

속도 센서와 가속도 센서(제12장)의 기본 원리는 어떤 기준물체에 대해서 물체의 변위를 측정하는 것이다. 많은 경우 기준 물체는 센서의 내부에 설치된다. 이와 같이 속도 센서의 핵심은 변위이다. 많은 속도 또는 가속도 센서는 변위에 민감한 부품을 내장하고 있다. 그러나 잡음이 있는 환경에서는 복잡하고 정교한 신호조정회로를 사용하더라도 미분조작을 하게 되면 매우 높은 오차를 일으킬 수 있기 때문에, 속도를 변위나 위치로부터 미분해서 측정하지 않는다.

속도의 측정은 물체의 크기에 의존한다. 현재 대형 물체의 속도, 특히 지상의 차량이나 해상에서 움직이는 배의 속도는 GPS (Global Positioning System)에 의해서 매우 효율적으로 결정할 수 있다. 차량의 위치가 주기적으로 결정되면 그 속도는 매우 쉽게 결정할 수 있다. 그러나 작은 물체나 짧은 거리에서 GPS로 속도를 측정하는 것은 불가능하다. 이와 같은 경우, 속도 검출은 다른 기준을 요구하게 된다.

본 장에서는 다양한 분야에서 속도 측정에 사용되고 있는 센서에 대해서 설명한다.

11.2 • 직선속도센서

직선속도측정은 주로 전자유도현상을 이용한다. 그림 11.1은 전자기 직선속도센서(electromagnetic linear velocity sensor)의 기본 원리를 나타낸 것으로, 코일을 통해 길이 l인 영구자석이 속도 v로 이동할 때 코일에 발생하는 기전력의 크기는

$$e_o = Blv = Kv \qquad\qquad (11.3)$$

여기서, B는 속도에 수직한 자속밀도이고, K는 상수이다.

이와 같이 코일에 발생하는 기전력은 영구자석의 직선속도에 비례한다. 이 원리를 이용한 직선속도 센서를 산업체에서는 LVT(linear velocity transducer)라고 부른다. LVT는 변위 측정이라는 중간 단계를 거치지 않고 물체의 속도가 직접 전기신호로 변환되는 센서이다. LVT에는 가동코일형(moving coil)과 가동코어형(moving core) 등 두 가지 형태가 있다.

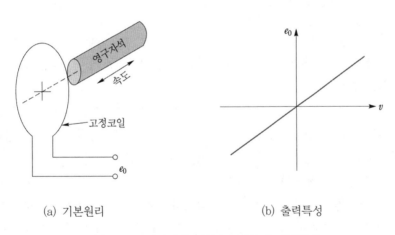

(a) 기본원리 (b) 출력특성

그림 11.1 전자기식 직선속도센서의 기본원리

11.2.1 가동코일형 직선속도 센서

그림 11.2는 가동코일형 직선속도센서(moving coil linear velocity sensor)의 구조를 나타낸 것으로, 스피커(loudspeaker)와 매우 유사하다. 가동코일은 피측정속도에 따라 고정된 영구자석 사이에서 움직인다. 도체의 길이, 즉 감도를 증가시키기 위해서 매우 얇은 전선이 사용되는데, 이 경우 출력저항이 증가하므로 높은 입력 임피던스를 갖는 계기가 요구된다.

가동코일형 속도센서의 장점은, 접촉이나 마찰되는 부분이 없어 보수유지가 간단하고, 출력전압이 속도에 정비례하는 점이다.

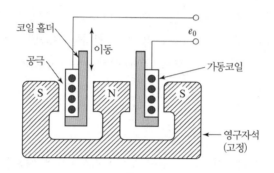

그림 11.2 가동코일형 직선속도센서

11.2.2 가동코어형 직선속도 센서

그림 11.3은 가동코어형 직선속도 센서(moving core linear velocity sensor)의 구조와 코일 결선도이다. 그림 11.3(a)에서, 스테인레스 스틸 케이스에 영구자석을 넣고 그 외측에 두 개의 코일을 감는다.

그림 11.3의 속도센서에서, 자석의 양단은 코일 내부에 위치한다. 영구자석 코어에 속도가 입력되면 두 권선에는 식 (11.3)에 따라 전압이 유기된다. 만약 단일 권선을 사용하면, 출력은 0으로 될 것이다. 이것은 영구자석의 N극에 의해서 발생된 전압은 다른 끝 S극에 의해서 발생된 전압에 의해서 상쇄되기 때문이다.

위와 같은 문제점을 극복하기 위해서 코일을 1과 2로 나누어 설치한 것이다. 자석의 S극은 권선 1에 전류를 유기하고, N극은 또 다른 권선 2에 전류를 유기한다. 권선 1과 2는 그림과 같이 코일에 유기되는 전압의 극성이 반대가 되도록 하여 직렬로 접속되어 있기 때문에, 이 센서의 출력전압은 자석의 속도에 비례하는 출력이 얻어진다.

이 센서는 전술한 가동코일형에 비해 측정 범위가 확대된다.

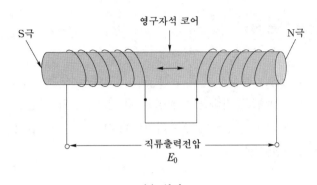

(a) 원리

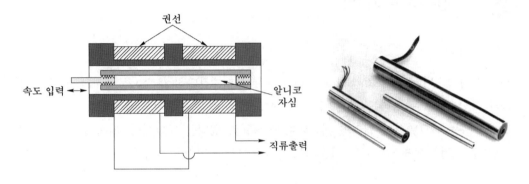

(b) 내부구조와 외관

그림 11.3 가동코어형 직선속도센서

11.2.3 전자기식 직선속도 센서의 특성

전자기식 속도 센서의 가장 큰 특징은 자기 스스로 직류전압을 출력하기 때문에 외부 전원이 불필요하다는 점이다. 또한 감도가 우수하고 사용 주파수가 높다. 이 센서의 최대 검출 가능 속도는 주로 인터페이스 회로의 입력단에 의해서 결정된다. 최소 검출 속도는 잡음에 의해서 결정된다.

가동코일형 속도센서의 감도는 보통 약 10 mV/mm/s이고, 대역폭은 10 Hz~1000 Hz 이다. 가동코어형 직선속도센서의 동작범위는 0.5 in~24 in이고, 전형적인 감도는 40 mV/in/s~600 mV/in/s이다.

직선속도센서는 센서 크기에 의해서 제약을 받는 거리를 따라 속도를 검출한다. 그러므로 대부분의 경우 이 속도 센서는 진동속도 측정에 사용된다.

11.3 ◦ 각속도 센서

각속도 측정은 펌프, 엔진, 발전기 등과 같은 회전기기에서 자주 요구된다. 회전체에서 단위시간당 변위하는 각을 각속도, 각속도가 일정할 때 단위시간당 회전수를 회전속도로 구분한다. 일반적으로 회전속도를 단순히 회전수라고 부르며, 보통 1분간의 회전수(revolution per minute ; rpm)로 나타낸다.

11.3.1 전기식 타코미터

1. 기본 원리

전기식 타코미터(electrical tachometer generator ; 간단히 tachogenerator라 함)는 회전축의 회전속도를 측정하는 발전기로, 회전속도에 비례하는 전압을 출력한다.

그림 11.4는 타코미터의 원리인 패러데이(Faraday) 법칙을 나타낸다. 자속 ϕ내에 놓여있는 코일을 회전시키면 코일에는 다음 식으로 주어지는 전압이 유기된다.

$$e_o = -\frac{d\phi}{dt} \tag{11.4}$$

이 원리를 이용해서 회전수를 계측하는 방법이 전기식 타코미터이다. 타코미터에는 출력전압에 따라 직류(dc)와 교류(ac)로 분류한다.

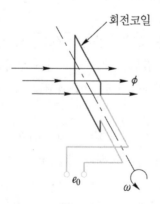

그림 11.4 패러데이의 전자유도 법칙

2. 직류 타코미터

그림 11.5에 나타낸 직류(DC) 타코미터의 구조는 직류발전기로써, 자계의 세기를 일정하게 유지키 위해 고정자에 영구자석을 사용하고, 전기자(armature)와 접촉하고 있는 브러시를 통해 직류전압을 얻는다. 출력전압 e_o 의 크기는 회전수 ω_i 에 비례하며, 회전방향이 변하면 출력전압의 극성이 바뀐다. 직류 타코미터는 브러시의 마찰이 측정대상에 영향을 주는 결점이 있으나, 회전방향의 구별이 가능하고, 여자전원이 필요하지 않는 특징이 있다.

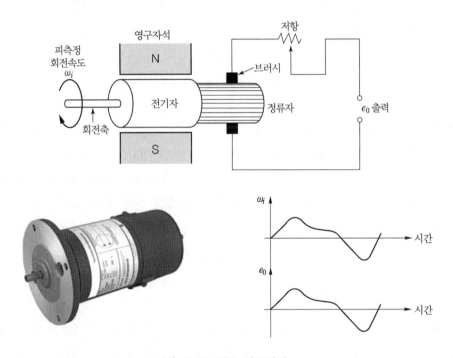

그림 11.5 직류 타코미터

일반적으로 직류 타코미터의 전압정격은 5 V/1000 rpm~20 V/1000 rpm 범위이며, 측정범위는 8000 rpm이다. 온도가 증가하면 영구자석의 세기가 감소하여 오차의 원인이 되므로 온도보상이 필요하며, 이 경우 자속 변화는 0.005 %/K 이하로 된다.

3. 교류 타코미터

그림 11.6의 교류(AC) 타코미터는 영구자석의 회전자(rotor)와 두 개의 고정자 코일로 구성된다. 두 코일은 90°로 위치해 있으며, 한 코일은 여자(勵磁, excitation)를 위한 것이고, 다른 하나는 속도 검출을 위한 것이다. 회전자 드럼 주위에 배치된 모든 권선은 단락회로로 된다. 어떤 모델은 권선 없이 단지 알루미늄 드럼으로만 되어 있는 것도 있다.

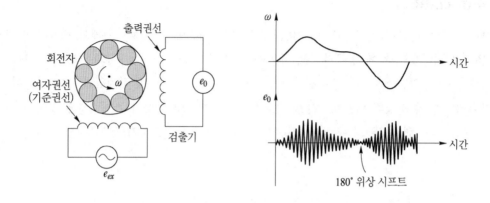

그림 11.6 교류 타코미터

여자코일에 일정 진폭과 주파수를 갖는 교류 전압(e_{ex})을 인가하여 자속밀도 $\boldsymbol{B}$를 만들고, 이 자속이 패러데이의 전자유도법칙에 따라 회전자에 전압 e_r를 유기한다. 회전자는 단락회로이기 때문에 이 전압은 전류 i_r를 흐르게 하고, 이 전류에 의해 회전자 주위에는 다시 자속밀도 $\boldsymbol{B}_r$ 이 발생한다. 상대적 위치 때문에 검출코일은 자속 $\boldsymbol{B}$ 하고는 쇄교하지 않지만, 자속 $\boldsymbol{B}_r$ 의 일부와는 쇄교해서 출력전압 e_o을 발생시킨다. 회전자가 속도 n으로 회전할 때, 검출코일에 발생하는 출력전압은 다음 식으로 된다.

$$e_o = k\omega n \sin(\omega t + \phi) \tag{11.5}$$

여기서, ω는 각주파수, ϕ는 위상각, k는 상수이다. 이와 같이 출력전압은 여자전압과 동일 주파수이지만 그 진폭은 각속도에 비례한다. 회전방향은 신호의 위상차가 180° 이상(異相)이 되는 것에 의해서 결정된다.

AC 타코미터의 전형적인 전압정격은 3 V/1000 rpm∼10 V/1000 rpm 범위이다. 권선저항이 온도에 따라 변하기 때문에 감도는 온도에 의존한다. 이것을 보상하기 위해서 일부 모델은 보상용 NTC 서미스터가 사용되고 있다.

11.3.2 광전식 회전속도 센서

광전식 회전속도계(optical tachometer)의 동작원리는 변위 센서에서 설명한 증가식 인코더(incremental encoder)와 동일하다. 그림 11.7은 광전식 속도계의 구조와 원리를 나타낸다.

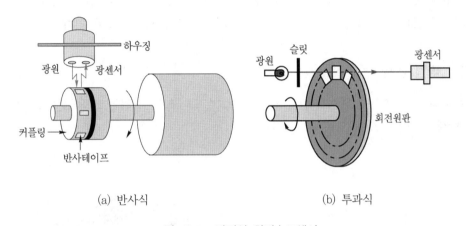

(a) 반사식

(b) 투과식

그림 11.7 광전식 회전속도센서

그림 (a)는 반사식으로, 회전축에 설치되어 있는 반사판으로부터 반사된 빛은 광센서에 들어가 회전속도에 비례하는 펄스열(pulse train)을 발생시키며, 이것을 전자 계수기(electronic counter)로 계수하여 속도를 검출하거나 전압으로 변환한다. 반사식은 구성이 간단하고 측정이 용이하므로 현장 측정에 많이 이용된다.

그림 (b)는 회전원판(disc)에 일정간격으로 슬롯(slot)을 만들고 광원으로부터 나온 빛이 슬롯을 통과할 적마다 광센서가 펄스를 발생시킨다. 이 펄스를 계수하거나 주파수-전압 변환기(frequency to voltage converter;FVC)를 사용하여 전압으로 출력한다.

그림 11.8은 저속으로 움직이는 컨베이어의 회전 속도를 측정하는 예이다. 로터리 인코더를 컨베이어의 회전축에 결합시켜 회전축의 속도를 측정하고 있다.

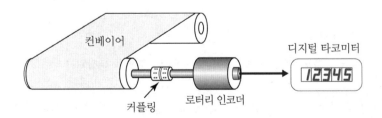

그림 11.8 로터리 인코더의 응용 : 회전속도 측정

11.3.3 톱니바퀴식 회전속도 센서

톱니바퀴식 회전속도센서(gear-tooth sensor)는 자동차에서 캠 샤프트(cam-shaft)와 크랭크샤프트(crankshaft) 등의 위치 및 회전속도 측정에 널리 사용되는 센서이며, 검출용 센서에 따라 자기 픽업 센서(magnetic pick up sensor) 또는 가변 릴럭턴스 센서(variable reluctance sensor ; VR sensor), 홀 효과 톱니바퀴 센서(Hall-effect gear-tooth sensor), 자기저항식 톱니바퀴 센서(magetoresistive gear-tooth sensor) 등이 있다.

1. 자기 픽업 센서

가변 릴럭턴스 센서는 흔히 VR 센서라고도 부르며, 그 구조는 그림 11.9와 같이 영구자석과 전압 발생용 코일(pickup coil)로 구성된다.

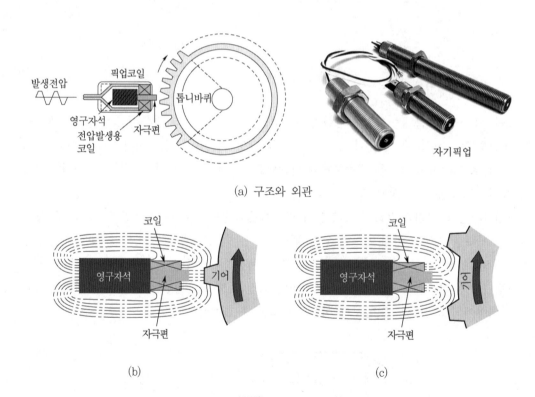

(a) 구조와 외관

(b)

(c)

그림 11.9 가변 릴럭턴스 센서의 구조와 동작원리

속도측정 대상의 회전축에 부착된 타깃(target ; 톱니를 가진 회전체)이 회전하면, 톱니의 돌기부분이 센서 바로 밑에 올 때(그림 b)와 벗어 날 때(그림 c) 자로(磁路 ; magnetic path) 길이와 자속에 변화가 일어나 코일에 기전력이 유기된다. 발생 기전력의 주파수 f와 회전수 N 사이에는 다음의 관계로 된다.

$$f = \frac{n}{60}N \quad \text{Hz} \tag{11.6}$$

여기서, n은 톱니수이다. 톱니수를 $n = 60$으로 하면 주파수가 회전수와 동일해진다. 그 다음 주파수-전압 변환기(FVC)를 사용하면 출력 펄스를 속도에 비례하는 전압으로 변환시킬 수 있다. 측정 회전수에 따라 톱니수를 증감하면 광범위한 회전수 측정이 가능하다.

가변 릴럭턴스 센서는 영구자석과 코일만을 사용하므로 전원이 불필요한 장점이 있으나, 저속회전에서는 출력이 현저히 작아지는 결점이 있다. 그래서 코일 대신에 홀 소자 또는 자기저항소자(MR)를 사용한다.

2. 홀 소자식 회전속도 센서

홀 효과에 대해서는 제3장에서 설명한 바 있다. 그림 11.10은 홀 IC를 이용한 회전속도 센서(Hall-effect gear-tooth sensor)의 기본구조와 동작원리를 나타낸 것으로, 자성체로 만들어진 톱니바퀴와 두개의 홀 IC, 영구자석으로 구성된다. 이것은 그림 11.8의 가변 릴럭턴스 센서에서 코일 대신에 홀 소자를 사용한 것과 동일하다.

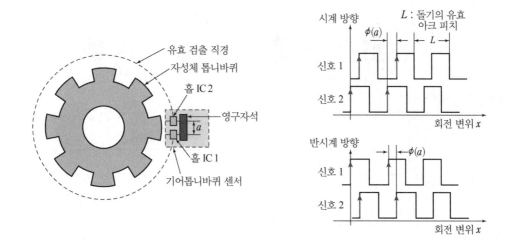

그림 11.10 홀 소자식 회전속도센서

자성체 톱니가 회전하면서 톱니가 홀 센서에 가까이 올 때마다 영구자석으로부터 자속을 모아 센서의 출력을 발생시킨다. 출력 펄스의 주파수는 자성체 휠의 rpm×톱니수로 주어진다. 두 홀 IC 출력 사이의 위상차 $\phi(a)$는 거리 a에 의존한다. 이 위상차에 의해서 회전 방향을 검출할 수 있다.

홀 소자식 회전센서도 자도차의 캠 샤프트와 크랭크샤프트의 속도 및 위치검출, 트랜스미션의 속도검출, 타코미터 등에 응용된다.

3. 자기자항식 회전속도 센서

그림 11.11은 자기저항소자(MR)를 사용한 회전속도 센서이다. 자성체 톱니가 센서를 통과할 적마다 그림 (b)와 같이 MR 센서를 통과하는 자속의 변화가 주기적으로 일어나므로, 이것에 의해서 MR소자의 저항이 변하여 출력이 발생한다. 이 신호의 주파수는 회전체의 회전속도에 비례한다.

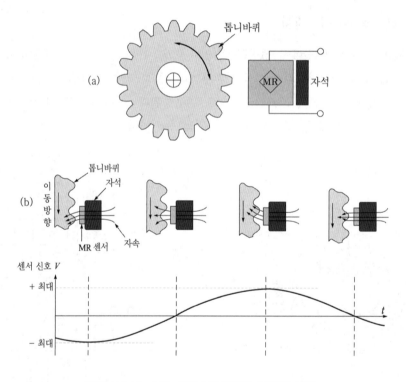

그림 11.11 MR 회전속도센서의 구조와 동작

그림 11.12는 MR 소자를 사용한 회전속도센서의 또 다른 구성을 나타낸다. 톱니바퀴 대신 회전체에 N극과 S극 자석을 교대로 배치하여 회전체가 회전하면 센서에 들어오는 자속이 주기적으로 변하여 센서의 출력을 얻고 있다.

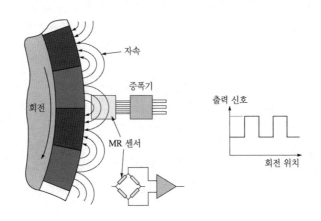

그림 11.12 MR 회전속도센서의 또 다른 예

4. 톱니바퀴식 회전속도 센서의 특징

톱니바퀴를 사용한 회전속도센서의 장단점을 요약하면 다음과 같다.

(1) 장점

- 기존의 타깃(target)을 사용할 수 있다.
- 기존의 시스템에 추가하기가 용이하다.
- 타깃의 선택성

(2) 단점

- 회전속도센서 중 가장 고가.
- 타깃에 약간의 토크가 요구된다.
- 어떤 타깃은 검출하기가 곤란하다.
- 펄스를 아날로그 신호로 변환하기 위한 신호처리회로가 요구된다.

11.3.4 회전날개식 회전속도센서

1. 기본 구조와 동작원리

그림 11.13은 홀 소자를 이용한 회전날개식 회전속도센서를 나타낸 것으로, 영구자석, 자성체 회전날개(vane), 홀 소자로 구성된다. 또한 자속을 모으는 집자강(集磁鋼)이 사용되기도 한다. 그림 (b)와 같이 홀 센서와 영구자석 사이에 회전날개가 없으면, 영구자석으로부터

나오는 자속이 홀 소자를 통과하게 되므로 홀 소자의 출력이 발생한다. 그러나 그림 (c)와
같이 회전체가 회전하여 날개가 홀 소자와 영구자석 사이에 들어오면

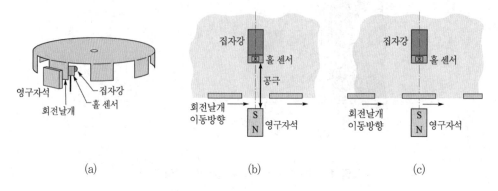

그림 11.13 홀 소자식 회전속도 센서

영구자석으로부터 자속이 홀 소자를 통과하지 못하므로 홀 소자의 출력은 0으로 된다. 이와
같이 회전날개에 의해 자계를 on/off 하면 진폭이 일정한 거의 구형파 신호가 출력된다. 전
자식에 비해 홀 소자식의 사용이 점점 증가하고 있다.

홀 소자식 회전센서도 캠샤프트와 크랭크샤프트의 속도 및 위치검출, 트랜스미션의 속도
검출, 타코미터 등에 응용된다.

2. 특징

날개식 회전속도 센서의 장단점을 요약하면 다음과 같다.

(1) 장점
- 설치하기가 용이하다.
- 저가격

(2) 단점
- 특별한 타깃(target)이 필요하다.
- 타깃에 큰 토크가 요구된다.
- 단위회전 당 펄스 수(pulses/rev)가 작다.

12 chapter | 가속도 진동 충격센서

가속도계 또는 가속도 센서는 기계적 충격이나 진동을 받았을 때 전기적 출력을 발생시키는 전기기계 변환기이다. 가속도계는 일반 목적의 가속도뿐만 아니라, 충격, 진동 측정 등에 광범위하게 사용되고 있다. 최근 산업계에서, 특히 자동차 산업을 중심으로 에어백 시스템과 샤시 컨트롤 등에 적용되는 예에서 보듯이 차의 안정성이나 쾌적성을 위해 고성능의 가속도 센서가 개발되어 사용되고 있다. 또, 산업 각 분야의 기계설비, 차량, 항공기 등에서 이동체(移動體)의 경량화, 고도화, 고속화가 진행됨에 따라 충돌, 진동의 동적 변화상태를 파악하고 현상을 분석하는 것이 중요하게 되고 있으며, 기계의 대형화에 따른 공해진동문제, 생체정보, 지진관측 등에서도 진동현상의 측정이 중요시되고 있어 가속도 센서의 응용 분야는 더욱 더 확대될 것이다.

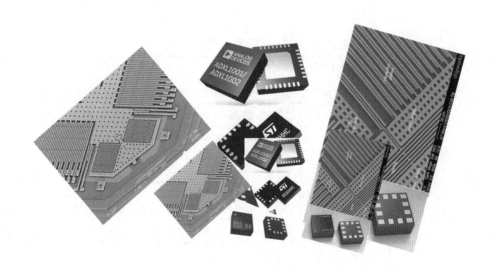

12.1 • 가속도 센서의 기초

물체가 직선을 따라 움직일 때, 순간 속도 v와 순간 가속도 a는 다음과 같이 정의된다.

$$v = \frac{dS}{dt} = \dot{S} \ , \quad a = \frac{dv}{dt} = \dot{v} \tag{12.1}$$

여기서, S는 물체의 변위이다. 한편, 물체가 원운동을 하는 경우 그 각 변위를 θ라 하면, 각속도 ω와 각가속도 α는 다음과 같이 주어진다.

$$\omega = \frac{d\theta}{dt} = \dot{\theta} \ , \quad \alpha = \frac{d\omega}{dt} = \dot{\omega} = \frac{d^2\theta}{dt^2} = \ddot{\theta} \tag{12.2}$$

가속도 센서는 고유 진동수가 크고, 소형경량이라 설치위치가 자유롭고, 온도, 습도, 음향 등의 내환경성이 우수하고, 전기적 출력이 안정되고, 경년변화가 적다는 이유로 스트레인 게이지식, 압전식, 서보식, 정전용량식 등이 많이 이용되어 있다. 그러나 최근에는 반도체 기술과 MEMS 기술을 이용한 초소형 가속도계가 실용화되어 그 사용이 점점 확대되고 있다. 또 1개의 센서 소자로 3축 가속도 성분을 검출할 수 있는 3축 가속도 센서가 상품화되어 있다. 표 12.1은 이 장에서 다루는 가속도 센서의 종류를 나타낸 것으로, 종래부터 사용되어온 가속도 센서와 최근 개발된 초소형 가속도 센서의 동작원리와 그 특징에 대해서 설명한다.

표 12.1 본 서에서 다루는 가속도 센서의 종류

가속도 센서 종류	검출 방식	원리
MEMS 가속도 센서	정전용량식	입력 가속도에 의한 관성질량의 변위를 정전용량 변화로 검출
	열식	입력 가속도에 의한 더운 공기의 변위를 온도변화로 검출
압전식 가속도 센서	압축형	입력 가속도를 압전 종효과로 검출
	전단형	입력 가속도를 압전 전단효과로 검출
정전용량식 가속도 센서	정전용량식	입력 가속도에 의한 관성질량의 변위를 정전용량 변화로 검출
3축 가속도 센서	압저항식	입력 가속도에 의한 관성질량의 변위를 압저항 효과로 검출
	정전용량식	입력 가속도에 의한 관성질량의 변위를 정전용량 변화로 검출

12.2 • 가속도계의 기본 동작이론

대부분의 가속도·진동 측정기술에서는 질량–스프링–댐퍼 시스템(mass–spring–damper system)을 이용한다. 그래서 가속도 측정의 기본원리가 되고 있는 질량–스프링–댐퍼 시스템의 운동에 대해서 먼저 설명한다.

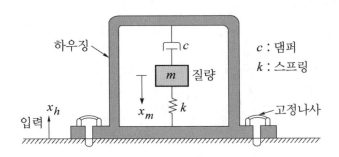

그림 12.1 질량–스프링–댐퍼 시스템

그림 12.1과 같이 질량 m을 스프링 k와 댐퍼 c로 지지대에 고정시킨 구조를 생각해 보자. 가속도계에서 스프링을 변형시키는 질량을 사이즈믹 질량(seismic mass) 또는 관성질량이라고 부른다. 이 시스템에 가속도 $a(=\ddot{x}_h)$가 그림과 인가되었다고 가정하자. 관성에 기인해서 관성질량은 스프링에 힘 f를 작용할 것이고, 스프링은 거리 $x = x_m - x_h$ 만큼 압축되므로 이 힘에 반발할 것이다. 이것을 식으로 나타내면,

$$f = k(x_m - x_h) = kx \tag{12.3}$$

여기서 k는 스프링 상수, $x(= x_m - x_h)$는 지지대에 대한 관성질량의 상대적 변위이다. 질량 m이 움직이면, 댐퍼(damper)는 질량의 속도에 비례하는 제동력(damping force)를 관성질량에 행사한다.

$$f_c = c\frac{d(x_m - x_h)}{dt} = c(\dot{x}_m - \dot{x}_h) \tag{12.4}$$

뉴턴의 제 2법칙으로부터 질량 m에 작용하는 모든 힘(관성, 스프링 힘, 제동력)의 합은 0이다. 이것으로부터 질량 m의 운동에 대한 미분 방정식은

$$m\ddot{x}_m + c(\dot{x}_m - \dot{x}_h) + k(x_m - x_h) = 0 \tag{12.5}$$

또는 위 식에 $x = x_m - x_h$를 대입하면

$$m\ddot{x} + c\dot{x} + kx = -m\ddot{x}_h = -ma \qquad (12.6)$$

위 식에서 질량 m의 가속도 $\ddot{x}$는 지지대(케이스) 자체의 가속도 $a(=\ddot{x}_h)$와는 완전히 다름에 유의하라. 이 시스템의 동적 거동은 미분 방정식(12.6)의 해를 구하면 얻어진다.

만약 지지대가 $x_h = A\sin\omega t$ (ω : 각주파수)의 운동을 한다면, 방정식 (12.6)의 정상상태 해는 다음과 같이 된다.

$$x = \frac{\left(\dfrac{\omega}{\omega_n}\right)^2}{\sqrt{\left[1 - \left(\dfrac{\omega}{\omega_n}\right)^2\right]^2 + \left[2\zeta\left(\dfrac{\omega}{\omega_n}\right)\right]^2}} A\sin(\omega t - \phi) \qquad (12.7)$$

여기서, $\omega_n = \sqrt{\dfrac{k}{m}}$: 시스템의 고유 각주파수(natural frequency) $\qquad (12.8)$

$\zeta = \dfrac{c}{2\sqrt{km}}$: 시스템의 제동비(damping ratio) $\qquad (12.9)$

$\phi = \tan^{-1}\dfrac{2\zeta\left(\dfrac{\omega}{\omega_n}\right)}{1 - \left(\dfrac{\omega}{\omega_n}\right)^2}$: 위상각 $\qquad (12.10)$

식 (12.7)로부터, 이 시스템의 특성을 결정하는 중요한 파라미터는 주파수 비 ω/ω_n와 제동비 ζ임을 알 수 있다. 적용 분야에 따라, m, k, c는 주의깊게 선정되어야 한다.

센서의 형태는 측정하고자하는 주파수(ω)와 공진주파수(ω_n)의 관계에 의해서 결정된다. 만약 $\omega \ll \omega_n$이면, $\phi \to 0$이고, 식 (12.7)은

$$x \approx \left(\frac{\omega}{\omega_n}\right)^2 A\sin\omega t \approx -\frac{\ddot{x}_h}{\omega_n^2} = -\frac{m}{k}\ddot{x}_h = -\frac{m}{k}a \qquad (12.11)$$

로 되어, 관성질량의 상대적 변위 x은 측정 대상물의 가속도($a = \ddot{x}_h$)에 비례함을 알 수 있다. 이와 같이 가속도는 결국 질량의 변위를 측정하는 문제로 된다.

식 (12.11)로부터 가속도 센서의 감도는 다음과 같이 정의할 수 있다.

$$S = \frac{x}{a} = \frac{m}{k} = \frac{1}{\omega_n^2} \qquad (12.12)$$

정확히 설계되고, 설치되고, 교정된 가속도계는 그림 12.2와 같은 주파수 응답 특성을 가진다. 평탄한 주파수 응답 부분이 가장 정확한 측정을 할 수 있는 영역이다. 가속도에 비례하는 출력을 얻기 위해서는 $\omega \ll \omega_n$ 이어야 하므로, 동작 주파수 범위를 확대하기 위해서는 공진 주파수 ω_n 을 증가시켜야 한다. 이를 위해 일반적으로 관성질량 m 을 감소시킨다. 그러나 질량이 작으면 작을수록 식 (12.12)에 따라 감도는 나빠진다. 그러므로 충격 가속도계와 같이 높은 공진주파수를 갖는 가속도계의 감도는 낮고, 반면 높은 감도를 갖는 가속도계의 공진 주파수는 낮다.

이와 같이 감도가 좋으면 대역폭(bandwidth)이 작아지고, 반대로 대역폭이 커지면 감도가 나빠지는 둘 사이에는 상관관계가 있다. 따라서 가속도 센싱 요소의 대역폭은 감도와 적절한 조화를 이루어야 한다.

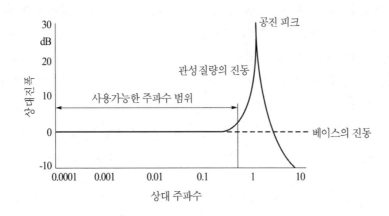

그림 12.2 가속도계의 주파수 응답 특성

가속도 센서에서 질량 m 의 변위 x 를 검출하는 방식에는 여러 종류가 있으나, 주로 사용되고 있는 것은 압전기식(piezoelectric accelerometer), 정전용량식(capacitive accelerometer), 압저항식(piezoresistive accelerometer) 등이며, 각각의 검출 방식에는 장점과 단점이 있고 용도에 따라 구분하여 사용한다.

또, 가속도 센서는 크게 1개의 센서 소자로 1방향의 가속도(1축 가속도)를 검출하는 1축형 가속도 센서와 1개의 검출소자로 가속도 a 의 3축 성분(a_x, a_y, a_z)을 검출할 수 있는 3축형 가속도 센서로 대별할 수 있다. 다음절부터는 중요한 가속도 센서의 동작 원리에 대해서 상세히 설명한다.

12.3 ⦁ 마이크로가속도 센서

마이크로가속도계(microaccelerometer) 또는 MEMS 가속도 센서는 가장 최근에 상품화된 가속도 센서로, 주로 실리콘 MEMS 기술을 이용해서 만든 초소형 가속도계이다. 현재 상품화된 MEMS 가속도 센서의 구조가 매우 다양하기 때문에 여기서는 간단한 구조를 예로 들어 마이크로가속도계를 설명한다.

12.3.1 정전용량식 MEMS 가속도 센서 : 표면 마이크로머시닝

1. 차동용량식 검출 원리

현재 MEMS 가속도 센서의 대부분은 관성질량의 변위를 검출하기 위해서 그림 12.3에 나타낸 것과 같은 차동 용량식 센싱 방식(differential capacitive sensing)을 사용한다.

그림에서 관성질량에 붙어있는 가동전극은 두 고정전극 사이의 중심에 놓여있다. 지금 가속도 센서에 외부에서 가속도 a 가 입력되면, 관성질량은 변위 $x(t)$를 일으키고, 관성질량에 붙어있는 가동전극도 함께 진동한다. 이렇게 되면, 두 개의 고정전극과 가동전극 사이에 형성된 정전용량 C_1, C_2도 함께 변한다. 예들 들어, 관성질량이 위로 x만큼 변위하면, 함께 움직이는 가동전극도 x 만큼 위로 이동한다고 생각할 수 있다. 따라서 정전용량 C_1은 증가하고, C_2 는 감소한다. 결국 질량의 변위 x 는 두 정전용량의 차(capacitance difference) $(C_1 - C_2)$로부터 구해진다. 이러한 검출법을 차동 용량식이라고 부른다.

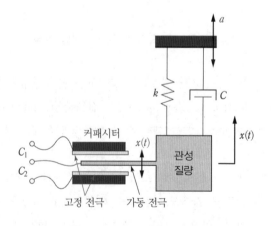

그림 12.3 정전용량식 가속도 센서의 기본 원리

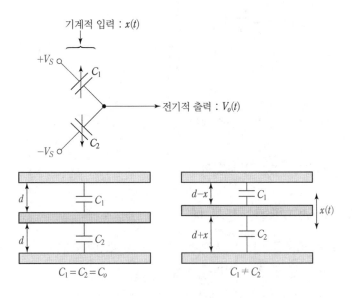

그림 12.4 차동정전용량 검출의 원리

그림 12.4에 있는 등가 회로를 사용해 차동정전용량 검출을 좀 더 살펴보자. 관성질량이 정지해 있으면, 즉 $x = 0$ 이면 두정전용량은 같으므로,

$$C_1 = C_2 = C_o \tag{12.13}$$

외부에서 가속도가 들어오면, 관성질량은 진동하고, 그때의 정전용량은 다음과 같이 쓸 수 있다.

$$C_1 = C_o + \Delta C_1 \rightarrow \Delta C_1 = C_1 - C_o \tag{12.14a}$$

$$C_2 = C_o - \Delta C_2 \rightarrow \Delta C_2 = - C_2 + C_o \tag{12.14b}$$

그런데, 정전용량의 변화는 정의로부터

$$\Delta C_1 = \frac{\epsilon A}{d - x} - \frac{\epsilon A}{d} = \frac{\epsilon A \Delta x}{d^2 - \Delta x\, d} \approx \frac{\epsilon A \Delta x}{d^2} \quad (\Delta x \ll d \text{ 에 대해서}) \tag{12.15a}$$

$$\Delta C_2 = - \frac{\epsilon A}{d + x} + \frac{\epsilon A}{d} = \frac{\epsilon A \Delta x}{d^2 + \Delta x\, d} \approx \frac{\epsilon A \Delta x}{d^2} \quad (\Delta x \ll d \text{ 에 대해서}) \tag{12.15b}$$

변위 x 가 작은 경우, 정전용량 변화는

$$\Delta C_1 = \Delta C_2 = \frac{\epsilon A \Delta x}{d^2} \tag{12.16}$$

출력전압 V_o 는

$$V_o = -V_S + \frac{C_1}{C_1 + C_2}(2V_S) = \frac{C_1 - C_2}{C_1 + C_2}V_S = \frac{\Delta x}{d}V_S \tag{12.17}$$

로 되어, 변위 x 에 직선적으로 비례한다.

2. 정전용량식 MEMS 가속도 센서 예

정전용량식 가속도 센서를 만드는 MEMS 기술에 관계없이 대부분 가속도 센서는 그림 12.3에서 설명한 차동용량식 검출 원리를 사용한다.

그림 12.5는 MEMS 가속도 센서의 대표적인 초기 모델 중 하나인 ADXL 150(1996) 정전용량식 가속도 센서 칩과 센싱 영역의 전자현미경(SEM) 사진이다. 그림 12.3과 대응해서 검토해 보면, 가운데 관성질량이 있고, 여기에는 가동전극 빔들이 붙어있다. 관성질량과 가동전극들은 양쪽에 있는(여기서는 하나의 버팀대만 보임) 버팀대(anchor)에 의해서 지지되고 있다. 가동전극 양 측에는 두 개의 고정전극이 배치되어 있으며, 이것을 유닛 셀(unit cell) 이라고 부른다.

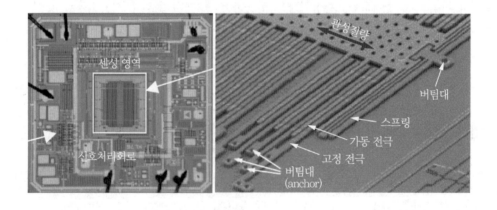

그림 12.5 정전용량식 MEMS가속도 센서의 초기 모델(ADXL 150)

그림 12.6은 그림 12.5의 가속도 센서를 설명하기 위해서 중요 개념만 알기 쉽게 다시 그린 것이다. 버팀대에 의해서 관성질량이 공중에 지지되어 있음을 볼 수 있다. 약 60개의 동일한 유닛 셀이 반복되어 있으므로 이 센서의 동작은 흔히 유닛 셀을 가지고 설명한다.

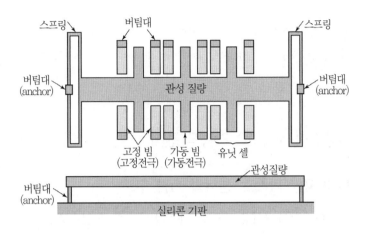

그림 12.6 정전용량식 MEMS 가속도 센서의 기본 구조와 원리

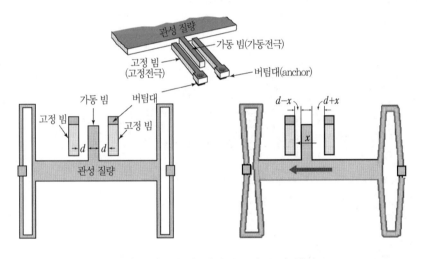

그림 12.7 유닛 셀의 구조와 동작 원리

그림 12.7은 유닛 셀의 구조와 동작을 나타낸 것이다. 그림 (a)는 센서에 가속도가 입력되지 않은 경우로, 두 고정전극과 가동전극 사이의 간격은 d로 동일하다. 관성질량이 그림(b)와 같이 우측에서 좌측으로 x 만큼 이동하면,

- 좌측 커패시터의 전극간격은 $d-x$로 감소하고, 이에 따라 좌측 정전용량은 $+\Delta C$ 만큼 증가한다.
- 우측 커패시터의 전극간 거리는 $d+x$로 증가하고, 정전용량은 $-\Delta C$ 만큼 감소한다.

관성질량의 변위에 따른 이와 같은 정전용량의 변화는 그림 12.3에서 설명한 차동정전용량 검출 원리와 정확히 동일하며, 따라서 출력 전압은 변위 x, 즉 가속도에 직선적으로 비

례할 것이다.

표면 마이크로머시닝 기술을 이용한 정전용량식 MEMS 가속도 센서는 눈부시게 발전하고 있다. 크기는 점점 작아지고, 하나의 센서 칩에서 1축에서 3축 가속도를 검출할 수 있는 센서로 발전하고 있다.

12.3.2 정전용량식 MEMS 가속도 센서 : 벌크 마이크로머시닝

1. 벌크 마이크로머시닝 가속도 센서의 기본 구조

그림 12.8은 벌크 마이크로머시닝 기술을 이용해 제작한 정전용량형 MEMS 가속도의 동작원리를 나타낸 것이다. 미소한 실리콘 관성질량과 상하부 전극 사이에는 커패시터 C_1, C_2가 형성되어 있다. 이 가속도계의 동작도 그림 12.3에서 설명한 차동용량식 가속도 센서의 동작과 유사하다.

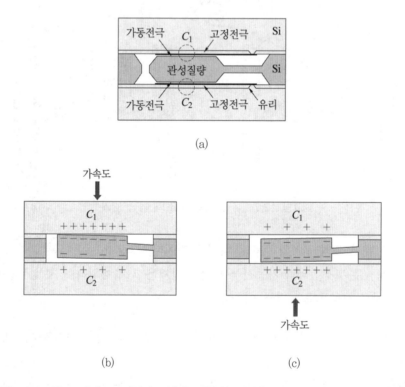

(a)

(b) (c)

그림 12.8 벌크 마이크로머시닝 기술을 이용한 정전용량식 가속도 센서의 동작원리

그림 (a)와 같이 가속도 입력이 없는 상태에서 상하부 커패시터의 정전용량은 동일하며 식 (12. 12)과 같이 쓸 수 있다. 이제 가속도 a가 입력되는 경우를 생각해 보자.

- 그림 (b) : 가속도가 그림 같은 방향으로 들어오면, 관성법칙에 의해 질량은 위로 변위한다. 따라서 상부 커패시터의 정전용량 C_1은 증가하고 하부 정전용량 C_2은 감소한다.
- 그림 (c) : 가속도가 밑에서 위로 들어오면, 질량은 아래로 변위하므로 하부 정전용량 C_2가 증가하고 상부 정전용량 C_1은 감소한다.

식 (12.15)에 따라 두 정전용량의 차 ΔC는 실리콘 질량의 변위 x에 비례하므로, 이 변화를 측정하면 가속도를 검출할 수 있다.

2. 벌크 MEMS 가속도 센서 예

그림 12.9는 지금까지 설명한 원리에 기반을 둔 벌크 마이크로머시닝 기술로 만든 정전용량식 MEMS 가속도 센서를 분해해서 나타낸 것으로, 3개의 실리콘 웨이퍼를 적층한 구조이다.

중간 실리콘 웨이퍼에는 벌크 마이크로머시닝 기술로 만든 마이크로 크기의 관성질량과, 이것을 지지하는 힌지 스프링(hinge spring)을 가지고 있다. 두 개의 상하 웨이퍼는 동일하며, 단순히 고정전극을 형성한다. 또 관성질량은 상하의 고정 전극에 대해서 가동전극으로 기능한다. 각 다이의 측면에는 전극과의 접촉을 위한 금속이 있다. 3개의 웨이퍼는 별도로 제작되며, 접합하면 그림 12.9와 같은 정전용량식 가속도 센서가 완성된다.

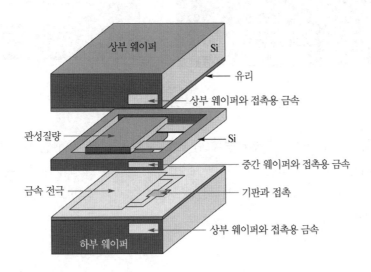

그림 12.9 정전용량식 벌크 MEMS 가속도 센서의 예

벌크 마이크로머시닝 기술로 만든 정전용량형 MEMS 가속도 센서의 기본적인 측정 범위는 0.5 g~12 g이며, 정격 대역폭은 12 g에 대해서 400 Hz이다. 내충격성은 20,000 g이다.

벌크형 가속도 센서는 견고하고, 관성질량을 크게 할 수 있어 고감도로 되는 장점이 있지만, 반면 하나의 칩에 센싱 요소와 신호처리회로를 집적화하기가 어렵다.

12.3.3 열식 가속도 센서

지금까지 설명한 가속도계는 고체를 관성질량으로 사용하였다. 그러나 열식 가속도 센서에서는 고체 대신 가열된 기체를 질량으로 사용한다.

그림 12.10은 열식 마이크로가속도 센서의 기본 구조를 나타낸 것으로, 가속도 센서와 그 주위에 신호처리 회로를 하나의 칩에다 집적화한 것이다. 실리콘 기판을 에칭하여 그림과 같이 브리지를 형성하고, 그 중앙에는 히터를, 히터 주변에 좌우상하 대칭으로 온도센서(서모파일)를 설치한다.

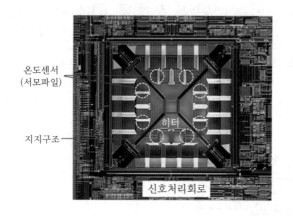
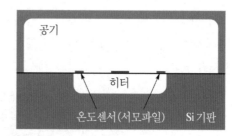

그림 12.10 열식 가속도 센서의 기본 구조

이 상태에서, 히터로 공기를 가열하면 그림 12.11과 같이 히터 주위에는 더운 공기 덩어리 주위를 찬 공기가 둘러싸고 있는 형태로 될 것이다. 그런데 4 방향의 대칭점에 있는 온도센서의 출력은 동일하므로 온도 분포는 히터를 중심으로 그림과 같이 좌우 대칭으로 되고, 센서 출력은 0으로 된다.

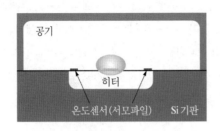 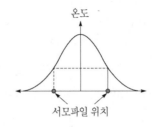

그림 12.11 가속도 입력이 없을 때 공기 온도 분포

만약 이 상태에서 가속도가 들어오면, 가열된 공기 덩어리는 가속도의 방향에 따라 그림과 같이 우측으로(또는 좌측으로)이동하게 되므로, 더운 공기와 가까워지는 온도 센서의 출력은 증가하고, 멀어지는 온도 센서의 출력은 감소하여, 온도 분포는 그림 12.12(b)와 같이 비대칭으로 된다. 이때 두 지점의 온도차를 ΔT 라고 하면, 가속도 센서로부터 출력 신호전압은 다음 식으로 된다.

$$\Delta V = G \, \alpha_s \, \Delta T \text{ mV} \cdot \text{Acc/g} \tag{12.18}$$

여기서, G 는 증폭률(이득), α_s 는 서모파일의 제베크 계수이다. 두 센서 사이의 온도차 ΔT 를 측정하면 가속도의 크기와 방향을 결정할 수 있다.

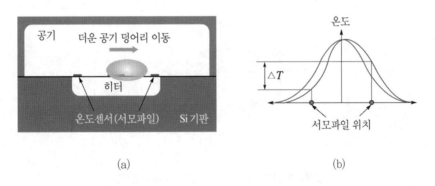

(a)   (b)

그림 12.12 가속도가 들어왔을 때 공기의 온도 분포

앞에서 설명한 고체 관성질량을 사용하는 정전용량식 가속도 센서와 비교하면,

- 공진현상이 없으므로 내진동성이 우수한다.
- 충격에 강하다.(50,000g 충격에도 견딤)
- 히스테리시스가 0이다.
- 0g 오프셋 안정도가 우수하다.

한편 열식 가속도 센서는 훨씬 더 큰 전력을 소비한다. 따라서 배터리로 동작하는 기기에서와 같이 전력이 중요한 경우에는 정전용량식이 더 유리하다. 또한 정전용량식은 더 큰 대역폭을 가지기 때문에, 고주파 응용분야 특히 100 Hz 이상의 높은 주파수에서 사용할 때 유리하다. 차량 충돌시 에어백 전개를 위한 충돌검출과 같이 큰 가속도(high-g)를 센싱하는 경우에는 넓은 대역폭과 하이-g 검출 능력을 가지는 정전용량식 가속도 센서가 필요하다.

12.4 ● 압전식 가속도계

제6장에서 설명한 바와 같이, 수정이나 산화바륨($BaTiO_3$) 등과 같은 압전결정에 힘을 가하면, 내부에서 전기분극이 발생하여 결정 표면에 전하가 나타난다. 또 역으로, 전계를 가하면 결정이 기계적 변형을 일으킨다. 이때 기계적 변형의 방향은 인가 전계의 방향(인가전압의 극성)에 의존한다. 이 압전효과를 이용해서 가속도를 측정하는 센서가 압전형 가속도 센서이다.

12.4.1 기본 원리

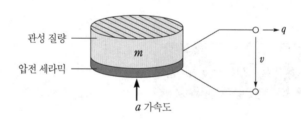

그림 12.13 압전형 가속도 센서의 원리

그림 12.13은 압전형 가속도계의 동작원리를 나타낸 것으로, 센싱 엘리멘트는 압전체와 관성질량으로 구성된다. 압전체의 한 쪽 면에는 소위 관성질량이 부착된다. 가속도계가 진동을 받으면, 압전체에는 뉴턴 법칙에 따라 $F = ma$의 힘이 작용하고, 따라서 압전효과에 의해 이 힘에 비례하는 전하 출력이 발생한다. 출력 전하와 가속도 사이의 관계는

$$q = d_{ij} F = d_{ij} m a \tag{12.19}$$

로 된다. 여기서, d_{ij}는 물질의 압전계수이다. 위 식에서 질량 m은 상수이므로 전하 출력 신호는 질량의 가속도 a에 비례한다.

압전소자의 정전용량을 C라고 하면, 출력전압 v는

$$v = \frac{q}{C} = d_{ij}\,\frac{F}{C} \tag{12.20}$$

위 식에서 알 수 있듯이, 압전소자의 출력은 그것의 기계적 특성인 d_{ij}에 의존한다. 위 식으로부터 전하감도(charge sensitivity)와 전압감도(voltage sensitivity)는 다음 식으로 된다.

$$전하감도 \quad S_{qa} = \frac{q}{a} \tag{12.21}$$

$$전압감도 \quad S_{va} = \frac{v}{a} \tag{12.22}$$

넓은 주파수 범위에 걸쳐서 센서 베이스와 관성질량은 동일한 가속도 크기를 가지기 때문에 센서는 측정 물체의 가속도를 측정할 수 있다. 압전식 가속도 센서에는 압축형(壓縮型 ; compression type)과 전단형(剪斷型 ; shear stress type)이 있다.

12.4.2 압축형 압전 가속도계

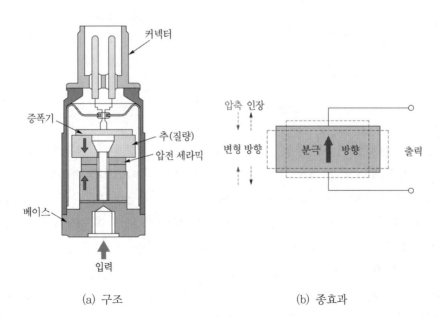

(a) 구조   (b) 종효과

그림 12.14 압축형 압전 가속도계

압축형은 그림 12.14에 나타낸 것처럼, 평판 또는 원판 모양의 압전소자를 베이스와 추 (錘) 사이에 고정시킨 구조이며, 그림 (b)와 같이 압전현상의 종효과를 이용한다. 구조가 간단하고 기계적 강도도 커서 큰 가속도 및 충격 계측에 적합하다. 그러나 분극방향과 출력방향이 일치하므로 순간적인 온도변화에 의한 출력(이것을 초전기(焦電氣) 출력이라고 하며, 1 Hz 이하의 성분을 가진다.)이 발생하기 때문에 낮은 진동수, 미소레벨의 진동 계측에는 부적합하다.

압축형 가속도 센서는 감도-대-질량비가 가장 우수하고, 기계적으로 견고하고, 발전된 기술이라는 장점이 있다. 반면, 단점은 온도과도상태(temperature transient)에 대한 감도가 높고, 베이스 응력에 대한 감도가 크다는 점이다.

12.4.3 전단형 압전 가속도계

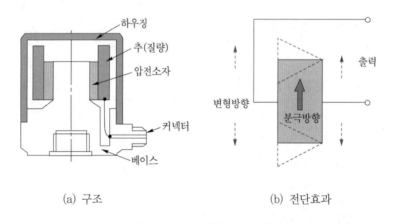

(a) 구조   (b) 전단효과

그림 12.15 전단형 가속도계

그림 12.15는 전단형 가속도계의 구조를 나타낸 것으로, 평판 또는 원통 모양의 압전소자를 사용하여 한쪽의 전극 면에는 무거운 추를, 다른 전극은 베이스에 고정시켜 압전소자에 전단이 발생하도록 한다. 이때 그림 (b)와 같이 압전소자의 분극방향과 출력방향이 직교하기 때문에 온도변화에 의한 출력이 작아진다. 또, 압전계수(d_{15})가 압축형(d_{33})보다 약 1.5배 크기 때문에 감도를 크게 할 수 있다. 전단형 가속도계는 일반 기계 진동은 물론 구조물, 지반, 지진 등의 낮은 진동수 계측, 잡음이 작기 때문에 미소 레벨 계측에 적합하다.

압전형 가속도 센서는 구조가 간단하므로 소형, 경량이라는 특징이 있고 진동 해석에서 가속도 픽업으로 사용되고 있다. 또, 언급한 바와 같이 에어백 시스템용의 충돌 검출 센서에 사용되고 있다. 한편 압전형 가속도 센서는 임피던스가 높고, 초전효과를 가지며, 정적인 가속도를 검출할 수 없다는 결점이 있으므로 취급상 주의할 필요가 있다.

전단형 가속도 센서의 장점은 온도과도상태에 대한 감도가 낮고, 베이스 응력에 대한 감도가 낮다는 점이다. 반면 단점으로는 감도-대-질량비가 나쁘다는 점이다.

12.4.4 압전식 가속도계의 특징

다양한 구조의 압전형 가속도계가 상용화되어 사용되고 있다. 압전 시스템이 달라지면 그 특징도 달라지기 때문에 측정 목적이나 환경영향 등을 고려해서 가속도계를 선택한다.

압전형 가속도계가 온도과도상태(temperature transient)에 놓이게 되면 출력이 서서히 변하는데, 이것을 온도과도상태 감도로 나타낸다. 이 현상은 제3장에서 공부한 초전 효과에 기인한다. 현재 전단형 가속도계가 더 성능이 우수하기 때문에 주로 사용되고 있지만, 압축형도 여러 분야에서 아직도 사용되고 있다.

12.5 ◦ 정전용량식 가속도 센서

정전용량의 변화를 이용해 가속도를 검출하는 기술은 가속도계에서 가장 널리 사용되는 원리이며, 다양한 형태의 정전용량식 가속도계(capacitive accelerometer)가 시판되고 있다.

그림 12.16은 정전용량식 가속도계의 구조 일례를 나타낸다. 와셔 모양(washer-shape)의 질량(m)이 탄성체(스프링 상수 k)에 매달려 있고, 이 질량은 두 개의 원형판 사이에 놓이게 된다. 상하 두 원형판에는 있는 두 고정전극과 질량은 2개의 평행판 커패시터 C를 형성한다.

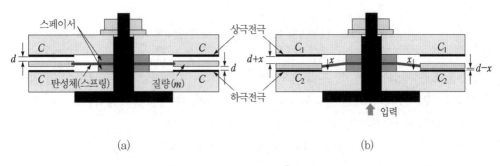

(a)　　　　　　　　　　　　　　(b)

그림 12.16　정전용량식 가속도계

그림(a)와 같이, 가속도가 0일 때는 질량은 움직이지 않고, 질량–상부 고정전극, 질량–하부 고정전극 사이의 간격은 모두 d로 동일하다. 따라서 정전용량도 동일하며

$$C = \frac{\epsilon_o A}{d} \tag{12.23}$$

여기서, ϵ_o는 공기의 유전율, A는 전극 면적이다.

만약 그림 (b)와 같이 가속도 g가 들어오면, 질량에 관성력 $F = ma$가 작용하여 질량은 아래로 $x(= F/k)$만큼 변위하여 하부전극에 가까워지고, 상부전극으로부터는 x만큼 멀어진다. 따라서 질량–상부전극 사이의 간격은 $(d+x)$로 증가하고, 질량–하부전극 사이의 간격은 $(d-x)$로 감소하며, 이에 대응하여 정전용량도 다음과 같이 변한다.

$$\text{질량–상부전극 사이의 정전용량} \quad C_1 = \frac{\epsilon_o A}{d+x} \tag{12.24a}$$

$$\text{질량–하부전극 사이의 정전용량} \quad C_2 = \frac{\epsilon_o A}{d-x} \tag{12.24b}$$

그림 12.17과 같이 정전용량 C_1과 C_2는 정전용량 브리지 회로에 접속되고, 이 회로에 의해서 정전용량의 변화는 전압신호로 변환된다. 이와 같이, 정전용량형 가속도 센서는 가속도에 의한 정전용량의 변화를 이용하여 가속도를 검출하는 것이다.

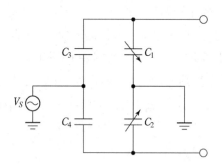

그림 12.17 정전용량 변화를 전압신호 변환하는 회로 예

정전용량 값은 수십 μF에서 수 pF으로 작아서 신호처리회로를 검출부 가까이에 둘 필요가 있다. 검출부 자체만으로는 잡음이 존재하므로 사용할 수 없고, 일반적으로 시판되고 있는 정전용량식 가속도 센서는 신호처리회로가 내장되어 있다.

정전용량식 가속도 센서의 검출부를 구성하는 전극부는 보통 기계부품(금속판)으로 구성되는 형식과, 실리콘 마이크로머시닝기술(micromachining)로 만드는 형식 등의 2가지가 있

다. 후자에 대해서는 이미 12.3절에서 설명한다. 정전용량형 가속도 센서는 모두 정적인 가속도의 검출이 가능하고 정도가 우수하다.

12.6 · 3축 가속도 센서

3축 가속도 센서는 1개의 검출소자로 가속도 a의 3축 성분(a_x, a_y, a_z)을 검출할 수 있는 것으로, 최근에 개발된 새로운 형태의 가속도 센서이다. 압전식, 압저항식, 정전용량식 등 3종류가 있으며, 여기서는 압저항식과 정전용량식에 대해서 설명한다.

12.6.1 압저항식 3축 가속도 센서

압저항식 3축 가속도 센서는 압저항식 1축 가속도 센서와 마찬가지로 반도체 기술과 마이크로머시닝 기술을 이용하여 만든다. 그림 12.18은 3축 가속도 센서의 일례를 나타낸다. 실리콘 기판 표면에는 그림 (a)과 같이 3축의 가속도 성분을 검출하기 위한 2조의 압저항 소자가 대칭적으로 형성된다. 이면의 중심부에는 질량이 형성된다.

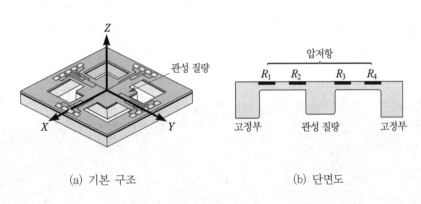

(a) 기본 구조   (b) 단면도

그림 12.18 압저항식 3축 가속도 센서

그림 12.19는 동작원리를 나타낸다. 추에 X(또는 Y) 방향의 가속도가 작용하면 관성에 의해서 질량은 축을 따라 변위하고 다이어프램은 그림 (a)과 같이 변형되어 R_1과 R_3에는 인장변형이, R_2와 R_4에는 압축변형이 발생한다. 따라서 저항 R_1과 R_3는 증가하고, R_2와 R_4는 감소한다. 한편, 가속도가 Z축 방향으로 작용하면 그림 (b)와 같이 변위되어, 저항 R_2와

R_3는 증가하고, 저항 R_1과 R_4는 감소한다. 4개의 압저항 소자를 브리지 회로로 결선함으로써 각 축의 가속도를 구할 수 있다.

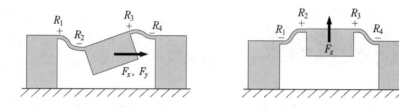

(a) $X(Y)$축 가속도에서 다이어프램의 변위   (b) Z축 가속도에서 다이어프램의 변위

그림 12.19 압저항식 3축 가속도 센서의 동작

압저항식 3축 가속도 센서는 압저항형 1축 가속도 센서와 거의 같은 사양을 가지며, 대량생산이 가능하고 저가, 소형, 고신뢰성이라는 특징을 갖고 있다. 충돌 검출용 센서로써 사용하면 1개의 센서로 모든 방향에서 충돌을 검출할 수 있다.

12.6.2 정전용량식 3축 가속도 센서

그림 12.20은 정전용량식 3축 가속도 센서의 전자 현미경 사진을 보여준다. X, Y 축 검출용과 Z축 검출용 관성질량을 별도로 배치하고 있다. 우측에는 X축 검출 전극을 확대해서 나타내었다.

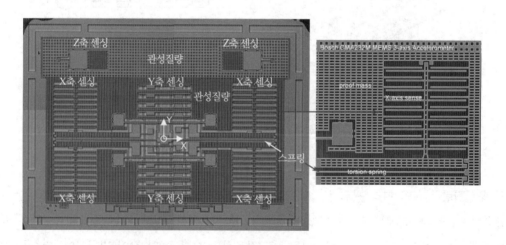

그림 12.20 보쉬 사의 정전용량식 3축 가속도 센서

각 축의 동작은 지금까지 설명한 정전용량식 가속도 센서의 원리와 동일하게 동작한다. 즉 입력 가속도에 의한 관성질량의 변위를 차동 용량식 센싱 방식(그림 12.3)으로 검출하여 가속도를 결정한다.

12.7 ◦ 가속도계의 응용

그림 12.21은 가속도 센서의 중요한 응용분야를 나타낸 것이다. 가속도계는 일반 목적의 가속도뿐만 아니라 충격, 진동 측정 등에 광범위하게 사용되고 있다. 또 가속도계를 이용하여 경사각을 측정할 수도 있다. 여기서는 가속도계를 이용한 충돌 검출과 경사각 센서를 설명한다.

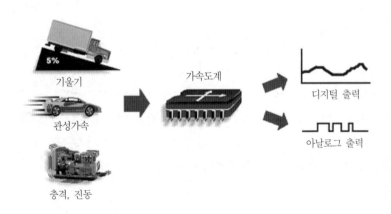

그림 12.21 가속도 센서의 응용 분야

12.7.1 경사각 센서

제7장에서 경사각을 측정하는 센서에 대해서 설명하였다. 여기서는 가속도 센서를 활용해서 물체의 기울어짐(tilt)를 측정하는 방법을 설명한다. 경사각 측정은 정적 가속도 측정을 의미한다. 즉 중력 가속도($g = 9.8$ m/s^2)가 측정된다. 그러므로 경사각 측정의 가장 우수한 분해능을 실현하기 위해서는, 낮은 g, 고감도 가속도 센서가 요구된다.

1. 경사각 측정 원리

먼저 그림 12.22에 나타낸 가속도계의 센싱 축에 대해서 설명해 보자. 센싱 축이 x-축인 가속도계는 x-축으로 작용하는 가속도를 측정한다. z-축은 센서 칩에 수직한 방향으로 작용하는 가속도를 측정하는 가속도계의 센싱 축이다. 현 그림에서 중력 가속도 g는 센서 칩에 수직하게 작용하므로 z-축 가속도계가 측정하고, x-축과 y-축 가속도계의 출력은 0이다.

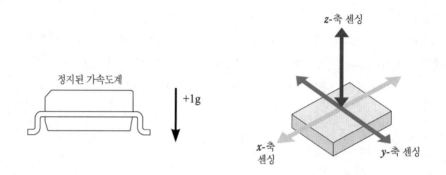

그림 12.22 가속도계의 센싱 축

측정 시 각 변화당 가장 우수한 분해능을 얻기 위해서는 가속도계의 센싱 축이 운동 면에 나란히 오도록 한다. 예를 들면 측정하고자 하는 경사각이 단지 0~45° 범위라면, PCB는 중력에 나란하게 마운트된다. 따라서 그림 12.23 (a)의 x-축 센서가 최상의 해결책이다. 만약 45° 이상이라면, PCB는 중력에 수직하게 마운트되므로, 그림 (b)와 같이 z-축 센서가 최상의 해결책이다.

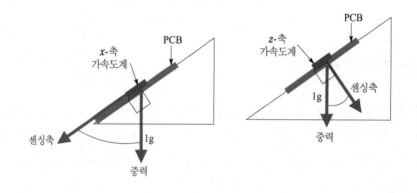

(a) 경사진 x-축 가속도계의 중력성분과   (b) 경사진 z-축 가속도계의 중력성분

그림 12.23 경사각과 센싱축

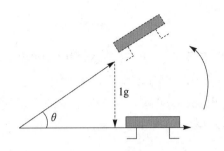

그림 12.24 0~90° 경사각 측정

지금 0~90° 사이의 경사각을 측정하는 경우를 생각해 보자. 만약 가속도계의 센싱 축이 경사각이 θ인 경사면에 평행하게 놓여 있다면(그림 12.24), 중력 가속도 1 g이 가속도 센서에 작용하는 가속도의 크기는 $1.0\,g\,\sin\theta$ 이다. 따라서 가속도 센서의 출력은

$$V_{out} = V_{OFFSET} + \frac{\Delta V}{\Delta g} \times (1.0\,g \times \sin\theta) \tag{12.25}$$

여기서, V_{OFFSET}는 가속도가 0 g일 때 전압(offset), $\dfrac{\Delta V}{\Delta g}$는 감도이다.

위 식으로부터 경사각을 구하면 다음과 같이 된다.

$$\theta = \arcsin\left(\frac{V_{out} - V_{OFFSET})}{\dfrac{\Delta V}{\Delta g}}\right) \tag{12.26}$$

2. 응용 분야

가속도계를 이용한 경사각 측정은 최근에 모바일 기기, 가전제품, 게임기 등을 중심으로 활용이 점점 증가하고 있다. 대표적인 예를 들어 보면 다음과 같다.

- 핸드폰 또는 다른 모바일 기기 : 메뉴 선택 제어, e-콤파스 보상, 이미지 회전 등등
- 의료 분야 : 혈압계를 더 정확하게 해준다. 병원에서 침대를 기울일 때 귀환신호로 사용. 경사 제어기에 이용.
- 기타 : 게임 제어기, 가상현실 입력 장치, 컴퓨터 마우스, 세탁기, 개인 네비게이션 시스템 등

12.7.2 충돌 측정

물체가 충돌(impact)하면 충격(shock)이나 진동(vibration)이 발생한다. 여기서는 가속도 센서를 사용해서 충돌을 검출하는 방법을 설명한다.

그림 12.25는 딱딱한 범퍼(bumper)를 가진 장난감 자동차의 충돌 시 발생하는 대표적인 파형을 나타낸 것이다. 보통 충돌 파형(crash wave)에서 피크 충돌 펄스는 수 ms 후 나타난다.

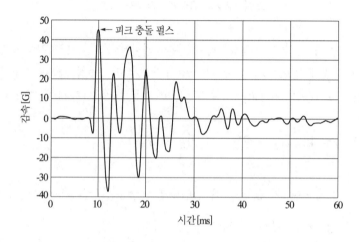

그림 12.25 대표적인 충돌 파형 예

충돌 과정에서 가속도계는 물체가 경험하는 감속(0~400Hz)을 측정하기 위해서 그림 12.26과 같은 방향을 향하고 있다. 보통 피크 충격 펄스(peak impact pulse)는 수 ms 정도이다. 가속도계는 지구의 중력에 의한 정적 가속도와 충돌에 의한 충격이나 진동을 모두 측정할 수 있다.

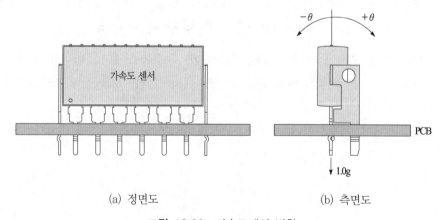

(a) 정면도   (b) 측면도

그림 12.26 가속도계의 방향

13 chapter | 자이로스코프

자이로스코프(자이로)는 지구의 회전과 관계없이 높은 확도로 항상 처음에 설정한 일정 방향을 유지하는 성질이 있기 때문에 공간에서 물체의 방위를 측정하거나 또는 자이로가 장착된 물체가 회전하는 경우 각 변화율(각속도)을 결정하는데 사용되는 관성 센서의 일종이다. 자이로는 로켓의 관성유도장치, 선박이나 비행기의 항법장치, 정밀한 기계의 평형 유지, 자동차의 각종 안전장치, 카메라의 손 떨림 보정장치 등 각 분야에서 광범위하게 사용되고 있다.

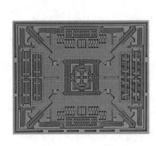

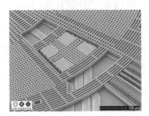
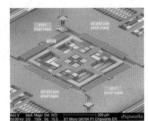

13.1 · 자이로스코프의 기초

자이로스코프(gyroscope)는 물체의 방위(orientation)를 측정하거나 유지하는데 사용되는 관성 센서(inertial sensor)의 일종으로, 지구의 회전과 관계없이 높은 확도로 항상 처음에 설정한 일정 방향을 유지하는 성질이 있다. 자이로스코프는 기계식(mechanical gyroscope)와 광학식(optical gyroscope)으로 대별할 수 있다.

기계식 자이로에는 회전식(rotary)과 진동식(vibrating)이 있다. 초기의 기계식 자이로스코프(흔히 gimbaled system이라고 부름)는 짐벌(gimbal)이라고 부르는 지지 고리(ring)에 매달려있어 회전체(wheel or rotor)의 각운동량 보존의 법칙에 기초를 두고 있다. 회전식 자이로는 비행기에 사용되어 왔으나 장기 신뢰성에 문제가 있고, 확도와 분해능이 제한적이라 대부분의 기계식 자이로의 동작 수명은 단지 수백시간에 불과하다.

최근에는 대량생산에 적합한 저가의 관성 계기(자이로와 가속도센서)를 개발하기 위해서, MEMS 기술을 이용한 기계식 자이로스코프가 활발히 개발되어 상용화되고 있다. 마이크로 머시닝 기술을 이용한 MEMS 자이로스코프는 진동식(vibrating type)이 대부분이다. 진동식 자이로스코프는 회전을 검출하기 위해서 각운동량을 사용하는 대신에 코리올리 가속(Coriolis acceleration)를 이용해서 회전각을 측정한다. 엄격히 말해서 진동식 자이로는 각속도, 즉 단위시간당 각의 변화를 측정하는 센서이다. 이런 의미에서 문헌에서는 진동식 자이로스코프를 레이트 자이로(rate gyroscope), 각 변화율 센서(angular rate sensor), 요-레이트 센서(yaw-rate sensor), 자이로미터(gyrometer) 등으로 부른다.

지난 20여 년 동안 관성 센서의 눈부신 발전은 MEMS 기술에 힘입은 바 크다. MEMS 센서는 많은 분야에서 관성 센서를 적용하는데 장애물이 되었던 요인들, 특히 크기, 가격, 소비전력 등과 같은 문제점들을 제거하였다. 예를 들면, 관성 센서의 구성 부품을 만드는 기본 재료로 실리콘 반도체의 사용은 종래의 기계식 센서에서 문제가 되었던 대부분의 이슈들을 제거하였다. MEMS 관성 센서의 특징을 열거하면, 초소형, 초경량, 견고한 구조, 저전력, 짧은 시동시간, 대량생산으로 낮은 제조비용, 높은 신뢰성, 낮은 유지비, 열악한 환경에서도 동작 가능 등이다.

광학식은 빛의 관성특성을 이용하며 동작한다. 광학식 자이로는 보통 기계식보다 더 고가이며, 현재 주로 내비게이션 분야에만 사용되고 있다.

본 장에서는 현재 널리 사용되고 있는 진동식 MEMS 자이로스코프와 광섬유를 이용한 광학식 자이로스코프에 대해서 자세히 설명한다.

13.2 · 진동식 자이로스코프의 기본 원리

　최근에 MEMS 기술을 이용해서 다양한 형태의 초소형 자이로스코프(microgyroscope)가 개발되어 사용되고 있다. MEMS 자이로스코프의 종류는 매우 다양하지만 그 원리는 공통적으로 코리올리 힘(Coriolis force)을 이용해서 각 변화율을 측정한다. 따라서 코리올리 효과를 포함한 진동식 자이로의 기본 이론을 공부한 다음, 현재 상용화된 진동형 자이로스코프의 기본원리에 대해서 설명한다.

13.2.1　코리올리 가속

　그림 13.1은 코리올리 힘이 어떻게 발생하는가를 보여 준다. 지금 그림 (a)와 같이 각속도 ω로 회전하는 원판 위에 두 사람 A, B가 회전축으로부터 거리 r_A와 r_B의 위치에 서 있다고 가정하자. A에 있는 사람이 B를 향해 수평속도 v로 야구공을 던지면, 야구공은 초기에 반경방향으로 속도 v를 가질 뿐만 아니라, 원판이 회전하므로 접선방향으로 $v_A = r_A \omega$의 속도를 가진다. 만약 B에 있는 사람이 A와 같은 속도 $v_A = r_A \omega$을 갖는다면, 공은 정확히 사람 B에 도달할 것이다. 그러나 사람 B의 속도는 $v_B = r_B \omega (> v_A)$이므로 공이 B점에 도달했을 때는 사람 B가 이미 지나간 지점을 통과하게 될 것이다. 따라서 야구공은 사람 B를 지나 그림 (b)의 점선과 같은 경로를 따라 날아갈 것이다.

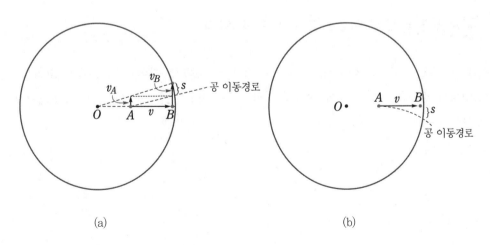

(a)   (b)

그림 13.1 코리올리 효과의 원천

이와 같이 직선속도 v에 수직하게 작용하는 힘을 코리올리 가속(Coriolis acceleration)이라고 부르며, 가공의 코리올리 힘에 기인한다고 말한다. 지금까지 설명한 코리올리 힘을 직각좌표에 나타내 보자. 그림 13.2에서 xy-평면이 각속도 Ω로 회전하고 있다고 가정하자. 지금 물체가 y-방향으로 직선 속도 v로 이동하면 z-축과 속도 v에 수직인 방향, 즉 x-방향으로 물체에 코리올리 힘이 작용하고, 이 힘에 기인하는 가속 효과를 코리올리 가속이라고 한다. 이것을 식으로 나타내면 다음과 같이 된다.

$$a_c = 2v \times \Omega = -2\Omega \times v \tag{13.1}$$

식 (13.1)로부터 알 수 있는 바와 같이 코리올리 가속도를 측정함으로써 각속도 Ω에 비례하는 신호를 얻을 수 있다.

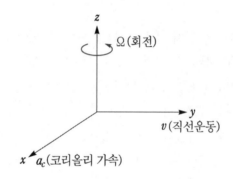

그림 13.2 직각좌표에서 코리올리 가속(힘)

13.2.2 진동식 자이로스코프의 기본 원리

이제, 코리올리 힘을 자이로스코프에 적용해 보자. 진동형 자이로스코프에서 코리올리 가속의 발생과 검출은 그림 13.3에 나타낸 것과 같은 2차원 진동 시스템(vibrating system)을 사용한다.

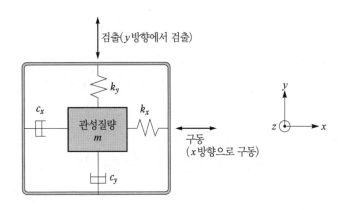

그림 13.3 2차원 진동 시스템

관성질량 m은 x축 방향과 y축 방향으로 서로 수직하게 진동할 수 있도록 스프링(k_x, k_y)에 의해서 지지되어 있다. c_x와 c_y는 각각 x축 방향과 y축 방향의 댐핑 계수이다. x축은 질량 m을 강제로 변위(진동)시키는 구동축(drive axis)이고, y축은 코리올리 가속을 검출하는 검출축(sense axis)이다.

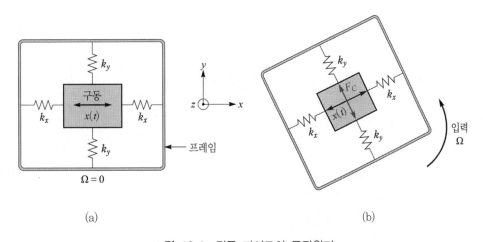

        (a)   (b)

그림 13.4 진동 자이로의 동작원리

지금, 그림 13.4(a)와 같이 질량 m을 x축(구동축) 방향으로 진동시킨다고 가정하자. 이러한 상황에서 z축 방향으로 각속도 Ω가 입력되면, 그림 (b)에 나타낸 것과 같이 x축(구동축)과 z축(회전축)에 수직한 방향, 즉 y축(검출축) 방향으로 코리올리 힘(가속) F_C을 발생시킨다. 이 코리올리 힘(가속)은 기판의 각속도 Ω에 비례하는 진폭을 갖는 코리올리 진동을 일으킨다. 따라서 그림 13.3의 2차원 진동 시스템은 서로 수직인 두 개의 진동 모드(vibration mode)를 가진다.

- 1차 모드(primary mode) : x축 방향으로 진동을 1차 진동 또는 1차 모드라고 부른다.
- 2차 모드(secondary mode) : 각속도 Ω에 의해서 유기된 진동을 2차 진동 또는 2차 모드라고 부른다.

지금까지 설명한 내용을 수식을 사용해 검토해 보자. 그림 (a)에서 질량 m을 x축 방향으로 진폭 A_d, 각주파수 ω_d(구동 각주파수)로 진동시킨다고 하면,

$$x(t) = A_d \sin\omega_d t \tag{13.2}$$

이 상태에서, 시스템이 그림 (b)와 같이 z축을 중심으로 각속도 Ω로 회전하면, 질량 m에는 y방향으로 작용하는 코리올리 힘이 발생하고, 그 크기는 식 (13.1)에 따라

$$F_c = 2m\dot{x}\Omega = 2mA_d\omega_d\Omega \cos\omega_d t \tag{13.3}$$

이 힘에 의해서 질량 m은 y축(검출축) 방향으로 진동하게 되고, 진동에 대한 미분 방정식은

$$m\ddot{y} + c_y\dot{y} + k_y y = F_c = 2mA_d\omega_d\Omega \sin\left(\omega_d t + \frac{\pi}{2}\right) \tag{13.4}$$

위 미분 방정식의 해는

$$y = A_y \sin\left(\omega_d t + \frac{\pi}{2} - \phi\right) = A_y\cos(\omega_d t - \phi) \tag{13.5}$$

여기서,

$$A_y = \frac{2A_d\omega_d\Omega}{\omega_y^2\sqrt{\left(1 - \frac{\omega_d^2}{\omega_y^2}\right) + 4\zeta_y^2\frac{\omega_d^2}{\omega_y^2}}} \tag{13.6}$$

$$\phi = \tan^{-1}\frac{2h_y(\omega_d/\omega_y)}{1 - (\omega_d/\omega_y)^2} \tag{13.7}$$

이와 같이, 진폭 A_y는 입력 각속도 Ω에 비례한다. 만약 어떤 수단에 의해 A_y를 측정할 수 있다면, 각속도 Ω를 결정할 수 있을 것이다.

댐핑 비(damping ratio) ζ가 작은 경우 식 (13.6)은

$$A_y = \frac{2A_d\,\omega_d\,\Omega}{\omega_y^2 \sqrt{\left(1 - \dfrac{\omega_d^2}{\omega_y^2}\right) + \dfrac{1}{Q_y^2}\dfrac{\omega_d^2}{\omega_y^2}}} \tag{13.8}$$

로 쓸 수 있다. 여기서 Q_y은 검출 진동 모드의 Q-인자(quality factor)이며, 다음과 같이 정의된다.

$$Q_y = \frac{1}{2\zeta_y} \tag{13.9}$$

간단히 하기 위해, 구동 주파수 ω_d가 검출측의 공진 각주파수 ω_y와 같도록 하면, 진폭은 다음 식으로 된다.

$$A_y = \frac{2A_d Q_y}{\omega_y}\,\Omega \tag{13.10}$$

측정하고자 하는 각속도 Ω는 ω_y보다 훨씬 작기 때문에, 큰 검출진폭(출력신호)를 얻기 위해서는

- 구동 진폭 A_d가 커야 한다.
- 검출 모드의 Q-인자가 가능한 한 커야 한다.
- 검출 모드의 진동 주파수 ω_y는 작아야 한다.

그림 13.4에서 설명한 진동식 자이로스코프에서 구동력을 발생시키는 원리와 코리올리 힘에 의한 진동을 검출하는 원리를 간단히 요약하면 다음과 같다.

- x-축 구동 : 정전기력, 자기력, 압전기 현상 이용
- y-축 검출 : 정전용량, 압전기, 압저항 현상 이용

다음 절부터는 구동 방식에 따라 진동식 자이로스코프의 동작원리와 특성을 설명한다.

13.3 ○ 직선 진동식 자이로스코프

직선 진동식 자이로스코프에서는 질량을 직선으로 진동시킨다. 대표적인 직선 구동방식에는 정전력을 이용하는 방식과 전자력을 이용해 구동하는 방식이 있다.

13.3.1 정전구동과 검출

그림 13.5는 커패시터 원리를 센서로 사용할 경우와 액추에이터로 사용할 경우를 비교해서 나타내었다. 센서로 기능하는 경우, 변위를 입력하면 정전용량이 변하여 변위에 비례하는 전압이 출력된다. 이것은 가속도 센서에서 이미 설명하였다.

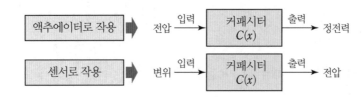

그림 13.5 액추에이터와 센서로 작용하는 정전용량 트랜스두서의 비교

액추에이터로 작용하는 경우, 입력은 전압이 되고, 출력은 정전력이 된다.

그림 13.6은 직선 정전구동 방식 예를 보여준다. 커패시터의 한 전극을 고정시키고, 다른 하나는 가동전극으로 사용한다. 여기에 그림과 같이 전압 V을 가하면, 두 전극 사이에는 서로 끌어당기는 정전인력이 작용하며, 그 크기는

$$F = \frac{n\epsilon_o b}{d} V^2 \tag{13.11}$$

여기서, n은 빗살전극 쌍의 수, b는 전극의 수직방향 폭이다. 구동력을 증가시키기 위해서는 전극의 수를 증가시켜야 한다. 전극수가 증가하면 그림 13.6과 같이 빗(comb)의 형태로 되기 때문에 이러한 액추에이터를 콤-드라이브(comb-drive)라고도 부른다.

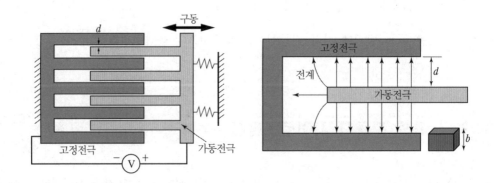

그림 13.6 정전용량식 콤 드라이브(comb-drive)

13.3.2 정전구동방식 진동 자이로

그림 13.7은 질량을 정전인력으로 구동하는 방식의 자이로의 기본 원리를 나타낸 것이다. 그림 (a)에 나타낸 것과 같은 극성으로 구동전극에 전압을 인가하면, 질량은 정전력에 의해서 속도 v 로 위를 향해 직선으로 변위한다. 이때 각속도 Ω 가 $+z$ 방향으로 입력되면, 질량에는 코리올리 힘 F_C 가 그림과 같이 우측으로 작용한다(그림 13.2와 비교해 보라). 따라서 질량을 지지하고 있는 내부 프레임도 같은 방향으로 이동한다. 그런데 이 프레임 바깥에는 검출전극을 가지고 있어, 이 전극도 우측으로 이동하여 검출전극의 정전용량은 $C_1 < C_2$ 로 된다.

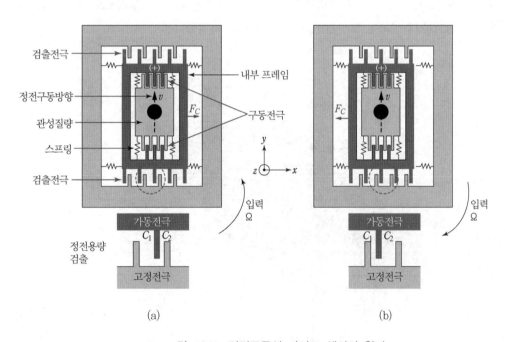

그림 13.7 정전구동식 자이로 센서의 원리

만약 입력 각속도의 방향이 그린 (b)와 같이 반대로 되면, 작용하는 코리올리 힘의 방향도 반대로 되어 검출전극은 좌측으로 이동하고, 이때 정전용량은 $C_1 > C_2$ 로 될 것이다. 이와 같은 정전용량의 변화를 신호처리하는 것은 가속도 센서에서 설명한 바 있다.

13.3.3　전자구동식 진동 자이로

　　그림 13.8은 자기력으로 구동하는 직선 진동식 자이로 센서의 예이다. 외부에 설치한 영구자석(그림에는 없음)에 의해서 센서 표면에 수직하게 자계 B를 가한다. 질량 표면에는 전류가 흐르는 도체가 설치되어 있고, 이 도체에 로렌쯔 힘이 작용하므로 질량은 그림에 나타낸 방향으로 진동한다. 진동하는 질량은 실리콘 웨이퍼를 벌크 마이크로머시닝하여 형성한다. 이 질량은 U-자형 결합 스프링에 의해서 프레임에 매달려 있다. 기계적 공진 주파수는 질량과 결합 스프링의 강성(stiffness)에 의해서 결정되며, 6 kHz 정도이다. 검출을 위해서 빗살 구조(comb structure)의 검출 전극(가속도 센서)이 각각의 질량에 위치한다. 이 검출 전극들은 표면 마이크로머시닝 기술을 사용해 제작한다.

　　외부에서 각속도 Ω가 입력되면 코리올리 가속이 그림과 같이 좌우 방향으로 발생하고 이것을 가속도 센서가 측정하여 요 레이트(yaw rate)를 측정한다.

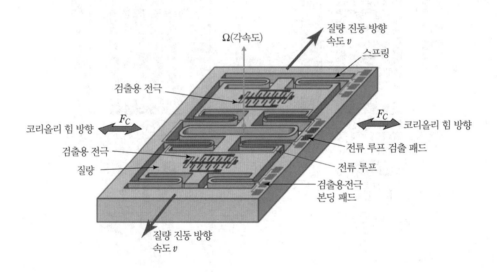

그림 13.8　전자구동식 자이로스코프의 원리

13.4 ◦ 회전 진동식 자이로스코프

　　그림 13.9는 회전 운동을 발생시키는 정전용량식 콤 드라이브이다. 직선 진동식 자이로와는 달리 중심에 로터(rotor)가 있고 구동부는 콤 드라이브로 구성된다. 콤 드라이브에 구동 전압을 인가하면, 정전력에 의해서 질량은 하나의 중심축에 관해서 회전진동을 일으킨다.

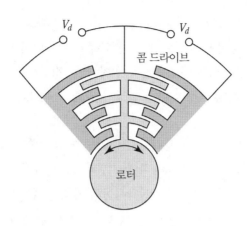

그림 13.9 회전진동을 일으키는 정전용량식 콤 드라이브

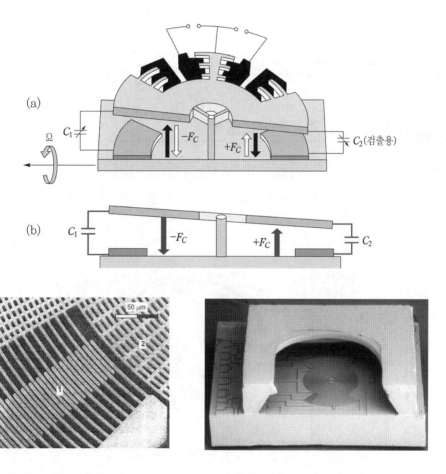

(c) 회전 진동자와 콤 드라이브   (d) 유리 덮개로 보호되어 있는 센서 칩

그림 13.10 회전 진동식 자이로스코프의 예 : Bosch사의 초기 모델

그림 13.10은 회전 진동식 자이로(rotational vibrating gyroscope)의 예를 나타낸 것이다. 디스크 모양의 로터가 중심점에 유연한 빔에 의해서 지지되어 있고, 구동부는 콤 드라이브에 의해서 구동된다. 콤 드라이브에 전압을 인가하면, 정전력에 의해서 질량은 하나의 중심축에 관해서 회전진동 w_d 을 일으킨다. 이 경우 검출 커패시터 C_1 과 C_2 의 정전용량 값은 동일하다.

이러한 상태에서 외부로부터 회전 각속도 Ω가 그림과 같이 입력되면 로터에는 그림 (b)에 나타낸 방향으로 코리올리 힘 F_C가 작용하여 기판과 로터 디스크 사이의 거리를 변화시킨다. 예를 들면, 그림에서 커패시터 C_1 의 전극사이의 거리는 증가하여 정전용량이 감소하고, C_2 의 전극 사이는 감소하여 정전용량이 증가한다. 따라서 검출용 정전용량 C_1과 C_2의 값이 달라져 두 정전용량의 차이가 검출되고 출력신호는 Ω에 비례한다.

13.5 ◦ 진동 링 자이로스코프

13.5.1 진동 링의 기본구조와 동작

그림 13.11은 정전력으로 구동하는 진동 링(vibrating ring)의 기본 구조를 나타낸다. 진동 링은 원형의 링, 반원모양의 지지 스프링, 구동전극, 검출전극, 제어전극(control electrode)으로 구성된다.

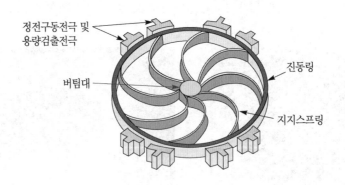

정전구동전극 및
용량검출전극

진동링

버팀대

지지스프링

그림 13.11 정전력으로 구동하는 진동 링의 구조 예

구동전극에 전압을 가하여 정전력으로 원형 링을 공진 상태로 진동시키면, 링은 그림 13.12와 같이 "(a)원 → (b)타원 → (c)원 → (d) (b)에 90°인 타원"의 순으로 변형된다. 링 상

에서 정지해있는 점들을 노드(node)라고 부르고, 최대로 변형되는 점들을 안티노드(antinode)라고 부른다.

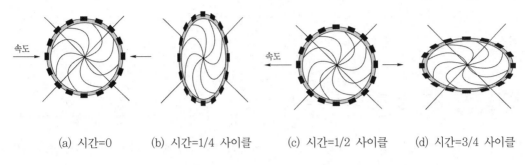

(a) 시간=0   (b) 시간=1/4 사이클   (c) 시간=1/2 사이클   (d) 시간=3/4 사이클

그림 13.12 원형 링의 진동

그림 13.13은 노드와 안티노드를 사용해 진동 링의 진동 패턴을 나타낸 것이다. 그림 (a)는 그림 13.12의 진동 패턴을 나타낸 것이다. 이것을 1차 모드(primary mode)라고 부른다. 원형 링은 대칭적이고, 균일하게 지지되어 있기 때문에 그림 (a) 이외에 그림 (b)와 같은 2차 진동 모드(secondary mode)를 갖는다. 두 진동 모드는 각각의 장축이 서로 45°만큼 회전된 것을 제외하고는 주파수와 모양이 완전히 동일하다. 따라서 2차 모드(secondary mode)의 안티노드는 1차 모드(primary mode)의 노드에 위치한다.

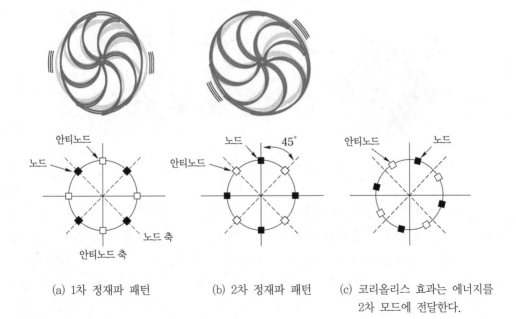

(a) 1차 정재파 패턴   (b) 2차 정재파 패턴   (c) 코리올리스 효과는 에너지를 2차 모드에 전달한다.

그림 13.13 진동패턴을 노드와 안티노드를 사용해 나타낸 그림

이제 진동 링을 이용한 각속도 검출 원리를 살펴보자. 먼저, 링은 정전력에 의해서 일정 진폭을 갖는 1차 모드로 구동된다. 소자가 진동 링의 면에 수직한 축에 관한 회전을 받게 되면, 코리올리 힘은 2차 모드를 여기 한다. 2차 모드의 진폭은 회전 각속도 Ω에 비례한다. 이와 같은 링의 변형은 링 주위에 $45°$ 간격(노드와 안티노드)으로 배치한 8개의 전극(그림 13.11)에 의해서 정전용량적으로 검출된다.

13.5.2 진동 링 자이로스코프의 예

그림 13.14는 앞에서 설명한 정전력이 아닌 전자력으로 진동하는 진동 링 자이로스코프의 구조를 나타낸다.

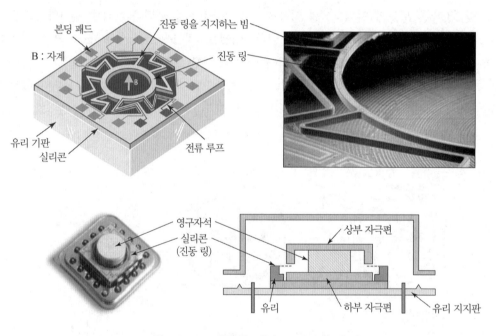

그림 13.14 진동 링 자이로스코프의 예

정사각형 프레임에는 8개의 유연한 지지 빔이 있고, 여기에 직경이 약 6mm인 진동 링이 매달려 있다. 그리고 하나의 전류 루프는 프레임에 있는 본딩 패드에서 시작해서 첫 번째 지지 빔 → 진동 링(둘레의 1/8) → 이웃하는 두 번째 지지 빔 → 두 번째 본딩 패드에서 끝난다. 이러한 전류 루프가 이웃하는 두 개의 지지 빔 사이에 하나씩 있으므로 센서에는 총 8개의 전류 루프가 존재한다. 따라서 각 지지 빔 상에는 전류가 흐르는 도선이 2개씩 있다(그림에는 하나만 보인다.) 센서 패키지에는 영구자석이 내장되어 있어 그림과 같이 빔에 수직한 방향으로 자계 B를 발생시킨다. 이 자계에 의해서 전류 루프에는 로렌츠 힘(Lorentz force)이 작용한다. 로렌츠 힘의 반경방향 성분에 의해서, 진동 링은 그것의 기계적 공진 주파수로 센서 칩의 평면 상에서 진동한다.

그림 13.15는 진동 링의 진동 모드를 보여주는 그림이다. 외부 각속도 Ω가 0일 때 진동 링은 그림 13.13에서 설명한 바와 같이 1차 진동 모드에서 진동한다. 이때 진동 링은 상하 좌우로 속도 v로 움직인다. 이 상태에서 외부 각속도 Ω가 입력되면, 진동 링에는 코리올리 힘 F_C가 작용하고, 이 힘에 의해서 진동 링에는 그림과 같이 2차 진동 모드가 발생한다.

진동 링이 2차 진동 모드로 진동함에 따라 전류 루프도 함께 진동하므로 전류 루프의 면적이 변한다. 따라서 전류 루프 면적을 통과하는 자속의 수도 시간에 따라 변하게 되고, 패러데이의 전자유도법칙(Faraday's law)에 따라 전류 루프에는 전압이 유기된다. 유기 전압은 링의 진동 패턴, 즉 회전 각속도 Ω에 의존한다.

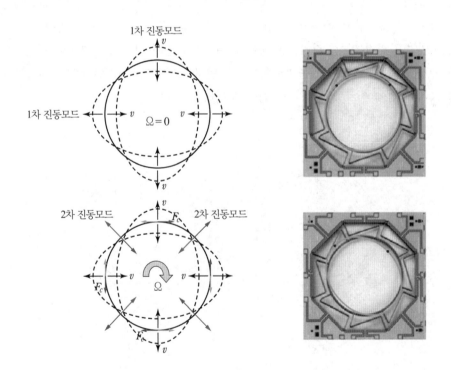

그림 13.15 진동 링의 1차 및 2차 진동 모드

13.6 ⚬ 광섬유 자이로스코프

광섬유 자이로스코프(fiber optic gyroscope ; FOG)는 기계식 자이로에 비해 가동부분이 없으며, 고감도의 장점을 가진다.

13.6.1 광섬유 자이로의 원리 : 사냑 효과

그림 13.16은 광섬유 자이로의 기본원리인 사냑 효과(Sagnac effect)를 나타낸다. 그림(a)와 같이 반경 R인 광섬유 링(ring)을 만들고, 빛을 출발점 A에서 서로 반대 방향으로 동시에 보내면, 두 빛은 링 내를 반대 방향으로 진행하여 동시에 출발점 A에 도달할 것이다.

만약 시스템이 그림(b)와 같이 시계방향으로 각속도 Ω로 회전하면, 빛이 회전하는 동안 출발점 A는 우측을 향해 움직인다. 따라서 시계방향으로 진행하는 빛은 반시계 방향으로 진행하는 빛보다 약간 더 긴 거리를 이동하게 된다. 그 결과 반시계 방향으로 회전하는 빛은 출발점 A가 B점으로 이동하였을 때 출발점에 먼저 도달하고, 시계방향으로 회전하는 빛은 출발점 A가 C점에 이르렀을 때 출발점에 도착하게 된다.

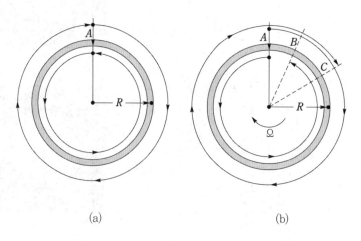

(a)   (b)

그림 13.16 사냑 효과

우측으로 움직이는 출발점 C의 속도(즉 링의 속도)는 $v = R\Omega$이므로, 두 빛이 B점과 C점에 도달하는 시간은 각각

시계방향으로 회전하는 빛 : $t_+ = \dfrac{2\pi R}{c - v}$

반시계 방향으로 회전하는 빛 : $t_- = \dfrac{2\pi R}{c + v}$

따라서 두 빛이 이동한 거리 차는

$$\Delta L = c(t_+ - t_-) = c\,\frac{2\pi R}{c - v} - c\,\frac{2\pi R}{c + v}$$

$$= \frac{4c\pi R^2 \Omega}{c^2 - v^2} = \frac{4cA\Omega}{c^2 - v^2} \approx \frac{4A\Omega}{c} \tag{13.12}$$

여기서, A는 광섬유 링에 의해 둘러싸인 면적(링의 내면적 πR^2)이다. 그 결과 두 빛이 링을 완전히 회전하였을 때 두 빛 사이에는 위상차가 존재한다. 이것을 계산하면 위상차 $\Delta\phi$는 다음 식으로 주어진다.

$$\Delta\phi = 2\pi\frac{\Delta L}{\lambda} = \frac{8\pi A}{\lambda c}\Omega \tag{13.13}$$

여기서, Ω는 외부에서 인가된 회전각속도, λ는 광의 진공 중 파장, c는 진공 중 광속이다. 만약 광섬유 링을 N회로 증가시키면, 식 (13.13)의 위상차도 N배로 된다. 식 (13.13)에서 각속도 Ω가 상차 $\Delta\phi$에 직선적으로 비례함을 알 수 있다. 따라서 이 위상차를 검출하면 회전각의 측정이 가능하다.

13.6.2 광섬유 자이로

사냑 효과에 의한 위상차 $\Delta\phi$를 측정하는 방법에 따라 광 자이로를 링 레이저 자이로 (ring laser gyro ; RLG), 간섭계형 광섬유 자이로(interferometric fiber optic gyroscope ; IFOG) 등 여러 가지로 분류하며, 여기서는 광섬유 자이로에 대해서만 설명한다.

그림 13.19는 간섭계형 광섬유 자이로의 기본구성을 나타낸 것이다. 사냑 효과에 의한 두 빔 사이의 위상차 $\Delta\phi$는 식 (13.13)으로 주어지고, 유효 면적을 증가시키기 위해서 광섬유 케이블을 N회 감는다.

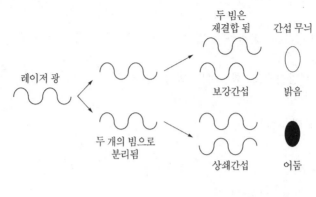

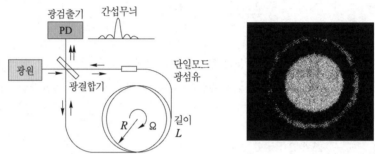

그림 13.19 간섭계형 광섬유 자이로스코프의 원리

$$\Delta\phi = \frac{8\pi(N\pi R^2)}{\lambda c}\Omega = \frac{2\pi LD}{\lambda c} \tag{13.14}$$

$$L = N2\pi R = N\pi D$$

출력에서 빛의 세기 I는 두 빔의 위상차에 기인하는 간섭 출력에 의해서 변하며, 다음 식으로 주어지는 여현파 모양의 곡선(cosine–shaped intensity curve)으로 된다.

$$I = I_o(1 + \cos\Delta\phi) \tag{13.15}$$

여기서, I_o는 위상차가 없을 때 광의 세기이다. 이 광의 세기 I를 광 검출기(PD)로 검출한다.

그런데, 저속회전 시 즉 $\Delta\phi \to 0$일 때 I는 최대로 되지만, 위상변화에 대한 감도는 $dI/d\phi \to 0$로 되어 저속회전 검출이 불가능해 진다. 그래서 $\cos\Delta\phi \to \sin\Delta\phi$ 만드는데 필요한 두 레이저 빔 사이에 $\pi/2$ 위상차를 주기 위해서 그림 13.20과 같이 변조기(變調器 ; modulator)를 사용한다. 간섭계형 자이로는 변조방법에 따라 DC 바이어스형, 위상변조형, 주파수 변조형 등으로 분류된다.

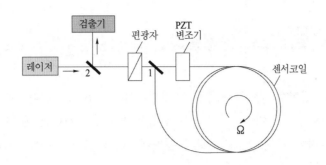

그림 13.20 간섭계형 광섬유 자이로스코프

빔 사이에 $\pi/2$ 위상차를 주면 그림 13.21에 나타낸 것과 같이, 저속 회전($\Omega=0$)에서 신호를 높은 기울기를 갖는 곳에 위치시킨다. 이 경우, 식(13.15)에 주어진 출력 식은 다음 식으로 변한다.

$$I = I_o \left(1 + \cos\Delta\phi - \frac{\pi}{2}\right) \tag{13.16}$$

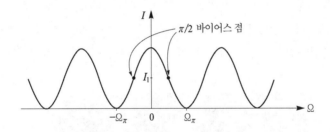

그림 13.21 간섭 출력의 변화

이 자이로의 동적 레인지(dynamic range) 또는 동작 범위는 위상 변화 π를 일으키는 회전 각속도 Ω_π로 정의되며, 광섬유의 길이와 직경을 이용해 나타내면 다음과 같다.

$$\Omega_\pi = \frac{\lambda c}{2LD} \tag{13.17}$$

검출기에서 받는 전력 P는 $P = P_o e^{-\alpha L}$로 주어지므로, 광섬유 길이 L이 증가하면 P는 감소한다. 그러나 사냑 효과는 L에 따라 증가한다. 따라서 주어진 감도에 대해서 광섬유 길이는 이 두 효과에 의해서 결정된다.

광섬유 자이로는 기계식 자이로에 비해 가동부분이 없으며, 고감도, 기동시간, 저소비전력 등의 특징이 있다. 또 시간과 온도에 대해서 높은 안정도를 가지며, 환경 요인(진동, 충격, 기속 등)에 덜 민감하다.

13.7 ◦ 자이로스코프 응용분야

기계식 자이로나 광학식 자이로는 주로 네비게이션에 응용되고 있다. MEMS 기술에 기반을 둔 진동형 자이로는 자동차, 가전제품 등 민생용 제품에 적용하는 예가 점점 확대되고 있다. 여기서는 자동차와 카메라에 자이로가 어떻게 사용되고 있는가를 간단히 설명한다.

1. ESP(electronic stability program) 또는 VDC(vehicle dynamics control)

ESP 또는 VDC는 차량자세제어장치를 의미하며, 각 바퀴를 개별적으로 제동하여 차량의 안정성을 제어/보완해주는 장치들이다. 이 장치에서 자이로는 차량이 수직축을 중심으로 회전하는 것을 계속해서 모니터한다.

예를 들면, 그림 13.22와 같이 커브 길에서 언더스티어(understeer ;핸들을 꺾은 각도에 비해서 차체가 덜 도는 특성)가 발생하는 경우, 그냥 놔두면 차체가 도로 밖으로 벗어나게 될 것이다. EPS 시스템이 장착된 차량에서는 실제 측정된 값을 조향각(핸들의 각도)과 차량 속도로부터 기대되는 값과 비교하여 만약 차이가 존재하면, 왼쪽 뒷바퀴에 제동력을 가하여 차량을 다시 안정화시킨다. 한편 만약 오버스티어(oversteer;운전자의 의도 이상으로 많이 꺾이는 경향)가 발생하면, 우측 앞바퀴에 제동력을 가함으로써 차량은 다시 안정화된다.

그림 13.22 ESP의 작용

2. 전복 사고 보호(Roll-over protection)

차량은 운행 도중 도로 여건에 따라서 그림 13.23과 같은 전복 사고가 발생할 수 있다. 이때 자이로 센서는 그림과 같이 x−축 회전을 검출하여 전복 사고를 인지하고 헤드 에어백(head airbag)과 같은 안전장치를 구동하여 승객을 보호한다.

그림 13.23 차량 전복 상황

3. 내비게이션 시스템

차량자동항법장치(車輛自動航法裝置) 또는 내비게이션(navigation)이란 용어는 "Automotive navigation system" 또는 "Car navigation system"에서 비롯한 말이다. 차량 내비게이션 시스템은 그림 13.24에 나타낸 것과 같이, 위성항법장치(global positioning system : GPS)가 내장되어 차량의 위치를 자동으로 표시해 주는 장치이다. ECU는 GPS 수신기에 의해서 수신된 신호로부터 현 차량 위치를 결정하고, 이 위치를 내비게이션 시스템의 디지털 거리 지도와 비교하여 모니터에 나타낸다.

그러나 차량이 터널을 통과하게 되면 GPS 신호 수신이 불가능하게 되고, 또 시내에서는 건물에 의한 반사로 인해 수신된 다중 GPS 신호를 명확히 해석할 수 없게 된다. 이 경우는 ECU는 자이로와 바퀴속도센서의 신호로부터 터널 구간의 위치를 추정하여 모니터에 나타낸다.

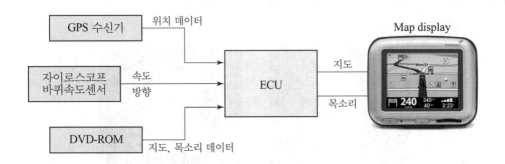

그림 13.24 차량 내비게이션 시스템에 자이로 사용 예

4. 카메라의 손 떨림 보정 장치(Optical image stabilization;OIS)

캠코더, 카메라, 핸드폰 등의 디지털 카메라에서 손 떨림에 의한 영상의 불안정을 보정하는데 자이로가 널리 사용되고 있다. 그림 13.25는 카메라의 손 떨림 보정의 원리를 나타낸다. 카메라로 사진을 촬영할 때 손 떨림이 발생하면, 카메라의 움직임을 수평성분과 수직성분으로 분리할 수 있다. 그림에서 수평 이동은 y-축을 중심축으로 하는 회전(yaw)에 해당되고, 수직 이동은 x-축을 중심축으로 하는 회전(pitch)에 대응된다. 자이로 1은 요(yaw)를 검출하고, 자이로 2는 피치(pitch)를 검출한다. 이 결과는 신호처리되어 자기 액추에이터 VCM에 입력된다. VCM 1은 VR(진동감소) 렌즈를 수평으로 이동시키고, VCM 2는 VR 렌즈를 수직으로 이동시켜 손 떨림에 의한 영상을 안정화시킨다.

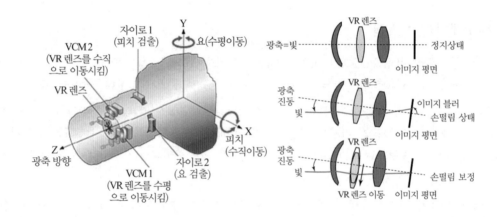

그림 13.25 카메라의 손 떨림 보정 시스템 예

그림 13.26은 OIS의 효과를 나타낸 것으로, 그림 (a)는 보정을 하지 않은 이미지를, 그림 (b)는 손 떨림 보정을 적용해 안정화된 이미지를 나타낸다.

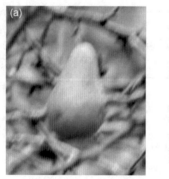

그림 13.26 손 떨림 보정 전(a)과 보정에 의해 안정화된(b) 영상

액체의 레벨(liquid level)이란 기준점에 대한 액면(液面;liquid surface)의 높이로 정의된다. 또한 준액체(quasi-liquid)로 생각되는 분체면(粉體面;surface of powered solid)이나 입체면(粒體面 ; surface of granular solids)의 높이에 대해서도 레벨이라고 부른다. 레벨 센서는 액체나 준액체의 레벨을 검출하는 센서이며, 레벨 측정은 유량, 압력, 온도와 함께 프로세스 계측·제어에서 4대 측정 중 하나로 매우 중요한 역할을 담당하고 있다.

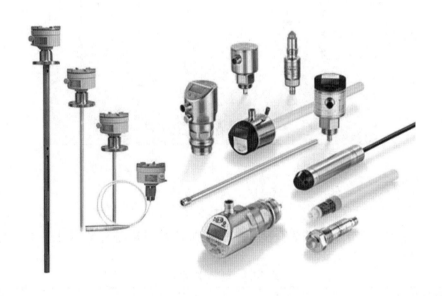

14.1 ◦ 레벨 센서의 기초

레벨 센서는 그 원리와 구조가 매우 다종다양해서 여기에서 모든 것을 설명하는 것은 곤란하지만, 측정방식에 따라 다음과 같이 대별할 수 있다.

- 연속 레벨센서(continuous level sensor) : 측정범위 내에서 레벨을 연속적으로 모니터링한다. 즉 실제 레벨에 대한 정보를 제공한다. 그림 14.1(a)는 연속 레벨센서의 개념을 간단히 나타낸 것이다.
- 불연속 레벨센서 또는 점 레벨센서(discrete or point level sensor) : 상한 또는 하한 레벨 등 어떤 특정 레벨 위치를 검출하여 경보를 울리던가 또는 제어하는 것을 목적으로 하는 센서로, 일반적으로 레벨 스위치로 작용한다. 그림 (b)는 3점 레벨 센서로, 레벨을 고, 중,저로 나타낸다. 그림 (c)는 2점 레벨 센서이다.

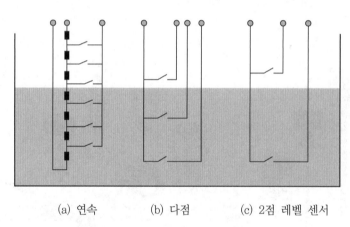

(a) 연속   (b) 다점   (c) 2점 레벨 센서

그림 14.1 레벨 센서의 종류

표 14.1은 본서에서 설명하고자하는 연속 및 불연속 레벨 센서를 열거한 것이다.

표 14.1 레벨 센서의 분류

측정 방식	레벨 센서	측정방식	레벨 센서
연속 측정	도전율식	불연속 측정	정전용량식
	압력식		마이크로파
	정전용량식		방사선식
	초음파		진동식
	레이저		도전율식
	마이크로파		

14.2 ◦ 도전율식 레벨 센서

1. 구조와 원리

도전율식 레벨 센서(conductivity level sensor)는 주로 도전성 액체의 높은 레벨(high level) 또는 낮은 레벨(low level)의 측정에 사용된다.

그림 14.2는 이 방식의 레벨 센서의 원리를 나타낸 것으로, 최저 레벨 깊이에 두 개의 전극 A, B가, 최고 레벨 위치에 또 다른 두 개의 전극 C, D가 설치된다. 현재 보여주고 있는 액체의 수위에서, 전극 A, B는 도전성 액체에 의해서 단락되므로 전극에는 전류가 흐른다. 만약 레벨이 최저레벨 이하로 되면 전극 A,B는 개방되어 전류가 흐르지 않게 되므로, 전극 사이의 저항은 저저항에서 고저항으로 급격히 변화한다. 액체가 최고 레벨 이상으로 상승하면, 전극 C,D가 액체에 의해 단락되어 전극사이의 저항은 고저항에서 저저항으로 급격히 변화하고, 센서는 액체의 수위가 최고 레벨에 도달했음을 지시한다. 두 전극을 측면에 설치해도 동작원리는 동일하다.

만약 전극 B를 공통으로 하면, 그림 (b)와 같이 3개의 전극으로 최저 레벨과 최고 레벨를 측정할 수 있다. 또 탱크의 벽이 금속으로 되어 있으면, 전극 B대신 벽 자체를 접지하여 전극으로 사용할 수 있어 그림 (c)와 같이 두 개의 전극으로 동일한 기능을 수행할 수 있다.

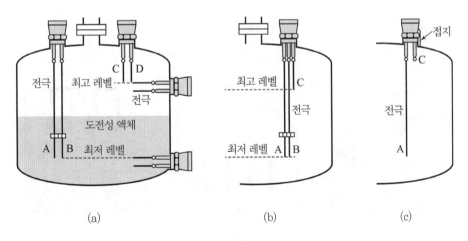

(a)   (b)   (c)

그림 14.2 도전율식 레벨센서

2. 특징

(1) 장점

- 매우 간단하고 가격이 저렴하다.
- 가동부분이 없다.
- 하나의 계측기로 2점 제어(레벨 스위칭 제어)에 적합하다.
- 고압의 액체에 사용하기 좋다.

(2) 단점

- 측정 액체가 도전성이고, 부식성이 없고, 금속과 반응하지 않아야 된다.
- 프로브의 오염(내용물 부착 등)이 결과에 영향을 미칠 수 있다.

14.3 · 플로트식 레벨센서

1. 구조와 원리

플로트식 레벨센서(float-type level sensor)는 액면이 상하로 이동함에 따라 플로트를 상하로 이동시켜 레벨을 검출하는 방식이다. 가장 오래되고 간단한 측정 기술이지만, 아직도 자동화된 제조 공정에서 사용되고 있다.

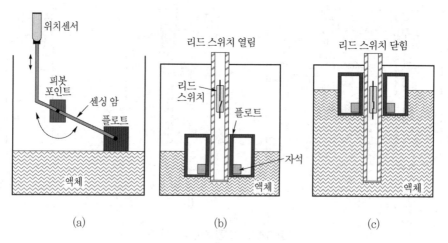

그림 14.3 플로트식 레벨센서

그림 14.3(a)는 플로트식 레벨 센서의 기본 구조이다. 플로트는 부력에 의해 액체 표면 위에 떠 있어야 하므로 플로트의 밀도는 액체의 밀도보다 더 낮아야한다. 센스 암(sense arm)

은 액면에 떠 있는 플로트와 피봇 조인트(pivot joint)를 연결한다. 플로트가 레벨의 변화에 따라 상하로 이동하면, 이것이 센서 암의 다른 쪽 끝을 회전시켜 위치센서나 변위센서를 동작시킨다. 이 방식의 레벨 센서에서 출력은 액체 레벨에 비례하는 전류 또는 전압이다.

그림 14.2(b)는 플로트와 자기적으로 결합된 리드 스위치(reed switch)를 이용한 리드 스위치 레벨 센서이다. 그림 (c)와 같이 수위가 상승하면 자석이 리드 스위치를 ON시킨다. 또 다수의 리드 스위치를 사용하면 레벨을 거의 연속적으로 측정할 수 있다. 리드 스위치 대신에 홀 효과 스위치가 사용되기도 한다.

2. 특징

플로트 레벨 센서는 깨끗한 액체에서는 잘 동작하고, 다양한 종류의 유체 밀도에 적용이 가능하다. 그러나 일단 설치가 되면, 측정 대상의 유체는 밀도를 유지해야 한다.

14.4 · 정전용량식 레벨 센서

1. 구조와 원리

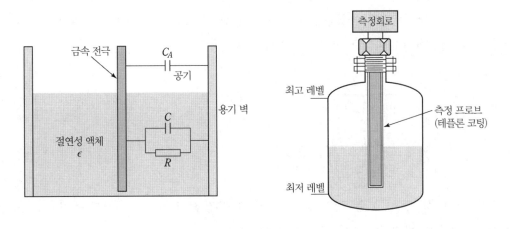

그림 14.4 정전용량식 레벨 센서의 원리

두 개의 절연된 도체가 있으면, 그 사이에는 정전용량이 존재한다. 정전용량은 두 도체의 치수, 상대적 위치, 도체 사이에 존재하는 유전체의 유전율에 의해서 결정된다. 그림 14.4와 같이, 절연성 액체가 들어있는 탱크 내부의 중심에 금속 프로브를 설치하면, 금속 프로브와 용기 벽 사이에는 커패시터가 형성된다. 공기의 유전율은 절연성 액체의 유전율보다 훨씬 작으므로, 정전용량의 크기는 $C \gg C_A$ 로 된다. 또 동시에 두 사이의 저항 변화도 발생한다. 이와 같이, 정전 용량의 변화를 측정하면 액체의 레벨을 검출할 수 있다.

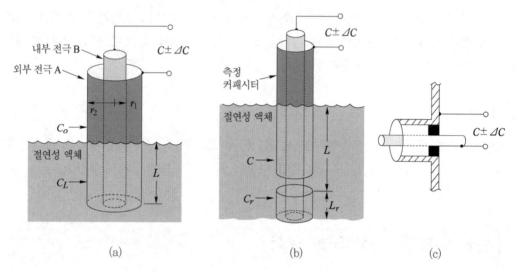

그림 14.5 동심원통 전극을 사용한 정전용량식 레벨 센서

그림 14.5는 다른 형태의 프로브를 사용한 정전용량식 레벨 센서의 원리를 나타낸다. 탱크가 비어있을 때 두 개의 동심원통 전극 사이의 정전용량을 C_o, 액체가 레벨 L까지 채워졌을 때의 용량을 C_L 이라고 하면, 각 영역의 정전용량은

$$C_o = \frac{K\epsilon_o h}{\log_{10}(r_2/r_1)} \tag{14.1}$$

$$C_L = \frac{K\epsilon_o(h-L)}{\log_{10}(r_2/r_1)} + \frac{K\epsilon_l L}{\log_{10}(r_2/r_1)} \tag{14.2}$$

여기서, K는 상수, ϵ_o, ϵ_l는 각각 공기와 액체의 유전율, h은 원통전극의 높이, r_1, r_2는 각각 원통전극의 반경이다. 따라서 정전용량의 변화는

$$\Delta C = C_L - C_o = \frac{K(\epsilon_l - \epsilon_o)}{\log_{10}(r_2/r_1)} L \quad \text{pF} \tag{14.3}$$

이와 같이, ΔC는 L에 의해서만 결정되므로 ΔC를 측정함으로써 레벨 L을 알 수 있다. 그림 (a) 방식은 액체의 유전율 ϵ_l이 변하거나, 액면 위 빈 공간이 액체로부터 방출되는 기

체로 채워지는 경우에는 사용할 수 없다. 이런 문제는 그림 (b)와 같이 작은 기준 커패시터 (reference capacitor) C_r를 사용하면 해결된다. 이 시스템에서, 기준커패시터 C_r는 탱크 바닥에 설치되고 항상 액체에 잠기도록 한다. 기준 커패시터를 채운 액체의 레벨을 L_r, 측정용 커패시터의 정전용량을 C라고 하면, 다음 관계가 얻어진다.

$$\frac{L}{L_r} = \frac{\Delta C}{C_r} \tag{14.4}$$

그림 (c)는 불연속 정전용량식 레벨 센서를 나타낸다. 여기서, 동심원통형 커패시터는 탱크에 수평으로 설치된다. 액체가 설정된 레벨까지 상승하면, 정전용량이 크게 변화하여 센서는 경고를 보낸다.

2. 특징

정전용량식 레벨 센서는 그 원리가 잘 확립되어 있고, 응답 속도가 빠르고, 가격이 저렴하다. 높은 온도와 압력 하에서 측정이 가능하다. 고체, 액체, 혼합물 등 다양한 물질의 레벨 측정에 사용이 가능하다.

(1) 장점

- 액체 또는 벌크 고체의 레벨 측정에 매우 적합하다.
- 어떠한 가동 부분도 없다.
- 높은 부식성 매질에 적합하다.

(2) 단점

- 전기적 특성이 변하는 내용물(특히 습기를 포함)에 대해서는 적용이 제한적이다.
- 접촉식이기 때문에 끈끈한 액체의 측정에는 부적합하다.
- 내용물이 달라지면 다시 교정해야 되는 번거러움이 있다

14.5 ◦ 진동식 레벨 스위치

1. 구조와 원리

진동식 레벨 센싱은 점 레벨 측정에만 적당하다. 그림 14.6은 진동식 레벨 센서의 기본이되는 튜닝 포크(tuning fork)의 구조를 나타낸 것이다. 이 튜닝 포크는 공기 중에서 고유진동 주파수로 진동한다. 튜닝 포크가 내용물과 접촉하는 순간에 공진 주파수는 감소한다.

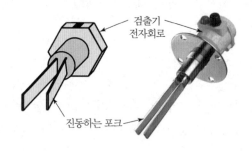

검출기
전자회로

진동하는 포크

그림 14.6 튜닝 포크 레벨 스위치의 구조

그림 14.7은 튜닝 포크 스위치의 설치 예를 보여준다. 탱크의 액체 레벨이 상승하여 포크를 덮게 되면, 댐핑 효과로 인해 공진 주파수가 변하고, 이것을 압전 센서가 측정하여 증폭된다.

상부에 설치

탱크 측벽에
설치

그림 14.7 탱크에 설치된 튜닝 포크 레벨 스위치

2. 특징

튜닝 포크 레벨 센서의 장점은 적용 범위가 넓고, 저가이며, 조정이나 유지보수가 불필요한 점이다. 단점으로는 입체(粒體)의 크기가 10mm로 제한되며, 액체 속의 부유하는 입자의 크기도 동일하게 제한된다. 전술한 바와 같이, 이 센서는 점 레벨 검출에만 사용된다.

14.6 · 압력식 레벨 센서

액체의 레벨 측정에 가장 흔히 사용되는 방식은 수두(水頭 ; head)를 측정하는 방식이다. 즉, 용기 또는 탱크 내에 정지되어있는 액체의 임의 기준점에서의 압력이 액면 높이에 비례하는 원리를 이용한다.

1. 구조와 원리

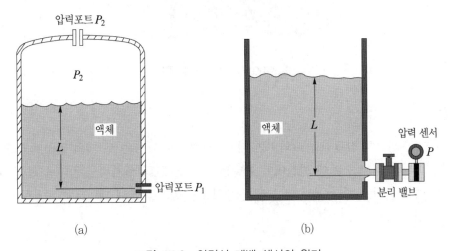

(a) (b)

그림 14.8 압력식 레벨 센서의 원리

그림 14.8에서 액면 이상에서의 압력을 P_2, 액면으로부터 깊이 L에서의 압력을 P_1이라 하면, 액면의 높이는

$$L = \frac{P_1 - P_2}{w} = \frac{P_1 - P_2}{\rho_L g} \tag{14.5}$$

여기서, w는 액체의 비중, ρ_L은 밀도, g는 중력가속도이다. 따라서 밀도가 일정한 액체의 레벨은 차압 $P_1 - P_2$을 측정함으로써 알 수가 있다.

압력식 레벨 센서는 그 종류가 매우 다양하다. 그림 14.8(b)는 개방 탱크(open tank)에서 액체의 레벨을 측정하는 경우를 나타낸 것으로, 여기서 압력 P_2는 대기압이므로 레벨 L과 압력 P 사이에는 $L = P/\rho_L g$ 의 관계가 성립하고, 압력 P을 측정하면 레벨 L이 구해진다.

그림 14.9는 밀폐된 탱크(closed tank)의 레벨을 측정하는 원리이며, 차압 센서를 사용해 $P - P_o$를 측정해서 레벨을 결정한다. 이 방법은 가장 널리 사용되는 레벨 측정법 중의 하나이다.

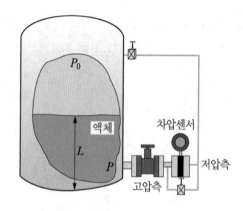

그림 14.9 차압식 레벨 측정

2. 특징

압력식 레벨 센서의 장단점을 요약하면 다음과 같다. 차압식은 두 개의 입구가 필요하며, 특히 그중 하나는 바닥 근처에 만들어야 한다는 점이다. 압력 센서의 설치와 교정이 필요하기 때문에 이 방식의 레벨 센서는 다른 레벨 센서로는 불가능할 때 대안으로 사용할 수 있는 측정 기술이다.

	장점	단점	응용
정압 측정식	• 레벨 또는 체적 측정 • 설치와 조립이 간단 • 조정이 간단 • 비교적 정확	• 물질의 밀도에 의존한다 • 높은 확도를 요구하는 분야에서는 고가로 된다.	물질의 밀도가 일정한 개방 탱크의 레벨 측정
차압 측정식	• 밀폐된 탱크의 레벨 측정 • 조정이 간단 • 비교적 정확	• 물질의 밀도 변화에 의존 • 차압측정이 고가로 됨 • 설치에 기인하는 부정확성 • 보수유지 고가	비중이 비교적 일정하게 유지되는 액체의 레벨 측정

14.7 ○ 초음파 레벨 센서

초음파 레벨 센서(ultrasonic level sensor)에는 주로 주행시간(transit-time)방식이 사용된다.

1. 구조와 원리

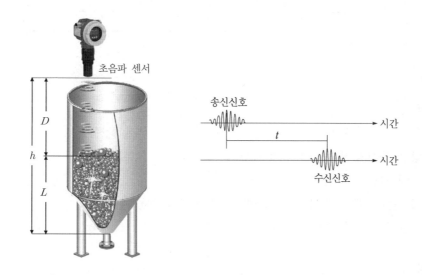

그림 14.10 주행시간식 초음파 레벨센서

그림 14.10의 주행시간 초음파 레벨 센서는 탱크 상부에 설치된 초음파 센서에서 초음파펄스를 발사하고, 그것이 액체-가스 경계면에서 반사되어 센서로 되돌아오는데 걸리는 왕복주행시간(transit-time)으로부터 레벨을 결정하는 방식이다. 이때 초음파 센서에서 액면까지의 거리와 왕복시간과의 관계는 다음과 같다.

$$L = h - D = h - \frac{v_a t}{2} \qquad (14.6)$$

여기서, v_a는 공기 중에서 초음파 속도, t는 왕복주행시간, h는 탱크 높이이다.

초음파의 속도는 주위 환경에 의존하기 때문에 먼지, 증기, 압력, 온도, 가스 등을 고려해야 한다. 특히 온도의 변화는 음파의 속도를 변화시키므로 주행시간의 변화를 가져온다. 또한 측정 범위내에 온도 구배가 존재하는 경우도 오차가 발생한다. 초음파 레벨 센서의 동작온도는 센서 하우징에 기인해서 보통 170℃로 제한된다. 한편 매질이 달라지면 초음파의 속도가 달라지므로 가스나 증기의 종류가 다르면 이것을 고려해야 한다. 다음 표는 여러 가스에서 음속을 나타낸다. 온도의 변화가 심한 경우는 별도의 온도센서를 사용하는 것이 좋다.

표 14.2 여러 가스 속에서 음파 속도

가스	0℃에서 음속(m/s)	가스	0℃에서 음속(m/s)
공기	331	헬륨	965
암모니아	415	염화수소(HCl)	206
이산화탄소	259	메탄	430
에틸렌	317	질소	334
산소	316	이산화황	213

2. 특징

(1) 장점

- 내용물과 비접촉식
- 다양한 액체와 벌크 내용물의 레벨 측정에 적합
- 센서에 가동부가 없음
- 밀도, 습기, 또는 전기 전도도등에 영향을 받지 않음
- 온도보상과 자기 교정을 하면 확도 0.25% 가능

(2) 단점

- 내용물이 초음파를 흡수하지 말고 잘 반사해야 함
- 레벨 표면의 경계가 명확해야 하며, 기포나 버블이 없어야 함
- 고압이나 진공에서 사용에는 부적합
- 액체 표면 위에 가스 등이 있으면 초음파 속도가 달라지는 점과 액체와 센서의 온도차 등을 고려해야 한다.
- 사용온도는 170℃로 제한 됨

14.8 · 레이저 레벨 센서

레이저 레벨 센서(laser level sensor)는 다양한 종류, 유연성, 설치와 조정의 용이함 등으로 인하여 현재 널리 사용되고 있다. 레이저로는 펄스파(pulsed laser)와 연속파(continuouswave or frequency-modulated)가 있으며, 산업체에서 레벨 모니터링에는 주로 펄스 레이저 방식이 사용되고 있다. 여기서는 전자에 대해서만 설명한다.

1. 펄스 레이저 센서(주행시간)

펄스 레이저 방식은 초음파 레벨 센서와 마찬가지로 주행시간에 기반을 두고 있다. 그림 14.11은 레이저 레벨 센서의 기본 원리를 나타낸 것이다. 탱크 상부에 설치된 레이저 송신기에서 레이저 펄스를 발사하고, 그것이 액면에서 반사되어 계측기의 수신기로 되돌아오는데 걸리는 왕복 주행시간을 측정한다. 이때 레이저 송신기에서 액면까지의 거리 D와 왕복시간 t와 관계는 다음 식으로 된다.

$$D = \frac{ct}{2} \tag{14.7}$$

여기서, c는 빛의 속도이다. 따라서 액면의 높이는

$$L = h - D = h - \frac{ct}{2} \tag{14.8}$$

로 된다.

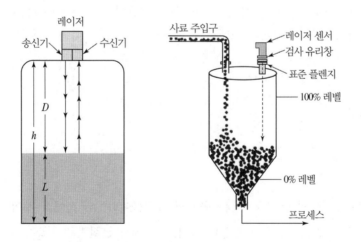

그림 14.11 레이저 레벨 센서

2. 특징

레이저 레벨 센서는 많은 장점을 가지는 동시에 가격이 고가로 된다. 이 방식의 장단점을 열거하면 다음과 같다.

(1) 장점

- 비접촉이고, 연속 레벨 모니터링.
- 고체, 슬러리, 불투명 액체의 레벨 측정
- 레벨 측정 범위가 매우 넓다.
- 빔 발산이 없어 거짓 반사신호(false echo)가 없다.
- 증기나 검품이 있는 환경에서도 정확하다

(2) 단점

- 고가
- 투명 액체의 경우는 측정 곤란

14.9 · 광학 프리즘 레벨센서

1. 구조와 원리

그림 14.12는 광학 프리즘을 사용한 레벨 센서의 원리를 나타낸다. 이 센서는 액체, 프리즘, 탱크 내의 공기(또는 기체) 사이의 굴절률 차를 이용한다. 굴절률이 다른 두 매질의 경계면에서 입사광과 굴절광 사이에는 스넬의 법칙(Snell's law)에 따라 다음의 식이 성립한다.

$$n_1 \sin\alpha_i = n_2 \sin\alpha_{rr} \tag{14.9}$$

또는 굴절각은

$$\alpha_{rr} = \sin^{-1}\left(\frac{n_1 \sin\alpha_i}{n_2}\right) \tag{14.10}$$

여기서, n_1은 프리즘의 굴절율, n_2는 공기의 굴절률이다. 위 식에서 주어진 굴절율의 비 n_1/n_2에 대해서, 그림 (a)와 같이 특정의 입사각 α_i에서 굴절광은 0으로 되고 모든 입사광은 프리즘 속으로 전반사(全反射)된다. 이 빛은 두 번째 프리즘에서 다시 전반사되어 광센서로 들어가 출력을 발생시킨다. 만약 액면이 상승하여 그림 (b)와 같이 프리즘에 닿게 되면 입사각은 고정되어 있으나 n_1/n_2는 n_1/n_3로 되므로 입사광은 전반사되지 않고 액체 속으로 굴절한다. 따라서 광센서의 출력은 0으로 된다.

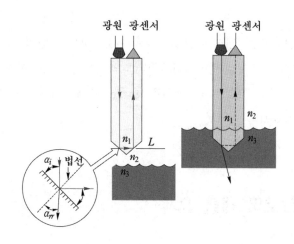

그림 14.12 수직으로 설치된 광학 프리즘 레벨 센서

탱크 속의 액체가 가시광이나 적외선(IR)에 불투명하다면, 광학식 레벨 센서(optical level sensor)의 구성이 가능하다. 그림 14.13(a)는 광학식 레벨 센서의 기본 구성을 나타낸다. 액면이 광원−센서 사이의 광로(光路 ; optical path) 이하일 때에는 광원으로부터 방출된 빛이 광 센서에 입사되어 출력이 발생한다. 액면이 광로 위로 상승하면, 빛이 액체에 흡수되어 출력은 0으로 된다. 이 센서의 단점은 광 센서가 주위의 광원에 민감하다는 것이다.

그림 (a)의 레벨 센서에서는 광로가 용기 전 직경에 걸쳐서 있어야 되므로, 어떤 경우는 매우 불편하다. 그래서 많은 경우에 그림 (b)와 같이 광원/센서가 하나의 모듈화에 조합되어 있어 탱크의 한쪽 벽에 설치된다. 액면이 레벨 L까지 상승하면, 센서로 들어가는 빛이 차단되어 출력은 0으로 된다.

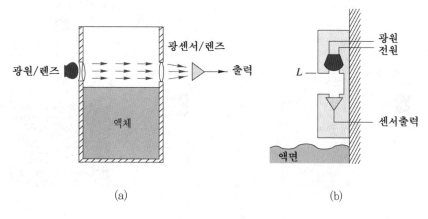

그림 14.13 광학식 레벨 센서

2. 특징

광센서는 가격이 저렴하고, 설치와 운용이 간단하고, 방출된 빛의 세기를 검출한다. 그러나 광학 프리즘은 깨끗하고 반투명하거나 투명한 액체에서만 동작한다. 또한 광학 프리즘 센서의 제한된 on/off 기능 때문에 이 센서의 용도는 액체가 넘치거나 바닥나는 것을 방지하는데 제한적으로 사용되고 있다.

14.10 ∘ 마이크로파 레벨 센서

1. 마이크로파(레이더) 레벨 센서의 원리

그림 14.14는 마이크로파 레벨 센서(microwave level sensor)의 기본 원리를 나타낸 것으로, 마이크로파 에너지의 투과와 반사를 이용해서 레벨을 측정한다. 보통 6~26 GHz의 마이크로파 펄스가 사용된다.

그림 (a)는 투과식 센서의 구조로, 탱크의 측벽에 송신기와 수신기를 마주보도록 설치하고, 그 사이로 발사되는 마이크로파가 액체에 의해서 차단될 때 감쇠되는 것을 이용하여 레벨을 측정하여, 분립체의 레벨 스위치로 사용된다.

그림 (b)는 반사식으로, 탱크의 정상부에 고정한 송수신기로부터 발사된 마이크로파가 액면에서 반사되어 송수신기에 수신될 때까지의 시간을 측정해서 레벨을 연산한다. 원유의 탱크에 유일하게 응용된다.

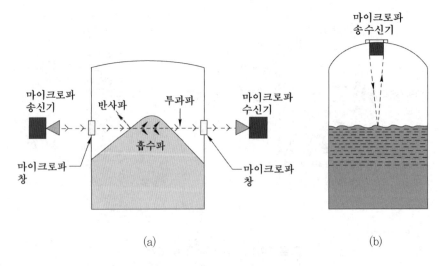

(a)   (b)

그림 14.14 마이크로파 레벨 센서

2. 특징

고체의 레벨을 측정하는 경우 반사 신호가 매우 약하므로 마이크로파 레벨 측정은 피하는 것이 좋다. 이 방식은 온도나 압력이 문제가 되는 곳에서 주로 사용한다. 마이크로파 레벨 센서가 방사능 레벨 센서로 측정할 수 있는 모든 분야에 적용할 수는 없지만, 액체의 유동이 심하든가 또는 거품이 심한 측정의 경우에는 초음파나 레이저 레벨 센서에 비해 선호된다. 마이크로파 레벨 센서의 장단점을 열거하면 다음과 같다.

(1) 장점

- 상부에 설치할 수 있고, 비접촉식 이다.
- 매우 정확하고(±0.5 mm), 확도가 내용물의 유전상수, 밀도, 전기전도도에 무관하고, 액체를 교체하더라도 다시 설치하지 않아도 된다.
- 플라스틱 탱크를 통해서 레벨 측정 가능
- 박스의 내용물을 모니터 가능
- 다루기가 어려운 응용분야에 사용

(2) 단점

- 매우 고가 (확도에 의존)

14.11 ● 방사능 레벨 센서

1. 방사능 레벨 센서의 원리

그림 14.15는 각종 방사선식 레벨센서(nucleonic level sensor)의 원리를 나타낸 것으로, 방사선원(radioactive source)을 용기 측벽의 한 점에, 스트립(strip) 형태의 긴 검출기를 마주보도록 설치한다. 방사선원으로는 ^{137}Cs(반감기 32년)과 ^{60}Co(5.3년)가 흔히 사용된다. 방사선으로는 감마선이 큰 투과전력과 휘지 않는 성질을 가지기 때문에 측정에 주로 사용된다. 전자파 에너지는 다른 물질에 방사능 오염을 일으키지 않기 때문에 식품 주위에서 사용해도 무방하다.

그림 14.15에서 액체 레벨이 방사선원과 검출기 사이를 통과하여 방사선을 끊으면, 방사선은 감쇠하게 되고 그 감쇠량을 검출해서 레벨을 측정한다. 만약 레벨을 연속적으로 측정하려면 스트립(strip) 형태의 긴 방사선원과 검출기를 사용하던가, 또는 서보제어시스템

(servo control system)을 사용해서 방사선원과 검출기를 액체–기체 경계면의 증감에 따라
자동으로 상승·하강시키는 방식이 사용된다.

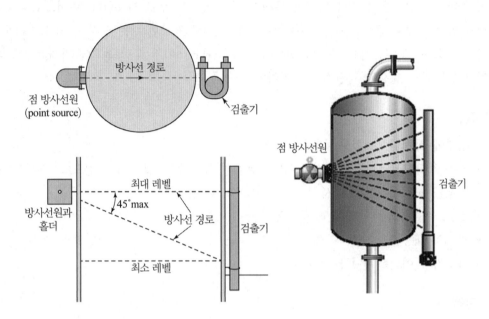

그림 14.15 레벨을 연속적으로 검출하는 방사선 레벨 센서의 원리

레벨이 올라갔다 내려갔다 할 때 여러 인자(내용물의 두께, 방사선원의 기하학적 구조, 방
사선원과 검출기간 거리, 자유 공간 등)들이 변하면서 이 측정 시스템에 영향을 주어 비직선
성이 나빠진다. 낮은 레벨에서 비직선성과 확도를 향상시키기 위해서, 그림 14.16에 나타낸
것과 같이 하나의 스트립 검출기와 두 개의 점 방사선원을 사용한다. 그러나 레벨 측정 시스
템의 가격은 상승한다.

2. 특징

방사선식 레벨센서는 어떠한 가동부도 없으며, 다른 모든 레벨 센서가 불가능할 때 설치
할 수 있는 유리한 방식이다. 그러나 다른 기술에 비해 가격이 2~3배 비싸고, 면허와 주기
적 검사가 요구된다. 또 확도와 직선성 등도 다른 기술만큼 좋지 않다.

(1) 장점
- 다양한 내용물에 적합하다.
- 비접촉식이면서 동시에 외부에 설치할 수 있어 부식성이 큰 물질이라든가 또는 고온
  고압의 경우에 아주 적합하다

(2) 단점

- 항상 용기의 측면에 설치해야 한다.
- 특별한 안전 관리가 요구된다.
- 고가이다.

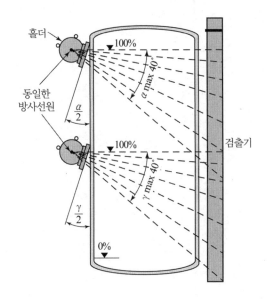

그림 14.16 두 개의 점 방사선원과 스트립 검출기

memo

15 chapter | 유량 · 유속 센서

유체란 전단력을 받았을 때 연속적으로 변형하는 물질을 말하며, 체적을 용이하게 바꿀 수 있는 기체와, 그렇지 않은 액체로 나누어진다. 유량(flow rate or flux)은 단위시간에 임의의 단면을 통과하는 물질의 양이며, 유체의 질량(mass or weight)과 체적으로 나타낸다. 유량을 측정하는 유량·유속 센서는 프로세스 산업에서 가장 중요한 센서 중의 하나이다.

15.1 ○ 유량센서의 기초

15.1.1 유체의 특성

유체(流體 ; fluid)란 기체나 액체와 같이 전단력을 받았을 때 연속적으로 변형하는 물질을 말한다. 또, 압력을 변화시켰을 때 밀도변화가 없는 유체를 비압축성 유체(incompressible fluid), 압력 변화에 대해서 밀도변화가 있는 유체를 압축성 유체(compressible fluid)라고 부른다. 물, 기름과 같은 액체 및 고체는 사실상 비압축성 유체이며, 가스나 증기는 압축성 유체에 해당된다.

흐름 또는 유동(flow)이란 유체의 운동(motion)으로 정의된다. 액체나 기체의 흐름은 그림 15.1과 같이 층류(層流 ; laminar flow)이거나 난류(亂流 ; turbulent flow)이다. 그림 (a)의 층류는 흩어짐이 없이 질서정연하고 규칙적인 흐름을 말한다. 층류에서 각 체적 셀(volume cell)은 용기 벽과 다른 셀에 평행하게 흐른다. 균일한 흐름은 한 단면을 가로질러 유체의 모든 입자가 동일한 속도로 흘러갈 때 존재하는데, 이러한 흐름은 매우 짧은 거리에 대해서만 실현된다. 한편, 그림 (b)의 난류는 겉보기에 매우 불규칙하게 소용돌이(whorls, eddies, vortexes)들이 발생하고 사라지는 무질서한 흐름이다.

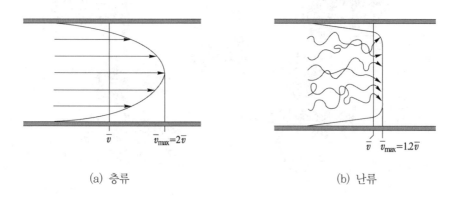

(a) 층류   (b) 난류

그림 15.1 층류와 난류

흐름이 층류인가 난류인가는 그 시스템의 레이놀즈 수(Reynolds number)를 검토해서 결정된다. 레이놀즈 수는

$$Re = \frac{\rho \bar{v} D}{\mu} \tag{15.1}$$

여기서, Re 는 레이놀드 수, ρ 는 유체밀도, $\bar{v}$ 는 평균유체속도, μ 는 점성, D 는 유체가 흐르는 관의 직경이다. 일반적으로 레이놀즈 수가 4000 이상이면 난류고, 2000 이하이면 층류를 나타낸다. Re 가 2000~4000 사이이면, 흐름은 과도상태에 있고 두 모드가 다 존재할 수 있다.

관의 단면에서 유속은 일정하지 않으며, 흐름의 형태에 의존한다. 층류에서는 큰 점성 때문에 관벽 부근에서 유체의 속도가 느려져 속도분포는 포물선으로 된다. 이러한 조건하에서, 관의 중심에서 유체속도는 관 단면에 대한 평균속도의 2배로 된다. 층류는 관벽의 거칠음에 영향을 받지 않는다. 한편, 난류에서는 관성력이 지배적이고, 이것에 비해 관벽의 영향은 덜하다. 그리고 속도분포는 더 편평해지고, 중심속도는 평균속도의 약 1.2배로 된다. 난류에서 정확한 속도분포는 관벽의 거칠음과 레이놀즈 수에 의존한다.

15.1.2 유량

유량(flow rate or flux)이란 단위시간에 임의의 단면을 통과하는 물질의 양이며, 유체의 질량과 체적으로 나타낸다.

체적유량(volumetric flow rate)은 단위시간당 전달되는 물질의 체적을 나타내며, 단위로는 m^3/s, cm^3/s 등이 사용된다. 체적유량 Q_v 에 대한 식은

$$Q_v = \frac{dV}{dt} = A\bar{v} \tag{15.2}$$

여기서, dV 는 시간 dt 동안 통과한 체적, A 는 관의 단면적, $\bar{v}$ 는 관의 단면에서 평균유속이다.

질량유량(mass flow rate)은 단위시간당 전달되는 질량이며, 단위로는 kg/s이 사용된다. 비압축성 유체의 체적 V, 질량 m, 밀도 ρ 사이의 관계는

$$m = V\rho \tag{15.3}$$

이므로, 위 두 식으로부터 질량유량 Q_m 은 다음과 같이 유도된다.

$$Q_m = \frac{dm}{dt} = Q_v\rho + V\frac{d\rho}{dt} \tag{15.4}$$

만약 유체의 밀도가 시간에 따라 변하지 않는다면, 위 식으로부터 질량유량은 다음 식으로 된다.

$$Q_m = Q_v \rho = \rho \, A \, \bar{v} \tag{15.5}$$

기체와 같은 압축성 유체에서 모든 온도와 모든 압력이 다른 체적에 대응된다. 그래서 체적유량을 다룰 때는 동작조건(p, T)을 항상 언급해야 하거나, 또는 유량을 동작조건 대신에 표준상태($p = 1$, $T = 273$ K)에서 값으로 나타낸다.

지금까지 설명한 바와 같이, 프로세스 흐름에서 유량의 측정이란 속도, 체적 유량, 질량유량 등 3가지를 측정함을 의미한다.

15.1.3 유량계 분류

유량계를 동작원리에 따라 분류하면 다음 표 15.1과 같다. 아직도 기계식 유량계가 널리 사용되고 있어, 본서에서도 간단히 설명한다.

또 다른 분류방식은 유량센서와 유체사이에 에너지 교환 모드에 따른 분류인데, 유량측정시 유체 에너지를 소비하는 에너지 추출형(energy extractive ; EE)과, 유량계로부터 유체로 에너지가 전달되는 에너지 추가형(energy additive ;EA)이 있다.

본서에서는 현재 유량 측정에 널리 사용되고 있는 유량 센서를 중심으로 원리와 그 응용에 대해서 설명한다.

표 15.1 본서에서 설명하는 유량계의 분류

유량계 그룹	유량계 형식
차압식 유량계 (differential pressure flowmeter)	면적 유량계
기계식 유량계 (mechanical flowmeter)	PD 유량계
	터빈 유량계
	로타리 유량계
전자식 유량계 (electronic flowmeter)	자기 유량계
	와 유량계
	초음파 유량계
질량 유량계 (mass flowmeter)	열선식 유량계
	코리올리 유량계

15.2 · 면적 유량계

1. 기본구조와 동작원리

면적 유량계(variable area flowmeter)는 유체가 흘러나가는 단면적이 변하는 것을 이용하는 유량계이다. 그림 15.3은 면적 유량계의 일종인 로터미터(rotameter)의 구조와 동작을 나타낸 것이다. 단면적이 위쪽으로 갈수록 크게 되어있는 관 내부에 자유로이 상하로 움직이는 로터(rotor) 또는 플로트(float)가 들어있다. 유체가 관의 아래쪽으로부터 유입하면, 로터는 관 위쪽으로 올라간다. 로터의 전후에 압력차가 발생하고, 이 차압에 의해 로터는 위로 향하는 힘을 받아 상승한다. 로터는 이 힘과 로터에 작용하는 유효중량과 평형되는 위치에서 정지한다. 로터는 관내를 흐르는 유량이 클수록 높은 위치에서 멈추고, 그 위치에 따라 관내의 유량을 알 수 있다. 로터의 위치에 따라 유체가 흘러나가는 단면적이 변화하는 것을 이용하여 유량을 구하므로, 이것을 면적 유량계라고 부른다.

로터미터의 종류에는, 관이 투명하여(경질 유리, 아크릴 수지 등) 플로트의 위치를 직접 읽어 유량을 측정하는 것 또는 플로트의 움직임을 자기적 결합을 통해 외부로 꺼내어 유량값를 전기신호 또는 공기압 신호로 변환하여 전송하는 전송형이 있다.

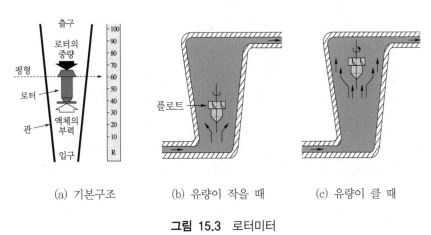

(a) 기본구조 　　(b) 유량이 작을 때 　　(c) 유량이 클 때

그림 15.3 로터미터

2. 특징

면적 유량계(로터미터)의 장점은 쉽게 설치하고 교체가 용이하고 견고하며, 압력저하가 작고 꽤 일정하며, 출력이 직선적이고, 저가격이란 특징을 갖는다. 단점은 관이 수직으로 설치되어야 하고, 또한 일반적으로 지시치를 눈으로 읽어야 하고 그리고 플로트가 떨리는 경

향이 있기 때문에 확도는 단지 중간정도이다. 이러한 문제는 유량이 큰 경우 시오차 (parallax error)에 의해서 더욱 나빠진다. 유체가 깨끗해야 되고, 어떠한 고체도 포함되어 서는 안된다. 투명한 관은 사용 압력과 온도를 제한한다. 유량이 너무 적은 경우에도 부적합 하다.

3. 응용분야

면적 유량계는 가스미터, 실험실에서 깨끗한 가스나 액체의 중·저유량 측정에 사용된다. 특히 로터미터는 가끔 유량을 측정하기보다는 유량을 지시하는 장치로 사용된다.

15.3 ○ 기계식 유량계

15.3.1 정변위 유량계(PD 미터)

1. 기본구조와 동작원리

정변위 유량계(正變位流量計 ; positive displacement flowmeter) 또는 PD 미터는 그 값 이 알려진 일정체적을 고압측에서 저압측으로 반복적으로 송출하고(채웠다 비웠다를 반복하 고) 이 횟수를 계수하여 유체의 체적을 측정하는 방식의 유량계로, 일정시간동안 또는 단위 시간동안 흘려 내보내는 횟수로 유량과 적산유량을 구할 수 있다. 정변위라고 부르는 것은 동작 시 유체가 유량계를 통과하기 위해서는 반드시 측정 엘레멘트를 이동시켜야만 되기 때 문이다.

그림 15.4는 (a)회전 날개식, (b)오발 기어식 PD 미터를 나타낸 것이다. 회전 날개식에서 는 로터가 회전하면, 두 날개와 외측 벽 사이에 일정량의 알려진 체적의 유체가 갇히게 된 다. 따라서 회전수를 계수하면 유량을 알 수 있다. 그림 (b)의 오발 기어식(oval gear PD meter)은 두 개의 톱니 기어로 구성되며, 하나는 수직으로, 다른 하나는 수평으로 설치된다. 두 회전자는 서로 반대 방향으로 회전하면서, 하우징과 기어사이에 초승달 모양의 일정 체 적의 공간부(계량실)를 만들고, 유량계의 유입 측과 유출 측과의 압력차에 의해 계량부의 내 부 운동이 일어나서 유체를 출구 측으로 송출한다. 회전자의 작동 회수를 계수함으로써 유 체의 이동체적을 구할 수 있다.

이와 같이, 두 경우 모두에서 회전부가 측정 챔버 벽과 접촉하고 있어 회전체의 이동없이 는 유체는 빠져나갈 수 없다.

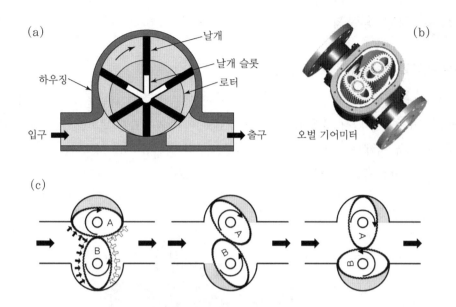

그림 15.4 PD 미터 : (a) 회전 날개식, (b) 오벌 기어식, (c) 오벌 기어식의 동작원리

2. 특징

오벌 기어 PD 미터의 장단점을 열거하면 다음과 같다.

(1) 장점

- 0.25%의 높은 확도
- 높은 동작 압력(10 MPa까지)과 높은 사용 온도(300 ℃ 까지)
- 초기 설치비용이 저렴하거나 중간 정도이다.
- 점성 유체에도 사용이 가능하다.

(2) 단점

- 비방해(non-obstructive) 유량계에 비해서 유지비용이 더 크다.
- 낮은 유량 측정에 부적합하다.
- 부유물(suspension)에 대한 허용한도가 매우 낮다. 100 μm보다 더 큰 입자들은 측정 액체가 유량계에 들어가기 전에 제거되어야 한다.

3. 응용 분야

PD 미터는 계측정도가 높고, 화학액체를 비롯한 각종 석유제품으로부터 냉·온수, 기체의 유량측정까지 광범위하게 사용되고 있다.

15.3.2 터빈 유량계

1. 기본구조와 동작원리

그림 15.5는 터빈 유량계(turbine flowmeter)의 기본 구조를 나타낸 것으로, 여러 개의 날개(multi-blade)가 달린 회전자가 유체의 흐름 속에서 자유롭게 회전할 수 있도록 설치되어 있다. 또 상류 측에는 유체 속에 있는 입자들로부터 터빈 날개를 보호하는 스크린의 역할을 할 뿐만 아니라 흐름을 직선으로 해주는 날개가 있다.

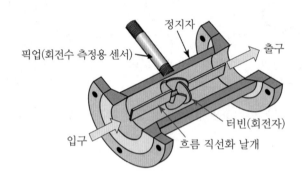

그림 15.5 터빈 유량계의 구조

터빈식 유량계에 의해서 측정되는 총 유량 Q는 다음 식으로 주어진다.

$$\frac{\omega}{Q} = K \tag{15.6}$$

여기서, ω는 회전자의 각속도, K는 상수이다. 이와 같이, 터빈식에서는 유량은 회전자의 회전 각속도에 정비례한다.

터빈 회전은 릴럭턴스(reluctance), 인덕턴스(inductance), 정전용량, 홀 효과 픽업(pick-up)으로 검출된다. 그림 15.6은 릴럭턴스 픽업과 인덕턴스 픽업을 사용한 터빈식 유량계의 구조이다. 그림 (a)에서, 릴럭턴스 픽업은 영구자석과 코일로 구성되어 있다. 회전자 날개가 코일을 통과할 적마다 전압이 발생한다.

그림 (b)의 인덕턴스 픽업에서는 영구자석이 회전자에 부착되던가 또는 날개를 영구자석으로 만든다. 두 방식 모두 연속적인 정현파를 출력하며, 정현파의 주파수가 유량에 비례한다.

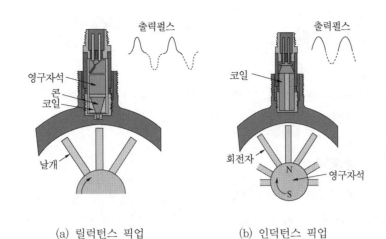

(a) 릴럭턴스 픽업 (b) 인덕턴스 픽업

그림 15.6 터빈 유량계의 신호 발생원리

2. 특징

터빈 유량계의 장단점을 열거하면 다음과 같다.

(1) 장점

- 정의된 점도와 측정 범위에서 높은 확도와 반복성
- 넓은 온도 범위 : -220 ℃ ~ 350 ℃.
- 매우 높은 압력 능력 : 9300 psi.

(2) 단점

- 고점도 유체 측정에 부적합하고, 점도가 알려져야 한다.
- 흐름을 수직으로 해주는 날개가 필수적이다. 흐름(또는 파이프 시스템)이 진동하면, 터빈이 과회전 또는 부족회전 상태로 되는 경향이 있어 부정확하게 된다.
- 오로지 깨끗한 액체와 기체에만 적합. (입체 사이즈가 $100 \ \mu m$ 이하이어야 한다.)
- 일반적으로 특정 라인 압력에 대해서 교정되기 때문에 증기압이 변하는 경우 밀도 보정 기능을 갖지 않으면 측정오차가 발생한다.
- 수증기인 경우는 터빈 날개에 손상시켜 확도에 영향을 줄 수 있다.
- 낮은 유량에서 터빈을 회전시키는 에너지가 부족하기 때문에 측정이 곤란하다.

3. 응용 분야

터빈 유량계는 매우 정확하고 신뢰성이 높은 유량계로, 깨끗한 액체와 기체의 유량 측정에 모두 사용된다.

15.4 ● 와 유량계

와 유량계(vortex flowmeter)는 소용돌이 발생(vortex shedding)의 원리를 사용해서 액체, 기체 또는 증기의 유량을 측정하는 유량계이다.

1. 기본구조와 동작원리

유체의 흐름 속에 유선형이 아닌 기둥모양의 물체를 놓으면, 그림 15.7과 같이 그 물체의 양측에서 번갈아 규칙적인 소용돌이(渦 ; vortex)가 방출되어 하류에는 안정된 와류열(渦流列 ; array of vortex)이 형성된다. 이 와류열를 연구자의 이름을 따서 카르만 와열(Karman vortex street)이라고 부른다. 이 소용돌이 발생 주파수(vortex shedding frequency) f는

$$f = \frac{N_{st}\,v}{d} \ \text{또는} \ v = \frac{f\,d}{N_{st}} \tag{15.7}$$

여기서, v는 유속, d는 소용돌이 발생체(shedding body)의 폭, N_{st}는 스트로할 수(Strouhal number)이다. N_{st}는 실험적으로 결정되는 수이며, 일반적으로 유량측정범위에서는 그림과 같이 일정한 값으로 된다. 또 소용돌이 발생체로는 우측에 나타낸 것과 같이 여러 종류가 있어 d값도 달라진다.

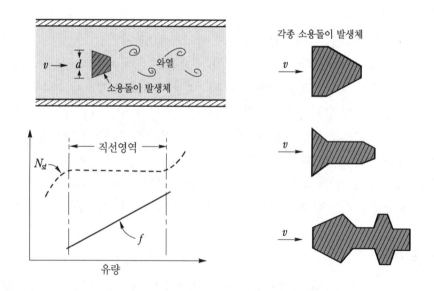

그림 15.7 와 유량계의 원리

지금, 유체의 평균속도를 $\bar{v}$, 유량계의 스트로할 수를 N'_{st} 라 하면, 체적유량 Q는

$$Q = A \times \bar{v} = \frac{A\,d}{N'_{st}}f \tag{15.8}$$

로 되어, 유량은 소용돌이 발생 주파수에 비례하고, 이와 같은 성질을 이용하여 유량을 측정하는 방식을 와 유량계(vortex-shedding flowmeter)라고 부른다.

그림 15.14는 와 유량계의 구조 예를 나타낸다. 소용돌이의 규칙성이나 주파수를 검출하는 방법으로는 열선(또는 가열 서미스터)의 냉각효과를 이용한 열선식 풍속계(hot-wire thermal anemometer sensor), 압력 변화를 이용하는 압전기 및 스트레인 게이지 방식, 초음파의 진폭 주파수 변조를 이용하는 방식, 자기 픽업(magnetic proximity pick-up)으로 검출하는 방식 등이 있다.

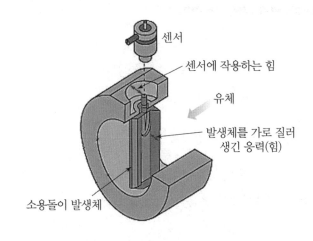

그림 15.14 와 유량계의 구조 예

그림 15.14의 경우는 압전 센서를 사용해서 소용돌이 발생 주파수를 검출한다. 그림에 나타낸 것과 같이 소용돌이는 발생체를 가로 질러 교대로 압력차를 일으키고, 이 압력에 의해서 발생체에는 기계적 응력이 발생된다. 이 응력이 압전 센서에 전달되어 전기적 펄스로 변환되어 출력된다.

그림 15.15는 소용돌이 검출센서로 초음파 센서를 사용한 와 유량계의 원리를 나타낸 것이다. 유속에 비례해서 발생하는 소용돌이에 기인해서 초음파의 전송방향이 변하게 되고, 결과적으로 초음파 도달시간도 변한다. 즉, 발생된 소용돌이의 주기에 따라 위상 이동(phase shift)이 발생한다. 와열의 각주파수를 ω라 하면, 이 위상 변동의 진폭은 다음 식으로 주어진다.

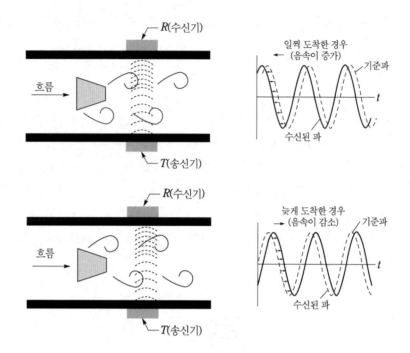

그림 15.15 초음파 와 유량계의 검출원리

$$\phi = A \frac{f_c D v}{c^2} \sin \omega t \tag{15.9}$$

여기서, A는 소용돌이 발생체의 모양에 의존하는 상수, f_c는 초음파 주파수, D는 관의 내경, v는 유속, c 는 정지유체에서 초음파의 속도이다.

2. 특징

와 유량계의 장단점을 열거하면 다음과 같다.

(1) 장점

- 유량에 비례하는 주파수 출력(선형 응답)이 얻어진다.
- 확도가 좋다.
- 가동부가 없고, 깨끗한 유체에서 사용될 때 유지보수가 요구되지 않는다.
- 액체, 기체 또는 증기 모두에 적용이 가능하다.
- 설치비가 저렴하다.
- 측정범위가 넓다.
- 점도, 밀도, 압력, 온도 등에 의해서 영향 받지 않는다.

(2) 단점

- 유체 경로에 있는 방해물 때문에 압력저하가 발생한다(중정도).
- 낮은 유량에서 펄스가 발생하지 않고, 유량계의 지시는 낮거나 0이다.
- 진동에 의해서 오차가 발생할 수 있다.
- 깨끗한 유체에만 사용할 수 있다.

3. 응용 분야

와 유량계는 비도전성 유체의 유량 측정에는 가장 적합한 유량계이다. 가동부도 없고, 온도, 압력, 밀도의 변화에도 영향을 받지 않는다. 응용 분야를 열거하면 다음과 같다.

- 발전소, 화학공장, 제철소 등에서 증기 및 포화증기 측정
- 천연가스, 암모니아, 질소, 이산화탄소, 메탄 등 가스 유량 측정
- 먼지 제어 및 압축공기 사용에서 공기 유량측정
- HVAC
- 식품산업

15.5 · 전자 유량계

전자 유량계(電磁流量計 ; electromagnetic flowmeter)는 패러데이의 전자유도 법칙을 이용하여 도전성 유체의 유량을 측정하는 유량계이다.

1. 기본구조와 동작원리

그림 15.16(a)는 전자 유량계의 원리인 패러데이 법칙을 나타낸 것이다. 자계 B 속을 가로질러 길이 L인 도체(또는 도전성 물체)가 속도 v로 이동하면 그 속도에 비례하는 기전력이 도체에 발생한다.

$$e = BLv \tag{15.10}$$

그림 (b)는 전자 유량계의 구조를 나타낸다. 센서(전극 S_1, S_2)는 자계 B와 유체흐름 방향에 90° 각도로 설치되어 있다. 여기서 그림 (a)의 도체에 해당하는 것은 관내를 흐르는 도전성 유체이고, 도체길이 L은 두 전극 S_1, S_2 사이의 거리 즉 관의 직경 D와 같다. 지금 관

내에 평균유속 v의 도전성 액체가 흐르면, 식 (15.10)에 따라 자계와 유체흐름 모두에 직각인 방향으로 기전력 e가 발생한다.

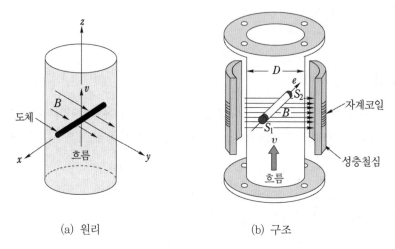

(a) 원리   (b) 구조

그림 15.16 전자 유량계의 원리와 구조

$$e = BDv \tag{15.11}$$

관의 단면적을 A라고 하면, 체적유량 $Q\,[\text{m}^3/\text{s}]$는

$$Q = A \times v = \frac{\pi D^2}{4} v \tag{15.12}$$

식 (15.11), (15.12)로부터 기전력 e는

$$e = \frac{4B}{\pi D} Q \tag{15.13}$$

이와 같이, 체적유량 Q는 기전력 e에 비례하는 것을 알 수 있다. 위 식에서 관의 내경 D와 자속밀도 B는 일정하므로, 기전력 e의 측정에 의해 유량 Q가 얻어진다. 통상 기전력의 크기는, 유속 1 m/s에서 1 mV 정도이다.

전자 유량계는 여자 방식에 따라 교류(AC), 펄스(pulse), 직류(DC) 전자유량계로 분류된다. 교류식에서는 10 Hz~5000 Hz의 교류를 사용해 자속을 발생시킨다. 교류식은 전극에서 분극효과(polarization effect)를 감소시키기 때문에 공업적 응용 면에서 역사적으로 가장 자주 사용되어왔다. 또 관내의 액체 흐름 분포에 덜 영향을 받으며, 드리프트가 작은(low drift) 고입력 임피던스의 증폭기와 잡음제거를 위한 고역 필터(high pass filter)의 사용이 가능하다. 교류식의 주요 단점은 강한 교류자계가 측정회로에 교류신호를 유도하는 점이다. 그래서 직류식보다 훨씬 자주 0속도에서 주기적인 0점 조정이 필요하다.

직류식 또는 펄스식 전자유량계는 3 Hz~8 Hz에서 동작하는 자계를 사용한다. 정현파 교류 여자방식에 비해 안정된 신호를 얻을 수 있어 공업적으로 널리 사용되고 있다. 직류식은 액체 금속 등 특수한 조건의 유량측정에 사용된다.

2. 특징

전자유량계의 장단점을 열거하면 다음과 같다.

(1) 장점

- 지시치에 대하여 ±0.5%의 고정도이다.
- 가동부가 없기 때문에 정기보수가 필요없어 유지비가 저렴하다.
- 유체가 통과하는 관내에는 방해물이 없어 압력손실이 없다.
- 내부식성이 좋다.
- 출력은 유량에 직선적으로 비례한다.
- 구경 2.5 mm~2600 mm, 스팬설정 가능범위는 0.3 m/s~10 m/s로 측정범위가 넓다.
- 점도, 밀도, 압력, 난류의 영향을 받지 않고, 부식성 및 슬러리 유체에도 사용이 가능하다. 유해 환경에서 사용이 가능하다.
- 기전력은 전극부의 관 단면에 있어서 평균유속으로서 구해지기 때문에, 유속분포의 영향이 비교적 적다.

(2) 단점

- 고가이다.
- 전도성 유체로 제한된다. 대부분의 경우 유체의 전기 전도도가 3 μS/cm 이상이어야 한다.

3. 응용 분야

전자 유량계는 대부분의 도전성 액체와 슬러리 측정에 사용된다. 특히 부식성이나 마모성 유체 측정에는 일차적으로 고려 대상이다. 또 매우 낮은 유량이나 작은 직경의 파이프에도 사용될 수 있다.

15.6 ● 초음파 유량계

초음파 유량계(ultrasonic flowmeter)는 초음파를 이용해서 유량을 측정하는 센서로써, 주행시간 방식(transit time flowmeter)과 도플러(Doppler flowmeter) 방식이 있다.

15.6.1 ＼ 주행시간 초음파 유량계

1. 기본구조와 동작원리

주행시간 초음파 유량계는 흐름에 의해 발생된 초음파 펄스의 주행시간차를 이용하는 유량센서로, 초음파 변환기의 설치방식에 따라 대각선식(diagonal mode)과 반사식(reflect mode)이 있다.

그림 15.7은 초음파 변환기가 대각선으로 배치된 주행시간 유량계의 구조를 나타낸다. 초음파가 유체 속을 전파할 때, 진행 방향이 유체흐름 방향과 같으면 흐름이 정지되어 있을 때 보다 전파 속도가 빠르게 되고, 서로 방향이 반대이면 전파 속도는 흐름이 정지되어 있을 때 보다 늦게 된다. 이 현상을 이용하기 위해서 상류 측과 하류 측에 각각 초음파 진동자(변환기)가 설치되어 있고, 유체 관로에 경사지도록 초음파를 전파시킨다. 두 진동자는 초음파 펄스의 송신, 수신을 교대로 한다. 상류→하류(downstream direction)로 향하는 초음파 펄스의 주행시간과, 하류 → 상류(upstream direction)로 향하는 주행시간을 측정하고, 연산 처리하여 유량신호를 회로적으로 변환한다.

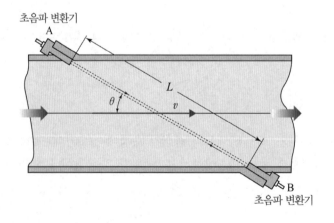

그림 15.7 주행시간차 초음파 유량센서

유체 내에서 초음파의 속도를 c, 유체의 평균속도를 v라고 하면, 상류 → 하류로 향하는 주행시간 t_{12}, 하류 → 상류로 향하는 주행시간 t_{21} 는 다음과 같이 된다.

$$t_{12} = \frac{L}{c + v\cos\theta}, \quad t_{21} = \frac{L}{c - v\cos\theta} \tag{15.14}$$

따라서 축방향으로 평균유속 v 는 다음과 같이 얻어진다.

$$v = \frac{L}{2\cos\theta}\left(\frac{1}{t_{21}} - \frac{1}{t_{12}}\right) = \frac{D}{2\cos\theta\sin\theta}\left(\frac{1}{t_{21}} - \frac{1}{t_{12}}\right) \tag{15.15}$$

이와 같이, 주행시간 t_{12}, t_{21} 을 측정함으로써 유속 v을 구할 수 있다. 유량으로 변환할 때는 관 단면적이나 보정계수를 고려해서 유속으로부터 산출한다.

2. 특징

주행시간 초음파 유량계의 장단점을 열거하면 다음과 같다.

(1) 장점

- 유체 흐름을 방해하지 않고, 압력 저하도 없다.
- 가동부가 없고, 유지비가 저렴하다.
- 부식성 유체나 슬러지 유체 측정에도 사용할 수 있다.
- 현장에서 분석 및 진단에 사용할 수 있는 휴대용 가능
- 멀티-경로(multi-path) 모델은 레이놀즈 수의 변화 폭이 큰 경우에 더 큰 확도를 가진다.

(2) 단점

- 초기 설치비용이 비싸다.
- 단일 경로(one-beam) 모델은 레이놀즈 수의 변화폭이 큰 유속 측정에는 적당치 않을 수도 있다.

3. 응용 분야

주행시간 초음파 유량계는 물, 가스, 천연가스 등과 같은 깨끗한 유체 측정에 적합하다.

15.6.2 도플러 초음파 유량계

도플러 유량계는 유체와 함께 운동하고 있는 입자에 의한 초음파의 산란파가 받는 도플러 효과(Doppler effect)를 이용하는 방법이다. 먼저 많은 센서의 원리가 되고 있는 도플러 효과에 대해서 간단히 설명한다.

1. 도플러 효과

그림 15.8과 같이 달리는 순찰차로부터 주파수 f의 사이렌 소리를 듣고 있는 두 관측자를 생각해보자. 순찰차가 진행하는 방향의 음파는 정지해 있을 때 보다 더 조밀하게 되는데, 이것은 순찰차가 앞서 방출한 음파를 따라잡기 때문이다. 이와 같이, 자동차가 향하는 쪽에 있는 관측자 A는 단위시간당 통과하는 더 많은 물마루(wave crest)를 경험하게 되어 더 높은 주파수(단파장)의 소리를 듣는다. 한편 순찰차 뒤로 방출된 음파는 간격이 더 멀어져 관측자 B는 더 낮은 주파수(장파장)의 소리를 듣는다.

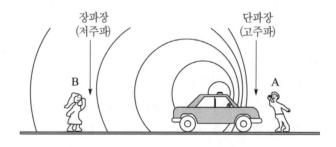

그림 15.8 도플러 효과를 설명하기 위한 그림

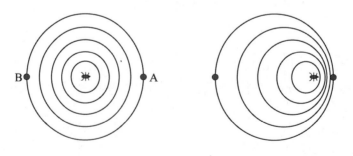

(a) 순찰차가 정지해 있을 때   (b) 순찰차가 우측으로 진행할 때

그림 15.9 도플러 효과

위 상황을 그림 15.9와 같이 파로만 생각해 보자. 그림 (a)와 같이 순찰차가 정지해 있을 때는 두 관측차 A, B가 동일한 주파수의 소리를 듣는다. 그러나 자동차가 우측으로 진행하

면, 관측자(A)를 향해 움직이는 음원(音源;sound source)이 방출하는 파의 파장은 감소하고 주파수는 증가하는 반면, 역으로 관측자(B)로부터 멀어지는 음원이 방출하는 파의 파장은 증가하고 주파수는 감소하는데, 이 현상을 도플러 효과라고 부른다.

이 효과는 음파뿐만 아니라 모든 형태의 파에서 관측된다. 또한 도플러 효과는 음원이 정지해 있고 관측자가 움직여도 발생한다.

음파같이 매질을 통해서 진행하는 파에 대해서 방출된 주파수와 관측된 주파수 사이에는 다음의 관계가 있다.

$$f' = \frac{v}{v \pm v_s}f \tag{15.16}$$

여기서, v는 매질 내에서 파의 속도, v_s는 음원(파를 방출하는 물체)의 속도이다. 광파 또는 다른 전자파와 같이, 진행할 때 매질을 필요로 하지 않는 파에 대해서는

$$f' = \left(1 \pm \frac{v}{c}\right)f = \left(\frac{c \pm v}{c}\right)f \tag{15.17}$$

여기서, c는 빛(전자파)의 속도, v는 수신기(receiver)에 대한 광원(송신기 ; transmitter)의 속도이다.

2. 기본구조와 동작원리

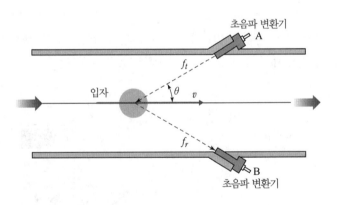

그림 15.10 도플러식 초음파 유량계의 원리

그림 15.10은 도플러 방식의 초음파 유량계의 원리를 나타낸다. 입자가 유체와 함께 운동하는 경우를 생각해 보자. 송신기로부터 보내진 초음파는 입자에 의해 산란되어 수신기에 도달한다. 이때 송신 초음파의 주파수를 f_t 라 하면, 산란된 초음파의 주파수는 다음 식으로 주어진다.

$$f_r = \frac{c + v\cos\theta}{c - v\cos\theta} f_t \tag{15.18}$$

여기서, f_r은 산란 주파수, c는 음속, v는 입자속도, θ는 입자의 운동방향과 초음파 진행방향이 이루는 각도이다.

음속에 비해 입자속도가 매우 작다고 가정하면, 두 주파수 f_t와 f_r 사이의 차, 즉 도플러 주파수 f_d는

$$f_d = |f_t - f_r| \approx \frac{2v\cos\theta}{c} f_t \tag{15.19}$$

로 되고, 유속은 다음 식으로 주어진다.

$$v = K f_d \tag{15.20}$$

여기서, K는 상수이다. 위 식으로부터 유속은 도플러 주파수에 정비례함을 알 수 있다. 관의 내부 직경은 이미 알려진 상수이므로, 체적 유량은

$$Q_v = k v D^2 \tag{15.14}$$

로부터 측정될 수 있다. 위 원리에서 알 수 있듯이 도플러 방식은 관의 중심부에서의 유속만을 측정하고 있으므로, 유량으로 환산하는 경우 유속분포를 가정한 보정계수(k)를 필요로 한다.

도플러 초음파 유량계는 그림 15.11(a)에 나타낸 것과 같이, 초음파 변환기를 2개 사용하는 경우와 하나만 사용하는 경우가 있는데, 그림 (b)는 2개의 초음파 변환기를 사용한 클램프 온 유량계(clamp-on flow meter)의 측정 예를 보여준다.

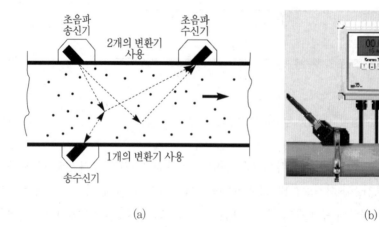

(a)　　　　　　　　　　(b)

그림 15.11 초음파 클램프 온 유량계

3. 특징

도플러 방식은 주행시간차 방식에 비해 더 일반화되어 있고, 저가이지만 주행시간차 방식만큼 정확하지는 않다.

(1) 장점

- 대형 관 측정에 적합하다.
- 관 외부에 설치할 수 있어 유체 흐름을 방해하지 않고, 압력 저하도 없다.
- 가동부가 없고, 유지비가 저렴하다.
- 부식성 유체나 슬러지 유체 측정에도 사용할 수 있다.
- 현장에서 분석 및 진단에 사용할 수 있는 휴대용 가능
- 빠른 응답

(2) 단점

- 초기 설치비용이 비싸다.
- 유체의 물리적 특성(음파의 전도성, 입자 밀도 등)에 강하게 의존한다.
- 관 단면 상에서 입자 분포의 불균일성은 부정확한 평균 유속을 만든다.

4. 응용 분야

도플러 방식은 높은 확도와 성능을 가지는 유량계는 아니지만, 낮은 비용으로 유량 모니터링을 할 수 있다. 적용 분야는 더러운 유체, 하수, 슬러지, 폐수처리 과정에서 유속 측정에 사용된다.

15.7 · 열식 질량유량 센서

열을 이용해 유체의 유량을 측정하는 유량계를 열식 질량유량계(thermal mass flow-meter)라고 한다. 식 (15.5)에서 질량유량은 다음 식으로 정의되었다.

$$Q_m = \frac{dM}{dt} = Q_v \rho = \rho A v \tag{15.21}$$

질량속(質量束 ; mass flux ; 단위시간당 단위면적을 통과하는 질량)은

$$\phi = \frac{Q_m}{A} = v\rho \tag{15.22}$$

열식 유량계는 질량속에 비례하는 신호를 출력한다. 즉, 열전달(heat transfer)을 통해 질량 유량을 전기적 신호(전류, 전압)로 변환한다. 그래서 열식 질량 유량센서(thermal mass flow sensor)라고 부른다.

열식 질량유량계를 분류하면 열선 또는 열박막식(hot-wire or hot-film sensor), 열량측정식(calorimetric sensor), 비행시간식(time-of-flight sensor) 등이 있으며, 여기서는 널리 사용되고 있는 열선식(열박막식)과 열량측정식에 대해서 설명한다.

15.7.1 　열선식(열박막식) 유량계

1. 기본구조와 동작원리

가열된 물체가 유체 속에 놓여있을 때 잃게 되는 열량은 유체의 유속이나 유량과 밀접한 관계를 갖는데, 열선식(열박막식) 유량계는 유체 속에 놓여진 열선(hot-wire)이나 열박막(hot-film)의 손실 열량과 유체흐름의 관계를 이용한다.

그림 15.16은 대표적인 산업용 열식 질량유량 센서의 기본 요소를 나타낸 것으로, 열 질량 유량 프로브는 두 개의 고순도 백금 RTD(제5장)로 구성되며, 표면은 모두 유리로 코팅되어 있다. 하나의 RTD는 질량유량센서(T_v)로 동작하고, 다른 하나는 온도센서(T_a)이며, 유입 기체의 온도를 측정하여 그 온도변화를 자동으로 교정한다.

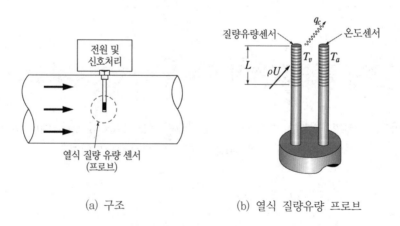

(a) 구조　　　　　　　　　　(b) 열식 질량유량 프로브

그림 15.16　산업용 열선식 유량계의 구조와 원리

지금 질량유량센서에 전류를 흘려 그 온도를 가스온도(T_a) 이상으로 가열하고, 온도센서가 두 온도차($T_v - T_a$)를 일정하게 유지한다. 차가운 가스가 센서를 통과하면 냉각되므로 가스 속도(U)의 어떤 값에서 평형상태에 도달한다. 평형상태에서, 백금 열선에서 발생된 전기 에너지와 대류(convection)에 의해서 손실되는 에너지는 같다. 가열된 저항은 유체 속도의 함수로서 냉각되므로, 저항변화를 측정해서 가스가 빼앗어가는 열 에너지 q_c를 측정하면 유속을 알 수 있다. 그래서 이것을 정온도 열 풍속계(constant temperature thermal anemometer)라고 부른다.

열은 가스 분자가 뺏어가기 때문에 가열된 센서는 가스의 질량속도(mass flow rate/ unit area) ρU를 직접 측정한다. 따라서 질량 속도에 유체관의 단면적을 곱하면 통과하는 질량 유량이 얻어진다. 질량 속도는 전형적으로 U_s(normal meters per second, nm/s)로 표시된다. 여기서, n은 1기압, 0[℃] 또는 20[℃]를 의미한다. 가스온도와 압력이 일정하면 계측기의 측정은 실제 m/s로 나타낼 수 있다.

열 질량유량 프로브를 제어하는 방식에는 정전류법(constant current)과 정온도법(constant temperature)이 있다. 정전류 방식에서는 일정 전류가 흐르면서 프로브를 가열한다. 유량이 변하면, 프로브로부터 빼앗아 가는 열의 양이 변하고 따라서 온도도 변한다. 유량을 계산하기 위해서 온도가 측정된다. 그림 15.17은 정온도법(constant-temperature)으로 열선을 제어하는 방식을 나타낸 것이다. 열선의 전기저항(온도)이 일정하게 유지되도록 가열 전류를 변화시킨다. 유체의 흐름이 없으면, 브리지는 평형상태로 되어 출력은 0으로 된다. 유체가 흐르면 열선을 냉각시켜 저항이 감소해서 브리지는 불평형 상태로 된다. 차동 증폭기는 이 출력을 귀환(feedback)시켜 저항 Rv의 온도를 일정하게 유지시킴으로써 브리지가 다시 평형상태로 되도록 한다.

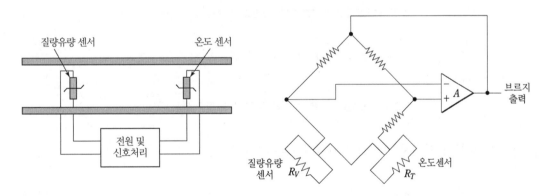

그림 15.17 정온도 질량유량 센서

2. 특징

열선식 유량계의 장점은 빠른 응답시간(≤ 0.5 ms)이다.

15.7.2 열량 측정식 유량계

1. 기본구조와 동작원리

열량 측정식 유량계는 유체의 흐름를 가열하는 원리에 의해서 동작한다. 그림 15.18는 열식 유량센서(thermal flow sensor)이다. 관로 내부의 한 점에 유체를 가열하는 히터를 두고, 상류 측과 하류 측에 온도센서를 설치한다. 히터를 전류로 가열하면 유체의 온도가 상승한다. 온도센서 T_1은 들어오는 유체의 온도를 측정하고, 온도센서 T_2는 가열된 유체의 온도를 측정한다. 이때 유체의 온도상승과 공급한 에너지 사이에는 다음의 관계가 성립한다.

$$W = C_p \Delta T M \tag{15.23}$$

여기서, W는 인가된 에너지[J], C_p는 유체의 정압비열 [J/kg · K], $\Delta T = (T_2 - T_1)$은 유체의 온도상승[K], M은 기체의 질량[kg]을 나타낸다.

위 식에서 비열 C_p을 일정하게 유지한 상태에서, (i)공급하는 에너지를 일정하게 유지하고 온도차의 측정으로부터, 또는 (ii)온도차가 일정하도록 에너지를 공급해 그 에너지를 측정함으로써 유량의 적산 값을 구할 수 있다.

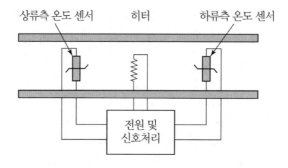

상류측 온도 센서　　　히터　　　하류측 온도 센서

전원 및
신호처리

그림 15.18 열량 측정식 유량센서(내부 설치형)

위 식으로부터 단위시간당 공급하는(전달되는) 에너지는

$$w = C_p \Delta T \frac{M}{t} \tag{15.24}$$

로 되므로, 질량유량(mass flow rate) $Q_m = M/t$를 구할 수 있다.

2. 특징

  내부 설치형 열식 질량유량 센서에서는 히터와 온도센서가 관 내부에 설치되기 때문에, 부식 등으로 손상되며, 또한 유체가 누설될 위험이 증가한다. 이와 같은 제약을 극복하기 위해서, 히터와 온도센서를 관의 외부에 설치한다. 외부 설치형은 흐름을 방해하지 않고, 유지보수가 감소하지만, 관 직경이 작은 경우에만 가능하다.

  열식 질량 유량계는 내부에 설치하든 아니면 외부에 장착하든 낮은 가스 흐름 측정에만 적절하다.

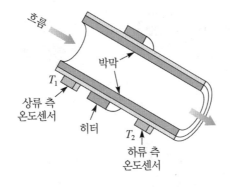

그림 15.18 열량 측정식 유량센서(외부 설치형)

15.8 ◦ 코리올리 질량 유량계

  코리올리 질량 유량계(Coriolis mass flowmeter)는 코리올리 힘(Coriolis force)을 이용한 질량 유량계이다.

15.8.1 코리올리 효과

  코리올리 힘은 가속도 센서에서 이미 설명하였다. 그림 15.19(a)와 같이, 각속도 ω로 회전하고 있는 탄성체 관에 유체가 속도 v로 흐르고 있다고 가정하고, 여기에 코리올리 원리(제13장)를 적용해보자. 코리올리 효과에 의해서 유체는 경로 B를 따라 이동하므로 관도 같은 모양으로 휠 것이다. 지금 이 상황을 그림 (b)와 같이 확대해서 생각해보면, 입자(dm)가 속도 v로 관내를 흐르고 있고, 관은 P점을 축으로 회전하고 있다. 거리 r에 있는 입자는 중심 P점을 향하는 가속도 a_r 과 이에 수직한 코리올리 가속도 a_c를 받으며 각속도 ω로 움직이고 있다.

$$a_r = \omega^2 r \tag{15.25a}$$

$$a_c = 2\,\omega\,v \tag{15.25b}$$

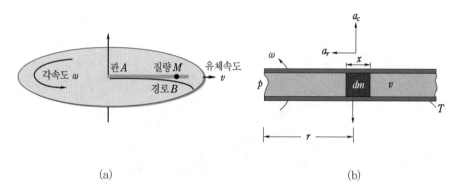

그림 15.19 코리올리 원리

코리올리 가속도에 의해 입자가 받는 코리올리 힘은

$$F_c = a_c(dm) = 2\omega v(dm) \tag{15.26}$$

따라서, 만약 단면적 A인 회전하는 관 속을 밀도 ρ인 유체가 일정속도 v로 흐른다면, 관 길이 x 내에 있는 유체가 받는 코리올리 힘의 크기는 다음 식으로 된다.

$$F_c = 2\omega v \rho A x \tag{15.27}$$

식 (15.27)로부터 질량유량(mass flowrate)은 다음과 같이 쓸 수 있다.

$$질량유량 = \rho v A = \frac{F_C}{2\omega x} \tag{15.28}$$

위 식으로부터 회전하는 관 내를 흐르는 유체에 의해서 발생하는 코리올리 힘을 측정하면 질량유량을 알 수 있다.

15.8.2 코리올리 질량유량계

1. 기본구조와 동작 원리

상용의 유량계에서는 관을 회전시키지 않고 진동시켜 동일한 효과를 얻고 있다. 그림 15.20은 상용 코리올리 유량계의 구조와 동작원리를 보여주고 있다. 평행하게 설치된 두 개의 U자 관의 양단은 고정되어 있고, 두 양단 사이가 진동한다. 이것은 스프링−질량 시스템이 진동하는 것으로 생각할 수 있다. 따라서 관의 공진 주파수는 관의 질량의 함수이다(제12장 참조).

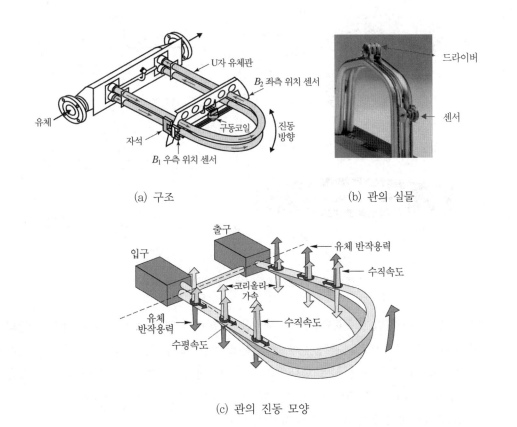

(a) 구조

(b) 관의 실물

(c) 관의 진동 모양

그림 15.20 코리올리 유량계의 구조와 원리

유체는 유량계 입구(inlet)에서 둘로 나누어 두개의 U자 관을 흐르다가 출구(outlet)에서 다시 합쳐진다. 드라이버(driver)는 U자 관을 진동시킨다. 드라이버는 코일과 자석으로 구성되어 있는데, 코일은 하나의 관에 접속되어 있고, 자석은 다른 관에 접속되어 있어. 코일에 교류를 인가하면, 자석이 끌려왔다 반발했다를 교대로 반복하므로 다른 관에 대해서 진동한다. 센서는 관의 위치, 속도 또는 가속도를 검출한다. 센서로는 픽업 코일과 영구자석으로 구성된 전자기 센서(electromagnetic sensor)가 사용된다. 관이 진동하면, 센서에 있는 픽업코일과 자석의 상대적 위치가 변하게 되고, 이것은 코일을 통과하는 자계를 변화시켜 코일에는 정현파 전압이 유기된다. 이 출력은 코일의 운동을 나타낸다.

그림 15.21은 유체의 흐름이 없을 때 관의 진동을 나타낸다. 코일−자석 드라이버에 의해서 발생된 구동력 F_d에 의해서 두 관은 끌어당겼다 반발했다를 반복하면서 그림과 같이 진동하고, 관의 변위는 두 검출 지점(B_1과 B_2)에서 동일하다.

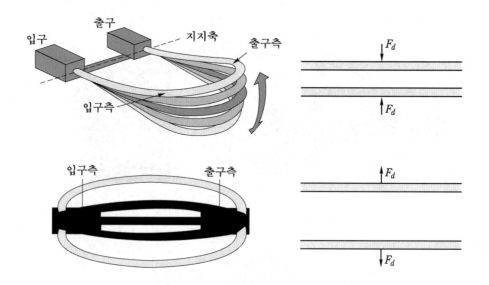

그림 15.21 흐름이 없을 때 관의 진동

유체가 흐르기 시작하면, 코리올리 힘이 작용한다. 그러나 입구 측과 출구 측에서 흐름의 방향이 반대이므로, 유체가 U자관의 입력 측 부분에 흐를 때 두 관은 서로를 향해서 움직이고, 출구 측 부분에 흐를 때는 서로 반대방향으로 이동한다. 이러한 코리올리 비틀림 작용(Coriolis twist action)으로 그림 15.22와 같이 비틀리는 진동(twisting vibration)이 발생하고, 그 결과 상대적 운동에 작은 위상차가 발생한다.

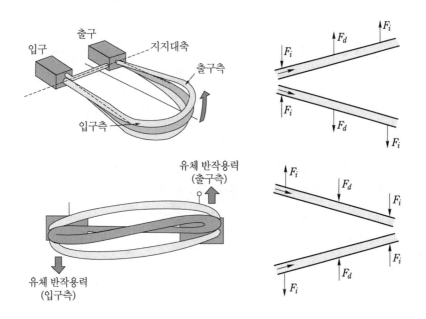

그림 15.22 흐름이 존재할 때 관의 진동

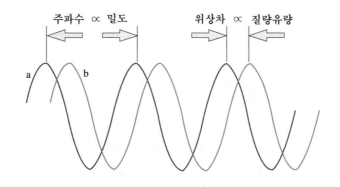

그림 15.23 유체 흐름의 유무에 따른 출력파형

이상 설명한 관의 진동에 의해서 센서의 픽업 코일에는 그림 15.23과 같은 출력전압이 얻어진다.

- 출력파형(a) : 유체의 흐름이 없을 때 드라이버에 의해 생긴 진동을 나타낸다. 앞에서 언급했듯이 관의 진동 주파수는 총 질량(관의 질량+유체의 질량)의 함수이다. 그런데, 관의 질량은 고정된 값이고, 유체의 질량은 밀도×체적이므로, 출력(a)의 주파수를 측정함으로써 유체의 밀도를 결정할 수 있다.

- 출력파형(b) : 유체가 흐를 때 코리올리 비틀림(Coriolis twist)에 의해 발생된 위상차이다. 이 위상차는 유체의 질량유량에 비례한다.

2. 특징

코리올리 질량 유량계는 고온, 진동, 유체 속에 있는 가스 양에 의해서 사용상의 제약을 받는다. 또 낮은 유량 측정에 제한된다. 코리올리 질량 유량계의 특징을 열거하면 다음과 같다.

(1) 장점

- 직접 인-라인 질량유량을 측정한다.
- 온도, 압력, 밀도, 도전율, 점도 등에 무관하다.
- 유량, 밀도, 온도 정보도 전송할 수 있는 센서다.
- 탄화수소 측정에 적합
- 밀도 측정에 적합

(2) 단점

- 고가이고, 설치비용이 든다.
- 진동에 영향을 받는다.

15.9 ● 초소형 유량센서

최근까지, 반도체와 MEMS 기술을 이용한 각종 초소형 유량센서(microflow sensor)의 연구개발이 활발히 진행되고 있고, 일부 상용화되었다. 열식 초소형 질량유량센서에 대해서는 제23장 MEMS 센서에서 설명한다.

15.10 ● 유속 센서

지금까지 설명한 각종 유량계의 대부분은 원리적으로 관로의 평균유속을 측정하는 방법이므로, 유속 측정에도 사용할 수 있다. 여기서는 유체 내의 어떤 한 점에서의 유속(point velocity) 측정에 널리 사용되고 있는 열 유속계(thermal anemometry)와 레이저 유속계(laser velocimetry)에 대해서 설명한다.

15.10.1 열 유속계

1. 기본구조와 동작 원리

열 유속계의 원리는 앞에서 설명한 산업용 열식 질량유량계와 동일하며, 단지 열선의 구조만 다르다. 그림 15.24는 열선 유속계(hot wire anemometry)에 사용되는 열선을 나타낸다. 센서(열선)의 길이는 1 mm, 직경은 5 μm이다.

풍속계의 동작 모드에는 유속을 전기량으로 변환하는 방식에 따라, 전류 I를 일정하게 하고 $T_v - T_a$의 변화를 측정하는 정전류 풍속계(constant-current anemometer)와, 또는 $T_v - T_a$가 일정하게 유지되도록 전류 I를 변화시켜 그 I를 측정해서 유속 v를 구하는 정온도 풍속계(constant-temperature anemometer)가 있다.

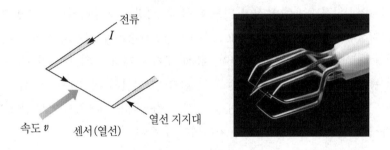

그림 15.24 열선의 구조와 동작원리

2. 특성

- 정온도 풍속계 : 사용하기가 용이하고, 고주파 응답이 우수하고, 잡음이 작고, 표준화가 되어있는 장점을 가진다. 그러나 회로 구성이 복잡한 단점이 있다.
- 정전류 풍속계 : 정전류형은 고주파 응답이 우수하지만, 사용하기가 어렵고, 출력이 속도에 따라 감소하고, 프로브가 타 버릴 위험이 있다.

15.10.2 레이저 도플러 유속계

레이저 풍속계(laser anemometry) 또는 레이저 유속계(laser velocimetry)는 레이저를 이용해속도를 측정하는 모든 기술을 말하며, 가장 흔히 사용하는 방법은 도플러 쉬프트를 이용해 한 점에서의 유체속도를 측정하는 레이저 도플러 유속계(laser Doppler velocimetry ; LDV) 또는 레이저 도플러 풍속계(laser Doppler anemometry ; LDA)이다.

1. LDV(LDA)의 구성과 동작원리

LDV는 유체 속에 있는 입자에 레이저 빔을 조사할 때 일어나는 산란광의 도플러 쉬프트 주파수를 이용해 유속을 측정한다. 유체 내의 입자가 레이저 빔을 통과하면 빔은 모든 방향으로 산란된다. 입자와 레이저 빔의 이와 같은 충돌을 보고 있는 관측자는 주파수가

$$f_s = f_i \pm f_D \tag{15.29}$$

인 빛으로 인식한다. 여기서, f_i는 입사 레이저 빔의 주파수, f_D는 도플러 쉬프트(Doppler shift), f_s는 산란된 레이저 빔의 주파수이다. 레이저 광의 도플러 쉬프트 주파수는 너무 적어 실제로 검출하기가 매우 어렵다. 그래서 듀얼 빔 방식(dual-beam mode)을 사용한다.

그림 15.25는 듀얼 빔(dual-beam) LDV의 구성을 나타낸 것이다. 빔 분리기(beam splitter)는 하나의 레이저 빔을 강도가 같고 평행한 두 개의 빔으로 분리한다. 집광렌즈는 두 빔을 교차시켜 한 점 F에서 초점이 맞도록 한다. 파장은 동일하지만 진행방향이 다른 레이저 광이 교차하면, 교차점에 간섭무늬(interference fringe pattern)가 생긴다. 초점은 유효 측정체적(sensing volume)을 형성한다. 유체 내에 존재하는 입자가 이 간섭무늬를 통과하면 레이저 광은 산란되고, 수광장치(렌즈/핀홀)가 이 산란된 레이저 광을 선택적으로 수집된다. 그 다음 광센서(포토트랜지스터)에 의해서 검출되어 광세기-시간의 관계가 스코프에 묘사되고, 동시에 신호처리기에 의해서 처리되어 유속이 측정된다.

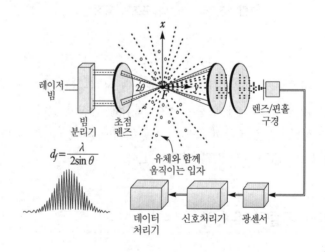

그림 15.25 듀얼 빔 LDV의 구성

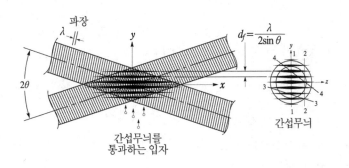

(a)

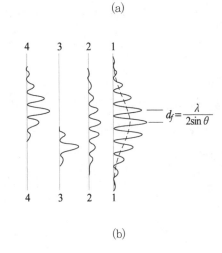

(b)

그림 15.26 측정체적에서 간섭무늬. $x = 0$에서 신호진폭−입자위치
(숫자는 입자의 궤적을 나타낸다.)

그림 15.26은 측정 체적에서 간섭무늬를 나타낸다. 간섭무늬 사이의 간격은

$$d_f = \frac{\lambda}{2\sin\theta} \tag{15.30}$$

그림 (b)는 속도 v인 입자가 밝고 어두운 간섭무늬를 가로질러 통과할 때 $x = 0$에서 입자 위치에 따른 신호진폭을 나타낸다. 발생하는 전기적 신호의 주파수는

$$f_D = \frac{2v\sin\theta}{\lambda} \quad \text{또는} \quad v = \frac{\lambda}{2\sin\theta}f_D = d_f f_D \tag{15.31}$$

이와 같이, 도플러 주파수는 유속에 정비례하므로, 유속은 도플러 주파수와 간섭무늬 거리로 부터 계산된다.

2. 특징

레이저 유속계의 특징을 열거하면 다음과 같다.

(1) 장점

- 속도를 직접 측정하는 방식이다.
- 유체 중에 센서를 삽입하지 않고 유속을 측정할 수 있다.
- 공간적, 시간적 분해능이 높다.
- 유체의 온도, 성질(밀도, 성분 등)에 의한 영향을 받지 않고 속도만 측정한다.

(2) 단점

- 광학계의 설치가 어렵다.
- 측정부는 빛이 통하도록 투명해야 한다.
- 매우 작은 진폭 변동에 대한 응답이 나쁘다.
- 구조가 복잡하고 고가이다.

16 chapter | 광섬유 센서

광섬유(optical fiber)는 가늘고 유연하고 투명한 유리 또는 고분자 섬유이며, 이를 통해 가시광선을 전송할 수 있다. 광섬유는 광통신뿐만 아니라 광을 응용한 계측에서 매우 유용하게 사용되고 있다. 광섬유 센서는 광 계측의 공통적 특징인 비파괴, 전자적 무유도(電磁的 無誘導), 고속, 고분해능과 함께 내환경성, 초고감도, 원격계측, 분포계측 등 새로운 특징을 가진다. 광섬유 센서의 발전은 반도체 광 센서, 레이저, 광섬유 기술의 비약적인 진보에 힘입음 바 크다.

16.1 ◦ 광섬유 센서의 개요

광섬유 센서(fiber optic sensor)는 광섬유를 단지 전송로(傳送路)로서 사용하는 것과, 광섬유 자체를 센서로서 사용하는 것으로 대별할 수 있는데, 어느 방식이든 광섬유의 구조와 그 특성을 나타내는 기본적인 파라미터를 이해할 필요가 있다.

16.1.1 광섬유의 기본 구조와 원리

광섬유는 그림 16.1과 같이 기본적으로 코어(core), 클래딩(cladding), 재킷(jacket) 등 3개의 요소로 구성된다. 코어는 유리나 플라스틱으로 만들어지며, 빛이 전파되는 부분이다. 코어를 둘러싸고 있는 클래딩은 빛을 코어에 가두는 광 도파관(optical waveguide)를 형성한다. 클래딩도 코어와 마찬가지로 유리나 플라스틱으로 되어 있다. 클래딩 주위를 둘러싸고 있는 재킷은 코어와 클래딩을 물리적 또는 환경적 손상으로부터 보호하고 강도를 향상시키기 위한 플라스틱 피복이다. 광섬유의 사이즈는 보통 코어, 클래딩, 재킷의 외경으로 주어진다. 예를 들면, 200/230/500은 코어의 직경이 200 μm, 클래딩의 직경이 230 μm, 재킷의 직경이 500 μm임을 의미한다.

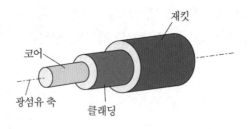

그림 16.1 광섬유의 구조

광섬유를 설명하기 전에, 그림 16.2와 같이 굴절률이 다른 2개 매질의 경계면에서 빛의 반사와 굴절에 대해서 살펴보자. 일반적으로 빛이 동일한 매질 속을 전파할 때는 직진한다. 그러나 굴절률이 다른 2개 매질의 경계면에 입사하는 빛의 운동은 에너지 법칙에 따른다. 매질의 굴절률(屈折率 ; index of refraction)은 다음 식 (16.1)과 같이 정의한다.

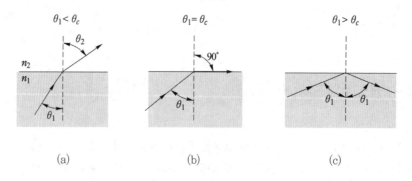

그림 16.2 두 매질의 경계면에서 빛의 반사와 굴절

$$굴절률 \; n = \frac{진공에서 \; 빛의 \; 속도(c)}{물질내에서 \; 빛의 \; 속도(v)} \qquad (16.1)$$

그림 (a)와 같이 굴절률이 다른 두 매질의 경계면을 빛이 통과할 때, 입사광의 일부는 매질 2로 투과하고, 일부는 반사된다. 이 경우 매질 2로 투과된 빛의 방향, 즉 굴절각은 두 매질의 굴절률에 의해 결정되며 다음과 같은 스넬의 법칙(Snell's law)으로 주어진다.

$$n_1 \sin\theta_1 = n_2 \sin\theta_2 \qquad (16.2)$$

여기서, n_1 =매질 1의 굴절률, n_2 =매질 2의 굴절률, θ_1 =입사각, θ_2 =굴절각이다.

만약 $n_1 > n_2$일 때, 입사각 θ_1를 점점 증가시켜 그림 (b)와 같이 임계각(臨界角 ; critcal angle) θ_c에 이르면, $\theta_2 = 90°$로 되어 매질 2내에서 굴절광은 0으로 되고, 빛은 입사된 매질 내부로 다시 반사된다. 이때 입사광은 경계면에서 전반사(全反射 ; total internal reflection)되었다고 말한다. 이와 같은 조건에서, 임계각 θ_c는 다음 식으로 주어진다.

$$\theta_c = \sin^{-1}\left(\frac{n_2}{n_1}\right) \qquad (16.3)$$

그림 (c)에 나타낸 것과 같이, θ_1이 임계각 θ_c보다 커지면, 입사광선은 완전히 반사되고, 에너지는 매질 2로 전달되지 않는다. 이와 같은 전반사 현상이 광섬유 동작의 기본원리이다.

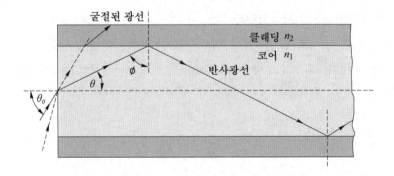

그림 16.3 전반사는 입사각이 임계각보다 더 클 때 일어난다.

이제 광섬유로 돌아가 생각해 보자. 그림 16.3과 같이 코어의 굴절률 n_1은 클래딩의 굴절율 n_2보다 약간 크므로, 만약 $\phi \geq \theta_c$이면, 즉

$$\sin\phi \geq \frac{n_2}{n_1} \; 또는 \; \cos\phi \leq \sqrt{1 - \left(\frac{n_2}{n_1}\right)^2} \qquad (16.4)$$

이면, 입사된 빛은 코어/클래딩 경계면에서 매번 전반사되어 코어 내부에 갇히게 된다. 그러므로 빛은 코어 내를 통해 전파되어 코어의 다른 끝에 도달한다.

광선이 광섬유에 각 θ_o로 입사하면, 광선은 다음 식의 각 θ로 코어에 들어간다.

$$n_o \sin\theta_o = n_1 \sin\theta = n_1 \cos\phi \tag{16.5}$$

식 (16.4)와 (16.5)로부터 전반사가 일어날 조건은 다음과 같다.

$$\sin\theta_o \leq \frac{n_1}{n_o} \sqrt{1 - \left(\frac{n_2}{n_1}\right)^2} \tag{16.6}$$

공기의 경우 $n_o = 1$이므로, 광섬유의 최대 허용각(maximum angle of acceptance)은

$$\sin\theta_{o,\max} = \sqrt{n_1^2 - n_2^2} = NA \tag{16.7}$$

식 (16.7)을 광섬유의 개구수(開口數 ; numerical aperture ; NA)라고 하며, 광섬유의 수광 특성을 나타내는 것으로, 코어의 입력단에 입사되는 광선이 코어 내를 전파할 수 있는 최대 허용각이다. 따라서, 광선은 광섬유 단면에 허용각 이내로 입사해야 코어 속으로 들어갈 수 있다. 위 식에서 $\theta_{o,\max}$를 반허용각(半許容角 ; half-acceptance angle)이라고도 부른다. 이와 같이, 광선이 $\theta_o \leq \theta_{o,\max}$로 입사하면 $\phi \geq \theta_c$로 되어, 빛은 코어/클래딩 경계면에서 연속적으로 전반사되어 코어 내를 통해 전파됨으로써 코어의 다른 끝에 도달한다. $\theta_o > \theta_{o,\max}$인 광선은 $\phi < \theta_c$로 되므로, 코어 밖으로 빠져나가 클래드에서 손실된다.

클래딩의 굴절률은 코어의 굴절률보다 약간 작아야 하며, 이것을 논할 때 두 굴절률차의 비, 즉 비굴절률차(比屈折率差 ; fractional difference between the two refractive indices) Δn를 도입하는 것이 편리하다.

$$\Delta n = \frac{n_1 - n_2}{n_1} \quad \text{또는} \quad n_2 = n_1 (1 - \Delta n) \tag{16.8}$$

통상 Δn은 %로 나타낸다. Δn를 사용하면, 개구수 NA는 다음 식으로 된다.

$$NA = \sin\theta_{o,\max} = \sqrt{n_1^2 - n_2^2} = n_1 \sqrt{2\Delta n - \Delta n^2} \tag{16.9}$$

그런데, 보통 광섬유에서 $\Delta n^2 \ll 2\Delta n$이므로,

$$NA = \sin\theta_{o,\max} \approx n_1 \sqrt{2\Delta n} \tag{16.10}$$

16.1.2 전파 모드와 v −파라미터

빛이 광섬유를 통해 운반될 때, 코어/클래드 경계면에서 반사가 일어나고 위상이동(位相移動 ; phase shift)이 발생한다. 이때 경계면에서 반사된 모든 빛이 전파되는 것이 아니고, 빛의 전파를 강화시키는 위상이동(constructive phase shifts)를 만드는 특별한 각도의 광선만이 전파된다. 이와 같이 특별히 허용되는 빛의 경로(徑路 ; path)를 모드(mode)라고 부르며, 전자장 해석에 의해서 구해진다. 각 모드는 광섬유 중심축(軸)에 대해 다른 각도로 광섬유 내를 이동하므로, 각 모드가 광섬유의 입력 측에서 출력 측까지 이동하는 경로의 길이(path length)도 다르다.

주어진 광섬유에서 전파될 수 있는 모드 수(數)는 빛의 파장, 코어 직경, 코어/클래드 굴절률차(差) 등에 의해서 결정된다. 예를 들면, 그림 16.4(a)는 단일 모드(single mode)이며, 빛의 전파경로가 1개이다. 그림 (b)는 멀티 모드(multi-mode)로써, 다수의 광선 경로가 존재한다.

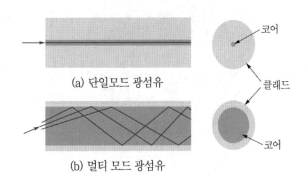

(a) 단일모드 광섬유

코어

클래드

(b) 멀티 모드 광섬유

코어

그림 16.4 광섬유의 모드

광섬유에서 빛의 전파특성을 나타내는 가장 중요한 파라미터로써 v−파라미터(v-parameter 또는 v-value)가 있다. 이 값은 광섬유에서 전파될 수 있는 모드 수를 나타내는 파라미터로, 다음과 같이 주어진다.

$$v = \frac{2\pi a}{\lambda} NA = \frac{2\pi a}{\lambda} \sqrt{n_1^2 - n_2^2} = \frac{2\pi}{\lambda} a n_1 \sqrt{2\Delta n} \qquad (16.11)$$

여기서, λ 는 진공 중에서 입사광의 파장, a 는 코어의 반경이다. v 의 값이 크면 클수록, 광섬유에서 전파가 허용되는 모드 수는 증가한다. 예를 들면, 계단형(step index) 광섬유의 경우, $v = 2.405$를 경계로 해서 광섬유의 v 값이 이 보다 작으면 단일 모드로 되고, 더 큰 경우에는 멀티모드로 된다. 이것에 대해서는 다음에 더 자세히 설명한다.

16.1.3 광섬유의 종류

그림 16.5는 현재 사용되고 있는 광섬유의 종류를 나타낸다. 일반적으로 광섬유는, v-파라미터 값이 2.40보다 작아 하나의 기본 모드(fundamental mode)만이 전파되는 단일 모드 광섬유(single-mode fiber)와, v값이 충분히 커 다수의 모드가 전파되는 멀티모드 광섬유(multi-mode fiber)로 분류된다. 멀티모드 광섬유는 코어 직경이 단일 모드 광섬유보다 훨씬 더 크기 때문에 기본 모드뿐만 아니라 더 높은 차수(次數)의 모드까지 전파된다.

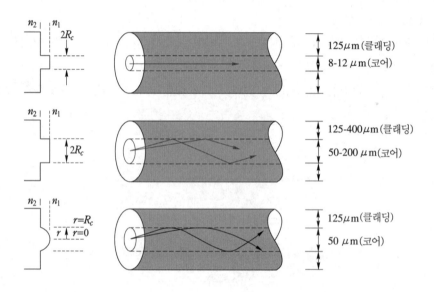

그림 16.5 광섬유의 종류

단일 모드 광섬유의 코어 직경은 $5 \sim 10~\mu m$, 비굴절율차가 0.3 % 정도이며, v-파라미터 값은 2.40 이하로 설계된다. 단일 모드 광섬유에서는 멀티모드에서 나타나는 모드사이의 전파시간차가 없기 때문에 멀티모드 광섬유에 비해 더 높은 대역폭(bandwidth)을 가진다. 단일 모드 광섬유는 멀티모드에서 무시되는 빛의 편광(偏光 ; polarization)이나 위상(位相 ; phase)을 이용할 수 있기 때문에 광섬유 센서에 중요하다. 그러나 코어 직경이 $10\mu m$ 이하로 가늘어서 광선과의 결합이 어려운 점 등 취급이 힘들다.

그림 (b)의 계단형 멀티모드 광섬유(step index multimode fiber)에서 코어의 굴절률이 균일하기 때문에 광선은 코어-클래딩 경계면에서 전반사된다. 각 모드의 광파는 길이가 다른 경로를 가지기 때문에 다른 전계분포를 가지며, 높은 모드에서는 축방향의 속도가 늦어서 전송대역이 좁은 원인이 된다.

그림 (c)의 경사형 멀티모드 광섬유(graded index multimode fiber)에서 코어의 굴절률은 중심축으로부터 경계면으로 자승분포(自乘分布)에 따라 감소한다. 그 결과 각 모드는 파동 모양의 경로를 따라 진행한다. 빛이 굴절을 반복하는 위치는 전반사 각이 클수록 외측에 있다. 계단형과 경사형 멀티모드 광섬유의 코어 직경은 통상 50 μm, 비굴절률차는 1 % 정도로 크기 때문에, 광선과의 결합효율이 높고, 광섬유사이의 접속이 비교적 용이한 등의 특징이 있다. 멀티모드 광섬유를 센서에 응용하는 경우에는 단순히 전송 매체로써 사용되는데, 굴곡 손실이나 흡수 손실 등이 이용되고 있다.

16.1.4 광섬유의 손실

감쇠(減衰 ; attenuation)는 빛이 광섬유를 통해 전파될 때 전파거리에 따른 신호강도의 감소를 말한다. 길이 L인 광섬유에서, 감쇠는 다음 식에 따라 데시벨(decibel)로 측정된다.

$$감쇠율 = \frac{-10\log(P_{in}/P_{out})}{L} \text{ dB/km}$$

(16.12)

여기서, P_{in}는 광섬유에 입력된 광 에너지, P_{out}는 광섬유로부터 출력된 광 에너지이다. 광섬유의 감쇠는 주파수에 의존하기 때문에 특정 주파수에 대해 dB/km로 나타낸다. 대표적인 손실률(attenuation rate)의 값은 계단형의 경우 850 nm의 측정 주파수에서~10 dB/km, 단일 모드의 경우 측정 주파수 1550 nm에서 1 dB/km 이하이다.

광섬유 손실의 주원인은 물질 내에서 흡수(吸收 ; absorption), 굴곡(屈曲 ; bending), 산란(散亂 ; scattering) 등에 기인한다. 흡수손실은 단파장 측에서 UV흡수, 장파장 측에서 IR 흡수, 불순물(예를 들면, H_2O) 등에 의한 흡수에 의해서 발생한다. 최근의 광섬유 기술은 불순물에 의한 영향을 매우 낮은 수준으로 감소시키고 있다.

산란손실은 유리의 굴절률이 미세하게 불균일하기 때문에 이로 인해 빛이 여러 방향으로 산란되어 발생한다. 이 현상을 레일리 산란(Rayleigh scattering)이라고 하며, 현재 광섬유 손실의 대부분(90%까지)을 차지한다. 레일리 손실은 파장에 의존하며, 장파장일수록 작아진다.

굴곡손실을 일으키는 원인에는 그림 16.6과 같이 제조공정이나 기계적 응력(stress)에 의해서 발생하는 마이크로밴드(microbend)와, 광섬유가 cm정도의 곡률 반경으로 휘어질 때 발생하는 매크로밴드(macrobend)가 있다. 이러한 굴곡이 존재하는 위치에서 빛이 코어-클래딩 경계면에 부딪치면, 빛은 클래딩 속으로 투과해서 손실이 발생한다.

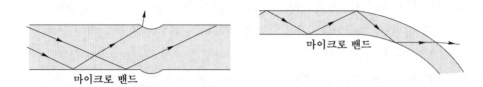

그림 16.6 마이크로밴딩과 매크로밴딩에 기인하는 굴곡손실

16.2 ◦ 광섬유 센서의 원리와 분류

제2장에서 설명한 바와 같이, 빛은 전자파이므로 전계와 자계로 나타낼 수 있다. 광섬유의 코어를 통해 정현파로 전파되는 광파(lightwave)의 전계 E 는 다음과 같이 표시된다.

$$E = E_0 \sin(\omega t + \phi) \tag{16.13}$$

여기서, E_0 는 진폭(振幅), ω 는 주파수, ϕ 는 위상(位相)을 나타낸다.

광섬유 센서에서는 광파의 강도 $|E_0|^2$, 편광(偏光 ; 벡터 E_0 의 방향 등), 주파수, 위상이 계측 대상(자계, 온도, 스트레인 등)에 의해 변조되는 현상을 이용하고 있다.

그림 16.7은 광섬유 센서의 일반적인 구성을 나타낸 것으로, 구성 요소는 다음과 같다.

- 광원(optical source) : 레이저, 발광 다이오드(LED), 레이저 다이오드 등
- 광섬유
- 검출 요소 또는 변환 요소 : 측정 대상을 광 신호로 변환하는 요소
- 광 검출기(광센서) : 광 신호를 검출하여 전기 신호로 변환하는 센서
- 신호처리 전자회로 : 전기 신호를 처리하여 필요한 정보를 얻는 전자 장치

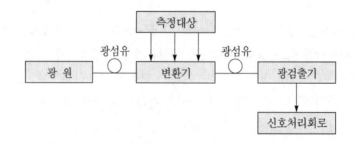

그림 16.7 광섬유 센서의 기본 구성도

일반적으로 광섬유 센서는 센싱 위치(sensing location), 동작원리, 응용분야에 따라서 다음과 같이 분류한다.

1. 센싱 위치에 따른 분류

그림 16.7의 구성도에서, 센싱 영역이 광섬유 내부에 존재하는가 여부에 따라 그림 16.8과 같이 두 종류로 대별된다.

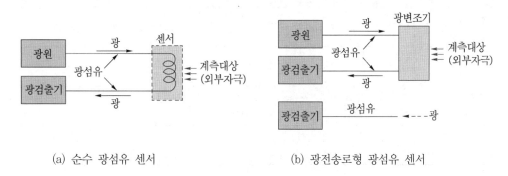

(a) 순수 광섬유 센서   (b) 광전송로형 광섬유 센서

그림 16.8 광섬유 센서의 대분류

(1) 순수 광섬유 센서

순수 광섬유 센서(intrinsic fiber optic sensor)는 그림 (a)와 같이 광섬유 자체를 센서(즉 신호 변환기)로써 사용하기 때문에 센서 작용이 광섬유 내부에서 발생한다. 이 방식의 광섬유 센서에서는 광섬유 내를 전파하는 광의 속성(강도, 위상, 편광)이 측정하고자하는 외부 신호(기계적, 열적 자극 등)에 따라 변화하는 것을 이용한다.

광의 강도변화를 이용하는 경우에는 주로 멀티−모드 광섬유가 사용되고, 광의 위상과 편광 변화를 이용하는 경우에는 단일 모드 광섬유가 사용된다. 특히 광의 위상변화를 이용하는 방식에서는 각종 광섬유 간섭계를 구성하여 검출하므로 고감도 계측이 가능하게 되어 활발한 연구 개발이 진행되고 있다.

(2) 광전송로형 광섬유 센서

그림 (b)는 광전송로형 광섬유 센서(extrinsic fiber optic sensor)를 나타낸다. 여기서 광섬유 자체는 센싱 기능을 하지 않고, 외부에 있는 광변조기(光變調器;light modulator)와 발광·수광소자를 연결하는 광전송로(傳送路)로만 사용된다. 이때 빛의 강도, 위상, 주파수, 편광, 스펙트럼(spectral content) 등이 변한다. 이 방식의 광섬유 센서는 구성이 간단하며 신뢰성이 높은 점 등의 특징을 가지며 이미 각종 센서가 상용화되어 있다.

2. 동작원리(광변조 방식)에 따른 분류

식 (16.13)에서 언급한 바와 같이, 광을 변조시키는 메카니즘에는 광강도 변조, 위상 변조, 파장 변조, 편광 변조 등이 있으며, 표 16.1은 현재 광섬유 센서에 이용되고 있는 광변조현상을 요약한 것이다.

표 16.1 광 변조와 측정 방법

변조(modulation)	물리적 메카니즘
광강도 변조 (intensity)	빛 광섬유 내부를 전파할 때 흡수, 방출, 굴절율 등의 변화를 통해 광 세기가 변조됨.
파장 변조 (wavelength)	흡수, 방출, 굴절율의 파장 의존성 이용
위상 변조 (phase)	측정 광섬유와 기준 광섬유 사이의 간섭현상을 이용하던가 또는 멀티모드 광섬유에서 여러 전파모드 사이의 간섭현상 이용
편광 변조 (polarization)	자성체에서 자계에 의한 편광면의 회전, 압전 결정에서 전계에 의한 굴절율의 변화, 탄성체에서 변형에 의한 굴절율의 변화(복굴절성)을 이용

3. 응용 분야에 따른 분류

광센서의 측정 대상에 따라서 물리센서(온도, 응력 등 측정), 화학센서(pH 측정, 가스 분석기 등), 바이오-메디컬 센서(혈류, 혈당 측정, 바이오센서 등) 등으로 부른다. 다음 절부터는 동작원리(광 변조 방식)에 따라 주요 광섬유 센서들에 대해서 설명한다.

16.3 ◦ 광강도 변조형 광섬유 센서

1. 광섬유 변위(위치) 센서

그림 16.9(a)는 광섬유 축의 어긋남에 기인하는 광 손실을 이용한 변위 센서이다. 2개의 동일한 코어를 갖는 광섬유를 미소 간격($2 \sim 3\mu m$)으로 결합시키고, 빛을 통과시키면, 결합 손실은 축 어긋남에 비례해서 증가하고, 그 결과 수광용 광섬유의 출력 강도는 축이 어긋난 정도 즉 변위의 크기에 따라 감소한다.

한편, 그림 (b)는 측정대상으로부터 산란되는 반사광의 강도는 산란면(散亂面 ; scattering surface)으로부터 거리의 자승(L^2)에 반비례하여 감소하는 현상을 이용한 변위(위치) 센서이다. 프로브는 투광 광섬유와 수광 광섬유로 구성되어 있다. 측정 대상표면에서의 투광원과 수광원이 겹쳐진 부분의 반사광만이 수광 광섬유에 수광된다. 수광량은 산란점에서 광섬유 단면까지의 거리(변위)에 따라 변화한다.

　광섬유센서는 다양한 구조로 만들 수 있고, 구조가 간단하고 신호를 쉽게 해석할 수 있는 장점을 가진다. 그러나 일반적으로 강도의 변동과 낮은 감도가 문제로 된다.

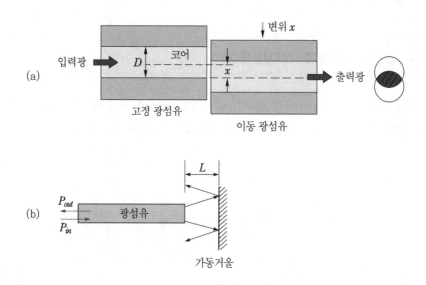

그림 16.9 두 광섬유의 결합을 이용한 광섬유 변위센서

2. 광섬유 압력센서

　그림 16.10은 주기적인 톱니를 가진 두 판 사이에 광섬유를 넣고 맞물린 후 압력을 가하면 발생하는 마이크로밴딩 효과에 의해서 광섬유를 전파하는 광이 손실된다. 광의 강도 변화를 검출하여 평판상에 가한 압력을 측정할 수 있다.

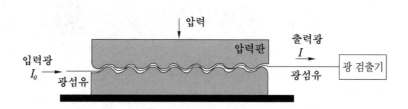

그림 16.10 마이크로밴드 손실을 이용한 광섬유 압력센서

16.4 · 파장 변조형 광섬유 센서

광섬유를 통과하는 빛의 파장을 변화시키는 대표적인 방법으로 광섬유 브래그 격자(fiber bragg grating, FBG)가 있다.

16.4.1 광섬유 브래그 격자(FBG)

그림 16.11은 FBG의 원리를 나타낸 것이다. 단일 모드 광섬유 코어 영역에 축을 따라 굴절율을 주기적으로 변화시킨다. 여기서, Λ는 격자(grating)의 피치(pitch), 즉 주기이다.

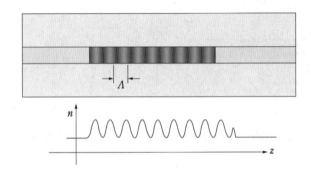

(a) 코어 축 방향으로 굴절율 변화

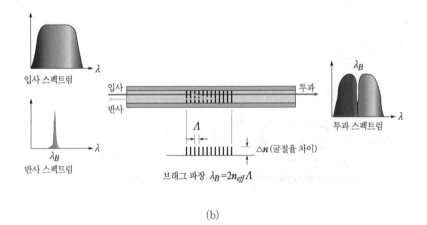

(b)

그림 16.11 광섬유 브래그 격자 센서의 원리

여기에 그림 (a)와 같이 광대역 분광특성을 갖는 빛(LED)을 입력시키면, 다음 식으로 주어지는 브래그 파장(bragg wavelength) λ_B에 해당하는 빛은 브래그 격자에 의해서 반사되고, 나머지 빛은 모두 통과한다.

$$\lambda_B = 2\,n_{eff}\Lambda \tag{16.14}$$

여기서, n_{eff}는 코어의 유효 굴절율이다. 이와 같이, FBG는 광섬유 내부의 짧은 거리에 만들어진 일종의 분포형 브래그 반사기(distributed Bragg reflector)이다. 따라서 FBG는 특정 파장을 차단하는 광섬유 필터로 또 파장 특이성 반사기로 사용할 수 있다. 브래그 파장 λ_B가 격자 사이의 거리(Λ)의 함수이므로, 다양한 브래그 파장을 가지는 FBG를 만들 수 있다.

16.4.2 FBG 변형/온도 센서

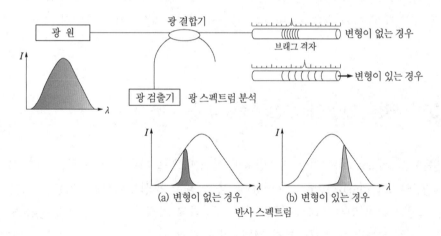

그림 16.12 FBG 변형/온도센서의 기본 구성

그림 16.12는 FBG 변형/온도세서의 기본 구성과 원리를 나타낸 것이다. 변형(strain)이나 온도의 변화는 FBG의 유효 굴절율과 격자 주기를 변화시킨다. 그 결과 반사 파장에서의 이동이 발생한다. 변형이나 온도에 기인하는 FBG의 파장 변화는 다음 식으로 주어진다.

$$\frac{\Delta\lambda}{\lambda_0} = (1 - p_e)\Delta\epsilon + (\alpha_\Lambda + \alpha_n)\Delta T \tag{16.15}$$

여기서, $\Delta\lambda$는 파장 변화이고, λ_0는 초기 파장, p_e는 변형－광학 계수(strain-optic coefficient), $\Delta\epsilon$은 격자가 받는 변형, α_Λ은 열팽창 계수(변형과 온도에 기인하는 격자의 팽창을 기술), α_n은 열－광학 계수(thermo-optic coefficient ; 굴절율 변화를 기술)이다.

위 식에서 첫 항은 변형의 영향을 나타내고, 두 번째 항은 온도의 영향을 나타낸다. 식 (16.14)에서 변형이 변화하면 $\Delta\Lambda$와 Δn이 모두 변하고, 온도가 변하면 굴절율만 변한다. FBG는 변형과 온도에 모두 응답하므로, 두 영향을 구분할 수 있어야 한다.

FBG 온도 센서의 경우, FBG는 변형(밴딩, 장력, 압축력, 토션)을 받지 않는 상태로 유지되도록 패키징해야 한다. 유리의 열팽창 계수 α_Λ는 실용상 무시할 수 있으므로 온도에 기인하는 반사파장의 변화는 주로 광섬유의 굴절율의 변화에 기인하는 것으로 생각해도 좋다.

16.4.3 FBG 센서의 특징

그림 16.11에서 설명한 FBG 광섬유 센서의 특징은, 일직선상의 여러 지점에서 측정이 가능하고, 고감도, 저가격, 소형 경량, 선형 응답 등의 장점이 있다. 단점으로는 하나 이상의 파라미터(측정 대상)에 민감하고, 비교적 고가의 신호처리장치가 필요하다.

16.5 · 편광 변조형 광섬유 센서

편광(偏光 ; polarization)이란 진동방향이 한 방향으로 치우쳐 있는 광을 의미한다. 그림 16.13은 편광변조(polarization modulation)를 이용한 광섬유 센서의 기본 원리를 나타낸 것이다. 그림과 같이 입사광이 수직으로 편광되었다고 가정하자. 이 수직 편광된 빛이 단일 모드 광섬유를 통과할 때 외부로부터 전계, 자계 등과 같은 외계가 작용하면 편광면이 θ만큼 회전하고, 출력광의 세기는 변화한다.

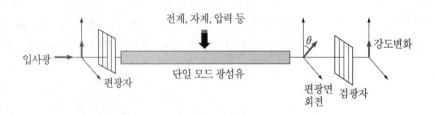

그림 16.13 편광 변조형 광섬유 센서의 기본 원리

편광변조를 일으키는 효과에는 여러 가지가 있으나, 여기서는 패러데이의 자기-광 효과 (Faraday magneto-optic effect)를 이용한 전류·자계 센서와, 포켈스 효과(Pockels effect)를 이용한 전압·전계 센서에 대해서 설명한다.

16.5.1 광섬유 전류·자계센서

1. 패러데이 효과(회전)

패러데이 자기-광 효과는 그림 16.14와 같이, 자성체 내를 직선 편광파가 전파될 때, 빛의 진행방향과 같은 방향으로 자계 H가 존재하면 빛의 편광면이 회전하는 현상을 말한다. 광 패러데이 효과(회전)에 의한 편광면의 회전각 θ은 다음과 같이 주어진다.

$$\theta = VLH \tag{16.16}$$

여기서, L은 자성체의 광로 길이, V은 베르디 정수(Verdet constant)이며 패러데이 효과의 크기를 나타내는 물질고유의 상수이다. 이와 같은 패러데이 효과는 광섬유 자체에서도 일어난다.

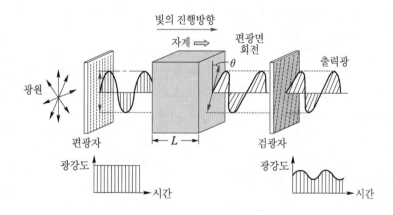

그림 16.14 패러데이 효과

2. 전류·자계 센서

그림 16.15는 패러데이 효과를 이용한 전류 센서의 예를 나타낸다. 편광 광섬유가 전류I가 흐르는 전선에 감겨있다. 전류 I에 의해서 전선 주위(반경 r)에 발생하는 자계 H는 암페어 법칙에 따라

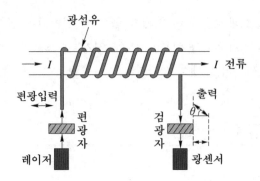

그림 16.15 편광 변조형 전류 센서

$$H = \frac{I}{2\pi r} \tag{16.17}$$

앞에서 설명한 바와 같이, 패러데이 효과란 자계 H에 의해서 편광이 회전하는 것을 말하며, 이 회전각 θ는 다음 식으로 주어진다.

$$\theta = VLH \tag{16.18}$$

여기서, V는 재료의 베르디 정수, L은 광섬유의 길이이다. 그림 16.15의 센서에서 편광자는 입사광과 동일방향의 편광만을 통과시키므로 광 센서의 출력 I_p는

$$I_p = kP\cos\theta = kP\cos(VLH) = kP\cos(KI) \tag{16.19}$$

여기서, k는 광센서의 감도, P는 광의 강도, K는 정수이다. 즉, 광센서의 출력 I_p는 측정하고자하는 전류 I의 함수가 되어 전류 값이 측정된다.

16.5.2 광섬유 전계 · 전압센서

1. 포켈스 효과

전기-광학 효과(electro-optic effect)란 어떤 결정(강유전체)에 외부전계를 인가할 때 발생하는 굴절률의 변화를 말한다. 특히, 굴절률 변화가 전계 강도에 비례하는 현상을 포켈스 효과(Fockels effect)라고 부른다. 포켈스 효과를 식으로 나타내면, 굴절률 변화는 다음과 같이 된다.

$$\Delta n = \alpha_1 E \tag{16.20}$$

여기서, α_1은 선형 전기-광학 효과 계수(linear electro-optic effect coefficient), E는 인가전계이다. 일반적으로, 이방성 결정(異方性結晶 ; anisotropic crystal ; 그 성질이 방향에 따라 다른 결정)의 굴절률은 전기적 주축(主軸 ; principal axes ; 결정축과 동일) x, y, z에 대응하는 주 굴절률 n_1, n_2, n_3를 사용하여 타원체로 된다.

예를 들면, $LiNbO_3$(lithium niobate)와 같은 결정에서는 $n_1 = n_2 \neq n_3$로 되며, 이것을 xy 평면에서 나타내면 그림 16.16 (a)와 같다. 여기에 그림 (b)와 같이 y-축 방향으로 전계 E_a를 인가하면, 포켈스 효과에 의해서 굴절율 n_1, n_2는 각각 $n_1 \rightarrow n_1{'}$, $n_2 \rightarrow n_2{'}$로 변화한다.

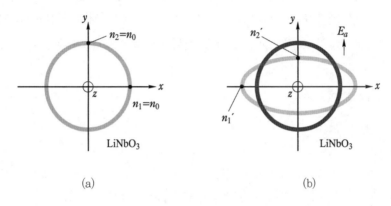

(a)   (b)

그림 16.16 $LiNbO_3$ 결정에서 굴절율 곡면(refractive index surface)의 단면도

이러한 $LiNbO_3$ 결정 속을 z-축 방향으로 광파가 전파해 가는 경우를 생각해보자. 그림 16.17에서, 전계 E_a는 광파의 진행방향에 수직하게 인가된다. 포켈스 효과에 의해서 굴절율 n_1, n_2는 각각 다음과 같이 변화한다.

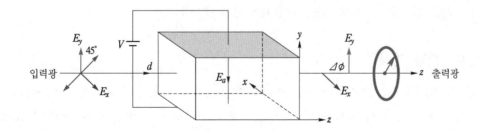

그림 16.17 포켈스 위상 변조기 : 입사된 직선 편광파가 포켈스 위상 변조기를 통과한 후 원형(타원) 편광파로 변환되었다.

$$n_1' \approx n_1 + \frac{1}{2}n_1^3 r_{22} E_a \tag{16.21a}$$

$$n_2' \approx n_2 - \frac{1}{2}n_2^3 r_{22} E_a \tag{16.21b}$$

LiNbO$_3$ 결정의 경우 $n_1 = n_2 = n_0$로 되고, r_{22}는 포켈스 계수(Pockels coefficient)라고 부르는 상수이며, 그 값은 결정구조와 재료에 의존한다. 외부전계에 의해서 굴절률을 제어하면, 포켈스 결정을 통해 위상변조(phase modulation)가 가능해 진다. 이와 같은 위상 변조기(phase modulator)를 포켈스 셀(Pockels cell)이라고 부른다.

그림 16.17에서 입사광 E가 y-축에 대해 45°만큼 직선편파 되었다고 가정하면, E는 x-축 편파 E_x와 y-축 편파 E_y로 나타낼 수 있다. 이 두 성분은 각각 굴절율 n_1'과 n_2' 경험하게 된다. 따라서 E_x와 E_y가 거리 L만큼 진행하게 되면 그들의 위상은 각각

$$\phi_1 = \frac{2\pi n_1'}{\lambda}L \tag{16.22a}$$

$$\phi_2 = \frac{2\pi n_2'}{\lambda}L \tag{16.22b}$$

만큼 변하고, 두 전계 성분사이의 위상차 $\Delta\phi$는 다음 식으로 주어진다.

$$\Delta\phi = \phi_1 - \phi_2 = \frac{2\pi}{\lambda}n_o^3 r_{22}\frac{L}{d}V \tag{16.23}$$

이와 같이, 인가전계는 두 전계성분사이에 조정 가능한 위상차를 만든다. 그러므로 출력 광파의 편광상태는 인가전압에 의해서 제어될 수 있으며, 이러한 이유에서 포켈스 셀은 편광 변조기(polarization modulator)이다. 그림 16.17에서 입사된 직선 편광파가 포켈스 셀 위상변조기를 통과한 후 원형(타원) 편광파로 변환되었다.

2. 전계 · 전압 센서

그림 16.18은 포켈스 효과를 이용한 광섬유 전계 센서의 구성을 나타낸 것이다. 센서는 광원, 광섬유 전송로, 센서 소자부, 수광소자, 신호 처리부로 구성된다. 광원으로부터 세기가 일정한 방출광은 석영유리 멀티-모드 광섬유에 의해서 센서 소자부까지 전송되고, 여기서 포켈스 소자에 인가된 측정 전계 또는 전압에 의해서 광강도 변조가 발생한다. 센서 소자부에서 강도가 변조된 빛은 멀티-모드 광섬유를 통해 수광소자(포토다이오드)에 들어가 전기신호로 변환된다. 이때, 수광소자면에서 광강도 I는 다음 식으로 된다.

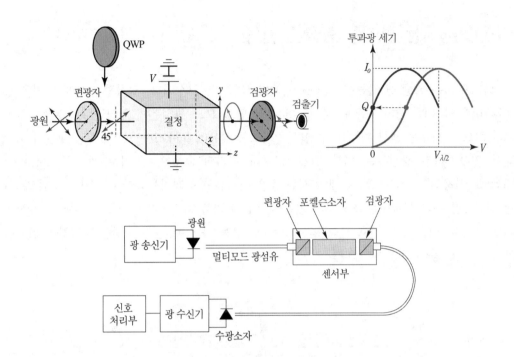

그림 16.18 포켈스 소자를 이용한 광섬유 전계 센서의 구성과 원리

$$I = I_o \left[1 + \sin\left(\frac{\pi V}{V_\pi} \right) \right] \tag{16.24}$$

여기서, V : 인가전압, V_π : 2개의 직선편광 모드 사이의 위상차가 $\Delta\phi = \pi$로 되는 반파장 전압(half-wave voltage), I_o : 인가전압이 0일 때의 수광 강도이다. 만약 편광자 다음에 QWP(quarter-wave plate)를 삽입하면, 특성은 그림같이 점선을 따라 이동한다.

이와 같이, 광·전기 변환된 신호를 측정함으로써, 포켈스 소자에 인가된 전압 또는 전계를 측정할 수 있다.

포켈스 재료로써는 산화물 단결정($LiNbO_3$, $LiTaO_3$, $Bi_{12}GeO_{20}$, $Bi_{12}SiO_{20}$), 화합물 반도체(ZnS, CdTe) 등이 있다.

16.6 · 위상 변조형 광섬유 센서

그림 16.19는 위상 변조를 이용한 광섬유 센서의 기본 구성이다. 입사광은 반투명 거울(광 분리기)에 의해 두 개의 빔으로 분리되어 각각 단일 모드 광섬유에 입사된다. 상부에 있는 단일 모드 광섬유는 센싱 기능을 수행하는 신호 광섬유(signal fiber)이고 측정 대상에 노출 되어 있다. 하부 광섬유는 외부 환경으로부터 격리되어 있으며, 기준 광섬유(reference fiber)로 사용된다. 신호 광섬유에 입시된 빔은 광섬유를 통과하는동안 위상이 변조되고, 기 준 광섬유를 통과하는 빔은 변화하지 않는다. 이 두 빔을 재결합하면, 서로 간섭하여 간섭무 늬를 만든다. 이와 같이 신호 광섬유와 기준 광섬유를 통과 두 빔의 위상을 비교하여 위상변 조를 간섭계 방식으로 검출한다.

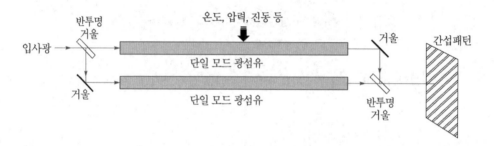

그림 16.19 위상 변조를 이용한 광섬유 센서의 기본 원리

가장 흔히 사용되는 간섭계(interferometer)로는 마흐-젠더(Mach-Zehnder), 마이컬슨 (Michelson), 패브리-페로(Fabry-Perot), 사냑(Sagnac) 간섭계 등이 있다. 그림 16.20은 두 개의 빔을 사용하는 광섬유 간섭계의 예를 나타낸 것이다.

그림 (a)의 마이컬슨 간섭계에서 두 빔은 변환기 광섬유와 기준 광섬유를 통과한 후 거울 단면에서 반사되어 광결합기에서 재결합된 후 광검출기로 돌아온다. 한편, 그림 (b)의 마흐 -젠더 간섭계에서는 두 광섬유를 통과한 후 다시 결합되어 검출기에 들어간다. 이 때 광검 출기에 흐르는 전류는

$$I_D = A + B\cos\phi \tag{16.25}$$

여기서, ϕ는 두 광섬유 사이의 위상차이며, 다음과 같이 주어진다.

$$\phi = \frac{2\pi}{\lambda_0} n (L_1 - L_2) \tag{16.26}$$

여기서, λ_0는 진공에서 파장, n은 굴절률, L_1, L_2는 각각 두 광섬유의 광경로이다. 간섭계를 기반으로 하는 광섬유 센서는 측정 대상에 의해서 굴절율(n), 광경로 $(L_1 - L_2)$가 변하면 식 (16.26)에 따라 위상이 변하므로, 이 위상변조를 측정해서 검출한다.

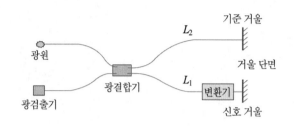

(a) 마이컬슨 간섭계

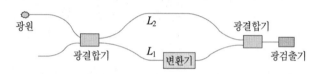

(b) 마흐-젠더 간섭계

그림 16.20 광섬유 간섭계

memo

편리하고 쾌적한 생활을 위해서 인간은 다양한 종류의 가스를 사용하게 되었고, 가스 소비가 늘어나면서 크고 작은 가스 폭발사고가 발생하고 있다. 특히 LPG와 같은 가스는 폭발 위험이 상존할 뿐만 아니라 한번 폭발하면 다량의 인명을 앗아갈 위험이 크다. 그래서 가스를 사용하는 산업체, 빌딩, 가정에서 독가스나 가스폭발로부터 우리의 생명을 보호하기 위해서 가스 검출 시스템은 위험 관리 시스템의 일부가 되어 있다. 따라서 가스 검출 시스템은 연소, 폭발, 독가스를 검출할 수 있도록 설계된다.

17.1 • 가스센서의 기초

가스센서(gas sensor)는 기체 중에 포함된 특정의 성분가스를 검지하여 그 농도에 따라 적당한 전기신호로 변환하는 소자이다. 가스센서는 산업체, 가정 등에서 사용하는 각종 가스의 농도측정, 가스누출사고를 방지를 위한 가스 경보기, 자동차의 불완전 연소를 검출하는 배기 가스센서, 대기 오염 측정 등에 사용된다.

17.1.1 가스의 성질

우리는 가스센서를 주로 인간의 생명을 위협하는 가스의 검출에 사용한다. 이러한 가스의 위험요소는 일반적으로 다음과 같이 3 종류로 대별할 수 있다.

1. 가연성(combustible or flammable)

가연성 가스는 연소되거나 폭발할 수 있어, 사고가 나면 인간이나 공장 등에 큰 손상을 입힐 가능성이 있다. 가연성 가스의 예로는 에탄(ethane), 부탄(butane), 메탄(CH_4), 아세틸렌(acetylene), 수소(H_2) 등이 있다.

가연성 가스를 점화시키기 위해서는 충분한 양의 가스, 충분한 양의 공기(산소), 그리고 점화원이 요구된다. 이 세 가지 요소로 만들어지는 삼각형을 연소 삼각형(combustion triangle)이라고 부른다.(그림 17.1)

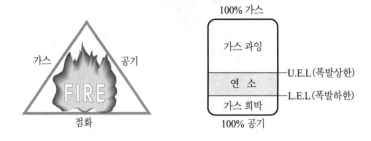

그림 17.1 가연성 가스의 폭발 하한과 상한

가연성 가스는 적절한 양의 공기와 섞여 있을 때 점화시키면 연소된다. 공기 중의 가스가 점화되는데 필요한 최소 농도를 폭발 하한(lower explosive limit ; LEL)이라고 부른다. 가스 농도가 너무 과하면 연소에 필요한 산소가 부족하게 되어 가스는 연소되지 않는다. 공기 중에서 연소 가능한 최대 가스 농도를 폭발 상한(upper explosive limit ; UEL)이라고 한다. 이와 같이 개개의 가스마다 LEL과 UEL 사이에 연소 범위(flammable range)를 가지며, 이 범위 밖에서는 가스/공기 혼합기체는 연소되지 않는다.

2. 유독성(toxic)

독성을 가진 가스는 가벼운 두통과 같은 증상으로부터 죽음에 이르기까지 인간의 건강에 다양한 형태로 영향을 미친다. 이러한 독성은 가스의 종류, 농도, 노출시간에 따라 크게 다르다. 유독성 가스의 대표적인 예로는 일산화탄소(CO), 황화수소(H_2S) 등이 있다.

독성 가스는 가연성 가스와는 전혀 다른 형태의 위험 요소일 뿐만 아니라, 위험도 훨씬 낮은 농도에서 발생하기 때문에 그 농도도 다른 단위를 사용해 측정된다. 현재 가장 자주 사용되는 단위는 ppm(part per million)이며, 이것은 백만 개의 분자당 1개의 분자가 존재함을 의미한다. 또 대안으로 mg/m^3이 사용되기도 한다.

독성이 미치는 영향은 독성 가스의 종류와 노출 시간에 따라 다르다. 그래서 독성 가스의 허용노출한도(Permissible Exposure Limit ; PEL)는 보통 주어진 시간에 대한 평균 농도(Time Weighted Average ; TWA)로 나타낸다. 장기간 노출 한도(Long Term Exposure Limit ; LTEL)은 8시간동안 노출이 허용되는 최대 농도이다. 단기간 노출한도(Short Term Exposure Limit ; STEL)는 15~30분 동안 노출이 허용되는 최대 농도이다. 보통 LTEL이 STEL 값보다 높지만 반드시 그렇지는 않다.

3. 질식성(asphyxiant)

질식성 가스가 존재하면, 인간은 필요로 하는 산소를 충분히 섭취할 수 가 없게 된다. 거의 모든 가스가 질식성 가스이지만, 대표적인 것으로는 이산화탄소(CO_2), 질소(N_2) 등이 있다.

질식은 산소가 부족하면 발생하기 때문에, 질식 가스 농도를 측정하는 대신에 산소 레벨이 허용한도 범위에 있는지를 체크하는 것이 더 일반적이다. 보통의 공기는 약 20.8 %(체적비)의 산소를 포함한다. 산소농도가 16 %로 되면 두통과 같은 여러 증상이 나타나며, 14 % 이하부터는 사망의 위험이 증가하기 시작하고, 6 %에서는 생존 확률이 0으로 된다. 일반적으로 경고 레벨은 19 %로 설정된다.

질식을 일으키는 또 다른 원인은 독성 가스가 우리 몸이 산소를 사용하지 못하도록 하는 경우이다. 이러한 대표적인 예가 일산화탄소인데, 이 경우 산소 측정기는 별 소용이 없으며, 질식 가스 자체를 모니터하는 것이 주요하다.

여기서 유의할 것은 많은 가스들이 위에서 설명한 3가지 위험요소를 동시에 갖는다는 점이다. 예를 들면, 일산화탄소는 가연성, 독성, 질식성을 모두 가지고 있는 가스이다.

가스센서의 종류

　가스센서는, 검출하는 가스의 종류에 따라 센서 재료, 구조, 동작원리 등이 크게 다르다. 대상이 되는 가스의 종류가 많고 그들이 가지는 성질이 모두 다르므로 한 종류의 센서로 모든 종류의 가스를 검출하는 것은 불가능하고 가스의 종류, 농도, 조성, 용도 등에 따라서 분석방법이 다르다.

　대부분의 가스센서도 다른 센서와 마찬가지로 선택성, 반복성, 직선성, 히스테리시스, 응답시간, 스팬(span) 등과 같은 특성을 사용해 기술한다. 가스센서는 가스의 식별(identification)과 정량화(quantification)에 사용되기 때문에, 여러 가스가 섞여있는 혼합물에서 검출하려고 하는 가스에 대해 선택성(selectivity)과 감도(sensitivity)를 가져야 한다. 선택성이란 센서가 원하는 목표 가스에만 응답하는 정도를 말한다. 감도는 센서가 성공적으로 반복해서 검출할 수 있는 최소 농도 또는 최소 농도 변화를 의미한다. 제1장에서 설명한 바와 같이, 일반적으로 센서의 감도란 센서의 전달함수가 선형일 때 그 기울기와 동의어로 사용된다. 그러나 가스센서에서 감도는 분해능(resolution)과 동의어이다. 이것이 가스센서의 다른 특징이다. 그러므로 가스센서의 성능을 평가하는 경우, 선택성 여부의 평가는 중요한 기능 중의 하나이다.

　검출해야 될 화학적 변수가 많듯이 또한 화학센서의 종류도 그만큼 다종다양하다. 표 17.1는 현재 사용되고 있는 대표적인 가스 검출방법과 가스센서의 예를 보인다. 여기서는 대표적인 가스 센서에 대해서 설명한다.

표 17.1 대표적인 가스 검지 방법

방법	가스 센서	재료	검출 가스	응용 예
전기적 방법	반도체 가스센서	SnO_2, ZnO, WO_3 등	도시가스, LPG, 알콜 등 가연성 가스	가스 경보기
	접촉연소식 가스센서	Pt촉매/알루미나/Pt선	메탄, 이소부탄, 도시가스(가연성가스)	가스 경보기, 가연성가스 농도계
	고체전해질 가스센서	안정화 지르코니아 ($ZrO_2 - Y_2O_3$, $ZrO_2 - CaO$ 등)	산소, 자동차 배기가스	배기가스센서, CO, 불완전 연소센서
광학적 방법	적외선 가스센서	적외선원, 광공동, 적외선 센서	NO_x, CO, CO_2, SO_x, NH_3, H_2S	공해측정 공기질 측정

17.2 · 반도체 가스센서

반도체 가스 센서는 연구개발과 상용화가 가장 활발히 진행되고 있는 분야로, 반도체 표면에 가스가 흡착되면 센서의 전기저항이 변하는 성질을 이용하고 있다. 센서 물질로는 비교적 고온의 산화성 또는 환원성 분위기 중에서 물리적 및 화학적으로 안정되어야 하기 때문에 대부분 산화물 반도체가 사용된다. 산화주석(tin oxide ; SnO_2), 산화아연(ZnO), 산화텅스텐(WO_3)등의 소결체를 사용하지만, 여기서는 현재 가장 널리 사용되고 있는 SnO_2에 촉매 Pd 등을 첨가하여 소결한 금속 산화물 반도체 가스센서에 대하여 기술한다.

17.2.1 구조와 동작원리

그림 17.2는 상용화된 반도체 가스 센서의 구조 예를 나타낸 것이다. 산화주석 등의 금속산화물 소결체는 n형 반도체의 특성을 보인다. 금속산화물 반도체 가스 센서는 이 반도체를 검지부로 하고, 이것을 가열하기 위해서 히터를 내장하고 있다. 그림 (a)는 감지물질을 작은 비드형태(bead-type)로 만들고, 그 속에 히터 코일과 리드선을 내장시킨 것이다. 그림 (b)는 평판형(plate-type) 구조로, 알루미나 기판 위에 금 전극을 프린트하고 그 위에 감지물질을 형성한다. 기판 뒷면에는 백금 후막 히터가 프린트된다.

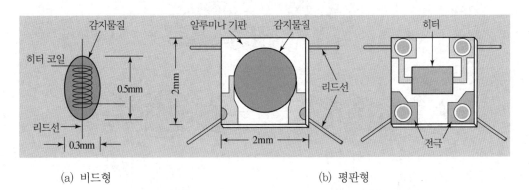

(a) 비드형   (b) 평판형

그림 17.2 금속산화물 반도체 가스 센서의 구조

히터에 의해 $200 \sim 400 \,^{\circ}\mathrm{C}$로 가열된 반도체 표면에 가스 분자가 흡착되면, 가스 분자와 반도체 사이에 전자의 주고받음이 일어나 전자농도가 변화하여 반도체의 전기저항이 변화한다. 측정대상 가스는 산소, 질소산화물과 같이 음이온 흡착성을 가진 산화성 가스와, 수소, 일산화탄소, 탄화수소, 알콜 등과 같이 양이온 흡착성을 가진 환원성 가스로 대별된다.

그림 17.3은 가스 검출원리를 나타낸다. 보통의 공기 중에서, 산화물 반도체 표면에는 산소가 흡착된 상태로 있다. 여기에 환원성 가스분자(CO, 수소, 탄화수소 등), 예를 들면 그림 (a)와 같이 CO가 흡착되면, 미리 흡착되어 있던 산소와 반응하여 CO_2로 되면서 반도체에 전자를 내준다. 따라서 반도체 센서의 저항은 감소한다.

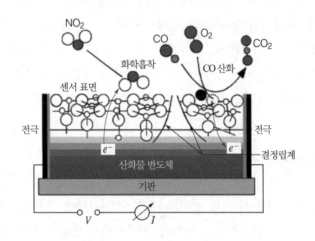

그림 17.3 금속산화물 반도체 가스 검출 원리 :
가스 분자들이 센서 표면에서 반응하면 센서의 저항이 변한다.

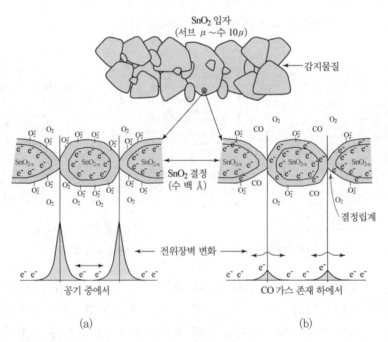

그림 17.4 산화물 반도체 가스 센서의 동작원리 :
센서 표면에 흡착되는 가스 종류에 따라 전위 장벽은 높아지거나 낮아 진다.

한편, 그림 (b)와 같이 반도체 센서에 산화성 가스분자(산소, NO_2, 할로겐 등)가 흡착되면, NO_2 가스가 전자를 빼앗아 가기 때문에 반도체 내부의 전자 수가 감소하여 센서의 저항 값은 증가한다.

그림 17.3의 상황을 전위 장벽(potential barrier, 2장 참조) 개념으로 설명하면 그림 17.4과 같다.

감지물질인 산화물 반도체 소결체는 서브 마이크론에서 수십 마이크론의 입자들로 구성되며, 다시 각 입자들은 결정립(結晶粒, grain)이라고 부르는 수 백 Å 크기의 결정들로 구성된다. 이 결정립과 결정립 사이를 결정립계(結晶粒界, grain boundary)라고 한다.

그림 (a)와 같이 센서가 보통의 공기 중에 놓여있을 때는 앞에서 설명한 바와 같이 결정립 표면에 산화성 가스인 산소가 흡착되어 표면에는 자유전자가 부족한 공핍층(depletion layer, 2장 참조)이 형성된다. 따라서 접촉계면에는 자유전자가 존재하지 않으므로 높은 전위 장벽이 형성되어, 전자는 다른 결정립계로 이동할 수 없다. 그러므로 센서는 고저항 상태로 된다.

만약 CO가 흡착되면, 앞에서 설명한 바와 같이 미리 흡착되어 있던 산소와 반응하면서 전자를 반도체에 주게 되므로 그림 (b)와 같이 자유 전자수가 증가하고 전위 장벽이 낮아져 전자들은 다른 결정립으로 이동이 용이해 진다. 따라서 센서의 저항 값은 감소한다.

측정대상 가스는 산소, 질소산화물과 같은 음이온 흡착성을 가진 산화성 가스와, 수소, 일산화탄소, 탄화수소, 알콜 등과 같이 양이온 흡착성을 가진 환원성 가스로 대별되는데, 위에서 설명한 바와 같이 산화성 가스에 대하여는 저항이 증대하고, 환원성 가스에서는 감소하여 전기저항의 변화를 측정하여 가스 농도를 측정할 수 있다.

센서의 전기저항 R_S와 환원성 가스의 농도 C 사이의 관계는 다음 식으로 된다.

$$R_S = k\,C^{-\alpha} \tag{17.1}$$

여기서, k와 α는 가스 종류에 따라 결정되는 상수이며, 특히 α는 그림 17.5의 특성 곡선에서 $R_s - C$ 곡선의 기울기를 나타낸다.

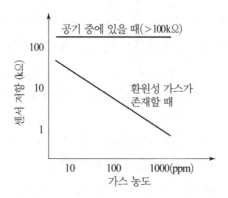

그림 17.5 산화물반도체 가스 센서의 출력 특성 :
환원성 가스의 농도에 따른 가스 센서 저항 변화

17.2.2 특성

그림 17.6은 SnO_2 후막 메탄가스 센서의 대표적인 감도특성을 나타낸 것이다. 실제 센서의 저항은 센서마다 다르기 때문에 감도특성을 R_S/R_o 로 나타내었다.

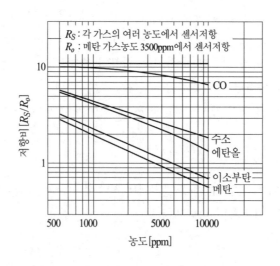

그림 17.6 SnO_2 후막 메탄가스 센서의 특성

시판중인 금속 산화물 반도체 가스 센서의 측정가능 범위는 수 ppm~수 천 ppm이며, 반복측정 정도는 수 % 이내, 응답 속도는 5초 이내이다. 그러나 그림 17.2에 나타낸 구조를 가지는 가스 센서의 가장 큰 단점은 소비전력이 너무 크다는 점이다.

이러한 문제점을 해결하고자 그림 17.7과 같이 실리콘을 벌크 마이크로머신닝하여 제작한 SiN$_x$ 다이어프램 위에 히터와 감지 물질층을 형성하여 소비전력이 수 십 mW인 저전력 가스 센서가 개발되어 시판되고 있다.

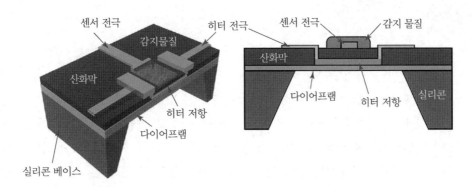

그림 17.7 MEMS 가스 센서의 구조 예

가스 센서 산업계에서는 그림 17.8에 나타낸 것과 같이 가스 센서의 초소형와 저전력화를 위한 연구개발을 지속적으로 해오고 있으며, 현재 크기 0.99 mm × 2.5 mm × 3.2 mm, 소비전력 15 mW인 MEMS 가스 센서를 실현하고 있다.

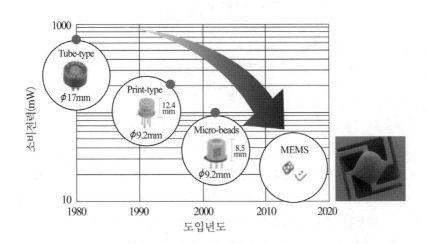

그림 17.8 가스 센서의 저전력화 추이

17.3 ● 접촉 연소식 가스센서

17.3.1 구조와 동작원리

접촉 연소식 가스센서(catalytic gas sensor)는 가연성 가스를 검출하는 가스 센서이다. 구조는 그림 17.9와 같이 알루미나(Al_2O_3)나 산화토륨(ThO_2)을 산화촉매(Pt, Pd)와 함께 소결한 세라믹에 0.05mm 이하의 백금 저항선 코일을 집어넣은 구조로 되어있다.

백금 저항선에 일정 전류를 흘리고 소자를 200~300 ℃로 가열한다. 가연성 가스가 이것에 접촉하면, 촉매 작용에 의해 접촉연소가 일어나 반응열이 발생한다. 이 반응열에 의해 소자의 온도가 상승하고, 백금 저항선의 전기 저항이 증가한다. 그런데 접촉연소에 의해서 생기는 반응열은 완전연소가 일어나는 범위에서 가연성 가스의 농도에 비례하므로, 저항 변화를 전기신호로서 출력하여 가연성 가스의 농도를 측정할 수 있다.

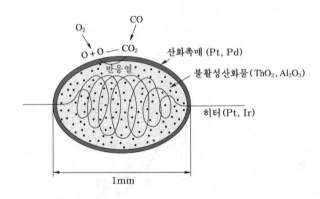

그림 17.9 접촉 연소식 가스 센서의 구조와 원리

접촉 연소식 가스센서의 검출회로는 그림 17.10과 같이 촉매가 없는 온도 보상 소자와 검출 소자(촉매 있음)를 함께 브리지 회로로 조합해서 차동 출력을 취하여 가스 농도를 측정한다. 가스가 없을 때에는 회로의 평형상태가 유지되고, 가연성 가스를 접촉시키면, 보상 소자의 저항은 변하지 않지만 검출 센서의 저항은 상승하여 브리지는 불평형상태로 되어 가스 농도에 상응하는 출력이 나타난다. 가연성 가스를 제거하면, 보상 소자와 검출 소자의 저항은 본래의 저항값으로 돌아간다. 가변저항 VR은 깨끗한 공기 상태에서 브리지가 평형상태를 유지하도록 조정된다.

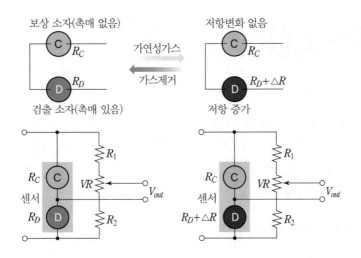

그림 17.10 접촉연소식 가스 센서의 기본 측정회로

17.3.2 특성과 응용

측정 가능 범위는 0.1%로부터 폭발하한(Lower Explosion Limit ; LEL)까지, 정도는 5~ 10% 정도, 응답속도는 20초 정도이다. 그림 17.11은 시판 중인 접촉 연소식 가스 센서의 출력특성 예이다.

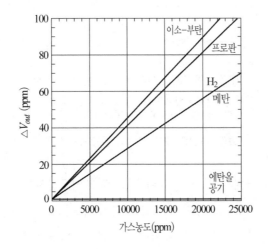

그림 17.11 접촉연소식 가스 센서의 특성 예기본 측정회로

접촉 연소식 가스 센서는 대부분 석유화학, 플랜트, 화력 발전소, 염료, 도료, 인쇄 등 화학공장 등에서 가연성 가스, 독가스 등의 누설 검출에 사용되고 있다.

17.4 · 고체 전해질 가스센서

일반적으로 고체는 전기 전도도의 크기에 따라 금속, 반도체, 절연체로 구분하지만, 절연체 중에는 고온에서 이온의 이동에 의해 도전성을 보이는 물질이 있는데, 이것을 고체 전해질(solid electrolyte)이라고 부르며, 도전율은 거의 반도체와 같은 정도이다. 고체 전해질 센서(solid electrolyte sensor)의 대표적인 것으로는 지르코니아 산소 센서가 있다.

17.4.1 지르코니아 산소 센서

1. 구조와 동작원리

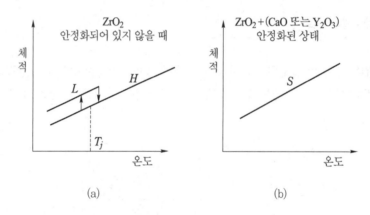

H : 미안정지르코니아의 고온상(정방정계)
L : 미안정지르코니아의 저온상(정방정계)
S : 안정화 지르콘아(입방정계)

그림 17.12 지르코니아 온도–체적 관계

지르코니아(ZrO_2)는 열에 강하고 용융된 금속에도 침투당하지 않기 때문에 내화물로서 우수한 성질을 갖는다. 그러나 그림 17.12 (a)와 같이 T_j라고 하는 온도 전후에서 특이한 체적변화를 일으키기 때문에 내화물로 만들어진 지르코니아도 반복해서 사용하면 조작조각 깨져 버리는 결점이 있다. 이것은 T_j 부근에서 지르코니아의 결정 구조가 변하기 때문이다.

이 지르코니아에 Y_2O_3 또는 CaO 등의 금속 산화물을 첨가해서 소결하면 이들이 ZrO_2의 결정구조 속으로 침투해서 그림 (b)와 같이 온도–체적 관계가 안정화되는데, 이것을 내화물로 사용하는데 적합해서 안정화 지르코니아라고 부른다.

순수한 ZrO_2의 경우 양이온과 음이온의 비는 1 : 2이다. 그러나 CaO와 Y_2O_3를 첨가하면 양이온에 대한 음이온(산소이온)의 비가 낮은 물질을 넣어주는 결과가 되기 때문에 산소이온이 부족하게 되어 산소이온(O^{-2})의 위치에 빈자리가 생기게 된다. 이 산소이온의 결함을 통해서 산소이온이 이동하게 된다. 산소이온이 이동하면 당연히 전류가 흐르게 되므로 안정화 지르코니아는 산소이온 전도체로 된다. 더구나 전자와 정공의 이동이 거의 없는 순수한 이온 전도체가 되는 것이다. 지르코니아 산소 센서에는 이와 같은 특성을 갖는 안정화 지르코니아의 소결체가 사용된다.

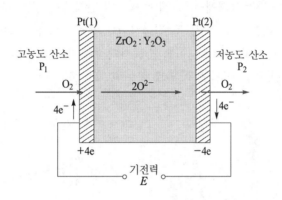

그림 17.13 지르코니아 산소센서의 원리

그림 17.13은 산소센서의 기전력 발생 원리를 나타낸다. 치밀한 구조의 지르코니아를 가운데 두고 양측의 산소농도(즉, 산소 분압)를 다르게 하면, 산소이온(O^{-2})은 산소 분압이 높은 쪽에서 낮은 쪽으로 확산을 통해 이동한다. 다공질 백금전극 Pt(1)이 높은 O_2 농도에 접촉될 때 일어나는 반응은

$$O_2 + 4e^- \rightarrow 2O^{2-} \tag{17.2}$$

산소이온 O^{2-}는 지르코니아 내를 통해 이동하여 백금전극 Pt(2)에 도달하고, Pt(2)에서 일어나는 반응은

$$2O^{2-} \rightarrow O_2 + 4e^- \tag{17.3}$$

이 결과 산소 분압이 높은 쪽이 (+), 산소 분압이 낮은 쪽이 (−)로 되어 전계가 발생하고, 이것은 산소이온의 흐름을 저지하려는 방향이다. 평형상태에서 이 기전력을 E라고 하면

$$E = \frac{RT}{4F} \ln \frac{P_1}{P_2} = 0.0498 \, T(K) \log\left(\frac{P_1}{P_2}\right) \tag{17.4}$$

여기서, R은 기체 정수, F는 페러데이 정수, T는 절대온도, P_1는 산소 농도가 높은 쪽(공기)의 산소분압, P_2는 산소농도가 낮은 쪽의 산소분압이다. 따라서 한쪽 전극에 산소가스 농도를 이미 알고 있는 기체(예를 들면, 공기)를 사용하면, 다른 쪽의 산소 가스의 농도를 알 수 있다.

그림 17.14는 자동차의 배기가스에서 산소농도를 검출하는 산소센서의 구조를 나타낸 것이다. 산화이트륨(Y_2O_3)이 약 8 mol% 정도 함유된 안정화 지르코니아(Yttria stabilized zriconia ; YSZ)의 양면에는 가스 투과성이 있는 다공질의 백금(Pt) 전극을 설치하고 500℃ 이상의 고온으로 유지한 상태에서, 고체 전해질의 한쪽에는 산소농도가 부족한 배기가스를, 다른 한 쪽에는 공기를 공급하면, 두 전극사이의 산소가스 농도차에 대응하는 기전력이 발생한다. 그림 (b)에 나타낸 지르코니아 산소센서의 출력 특성은 이론 공연비에서 출력전압이 급변하도록 되어 있으며, 이것을 이용해 공연비 제어를 한다.

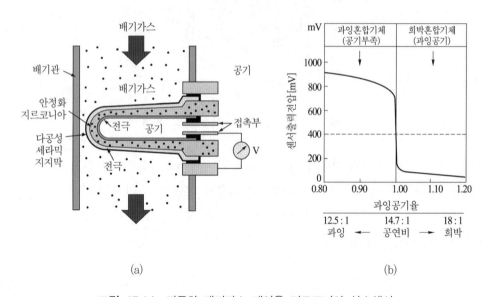

(a) (b)

그림 17.14 자동차 배기가스 제어용 지르코니아 산소센서

2. 특성

지르코니아 산소 센서는 그 출력이 산소 농도의 대수에 비례하기 때문에 다이나믹 레인지가 넓고, 저농도까지 측정이 가능하다. 측정 범위는 0.1~100%, 정도는 ±2%, 응답 속도는 1초 이내이다.

3. 응용분야

지르코니아 산소 센서의 대표적인 응용분야는 그림 17.15에 나타낸 자동차의 공연비 제어이다. 엔진 실린더 속으로 분사된 연료가 완전 연소되기 위해서는 흡입공기와 연료의 혼합 비(공연비)가 비=14.7 : 1로 되어야 한다. 만약 공연비가 이 값보다 크게 되면, 배기가스에는 과잉의 산소가 배출되어 산소센서 $3a$의 출력은 그림 17.14(b)와 같이 감소한다. 이 정보는 ECU에 전달되고 ECU는 인젝터에 더 많은 가스를 분사하도록 명령한다. 반대로 공연비가 이 값보다 작으면 ECU는 더 분사량을 줄이도록 명령한다.

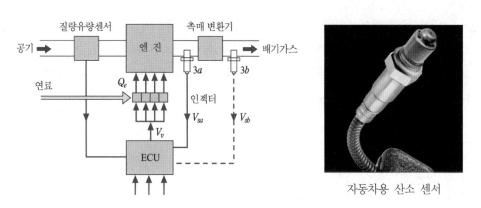

그림 17.15 자동차 폐루프 제어 시스템 구성도

17.4.2 한계전류식 산소센서

1. 구조와 동작원리

그림 17.16은 한계 전류식 산소센서의 기본구조를 나타낸 것으로, 지르코니아 세라믹의 산소 펌핑 작용을 이용한다. 지르코니아의 양면에는 다공질 백금전극을 붙이고, 음극(cathode)측에는 기체 확산공(diffusion hole)을 갖는 갭(gap)을 봉착시킨다. 그리고 갭 상부에는 센서 가열용 히터가 형성된다.

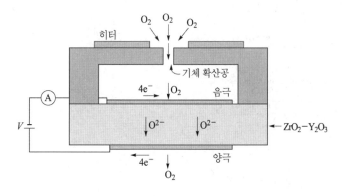

그림 17.16 한계전류식 산소센서의 구조

센서에 전압을 인가하면, 산소 펌핑 작용에 의해 음극 측에서 양극 측으로 산소이온(O^{2-})을 이동시킴으로써 전류가 흐른다. 전극반응은 다음과 같다.

$$음극(cathode) : O_2(가스) + 4e^-(전극) \rightarrow 2O^{2-}(전해질)$$ (17.5a)

$$양극(anode) : 2O^{2-}(전해질) \rightarrow O_2(가스) + 4e^-(전극)$$ (17.5b)

음극 근방과 센서 외부사이에 산소 농도차가 존재하면 피크의 법칙(Fick's law)에 따라 산소분자가 확산에 의해서 유입된다. 그러나 갭에 의해서 산소분자의 유입은 제한되기 때문에 그림 17.17과 같은 한계전류(限界電流 ; limiting current)특성이 관측된다. 한계전류치 I_L은 다음의 식으로 주어진다.

$$I_L = - \frac{4FDAP}{RTL} \ln\left(1 - \frac{P_{O_2}}{P}\right)$$ (17.6)

여기서, F는 패러데이 정수, D는 산소분자의 확산계수, A는 확산공의 단면적, P는 전압(全壓), R은 기체정수, T는 절대온도, L는 확산공의 길이, P_{O_2}는 산소분압이다.

산소의 몰비(mole fraction)가 작을 때(<10%), 한계전류는 다음 식으로 된다.

$$I_L = - \frac{4FDA}{L} C_{O_2}$$ (17.7)

여기서, C_{O_2}는 산소의 농도이다. 이와 같이, 한계전류는 산소 농도에 비례한다.

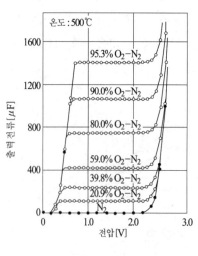

(a) 한계전류 특성

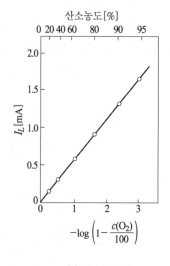

(b) 출력 특성

그림 17.17 한계전류 특성과 출력 특성

2. 특징과 용도

이 센서는 앞의 전위차계식 산소 센서와는 달리 출력전류가 가스 농도에 비례하는 특성을 가진다. 또 기준전극이 필요없기 때문에 센서 구조를 아주 간단하게 할 수 있다.

이 센서의 검출 범위, 감도, 고온 동작 등으로 인해, 린번 엔진(lean-burn engine) 동작을 제어하는데 광범위하게 사용된다.

17.5 ◦ 광학식 가스센서

광학식 가스센서는 물질과 전자파 복사의 상호작용에 기반을 둔 센서이며, 가스가 전자파 복사를 흡수하면 매질 내의 빛의 세기나 편광 등이 변하는 성질을 이용한다. 대표적인 광학식 가스센서로 비분산 적외선(non-dispersive infrared;NDIR) 가스센서가 있다. NDIR 가스센서는 특정 기체분자가 특정 파장의 적외선을 강하게 흡수하는 성질을 이용하여 그 기체의 농도를 검출하는 가스센서이다. 그림 17.18은 각종 가스의 대표적인 흡수 스펙트럼을 나타낸다. 이산화탄소(CO_2)는 4.3 μm, 일산화탄소(CO)는 4.7μm, 탄화수소(HC)는 3.4μm 파장의 적외선을 강하게 흡수한다.

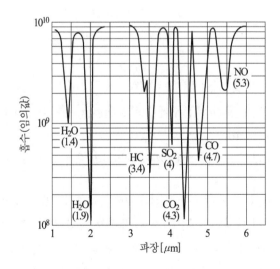

그림 17.18 각종 가스의 흡수 파장

구조와 동작원리

광학식 가스 센서 중 가장 널리 사용되고 있는 NDIR CO_2 가스 센서에 대해서 설명한다. 그림 17.19에 나타낸 것과 같이, NDIR 방식은 크게 적외선을 방출하는 광원부, 광이 통과하는 광공동(optical cavity), 이를 감지하는 적외선 센서로 구성된다. 적외선 센서로는 서모파일이 가장 널리 사용되고 있다.

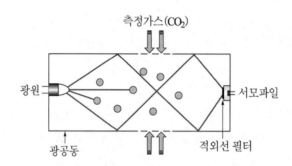

측정가스(CO_2)

광원

서모파일

광공동

적외선 필터

그림 17.19 NDIR 가스센서의 동작원리

챔버에 들어온 측정대상 가스는 적외선과 반응해서 특정파장의 적외선을 흡수한다. 이때 흡수되는 적외선 양과 가스 농도 사이의 관계는 베르–람베르트 법칙(Beer–Lambert law)에 의해 결정된다.

$$I(d) = I_o \exp(-\alpha C L) \tag{17.8}$$

여기서, I_o : 광원에서 방출되는 광 에너지(W/cm²)

$\quad\quad\alpha$: 특정 가스의 적외선 흡수계수(absorption coefficient)

$\quad\quad C$: 가스농도[ppm]

$\quad\quad L$: 광원에서부터 적외선 센서까지 빛이 진행한 길이(광경로)이다.

식 (17.8)로부터 알 수 있는 바와 같이, 가스센서의 감도는 광 공동에 입사되는 적외선의 세기(I_o)와 광 경로(optical path)의 길이(L)에 의해서 결정된다. 즉, 입사되는 적외선의 세기가 강할수록, 광 경로의 길이가 길수록 피측정 가스와의 반응이 증가하여 센서 감도는 증가한다. 현재 대부분의 상용화 제품에서는 광 공동의 내부에 다수의 반사경을 위치시켜 광 경로를 길게 하여 감도를 증가시키는 방법을 채택하고 있다. 그림 17.20은 CO_2가스 센서에 사용되는 광 공동의 일례를 나타낸다.

(a) 광 공동 내부에서 광 경로

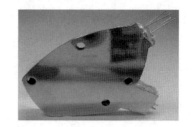
(b) 외관

그림 17.20 NDIR 가스센서

17.5.2 특징과 응용분야

　전기화학식이나 반도체식에 비해 우수한 선택성, 높은 신뢰도, 긴 수명(장기 안정성)과 같은 장점을 갖는다. 이와 같은 특징으로 인해 고가임에도 불구하고 유해가스의 검출이나 농도의 정확한 측정에는 NDIR 방식이 사용되고 있다. 특히 실내 공기질(IAQ)을 측정하여 환기 시스템을 제어하는데, 자동차 실내의 공기 질을 측정하는데 널리 사용되고 있다.

memo

18 chapter | 습도 센서

습도는 인간 삶의 질이나 건강에 매우 중요한 요소이다. 일반적으로 쾌적의 정도는 상대습도와 주위 온도 등 두 가지 인자에 의해서 결정된다. 온도나 습도가 너무 높거나 낮으면, 불쾌감을 느끼게 된다. 또한 습도는 동물의 건강에도 큰 영향을 미칠 뿐만 아니라, 많은 장비나 장치의 안정된 동작에 중요한 인자이다. 특히, 근래에 웰빙(well-being)을 지향하는 경향에 따라 쾌적한 생활환경을 추구하게 되고 산업이 고도화됨에 따라, 산업체와 생활환경 분야에서 정확하고 안정된 습도 측정 및 제어의 필요성이 크게 증가하고 있다.

18.1 ○ 습도센서의 기초

습도는 인간 삶의 질이나 건강에 매우 중요한 요소이다. 일반적으로 온도나 습도가 너무 높거나 낮으면, 불쾌감을 느끼게 된다. 또한 습도는 동물의 건강에도 큰 영향을 미친다. 특히, 근래에 쾌적한 생활환경을 추구하는 경향과 산업이 고도화됨에 따라, 산업체와 생활환경 분야에서 정확하고 안정된 습도 측정 및 제어의 필요성이 크게 증가하고 있다. 이와 같이 습도센서의 적용분야가 급속히 확대되어 감에 따라, 다양한 감습재료와 원리에 기반을 둔 습도센서가 개발되어 상용화되고 있다. 특히 최근 센서의 초소형화, 지능화, 집적화가 진행되고, 시장에서 저가화가 요구됨에 따라 기존의 저항형 세라믹 습도센서에서 정전용량형 고분자 습도센서로 발전되고 있다.

18.1.1 습도의 정의와 표시 방법

습도(humidity)란 기체 중에 포함되어 있는 수증기의 질량 또는 비율을 말한다. 그리고 액체나 고체 속에 흡수 또는 흡착되어 있는 물의 양을 수분(moisture)이라고 한다. 보통 일상생활에서는 대기 중의 수증기 비율을 습도라 하는데, 기상용어로써 오랫동안 사용되어 왔다. 습도와 수분을 나타내는 방법에는 산업이나 특정 응용분야에 따라 여러 가지방법이 사용되고 있다. 다음에 습도와 관련된 용어의 정의 및 습도의 표시방법에 대해서 중요한 것을 기술한다.

1. 수증기압

기체 중에 존재하는 수증기의 분압(分壓)을 수증기압이라 하고, 단위는 압력의 단위 Pa를 사용한다.

2. 포화수증기압

물 또는 얼음과 수증기가 공존하여 평형상태에 있을 때의 수증기압을 포화 수증기압이라 한다. 습도와 포화수증기압의 관계를 나타내는 일반적인 방법으로는 Goff-Gratch식이 사용되고 있다.

3. 절대습도

단위체적(1 m³)의 기체 중에 포함되어 있는 수증기의 질량(g)을 절대습도(absolute humidity)라 하고 g/m³로 나타낸다. 즉, 절대습도는 공기 중에 포함되어 있는 물의 양을 나타낸다. 절대습도 D는, 보일-샤르의 법칙을 사용하여 물의 분자량(18.016), 공기의 분자량 (28.996) 및 0 ℃, 1 기압에서 공기의 밀도(1293 g/m³)를 대입하면, 기체의 팽창계수는 0.00366 deg 이므로 다음과 같이 나타낼 수 있다.

$$D = \frac{0.00794\,e}{1 + 0.00366\,t} \tag{18.1}$$

여기서, t는 온도℃, e는 수증기압(Pa)이다.

4. 상대습도

상대습도(relative humidity)는 기체 중의 수증기압(e)과, 그것과 동일한 온도, 압력에서의 포화수증기압(e_s)과의 비로 정의되거나, 또는 공기의 절대습도(D)와, 그것과 동일한 온도, 압력에서 포화된 기체의 절대습도(D_s)와의 비로 정의되며, % 또는 %RH로 표시한다. 즉, 상대습도(RH)는 다음 식으로 주어진다.

$$RH = \frac{e}{e_s} \times 100 = \frac{D}{D_s} \times 100 \ \% \tag{18.2}$$

1 기압 t ℃의 공기 중에서 상대습도(RH)를 절대습도(D)로 변환하는 식은 다음과 같다.

$$D = \frac{RH}{100} D_s = \frac{RH}{100} \times \frac{0.00794\,e_s}{1 + 0.00366\,t} \tag{18.3}$$

5. 노점

기체에 포함될 수 있는 수증기량에는 한도가 있다. 보통 온도가 낮아지면 포화수증기압은 작아진다. 그러므로 기체를 냉각시키면, 그 속에 포함된 수증기량의 변화는 없어도 상대습도는 점차로 증가하여 마침내 어떤 온도에서 100 %로 포화된다. 온도가 이보다 더 내려가면 수증기의 일부분은 액화되어 부근의 고체 표면에 응결하여 이슬이 생긴다(0 ℃ 이하에는 서리가 된다). 일정 압력 하에서 기체를 냉각시킬 때 포함되어있는 수증기가 포화되는 온도를 노점(露点 ; dew point)이라 한다. 냉각하기 전의 온도 t ℃에서 기체의 상대습도(RH)는 다음과 같다.

$$RH = \frac{e_s(t_d)}{e_s(t)} \times 100 \tag{18.4}$$

여기서, t_d ℃는 노점, e_s Pa는 포화수증기압이다.

18.1.2 습도센서의 종류

습도를 정확히 측정하기가 매우 곤란하다. 이것은 신뢰성 있는 습도센서가 없기 때문이다. 습도센서는 감습부를 외기에 노출한 상태에서 사용하므로 오염과 환원작용 등에 의한 재질 변화를 방지하기가 곤란하여 다른 센서에 비해 특성이 현저히 떨어진다. 습도는 공기 중의 수증기와 관련된 여러 현상이나 물리적 성질을 이용하여 검출하는데, 여기서는 습도를 전기신호로 변화하여 검출할 수 있고, 또 연속 측정이 가능한 습도 센서만을 다룬다.

초기 습도센서는 실크나 머리카락 같은 천연재료의 수축 등을 이용한 기계식 습도센서가 사용되었으나, 확도, 가격 등의 문제로 인해 현재는 전자식 습도센서가 기계식을 대부분 대체하였다.

그림 18.1은 오늘날 널리 사용되고 있는 전자식 습도센서의 대표적인 구조를 나타낸 것이다. 전자식 상대습도센서는 저항형(resistive humidity sensor)과 정전용량형 습도센서(capacitive humidity sensor)로 대별할 수 있다.

저항형은 습도가 변화함에 따라 두 금속 전극 사이에 코팅된 전도성 고분자 또는 세라믹과 같은 흡습성 재료(吸濕性材料)의 임피던스가 변화하고 그 변화를 전기신호로 출력한다.

한편 정전용량형은 습도에 따라 두 전극사이에 위치한 감습 재료(고분자 박막이나 금속산화물)의 유전율이 변화함으로써 전극간 정전용량이 변화하는 센서를 말한다.

저항변화형 고분자 습도센서는 가전용으로 널리 사용되고 있으며, 한편 정전용량형은 빌딩 공조 등에 사용되고 있다. 저항 변화형 세라믹 습도센서는 빌딩 공조, 공장 공조, 산업용 습도관리에 널리 이용되고 있다.

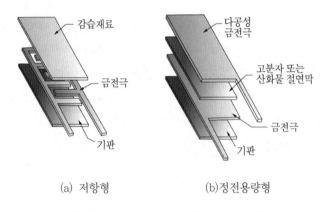

(a) 저항형   (b)정전용량형

그림 18.1 전자식 습도센서의 기본 구조

18.2 · 고분자 습도센서

고분자 재료를 이용한 습도센서는 전기 저항형과 정전용량형이 있다. 저항형 습도센서는 이온 전도에 따라 고분자의 전기 전도도가 변화하는 것을 이용한다. 한편 물에 녹지 않는 고분자의 경우에는 적당한 친수기를 얻는 재료로 되면 정전용량형 습도센서를 만들 수 있다. 다음에 전기저항식과 정전용량식 고분자 습도센서의 예를 설명한다.

18.2.1 저항형 고분자 습도센서

1. 기본 구조와 동작원리

그림 18.2는 저항형 고분자 습도센서의 구조를 나타내고 있다. 알루미나(또는 실리콘) 기판 위에 한 쌍의 빗형 금 또는 백금 전극을 형성하고 이 전극 표면에 감습막을 형성시킨 구조이다.

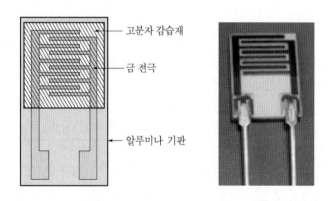

고분자 감습재
금 전극
알루미나 기판

그림 18.2 저항형 고분자 습도센서의 구조

그림 18.3은 고분자전해질(Polyelectrolyte, PE)에 기반한 저항형 고분자 습도센서의 동작원리의 일례를 나타낸 것이다. PE는 전해질 그룹을 가지는 고분자이다. 수분을 흡수하도록 PE는 다공정 박막으로 센서 기판 위에 코팅된다. 코팅된 고분자의 3차원화 구조에서, 암모늄염 $N^+(CH_3)_3Cl^-$ 의 $N^+(CH_3)_3$는 고분자 주쇄(主鎖)에 결합되어 있어 자유롭게 움직일 수 없는 고정이온이고, 이에 반해서 Cl^-은 완전히 자유로운 상태이기 때문에 전리(電離)되어 움직이기 쉬운 가동이온이다.

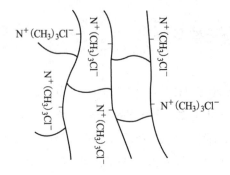

그림 18.3 3차원화 된 구조도

고분자가 흡습하면 Cl⁻이 이동하여 이온전도를 일으킨다. 습도가 증가하면 전리작용이 쉽게 되기 때문에 가동이온의 농도가 증대하고, 역으로 습도가 감소하면 가동이온의 농도도 따라서 감소한다. 이온전도를 이용한 고분자 습도센서는 감습막 표면에서 수분의 가역적인 흡탈착이 일어난다. 센서의 분극(polarization)을 방지하기 위해서 교류를 사용하며, 습도의 변화는 임피던스의 변화로 나타난다.

2. 특성

그림 18.4(a)는 고분자 습도센서의 저항-상대습도 특성을 나타낸 것으로, 온도계수는 0.5 %RH/℃이고 온도보상을 할 필요가 있음을 알 수 있다. 또 그림 (b)의 응답특성에서 흡·탈습 과정이 약 2분 정도로 길다.

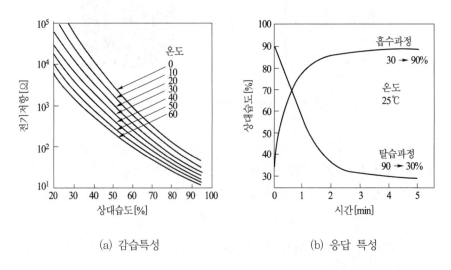

(a) 감습특성   (b) 응답 특성

그림 18.4 저항형 고분자 습도센서의 특성

3. 특징

일반적으로 저항변화형 고분자 습도센서는 정도가 낮고, 가격이 저렴하여 가전제품, 자동차 등 범용센서로 널리 사용되고 있다.

18.2.2 정전용량형 고분자 습도센서

고분자 재료의 비유전율은 3~4 정도인데 비해서 물은 80으로 크므로 흡습량의 증가에 따라서 비유전율이 크게 변화한다.

1. 기본 구조와 동작원리

그림 18.5(a)는 용량형 고분자 습도 센서의 기본 원리를 나타낸다. 고분자막의 비유전율 (ϵ_r)은 건조 상태에서 약 3, 물은 약 80 정도이다. 따라서 다공성 상부전극을 통해 물이 침투해 들어오면 고분자막의 등가 유전율은 증가한다. 이와 같이 고분자막의 물분자 흡탈착에 의해 비유전율이 변화하기 때문에 센서의 정전용량을 변화시켜 이것을 전기신호로 취하면 상대습도를 측정할 수 있다.

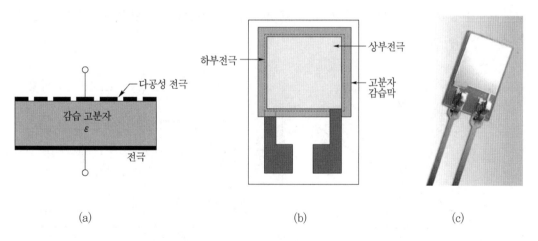

(a) (b) (c)

그림 18.5 정전용량변화형 습도센서의 구조 예

상대습도 x %에서 정전용량 $C(x)$의 변화율 $dC(x)/dx$은 다음과 같이 표현된다.

$$\frac{dC(x)}{dx} = \epsilon_0 \frac{A}{h} \frac{d\epsilon_r(x)}{dx} \tag{18.5}$$

여기서, $\epsilon_r(x)$는 상대습도 x %일 때의 비유전율, A는 전극면적, h는 전극 간격이다. 그러므로 상대습도 x %에 대해서 습도센서의 정전용량 $C(x)$는 다음과 같다.

$$C(x) = C_0 + \alpha \frac{dC(x)}{dx} \tag{18.6}$$

여기서, C_o는 상대습도 0 %에서 정전용량, α는 센서의 형상에 대응하는 정수이다. C_o와 α는 개개의 센서에 고유한 정수이다.

그림 18.5 (b)는 정전용량형 습도 센서의 구조를 나타낸 것으로, 감습 물질은 상하 두 전극 사이에 샌드위치 되어있다. 상부전극은 수증기가 출입할 수 있도록 미세한 다공성 박막으로 만들어진다. 기판으로는 알루미나, 실리콘 등이 사용된다. 감습 재료로는 흡습성 고분자인 폴리이미드(polyimide, PI)가 널리 사용되고 있다. 감습막의 제작에는 스핀 코팅 또는 함침법이 사용되고, 고분자 막의 두께가 균일하게 재현성을 유지하도록 제어하여야 한다.

2. 특성

그림 18.6 (a)는 상온, 1 MHz에서 측정한 용량형 고분자 습도센서의 상대습도-정전용량의 기본특성을 나타낸 것으로, 직선성이 우수함을 볼 수 있다.

그림 (b)는 0 %와 90 %의 상대습도에 측정한 센서의 응답 특성을 나타내고 있다. 용량형 습도센서의 응답 속도는 상부전극의 막 두께 차이에 따라 다르며, 또한 상부전극이 갖는 수분 통과성에도 의존한다.

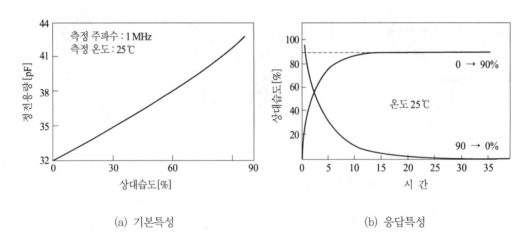

(a) 기본특성   (b) 응답특성

그림 18.6 정전용량형 고분자 습도 센서의 특성

3. 특징

정전용량형 고분자 습도센서의 특징은 측정범위가 넓고(0∼100 %RH) 상대습도에 대해서 직선적인 출력을 얻을 수 있고, 상온 부근에서 사용하는 경우 온도 의존성이 작은 특징을 갖고 있다. 보통 산, 알카리, 유기용제를 포함하는 분위기 또는 고온 중에서의 사용은 삼가해야 한다.

18.3 ◦ 세라믹 습도센서

18.3.1 습도센서용 세라믹

세라믹(ceramics)은 높은 온도에서 소결하여 제조된 비금속의 무기질 고체이다. 세라믹은 이온결합 또는 공유결합으로 되어있어 견고하고, 불에 타지 않는 성질을 갖고 있어, 내환경성, 수명 등 신뢰성이 우수한 장점이 있다.

그림 18.7은 대표적인 세라믹의 구조를 나타낸 것으로, μm 단위의 작은 결정립(結晶粒 ; grain), 결정의 접합계면(粒界 ; grain boundary), 공간과 결정의 계면(표면), 기공(氣孔 ; pore) 등으로 이루어져 있다.

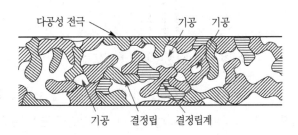

그림 18.7 대표적인 다공성 세라믹 센서의 미세구조

세라믹은 소결조건을 제어함으로써 치밀한 조직에서부터 다공질 구조를 갖는 세라믹의 제조가 가능하다. 세라믹 습도센서는 이와 같은 다공성을 이용한다. 다공질 세라믹에서 수증기나 가스는 기공을 통해 세라믹 내부로 확산하여 결정 표면에 흡착한다. 특히, 반도체 세라믹에서는 표면층에서 습도나 가스의 흡착에 의해 전기 전도도가 민감하게 변화한다. 이와 같이 세라믹은 그 구조적인 특징 때문에 습도센서 재료로 적당하다.

세라믹의 감습 기구는 물의 물리흡착 이온전도에 의한 것과 화학흡착 전자 전도형으로 구분할 수 있다. 대부분의 세라믹 습도센서는 물리흡착 이온전도형이며, 여기에는 안정된 수산기를 형성시킨 것과, 역으로 화학흡착 수산기 자체를 해리하기 쉬운 친수성인 것이 있다. 전자의 예로는 Al_2O_3계, $ZnO-Li_2O-V_2O_5-Cr_2O_3$계 등이 있고, 후자의 예로는 $MgCr_2O_4-TiO_2$계, ZrO_2-MgO계 등이 있다.

18.3.2 ZnO-Cr₂O₃ 습도센서

1. 기본 구조와 동작원리

그림 18.8은 ZnO-Cr_2O_3계 습도센서의 구조이다. 원판상의 다공질 세라믹 엘라멘트의 양면에 전극을 부착하고 Pt-Rh선을 용접한다.

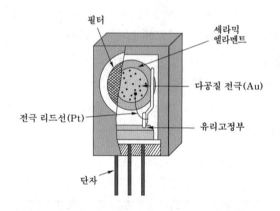

그림 18.8 ZnO-Cr₂O₃계 습도센서의 구조

그림 18.9는 $ZnO-Li_2O-V_2O_5-Cr_2O_3$를 기반으로 하는 습도센서의 감습 모델을 나타낸 것이다. 주 구성입자는 2~3 μm의 $ZnCr_2O_4$이다. 이 입자표면은 감습성이 높은 리튬 이온(Li)을 함유한 유리상의 금속산화물로 피복되어 있다. 이 피복층의 화합물 조성은 $LiZnVO_4$, $Li-V-O-(H_2O)n$, $Li-V-O-(OH)n$ 중 하나이거나 혼재된 것으로 생각된다. 이 감습성 유리 표면상태는 안정된 OH기를 가지고 있어, 이 OH기 위에 물 분자가 물리흡착되어 다층의 물분자 흡착층이 형성되어 습도에 대해서 전도성을 나타낸다.

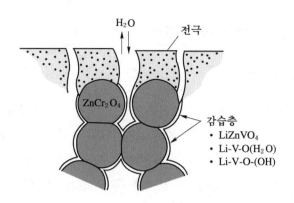

그림 18.9 $ZnCr_2O_4$계 습도 센서의 감습 모델

2. 특성 및 특징

그림 18.10은 $ZnO - Cr_2O_3$계 습도센서의 특성을 나타낸 것으로, 습도가 증가하면 저항이 비직선적으로 감소함을 알 수 있다. 또, 응답속도는 매우 느리다.

이 센서는 다음에서 설명하는 $MgCr_2O_4 - TiO_2$계 습도센서와는 달리 히터에 의한 가열 클리닝을 필요하지 않고 0.5 mW의 미소전력으로 사용할 수 있다. 또 센서는 소형으로 되고, 생산면에서 양산성이 우수하며 저가격이 가능하다.

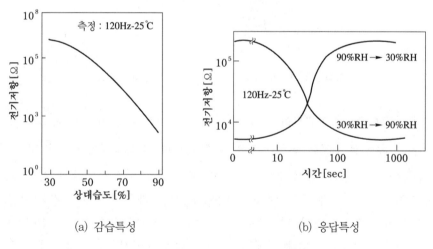

(a) 감습특성   (b) 응답특성

그림 18.10 $ZnO - Cr_2O_3$계 습도센서의 특성

18.3.3 MgCr₂O₄–TiO₂ 습도센서

1. 기본 구조와 동작원리

그림 18.11은 $MgCr_2O_4 - TiO_2$를 기반으로 하는 습도센서의 구조를 나타낸 것이다.

$MgCr_2O_4 - TiO_2$계 세라믹 칩의 양면에 물분자가 투과하기 쉬운 RuO_2계 전극을 도포하고, 그 주위에 세라믹 히터를 설치하였다. 다공질을 통하여 분위기의 수증기압에 대응된 물분자가 미립자 결정표면에 물리적으로 흡탈착함으로써 전기 저항이 변화하는 것을 이용한다. 또, 여러 가지의 유기물이 표면에 부착하기 때문에 히터로 400~500 ℃에서 가열 크리닝을 하면 센서의 오염을 청결하게 하고, 정밀도를 높일 수 있다.

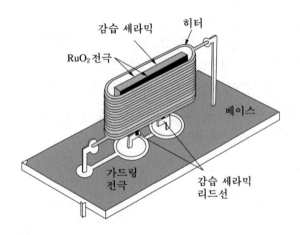

그림 18.11 $MgCr_2O_4 - TiO_2$계 습도센서의 구조

$MgCr_2O_4 - TiO_2$계 습도센서의 수분흡착 양상은 다음과 같이 생각할 수 있다.(그림 18.12). 먼저, 기공으로 침투한 최초 소량의 수증기(H_2O)가 해리되어 H^+와 OH^-가 된 다음 OH^-는 금속이온에, H^+은 산소이온에 각각 화학적으로 결합하여 표면 수산기를 형성하는 화학흡착이 일어난다. 제2단계에서는 앞에서 흡착된 2개의 표면 수산기 위에 수증기가 물리흡착하여 물의 다분자 층을 형성한다. 마지막으로 다량의 수증기가 존재하면 대향전극 사이에 연속적인 수분흡착에 의해 전해질층이 형성되고 전기전도도가 증가한다.

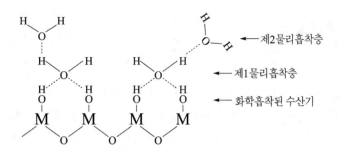

그림 18.12 응축된 물의 다층 구조

3. 특성 및 특징

그림 18.13은 $MgCr_2O_4\text{-}TiO_2$계 습도센서의 상태습도-저항 특성을 나타낸 것으로, 다른 저항형 습도센서와 마찬가지로 비직선성이 매우 큰 것을 확인할 수 있다.

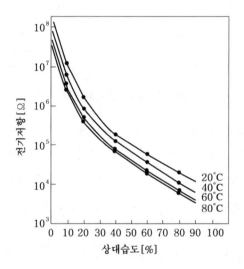

그림 18.13 상대습도-전기저항 특성

18.4 ○ 절대 습도센서

절대습도 센서(absolute humidity sensor)는 기체 중에 포함되어 있는 수증기의 질량(g)을 측정한다. 절대습도 센서에는 서미스터가 흔히 사용되기 때문에 동작원리에 따라 분류할 때는 열전도도 습도센서(thermal conductivity humidity sensor)라고 부르기도 한다.

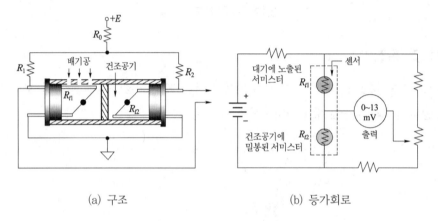

(a) 구조   (b) 등가회로

그림 18.14 절대습도센서

그림 18.14는 서미스터를 이용한 절대습도 센서의 구조와 등가회로를 나타낸다. 하우징으로 빠져나가는 열손실을 최소화하기 위해서 두 개의 작은 서미스터 R_{t1}과 R_{t2}는 가는 도선에 의해서 지지되어 있다. 서미스터 R_{t1}는 작은 구멍을 통해서 외기에 노출되어 있고, R_{t2}는 건조공기 속에 밀봉되어 있다. 두 서미스터는 그림 (b)와 같이 브리지 회로로 접속된다.

서미스터는 자기가열에 의해서 주위온도보다 높은 온도(170℃까지)로 가열된다. 초기에 건조공기상태에서는 두 서미스터의 저항이 같으므로 평형상태를 유지한다. 절대습도가 증가하면 서미스터 R_{t1}이 주위로 발산하는 열량이 달라지므로 서미스터의 온도가 변해 그 저항값도 따라서 변한다.

반면 서미스터 R_{t2}는 건조공기에 밀봉되어 있으므로 저항값의 변화가 없다. 따라서 브리지는 불평형 상태로 되어 출력이 발생한다. 두 서미스터의 저항차는 절대습도에 비례하기 때문에, 브리지의 출력전압도 그림 18.15와 같이 절대습도에 비례해서 증가한다.

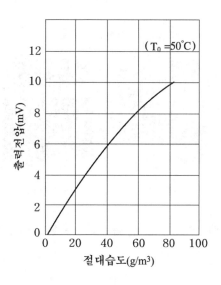

그림 18.15 절대습도센서의 특성 예

18.5 ◦ 스마트 습도센서

최근에는 CMOS 기술을 이용해서 습도센서, 온도센서, 신호처리회로를 하나의 칩에 집적시킨 디지털 습도센서가 상용화되어 사용되고 있다.

1. 센서 구성

그림 18.16은 디지털 습도센서의 구성도를 나타낸다. 단일 CMOS 센서 칩은 교정된 습도센서와 온도센서, 증폭기, 14bit A/D변환기, 보정된 메모리 값이 저장된 EPROM, 디지털 2-wire 인터페이스 회로로 구성된다.

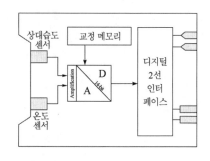

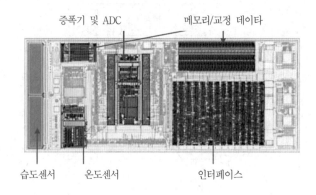

그림 18.16 디지털 출력의 습도/온도 센서 칩

2. 센서 특성

스마트 습도 센서의 특성 일부를 나타내면 다음과 같다.

- 측정 범위 : 0~100 %RH
- 상대습도 정밀도 : ±2 %RH (10 ⋯ 90 %RH)
- 습도 재현성 : ±0.1 %RH
- 온도 정밀도 : ±0.3 ℃ @ 25 ℃
- 응답속도 : <8 sec
- 전력 소비 : typ. 30 μW
- 장기 안정성 : <1 %RH/yr

3. 센서 특징

- 소비자들이 센서를 교정할 필요가 전혀 없고, 또한 교정없이 100 % 교체가 가능하다.
- 응답속도가 4 sec(1/e)로 짧고 소비전력이 낮다.(<3 uA)
- 신뢰성이 높고, 장기 안정성이 우수하다.
- 센서 엘레멘트의 자기시험 능력
- 상대습도와 온도를 동시 측정 가능
- 낮은 가격

18.6 ● 결로 센서

결로란 대기중의 수증기가 액화하여 물방울이 되어 물체 표면에 부착되는 현상이다. 따라서, 결로 센서는 고습영역(100 % 가까이)에서 그 특성이 급격히 변하는 고습도 스위칭 센서라고 할 수 있다.

그림 18.17은 고분자 결로 센서의 일례를 나타낸다. 알루미나 기판 상에 빗살모양의 금 전극을 형성하고 그 위에 고분자로 된 감습 저항막을 코팅한다. 감습막을 보호하기 위한 다공성의 보호막을 도포한다. 감습저항막은 흡습수지에 도전입자(탄소)를 혼합한 것으로, 저항막은 수분의 흡착에 의해서 탄소입자사이의 간격이 확대되어 저항값이 증가한다. 결로 상태에 가까운 94 %RH에서 저항이 급격히 증가하는 현상을 응용해서 결로 상태를 검출한다.

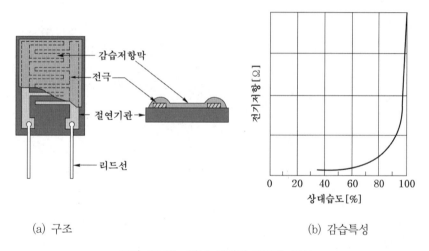

(a) 구조   (b) 감습특성

그림 18.17 결로 센서의 구조와 특성

memo

19 방사선 센서
chapter

원자력 이용이 진보함에 따라 방사선을 방출하는 방사선 동위체(放射性 同位體 ; radioisotope)가 인공적으로 제작되어 방사선을 용이하게 얻어질 수 있게 되었다. 이에 따라 방사선 이용 분야가 종전의 X선 촬영이나 X선 탐상 등에서 벗어나 방사선 응용 계측으로 점점 확대되고 있다. 방사선 중 특히 중요한 것은 알파선, 베타선, 감마선, X선 등이며, 여기서는 이들을 검출하는 기본 센서를 다룬다.

19.1 ● 방사선 센서의 기초

19.1.1 방사선의 종류

우라늄, 플루토늄과 같이 원자량이 매우 큰 원소들은 핵이 너무 무겁기 때문에 상태가 불안정해서 스스로 붕괴를 일으킨다. 이러한 원소들이 붕괴하여 다른 원소로 바뀌는 과정에서 입자나 전자기파를 방출하는데 이것을 방사선(radiation)이라고 한다. 방사선을 방출하는 원소를 방사성 원소(radioactive element)라고 하며, 방사선을 방출하는 능력을 방사능(radioactivity)이라고 부른다.

방사성 원소가 붕괴할 때 나오는 방사선의 종류와 특징을 나타내면 표 19.1과 같으며, 전자파 방사선과 고속 입자선으로 대별할 수 있다. 전자파 방사선에는 X선과 γ(감마)선이 있고, 입자선에는 α(알파)선, β(베타)선, 중성자선과 같이 운동하는 입자선(粒子線)이 있다. 중요한 방사선에 대해서 간단히 설명하면 다음과 같다.

- α선 : 불안정한 원자핵(방사선 물질)이 붕괴하여 안정한 원자핵으로 변화할 때 방출되는 방사선이며, 2개의 양자와 2개의 중성자로 이루어진 질량수 4의 입자이다.
- β선 : 원자핵의 붕괴에 수반되어 발생하는 방사선으로서 그 본체는 전자이다.
- γ선 : 원자핵 내의 여기 에너지가 광자(光子)로서 방출되는 것으로서 파장이 1~0.01Å의 전자파이다.
- X선 : γ선과 동일한 전자파이나 그 발생 방법이 다르다. X선은 X선관을 이용하여 열전자를 직류 고전압으로 가속시켜 양극에 충돌하게 하여 발생시킨다.

표 19.1 대표적인 방사선의 특성

	α선	β선	γ (X)선
정지질량	6.6×10^{-24} g	1.085×10^{-28} g	전자파
전 하 량	$+2e$	$-e$	
에 너 지	~5 MeV	~2 MeV	~3 MeV
투과작용	小	中	大
전리작용	大	中	小
감광작용	大	小	中
형광작용	大	中	小

19.1.2　방사선 센서의 종류

방사선 센서는 방사선과 물질의 상호작용을 이용하여 방사선을 전기신호로 변환하는 센서 또는 검출기이다. 방사선이 물질에 충돌하는 경우 일어나는 현상을 요약하면 다음과 같다.

- 전리작용 : 방사선이 물질(기체 또는 고체)을 구성하는 중성 분자나 원자를 전리시켜 이온을 만드는 작용. 전리 작용을 이용한 장치로는 전리 상자(電離箱子), 비례계수관(比例計數管), 가이거 뮐러 계수관(Geiger-Müller tube) 등이 있다.
- 여기 작용 : 방사선이 형광체에 충돌함으로써 형광을 일으키는 작용. 형광 작용을 이용한 장치로는 신틸레이션 계수관(scintillation counter)이 있다.
- 감광작용 : 사진 필름을 감광시키는 성질을 말하며, 이 작용을 이용한 장치로는 필름 배지(film badge)나 방사선 사진(radio graph)이 있다.

19.2 ◦ 기체의 전리작용을 이용한 방사선 센서

전리 작용은 많은 계수관에 이용되고 있는 현상으로, 가장 오래된 검출방식이다.

19.2.1　검출 원리

기체의 전리작용(이온화)를 이용해서 방사선을 측정하는 기구를 통틀어 이온화 상자 (ionization chamber) 또는 전리 상자라고 부른다. 그림 19.1은 방사선의 전리 작용을 설명하는 그림이다.

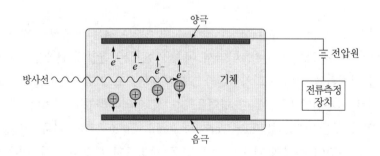

그림 19.1　방사선에 의한 전리작용

두 전극 사이에 아르곤과 같은 불활성 기체를 채우고 전극 간에 전압을 가한 상태에서 외부로부터 방사선을 조사하면, 기체 분자가 전리되어 양이온과 전자가 발생하고, 전자는 양극으로, 양이온은 음극에 흡수된다. 그리고 이들에 의해서 외부 회로에 전류가 흐른다.

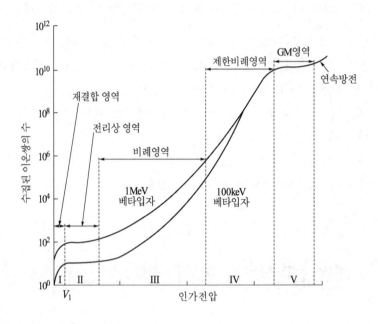

그림 19.2 전극 인가전압과 전극에 수집되는 이온의 수 관계

이 경우, 전극간 전압과 전극에 모이는 이온 수의 관계를 나타내면 그림 19.2와 같이 되며, I-VI영역으로 나누어진다. 이중 방사선 센서에 이용되는 영역은 II의 전리상 영역(포화영역), III의 비례 영역, V의 가이거-뮐러 영역(Geiger-Müller region)이다.

- 재결합 영역(recombination region) I : V_1이하의 전압에서는 전압이 낮기 때문에 이온들은 전극을 향해 서서히 이동하고, 일부의 이온쌍은 전극에 모이나 다른 일부는 재결합하여 원래의 중성 원자 또는 분자로 돌아간다. 따라서 이 영역에서는 검출기가 동작하지 않는다.

- 전리상 영역(ionization chamber region) II : 이 영역에서는 발생된 전자와 이온이 모두 정부(正負)의 전극에 모이게 된다. 따라서 이 영역에서는 전압에 관계없이 전극에 모이는 이온의 수가 일정하게 되어 포화영역이라고도 부른다. 또 전리상자(電離箱子)라고 부르는 방사선 센서로 사용되기 때문에 이 영역을 전리상 영역이라고도 부른다.

- 비례 영역 III과 제한비례영역(limited proportional region) IV : 더욱 전압을 높이면, 전리된 전자가 가속되어 중성의 기체 분자를 충돌 전리시켜 새로운 전자-이온쌍을 만들고, 이 전리된 전자는 다시 중성 기체분자를 충돌 전리시키는 과정을 반복하여 이온의 수는

급격히 증가한다(이온 눈사태 현상). 따라서 이온의 수는 방사선 입사에 의해 생긴 1차 이온 수보다 많아지게 되며, 두 극 사이에 흐르는 펄스가 입사된 방사선 에너지에 비례하므로 비례영역이라고 부른다.

- GM 영역(Geiger–Müller region) V : GM 영역에서는 이온 눈사태가 전극 전체에 미쳐 이온쌍에 관계없이 대량의 이온이 발생된다.

19.2.2 전리상자

이 장치는 그림 19.2의 전리상 영역을 이용한 것이며, 그림 19.3은 그 원리를 나타낸다. 방사선에 의해 전리된 1차 이온 들을 집전극(集電極)(음극)에 모으고 전이 시간보다 충분히 긴 시간에 대해 전하량을 평균화하여 전류로 한다. 이 전류를 외부에 접속하는 고저항 R의 단자 전압으로 측정한다. 또, 전하를 펄스로 검출하는 펄스형 전리상도 있다.

전라 상자는 α선 등의 선량(線量)을 측정할 때 이용된다. 그림과 같은 평행판 모양의 장치 외에 동축원통형(同軸圓筒形)이나 구형(求刑)도 있다.

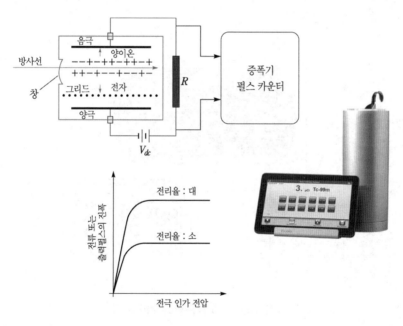

그림 19.3 평행판 이온화 상자

19.2.3 GM 계수관

가이거–뮐러 계수관은 GM 영역을 이용하는 장치로서, 방사선에 의해 하나의 이온–전자 쌍이라도 생성되면 방사선의 종류나 크기에 무관하게 방전 펄스를 발생시킨다. 이를 증폭하여 계수장치로 계수하면 방사선을 검출할 수 있다. 그림 19.4는 GM 계수관 구조의 일례로서 금속 세선으로 된 양극과 원통형의 음극으로 구성되며, 아르곤 등의 불활성 기체와 메탄 (methane) 등의 유기성 기체가 채워져 있다. GM 계수관은, 일단 방사선 입자가 입사하여 이온화가 일어나게 되면, 일시적으로 양극 주위에 쌓이는 공간전하(전자)에 의하여 전극간 전압의 순간적 강하가 발생하게 되는데, 이것이 전압 펄스로 외부 회로에 나타난다. 계수가 기록된 후, 다음 입자가 입사하여도 이 공간전하에 의해서 일정한 시간이 경과되지 않으면 GM 계수관은 동작되지 않는다. 이 시간을 불감시간(不感時間;dead time)이라 한다. 즉 검출기가 자신을 리셋하는 시간이다. 또, 불감시간이 경과하여도 초기에는 펄스의 파고값이 작으며, 정상 상태로 회복할 때까지는 상당한 시간이 소요되어, 실제적인 부동작 시간(不動作時間)은 불감시간보다 길다. 이 시간을 분해시간(分解時間 ; resolution time)이라 하며 200 μs 정도이다. GM 계수관은 출력 펄스가 크기 때문에, 간단한 장치로 α선, β선, γ선, X선 등을 검출하는데 널리 이용되고 있다.

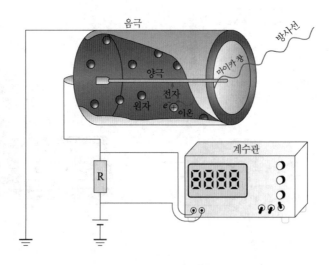

그림 19.4 가이거–뮐러 계수관

19.2.4 비례 계수관

비례 계수관(proportional counter)는 비례영역의 특성을 이용하는 것으로서, 그 구조는

그림 19.5와 같이 동심원통형이 일반적이며, 메탄가스(CH_4), 아르곤+메탄의 혼합기체, 제논 가스 등이 봉입되어 있다. 전리에 의하여 발생된 이온쌍은 집전극에 모이고, 외부 회로를 통해 방전함으로써 전류 펄스를 발생시킨다. 따라서 이를 증폭하여 계수장치로 측정하면 방사선을 검출할 수 있다. 전류 펄스의 파고값은 입사하는 방사선의 운동 에너지에 따라 달라지므로, 비례 계수관에서는 방사선의 에너지를 측정할 수 있으며, 또한 그 종류도 알 수 있다.

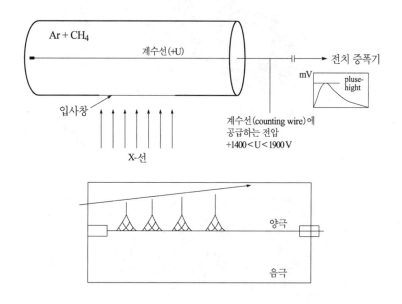

그림 19.5 비례 계수관의 구조와 원리

19.3 ◦ 신틸레이션 계수관

방사선이 형광체에 충돌하면 에너지가 감소하면서 순간적으로 형광(螢光)이 나타나는 현상을 신틸레이션(scintillation)이라고 부르며, 이와 같은 방사선의 형광 작용을 이용한 측정 방법을 신틸레이션 계수관이라고 한다. 이 계수관의 원리를 그림 19.6에 나타내었다. 요오드 나트륨(iodic natrium), 안드라센(anthracene) 등의 형광 물질(이것을 scintillator라고 함)에 방사선 입자가 닿으면 형광을 내는 작은 섬광을 발생한다. 이 빛이 광전자 증배관(제2장)의 광전면에 닿으면 광량에 비례하는 광전자가 방출된다. 광전자는 $10^5 \sim 10^6$배로 증배되어 전류 펄스로서 검출되므로, 이를 계수하면 방사선을 검출할 수 있다. 신틸레이터가 발생시키는 섬광의 강도는 입사하는 방사선 입자의 에너지에 비례하므로, 신틸레이션 계수관은 에너지 스펙트럼(energy spectrum)의 측정에 이용된다. 이 장치는 각종 방사선에 대해 감도가 높고 분해능이 좋은 점이 특징이다.

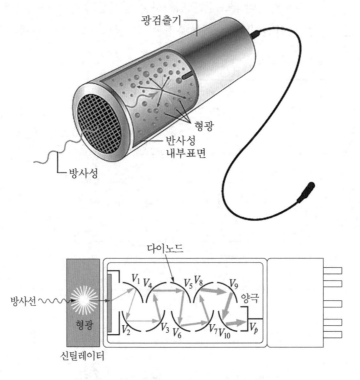

그림 19.6 신틸레이션 계수관의 구조와 원리

19.4 ◦ 반도체 방사선 센서

반도체 방사선 센서는 방사선이 Si이나 Ge 등의 반도체 내를 통과하면, 전리 작용에 의해 전자와 정공을 발생시키는 현상을 이용하는 것으로서, 그림 19.7은 pn 접합형 방사선 검출기의 원리를 나타낸 것이다. 그림과 같이 p형 Si 상에 n형 Si을 성장시켜 pn 접합을 만든다. 이 접합에 역방향의 고전압을 인가하면, 접합면 부근에는 전자나 정공이 존재하지 않는 공핍층(depletion layer)이 형성되므로 전류는 거의 흐르지 않는다. 그러나 여기에 방사선이 입사하면 방사선의 에너지에 비례하는 양의 전자−정공쌍이 공핍층에서 발생된다. 따라서 전자는 양극으로 정공은 음극으로 끌려 외부 저항 R을 통하여 전류가 흐르게 되어 R의 양단에 펄스 전압을 발생시키므로, 이를 증폭하여 계수함으로써 방사선을 검출할 수 있다.

β선이나 γ선을 검출하는 경우 pn 접합형 검출기에서는 이들 방사선이 공핍층을 투과하기 때문에 공핍층에서 흡수되는 에너지가 작아지므로, p형과 n형 반도체 사이에 두꺼운 진성 반도체 층을 형성시킨 pin형 방사선 검출기가 사용된다.

보통 반도체 검출기는 열 잡음 때문에 냉각이 필요하다.

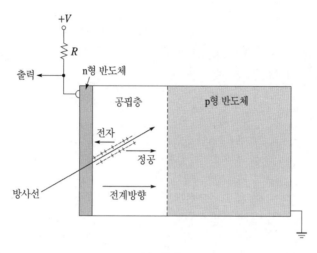

(a) 원리

(b) 감마선 검출기(CdZnTe)

그림 19.7 pn 접합형 방사선 센서

memo

20 chapter | 이미지 센서

이미지 센서(image sensor)는 1차원 또는 2차원적인 광강도 분포를 읽어서 시계열(時系列)의 전기신호로 변환하는 센서이며, 공간적으로 배치한 복수개의 광센서를 순차적으로 주사하여 촬상(撮像)을 행한다. 고체 이미지 센서에는 CCD와 CMOS 등이 있으며, CCD가 더 우수한 성능을 제공하고 있어, CCD를 사용한 것이 주류가 되어 왔으나, 최근에는 CMOS기술의 발전으로 CMOS 이미지 센서의 성능이 많이 향상되고 있어, 소비전력, 크기, 가격 면에서 장점을 갖는 CMOS 이미지 센서의 사용이 모바일 기기를 중심으로 점점 확산되고 있는 추세이다.

20.1 · 개 요

이미지 센서는 광센서(photosensitive element)의 어레이로 구성되는 집적회로 칩이다. 이 광센서 하나하나를 화소(畵素 ; pixel, picture element)라고 부르며, 그림 20.1은 기본적인 이미지 센싱 동작을 나타낸 것이다. 광학 렌즈는 이미지 센서에 물체의 이미지를 형성시키고, 센서에 맺힌 이미지에 대응되는 화소들은 빛을 전기신호로 변환한다. 이렇게 이미지는 전류, 전하, 전압 등의 전기신호로 변환되어 출력된다.

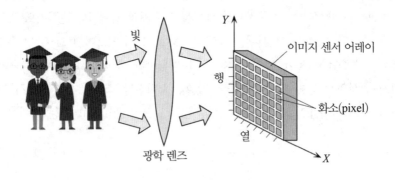

그림 20.1 이미지 센서의 기본 동작 개념

고체 이미지 센서에는 CCD(Charge Coupled Device)와 CMOS(Complementary Metal-Oxide-Semiconductor) 기술이 있으며, 주요 특성을 비교하면 표 20.1과 같다. 초기에는 CCD 이미지 센서의 감도와 이미지 질(quality)이 우수하여 주류를 이루었으나, 최근에는 CMOS 이미지 센서의 성능이 크게 향상되었고, 소비전력, 크기, 가격 면에서 비교우위에 있어 CMOS 이미지 센서가 광범위하게 사용되고 있다. 여기서는 CCD와 CMOS 이미지 센서의 기본 원리를 중심으로 설명한다.

표 20.1 CCD와 COMS 이미지 센서의 주요 특성 비교

	CCD	CMOS
감도	*	
이미지 질	*	
콤팩트한 단일 칩 설계		*
고속 판독 출력		*

20.2 ○ CCD 이미지 센서

20.2.1 CCD의 기본구조와 원리

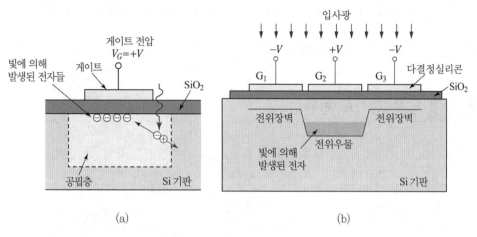

그림 20.2 CCD의 기본 구조

그림 20.2는 CCD 소자의 기본구조를 나타낸 것으로, 실리콘 반도체 표면에 산화막 (oxide, SiO_2)과 금속(그림에서는 금속 대신 다결정(多結晶) 실리콘(polysilicon)이 사용됨)이 수직으로 적층된 구조로 되어 있다. 이와 같은 구조를 MOS(Metal-Oxide- Semiconductor ; 금속-산화막-반도체) 구조라고 부르며, CCD는 MOS 소자의 이론에 기초를 두고 있다. MOS 구조에서 금속(다결정 실리콘)을 게이트(gate)라고 부른다. 산화막은 전류가 흐르지 않는 절연체이다.

전압을 게이트에 인가하면, 실리콘 표면에서 전위(電位)의 변화가 일어난다. 그림 (a)에서 게이트에 전압 +V를 인가하면, p-형 Si 기판에는 공핍영역(자유전자와 정공이 존재하지 않는 영역)이 형성된다. 이때 빛이 들어오면 이 영역에서 전자-정공쌍이 발생하고, 전자는 게이트 밑의 반도체 표면으로 끌려가 축적되고, 정공은 p-형 기판으로 이동한다.

이제 그림(b)와 같이 게이트 전극을 3개로 배치하고, 중앙의 게이트 G_2에 + V 전압을, 게이트 G_1, G_3에 - V 전압을 인가하면, 게이트 G_2 밑의 반도체 전위는 (-), 게이트 G_1, G_3 밑의 반도체 전위는 (+)로 되어 그림과 같은 전위우물(potential well)이 형성되고, 입사광에 의해서 국부적으로 발생된 전자들은 이 우물에 의해서 수집된다. 우물을 둘러싸고 있는 더 높은 전위영역을 전위장벽(電位障壁 ; potential barrier)라고 부르며, 이 장벽에 의해서 전자들은 게이트 G_2 밑에 갇히게 된다.

CCD에 의해서 이미지를 얻는 과정은 다음과 같이 3단계 과정을 거쳐 수행된다.

① 노광(露光 ; exposure) : 빛을 전하로 변환하는 과정
② 전하전송(charge transfer ; 電荷轉送) : 빛에 의해 발생된 전하가 축적되면, 이들을 순차적으로 이동시킨다.
③ 전하−전압 변환과 출력 증폭 : 전하를 전압으로 변화하고 증폭한다.

다음 절부터는 이 과정에 대해서 좀더 상세히 설명한다.

20.2.2 빛을 전하로 변환

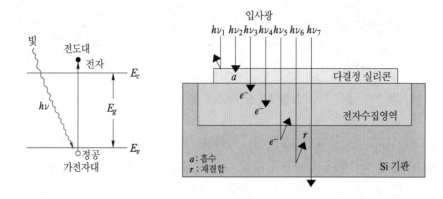

(a) 전자−정공 쌍 발생   (b) MOS 구조에서 전자발생

그림 20.3 실리콘 반도체와 빛의 상호작용. 빛에 의해 전자−정공 쌍이 발생

CCD에 입사된 빛은 실리콘 반도체 내부에 전자−정공 쌍을 발생시킨다. 그림 20.3은 이 과정을 설명하는 그림이다. 제2장에서 설명한 바와 같이, 주파수 ν인 빛의 광자(光子 ; photon) 에너지 $E_{ph}(=h\nu)$가 실리콘의 에너지 밴드 갭(energy gap) E_g와 같거나 더 크면, 가전자대에 있는 전자는 전도대로 여기(勵起)되어 자유전자로 된다. 즉,

$$E_{ph} \geq E_g \quad \text{또는} \quad h\nu = \frac{hc}{\lambda} \geq E_g \tag{20.1}$$

여기서, h는 플랑크 상수(Planck's consstant), ν와 λ는 각각 입사광의 주파수와 파장, c는 광속이다. 주어진 물질에서 전자를 발생시킬 수 있는 빛의 파장(주파수)를 임계파장(臨界波長 ; critical wavelength)이라고 하며, 이것은 식 (20.1)로부터

$$\lambda_c = \frac{h\,c}{E_g} = \frac{1.24}{E_g[\text{eV}]}\ \mu\text{m} \tag{20.2}$$

따라서, 입사광의 파장이 $\lambda > \lambda_c$ 이면, 광자의 에너지는 $E_{ph} < E_g$ 로 되어 전자를 가전대로부터 전도대로 여기시킬 수 없다. 이 경우 빛은 물질에 흡수되지 않고 완전히 투과한다. 진성 실리콘 반도체의 에너지 갭은 $E_g = 1.12$ eV이므로, 임계파장을 계산하면, $\lambda_c = 1.11\mu$ m로 되어, 적외선 영역에 해당한다.

주어진 파장의 빛에 의해서 발생되는 전자 수는 단위시간당 단위면적에 입사되는 광자의 수에 직선적으로 비례한다. 그래서 이상적으로는 실리콘에 입사하는 파장이 $\lambda \le 1.11\ \mu$m인 모든 광자는 그것에 대응하는 전자를 발생시킨다고 가정할 수 있다. 그러나 실제로는 광자가 신호전자로 모두 변환되지는 않기 때문에 전하발생과정의 효율은 나빠진다. 그래서 입사 양자당 발생하는 신호전자의 수를 양자효율(量子效率 ; quantum efficiency)이라고 정의하며, 양자효율은 CCD의 응답성(應答性 ; responsivity)을 계산하는데 사용된다.

지금까지 설명한 내용을 CCD MOS 구조에 대해서 적용해보자. 그림 20.3(b)에서, 입사광의 일부($h\nu_1$)는 반사되고, 또 다른 일부($h\nu_2$)는 게이트에서 흡수된다. 광자 $h\nu_7$는 에너지가 작으므로(즉, $E_{ph} < E_g$) 실리콘에서 흡수되지 않고 완전히 통과한다. 지금 입사광 $h\nu_3$, $h\nu_4$, $h\nu_5$, $h\nu_6$를 생각해 보자. 주파수(파장)가 다른 빛이 실리콘에 입사하면 광자는 그들의 파장에 따라 다른 깊이에서 흡수되어 자유전자를 발생시킨다. 이중 $h\nu_6$에 의해서 발생된 전자는 수집영역으로 이동하는 도중 정공을 만나 재결합(再結合)하여 소실되고, 나머지 전자들은 수집영역으로 들어가 축적된다. 위 과정에서 광자 $h\nu_1, h\nu_2, h\nu_6, h\nu_7$는 신호전자의 발생에 기여하지 못하므로 양자효율을 저하시키는 요인이 된다.

20.2.3 전하전송 방식

일단 빛에 의해 발생된 전하가 전위우물에 축적되면, 이들을 순차적으로 이동시킨다. 현재 사용되는 전하전송(電荷轉送 ; charge transfer) 기술에는 여러 가지가 있지만, 여기서는 3상 CCD를 예로 들어 기본 원리만 설명한다. 그림 20.4는 3상 CCD의 전하전송 과정을 나타낸다. 3개의 게이트 G_1, G_2, G_3는 하나의 화소(畵素 ; pixel)를 정의한다. 이들 게이트를 칼럼(column)을 형성하는 하나의 축을 따라 길게 형성시킨 것을 시프트 레지스터(shift register)라고 부른다. 그림 20.3에서 설명한 바와 같이, 이들 게이트 중 하나에 'high level(+V)' 전압을 인가하면 그 게이트 밑에는 전위우물이 형성되고, 반면 'low level(0 V)' 전압을 인가하면 전위장벽을 형성한다.

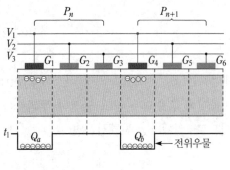

- 시간 t_1 :
  만약 게이트 G_1과 G_4에 전압 $V_1 = +V$을 인가하고, 나머지 게이트 전압을 $V_2 = V_3 = 0$으로 하면, 게이트 G_1과 G_4 밑에는 전위우물이 형성되어, 화소 $P_n (P_{n+1})$에서 빛에 의해서 발생된 전하들을 수집하여 $Q_a (Q_b)$로 축적한다.

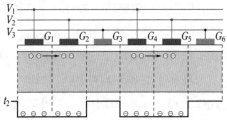

- 시간 t_2 :
  게이트 G_2와 G_5의 전압을 0에서 $V_2 = +V$로 변화시키면, G_2와 G_5 밑에도 전위우물이 형성되어 게이트 $G_1 (G_4)$에 축적되어 있던 전하 일부가 게이트 $G_2 (G_5)$로 이동한다.

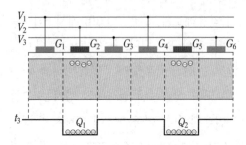

- 시간 t_3 :
  게이트 G_2의 전압을 $V_2 = +V$로 유지하고, 다른 게이트 전압을 $V_1 = V_3 = 0$로 변화시키면 게이트 $G_1 (G_4)$에 축적되어 있던 $Q_a (Q_b)$가 모두 게이트 $G_2 (G_5)$로 이동하여 $Q_1 (Q_2)$로 축적된다.

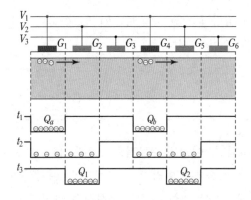

- 우물에서 우물로 전하전송 :
  선전압 V_1, V_2, V_3를 적절히 제어하면, 전하를 화소에서 화소로 순차적으로 이동시키는 과정을 거쳐 이미지 센서 칩의 맨 끝에 위치한 레지스터 (register)까지 전송할 수 있다.

그림 20.4 3상 CCD의 전하전송과정

위와 같은 과정을 반복하면, 화소 P_n에 축적되어 있던 전하 Q_a를 모두 화소 P_{n+1}의 전극 G_4 밑으로 이동시킬 수 있으며, 이때 1회의 전송 사이클(one transfer cycle)이 완료되었다고 한다. 이와 같은 전송과정을 모든 전하가 출력 측에 도달할 때까지 반복하면, 전하(전자)는 결국 출력 센싱 노드(output sensing node)까지 시프트되어, 내장되어 있는 증폭기에 의해서 전압으로 변환된 후 전압신호로써 출력된다.

20.2.4 CCD 포맷(format)

이미지 센싱은 점 스캐닝(point scanning), 선 스캐닝(line scanning), 면적 스캐닝(area scanning) 등 3가지 기본 기술을 사용해서 수행될 수 있는데, CCD는 선 스캐닝과 면적 스캐닝 포맷을 취한다.

그림 20.5(a)는 선 스캐닝 방식을 나타낸 것으로, 단일 셀 검출기를 하나의 축을 따라 배열한 어레이이다. 이 경우, 이미지 신으로부터 정보의 라인(line)이 얻어지고, 다음 라인으로 진행하기 전에 소자를 빠져나간다. 리니어 CCD 스캐너의 물리적 길이는 소자를 만드는데 사용되는 실리콘 웨이퍼의 크기에 의해서 제약받는데, 이러한 제약을 극복하기 위해서 때로는 몇 개의 리니어 CCD를 이어서 전체 길이를 증가시키지만, 시스템의 가격과 복잡성이 증가한다.

선 스캐닝의 스캔 시간은 수초에서 수분정도로 점 스캐닝 보다 훨씬 우수하지만, 아직도 많은 응용분야에 부적합하다. 선 스캐닝의 또 다른 이점은 해상도가 높고, 스캐닝 메카닉스가 덜 정교해도 된다는 점이다. 그러나 해상도가 한 방향으로의 화소간격(spacing)과 크기(size)에 의해서 제약받는다.

그림 (b)는 면적 스캐닝(area scanning) 방식을 나타낸 것으로, 검출기를 2차원으로 배열한 어레이화하여 검출기나 이미지 신을 이동하지 않고 한번의 노출에 의해서 전체 이미지가 얻어진다. 면적 스캐닝은 화소 사이의 등록 확도(registration accuracy)가 가장 높고, 가장 높은 프레임 율(frame rate)을 만들 수 있다. 시스템의 복잡성도 최소로 유지할 수 있다. 그러나 해상도는 두 방향으로 제약을 받는다. 또 다른 단점은 2차원 어레이 검출기의 가격이 선 어레이보다 더 고가로 되고 일반적으로 신호-대-잡음(S/N) 성능이 낮다.

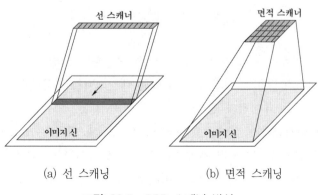

(a) 선 스캐닝　　　　(b) 면적 스캐닝

그림 20.5 CCD 스캐닝 방식

20.2.5 CCD 이미지 센서

흔히 사용되는 2차원 CCD 이미지 센서의 아키텍처에는 전하 전송방식에 따라 FFT(full frame transfer), FT(frame transfer), IT(interline transfer) CCD로 분류된다.

1. FFT CCD

FFT CCD는 구조가 가장 간단하고, 제조와 동작이 가장 용이하다. 그림 20.6에 나타낸 바와 같이 FF 전송방식은 병렬 시프트 레지스터(parallel shift register), 판독출력 레지스터(readout register)로 기능하는 직렬 시프트 레지스터(serial shift register), 신호 출력 증폭기(output amplifier)로 구성된다. FFT-CCD는 축적부가 없기 때문에 보통 외부 셔터 메카니즘과 함께 사용된다.

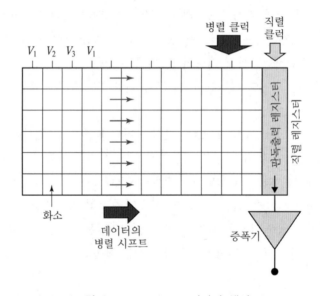

그림 20.6 FFT CCD 이미지 센서

이미지가 이미지 어레이 투사되자마자, 신호 전하는 광민감 영역에 있는 전위 우물에 수집된 다음, 외부 셔터가 닫히는 기간 동안에 직렬 레지스터를 경유해서 출력 측으로 전송된다. 이러한 과정은 모든 데이터가 전소될 때까지 계속된다.

이와 같이 병렬 레지스터가 신 검출(scene detection)과 판독출력(readout)에 모두 사용되기 때문에, 전하 전송이 시작되기 전에 입사광을 차단하기 위한 외부 셔터(shutter)가 요구되며, 이로 인해 FFT-CCD는 비디오 카메라로 사용이 곤란하다. 그러나 축적부가 없기 때문에 FFT-CCD는 더 많은 화소수를 만들 수 있거나, 또는 화소당 능동 면적을 더 크게 할 수 있다. 따라서 FF 아키택처는 가장 고해상도(highest resolution)와 고밀도(densest)를 갖는다. 이런 이유로 FFT-CCD는 프레임율이 느린 것이 요구되는 과학분야 응용에 적합하다. 응용분야로는 전자식 스틸 카메라, 산업용 이미지 검출, 현미경에 의한 검사 등 있다.

2. FT CCD

그림 20.7은 FT CCD의 기본구성을 나타낸 것으로, 두 개(이미징과 축적부)의 병렬 시프트 레지스터(parallel shift register), 직렬 시프트 레지스터(serial shift register), 출력 증폭기로 되어 있다.

FT CCD의 구조는 앞에서 설명한 FFT CCD와 유사하지만, 축적 어레이(storage array)라고 부르는 별도의 병렬 레지스터를 가지는 점이 다르다. 이 레지스터는 빛으로부터 차단되기 때문에 빛에는 반응을 하지 않고, 이미지 어레이로부터 얻어진 신(scene)을 신속히 이동시키는 작용을 한다. 그 다음 축적 레지스터로부터 칩(chip) 밖으로 출력하는 것은 직렬 레지스터에 의해서 수행된다. 그동안 축적 어레이는 다음 프레임(frame)을 집적한다.

이 방식의 장점은 연속동작(셔터 없는 동작)이 가능하고, 그 결과 프레임 율이 더 빠르다. 그러나 이 구조에서는 2배의 실리콘 면적이 요구되기 때문에 FT CCD는 해상도가 낮고 가격이 고가로 된다.

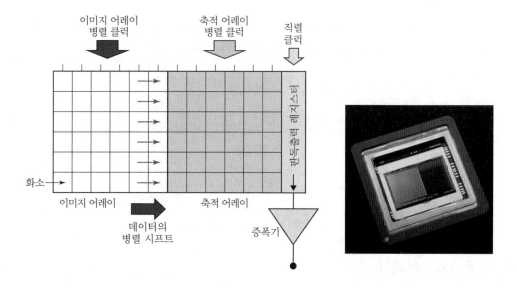

그림 20.7 FT CCD 이미지 센서

3. IL CCD

그림 20.8은 IL CCD의 기본구성을 나타낸 것으로, 빛에 민감한 이미지 어레이, 그 바로 옆에 빛이 차단된 축적과 전송 어레이(storage or transport)가 교대로 배치되고, 판독출력 레지스터, 출력 증폭기로 구성된다. FT CCD형과 같은 축적부를 필요로 하지 않기 때문에 칩 크기가 작아지지만 셀 구조는 복잡해진다. 이와 같이, 광검출 기능과 판독출력기능 (readout function)을 분리한 구조로 해서 FT의 단점을 해결한다.

이미지 어레이에 수집된 데이터(신호)는 곧 바로 빛이 차단된 전송 어레이에 병렬로 전달되고, 출력으로 전송되는 과정은 FF 및 FT CCD와 동일한 방식으로 수행된다. 출력동안 다음 프레임이 집적된다. 그래서 연속적인 동작과 더 높은 프레임율이 얻어진다.

IL CCD의 주요 단점은 소자구조가 복잡해져 가격이 비싸고 감도가 낮다는 점이다. 낮은 감도는 전송 어레이로 인해 각 화소에서 광민감 영역(photosite)이 작아지기[즉 개구도 (aperture)가 감소하기] 때문이다. 더구나, 양자화 또는 샘플링 오차(sampling error)는 감소된 개구도 때문에 더 커진다. 또, 포토다이오드를 사용한 몇몇 IL CCD에서는 포토다이오드로부터 CCD로 전하전송의 결과로써 이미지 지연(image lag)이 문제가 된다.

이 센서는 산업체 등에서 검사, 의료용 이미지, 로봇 비젼 등과 같은 실시간 이미지 캡쳐 (real time image capture)에 응용되고 있다.

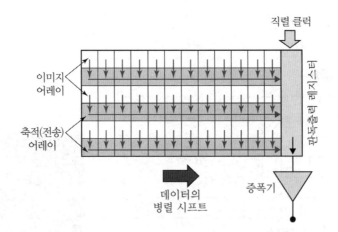

그림 20.8 IL CCD 이미지 센서

4. 1차원 CCD 이미지 센서

그림 20.9는 단일 채널 리니어 이미지 센서(single channel linear image sensor)의 구성 예를 나타낸다.

리니어 이미지 센서는 한 개 이상의 포토다이오드 어레이를 가지며, 각 포토다이오드 어레이에는 적어도 한 개의 CCD와 한 개의 전하 센싱 증폭기(charge sensing amplifier)가 있다. 그림에서 입사광에 의해서 발생된 전하는 전송 게이트(transfer gate ; TG)에 의해서 이웃하는 CCD와 분리되어 있다가 전송 게이트에 바이어스가 인가되면 CCD 시프트 레지스터로 전송된다. 1차원 이미지 센서는 종이 복사기, 팩시밀리, 필름 스캐너와 같은 곳에 응용된다. 주로 컬러 스캐닝과 같이 초고해상도가 요구되는 곳에 응용된다.

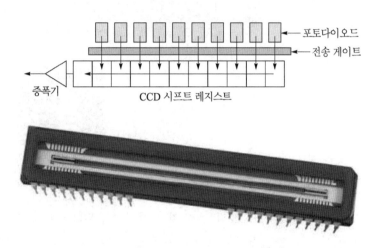

그림 20.9 1차원 CCD 이미지 센서

20.2.6 컬러 필터 어레이

지금까지 설명한 바와 같이, CCD는 빛의 강도만을 구분할 수 있기 때문에, 컬러 사진을 만드는데 필요한 CCD 색 정보를 추출하기 위해서는 컬러 필터(color filter)가 필요하다. 그림 20.10은 CCD 이미지 센서에서 컬러 필터의 위치를 보여 주고 있다.

먼저 마이크로렌즈는 들어오는 빛을 수집하여 개개의 포토다이오드에 초점이 맞도록 한다. 마이크로렌즈를 통과한 빛은 컬러 필터에 의해서 RGB(red, green, blue) 또는 CMYG (cyan, magenta, yellow, green) 컬러 성분으로 분해된다. 이 분해된 각 컬러의 빛이 포토다이오드에 입사되어 전하(전자)로 변환된다. 전하의 양은 빛의 세기에 따라 변한다. 이 전하가 출력으로 전송되는 과정에 대해서는 앞에서 이미 상세히 설명하였다.

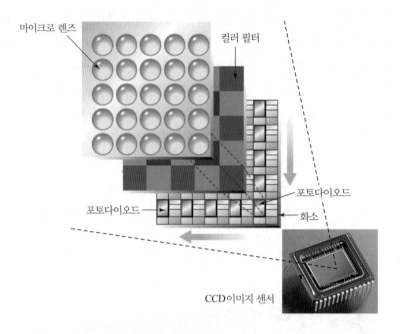

그림 20.10 CCD 이미지 센서에서 컬러 필터와 마이크로렌즈의 위치

CCD 컬러 필터로는 그림 20.11과 같이 두 가지 유형이 사용된다. RGGB(Bayer pattern) 필터는 가장 흔히 사용되는 컬러 필터 어레이이며, G(green)가 추가된 것은 인간의 눈이 특히 녹색에 민감하기 때문이다.

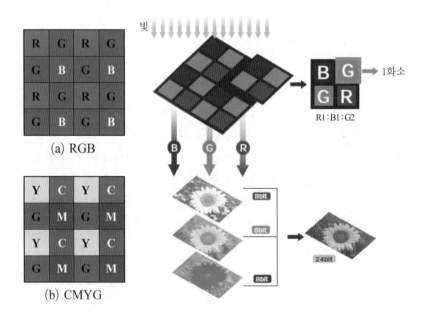

그림 20.11 CCD 컬러 필터

그림에서 볼 수 있는 바와 같이, RGB 필터는 R, G, B 색 정보를 얻기 위해서 3개의 화소에 적색, 녹색, 청색 필터를 사용한다. R 필터는 4개의 G 필터와 4개의 B 필터로 둘러싸여 있다. 일반적으로 RGB 컬러 필터는 선명한 색상을 만든다. 그러나 광 투과율이 비교적 낮기 때문에 CMYG 필터보다 덜 민감하다. 반면 CMYG 보색 필터(complementary color filter)는 더 넓은 광 주파수를 투과할 수 있게 설계되기 때문에 해상도와 감도가 뛰어나다.

CCD에서 캡처한 아날로그 이미지를 디지털 데이터로 변환하기만하면 디지털 이미지가 생성되지 않는다. 예를 들면, 그림 20.12의 디지털 카메라 신호처리 흐름도에서 영상 처리 엔진이 방대한 양의 디지털 이미지 데이터에 대해 다양한 계산을 수행한 후에만 완성된 컬러 이미지를 볼 수 있다. 결국, 디지털 카메라의 이미지 품질은 렌즈 성능, CCD 이미지 센서의 화소수와 성능, 이미지 처리 엔진 성능의 3가지 요소로 결정된다.

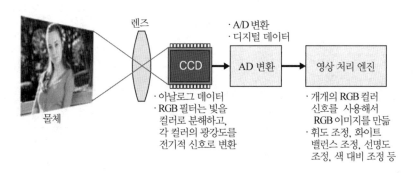

그림 20.12 디지털 카메라 신호처리 흐름

20.3 · CMOS 이미지 센서

CCD와는 달리 CMOS 이미지 센서는 수광센서 배열부와 동일한 칩에 아날로그 및 디지털 신호처리회로를 집적하여 표준의 CMOS 반도체 공정으로 만들어진다. 과거에는 CMOS 이미지 센서가 CCD에 비해 영상의 질이 떨어졌었지만, 능동화소센서(active-pixel- sensor ; APS) 기술을 채용한 CMOS 이미지 센서는 이러한 단점들을 짧은 시간 안에 극복하고 있다. 여기서는 CMOS 이미지 센서의 기본 개념을 설명한다.

현재 거의 모든 CMOS 이미지 센서는 그림 20.13에 나타낸 능동화소 센서(active pixel sensor, APS)이다. 하나의 화소는 빛을 전자로 변환하는 포토다이오드와 판독출력 증폭기 (readout amplifier)로 구성된다. 그림에서 T_1 은 리셋(reset) 트랜지스터, T_2 는 소오스 폴로워(source follower) 즉 버퍼로 동작하고, T_3 는 화소 스위치 트랜지스터이다.

T_1 이 오프된 상태에서, 빛에 의한 광전류는 포토다이오드의 자체 정전용량을 어떤 전압까지 충전시킨다. 지금 행(X)에 신호가 인가되면, 트랜지스터 T_3 가 턴온하고, 포토다이오드에 충전되어있던 신호 전압은 버퍼 T_2 를 통해서 열(Y)로 전송된다. 그 다음, 트랜지스터 T_1 은 포토다이오드를 V_{DD} 에 접속하여 축적되어있는 전하를 제거함으로써 화소는 리셋된다.

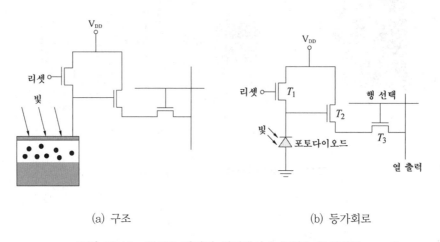

(a) 구조   (b) 등가회로

그림 20.13 CMOS 이미지 센서에서 능동화소 아키텍처

그림 20.14는 화소를 2차원 어레이로 배열한 능동 매트릭스 어레이(active matrix array, AMA)를 나타낸 것이다. AMA의 화소 수는 응용분야에 따라 다르다. CCD 이미지 센서의 신호전송방식과는 달리 어드레스(address) 방식이 사용된다.

각 화소는 포토다이오드와 커패시터 C_{px} 를 가지고 있다. 물체 표면의 특정한 한 점으로부터 나온 빛이 화소에 들어오면, 포토다이오드는 신호 전류 I_s 를 발생시키고, 이 전류에 의해서 화소 커패시터 C_{px} 가 충전된다. 신호는 C_{px} 에 저장된 전하 Q_s 이다. 그러므로 화소의 어레이(AMA)는 정전용량에 전하로 저장된 이미지를 가지게 되며, 판독해 내야하는 것은 바로 이 전하이다. 각 화소는 박막 트랜지스터(thin film transistor, TFT)를 가지고 있다. 어드레스 라인을 통해 TFT 게이트에 전압을 인가하면 그 화소의 포토다이오드에 축적되어있던 전하를 데이터 라인으로 출력한다.

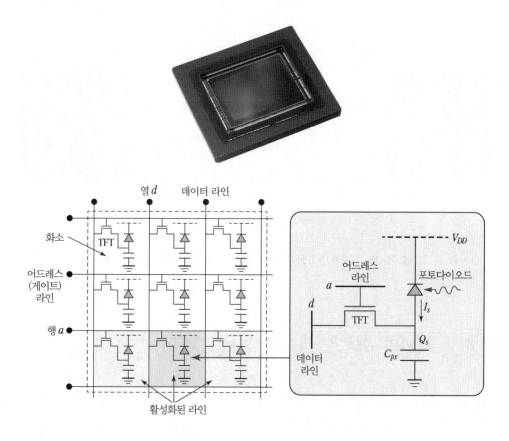

그림 20.14 능동 매트릭스 어레이(active matrix array, AMA)

20.3.3 컬러 필터 어레이

그림 20.15는 CMOS 이미지 센서의 컬러 필터와 마이크로렌즈를 보여주고 있다. 앞에서 설명한 CCD와 마찬가지로 RGB 필터와 마이크로렌즈를 가진다. 그림 (a)에서, 개개의 마이크로렌즈가 RGB 필터 표면 위에 형성된다. 입사된 빛은 이 렌즈에 의해서 포토다이오드 위에 초점을 맞춘다. 그림 (c)는 RGB 필터(그림 a) 아래에 있는 4개의 포토다이오드를 보여주고 있다. 큰 백색 박스는 1개의 포토다이오드를 나타내며, P는 감광부(광자를 수집하는 부분)이고, T는 화소의 트랜지스터(그림 20.13 (b) 참조)영역이다. 트랜지스터 영역이 화소의

대부분을 차지하고(거의 70 %), 실제로 빛 검출에 사용되는 P영역의 면적은 매우 작다. 따라서 CMOS 칩과 포토다이오드의 FF(fill factor) 또는 개구도(aperture)는 총 포토다이오드 어레이의 표면적의 30 % 정도이며, 결과적으로 감도손실과 그에 상응하는 SN 비의 감소가 발생한다. FF비는 소자에 따라 다르며, 일반적으로 CMOS 이미지 센서에서 화소 면적의 30~80 %이다.

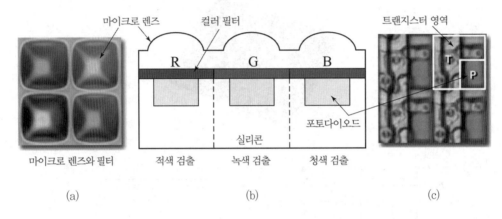

그림 20.15 컬러 이미징을 위한 CMOS 컬러필터와 마이크로렌즈

20.4 ◦ CCD와 CMOS 이미지 센서의 비교

지금까지 설명한 이미지 센서에 대한 내용을 정리할 겸 그림 20.16에 CCD와 CMOS 이미지 센서의 기본적인 구성을 나타내었다.

CCD 이미지 센서에서는 대부분의 기능들이 카메라의 PCB에서 수행된다. 만약 응용분야에 따라 요구 사항이 달라지면, 디자이너는 이미지 센서를 다시 디자인하지 않고 전자회로를 변경할 수 있다.

한편 CCD와는 달리 CMOS 이미지 센서는 수광센서 배열부와 대부분의 기능들이 하나의 칩에 집적된다. 이렇게 하면, 이미지 센서의 기능들의 유연성은 떨어지지만, CMOS 카메라의 신뢰성은 향상된다.

많은 사람들은 CCD 이미지 센서의 품질과 감도가 CMOS 이미지 센서의 품질과 감도보다 우수하다고 생각하며, 이 두 요소가 모두 이미지의 표현에 큰 영향을 주기 때문에 CCD 이미지 센서는 전문적인 장비에서 사용된다. 한편, CMOS 이미지 센서는 고속 신호 판독 및 저전력 이라는 장점을 가지고 있고, CMOS 이미지 센서와 그 주변 회로는 단일 칩에 맞도록 설계될 수 있기 때문에 주로 휴대 전화 및 장난감 카메라와 같이 크기가 작고 저렴한 제품에 사용된다.

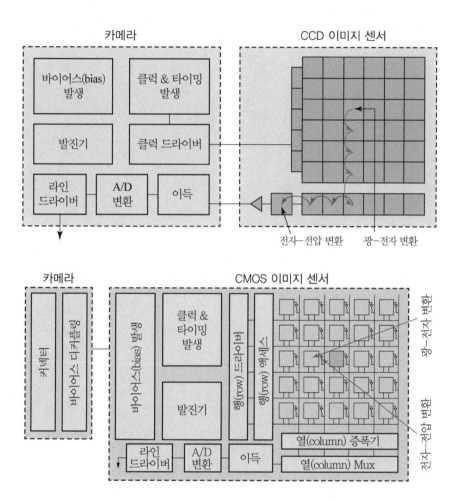

그림 20.16 2차원 CCD 이미지 센서와 CMOS 이미지 센서

memo

21 chapter | 생체인식 센서

인간의 생체정보는 신체적 특징과 행동적 특징으로 분류할 수 있는데, 전자의 특징으로는 지문, 얼굴, 홍채, 망막, 손바닥, 손등의 정맥, 후자의 특징으로는 음성, 필체, 서명, 키보드 타이핑 습관, 걸음걸이 습관 등이 있다. 생체인식(biometrics)은 사람의 신체 또는 행동의 특징을 이용하여 개인을 인식하는 학문 또는 기술을 의미한다. 생체인식기술은 생체 정보를 추출하는 하드웨어 기술, 검색 및 인식하는 소프트웨어 기술, 활용을 위한 HW 및 SW 시스템 통합 기술을 포함한다. 이러한 생체인식기술은 인간 생활에 안전함과 편리함을 동시에 제공하기 때문에 앞으로 큰 발전이 기대되는 분야이다.

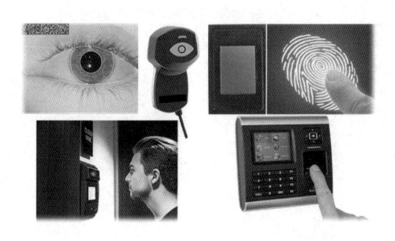

21.1 • 생체인식의 기초

생체인식이란 인간의 신체적 또는 행동학적 특징을 자동화된 장치로 측정하여 개인을 식별하는 기술이다. 지금까지 개인인증 수단으로 널리 사용되고 있는 암호(password)나 PIN (personal identification number) 방식은 암기를 해야 하는 불편함과 도난의 우려가 있으나, 생체 인식의 경우는 본인만 있으면 되므로 실생활에서 급속도로 보급되고 있다. 표 21.1은 생체인식에 사용되는 생체정보를 신체적 특징과 행동적 특징으로 구분해서 나타낸 것이다. 이와 같은 생체정보는 사람 개개인마다 다르기 때문에, 이들을 추출하여 생체인식 시스템의 저장 장치에 그 정보를 등록시키고, 다시 생체 입력 장치를 통해 개인의 생체정보 특징을 측정해 이를 등록된 정보와 정합시켜 비교하여 그 확실성을 결정함으로써 개인 식별의 수단으로 활용하는 것이다. 생체인식에서 가장 대표적으로 많이 이용되는 특징은 지문, 홍채, 음성, 얼굴 등이며, 현재 이들을 이용한 생체인식 기술은 컴퓨터 보안, 금융, 통신, 의료, 출입국 관리, 군사보안, 경찰 법조 등의 분야에 실제 적용되고 있다.

표 21.1 생체인식에 사용되는 생체정보의 분류

신체적 특징 (생리학적 특징)		
지문 finger print	얼굴 face	홍채 iris
망막 retina	손 모양 hand geometry	정맥 vein
장문 palm print		

행동적 특징	
음성 voice	서명 signature : static/dynamic
키보드 입력 keystroke dynamics	걸음걸이 gait

21.2 ◦ 지문인식 센서

21.2.1 지문인식 기술의 개요

　지문은 평생 변하지 않고 동일 형태를 유지하며, 외부 요인에 의해 상처가 생겨도 금방 기존의 형태로 재생되기 때문에 타인과 같은 형태의 지문을 가질 확률은 10억 분의 1 밖에 되지 않는다. 지문인식 기술은 이러한 지문특성을 이용해 사용자의 손가락을 전자적으로 읽어 미리 입력된 데이터와 비교하여 본인 여부를 판별하여 사용자의 신원을 확인하는 기술로, 현재 생체인식 분야 중에서 가장 널리 사용되고 있다.

1. 지문이란?

　그림 21.1은 지문의 예를 나타낸다. 지문은 수많은 융선(隆線 ; ridge)들로 이루어진 무늬이다. 융선은 표피 밑에 있는 진피로부터 땀샘의 출구가 표피로 융기하여 산맥 모양의 피부소릉(皮膚小稜)을 형성한 것이다. 또 융선과 융선 사이의 계곡을 골(valley)이라고 부른다.

골

융선

그림 21.1 지문

헨리(Edward Henry) 시스템에 따르면, 사람의 지문은 전통적으로 그림 21.2와 같이 5종류로 분류된다. 궁상문(弓狀紋, Arch)은 한쪽에서 시작된 융선이 반대쪽으로 완만하게 흘러 활(弓)모양의 형상을 하고 있는 지문이다. 돌기 궁상문(突起 弓狀紋, tented arch)은 궁상문에서 융선의 흐름이 중앙부에 돌기를 형성한다. 제상문(蹄狀紋, loop)은 한쪽에서 시작된 융선의 흐름이 다시 원래 시작한 쪽으로 되돌아오는 것으로, 말발굽(馬蹄)모양의 형상을 하고 있는 지문이다. 제상문에는 융선이 흐르는 반대 측에 융선으로 만들어지는 삼각주(delta)가 반드시 1개 있는데, 말발굽 모양이 삼각도의 좌측에 있으면 좌제상문(left loop), 우측에 있으면 우제상문(right loop)이라고 한다. 와상문(渦狀紋, whorl)은 몇 개의 원으로 동심원을 형성하거나 또는 나선모양으로 소용돌이를 이루는 지문으로, 2개 이상의 삼각주가 있다. 마지막으로, 변태문(變態紋, mixed)은 궁상문, 제상문, 와상문에도 속하지 않아 정상 분류할 수 없는 지문이다.

| 궁상문 | 돌기궁상문 | 제상문 | 이중제상문 | 와상문 | 변태문 |

그림 21.2 지문의 분류

지문은 이들 5 종류로 균일하게 분포하는 것은 아니고, 민족에 따라 각각 특유한 분포를 보이는데, 동양계에서는 궁상문에 비해 제상문과 와상문이 많이 나타나는 반면 유럽계에서는 궁상문이나 제상문이 많이 나타난다. 한국인의 지문분포는 와상문이 가장 많고 궁상문이 가장 적게 나타난다. 그림 21.2의 분류법은 대규모 법의학 관련 분야에는 적합하지만, 생체인증에는 사용되지 않는다.

그림 21.3은 지문의 여러 특징(features)을 나타낸 것이다. 융선이 부드럽게 흐르다가 끊어진 점을 단점(ending, termination), 갈라진 점을 분기점(bifurcation), 융선이 둘러싼 호수 모양의 레이크(enclosure, lake), 짧은 융선(point or island), 두 융선을 가로지른 교차(crossover) 등이 있다. 지문인식에는 융선의 단점이나 분기점과 같은 세목(細目, minutiae)을 일치시켜 수행한다.

	단점
	분기점
	레이크
	독립 융선
	짧은 융선
	짧은 지선
	교차

교차
분기점
단점
짧은 융선
삼각주
기공

그림 21.3 지문의 특징

2. 지문인식 시스템의 구성

일반적으로 지문인식장치는 그림 21.4와 같이 지문 이미지 획득 장치(지문인식센서), 이미지 전처리(preprocessing), 특징점 추출(feature extraction), 세목 정합(minutiae matching) 등 4부분으로 구성된다.

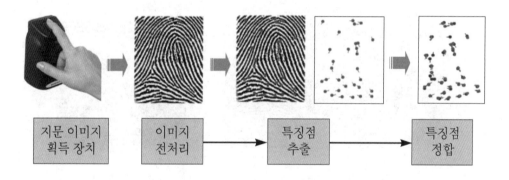

| 지문 이미지 획득 장치 | 이미지 전처리 | 특징점 추출 | 특징점 정합 |

그림 21.4 지문인식장치의 기본 구성

(1) 지문획득인식 장치

생체의 접촉을 확인하고 지문 이미지를 디지털 화상정보로 획득하는 기능을 수행한다. 이 때 사용자의 지문상태(건성, 습성, 습진 등과 같은 여러 생체 특성)와 오염물로 인하여 실제의 지문에 관련된 정보가 소멸되거나 지문과 관련되지 않은 정보들이 포함될 수 있다. 다음 단계의 처리에 사용되는 지문 이미지는 8비트 농담 이미지(gray level image)를 사용하게 된다.

지문획득에 사용되는 스캐너(scanner) 형식에는 스위프 스캐너(sweep scanner)와 면적 스캐너(area scanner) 두 가지 형태가 있다. 그림 21.5는 스위프 스캐너의 일종으로, 지문인식 센서 요소가 하나 또는 다수의 열(row)로 배치된다. 사용자는 손가락을 지문인식 센서 열을 가로질러 스위프시킨다. 스위프 속도와 방향은 제한된 범위에 있어야 한다. 한편 면적 스캐너는 사용자의 지문을 충분히 커버할 수 있는 센서 열(row)을 포함하고 있으며, 한 번에 하나 또는 그 이상의 지문을 얻는다. 센서 면적이 크기 때문에 스위프 스캐너에 비해서 가격이 고가로 된다.

최근 출시되는 지문 인식 장치들은 손가락을 스캔하면서 손가락이 살아 있는 사람의 것인지도 검사하는데, 이것은 불법 사용자가 절단된 손가락을 이용하여 정당한 사용자를 가장하는 것을 방지하기 위함이다. 땀이나 물기가 묻어있는 사람의 지문은 에러 발생률이 높고, 여러 사람이 손을 접촉한 곳에 손가락을 댄다는 불쾌감, 지문이 닳아 없어진 사람이나 손가락이 없는 사람의 경우 사용이 불가능하여 지문인식 시스템의 한계로 인식되고 있다.

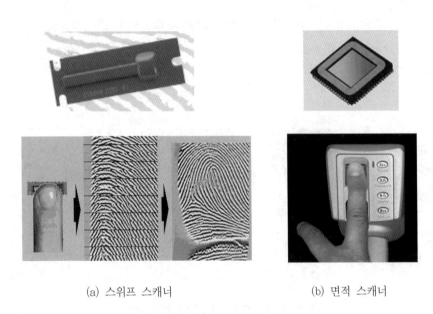

(a) 스위프 스캐너   (b) 면적 스캐너

그림 21.5 지문인식 스캐너의 형식

(2) 이미지 전처리

이미지 전처리에서는 지문의 융선(ridge)과 골(valley)을 구별하고, 지문 정보의 소실, 잡음 등의 영향을 최소화한다. 이를 위해 8비트 지문 농담 이미지를 블록화하여 각 블록에서 이미지의 방향을 구하고, 이 방향 정보와 영상의 농담을 이용하여 지문영역과 배경의 구분, 소실된 정보의 보강, 잡음에 의한 이미지 변화를 둔감하게 한 후, 지문의 융선과 골을 구분하여 이미지 화상을 생성한다.

(3) 특징점 추출

이미지 전처리 단계에서 융선과 골 영역이 구분되면, 이 이미지로부터 지문의 특징점에 대한 정보를 구하는 과정을 수행한다. 즉, 그림 21.6에 나타낸 것과 같이, 지문 화상에 존재하는 특징점이 분기점과 단선 중 어느 것인지를 구별하고, 지문 이미지 내에서의 위치 (position), 특징점이 위치한 융선의 방향(orientation)에 대한 정보를 얻는다. 이렇게 얻어진 정보는 다음 단계의 정합(minutiae marching)에 사용된다.

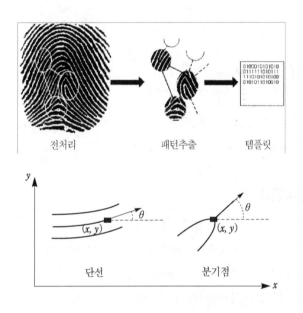

그림 21.6 특이점은 위치와 방향으로 정의된다.

(4) 세목 정합

추출된 특징점 정보로부터 정의된 특징량을 사용하여 두 지문 이미지를 비교하여 유사도를 판정하는 것이 세목 정합(minutiae matching)이다. 두 특징점 쌍의 유사성으로부터 두 지문의 이미지가 일치하는 정도는 점수로 표현하게 된다.

표 21.2에 열거한 바와 같이, 현재 다양한 형태의 지문센서가 개발되어 사용되고 있으며, 이중 가장 널리 사용되고 있는 지문인식기술은 광학식과 정전용량식이다. 다음 절에서는 이들 지문 센서에 대해서 자세히 설명한다.

표 21.2 현재 사용되고 있는 지문센서기술

기술	회사
광학식(optical)	CrossMatch, Guardware, Hunno, Secugen, DigitalPersona
정전용량식(capacitance)	Fujitsu, Infineon, ST Microelectronics, Veridiction
전계식(electric field)	Authentec
압력식(pressure)	Fidelica, Hitachi
열식(thermal)	Atmel
초음파식(ultrasonic)	UltraScan

21.2.2 광학식 지문 센서

광학식 지문센서는 유지, 보수가 용이하고, ESD (Electrostatic discharge)에 강하고, 가격이 저렴하여 가장 널리 사용되고 있는 방식이다.

1. 기본구조와 동작원리

그림 21.7은 광학식 지문인식 시스템을 나타낸다. 광원으로부터 프리즘에 입사된 빛의 전반사를 이용하여 프리즘에 놓여 있는 손가락의 지문 형태를 반사하고, 이 반사된 지문 이미지를 고굴절 렌즈를 통하여 CCD 이미지 센서에 입력시킨다. 이 입력된 지문 이미지는 특수한 알고리즘에 의해 디지털화시켜 이미지 처리를 수행한다.

광학 방식은 알고리즘 제조사마다 상이하지만 기본적인 구조는 단순하여 가장 안정적이다. 또한 최근 출시되는 지문인식 장치들은 손가락을 스캔하면서 동시에 적외선 센서, 인체저항 센서 등을 이용하여 살아있는 손가락인지를 검사하는데, 이것은 불법 사용자가 절단된 손가락을 이용하여 정당한 사용자를 가장하는 것을 방지하기 위함이다.

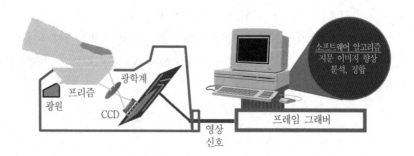

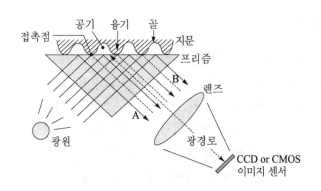

그림 21.7 광학식 지문인식 시스템

2. 특징

광학식 센서의 장단점을 열거하면 다음과 같다.

(1) 장점

- 안정도(stability)와 신뢰성이 높다. (ESD 문제가 없음)
- 유지 및 보수가 용이하다.
- 지문 이미지를 획득하는 방법이 편리하다.

(2) 단점

- 충격이나 극단적인 빛의 조건에 약하다.
- 렌즈에 의해 일그러짐(distortion)이 도입된다.
- 크기가 다른 방식에 비해 더 크다. 최소 크기와 가격은 광학계와 센서에 의해서 제한된다.
- 프레임 그래버(frame grabber)가 요구된다.
- 오일, 그리스(grease) 등에 민감하기 때문에 시간이 지남에 따라 이미지 질이 나빠진다.

21.2.3 정전용량식 지문 센서

정전용량 방식은 센서 칩의 마이크로 전극과 피부 사이에 형성된 정전용량을 측정해서 지문 정보를 얻는 방법이다.

1. 기본구조와 동작원리

커패시터(capacitor)는 각종 센서의 검출 원리로 자주 사용되는 수동 소자이며, 앞에서도 여러 번 설명한 바 있다. 그림 21.8(a)는 평행판 커패시터의 기본 구조를 나타낸 것으로, 평행한 두 전극(도체 판)과 그 사이에 삽입된 유전체로 구성된다. 커패시터의 전극에 전압 V를 인가하면 전극에는 전하 $+Q$와 $-Q$가 축적되고, 전하 Q와 인가전압 V 사이에는 $Q = CV$의 관계가 성립하는데, 여기서 비례계수 C를 정전용량이라고 부르며, 커패시터가 전하를 축적할 수 있는 능력을 나타낸다. 평행판 커패시터의 경우 정전용량은 다음과 같이 된다.

$$C = \frac{\epsilon A}{d} \tag{21.1}$$

여기서, A는 전극 면적, d는 두 전극 사이의 거리, ϵ은 물질의 유전율이다.

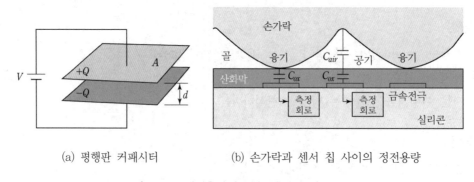

(a) 평행판 커패시터   (b) 손가락과 센서 칩 사이의 정전용량

그림 21.8 정전용량식 지문 센서의 기본 구조

그러면, 위와 같은 정전용량이 손가락 지문에서 어떻게 발생하는가? 그림 21.8(b)는 정전용량식 지문센서 칩 위에 손가락을 올려놓았을 때의 상황을 나타낸 것이다. 그림에서 손가락은 커패시터의 상부 전극에, 센서 칩의 금속전극은 하부 전극에 해당한다. 그래서 손가락 피부와 센서 칩 사이에는 커패시터가 발생한다. 이 커패시터의 크기는 지문의 융기 부분에서 최대로 된다. 이것은 융기 부분에서 손가락 피부가 센서 칩 과 직접 접촉하므로 두 판 사이의 거리가 최소로 되기 때문이다. 한편 골 부분에서 칩과 손가락 사이에 공기가 존재하므로 두 판사이의 거리가 증가하여 정전용량은 감소한다.

정전용량식 지문센서는 수동형 정전용량식 센서(passive capacitive sensor)와 능동형 정전용량식 센서(active capacitive sensor)로 구분된다.

그림 21.8(b)는 수동형 센서의 기본 구조를 나타낸 것으로, 마이크로커패시터 전극의 2차원 어레이로 구성된다. 각 셀의 또 다른 전극은 피부의 진피층(dermal layer ; 전기적으로 도전성)이며, 표피층(epidermal layer)이 유전체로 작용한다. 지문의 융기에서 정전용량은 단지

산화막(보호막)의 정전용량 C_{ox}이고, 골이 있는 부분에서는 센서와 지문 사이에 공기가 있으므로 정전용량은 C_{ox}와 C_{air}의 직렬합성이다. 따라서 융기부분의 정전용량이 골부분의 정전용량보다 더 크다. 즉 $C_{융기} > C_{골}$로 되어 측정된 정전용량 값은 지문의 융기와 골을 구별하는데 사용된다. 충분한 감도를 주기위해서 피부와 전극 사이의 거리는 매우 작아야 하고, 코팅은 가능한 한 얇아야 한다(수 um). 이 방식의 가장 중요한 문제는 ESD(electrostatic discharge)와 같은 강한 외부 전계의 영향을 받기 쉬운 점이다.

그림 21.9는 능동형 정전용량식 지문센서의 기본 구조를 나타낸다. 그림(a)에서 각 셀은 두 개의 도체판으로 구성되는 커패시터이며, 이 커패시터는 전하를 축적할 수 있다. 도체판은 절연체로 코팅되어 있다. 각 셀은 한 개의 융기 폭보다도 작다. 손가락의 표면은 제3의 전극으로 작용한다. 지문의 융기부분에서는 절연막에 의해서, 골에서는 공극에 의해서 분리되어 있다. 손가락의 융기부분은 도체판과 가깝고, 골 부분은 도체판으로부터 멀리 떨어져 있으므로 융기 아래에 있는 셀의 커패시터는 골 아래에 있는 셀의 커패시터보다 더 큰 정전용량을 가진다.

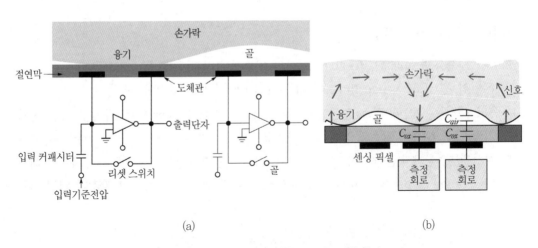

(a) (b)

그림 21.9 능동형 정전용량식 지문검출센서

손가락 스캔을 시작하기 위해서, 프로세서는 먼저 각 셀에 대한 리셋(reset) 스위치를 닫아 증폭기의 입력과 출력을 단락시켜 적분기 회로를 균형(balance)시킨다. 스위치가 다시 개방되면, 프로세서는 적분기 회로에 일정 전하 ΔQ을 공급하고, 이것에 의해서 커패시터는 충전되고, 적분기는 일정량의 전하 ΔQ을 얻는다. 따라서 증폭기 출력전압 $V = \Delta Q / C_f$로 된다. 여기서 C_f는 두 금속판 사이의 정전용량이며, 융기와 골에 의해서 결정된다. 즉, 지문의 융기와 골은 다른 출력 전압을 발생시킬 것이다. 스캐너의 프로세서는 이 전압을 읽어, 융기인지 또는 골인지를 결정한다. 프로세서는 센서 어레이에 있는 모든 셀을 읽어, 지문의 전체 모습을 나타낸다.

그림 (b)에서는 측정하기 전에 피부에 RF 신호를 공급한다. 충전 사이클에서, 이 신호는 손가락을 충전시킨다. 방전 사이클에서, 전하는 개개의 셀 전극을 통과하고, 이 전하를 검출하여 정전용량을 계산한다. 앞에서 설명한 바와 같이, 정전용량의 크기는 융기와 골에 의존하므로 이것으로부터 지문의 형태를 결정할 수 있다.

2. 특징

정전용량식 지문센서는 이미지 센서가 아닌 반도체 칩을 사용하기 때문에 광학식에 비해 좀 더 소형으로 된다. 능동형의 경우, 센서의 반응상태를 조정할 수 있어 피부나 센서 표면이 반드시 깨끗할 필요성이 적어진다. 또 지문 표면과 센서 전극판 사이의 신호통신이 훨씬 강화되어 내구성있는 보호막을 형성할 수 있는 점이다.

21.2.4 초음파 지문인식 센서

1. 기본구조와 동작원리

초음파 센싱은 초음파 진단(echography)의 일종으로 생각할 수 있다. 그림 21.10은 초음파 지문인식 센서(ultrasonic fingerprint sensor)의 기본원리를 나타낸다.

초음파 센서는 초음파 펄스 송신기(transmitter)와 수신기(receiver)로 구성된다. 송신기는 손가락 끝을 향하여 짧은 초음파 펄스를 보내고, 수신기는 이들 펄스들이 지문 표면으로부터 반사될 때 얻어지는 에코 신호(echo signal)를 검출한다. 에코 신호로부터 지문의 레인지 이미지(range or depth image)가 얻어지고, 결과적으로 융선 구조 그 자체가 얻어진다.

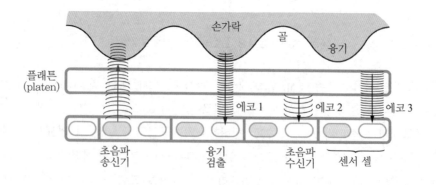

그림 21.10 초음파식 지문인식 센서의 원리

이 방법은 손가락 피부의 표피아래를 표현한다(얇은 장갑을 통해서 조차도 가능). 그래서 손가락에 있는 먼지나 오염에도 견딜 수 있다. 이러한 특징 때문에 언더-디스플레이 지문 센서도 가능하다(그림 21.12 참조).

2. 특징

초음파 센서는 다른 센서에 비해 양질의 이미지가 얻어지는 반면, 현재의 초음파 스캐너는 기계적인 부품을 가지기 때문에 부피가 크고, 매우 고가로 된다. 더구나 프로세싱 전력이 크고 이미지를 얻는데 수초가 걸린다. 그래서 이 기술을 대량으로 보급하는데 어려움을 겪고 있다.

21.2.5 열방식 센서

열 방식 지문센서는 지문이 센서에 접촉할 경우 손가락의 융기와 골의 온도를 측정하여 온도 차이에 따른 변화를 이용해 지문을 취득하는 방식이다.

1. 기본구조와 동작원리

열 지문 센서는 온도를 검출하는 셀이 초전 물질로 되어있다. 손가락을 센서 칩에 올려놓으면, 융기는 센서 표면에 접촉하고 골과 센서 사이에는 공기가 존재하므로, 두 영역에서 온도차가 발생한다. 이 온도차는 초전 층에 의해서 전하로 변환된다(제3장 참조). 그러나 손가락을 센서에 올려놓을 때는 온도의 큰 변화가 있지만, 온도차는 일시적이기 때문에(약 100 ms 지속됨) 손가락과 칩이 열평형 상태에 도달하면 신호(전하)가 발생하지 않아 이미지는 빠르게 사라진다. 이것이 수동형 센서의 문제이다.

이러한 단점을 해결하기 위해서, 능동형 열식 지문 센서에서는 그림 21.11과 같이 히터로부터 저전력 열 펄스(heat pulse)를 짧은 기간 동안 각 센서 픽셀에 공급하면서 응답을 측정한다. 지문의 골에는 공기가 있으므로 열전달이 최소로 되어 센서 소자의 온도가 더 높고, 반면 융기 부분에서는 피부를 통해 열이 빨리 전달되므로 센서 픽셀의 온도가 더 낮다. 따라서 골과 융기에 접촉한 센서 픽셀사이에는 그림 (b)와 같이 온도차가 존재하게 되고 이것에 의해서 출력 신호가 발생한다.

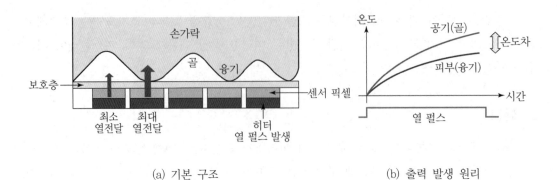

(a) 기본 구조   (b) 출력 발생 원리

그림 21.11 능동형 열방식 지문센서

2. 특징

열방식 지문인식 센서는 비교적 저가이면서 높은 확도를 가진다. 반면, 단점으로는 높은 소비전력이 요구되고, 더 큰 센서 면적이 필요하며, 3D 이미지를 얻기가 곤란한 점이다.

21.2.6 지문인식 센서 요약

현재 다양한 지문인식기술이 상용화되어 사용되고 있다. 그러나 한 기술이 모든 응용분야에서 요구하는 조건을 이상적으로 만족시키는 기술은 없다.

표 21.3은 지문인식기술을 비교해서 나타낸 것이다. 구체적인 응용분야에서 요구하는 가격, 전력효율, 크기, 편의성 등에 따라 특정인식기술이 선택될 것이다. 그러나 현재 시장의 동향을 보면 대체적으로 능동형 정전용량식 기술이 대부분의 응용분야에서 요구하는 특징을 가지고 있어 일차적으로 선택되고 있다.

표 21.3 상용화된 지문인식기술의 비교

	능동형 정전용량식	정전용량식	초음파식	광학식	능동형 열식
비용 효과	높음	중간	낮음	중간	중간
설계 유연성	매우 높음	중간	높음	낮음	낮음
기술 성숙도	매우 높음	매우 높음	높음	매우 높음	중간
보안성	높음	중간	중간	중간	낮음
편의성	매우 높음	중간	매우 높음	낮음	낮음
전력 효율	매우 높음	높음	중간	중간	매우 낮음
모바일 소자 적용성	매우 높음	매우 낮음	낮음	중간	매우 낮음

● 매우 높음　◖ 높음　◗ 중간　◣ 낮음　○ 매우 낮음

21.2.7 지문인식 센서의 응용

지문인식 기술은 신원확인 분야, 금고 및 출입 통제 시스템의 물리적 접근 제어, 범죄자 색출을 위한 범죄 수사 분야 등에 적용되어 왔으나, 1990년대에 들어서면서 전자상거래상의 보안 및 인증을 위한 보안 시스템으로 활용되고 있다.

현재 지문 인식 기술에 대한 연구가 고도화되면서 입력센서가 더욱 소형화·집적화되고 있고, 네트워크를 통한 전자상거래 등의 응용 분야로 기술이 확대되어 가고 있다. 최근에는 휴대폰, PDA 단말기 등에도 적용 중에 있다.

특히 휴대폰의 경우, 신원확인의 편리성과 안전성을 더욱 더 향상시키기 위해서 디스플레이, 유리는 물론 금속이나 플라스틱을 통과해 지문을 판독할 수 있는 새로운 지문인식 기술이 도입되고 있다. 그림 21.12는 최근 휴대폰에 사용되고 있는 인-스크린(in-screen) 지문이식 기술의 차이를 나타내고 있다. 그림 (a) 및 (c)의 언더-디스플레이(under-display) 지문센서는 이미 시장에 진입하였다. 광학식이나 초음파식은 정전용량식에 비해 인식속도가 느리다. 광학식은 내구성은 우수하지만 정확성은 떨어진다. 반면 초음파식은 내구성과 정확성은 우수하지만 가격과 수율이 단점으로 되어있다.

현재 지문인식 기술은 센서를 디스플레이 속에 완전히 집적화시키는 그림 (b)의 인-디스플레이(in-display) 지문센서로 향하고 있어 1~2년 내에 시장에 도입될 것으로 생각된다. 이 기술은 사용자의 편의성과 안전성의 향상뿐만 아니라 휴대폰 산업계에서는 생산 공정의 효율화를 위해서 도입하려고 적극적인 노력을 기우리고 있다.

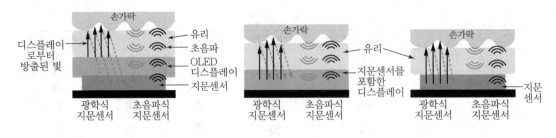

(a) 디스플레이 아래에 장착   (b) 디스플레이 속에 장착   (c) 유리 아래에 장착 센서

그림 21.12   휴대폰에 장착되는 인-스크린 지문이식 센서기술

21.3 · 홍체인식 시스템

사람의 눈을 이용한 생체 인식에서 눈은 홍채와 망막의 혈관이 인증의 목적으로 사용되고 있다. 홍채인식 기술(iris recognition technology)은 영국 캠브릿지 대학의 존 더그만(John Daugman)이 홍채 패턴을 256 바이트로 코드화 할 수 있는 가보 웨이브릿 변환(Gabor Wavelet Transform)을 기반으로 한 영상신호 처리 알고리즘을 제안하여 원천 특허를 가지고 있으며, 현재 모든 홍채인식 시스템의 기초가 되고 있다. 망막 인식은 안구의 제일 뒷부분에 위치한 망막의 모세 혈관 분포를 측정하는 것이다. 이것은 사용자가 눈을 측정 기구에 정확히 밀착시켜서 초점을 맞추어야 한다. 이러한 망막 패턴 검색 기술은 고도의 보안성을 만족시킬 수 있지만, 사용자의 불편과 레이저 빛에 대한 두려움을 유발하는 등 일반인을 대상으로 하여 사용하기에는 비효율적인 면이 있다. 여기서는 홍채인식 시스템의 기본원리에 대해서 간단히 설명한다.

1. 홍채

사람의 눈은 두골(頭骨) 전면에 좌우 한 쌍의 안와(眼窩) 안에 각각 있으며, 상하의 눈꺼풀 (eyelid)로 보호되어 있다. 눈은 안구와 시신경으로 이루어지고, 안구는 뒤쪽으로 시신경과 연결된다. 안구 벽은 3층으로 되어 있고, 가장 바깥층은 각막(角膜 ; cornea)과 공막(鞏膜;sclera)으로 되어 있다. 각막은 안구 벽 전방부의 1/6∼1/5을 차지하며, 시계사발 모양으로 투명하다. 흔히 검은자위라 하는 부분에 해당한다. 성인에서는 지름이 평균 11∼12 mm, 두께는 약 1 mm 이다. 공막은 각막에 연결되어 후방부의 약 5/6를 차지하며, 혈관이 적기 때문에 흰색이다. 눈을 뜬 안검 사이에서 각막 주위가 하얗게 보이는 것이 이것이다. 안구의 중막(포도막)은 혈관 및 흑갈색 색소세포가 많고, 맥락막(脈絡膜)·모양체(毛樣體)·홍채(虹

彩)로 되어 있다. 맥락막은 두께가 0.15~0.2[mm]로서 모양체와 연결된다.

홍채는 중막의 전단부로서 중앙에 원형의 동공(瞳孔)이 있는 원반 모양의 얇은 막으로 각막 뒤에 있으며, 한국인의 경우는 대개 흑갈색으로 보이는 부분이다. 홍채에는 동공을 크게 하거나 작게 하기 위한 근육이 있으며, 안구 내로 들어오는 빛의 양을 조절한다. 안구벽의 가장 안쪽 층은 망막이며, 물체의 상이 맺어지는 부분이다.

사람의 홍채는 생후 18개월 이후 완성된 뒤, 평생 변하지 않는 특성을 가지고 있다. 즉 홍채의 내측연(內側緣 : 동공연) 가까이에 융기되어 있는 원형의 홍채 패턴은 한번 정해지면 거의 변하지 않고, 또 사람마다 모양이 모두 다르다. 홍채인식은 사람마다 각기 다른 홍채의 특성을 정보화해 이를 보안용 인증기술로 응용한 것이다. 즉, 홍채의 모양과 색깔, 망막 모세혈관의 형태소 등을 분석해 사람을 식별하기 위한 수단으로 개발한 인증방식으로, 1980년대에 미국에서 처음으로 소개되었다.

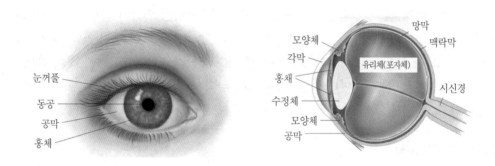

그림 21.13 눈의 구조

2. 홍채인식 시스템의 구성

홍채의 패턴을 코드화해 이를 영상신호로 바꾸어 비교·판단하는데, 일반적인 홍채인식과정은 그림 21.14와 같은 단계를 거쳐 수행된다.

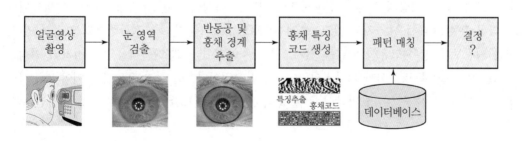

그림 21.14 일반적인 홍체 인식 과정

(1) 단계 1 : 적절한 홍채 카메라를 사용해 홍채의 미세 이미지 획득

먼저 일정한 거리(0.1~1 m)에서 홍채인식기 중앙에 있는 거울에 사용자의 눈이 맞춰지면, 적외선(near infrared light ; NIR)을 이용한 카메라가 줌렌즈를 통해 초점을 조절한 후 홍채 카메라가 사용자의 홍채를 흑백 사진으로 이미지화한다.

(2) 홍채코드(Iris Code) 생성

앞에서 얻어진 이미지에서, 홍채 인식 알고리즘이 홍채의 명암 패턴을 영역별로 분석해 개인 고유의 홍채 코드(Iris Code)를 생성한다.

먼저 앞에서 얻어진 홍채 이미지에서 동공과 홍채의 경계를 결정한다. 다음 동공 영역의 중심과 반경을 추출한 후 이 중심을 이용하여 홍채 영역에 대한 좌측 반경과 우측 반경을 결정한다. 즉 홍채 영역이 설정된다. 구해진 홍채에 대한 반경 정보를 이용하여 좌표계를 설정하고, 이렇게 설정된 좌표계 내에서의 홍채 데이터를 이용하여 특징을 추출하게 된다. 확보된 홍채 영역 데이터에 대해서 실제로 국부적 패턴을 추출하기 위하여 적절한 띠 모양의 트랙으로 데이터 영역을 분할한다. 이렇게 분할된 트랙들은 실제 그 트랙 영역의 홍채 패턴을 대표하게 되고 이 트랙들에 대해서 2D 가버 필터(Gabor filter) 필터를 이용하여 데이터를 변환한다. 이렇게 변환된 데이터의 실수부나 허수부의 부호를 양이면 "1", 음이면 "0"으로 인코딩한다. 그림에서 홍체코드(Iris code)를 그래프로 나타내었다.

(3) 홍채 인식 과정

마지막으로 홍채 코드가 데이터베이스에 등록되는 것과 동시에 비교 검색이 이루어진다. 즉 입력된 홍채의 인코딩된 비트 정보를 데이터 베이스의 코드와 비교하여 현재 입력된 특징에 대한 개인을 인식 및 구별하게 된다.

3. 홍채인식의 특징

외관상으로는 비슷해 보이는 눈의 홍채도 자세히 보면 색깔, 형태, 무늬 등이 사람마다 모두 다르다. 특히 사람의 홍채는 신체적으로 상당한 특징이 있는 유기체 조직으로 쌍둥이들도 다른 홍채 형태들을 가지고 있고, 통계적으로도 DNA 분석보다 정확하다고 알려져 있다. 또한 지문보다 많은 고유한 패턴을 가지고 있고, 안경이나 렌즈를 착용해도 정확히 인식할 수 있으며, 비접촉 방식이라 거부감이 없는 것이 장점이다. 또 처리 속도가 길어야 2초 정도밖에 걸리지 않아 지문이나 망막인식기술보다 한 단계 진보한 생체인식기술로 평가받는다.

4. 홍채인식의 적용

홍채 인식 시스템은 다른 어떤 시스템보다 인식 오류가 낮아 고도의 보안이 필요한 곳에 사용이 된다. 또 콘택트 렌즈나 안경을 착용해도 인식이 가능하므로 활용 범위가 넓다. 적용 범위는 출입통제, 근태관리, 빌딩통합시스템, 금융자동화기기, 컴퓨터보안 분야, 전자상거래 인증, 공항정보 시스템 등 다양하다.

하지만 안경에 타인의 홍채 사진을 붙여 접근을 시도하는 경우 문제가 발생하는 것을 방지하기 위하여 살아 있는 눈에서만 볼 수 있는 동공의 축소·확대 등을 감지해 내는 부가적인 시스템 보안이 연구되고 있으며, 눈에서 발생하는 파장을 감지하여 진위를 구별하는 연구도 병행하고 있다.

21.4 · 얼굴인식 센서

1. 얼굴 인식 시스템

얼굴 인식(facial recognition)은 눈, 눈썹, 코, 입술, 턱, 얼굴 특징의 위치와 모양, 그들의 상호관계에 기초를 두고 있다. 기존 얼굴인식 기술은 CCD 카메라를 사용한 2차원 이미지를 분석하는 것이고, 최근에는 얼굴의 열 분포를 이용하는 방식으로 얼굴 혈관에서 발생하는 열을 적외선 카메라로 촬영, 디지털 정보로 변환해 저장하는 것으로 얼굴에 외과적인 손상이 발생하더라도 변하지 않는 얼굴의 열상을 이용하는 방식과 눈, 코, 입 등 얼굴의 특징을 나타낼 수 있는 곳에 점을 찍고 각 점들 사이의 관계를 이용하여 얼굴을 구분해 내는 3차원 얼굴형을 구조화하는 연구가 이루어지고 있다.

그림 21.15는 2차원 얼굴인식 과정을 간략하게 나타낸 것이다. 얼굴인식 과정은 이미지 정규화, 특징 추출 및 인식 과정으로 구성된다. 먼저 스캐너에 의해서 입력된 얼굴 영상으로부터 얼굴 및 눈·코·입 등의 얼굴의 기하학적 구성 요소를 추출한다. 초기에 많이 사용된 피부색 모델링 기법을 이용한 얼굴 검출 방법은 간단하고 처리속도가 빠르다는 장점이 있지만, 조명 변화에 매우 민감하다는 단점이 있다. 다음은 검출한 얼굴·눈·코·입 등의 위치 정보를 이용하여 일정한 크기로 변환하거나 조명, 표정, 포즈 성분을 제거하는 작업으로 인식 성능과 밀접한 영향을 주는 전처리 과정이다. 특징 추출 및 인식은 크게 특징 기반의 방법과 영상 기반의 방법으로 나눌 수 있다. 특징 기반의 방법은 눈·코·입과 같은 얼굴을 구성하는 요소들의 특징점을 찾아서 각 점들 사이의 위치, 모양 등을 측정함으로써 얼굴 영상들 사이의 유사도를 비교한다. 이 방법은 얼굴 영상의 크기가 작거나 해상도가 낮을 때 얼

굴의 특징점을 정확히 찾아내기 어렵고, 얼굴의 포즈, 표정 변화에 매우 민감하기 때문에 적용에 한계가 있다.

얼굴 인식 방법은 생체인식 방법 중 가장 자연스러운 방법으로 얼굴 인증과 인식 기술은 생체인식 애플리케이션 성장의 풍부한 토대를 제공해 줄 것이다.

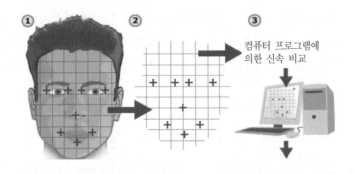

컴퓨터 프로그램에 의한 신속 비교

그림 21.15 2차원 얼굴 인식 과정

2. 얼굴 인식 시스템의 특징

얼굴 인식의 장점은 데이터 획득을 위해 특별한 접촉이나 행동을 요구하지 않고, 또 카메라 외에 특별한 장치를 요구하지 않기 때문에 사용자 편의성이 뛰어나며, 사진, 이미지 파일의 등록 및 저장이 가능하고, 감시 등 타 생체인식 기술을 응용하기 어려운 분야에 적용 가능하다.

그러나, 조명 및 표정 변화에 민감하고, 변장, 수염의 변화, 안경이나 모자 착용, 성형에 의한 얼굴형 변화 등의 몇 가지 인식률 저하 문제를 안고 있다.

21.5 ◦ 생체인식 기술의 비교

개요에서 언급한 바와 같이, 다양한 생체인식 기술이 상용화되었고, 또 현재 연구 개발 과정에 있다. 이중 본서에서는 가장 널리 사용되고 있는 지문인식을 상세히 설명하였고, 홍채 인식과 얼굴 인식 기술에 대해서 간단히 설명하였다. 이들의 장단점 및 주 응용분야를 요약하면 다음과 같다.

현재 지문인식기술은 사용이 용이하고, 처리속도가 빠르고, 일반적으로 보안성이 우수하여 대부분의 환경에서 사용되고 있다. 그러나 어떠한 기술도 완벽하지 않으며, 단점을 가지고 있다. 지문인식의 가장 큰 단점은 사회적 수용성이다. 지문채취가 오랫동안 범죄수사에 이용되어 왔기 때문에 다수의 사람들이 지문인식에 대해 큰 거부감을 가진다. 또 다른 문제는 손가락이 더럽거나 훼손된 경우 지문인식에 영향을 주어 인식이 실패할 수 있다는 점이다.

표 21.4 주요 생체인식 기술의 특징 비교

인식기술	장점	단점	응용 분야
지문 인식	• 우수한 안정성 • 가격 저렴	• 훼손된 지문은 인식하기 곤란함	• 일반 산업 • 범죄 수사
홍채/망막 인식	• 타인에 의한 복제 불가	• 사용 불편 • 이용에 따른 거부감	• 엄격한 보안이 요구되는 핵시설, 의료시설, 교도소 등
얼굴 인식	• 홍채인식에 비해서 거부감 적음 • 가격 저렴	• 주위 조명에 민감 • 표정 변화에 민감	• 출입 통제

memo

22 chapter | 안전 방재 보안 센서

　고대의 인간은 지진, 홍수, 화재 같은 재해로부터 많은 생명을 잃거나 두려움을 느꼈으며, 과학이 발전된 현재에도 이와 같은 상황은 계속되고 있다. 자동차의 대중화가 진행됨에 따라 매일 크고 작은 교통사고로 인해 수많은 인명과 재산상의 손실이 발생하고, 편하고 쾌적한 생활을 위해 많은 종류의 가스 소비가 늘어나면서 크고 작은 가스 폭발사고가 일어나고 있어 다량의 인명을 앗아갈 위험이 크다. 최근에는 다중이용 시설에 대한 테러나 파괴로부터 대량의 인명이 살생되는 사태가 빈번하게 발생하고 있다. 또한 우리 가정이나 주요 건물 시설 등을 침입자로부터 보호하는 방범도 중요한 일이다. 이와 같이 인간의 생명은 주위 환경으로부터 끊임없이 위협받고 있다. 이러한 수많은 위험 요소로부터 인간의 생명을 안전하게 지키기 위한 센서를 안전·보안 센서(safety and security sensors)라고 부른다.

22.1 ◦ 개 요

과학이 발달하지 않았던 고대 시대에 살던 인간은 지진, 홍수, 화재와 같은 자연재해로부터 많은 생명을 잃거나 큰 두려움을 느꼈으며, 과학이 발달한 현재에도 이러한 자연 재해는 계속되고 있을 뿐만 아니라 인간은 가스 폭발, 침입, 절도, 테러 등으로부터 끊임없이 위협받고 있다. 이와 같은 상황에서 안전 방재 보안용 센서가 필요한 여러 기술적 배경을 간단히 설명하면 다음과 같다.

• 현대산업의 발전과 함께 플랜트나 시스템의 대규모화와 고도화가 진전된 결과, 이상 검출이나 고장 진단을 자동으로 하지 않고서는 안전하게 운전할 수 없게 되었다.

• 자동차가 대중화됨에 따라 매일 크고 작은 교통사고가 발생하고 이로 인해 수많은 인명과 재산상의 손실이 발생한다. 이러한 이유로 탑승자를 보호하려는 다양한 안전장치가 도입되고, 일부는 법으로 의무화하고 있다.

• 편하고 쾌적한 생활을 위해서 인간은 다양한 종류의 가스를 사용하게 되었고, 가스 소비가 늘어나면서 크고 작은 가스 폭발사고가 발생하고 있다. 특히 LPG와 같은 가스는 폭발 위험이 상존할 뿐만 아니라 한번 폭발하면 다량의 인명을 앗아갈 위험이 크다.

• 또한 최근에는 다중이용 시설에 대한 테러나 파괴로부터 대량의 인명이 살생되는 사태가 자주 일어나고 있다. 우리 가정이나 주요 건물 시설 등을 침입자로부터 보호하는 방법도 중요한 일이다.

이와 같이 인간의 생명을 안전하게 지키기 위한 센서는 인간 생활의 모든 면에 배려되어 있다. 표 22.1은 각종 안전 방재 보안 센서의 예를 나타낸 것이다. 이러한 센서들은 각종 사고, 독성 또는 폭발성 가스, 침입자와 같은 위험한 상황을 조기에 경보하여 우리의 생명을 안전하게 보존하는데 절대적으로 필요한 센서들이다. 표에서 언급한 가스 센서, 지문인식 센서 등은 이미 설명하였기 때문에 본 장에서는 화재 감지, 침입자 감지, 접근 센싱(access sensing) 등의 기술과 물리적 원리들에 대해서 중점적으로 설명한다.

표 22.1 주요 안전 방재 보안 센서 예

	중요 센서 예	본서에서 다루는 내용
안전을 위한 센서	가스 센서, 자동차 안전장치	17장에서 설명, 각장에서 일부 센서 설명
재해방지 센서	화재검출 센서, 지진관측 센서	본장에서 화재검출 센서 다룸
방 범 센서	침입자 감지 센서	본장에서 다룸
접근통제 센서	지문인식	21장에서 설명
테러방지 센서	폭발물 감지 센서, 화학센서	본서에서 다루지 않음

22.2 ◦ 화재 감지 센서

22.2.1 화재의 특징

화재(fire)는 인간의 의도에 반하거나 고의에 의해 발생하는 연소현상으로, 인간 생활에 불필요한 손실을 초래하므로 소화시설 등을 사용하여 소화해야 되는 연소현상을 의미한다. 화재의 발생은 사람이 잘못하여 일어나는 실화, 고의로 불을 질러 일으키는 방화, 원인을 알 수 없는 화재 등으로 분류할 수 있다. 화재의 발생 원인을 살펴보면, 전선 및 전기제품의 누전 및 과다 사용에 의한 과열, 불꽃 발생 등으로 일어나는 화재, 기름, 가스 등과 같은 인화성 또는 폭발성 물질에 의한 화재, 낙뢰에 의한 화재, 불장난, 담배 불 등 다양하다.

불의 연소속도는 온도에 비례한다. 초기에 연소현상을 제압하지 못하면 주변의 온도가 급격히 상승하여 순식간에 연소가 확대되고 5분이 경과하면 대류와 복사현상 등으로 인하여 열과 가연성 가스가 축적되고, 일정온도에 이르면 순간적으로 폭발적인 연소가 진행되면서 건물전체가 화염에 휩싸이게 된다. 이런 현상을 플래시오버(flashover)라고 하며, 이 현상이 발생하게 되면 화재의 진압이 어려워지는 것은 당연하고 인명이나 재산피해 또한 커지게 된다. 이렇게 사람의 의도에 반하여 발생하게 되는 화재를 미연에 예방하여 화재가 발생되지 않는다면 더할 나위 없이 좋겠지만, 화재의 발생은 피할 수 없기 때문에 화재 발생을 조기에 감지하여 인명이나 재산의 피해를 최소화하는 것이 중요하다.

일단 화재가 발생하면, 연기나 가스가 방출되던가, 온도가 상승하던가, 또는 불꽃이 일어나게 된다. 따라서 화재 감지기는 이러한 현상을 이용해서 화재 발생을 감지하게 된다. 화재 감지기에는 화재에 의한 연기를 검출하는 연기 감지기(smoke detector), 온도 상승을 감지하는 열 감지기(heat/temperature detector), 불꽃을 감지하는 불꽃 감지기(flame detector) 등이 있다.

22.2.2 연기 감지기

연기 감지기는 화재의 초기 단계에서 발생하는 연기를 조기에 감지하여, 사람들이 안전한 장소로 대피하도록 유도하고, 화재를 조기에 소화하는 것을 목적으로 한다. 연기 감지기 형식을 대별하면, 이온화식(ionization detector)과 광학식(optical smoke detector)이 있으며, 광학식은 다시 산란광식과 감광식으로 분류된다.

1. 이온화 화재 감지기

그림 22.1(a)는 이온화 챔버(ionization chamber)의 원리를 나타낸 것이다. 두 전극 사이에 놓인 작은 방사선원(radioactive source)[일반적으로 아메리슘 241(^{241}Am)사용]은 α-입자를 방출하고, α-선에 의해서 작은 이온화 챔버 속의 공기 분자가 이온화되기 때문에 전극 사이는 약하지만 도전성으로 된다. 전극사이에 전압(일반적으로 5 V)을 인가하면, 공기 이온분자가 이동하여 이온 전류를 만든다.

만약 연기가 없으면 전류 크기는 약 10~20 pA 정도이다. 이온화 챔버에 연기와 같은 미립자가 들어오면, 상당수의 이온분자가 큰 연기입자에 부착되고, 연기입자는 이온에 대해서 재결합 중심(recombination center)으로 작용한다. 따라서 이온 전류는 감소한다.

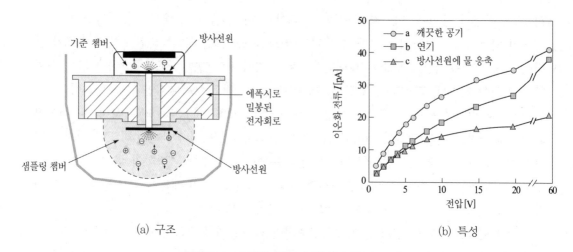

| (a) 구조 | (b) 특성 |

그림 22.1 이온화 챔버의 원리와 출력 특성

그림 22.1(b)는 이온화 챔버의 전류-전압 특성을 나타낸 것이다. 그림은 특성이 챔버 체적에 있는 연기 입자농도뿐만 아니라 방사선원 표면의 청정도에도 의존함을 보여주고 있다. 특히 물의 응축이 지배적인 전류 감소의 원인이 되는데, 이것을 연기 입자와 구별하기 위해서 포화영역에서 동작하는 제 2 챔버를 기준으로 택한다. 기준 챔버는 연기에 노출되지 않으며, 전류원 기능을 갖는다.

2. 광학식 연기 감지기

광학식 연기 감지기(optical smoke detector)는 연기 입자에 의해서 산란되는 빛을 측정한다. 그림 22.2는 광전식 연기 감지기(photoelectric smoke detector)의 일례를 나타낸 것이다. 발광 다이오드(LED)는 일정 주기로 광 펄스를 방출한다. 포토셀(photocell)은 광축과 수직으로 또는 경사 방향에 위치한다.

연기가 없으면, 챔버 내부는 깜깜하다. 빛은 챔버를 가로질러 반대편에 있는 광 트랩(light trap)에 들어간다. 챔버에 연기가 유입되면, 빛은 연기 입자에 의해서 산란된다. 산란된 빛은 렌즈에 의해서 수광 센서에 집광되고, 포토셀에 의해서 측정된다. 입사광의 양이 일정 수준 이상으로 측정되면, 경보기에 화재발생 신호를 보낸다.

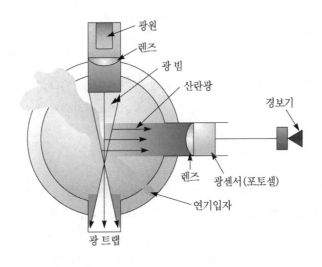

그림 22.2 광전식 연기 감지기의 센싱 챔버.

광학식 연기 감지기는 그림 22.3의 미세 먼지(particulate matter, PM) 검출기의 원리와 유사하다. 히터로 공기를 가열하면, 더운 공기는 상승하므로 센서를 통해서 흐른다. 레이저 또는 LED로부터 나오는 빛으로 입자들을 조사하면, 입자에 의해서 빛은 산란되고, 그 일부를 광센서로 측정한다. 입자의 수가 많을수록 산란되는 빛의 세기도 증가한다. 이 방식의 PM 센서는 1 μm 이상의 입자 검출에 적합하며 입자가 클수록 감도는 좋아진다.

그림 22.3 광전식 미세먼지 검출기(PM sensor)

3. 연기 감지기의 특징

이온 연기 감지기가 눈에 보이지 않는 작은 연기 입자를 검출하는 반면, 광학식 연기 감지기는 눈에 보이는 큰 연기 입자를 감지한다. 그러나 화재가 불꽃을 수반하면, 우수한 이온 감지기는 우수한 광전 감지기보다 더 빠르게 감지한다. 이러한 특성을 고려해서 최근에는 하나의 유닛에 이온 감지기와 광전 감지기를 통합한 연기 감지기가 시판되고 있다.

22.2.3 열 감지기

열 감지기(heat detector)는 가장 오래된 화재 감지기 중의 하나이지만, 주위 온도를 측정하여 화재를 감지하기 때문에 연기 감지기보다 사용이 더 제한적이다.

1. 서미스터를 이용한 열 감지기

그림 22.4는 한 쌍의 서미스터(thermistor)를 사용한 열 감지의 예를 나타낸다. 하나의 서미스터는 공기 중에 노출되고, 다른 하나는 봉지된다. 정상 상태에서, 두 서미스터가 측정하는 온도는 유사하다. 그러나 화재가 진전되면, 노출된 서미스터의 온도는 빠르게 증가하고, 그 결과 서미스터 사이에 불평형이 일어나 감지기는 경보 상태로 들어간다.

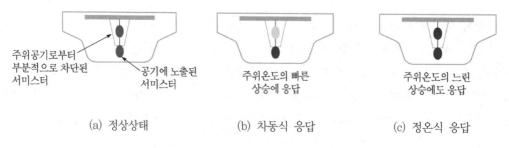

주위공기로부터
부분적으로 차단된
서미스터

공기에 노출된
서미스터

주위온도의 빠른
상승에 응답

주위온도의 느린
상승에도 응답

(a) 정상상태   (b) 차동식 응답   (c) 정온식 응답

그림 22.4 서미스터를 사용한 열 감지기

열 감지기는 일정 온도에 대한 응답과 온도 상승률에 대해서 시험한다. 이러한 결과에 따라 감지기는 정온식(fixed-temperature)과 차동식(rate-of-rise) 감지기로 분류된다. 정온 감지기는 공기 온도가 일정 온도 이상으로 상승하면 경보를 울리도록 사전에 설정된다. 가정에서 가장 널리 사용되고 있는 정온 감지기는 온도가 일정온도(공칭 작동온도 75 ℃의 125 % 높은 약 95 ℃)를 초과하면 경보를 울린다.

한편 차동식 열 감지기는 주변 온도가 사전에 설정된 단위시간당(시간당 또는 분당) 온도 상승률보다 더 빠르게 상승할 때 경보를 울린다. 또한 온도 상승률이 너무 느려 감지기가 경보를 조기에 트리거할 수 없더라도, 고정된 상한 온도이상으로 되면 경보상태로 들어가도록 설계된다.

열 감지기는 온도 측정에만 의존하기 때문에 연기 감지기보다 사용이 더 제한적이다. 열 감지기는 화재가 없더라도 다량의 연기, 수증기, 먼지 등이 존재하거나 화재 시 빠른 온도 상승이 일어날지도 모르는 위치에 사용된다. 열 감지기는 화재가 잘 발달되어 높은 열이 발생될 때만 동작한다는 것을 명심해야 한다. 열 감지기는 외부 서미스터 주위로 공기 이동을 좋게 하기 위해서 연기 감지기보다 주위 공기에 넓은 구멍을 가진다.

2. 광섬유 레이저(fiber laser) 열 감지기

그림 22.5는 광섬유에 의한 빛의 비탄성 산란(inelastic scattering)에 기반을 둔 화재 감지 시스템의 구성을 나타낸 것으로, 이 시스템은 라만 산란(Raman scattering)을 이용한다.

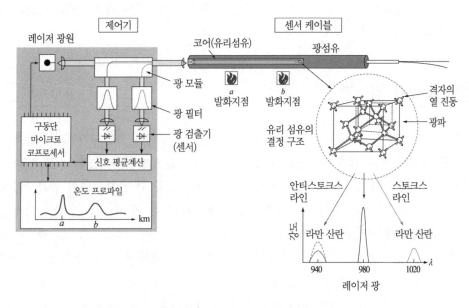

그림 22.5 광섬유 레이저 화재 감지기(Fiber-Laser II)

레이저 광이 광섬유에 입사하면, 코어를 구성하는 격자(원자)를 여기시킨다. 격자(원자)와 광 사이의 상호작용에 의해서 입사광의 일부가 산란된다. 이 산란된 빛의 대부분은 입사광과 파장이 동일하다. 한편 입사광의 일부는 다른 주파수로 산란된다. 이 비탄성적으로 산란된 빛을 라만 광(Raman light)이라고 부르는 데, 입사광 에너지(E_i)와 라만 산란광 에너지(E_s) 사이의 차이는 분자 진동상태를 변화시키는 에너지와 같으며, 이 에너지 차를 라만 이동(Raman shift)라고 부른다.

$$E_v = E_i - E_s \tag{22.1}$$

라만 후방 산란된 빛은 스토크스(Stokes)와 안티스토크스(anti-Stokes) 라인 두 스팩트럼 성분을 갖는다. 더 큰 파장을 갖는 스토크스 라인(그림에서 1020 nm 파장)의 강도는 거의 온도에 의존하지 않는 반면, 안티스토크스 라인(940 nm 파장)의 강도는 온도에 의존한다. 이들 신호를 분석해서 온도가 변한 위치(즉 발화 지점)를 자동으로 결정한다. 공간 분해능은 1.5 m 정도가 얻어지며, 분해능을 증가시키면 검출 시간이 증가한다.

3. 열 감지기의 특성

광섬유 시스템의 장점은 점 열 감지기(point heat detector)에 비해서 경제적이다. 광섬유 레이저의 비용은 광섬유 길이가 증가하더라도 크게 증가하지 않는다. 반면 열 감지기의 가격은 대략 설치 장소의 크기에 비례한다. 광섬유 레이저 시스템은 대표적으로 터널과 같은 긴 장소의 화재 경고 시스템에 적용된다.

22.2.4 불꽃 감지기

열 또는 연기 감지기에서는 화재 위치로부터 열이나 연기 입자가 감지기까지 도달해야 하기 때문에 화재의 조기 감지에는 한계가 있어 비록 화재를 감지했다고 하더라도 이미 상당히 진행된 상태라 완전 소화하기에는 어려움이 따른다. 불꽃 감지기는 초기 발화시 불꽃으로부터 나오는 적외선이나 자외선을 검출한다. 불꽃 감지기는 화원(open fire)을 거의 순간적으로 검출하기 때문에 연기 감지기보다 훨씬 빠르다. 그러나 불꽃 감지기는 불꽃을 수반하지 않는 화재에는 반응하지 않으며, 또한 아직 고가이기 때문에 화학공장의 보호, 탄화수소 화재위험이 높은 지역 등 특별한 경우에만 제한적으로 사용되고 있다.

그림 22.6은 광전관을 이용한 자외선(UV) 불꽃 감지기의 기본 구조를 나타낸다. 광전관의 음극에 입사한 UV는 광전자를 방출시킨다. 방출된 광전자는 가속되어 진공관 내의 가스와 충돌해서 전리를 일으켜(충돌전리), 다량의 전자를 발생시킨다. 이 전자들은 양극에 수집되어 회로에는 전류가 흐른다. UV 불꽃 감지기는 금속 또는 수소 화재, 즉 탄소를 포함하지 않는 화재를 감지하는데 더 적합하다.

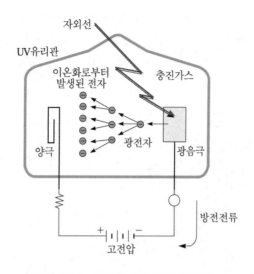

그림 22.6 광전관 UV 불꽃 검출기

일반적으로 IR 불꽃 검출기는 HC 화재 또는 더 일반적으로 탄소−기반 가연성 물질(즉 대부분의 액체 화재, 목재, 대부분의 발포 고무, 플라스틱)을 가진 화원를 감지하는데 아주 적당하다.

그림 22.7은 3 파장 불꽃 감지기의 예를 나타낸다. 첫 번째 센서는 카본이 포함된 물질이 연소하는 동안 발생하는 4.3 μm의 강한 복사를 감지한다. IR 불꽃 감지기는 초전센서(제3장)를 가지고 4.3 μm의 CO_2 복사를 검출한다. 초전센서에서 입사광은 얇은 표면층에서 흡수되고, 초전 박막 양면사이의 온도차를 발생시킨다. 이것은 다시 물질의 전기분극의 변화를 일으키고, 초전 물질에 걸리는 전압으로 측정된다. 다른 두 센서는 흑체나 태양 복사와 같은 화재가 아닌 불꽃 복사를 실제 화재와 구별하기 위한 것으로, 두 다른 파장의 복사를 검출한다.

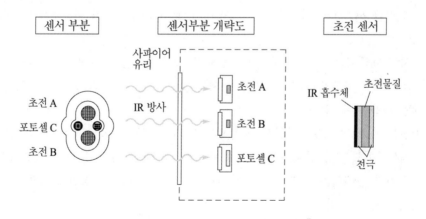

그림 22.7 다수의 센서로 구성된 불꽃 감지기

그림 22.8은 불꽃의 스팩트럼, 태양 복사, 흑체 복사의 분광 곡선을 나타낸 것으로, 각각 약간의 독특한 특성을 가진다. 이 특성은 신호 처리에 사용될 수 있다. 불꽃 감지기의 신뢰성은 여러 신호를 분석하는 알고리즘의 질에 큰 정도로 의지한다.

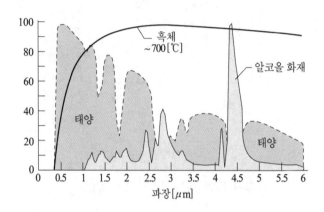

그림 22.8 흑체, 태양, 알코올 화재로부터 불꽃 감지기에 입사하는 복사의 분광 곡선

22.3 ○ 가스 센싱

산업체의 제조과정에는 다양한 가스가 사용될 뿐만 아니라 또 제조과정에서 독성을 지닌 가스가 발생하기도 한다. 또한 산업체나 가정에서는 히팅을 위해 연소 가스를 사용하고 있다. 이와 같이 제조 공정에서 발생하는 독성 가스로부터 생명을 보호하고, 연소 가스의 폭발을 방지하기 위해서 현재 많은 산업체나 가정에서 가스 검출 시스템이 사용되고 있다. 일반적으로 가스 검출 시스템은 위험 관리 시스템(danger management system)에 통합되어 운영되고 있다.

가스 센서에 대해서는 이미 제17장에서 자세히 설명하였다. 일반적으로 고농도에서 저농도까지 모든 범위를 측정할 수 있는 가스 센서는 없고, 어느 센서라도 어떤 한정된 농도 범위 측정에만 적용할 수 있음을 알았다.

현재 안전용 가스 센서로는 가연성 가스 센서가 가장 널리 이용되고 있다. 과거에는 접촉 연소식이 대부분이었으나, 감도가 우수하고 수명이 길다는 특징으로 반도체 센서도 보급되고 있다. 또 가격 면에서는 문제점으로 지적되고 있으나, 선택성과 정밀도 등의 관점에서 적외선 방식이 사용되고 있다.

22.4 ◦ 침입자 센싱

침입자 감지 시스템(intrusion detection system)은 빌딩이나 건물의 외곽 침입자를 감시하거나 내부로 침입하는 사람이나 동물들을 감시하는 센서 시스템이다. 검출 센서로는 다양한 검출 원리가 사용되고 있지만, 대별하면 수동 검출기(passive detector)와 능동 검출기(active detector)로 분류할 수 있다.

수동 검출방식에서 센서는 단지 리시버(receiver)이며, 물리적 변화를 등록(register)만 한다. 이 방식의 대표적인 예로, 수동형 적외선 이동 센서(passive infrared motion detector 또는 간단히 PIR sensor)가 있다.

능동 검출방식은 송신기와 수신기로 구성되며, 송신과 수신된 신호 파라미터를 비교한다. 이 방식의 예로는, 진열장 감시(slow pressure modulation), 도플러 효과(Doppler effect)에 기반을 둔 이동 검출기(초음파/마이크로파), 적외선 장벽(IR light barriers), 전자장 변화 검출기 등이 있다.

22.4.1 수동형 적외선 이동 센서

사람(동물)들은 움직이는 적외선 발생체이다. 사람의 경우 약 30℃의 평균온도를 갖는데, 인체로부터 방출되는 열에너지의 파장은 4~20 μm 범위에 집중되며, 최대 복사파장은 10 um이다. 이는 원적외선(far infrared)에 해당된다. 이러한 열 에너지를 검출하는 센서에는 서미스터, 서모파일, 초전센서 등 3가지가 있으며, 이중 초전센서는 간단하고, 저가이면서도 응답도가 우수해서 사람의 이동 검출에 가장 널리 사용되고 있다.

1. 동작 원리

수동형 적외선 이동 센서 또는 간단히 PIR 센서는 초전현상(3장, 4장)을 이용해서 사람 또는 물체의 이동을 감지하는 센서이며, 현재 널리 사용되고 있는 침입자감시 시스템의 핵심 부품이다.

그림 22.9는 초전소자를 이용한 PIR 센서의 원리와 동작을 나타낸다. PIR 센서는 초전소자와 실내 공간의 적외선(8~14 μm)을 모아주는 프레스넬 렌즈(Fresnel lens)로 구성된다. 초전소자는 절대 온도를 측정하는 것이 아니고 온도 변화에만 반응하기 때문에 초전 소자에 집광되는 렌즈에 온도 변화를 주기 위해서 20~30개의 감지 영역이 있는 프레스넬 렌즈가 사용된다.

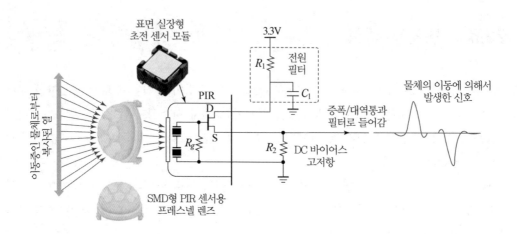

그림 22.9 PIR 센서

그림 22.10은 그림 22.9에 사용되는 초전 센서의 구조를 나타낸 것이다. 센서의 상부전극은 공동으로 접속된다. 반면 두 하부전극은 분리되어 있어 커패시터 C_A와 C_B를 형성하며, 두 커패시터는 반대극성으로 직렬 접속된다. 사람이 센서 앞을 통과하면, 첫 번째 초전소자 C_A가 동작해서 출력을 발생시키고, 다음에 C_B가 동작하여 반대 극성의 신호가 발생한다.

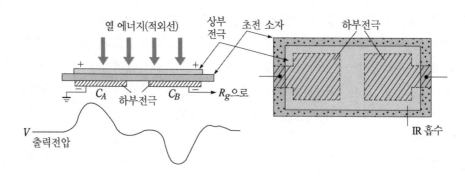

그림 22.10 초전 센서

PIR 센서는 두 개의 슬롯(slot)을 가진다. 사람이 센서를 가로질러 지나갈 때 그림 22.11과 같이 수평방향으로 통과해야 그림 22.10의 초전 소자가 적외선에 순차적으로 노출되어 출력을 발생시킨다. 첫 번째 슬롯을 통과하면, (+) 신호를 발생시키고, 감지 영역을 떠날 때, 센서는 (−)신호를 발생시킨다. 그러나 진동, 온도 변화, 햇빛 등은 두 센서 소자에 동시에 작용하므로 이들에 의한 신호는 상쇄되어 출력에 나타나지 않는다.

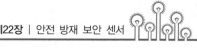

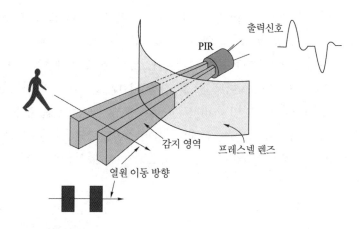

그림 22.11 PIR 센서의 동작원리

사람이 아닌 다른 광원에 의해서 발생되는 오동작을 방지하기 위해서 추가의 광학 필터링이 요구된다.

그림 22.12는 현재 대표적으로 사용되고 있는 여러 필터의 작용을 보여주고 있다. 먼저 백색광 필터(d)는 사실상 램프나 태양으로부터 오는 간섭 복사를 통과시키지 않는다. ITO(indium-tin oxide)가 코팅된 적외선(IR) 미러(e)는 인체로부터 방출되는 적외선($8 \sim 14$ μm)만 반사하고 나머지는 통과시킨다. 적외선 미러를 통과한 간섭 복사는 흑체(f)에서 흡수된다.

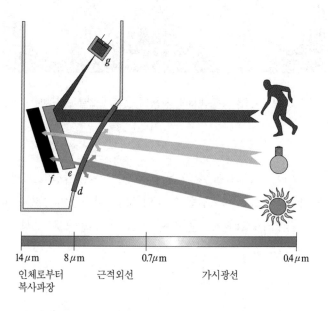

그림 22.12 현대 PIR 검출기에서 광학 필터 작용

그림 22.13은 프레스넬 렌즈의 일례를 나타낸다. 이 렌즈는 인간으로부터 방출되는 복사에 가장 민감한 약 8∼14 μm 범위의 적외선이 투과되는 물질로 만들어진다. 그리고 그루브면(groove side)이 초전 소자를 향하도록 설계된다. 원형 렌즈 엘레멘트의 직경은 약 1 인치, 두께는 0.015 인치(0.38 mm)이며, 렌즈를 장착하는데 필요한 플렌지(flange)의 크기는 약 1.5 in²이고, 초점 거리는 0.65 인치이다. 렌즈는 더 많은 적외선을 수집하여 그것을 작은 점에 집광한다. 사람(적외선 광원)이 움직이면 이 초점도 초전 센서 표면을 가로질러 이동한다. 프레스넬 렌즈는 감지 범위를 약 100 피트까지 확대시킬 수 있다.

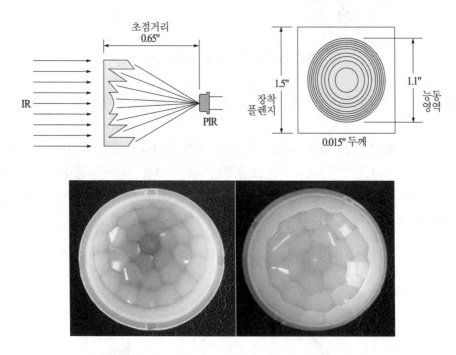

그림 22.13 PIR 센서에 사용되는 프레스넬 렌즈 예

2. 응용 분야

PIR 센서는 우리 주위에서 흔히 볼 수 있는 사무실, 빌딩, 가정의 보안 시스템 등에 광범위하게 사용되고 있다. 그림 22.14는 일반 가정의 보안 시스템의 일례를 나타낸 것으로, 연기 감지기, 가스 감지기, PIR 감지기, 문/창문 침입 센서 등으로 구성되어 있다.

그림 22.14 가정의 보안 시스템 예

능동형 검출 센서

그림 22.15는 능동형 검출기의 구성을 나타낸 것이다. 우리 눈에 보이지 않는 빔(beam)을 방출하는 송신기(transmitter)와 이 빔을 수신하는 수신기(receiver)로 구성된다. 만약 이동 물체가 송/수신기 사이로 침입하면 빔이 차단되어 수신기에 도달하지 못하므로 수신기는 경보를 보내어 침입자를 알 수 있다. 현재 사용되고 있는 빔으로는 적외선, 초음파, 마이크로파 등이 있다.

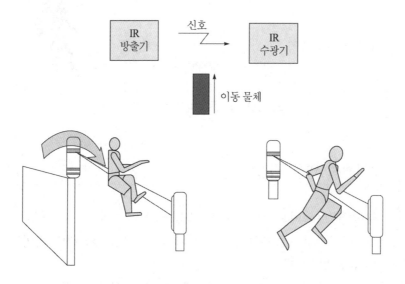

그림 22.15 능동형 침입자 검출기의 기본 원리

침입자가 보호 영역을 침범하려고 할 때 통과가 예상되는 위치에 적외선으로 눈에 보이지 않는 장벽을 설치하는 것이다. 송신기로는 적외선 발광 다이오드(IRED)가 사용되며, 보통 좁

609

게 집광된 700~900 nm의 적외선이 방출된다. 옥외에 설치되는 경우 다른 광원 (태양, 안개, 비, 새 등)으로부터 보호하고 신뢰성을 높이기 위해서 적외선은 펄스 변조(pulse modulated) 모드로 동작한다. 적외선 장벽은 옥내, 옥외에 모두 사용된다. 가장 흔한 예는 집 주위를 둘러싸는 담장을 따라 설치되거나, 대문이나 창문 내부에 설치된다.

초음파 이동 검출기는 도플러 원리에 따라 동작한다. 그림 22.16과 같이 방출된 초음파가 이동하는 물체에 의해서 반사되어 수신기에 돌아오면, 송/수신 초음파 사이에는 도플러 효과에 의해서 주파수 차이가 발생한다. 이 차이를 도플러 변동(Doppler shift)라고 부르며, 주파수 변화는 이동하는 물체의 속도에 비례한다. 동작 범위는 50 m² 정도이다. 초음파 이동 검출기는 단독으로 설치되지 않으며, 주로 PIR 검출기와 조합해서 사용된다.

초음파 이동 검출기와 마찬가지로, 마이크로파 이동 검출기 원리도 도플러 효과에 따라 동작한다. 사용되는 마이크로파의 주파수는 9~10 또는 24 GHz(k-band)이다. 마이크로파는 유리, 나무 등을 투과하며, 금속 등에 의해서 반사된다. 따라서 마이크로파 검출기도 PIR 검출기와 조합해서 2차 센서로 사용된다.

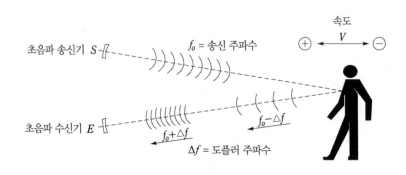

그림 22.16 초음파 이동 검출기

22.4.3 멀티센서 이동 검출기

멀티센서 이동 검출기(multisensor motion detection)는 2개 이상의 독립된 검출원리를 사용해 공간을 모니터링 한다. 앞에서 언급한 바와 같이, 초음파와 PIR, 마이크로파와 PIR 이 대표적인 멀티센싱 방식이다.

멀티센서 시스템의 검출 성능은 신호 처리에 달려있다. 예를 들면, PIR의 검출 수준은 접선방향으로 움직이는 물체에는 높고, 반경방향으로 이동하는 물체에는 낮다. 반면 초음파 검출기는 반경방향으로 이동하는 물체 검출은 높고, 접섭방향에 대해서는 낮다. 이와 같은 센서의 특징을 잘 결합하면 검출 신뢰성을 크게 향상시킬 수 있다.

23 chapter | 마이크로센서(MEMS센서)

마이크로센서(microsensor)란 마이크로제조기술(microfabrication)을 이용해서 만든 센서를 총칭하는 용어이다. 마이크로제조기술에는 반도체 기술, 박막 기술, MEMS(micro-electromechanical system) 또는 마이크로시스템 기술(microsystem technology) 등이 있다. 마이크로센서는 반도체 기술과 박막 기술만을 이용한 마이크로센서와, MEMS 기술에 기반을 둔 MEMS 센서 등 크게 두 종류로 분류할 수 있다. MEMS 센서는 주로 실리콘 반도체로 만든 마이크로 크기의 기계적 구조물을 이용하므로 지금까지 나타나지 않은 새로운 기능을 기대할 수 있고, 또 센서와 신호처리 IC를 일체화한 집적화 센서, 스마트 센서를 실현할 수 있어 최근의 센서기술 발전을 주도하고 있다.

23.1 · 마이크로센서(MEMS 센서)의 개요

제2장에서 설명한 광센서(포토다이오드, 포토트랜지스터)는 반도체 기술과 박막 기술만을 이용해서 만든 마이크로센서이다. 한편 1980년대 들어 MEMS 기술에 기반을 둔 마이크로센서의 연구개발이 활발하게 진행되었고, 현재 다수의 MEMS 센서가 상용화되어 여러 분야에서 사용되고 있다. MEMS란 microelectromechanical system에서 유래한 말로, 전자기계적 수단에 의해서 어떤 공학적 기능을 수행하며 그 크기가 마이크로미터 범위(1 μm~1 mm)인 소자 또는 시스템을 말한다. MEMS와 동일한 개념으로 유럽에서는 마이크로시스템(microsystem), 일본에서는 마이크로머신(micromachines)이란 용어를 사용하기도 한다. 완전한 MEMS 또는 마이크로시스템은 정보를 센싱하는 마이크로센서(microsensor), 정보를 처리하고 의사 결정하여 지시하는 마이크로프로세서, 마이크로프로세서의 지시를 받아 일을 수행하는 마이크로액추에이터(microactuator)로 구성되지만, 이러한 구성요소를 실현하는데 필요한 기술들을 MEMS 기술 또는 MST(microsystem technology)라고 부른다.

MEMS 기술에는 기존의 반도체 기술뿐만 아니라 마이크로머시닝 (micromachining)이라는 기술이 추가된다. 마이크로머시닝이란 마이크로 크기의 기계적 구조물(micromechanical structure)을 만드는데 필요한 초미세 가공기술을 의미한다. 현재 MEMS 기술은 다양한 분야에 성공적으로 적용되고 있으며, 특히 이 기술을 적용함으로써 종전에 없던 새로운 소자나 장치가 가능해지고, 기존 제품의 성능을 대폭 향상시키고, 몇 개의 기능을 하나로 통합하여 초소형화, 저가격화를 유도한다.

현재 상용화된 대표적인 MEMS 센서로는 압력센서(10장), 가속도 센서(12장), 자이로스코프(13장) 등이 있으며, 이들은 기존의 센서를 초소형·경량화시켰을 뿐만 아니라 신호처리회로와 센서를 하나의 칩에 집적화하여 저가격까지 실현하였다. 이러한 MEMS 센서들은 기존의 센서 시장을 점점 대체해 가고 있을 뿐만 아니라 종래에는 전혀 생각하지도 못했던 분야에 적용되고 있다. 예를 들면, 휴대용 전화기에 MEMS 가속도 센서가 적용되어 방위, 만보기 등의 기능을 실현하고 있고, 디지털 카메라의 손 떨림 보정에 MEMS 자이로가 사용되고 있다. 또 우리 주위에서 흔히 볼 수 있는 잉크젯 헤드는 MEMS 기술에 의해서만 가능한 제품이다. 머지않은 장래에는 휴대용 전화기에 들어가는 각종 RF 부품도 MEMS 기술로 대체될 것이다.

본 장에서는 먼저 MEMS 기술에 익숙지 않은 독자들을 위해서 MEMS 소자나 시스템을 실현하는데 필요한 기본 기술을 간단히 설명한 다음, 상용화된 마이크로센서에 MEMS 기술이 어떻게 적용되었는가를 살펴보고자 한다.

23.2 · 마이크로머시닝

마이크로머시닝(micromachining)이란 반도체 제조공정에서 채용하고 있는 초미세 가공 기술을 이용하여 작은 영역에 마이크로 크기의 기계적인 소자나 부품을 만드는 기술이라고 정의할 수 있다. 마이크로머시닝 기술은 MEMS 센서를 실현하는데 필요한 핵심기술이며, 이 기술의 발전이 없었다면 현재 우리가 사용하고 있는 MEMS 센서나 마이크로시스템 등의 출현도 불가능하였을 것이다. 마이크로머시닝 기술이야말로 마이크로시스템을 종래의 마이크로일렉트로닉스와 차별화시킬 수 있는 기술이다. 현재 상용화된 MEMS 센서 또는 시스템에 사용되고 있는 마이크로머시닝 기술을 분류하면 다음과 같다.

- 벌크 마이크로머시닝(bulk micromachining)
- 표면 마이크로머시닝(surface micromachining)
- 유리 마이크로머시닝(glass micromachining)
- 고분자 마이크로머시닝(polymer micromachining)

벌크 및 표면 마이크로머시닝 기술은 실리콘 반도체를 기반으로 하기 때문에 초기부터 사용되며 왔으며, 현재 상품화된 MEMS 센서는 대부분을 이 기술에 기반을 두고 있다. 최근에는 바이오 마이크로시스템(bio-microsystem) 분야에서 유리 또는 고분자 마이크로머시닝 기술이 더 활발히 적용되고 있다.

23.2.1 벌크 마이크로머시닝

벌크 마이크로머시닝(bulk micromachining ; BM)은 실리콘 단결정 기판을 선택적으로 에칭하여 표면, 이면 또는 내부에 마이크로 크기의 3차원 기계적 구조물을 형성하는 기술이다. 벌크 마이크로머시닝은 가장 오래된 MEMS 기술이며, 다른 것에 비해 더 성숙된 기술이다.

그림 23.1은 습식 에칭(wet etching)을 사용한 실리콘 벌크 마이크로머시닝의 예를 나타낸 것으로, 특정 에칭 용액에서 실리콘 결정면 사이의 에칭 속도 차이를 이용한다. 예를 들면, 그림 (a)와 같이 실리콘 기판에 산화막(SiO_2)으로 마스크를 형성한 다음 KOH 용액 속에 담그면, KOH 용액에서 (100) 결정면의 에칭 속도는 (111) 결정면보다 수 백 배 빠르기 때문에, 그림 (b)와 같이 (100) 방향의 실리콘 에칭은 빠르게 일어나고 (111)방향의 에칭은 저지되어 자체적으로 V자 모양의 홈(V-groove)이 만들어 지거나, 에칭을 도중에 정지시키

면 U자 모양의 구조로 된다. 또 실리콘 기판 뒷면으로부터 에칭을 하여 두께가 $20 \sim 30 \mu m$ 인 다이어프램(diaphragm)이나 맴브레인(membrane)을 만들 수도 있다. 이와 같이 에칭속 도가 결정 방향에 따라 다른 성질을 이방성 에칭(anisotropic etching)이라고 부른다.

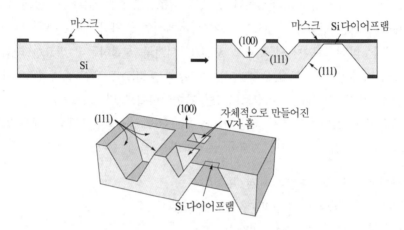

그림 23.1 실리콘 벌크 마이크로머시닝

이방성 에칭은 특정 가스를 사용한 건식 에칭(dry etching)에 의해서도 가능하지만, 여기 서는 설명을 생략하며, 다른 전문 서적을 참고하기 바란다.

BM 기술을 사용하면 실리콘 기판에 다양한 형태의 기하학적 구조물을 만들 수 있는데, 그림 23.2는 몇몇 예를 나타낸 것이다. 그림 (a)는 실리콘 기판을 뒷면으로부터 이방성 에칭 하여 다이어프램을 제작한 것으로 압력센서에 사용된다. (b)는 실리콘 벌크를 전면으로부터 에칭하여 마이크로히터를 만든 것으로, 가스센서 등을 제작할 때 사용된다. 그림 (c)는 AFM 등에 사용되는 프로브(probe)이다.

현재 벌크 마이크로머시닝 기술은 압저항형 압력센서, 가속도 센서, 자이로, 가스센서, 잉 크젯 프린트헤드(ink-jet printhead) 등에 널리 적용되고 있다.

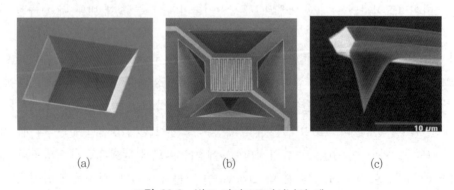

(a)   (b)   (c)

그림 23.2 벌크 마이크로머시닝의 예

BM 기술의 특징은 복잡한 형상의 3차원 구조물 형성이 가능하고, 센서의 고성능, 고정도가 기대되고, 충격이나 진동에 대한 내구성이 높은 장점을 가진다. 그러나 종래의 반도체 제조라인 이외의 별도의 가공장치가 필요하고, MEMS 구조물과 회로를 하나의 칩에 집적화하는 것이 곤란하다.

23.2.2 표면 마이크로머시닝

표면 마이크로머시닝 기술은 실리콘 기판 표면에 여러 종류의 박막을 형성하고 선택적으로 에칭하여 3차원 구조물을 만드는 기술이다.

그림 23.3은 표면 마이크로머시닝 기술을 사용해 마이크로 캔틸레버 빔(cantilever beam)을 만드는 과정을 나타낸 것이다. 먼저 실리콘 기판 표면에 산화막을 형성한 후 선택 에칭을 하여 캔틸레버 빔의 한쪽 끝을 지지하기 위한 앵커 자리를 만든다(그림 (a)). 다시 그 위에 다결정 실리콘(polysilicon)을 막을 성장시켜 그림 (b)와 같이 캔틸레버 모양으로 패터닝한다. 마지막으로 산화막을 제거시키면 그림 (c)와 같이 한 끝은 고정되고 다른 한 끝은 자유롭게 움직일 수 있는 마이크로 캔틸레버 빔이 완성된다. 위 과정에서 다결정 실리콘과 같이 기계적 구조물이 되는 재료를 구조재(structural material), 산화막과 같이 제거되는 물질을 희생층(sacrificial layer)라고 부른다. 구조재와 희생층의 조합은 매우 다양하게 선택할 수 있다.

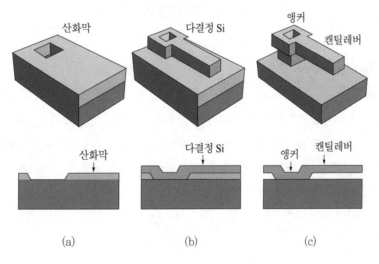

(a)   (b)   (c)

그림 23.3 표면 마이크로머시닝의 예 : 마이크로 캔틸레버 빔 제작

현재 SM을 사용해 다양한 구조의 마이크로센서와 액추에이터가 만들어지고 있다. 그림 23.4(a)는 SM을 사용해 만든 기어들이고, 그림(b)는 가속도 센서를 구성하는 전극들이다.

표면 마이크로머시닝 기술의 특징은 종래의 반도체 제조라인을 사용하므로 대량생산이 가능해지고, 특히 MEMS 구조물과 주변회로를 하나의 칩에 집적화가 용이하여 가격절감이 이루어진다. 그러나 표면만으로 구조물을 형성하기 때문에 형상, 크기에 제약을 받으며, 충격이나 진동에 대한 내구성이 문제 될 수 있다. 미국 회사들이 SM 기술을 적용하는 경향이 강하며, AD사의 가속도 센서가 대표적인 SM 제품이다.

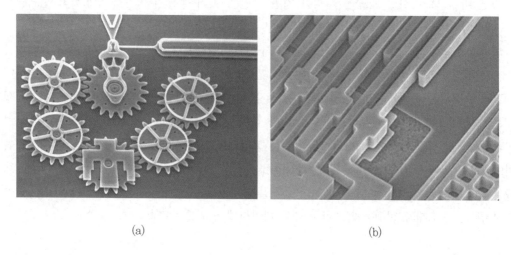

(a)   (b)

그림 23.4 표면 마이크로머시닝의 예

23.2.3 웨이퍼 접합

마이크로머시닝 기술로 미세 가공한 실리콘 기판 등을 유리 또는 다른 실리콘과 접합함으로써 복잡한 구조를 실현할 수 있다. 실리콘-유리 또는 실리콘-실리콘을 접합하는 목적은 완성된 MEMS 센서를 보호하거나 패키징하기 위함이다. 다음에서는 MEMS센서에서 사용하는 중요 접합기술에 대해서 간단히 설명한다.

1. 양극 접합

MEMS 센서에서는 만들어진 센서 칩과 유리를 접합하는 경우가 많다. 그림 23.5는 Si-유리 양극접합 장치를 간단히 나타낸 것이다. 먼저 마이크로머시닝 기술로 미세 가공한 실리콘 기판을 유리와 접촉을 시킨 다음, 300~400℃로 가열한 상태에서 유리 측에 1000V 정도의 (−)전압을 인가하면, 유리−실리콘 사이에는 강한 정전인력이 발생하면서 경계면에서 두 물질사이에 화학결합에 이른다. 접합이 시작되면 회로에 흐르는 전류는 감소하기 시작한다. 그림 (b)에는 전압을 인가한 텅스텐 침 부근에서 시작된 양극전합이 웨이퍼 전체로 전파해 가는 과정을 보여주고 있다.

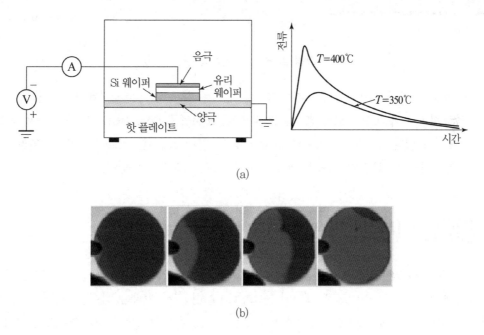

(a)

(b)

그림 23.5 양극접합 장치

실리콘 웨이퍼와 유리는 전혀 다른 성질의 물질인데, 강한 접합이 만들어지는 이유는 무엇일까? 그림 23.6은 실리콘−유리 접합 메카니즘을 나타낸 것이다. 300~400 ℃ 정도의 온도에서, 직류전압을 인가하면, 시간이 경과함에 따라 유리 속의 알카리 이온들은 전계에 의해서 음극으로 이동하고, 경계면에는 (+)이온들이 존재하지 않는 공간전하층(그림에서 부전하만 존재하는 영역)이 형성된다. 이제 외부에서 인가한 직류 전압은 공간전하층과 간극에 걸리게 되고, 유리와 실리콘 사이에는 강한 정전인력이 작용한다. 이 정전력에 의해서 유리와 실리콘이 당겨져 간극이 작아지면, 공간전하층이 더욱 넓어지고 유리와 실리콘 사이에 작용하는 정전인력은 더욱 강해져 그 결과 서로 접촉하게 된다. 최종적으로는 인가전압은 모두 공간전하층에 걸리고 정전인력은 최대가 되고 강한 접합이 형성된다.

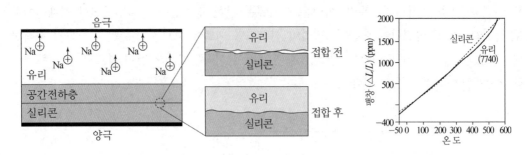

그림 23.6 양극전합의 원리

양극전합은 300 ℃ 이상에서 이루어지므로 실리콘과 유리의 열팽창계수가 같을 필요가 있다. 양극전합용 유리로는 코닝 7740, 호야 SD2, 보로플롯(Borofloat) 33 등이 상용화되어 널리 사용되고 있다. 그림은 실리콘과 코닝 7740의 열팽창계수를 비교한 것으로, 우리가 관심있는 영역에서 두 물질의 열팽창 계수가 매우 유사함을 알 수 있다.

23.2.4 마이크로머시닝의 특징

지금까지 설명한 마이크로머시닝의 특징을 표 23.1에 요약하였다. 대표적인 특징은 용어 그 자체가 의미하듯이 마이크로 크기의 초소형($10[\mu m]$ 이하)이라는 점이다. 최대의 특징은 반도체 IC와 마찬가지로 배치 프로세스(batch process)에 의한 일괄처리기술이라는 점이다. IC와 같이, 동일 모양, 동일 성능의 것이, 더구나 어느 정도 조립된 상태로 다수를 동시에 제조할 수 있다는 것은 지금까지 기계 부품에 전혀 없었던 특징이다. 이것에 의해 본질적으로 고기능, 저가격화를 기대할 수 있다. 또한 시스템의 집적화, 소자의 어레이화, 전자회로의 일체화 등이 가능하다.

표 23.1 마이크로머시닝의 특징

특 징	얻어지는 효과
소형, 경량, 정교(精巧)	고속 응답, 구동 용이, 고감도
배치 프로세스(batch process)	낮은 가공비용
어레이(array)	고밀도, 낮은 조립 코스트
집적회로 내장	케이블 수 감소, 잡음 감소
박막, 초박막	열용량 작음, 고속응답, 고감도, 열 절연, 구동 용이
기능성	압저항 효과
일체화	여러 기능의 복합화. 시스템이 소형화되기 때문에 사용 장소에 대한 제약이 적음. 내부의 무효체적이 적음 (유체 제어기 등) 위치관계가 정확함 (광학기기에서).

23.3 ◦ 실리콘 압력센서

실리콘 압력센서(silicon pressure sensor)는 1980년대 초반에 상용화된 최초의 MEMS 센서이다. 실리콘 압력센서의 원리는 이미 제10장에서 설명하였기 때문에 여기서는 실리콘 압력센서에 MEMS 기술이 어떻게 적용되는가에 대해서 설명하고자 한다.

그림 23.7은 실리콘 압력센서의 기본구조이다. 실리콘 단결정을 얇게 마이크로머시닝하여 수압용 다이어프램(diaphragm)을 만들고, 여기에 IC와 동일한 제조방법으로 불순물을 확산 시켜 4개의 압저항(piezoresistor)을 형성한다. 이 4개의 저항은 휘스토운 브리지 회로로 접속한다. 지금 그림(b)에 나타낸 것과 같이 압력 P_1을 가하면 다이어프램은 압력에 비례해서 휘어지고 이것에 의해서 4개의 저항 값이 변한다.

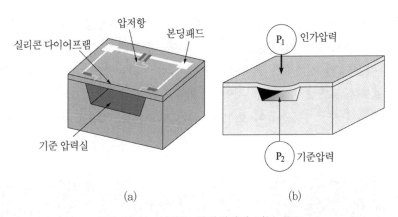

그림 23.7 실리콘 압력센서의 기본 구조

그림 23.7의 실리콘 압력센서를 반도체 공정 및 MEMS 기술을 사용해서 제작하는 과정을 간단히 설명하면 그림 23.8과 같다.

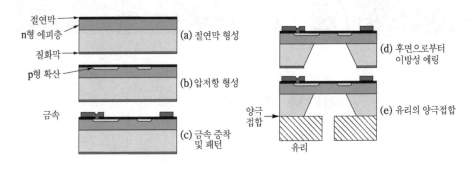

그림 23.8 실리콘 압력센서의 제작 공정 흐름도

(a) 먼저 실리콘 반도체 표면에 산화막을 형성한다.

(b) p형 압저항(piezoresistor)을 형성한다.

(c) 압저항과 외부회로와의 접속을 위한 금속접촉을 만든다.

(d) 웨이퍼 뒷면으로부터 이방성 에칭에 의해서 실리콘 다이어프램을 형성한다.

(e) 마지막으로 실리콘-유리 기판을 양극 접합하여 센서를 완성한다.

23.4 ◦ 실리콘 가속도센서

MEMS 가속도 센서의 검출원리로는 정전용량의 변화를 이용하는 방식이 가장 많이 사용되고 있다.

그림 23.9는 표면 마이크로머시닝 기술로 제작된 2축 정전용량형 가속도 센서의 일례를 나타낸 것이다. 가속도 센서 칩의 중앙 부분은 가속도를 검출하는 센싱 영역이고, 그 주변에 센서로부터 출력 신호를 처리하는 전자회로가 배치되어 있다. 그림 (b)는 가속도를 검출하는 센싱 영역의 일부를 확대해서 나타낸 것이다. 외부로부터 들어오는 가속도에 비례해서 움직이는 질량과 커패시터의 가동전극이 보이고 있다. 앵커는 스프링을 공중에 지지해 준다.

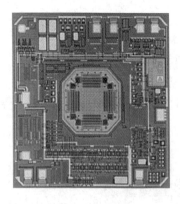

(a)

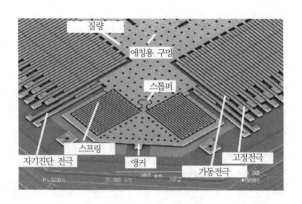

(b)

그림 23.9 MEMS 가속도 센서의 일례

그림 23.10은 위에서 설명한 MEMS 가속도 센서의 제조 공정을 간략하게 나타낸 흐름도이다.

(1) 먼저 센서 신호를 처리하는 회로(바이폴라 트랜지스터와 CMOS로 구성된다)의 일부를 형성한다. 동시에 센서와 회로를 연결하는 n^+층이 만들어진다.
(2) 전자회로를 보호하고, 또 센서가 만들어질 영역의 실리콘 기판을 보호하기 위해서 질화막 (silicon nitride)이 형성된다. 그 다음 희생층으로 사용될 산화막이 형성되고, 그 위에 다결정 실리콘으로 센서 구조(질량, 스프링, 커패시터 전극 등)를 완성한다.
(3) 센서 신호를 처리하는 전자회로를 완성한다. 전자회로를 보호하기 위해 표면을 패시베이션(passivation) 층으로 덮는다.
(4) 마지막으로, 희생층(산화막)을 제거함으로써 센서 구조가 자유롭게 움직일 수 있도록 하여 가속도 센서를 완성한다.

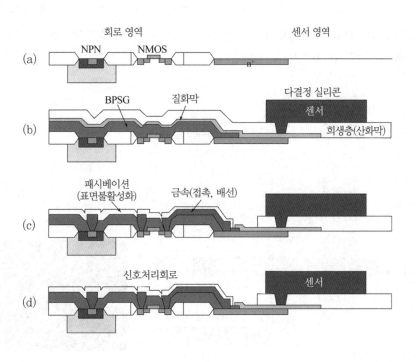

그림 23.10 그림 23.9의 MEMS 가속도 센서 제조과정

23.5 · MEMS 자이로스코프

최근에는 MEMS 기술을 이용해서 다양한 형태의 초소형 실리콘 자이로스코프(ring gyroscope)가 개발되고 있다. MEMS 자이로스코프에 대해서는 제13장에서 상세히 설명하였다. 여기서는 Bosch사의 직선 진동식 자이로스코프를 예로 들어 자이로스코프를 제작하는데 MEMS 기술이 어떻게 적용되는가를 설명한다.

그림 23.11은 진동식 MEMS 자이로스코프의 제작과정을 나타낸 것으로, 가속도 측정 영역은 표면 마이크로머시닝, 진동 부분은 벌크 마이크로머시닝 기술을 사용하고 있고, 마지막으로 실링(seal)을 위해 유리를 양극접합 한다. 그 과정을 설명하면 다음과 같다. (a)실리콘 기판 위에 산화막을 형성하고, 그 위에 다결정 실리콘을 성장시킨 다음, Al을 증착한 후 패터닝한다. (b)웨이퍼 뒷면으로부터 이방성 에칭을 하고, 다시 전면으로부터 다결정 실리콘을 에칭한다. (c)산화막 희생층을 에칭하여 가속도 측정부분을 완성한다. 다음 실리콘을 깊게 건식 에칭하여 진동부분을 완성한다. (d)센서를 보호하기 위해 전면에 캡(cap) 웨이퍼을 접합하고, 다음 실리콘-유리를 양극 접합한다.

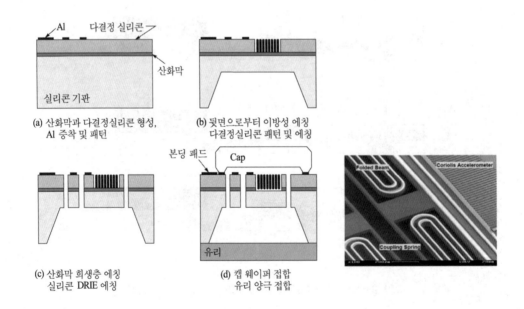

그림 23.11 진동식 MEMS 자이로스코프의 제작과정 예

23.6 · 기타 MEMS 센서

앞에서 설명한 압력센서, 가속도 센서, 자이로스코프는 MEMS 기술에 기반을 둔 대표적인 마이크로센서들이다. 그 외에 시장은 크지 않지만 다수의 MEMS 센서들이 상용화되어 있으며, 여기서는 유량센서에 대해서 간단히 설명한다.

반도체와 MEMS 기술을 이용한 각종 초소형 유량센서(microflow sensor)는 오래 전에 상품화되었다. 그림 23.12는 열식 초소형 질량유량 센서의 기본 원리를 나타낸다. 상류 측과 하류 측에 유체의 흐름과 수직하게 두 금속저항(Pt 또는 Ni-Fe 합금)을 배치하고, 그 사이에 히터를 설치한다. 실리콘 질화막(silicon nitride membrane)은 상하류 측 저항과 히터 모두를 열적으로 절연시킨다.

지금, 유체가 흐르면, 상류 측 히터는 냉각되어 온도가 내려가고, 하류 측 히터를 가열되어 온도가 상승한다. 각 히터 가까이 있는 온도 민감성 금속저항은 각 히터의 온도변화를 측정하고, 이것으로부터 유량을 계산한다.

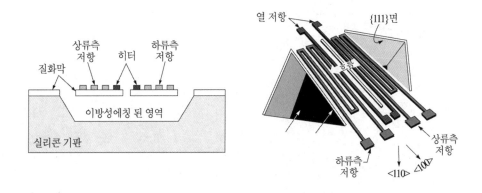

23.12 초소형 유량센서의 원리

23.7 · 요 약

지금까지 MEMS의 기초 기술과 그것에 기반을 둔 중요 센서에 대해서 소개하였다. 지면 관계상 그 동작원리와 제작과정을 충분히 설명할 수 없어 유감이지만, MEMS 센서에 대한 약간의 이해라도 했다면 저자는 기쁘게 생각한다. 현재 MEMS 기술은 센서뿐만 아니라 여러 학문영역과 융합하여 새로운 개념의 소자, 장치 등을 만들어 내고 있고, 그 분야를 혁신시키고 있다. 또 앞으로 MEMS 기술과 나노기술의 융합으로 새로운 발전이 크게 기대되는 바이다.

24 chapter | 바이오센서

대부분의 생체물질은 매우 우수한 분자식별기능(分子識別機能;molecular recognition)을 나타낸다. 예를 들면, 효소는 기질을, 항체는 항원을 식별한다. 바이오센서는 분자식별기능을 가진 바이오리셉터(bioreceptor)와 식별한 결과를 전기적 신호로 변환하는 각종 트랜스듀서(transducer)를 결합하여 구성한다. 바이오센서는 생체물질을 이용함으로써 측정대상에 대한 선택성이 탁월하고, 감도가 매우 높다. 현재 상품화되어 사용되고 있는 바이오센서의 종류는 많지 않으며, 대부분 연구개발 단계에 있다.

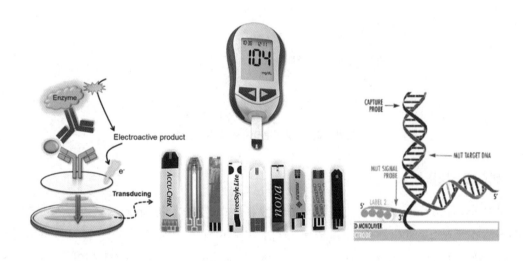

24.1 ● 바이오센서의 개요

24.1.1 바이오센서의 기본 구성과 원리

그림 24.1은 바이오센서의 기본 구성을 나타낸 것이다. 앞서 언급한 바와 같이, 바이오센서는 분자인식기능을 가진 생체물질과 인식한 결과를 전기적 신호(즉 전압과 전류)로 변환하는 트랜스듀서를 결합하여 특정한 화학물질을 선택적으로 검출하는 센서이다. 각 구성요소의 기능을 설명하면 다음과 같다.

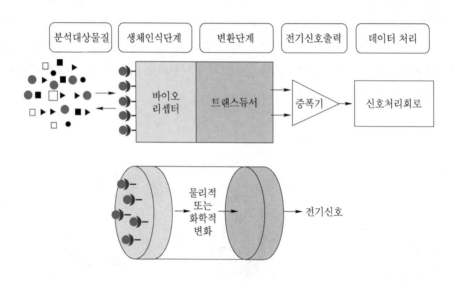

그림 24.1 바이오센서의 기본 구성

1. 바이오리셉터

바이오리셉터(bioreceptor ; 그림에서 ▶)는 분석하고자하는 종(species ; 그림에서 ●)를 인식하여 트랜스듀서가 검출할 수 있는 물질로 변환시킨다. 이와 같은 기능을 수행하는 생체물질에는 효소(enzyme), 항체(antibody), 핵산(nucleic acids ; DNA) 등이 있다. 표 24.1은 바이오센서에 사용되는 생체인식물질을 나타낸다. 이러한 생체물질의 분자인식기능이 바이오센서의 우수한 선택성을 만들어낸다.

2. 트랜스듀서

트랜스듀서(transducer)는 생체인식물질에 의해 인식된 결과를 전압이나 전류와 같은 전기적 신호로 변환하는 소자이다. 트랜스듀서에는 전극(electrode), 전계효과트랜지스터 (FET), 서미스터(thermistors), 광학소자(optical devices ; photodiode 등), 광섬유(optical fiber), 압전소자(piezoelectric device) 등이 있으며, 이중 가장 많이 사용되는 것이 전극이다.

초기에 산소전극이나 과산화수소전극이 사용되었는데, 최근에는 반도체 가공기술에 의해서 제조된 마이크로전극, 나노물질전극, ISFET, 광소자 등으로 대체되어 가고 있다. 표 24.1은 현재 연구개발 되고 있는 각종 트랜스듀서를 나타낸다.

표 24.1 바이오센서에 사용되는 생체인식물질과 트랜스듀서

생체인식 요소	트랜스듀서	예
오르가니즘	전기화학 센서 :	
조직(Tissues)	a. 전위검출형	마이크로 전극
세포(Cells)		ISFETs
오르가넬(Organelles)	b. 전류검출형	마이크로 전극
멤브레인(Membranes)	c. 저항검출형	마이크로 전극
효소		
리셉터(Receptors)	광센서	광섬유 압토드 (optode), 루미네슨스
항체	열형 센서	서미스터와 서모커플
핵산	음파(질량) 센서	SAW 지연선 BAW 마이크로밸런스

3. 인식 가능한 생체물질

생체인식요소에 의해서 인식 가능한 생체화학물질은 생체 시스템에서 일어나는 반응의 종류에 따라 변한다. 대부분의 생체물질은 매우 우수한 분자식별기능을 나타낸다. 예를 들면, 효소(酵素 ; enzyme)는 기질(基質 ; substrate ; 효소의 작용을 받는 물질)을, 항체(抗體 ; antibody)는 항원(抗原 ; antigen)을 식별한다.

표 24.2는 인식 가능한 생체물질 예를 열거한 것이다.

표 24.2 인식 가능한 생체화학물질

분석대상 물질	예
신진대사물질	산소, 메탄, 에탄올 등
효소기질(enzyme substrate)	글루코오스, 페니실린, 요소
리간드(ligand)	신경전달물질, 호르몬, 페로몬, 독소
항원과 항체	면역 글로불린, 항인 면역글로불린
핵산	DNA, RNA

24.1.2 바이오센서의 분류

표 24.1에 주어진 바이오리셉터와 트랜스듀서를 결합하면 수많은 바이오센서를 구성할 수 있다. 그래서 그 명칭도 매우 다양하다. 현재 사용되고 있는 용어를 대별하면 다음과 같다.

1. 생체요소에 따른 분류

사용되는 생체인식물질에 따른 명칭으로, 효소센서(enzyme sensor), 면역센서(immuno sensor), DNA 센서 등이 있다.

2. 측정대상물질에 따른 분류

생체인식요소에 의해서 인식될 수 있는 생체물질(검출대상)에 따른 분류로 글루코오스 센서(glucose sensor), 요소센서(urea sensor), 콜레스테롤 센서(cholesterol sensor) 등이 있다.

3. 신호변환원리에 따른 분류

생체인식결과를 전기신호로 변환하는 방식에 따라 분류하는 것으로, 전기화학 바이오센서(electrochemical biosensor), 광 바이오센서(optical biosensor), 열 바이오센서(thermal biosensor), 질량검지 바이오센서(mass biosensor)등이 있다.

이중 전기화학 바이오센서는 가장 다양하고 연구개발이 잘 이루어진 센서이며, 동작 모드에 따라 더 세분화하면 전압을 측정하는 전위 검지형(potetiometric biosensor), 전류를 측정하는 전류 검지형(amperometric biosensor), 컨덕턴스(conductance) 또는 저항 측정에 의존하는 컨덕턴스 검지형(conductometric biosensor) 등이 있다.

24.2 ∘ 생체인식 요소의 고정화

 바이오센서의 제작에서 가장 중요한 것은 생체인식요소와 트랜스듀서를 일체화시키는 고정화(固定化 ; immobilization) 기술이다. 고정화에 요구되는 사항은

- 트랜스듀서에 고정화시킨 생체인식물질이 바이오센서의 수명동안 빠져나오지 말아야한다.
- 분석하고자는 하는 액체에 접촉이 가능해야한다.
- 반응생성물질이 고정화막을 통해 확산해 나올 수 있어야 한다.
- 생체물질을 변성(變性)시키지 말아야 한다.

 위에서 열거한 요구사항 중 마지막 조건이 가장 중요한데, 그 이유는 효소, 항체 등 모든 생체물질이 기계적 손상, 열이나 냉동, 화학적 독소 등에 의해서 쉽게 불활성으로 될 수 있기 때문이다. 이런 불활성화가 생기면 센서로서의 능력을 상실하게 된다.

 그림 24.2는 생체인식요소를 고정화하는 주요 방법을 나타낸 것으로, 고정화 기술을 크게 구분하면 물리적 방법과 화학적 방법(즉 결합)이 있고, 세부적으로는 흡착, 공유결합, 가교, 인트랩먼트(entrapment) 고정화로 나눌 수 있다.

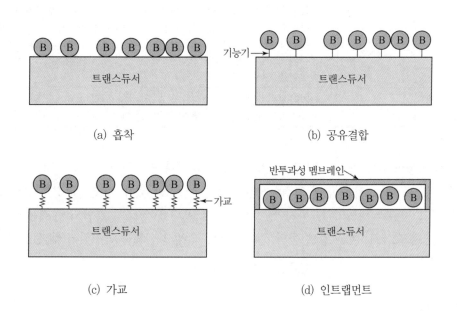

그림 24.2 생체인식요소의 고정화 방법

1. 흡착

물리적 고정화는 생체 고분자와 트랜스듀서(예를 들어, 막 물질, 기계적 지지체 또는 변환기 표면 등) 사이에 공유결합을 형성하지 않고, 상호작용 에너지(interaction energy)를 통해 생체인식요소와 트랜스듀서를 고정화시키는 방법이다.

이때 고정화에 관여하는 상호작용 에너지에는 소수성 그룹 간에 작용하는 인력(hydrophobic force), 정전기력(electrostatic force), 반 데르 발스력(Van der Waals force), 수소 결합(hydrogen bond) 등이 있다.

표 24.3는 각 상호작용 에너지에 대해 정리한 것이다.

표 24.3 흡착에 사용되는 상호작용 에너지

상호작용 에너지	특징
수소성 힘 (hydrophobic force)	• 친수성 그룹(hydrophile group)으로부터 소수성 그룹(hydrophobic group)을 제외시키려는 데서 얻어진 에너지 • 친수성인 트랜스듀서 표면은 단백질의 외부 표면상에 형성되는 친수성 아미노산과 물리 흡착 • 매우 강한 흡착력을 나타냄
정전가력 (electrostatic force)	• (+),(−) 전하 사이에 작용하는 인력 • 매우 강한 흡착력을 나타냄
반 데르 발스력 (Van der Waals force)	• 무극성 분자에서 전자의 이동에 의해 순간적으로 전기 쌍극자가 형성되면, 그 옆의 분자도 일시적인 분극이 일어나서 유발 쌍극자가 생성되는데, 이 순간적인 쌍극자와 유발 쌍극자 간의 인력 • 센서의 표면과 단백질의 표면에 있는 쌍극자 사이의 상호 작용 • 흡착력은 매우 약함
수소 결합 (hydrogen bond)	• 전기음성원자(질소, 산소 등)와 수소 간의 인력 • 공유결합보다 1/10정도 작은 인력, 반 데르 발스력 보다는 강함

흡착(adsorption)은 가장 간단한 고정화법으로, 시약이 필요없고, 효소의 구조와 활성도의 변화없이 트랜스듀서 표면에 고정화시킬 수 있는 장점이 있다. 또한, 고정화 방법 중 가장 간단하고 저렴한 방법이다. 하지만, 트랜스듀서 표면에 약하게 결합되기 때문에, 온도, 분석용액의 농도, pH, 이온 강도 등의 주변 조건에 의해서 생체물질이 박리(剝離)될 수 있는 단점이 있다.

2. 공유결합

공유결합(covalent coupling)은 표면 활성 그룹을 이용하여, 생체물질을 트랜스듀서 표면에 강하게 결합시킨다. 공유결합에 의한 고정화의 장점은 다음과 같다.

- 생체물질이 트랜스듀서 표면에 직접 고정화되기 때문에 반응 생성물이 트랜스듀서로 확산되는 시간이 짧아져 바이오센서의 응답시간이 감소한다.
- 트랜스듀서에 결합이 물리흡착보다 훨씬 강해 센서 수명이 증가한다.

주요 단점으로는

- 공유결합이 생체분자를 부분적으로 또는 완전히 변성시킬 수 있다.
- 일부의 효소만이 이 방법에 의해 고정화가 된다.
- 이 외의 생체물질을 공유결합을 통해 고정화시키기 위해서는 생체물질에 추가적인 개조 작업이 필요하다.

그림 24.3은 공유결합에 사용되는 활성 그룹을 나타낸 것으로, 수산기(hydroxyl group, $-OH$), 아민기(amino groups, $-NH_2$), 티올기(thiol group, $-SH$), 카르복실기(carboxyl group, $-COOH$) 등이 있다. 아민기는 폴리펩티드 사슬(polypeptide chain)의 N-말단(terminus)이나 리신(lysine)의 곁사슬(side chain)에 존재하며, 티올기는 시스테인(cysteine)의 곁사슬에 존재한다. 카르복실기는 폴리펩티드 사슬(polypeptide chain)의 C-말단이나 아스파르트 산(aspartic acid)과 글루타민 산(glutamic acid)의 곁사슬에 존재한다.

고정화하고자 하는 생체물질이 가지고 있는 기능기를 잘 파악한 다음, 이 기능기와 공유결합할 수 있는 기능기로 트랜스듀서 표면을 활성화시킨다면, 안정적으로 트랜스듀서 표면에 생체물질을 고정화시킬 수 있다.

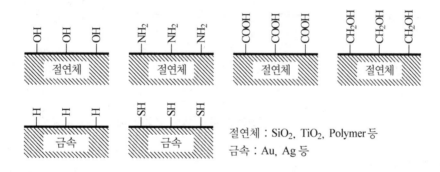

그림 24.3 반응기(reactive group)를 가지도록 화학적으로 개질된 고체표면

3. 가교

가교(架橋 ; cross-linking)에 의한 고정화란 2기능(bifunctional linker) 또는 다기능성(multi-functional) 시약을 사용해 생체분자 사이에 가교반응을 일으켜 생체분자가 막 위에 고정화되는 방법이다. 가교제(cross-linker)로는 2기능 시약인 글루타르알데히드(glutaraldehyde)

와 카르보디이미드(carbodiimide, EDC)가 널리 사용되고 있다. 일반적으로 가교에 의해 생체물질을 트랜스듀서 표면에 결합하는 과정은 다음과 같은 2단계를 거친다.

- 글루타르알데히드나 카르보디이미드와 같은 링커(linker) 분자를 사용하여 트랜스듀서 표면을 활성화시킴
- 활성화된 트랜스듀서 표면에 생체물질을 공유결합 시킴

알데히드는 아민기와 화학적으로 반응하여 안정적인 C=N 이중결합을 형성하기 때문에, 글루타르알데히드는 대표적으로 아민기로 기능화된 트랜스듀서 표면에 아민기를 가진 생체물질을 공유결합할 때 사용된다. 그림 24.4는 카르보디이미드(EDC)를 사용한 단백질 고정화를 예를 나타낸 것이다. EDC는 카르복실기와 반응하여, O-아실리소레아 중간체(O-acylisourea intermediate)를 형성하고, 이 중간체는 아민기와 친핵 반응에 의해 쉽게 전위된다. 이로 인해, 생체물질의 아민기와 트랜스듀서 표면의 카르복실기는 직접적으로 아미드 결합 (amide bond)을 하고, 가용성 요소 유도체로 카르보디이미드 부산물은 방출된다. 이와 같이 카르보디이미드는 트랜스듀서 표면에 생체물질을 고정화시킬 때, 결과적으로 추가적인 화학 구조가 도입되지 않기 때문에, 길이가 0인 가교제(zero-length crosslinker)라고 불린다.

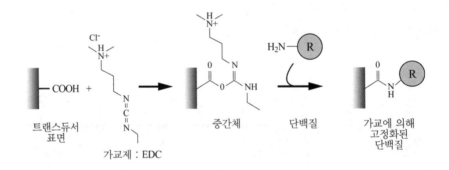

그림 24.4 가교에 의한 단백질 고정화 예

4. 인트랩먼트(entrapment)

인트랩먼트 방법은 생체물질을 고분자 매트릭스, 멤브레인, 캡슐 등과 같은 물질의 격자 속에 옭아매는 것으로, 가장 직접적인 물리적 고정화 방법이다. 예를 들면, 그림 24.3(d)에서 반투과성 멤브레인 등을 사용해서 생체물질을 포함한 용액을 트랜스듀서의 표면에 고정화시키는 것이다. 이때 멤브레인의 기공은 생체인식물질이 빠져나가지 못하도록 충분히 작아야 되는 반면, 분석물질, 반응생성물, 용액 등이 통과할 수 있을 만큼 충분히 커야하기 때문에, 멤브레인의 반투과성은 멤브레인 고정화법 사용할 때 가장 중요하게 생각되어야 할

부분이다. 이런 고려 사항으로 인해 많은 비용이 들지만, 다른 고정화 방법과 관련된 추가 연구 및 개발 비용 없이 다양한 효소에 사용하기가 매우 쉽다는 장점을 가지고 있다. 멤브레인으로는 폴리아미드(polyamide), 폴리에테르 설폰(polyether sulfon)과 같은 고분자 막이 사용된다.

24.3 ⚬ 효소센서

효소센서(enzyme sensor)는 바이오센서 중에서 가장 먼저 실용화된 센서로, 1970년대 후반에 글루코오스 센서(glucose sensor)가 시판되었다. 효소센서는 효소를 고정화한 막과 효소의 촉매작용에 의해 생성 또는 소비된 물질을 검지하는 전극으로 구성된다. 먼저 효소에 대해서 설명한 다음, 글루코오스 센서를 예로 들어 구조와 동작을 설명한다.

24.3.1 효소

효소(enzyme)란 생물체 내에서 각종 화학반응을 촉매하는 단백질(protein)이다. 효소촉매 반응(enzyme-catalyzed reaction)의 반응속도는 매우 높은데, 비촉매 반응(uncatalyzed reaction)에 비해 $10^6 \sim 10^{12}$배 더 크다. 단백질은 모든 생물의 몸을 구성하는 고분자 유기물이며, 수많은 아미노산(amino acid)의 연결체이다. 그림 24.5는 아미노산의 구조를 나타낸다. 아미노산에는 곁사슬(side chain ; R group)이 다른 20종류가 있으며, 이 곁사슬의 성질이 아미노산의 특성을 결정한다. 그림에 몇 가지 아미노산의 예를 나타내었다.

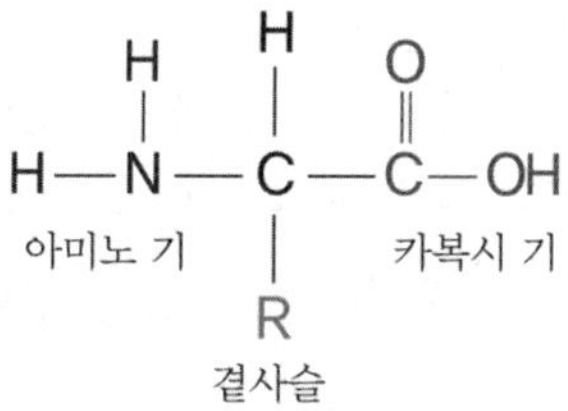

R	아미노산
–H	GLYCINE
–(CH$_2$)–COO$^\ominus$	GLUTAMIC ACID
–CH$_2$–SH	CYSTEINE
–CH$_2$–⟨◯⟩–OH	TYROSINE
–(CH$_2$)$_4$NH$_3^\oplus$	LYSINE

그림 24.5 아미노산의 구조

아미노산들은 펩티드 결합(peptide bond)이라는 화학결합에 의해서 길게 연결되어있다. 그 결과 단백질을 자주 폴리펩티드(polypeptide)라고 부른다. 그림 24.6은 펩티드 결합의 예를 나타낸다.

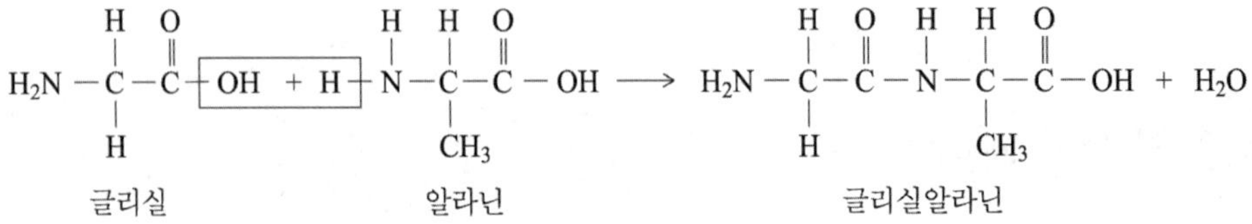

$$H_2N-\underset{\underset{H}{|}}{\overset{\overset{H}{|}}{C}}-\overset{\overset{O}{|}}{C}\boxed{-OH\ +\ H-}N-\underset{\underset{CH_3}{|}}{\overset{\overset{H}{|}}{C}}-\overset{\overset{O}{|}}{C}-OH \longrightarrow H_2N-\underset{\underset{H}{|}}{\overset{\overset{H}{|}}{C}}-\overset{\overset{O}{|}}{C}-\overset{\overset{H}{|}}{N}-\underset{\underset{CH_3}{|}}{\overset{\overset{H}{|}}{C}}-\overset{\overset{O}{|}}{C}-OH\ +\ H_2O$$

글리실   알라닌   글리실알라닌

그림 24.6 펩티드 결합의 예

단백질은 다양한 기능을 가지며, 생물체의 구성성분으로 매우 중요하다. 모든 세포의 세포막은 예외 없이 단백질과 지질(脂質 ; lipid)로 구성되어 있다. 생물체 내의 각종 화학반응의 촉매 역할을 담당하는 효소가 모두 단백질이다.

모든 화학반응은 반응물질 외에 미량의 촉매(觸媒 ; catalyst)가 존재함으로써 반응속도가 현저히 증가하는데, 생물체 내에서도 모든 화학반응이 촉매에 의해 속도가 빨라진다. 그러나 무기반응의 촉매와는 달리 생물체 내의 촉매는 단백질이며, 이를 효소(酵素 ; enzyme)라고 부른다.

효소는 두 가지 현저한 특성을 갖는다. 하나는 그들은 주어진 기질(substrate)에 극히 민감하다는 것이고, 다른 하나는 반응율을 증가시키는데 매우 효과적이라는 점이다. 기질이란 효소에 의해서 반응속도가 커지는 물질, 즉 효소에 의하여 촉매작용을 받는 물질을 말한다. 예를 들면, 소화효소인 프티알린(ptyaline ; 침속에 있음)은 녹말만 말토오스(maltose ; 맥아당)로 분해하는 촉매작용을 한다.

효소는 아무 반응이나 비선택적으로 촉매하는 것이 아니고, 하나의 효소는 하나의 반응만을, 또는 극히 유사한 몇 가지 반응만을 선택적으로 촉매하는데, 이것을 기질 특이성(基質特異性 ; substrate specificity)이라고 부른다.

그림 24.7은 효소가 기질을 인식하는 과정을 간단히 나타낸다. 효소는 기질과 결합하여 효소-기질 복합체(complex)를 형성한다. 다음 기질의 반응을 촉매하여 반응을 일으킨다. 그림에서 효소-기질 반응은 마치 열쇠(key)-자물쇠(lock)의 관계에서 특정한 형태와 크기를 가진 열쇠만이 자물쇠를 열 수 있는 것처럼, 효소는 기질을 식별한다.

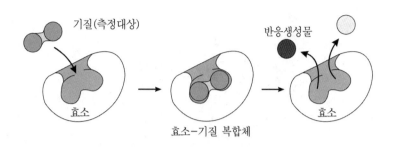

그림 24.7 효소의 작용

기질의 종류만큼 효소의 종류도 많다. 효소의 성질을 이용한 많은 효소센서가 연구개발되고 있는데, 표 24.4은 몇 가지 예를 열거한 것이다.

표 24.4 각종 효소를 기반으로 하는 바이오센서

성 분	효 소
글루코오스(포도당)	글루코오스 옥시다이제(glucose oxidase)
콜레스테롤	콜레스테롤 옥시다이제(cholesterol oxidase)
크레아틴(creatine)	크레아티나제(creatinase)
페니실린	페니실리나제(penicillinase)
요소	우레아제(urease)
도파민(dopamine)	모노아민옥시다이제(, monoamineoxidase)
아세틸콜린(acetylcholine)	아세틸콜린에스테라제(acetycholinesterase)
에탄올	알콜 디히드로게나제(alcohol dehydrogenase)
유산(lactic acid)	유산 디히드로게나제(lactic acid dehydrogenase)
질화물(nitrite)	질산염 환원효소(nitrate reductase)

24.3.2 글루코오스 센서

글루코오스 센서는 대표적인 효소 센서이며, 현재 상용화되어 가정에서 혈당 측정에 널리 사용되고 있다. 여기서는 그 동작원리를 간단히 설명한다.

그림 24.8은 글루코오스 센서의 동작 개념을 나타낸다. 산소가 존재하는 상태에서 글루코오스(glucose ; 포도당)는 글루콘산(gluconic acid)과 과산화수소(hydrogen peroxide; H_2O_2)로 변환된다. 이 반응을 산화효소인 글루코오스 옥시다아제(glucose oxidase ; GOD)가 촉진시킨다.

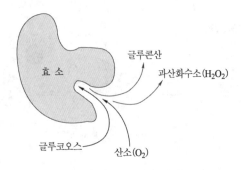

그림 24.8 글루코오스 센서의 동작원리

위와 같은 과정을 반응식으로 나타내면 다음과 같다.

$$Glucose + O_2 \xrightarrow{\text{Glucose oxidase}} Gluconic\ Acid + H_2O_2$$

(24.1)

GOD를 고정화한 막은 여러 가지 분자가 존재한 용액 속에서 글루코오스만을 찾아낼 수 있다. 즉, 분자인식기능이 있다. 위 효소반응에서 산소(O_2)가 소비되고, 과산화수소(H_2O_2)와 글루콘산이 생성된다. 따라서 글루코오스 농도가 증가하면, (a) 산소농도가 감소한다, (b) pH가 감소한다. (c) 과산화수소 농도가 증가한다. 이들 중 O_2와 H_2O_2는 전기화학반응을 이용해서 용이하게 검출된다. 그래서 O_2 또는 H_2O_2를 검출할 수 있는 트랜스듀서와 GOD를 고정화한 막을 조합하면 글루코오스 센서가 얻어진다.

그림 24.9는 H_2O_2 농도를 검출하는 전기화학식 글루코오스 센서의 기본 원리를 나타낸다. 식 (24.1)에 따라 발생된 H_2O_2만을 선택적으로 통과시켜 전극에 도달하도록 하면, 과산화수소는 (+)로 바이어스된 Pt 전극에서 다음 반응에 따라 산화된다.

$$H_2O_2 \rightarrow O_2 + 2H^+ + 2e^-$$

(24.2)

따라서 Pt 전극에 일정 전위를 인가하면 우리가 검출하고자하는 글루코오스의 농도 N에 비례하는 전류가 측정된다. 이와 같이 전류를 검출하는 전기화학적 센서를 전류검지형 바이오센서(amperometric biosensor)라고 부른다.

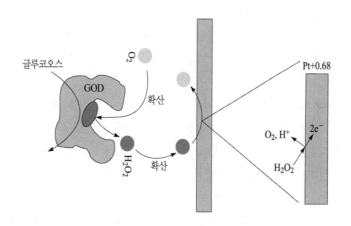

그림 24.9 전류검지형 글루코오스 센서의 원리 : 제1세대 바이오센서

그림 24.10은 상품화되어 있는 일회용 글루코오스 센서의 구조를 나타낸 것이다. 센서는 두 개의 탄소 지시전극(indicator electrode)과 하나의 Ag/AgCl 기준전극으로 구성된다. 지시전극 1은 효소 GOD와 매개자(mediator)로 코팅되어 있다. 매개자는 글루코오스와 전극사이에 전자를 나르는 물질이다. 매개자로는 페로신(ferrocene)이 널리 사용되고 있다.

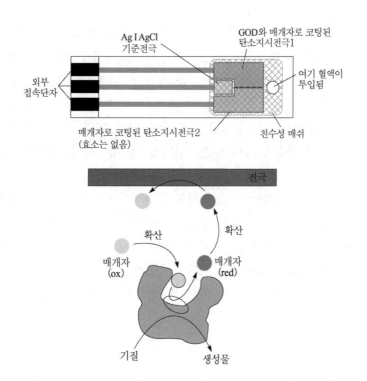

그림 24.10 상품화된 글루코오스 센서의 예 : 제2세대 바이오센서

지시전극 2는 GOD 없이 매개자로만 코팅되는데, 이것은 지시전극 1에 코팅된 매개자가 혈액속의 비타민 C, 요소 등과 반응해서 일으킬지도 모르는 간섭현상을 상쇄시키기 위함이다. 미량(약 $4\mu l$)의 혈액을 원형 주입구에 떨어트리면, 친수성 망(mesh)에 의해서 3개의 전극위로 이동하여 전극과 반응한다.

그림 24.9의 글루코오스 센서에서는 과산화수소가 전극으로 확산해 가 반응함으로써 전극에 전류가 흐른다. 이와 같은 글루코오스 센서에서는 산소가 반응에 참여함으로써 센서 특성이 혈액 내의 용존 산소 농도에 의존한다. 즉 산소농도가 낮아지면, 센서는 마치 글루코오스 농도가 낮아진 것처럼 응답한다. 이러한 문제점을 해결하기 위해서 그림 24.10에서는 전자대신 글루코오스와 페로신이 반응한다. 이 과정에서 전자를 얻은 페로신은 전극으로 확산해 가 전자를 전극에 전달하고 다시 돌아와 또 다른 반응에 참여한다. 이러한 과정은 계속적으로 반복된다. 그림 24.10과 같이 매개자를 쓰는 효소 센서를 제2세대 바이오센서라고 한다.

24.4 • 면역센서

앞에서 설명한 효소의 분자인식기능은 우수하지만 효소의 종류는 한정되어 있다. 그런데, 생물은 자신과 다른 이질 단백질, 즉 항원(抗原 ; antigen)이 외부로부터 체내에 들어오면 이것을 제거하기 위해서 체내에 항체(抗體 ; antibody)라는 단백질을 만들어 항원과 결합시켜 항원을 파괴하거나 침전시켜 제거한다. 이와 같이 항체를 만들어 항원을 제거함으로써 생물의 개체성을 유지하려는 현상이 면역(免疫)이며, 모든 항체는 전부 단백질이다. 효소센서는 저분자 화학물질의 측정에 사용되지만, 단백질, 항원, 호르몬, 의약품 등의 고분자 측정에는 면역반응이 이용된다.

항체의 항원인식기능을 이용하여 특정의 항원을 선택적으로 고감도로 측정하는 방법을 면역측정(immunoassay)이라고 부르는데, 생의학 관련분야에서 널리 활용되고 있다. 면역측정은 항원-항체반응에 의해 생성되는 특이한 복합체(complex)를 검출하는 것을 기본으로 하고 있다. 면역센서(immunosensor)는 항체의 항원인식기능과 항원결합기능을 이용한 바이오센서이며, 항원-항체 복합체의 형성을 직접 전기신호로 변환함으로써 면역측정을 가능하게 한다.

24.4.1 항체

동물의 면역체계(immune system)의 주 기능은 동물의 몸속으로 침투하려는 외부분자(viruses, bacteria, fungi 등)에 대항해서 몸을 보호하는 것이다. 즉, 외적으로 보이는 이종분자가 생체 내에 침입하면 림프구는 재빨리 이것을 발견하고, 곧 외적을 봉쇄하기 시작한다. 면역체계는 선천적 면역체계(innate immune system)와 적응면역체계(adaptive immune system)로 분류된다. 전자는 외부분자에 비특이적으로 응답하는 셀(cell)에 의해서 조정되는데, 이러한 셀들은 식세포(phagocytes : 백혈구 등)를 가지고 있어 외부 침입자들을 먹어서 파괴하거나, 또는 외부분자와 결합해서 파괴한다. 후자는 침입분자와 특정한 반응을 한다. 즉 그것의 구조에 기초해서 침입분자를 특수하게 인식할 수 있는 분자를 생성한다. β-림프구(球)(β-Lymphocyte ; 적응면역체계를 조정하는 셀)는 흔히 항체(抗體 ; antibody)라고 하는 특정의 결합 단백질(binding protein)을 만들어낸다.

그림 24.11(a)은 항체의 구성을 나타낸다. 항체는 4개의 폴리펩티드 사슬(polypeptide chain)로 구성된다. 그중 2개는 고분자량(m.w. 55,000)이며 H-사슬(heavy chain)이라 부르고, 다른 두 개는 저분자량(m.w. 25,9000)이며 L-사슬(light chain)이라고 부른다.

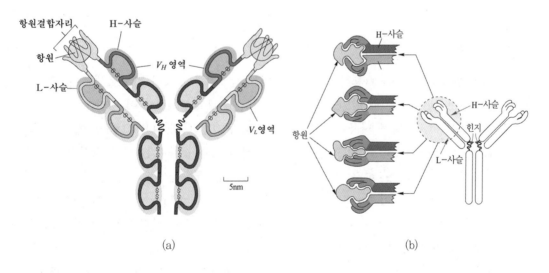

(a)　　　　　　　　　　　　(b)

그림 24.11 항체의 구조와 특이성(항체-항원 복합체 형성)

이들 H-, L- 사슬들은 이황화 브리지(disulfid bridge)와 비공유결합력(noncovalent force)에 의해서 결합되어 있다. 모든 항체들은 H-사슬과 L-사슬의 끝에 아미노산 서열의 변화가 매우 큰 가변영역(variable domain ;그림에서 V_H와 V_L)를 가지는데, 이 V_H와 V_L 영역에서 항원결합자리(antigen-binding site)를 형성한다. 항체는 외부로부터 침입한 분자, 즉 항원(抗原 ; antigen)과 결합하여 항체-항원 복합체(antibody-antegen complex)를 형성하고, 이 복합체는 면역체계의 다른 부분에 의해서 제거된다.

그런데, 다른 항체는 다른 항원결합자리를 갖기 때문에 높은 특이성(specificity)을 가지고 각자의 항원을 인식한다. 예를 들면, 그림 24.11의 우측 그림은 4개의 다른 항체가 각각 다른 항원을 인식하여 항원-항체 복합체를 형성한 모양을 나타낸 것이다. 항원-항체 반응은 임상화학검사에서 매우 광범위하게 이용되고 있다.

24.4.2 면역센서의 기본구성

이미 설명한 바와 같이 면역센서의 선택성은 항체분자에 의해서 나타난다. 각 항체분자는 대응하는 항원을 식별할 수 있도록 만들어진 단백질이다. 항체에는 효소와 같은 촉매기능은 없기 때문에 면역센서의 구성은 효소센서와는 다소 차이가 있다.

항체는 대응하는 항원을 식별하여 항원-항체 복합체를 형성한다. 효소와 기질의 복합체 형성이 과도적인 것에 비해서, 항원-항체 복합체는 매우 안정하다. 항원-항체 복합체의 형성을 어떤 방법으로 전기적 신호로 변환하는가에 따라 면역센서에는 다음과 같이 2종류가 있다.

1. 표식면역센서

표식제(標識劑 ; label)를 사용하여 면역센서의 고감도화를 도모한 것으로, 항체를 표식하는 방식(labeled antibody)과 항원을 표식하는 방식(labeled antigen)이 있다.

그림 24.12은 표식항체를 사용한 표식면역센서의 원리를 나타낸다. 그림 (a)에서는 항체를 센서표면에 고정화하고, 측정대상 항원을 결합하면 항체-항원 복합체가 형성된다. 그러나 이 과정에서 전자가 발생하지 않으므로 앞에서 설명한 효소센서와 같은 검출방법을 적용할 수가 없다. 따라서 그림 (c-d)와 같이 표식항체(labeled antibody)를 다시 결합시킨다. 그림 (c)는 2차항체에 표식제로 효소를 사용한 예이며, 이 효소에 기질을 작용시키면 효소센서에서 바와 같이 반응에서 발생된 전자는 전극으로 이동하여 전류가 흐르게 된다. 그림 (d-e)에서는 표식제로 인광을 발생시키는 물질을 사용하여 광학적으로 검출하거나 또는 자성체 비드(magnetic bead)로부터 발생하는 자계를 홀센서, SQUID와 같은 자기센서(제4장)로 검출한다. 그림 24.12에서 어떤 방식을 선택하든 최종단계는 표식제를 검출하는 것이다. 효소를 표식제로 사용하는 면역센서를 총칭하여 효소 면역센서라고 부른다. 표식제가 효소이므로 화학증폭으로 감도를 현저히 향상시킨다.

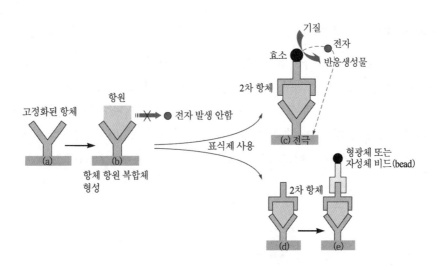

그림 24.12 표식 면역센서의 예

표식제를 광학적 방법으로 검출하는 광섬유 면역센서(optical fiber immunosensor)에는 표면감쇠파 광섬유 면역센서(evanescent wave fiber-optic immunosensor), 효소표식 광섬유 면역센서 등이 있다. 그림 24.13는 표면감쇠파(表面減衰波 ; evanescent wave)를 이용한 광섬유 면역센서이다. 광선은 광섬유 내부에서 전반사 되지만, 극히 일부는 코어(core)로부터 굴절률이 낮은 주위매질 속으로 매우 짧은 거리만큼 새어나온다. 이 전자파를 표면감쇠파라고 부른다. 항체는 광섬유의 코어를 노출시킨 부분에 고정화되고, 그 표면에서 형광표식항체(fluorescently labeled antibody)와 항원(측정대상)이 샌드위치 면역복합체(sandwich immunocomplex)를 형성한다. 이 면역복합체는 감쇠파영역 내에 놓이게 된다. 복합체를 형성한 형광표식항체가 감쇠파를 흡수하면 여기상태(excited state)로 되고, 그 다음 여기된 분자는 흡수한 여분의 에너지를 빛으로 방출한다. 이 현상을 형광(fluorescence)라고 한다. 이 과정은 일반적으로 다른 분자와 충돌에 의해서 또는 화학반응에 의해서 일어난다. 발생된 형광의 세기를 측정함으로써 용액 속의 형광물질의 양을 측정할 수 있다.

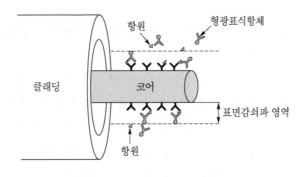

그림 24.13 표면감쇠파를 이용한 광 면역센서

2. 비표식(非標識) 면역센서

표식제를 사용하는 경우는 추가의 시간, 비용, 처리 과정 등이 요구되기 때문에 표식제를 사용하지 않고 항원－항체 복합체를 직접 검출하는 방법이다. 그림 24.14는 비표식 면역센서의 구성을 나타낸 것이다. 항체(또는 항원)가 고정화된 고체 기판이 항원(항체)을 갖는 용액과 접촉하면 그 표면에 항원－항체 복합체가 형성된다. 전극 표면에 항원－항체 복합체가 형성되기 전후의 물리적 성질을 비교하면 다음과 같은 여러 형태의 물리적 변화가 일어난다.

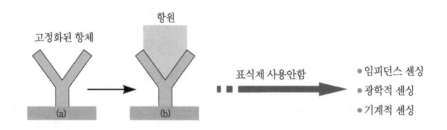

그림 24.14 비표식(非標識) 면역센서

(1) 임피던스 변화

항체(또는 항체) 고정화전극의 저항이 항원－항체복합체의 생성으로 증가한다. 이 경우 전극의 임피던스를 측정하여 검출한다.

(2) 압전특성 변화

항원－항체 복합체가 생성되면 질량이 증가하므로 항체(또는 항원)가 고정화된 압전체의 공진 주파수가 변동한다. 이 주파수의 변화는 징량의 변화에 비례하므로 주파수 변화를 측정하면 항원의 농도를 검출할 수 있다.

(3) 광학특성 변화

광도파관(optical waveguide) 등의 표면에 항원－항체 복합체가 생성되면 표면의 광학적 특성이 변동하고, 이것을 광학적 수단으로 검출한다.

지금까지 설명한 면역센서는 항체의 항원인식기능에 의한 높은 선택성, 항체의 항원 친화력(親和力 ; affinity)에 의한 초저농도 측정이 가능하므로 초고감도로 되며, 대부분의 측정대상에 대해서 항체를 만드는 것이 가능하여 적용범위가 매우 광범위하고(범용성), 항체의 대량제작이 가능한 점 등 많은 우수한 특질을 갖고 있다. 면역센서에 대한 니즈(needs)가 점점 확대되고 있으며, 생의학 관계뿐만 아니라 환경계측, 식품계측, 공업 프로세스 계측 등의 분야에서 니즈가 높아지고 있다.

24.5 ● DNA 센서

24.5.1 DNA

디옥시리보핵산(Deoxyribonucleic acid, DNA)은 핵산의 일종이며, 주로 세포 내에서 생물의 유전정보를 보관하는 물질이다. 결합되어 있는 염기에 따라 네 종류의 뉴클레오티드(nucleotide)가 중합되어 이중 나선 구조를 이룬다. 그림 24.15에 나타낸 바와 같이, DNA는 나선구조를 이루는 골격(backbone)와 염기(base)로 구성되어 있다. 골격은 단당류인 디옥시리보스(deoxyribose)에 인산(phosphate)이 결합되어 긴 사슬과 같은 형태를 하고 있다. 염기에는 퓨린(purine)과 피리미딘(pyrimidine)의 두 가지 종류가 있으며, 퓨린에는 다시 아데닌(adenine ; A)과 구아닌(guanine ; G), 피리미딘에는 시토신(cytosine ; C), 티민(thymine ; T)이 존재한다.

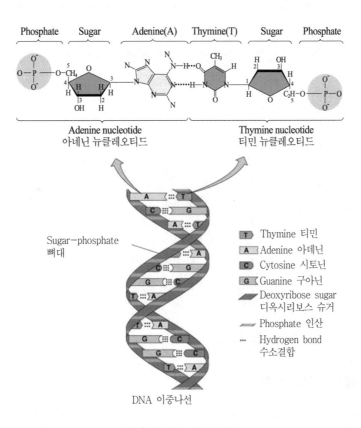

그림 24.15 DNA구조

DNA가 이중나선을 이루고 있을 때, 각각의 퓨린은 하나의 피리미딘과 수소결합을 통해 결합한다. 즉, A-T, G-C가 항상 짝을 이루어 존재한다. 이러한 수소결합은 DNA의 이중 나선구조를 안정하게 만들어 주는 힘이다. 이 때, G-C의 결합 사이에는 3개의 수소결합이, A-T의 결합에는 2개의 수소결합이 존재하며, 따라서 G-C사이의 결합이 더 강하다. 이러한 염기쌍끼리의 결합을 DNA의 상보성((相補性, complementarity)이라고 부른다. 이러한 상보성은 DNA의 정보 저장, 복제, 전사 등에 기여한다.

24.5.2 DNA 센서

DNA 바이오센서에서 생체인식의 특이성은 어떻게 얻어지는가? 앞에서 설명한 염기의 상보성 특성은 DNA 기반의 바이오센서를 가능하게 한다.

그림 24.16은 DNA 센서의 기본원리를 설명한 그림이다. 센서에는 염기 서열이 알려진 DNA을 고정화시킨다. 이것을 프로브(probe) DNA라고도 부른다. 여기에 우리가 검출하고자 하는 DNA, 즉 타겟(target) DNA를 작용시키면, 프로브 DNA는 그것과 상보성을 갖는 타겟 DNA에만 결합한다. 이것을 혼성화(hybridization)라고 한다. 이와 같이 발생한 혼성화 상태를 전기적, 광학적 수단으로 측정하여 우리가 원하는 DNA를 검출한다.

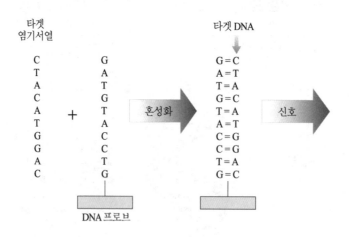

그림 24.16 DNA 센서의 기본 원리

1. 비표식(非標識) DNA센서

그림 24.17(a)에 나타낸 바와 같이, 비표식 DNA센서는 염기 중에 구아닌의 고유한 전기화학적 성질을 이용하는 것이 대표적이다. 그러나 타겟 DNA와 프로브 DNA 둘 다에 구아닌

을 함유하고 있다면, 구아닌의 산화 시그널을 확인하는데 어려움이 있다. 이런 문제를 해결하기 위해서 프로브 DNA의 구아닌을 이노신 (inosine)으로 대체한다. 이노신은 자연적으로 DNA에 존재하지는 않지만, 구아닌처럼 시토신과 선택적으로 염기쌍을 형성할 수 있기 때문에, 타겟 DNA의 구아닌에 대한 전기화학적 성질을 이용하여 비표식 방법으로 DNA센서를 제작할 수 있다.

비표식 DNA센서의 다른 방법으로는, 그림 24.17(b)에 나타낸 것과 같이 시약을 이용한 비표식 DNA 센서가 있다. 시약 중 가장 널리 사용되는 것은 메틸렌 블루(methylene blue)이다. 메틸렌 블루는 혼성화 전의 구아닌 염기에 특이적으로 반응하기 때문에, 타겟 DNA와 혼성화 후에는 메틸렌 블루의 환원 전류가 감소하게 된다. 감소되는 전류량에 따라 타겟 DNA의 농도를 결정할 수 있다.

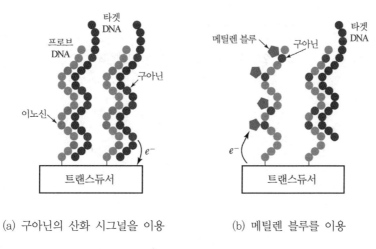

(a) 구아닌의 산화 시그널을 이용   (b) 메틸렌 블루를 이용

그림 24.17 비표식 DNA센서의 기본원리

2. 표식 DNA센서

그림 24.18는 표식 DNA 센서의 기본원리를 설명한 그림이다. 그림에서 볼 수 있듯이, 표식 DNA센서는 타겟 DNA와 프로브 DNA 외에 표식제가 결합되어있는 표식 DNA가 추가된다. 표식 DNA는 타겟 DNA의 염기서열에서 프로브 DNA와 관련이 없는 염기들과 선택적으로 반응한다. 측정 원리는 표식 면역센서와 동일하다. 예를 들면, 표식 DNA의 표식제가 효소인 경우, 이 효소와 기질(S)의 반응에서 발생된 전자(e^-)가 전극으로 이동하여 전류가 흐르게 된다.

면역센서와 다르게 비표식 DNA센서로도 타겟 DNA의 농도를 판단할 수 있으나, 센서의 감도가 매우 낮을 수 있기 때문에, 표식 DNA 센서의 원리를 사용한다. 위에서 설명한 바와 같이, 이 방법은 전기적으로 측정이 가능할 뿐만 아니라, 표식제에 발광 물질을 사용한다면 광학으로도 측정이 가능하다.

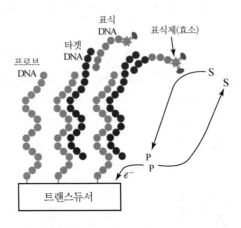

그림 24.18 표식 DNA센서의 기본원리

센서공학 시리즈 VOL 1

센서공학입문

발   행 / 2022년 2월 15일

·

저   자 / 민남기, 김준협
펴 낸 이 / 정 창 희
펴 낸 곳 / 동일출판사
주   소 / 서울시 강서구 곰달래로31길7 (2층)
전   화 / 02) 2608-8250
팩   스 / 02) 2608-8265
등록번호 / 제109-90-92166호

·

ISBN 978-89-381-1274-3-93560
값 / 30,000원